化学核心课程习题精讲系列·新形态

有机化学学习指导

（第三版）

李一楠　辛飞飞　宋修艳
胡志强　刘永军　于跃芹　主编

科学出版社
北京

内 容 简 介

本书是山东省有机化学精品课程、山东省一流本科课程和山东省优秀教学团队的建设成果，是与于跃芹等主编的《有机化学》(第三版，科学出版社，2024 年)相配套的学习辅导书。本书按照教材的章节编排，每章包含内容提要、例题讲解、习题解答、补充习题及答案四个部分。另外，新增课后习题视频讲解、综合自测与考研试题参考。

本书可作为高等学校化学、应用化学、化学工程与工艺、材料科学、生命科学、高分子材料与工程、海洋科学、环境科学、药学及生物工程等相关专业本科生的有机化学学习辅导书，也可供相关工程技术人员参考。

图书在版编目（CIP）数据

有机化学学习指导 / 李一楠等主编. -- 3 版. -- 北京 : 科学出版社，2025. 3. -- (化学核心课程习题精讲系列). --ISBN 978-7-03-081591-0

Ⅰ. O62

中国国家版本馆 CIP 数据核字第 2025SP3087 号

责任编辑：陈雅娴 / 责任校对：杨　赛
责任印制：张　伟 / 封面设计：陈　敬

科学出版社 出版
北京东黄城根北街 16 号
邮政编码：100717
http://www.sciencep.com
北京中石油彩色印刷有限责任公司印刷
科学出版社发行　各地新华书店经销
*
2012 年 6 月第　一　版　开本：787×1092　1/16
2018 年 8 月第　二　版　印张：17 3/4
2025 年 3 月第　三　版　字数：454 000
2025 年 3 月第十一次印刷

定价：58.00 元

（如有印装质量问题，我社负责调换）

第三版前言

本书第一版于 2012 年 6 月出版，第二版于 2018 年 8 月出版，是与于跃芹等编著的《有机化学》(科学出版社)配套的学习辅导书。在过去的使用过程中，许多学生和老师给予了编者积极的反馈，激励着我们不断完善和改进本书的内容和结构。为了更好地与《有机化学》(第三版)(科学出版社，2024 年)配套，帮助学生深入透彻理解有机化学的课程内容，掌握课程的基本知识和解决实际问题，编者对第二版进行了修订和完善。第三版延续第二版的章节编排，每章仍然包含内容提要、例题讲解、习题解答、补充习题及答案四个部分。内容提要部分概述每章有机化学重要知识点。例题讲解部分作为解题示例引导读者思考、推理和分析。习题解答部分按照章节课后习题顺序给出答案，方便读者核对。补充习题及答案部分方便读者更好地巩固知识点。

在此次再版中，编者对教材进行了多项重要的改进：

(1) 对照《有机化学》(第三版)教材第 2 章，更新了有机化合物命名原则，重新对课后习题进行解答。修订了所有章节中的有机化合物名称。

(2) 新增了一些习题解析视频。通过视频讲解，读者更容易理解习题的解题思路和方法。这一改进旨在改变传统静态学习的方式，使读者可以跟随编者的思路更加直观、生动地学习。

(3) 为本科生提供了一套自测试题，可以作为学习结束后的自我检查。

(4) 选取了多所高校最近五年的考研试题并按题型分类整理列出，方便有考研需求的读者了解和适应考研的形式与题型，帮助读者在考前进行针对性的复习与训练。

本次修订由李一楠、辛飞飞、宋修艳、胡志强、刘永军、于跃芹共同完成，全书由李一楠和辛飞飞通读并定稿。在本次修订的过程中，编者参考了已出版的有关教材，引用了部分图表、例题和习题，主要参考书列于书后，在此说明并致谢。本次修订工作得到了青岛科技大学化学与分子工程学院、有机化学教研室全体教师的热情帮助和支持，在此表示衷心的感谢！

限于编者水平，书中疏漏和不足之处在所难免，恳请同行专家和读者批评指正。

编　者

2024 年 9 月

第二版前言

本书第一版于 2012 年 6 月出版，是与于跃芹等编著的《有机化学》(科学出版社，2010 年)相配套的学习辅导书，在教学过程中已经使用了近六年。从学生的使用效果看，本书能够帮助学生更好地学习有机化学知识，也得到了诸多同行专家和读者的一致好评。为了更好地与《有机化学》(第二版)相配套，帮助学生学习有机化学，结合师生在使用第一版过程中提出的建议，编者对第一版进行了修订和完善。

第二版的编写原则与第一版基本相同，全书仍按《有机化学》的章节进行安排，各章包括内容提要、例题讲解、习题解答、补充习题及答案四部分。内容提要将每章需掌握的重点内容进行总结；例题讲解则选取与重点内容相关的例题，作解题示例，使读者掌握解题的基本思路；习题解答部分，按照与教材相同的顺序，给出了各章课后习题的答案，以便读者查阅和核对。第二版各章还增加了补充习题及答案，以利于学生更好地吸收和巩固每章的知识点。

在长期的有机化学教学过程中，编者发现学生对合成题、机理题和推断鉴别题等综合题型的解析存在普遍困难，没有很好的解题思路，不能很好地运用所学的基本知识。为此，本次修订增加了第 21 章“典型例题分析与解答”。在这部分内容里，选取了大量的典型例题，其中大部分是各高校历年的考研原题，并给出了详细的解题答案。每个题都涉及多个知识点的运月，希望通过这些例题的练习，学生能更加灵活地运用所学知识。

本次修订由胡志强教授负责整体框架修订和统稿工作。参加修订工作的有：宋修艳(第 1、11～13、15、16、18、19 章)、辛飞飞(第 8～10、14 章)、李一楠(第 2～7、20 章)、郭维斯(第 17 章)，第 21 章由宋修艳、李一楠和辛飞飞三位教师共同编写。于跃芹教授和刘永军副教授参加了最后的审定工作。在本书修订过程中，编者参考了已出版的有关教材，并引用了部分图表、例题和习题，主要参考书列于书后，在此说明并致谢。

在本书修订过程中，得到了科学出版社和青岛科技大学教务处、化学与分子工程学院、有机化学教研室全体教师的热情帮助和支持，在此表示衷心的感谢！

限于编者水平，书中疏漏之处在所难免，恳请同行专家和读者批评指正。

编　者

2018 年 5 月

第一版前言

本书是与于跃芹、袁瑾、胡志强、刘永军四人编著的《有机化学》(科学出版社，2010年)相配套的学习辅导书。全书按《有机化学》的章节进行编排，每章包括内容提要、例题讲解与习题解答三部分内容。内容提要将每一章需要掌握的重点内容进行总结，以便学生学习时能掌握重点。例题讲解选取与重点内容相关的例题作解题示例，使读者能掌握解题的基本思路。在习题解答部分，按照与教材相同的顺序，给出了每一章课后习题的答案，以便读者查阅和核对。每一章还补充了一些练习题(*号标出)并给出答案，进一步使学生通过习题练习，加深对基本知识的掌握，提高学生解决实际问题的能力。另外，针对大部分学生在解答机理题和合成题时存在一定困难的问题，本书还编写了“反应机理与合成综合解析”部分，选取了近40道机理题和合成题，所选取的题目大部分是各高校历年的考研真题，并给出了详细的答案。希望通过这些例题的解析，学生能掌握机理题和合成题的解题思路。

本书由胡志强、于跃芹、刘永军、袁瑾编写，最后由胡志强统稿。在本书的编写过程中，我们参考了已出版的有关教材，并引用了部分图表、例题和习题，主要参考文献列于书后，在此说明并致谢。

在本书编写过程中，得到青岛科技大学教务处、化学与分子工程学院和有机化学教研室的大力支持，在此深表谢意。青岛科技大学张书圣教授、李明教授和钟惠民教授对本书的编写提出了宝贵的意见，在此表示衷心的感谢！

限于编者水平，本书疏漏之处在所难免，恳请同行专家和读者批评指正。

编　者

2012年2月

目　　录

第 1 章　绪　论

一、内 容 提 要

【一】基本概念

(1) 同分异构体：分子式相同而结构和性质不同的化合物称为同分异构体。

(2) 键的极性(极性共价键)：当两个不同的原子形成共价键时，由于两原子对成键电子云的引力不完全一样，分子的一端电子云密度较大，另一端电子云密度较小。可以认为一个原子带部分负电荷，另一个原子则带部分正电荷。这种由于电子云的不完全对称而呈现极性的共价键称为极性共价键。电负性相差越大，共价键的极性也越大。

(3) 偶极矩：极性共价键的电荷分布不均匀，正电中心和负电中心不相重合，这就构成了一个偶极。正电中心或负电中心的电荷数量 q 与两中心之间的距离 d 的乘积称为偶极矩 μ。

【二】有机化学中的酸碱理论

(1) 阿伦尼乌斯酸碱理论：酸是在水溶液中能电离产生 H^+的物质；碱是在水溶液中能电离产生 OH^-的物质。

(2) 布朗斯特质子理论：凡是能给出质子的物质为酸，而能与质子结合的物质即为碱。

(3) 路易斯电子理论：凡能接受电子对的物质是酸，凡能给出电子对的物质是碱。也就是说，酸和碱分别是电子对的受体和供体，酸碱反应实际上是形成配位键的过程，生成酸碱加合物。

【三】共价键的断裂方式和有机化学反应的类型

(1) 均裂：成键电子对平均分给两个原子或原子团。均裂生成的带有单电子的原子或原子团称为自由基(或游离基)。

$$A:B \longrightarrow A^{\cdot} + {}^{\cdot}B$$

(2) 异裂：另一种共价键的断裂方式是将成键电子对转移给其中的一个原子或原子团，形成负离子，另一个原子或原子团为正离子。

$$A:B \longrightarrow A^+ + B^-$$

二、例 题 讲 解

【例 1-1】　为什么路易斯酸称为亲电试剂，而路易斯碱称为亲核试剂？

解　路易斯酸能接受外来电子对，因此它们具有亲电性。当参与反应时，它们都有亲近另一分子的负电荷中心的倾向，所以从有机反应的角度出发，它们又称为亲电试剂。路易斯碱能给予电子对，因此它们具有亲核性。它们在反应时都有亲近另一分子的正电荷中心的倾向(有机化学中常习惯地把原子核的“核”作为正电荷的同义词)，所以从有机反应的角度出发，它们又称为亲核试剂。

【例 1-2】 在有机化学中，为什么 BF_3、$AlCl_3$、$ZnCl_2$、$SnCl_2$、SO_3 等称为路易斯酸?

解 因为在这些化合物中都具有空轨道可以接受电子对，所以称为路易斯酸。

第 2 章　有机化合物的命名

一、内 容 提 要

【一】系统命名法

掌握烷烃、烯烃和炔烃的系统命名。系统命名法规则如下：

(1) 根据化合物中所含官能团的情况，确定母体，即确定该化合物属于哪一类。

(2) 选择含有主官能团及尽可能含较多官能团的最长碳链为主链，从靠近官能团的一端开始，对主链碳原子进行编号并用阿拉伯数字标示。当具有相同长度的碳链可作为主链时，应选择具有支链最多的碳链作为主链。当主链长度和支链数目相同时，应遵循“最低系列原则”。所谓最低系列原则是指碳链以不同方向编号，得到两种或两种以上的不同编号系列，依次比较各系列位次编号，最先遇到的位次最小者，定为“最低系列”。

(3) 主链上其他支链全部作为取代基。

(4) 书写时根据主链碳原子数目的多少和母体官能团的类型进行命名。当主链碳原子数在 10 以内时，分别用甲、乙、丙、丁、戊、己、庚、辛、壬、癸表示，而当主链碳原子数超过 10 时，则用中文数字十一、十二……表示分子中碳原子数目。母体官能团所在的位置用阿拉伯数字标明，放在母体名称前面。数字与母体名称用连字符“-”连接。

(5) 取代基的名称放在母体名称的前面，并用阿拉伯数字标明取代基的位置。如果主链带有几个相同的取代基，则可以将它们合并，取代基名前用“一 (mono-，常省略)”、“二(di-)”、“三(tri-)”、“四(tetra-)”等数字表明取代基的数目，它们的位次数字之间用逗号“,”隔开。相同位次的相同取代基也要标出取代基的位次，有多少个取代基就有多少个阿拉伯数字表示位次。如果取代基不同，则按取代基英文名字母排序，依次作为前缀列出。表示取代基个数的“di-(二)”、“tri-(三)”、“tetra-(四)”等不参与字母排序，但表示取代基异构类型的“*iso*-(异)”、“*neo*-(新)”参与取代基字母排序。

【二】环烷烃特别是桥环烷烃和螺环烷烃的命名

1. 桥环烷烃的命名规则

(1) 环的编号从某一桥头碳开始，沿最长的桥编至另一个桥头碳，随后继续编较长的桥至起始桥头碳，最后编最短的桥，且应使取代基的位次尽可能小。

(2) 命名时将取代基位次和名称写在前面，桥头碳之间的碳原子数目(不包括桥头碳)从大到小写在方括号中，中间用下角圆点隔开，根据组成桥环烷烃的成环碳原子总数称为某烷。有两个桥头碳原子的桥环化合物母体的名称格式为“双环(bicyclo-)[*n*.*m*.*l*]某烃”。

2. 螺环烷烃的命名规则

螺环的编号先从小环上与螺原子相邻的碳原子开始，沿小环经螺原子编到大环。编号时取代基的位次应尽可能小。命名时先写前缀“螺(spiro-)”，再在方括号内先写除螺原子外的小环上碳原子数目，再写大环上的碳原子数目，数字之间用圆点隔开，最后写出包括螺原子在内的碳原子数的烷烃名称，取代基的位次和名称列在整个名称的最前面。

【三】含氧衍生物和胺的命名

含氧衍生物主要包括醇(R-OH)、酚(Ar-OH)、醚(R-O-R′)、醛($R-\overset{O}{\overset{\|}{C}}-H$)、酮($R-\overset{O}{\overset{\|}{C}}-R'$)、羧酸($R-\overset{O}{\overset{\|}{C}}-OH$)、羧酸衍生物($R-\overset{O}{\overset{\|}{C}}-X$)等。这些基团都是有机化合物中有代表性的官能团，它们的命名有相似之处，一般规律为：首先根据官能团顺序确定主官能团，选择含有主官能团的最长碳链作为母体主链，编号时使主官能团的位次尽可能小。

二、例题讲解

【例 2-1】 命名下列化合物。

(1) 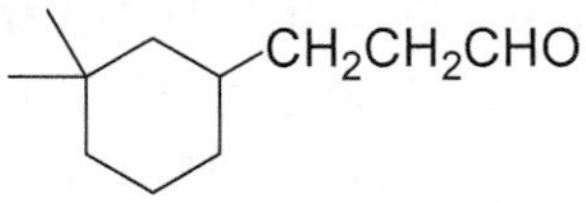 (2) $CH_3COCHCOCH_3$（3位连 $CH_2CH=CH_2$） (3) $BrCH_2CH=CCH_2CH_2COOH$（4位连 CH_2CH_3）

解 (1) 该化合物中最优官能团为醛基，环己基作为取代基，所以该化合物的母体结构为丙醛。命名时，环己基的位次及其上面取代基的位次都要标出(使取代基的编号尽可能小)，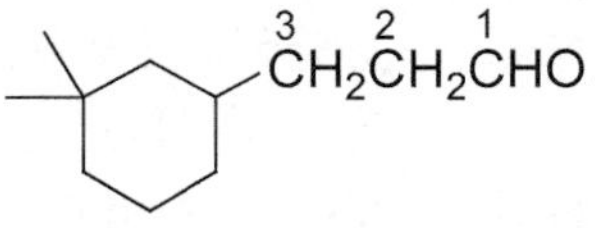。该化合物的名称为：3-(3,3-二甲基环己基)丙醛[3-(3,3-dimethylcyclohexyl)propanal]。

(2) 该化合物中有两个羰基，命名时要将这两个羰基的位置标出。3位上有一个烯丙基取代基，$\overset{5}{C}H_3\overset{4}{C}O\overset{3}{C}H\overset{2}{C}O\overset{1}{C}H_3$（3位连 $CH_2CH=CH_2$），所以该化合物的名称为：3-烯丙基戊-2,4-二酮(3-allylpentane-2,4-dione)。

(3) 该化合物中最优官能团为羧基，两个等长的碳链选择含有双键在内的为主链，命名时从羧基一端开始编号。因分子中 4 位上有一个双键，主链上有六个碳原子，该化合物的主体应命名为己-4-烯酸。$Br\overset{6}{C}H_2\overset{5}{C}H=\overset{4}{C}\overset{3}{C}H_2\overset{2}{C}H_2\overset{1}{C}OOH$（4位连 CH_2CH_3），在 4 位上有一个乙基(ethyl-)取代基，6 位上有一个溴(bromo-)取代基，命名时按取代基字母顺序，所以该化合物的名称为：6-溴-4-乙基己-4-烯酸(6-bromo-4-ethylhex-4-enoic acid)。

三、习题解答

用系统命名法命名下列各类化合物或写出化合物的结构式。

2-1 烷烃。

(1) $CH_3CHCH_2CHCH_2CH_2CH_3$（2位连 CH_3，4位连 CH_2CH_3） (2) 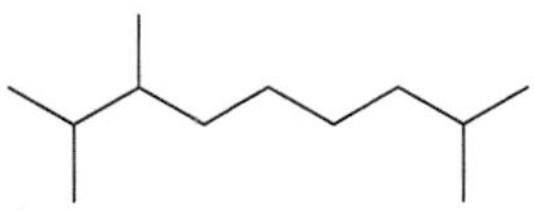 (3) 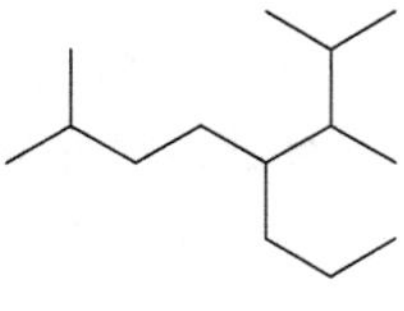

(4) 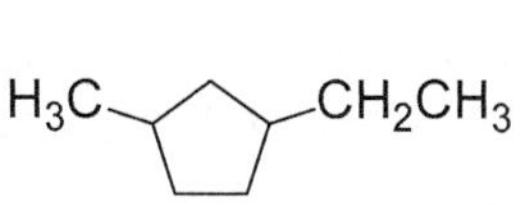　(5) 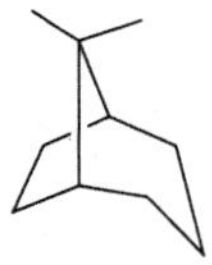　(6) 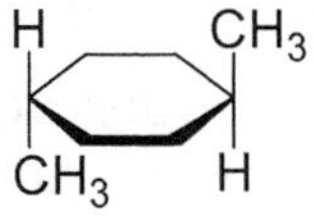　(7) 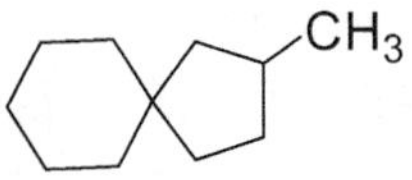

(8) 3,4-二乙基-2,5-二甲基己烷 (9) 4-乙基-2, 4-二甲基辛烷 (10) 新戊烷 (11) 乙基异丙基甲基甲烷 (12) 顺-1-乙基-3-甲基环己烷 (13) 1,4-二甲基双环[2.2.2]辛烷 (14) 螺[2.2]戊烷 (15) 双环[4.4.0]癸烷

解

(1) 4-乙基-2-甲基庚烷(4-ehyl-2-methylheptane)；(2) 2,3,8-三甲基壬烷 (2,3,8-trimethylnonane)；(3) 2,3,7-三甲基-4-丙基辛烷 (2,3,7-trimethyl-4-propyloctane)；(4) 1-乙基-3-甲基环戊烷(1-ethyl-3-methylcyclopentane)；(5) 8,8-二甲基双环[3.2.1]辛烷 (8,8-dimethylbicyclo[3.2.1]octane)；(6) 反-1,4-二甲基环己烷 (*trans*-1,4-dimethylcyclohexane)；(7) 2-甲基螺[4.5]癸烷 (2-methylspiro[4.5]decane)

(8) 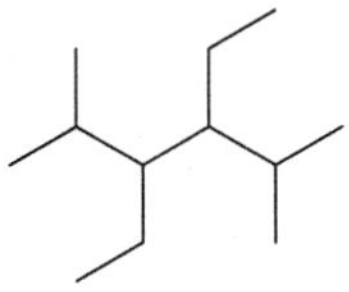　(9) 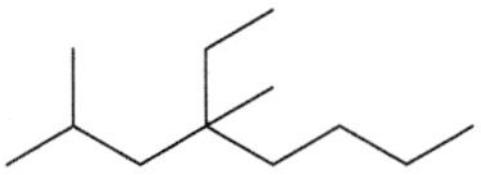　(10) 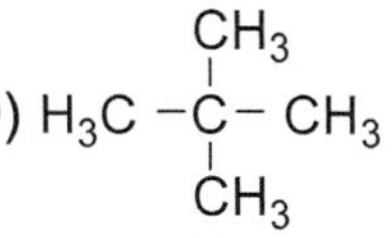　(11) 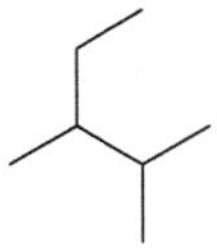

(12) 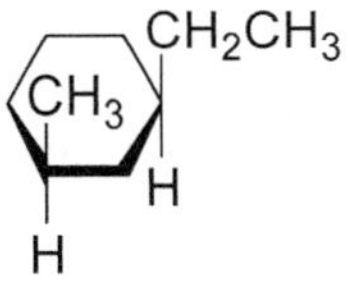　(13) 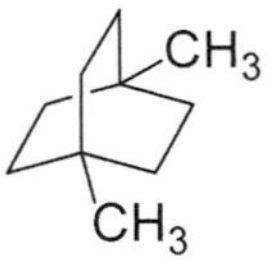　(14) 　(15) 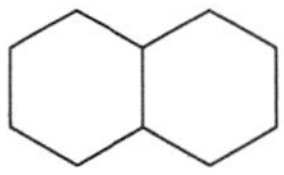

2-2　烯烃和炔烃。

(1) 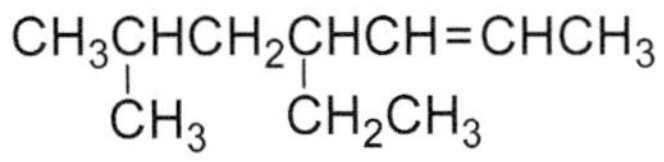　(2) 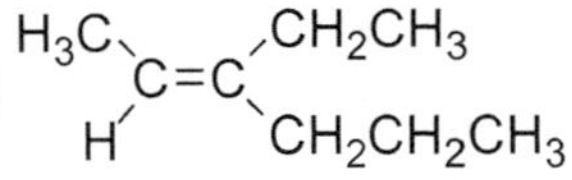　(3) 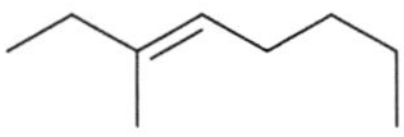

(4) 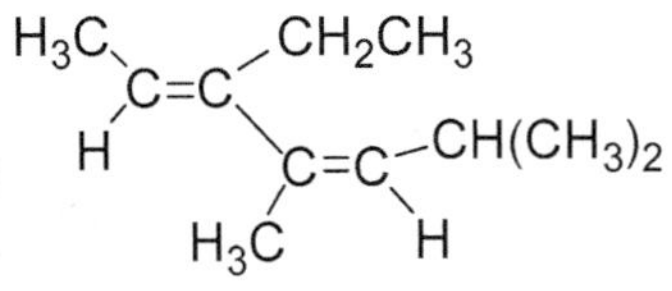　(5) 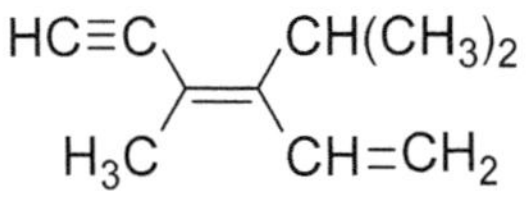　(6) 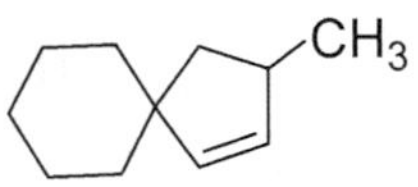

(7) 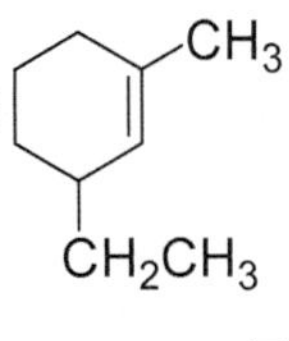　(8) 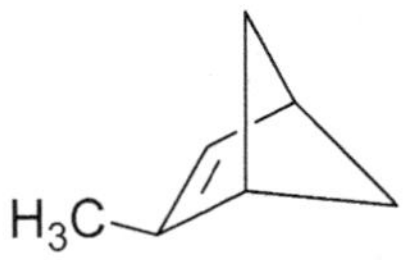　(9) 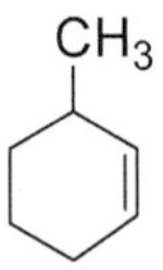

(10) 2,3-二甲基丁-1-烯；(11) 3-乙基-2,4,5,6-四甲基辛-3,5-二烯；(12) 辛-2-炔；(13) 2,2,5,5-四甲基己-3-炔；(14) 4-乙基-6-甲基辛-5-烯-2-炔；(15) 乙烯基；(16) 烯丙基；(17) 丙烯基；(18) 异丙烯基；(19) 螺[4.5] 癸-1,6-二烯

解

(1) 4-乙基-6-甲基庚-2-烯(4-ethyl-6-methylhept-2-ene)；(2) 3-乙基己-2-烯(3-ethylhex-2-ene)；(3) 3-甲基辛-3-烯(3-methyloct-3-ene)；(4) (2*E*,4*Z*)-3-乙基-4,6-二甲基庚-2,4-二烯[(2*E*,4*Z*)-3-ethyl-4,6-dimethylhepta-2,4-diene]；(5) 3-异丙基-4-甲基己-1,3-二烯-5-炔(3-isopropyl-4-

methylhexa-1,3-dien-5-yne)；(6) 3-甲基螺[4.5]癸-1-烯(3-methylspiro[4.5]dec-1-ene)；(7) 3-乙基-1-甲基环己烯(3-ethyl-1-methylcyclohexene)；(8) 2-甲基双环[2.1.1]己-2-烯(2-methylbicyclo[2.1.1]hex-2-ene)；(9) 3-甲基环己烯(3-methylcyclohexene)

(10) 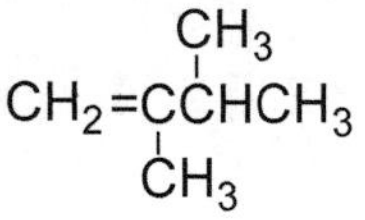

(11) 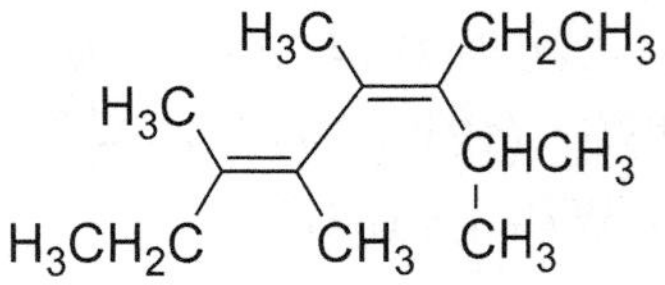

(12) $CH_3C{\equiv}CCH_2CH_2CH_2CH_2CH_3$

(13) 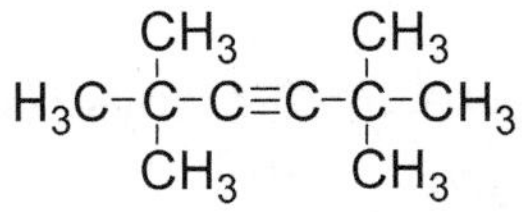

(14) 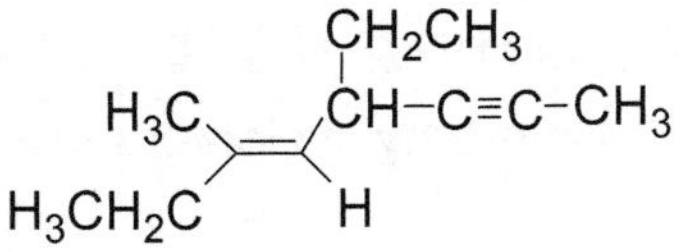

(15) $CH_2{=}CH{-}$　(16) $CH_2{=}CHCH_2{-}$

(17) $CH_3CH{=}CH{-}$

(18) 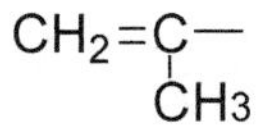

(19) 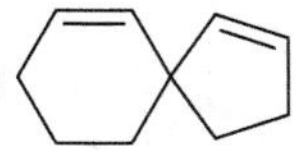

2-3　芳烃及其衍生物。

(1) 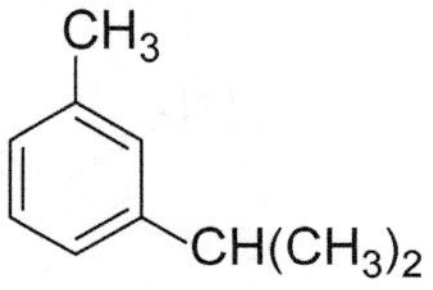

(2) 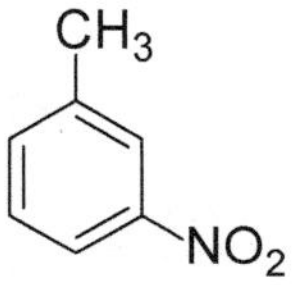

(3) 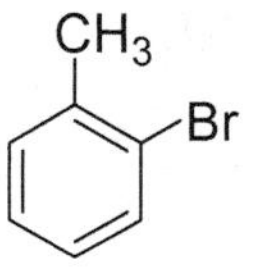

(4) 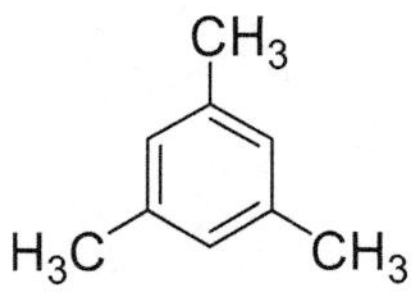

(5) 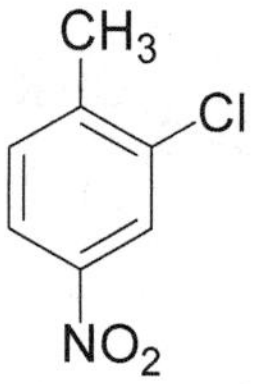

(6) 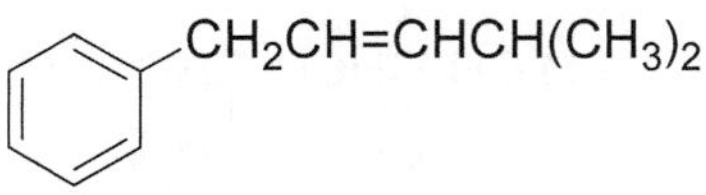

(7) 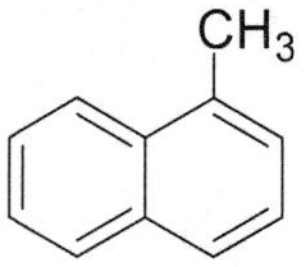

(8) 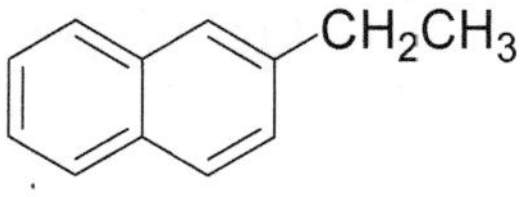

(9) 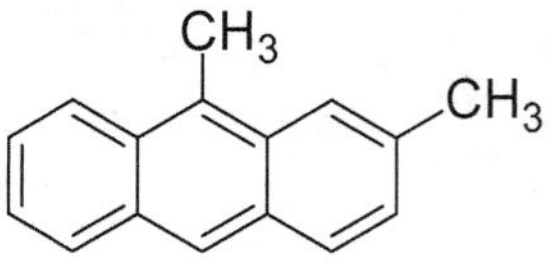

(10) 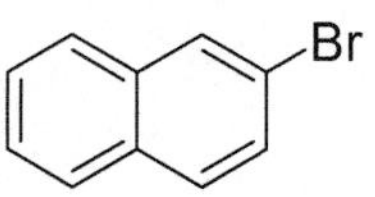

(11) 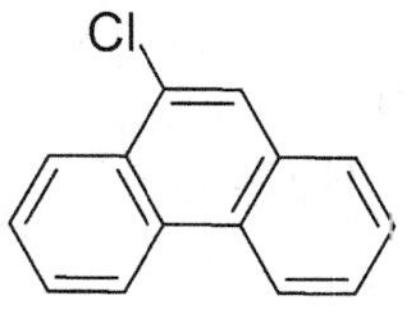

(12) 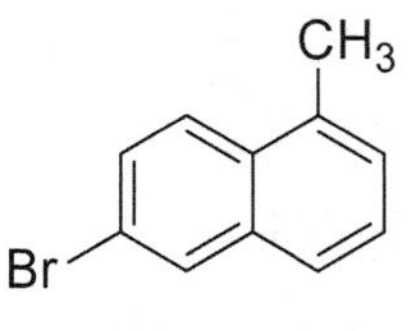

(13) 对二硝基苯；(14) 间氯苯基乙炔；(15) 异丙苯；(16) 邻二甲苯；(17) 间二乙烯基苯；(18) 3-氯-2′-硝基联苯；(19) 3-环己基甲苯；(20) 1,5-二硝基萘；(21) 2,4,6-三硝基甲苯；(22) 9-溴代菲；(23) 3-苯基丙-1-炔；(24) 2,3-二甲基-1-苯基己烯

解

(1) 间异丙基甲苯/1-异丙基-3-甲基苯(*m*-cymene/1-isopropyl-3-methylbenzene/3-isopropyltoluene)；(2) 1-甲基-3-硝基苯/间硝基甲苯(1-methyl-3-nitrobenzene/3-nitrotoluene)；(3) 邻溴甲苯/1-溴-2-甲基苯(1-bromo-2-methylbenzene)；(4) 均三甲苯(mesitylene/1,3,5-

trimethylbenzene)；(5) 2-氯-1-甲基-4-硝基苯(2-chloro-1-methyl-4-nitrobenzene)；(6) 1-苯基-4-甲基戊-2-烯(1-phenyl-4-methylpent-2-ene)；(7) 1-甲基萘/α-甲基萘(1-methylnaphthalene)；(8) 2-乙基萘/β-乙基萘(2-ethylnaphthalene)；(9) 2,9-二甲基蒽(2,9-dimethylanthracene)；(10) β-溴萘/2-溴萘(2-bromonaphthalene)；(11) 9-氯菲(9-chlorophenanthrene)；(12) 6-溴-1-甲基萘(6-bromo-1-methylnaphthalene)

(13) 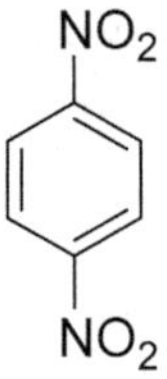

(14) 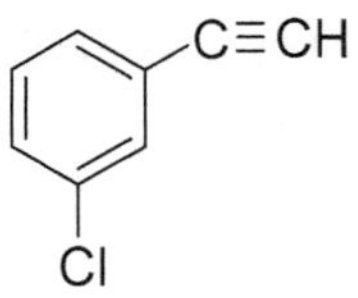

(15) 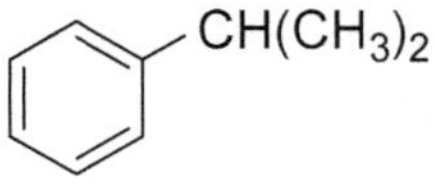

(16) 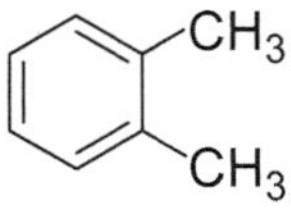

(17) 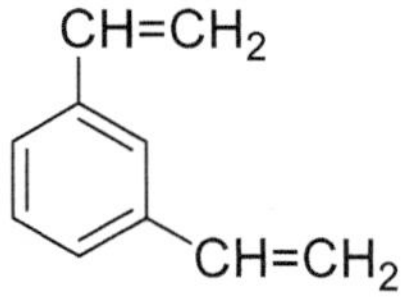

(18) 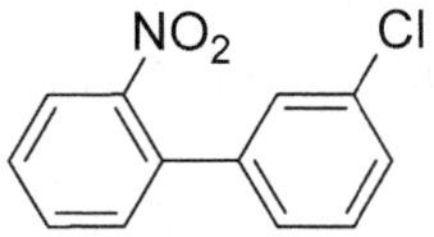

(19) 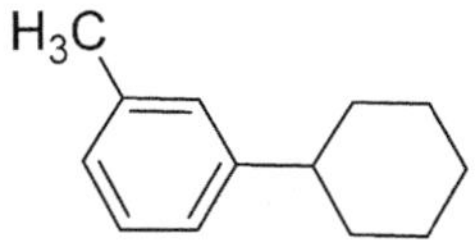

(20) 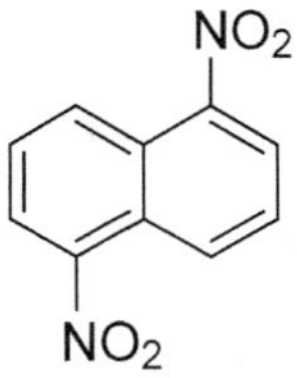

(21) 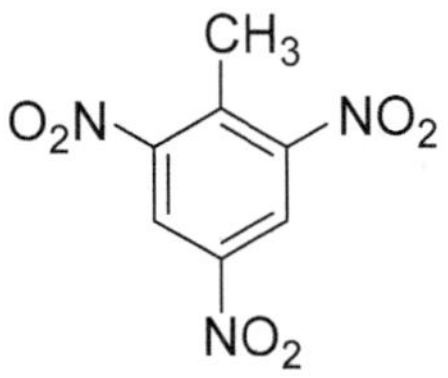

(22) 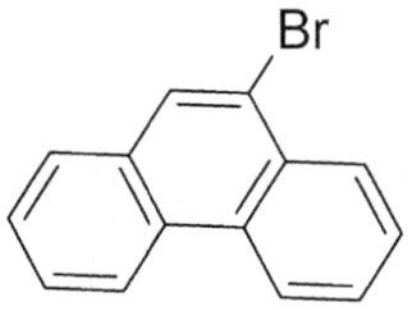

(23) 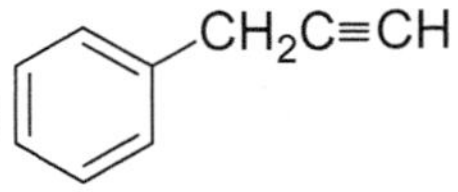

(24) 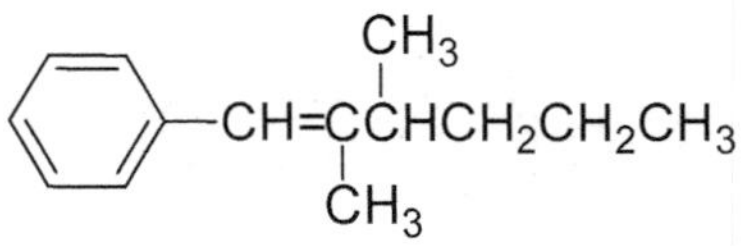

2-4　卤代烃。

(1) 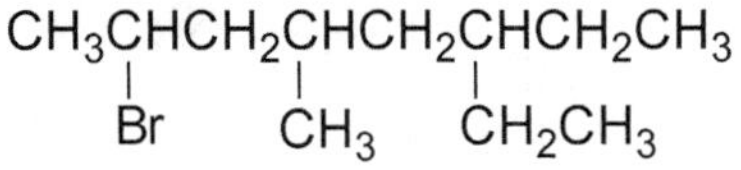

(2) $CH_2ClCH_2CH_2CH_2Cl$

(3) 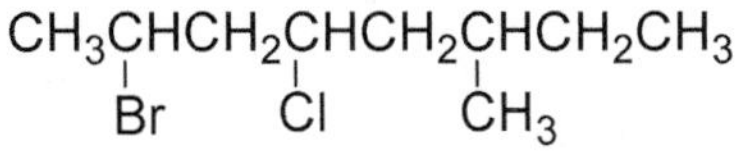

(4) 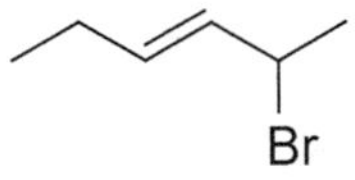

(5) 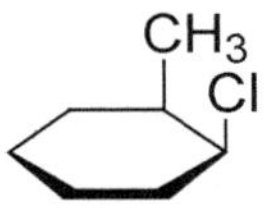

(6) 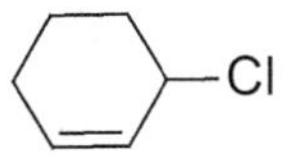

(7) 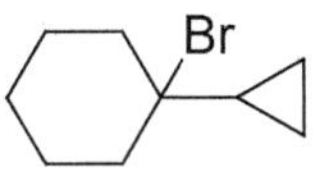

(8) 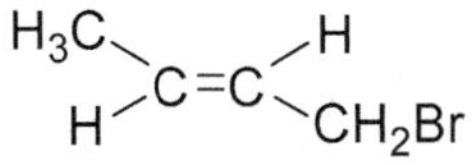

(9) 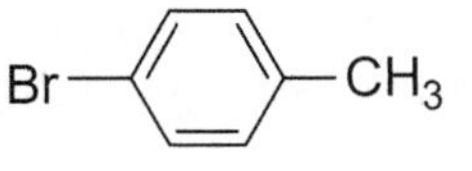

(10) 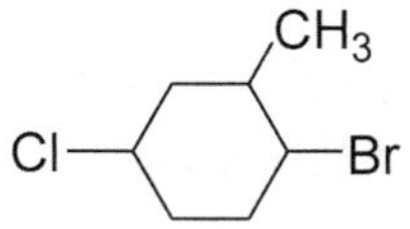

(11) 烯丙基氯；(12) 叔丁基溴；(13) 5-氯-4-甲基戊-2-炔；(14) 偏二氯乙烯；(15) 二氟

二氯甲烷；(16) 2-溴-1-苯基乙烷；(17) 苄氯；(18) (*Z*)- 4-溴-3-溴乙基戊-3-烯-1-炔

解 (1) 2-溴-6-乙基-4-甲基辛烷(2-bromo-6-ethyl-4-methyloctane)；(2) 1,4-二氯丁烷(1,4-dichlorobutane)；(3) 2-溴-4-氯-6-甲基辛烷(2-bromo-4-chloro-6-methyloctane)；(4) 2-溴己-3-烯(2-bromohex-3-ene)；(5) 顺-1-氯-2-甲基环己烷(*cis*-1-chloro-2-methylcyclohexane)；(6) 3-氯环己烯(3-chlorocyclohexene)；(7) 1-溴-2-环丙基环己烷(1-bromo-2-cyclopropylcyclohexane)；(8) 1-溴丁-2-烯(1-bromobut-2-ene)；(9) 对溴甲苯(1-bromo-4-methylbenzene)；(10) 1-溴-4-氯 2-甲基环己烷(1-bromo-4-chloro-2-methylcyclohexane)

(11) $CH_2=CHCH_2Cl$　(12) $(CH_3)_3CBr$　(13) 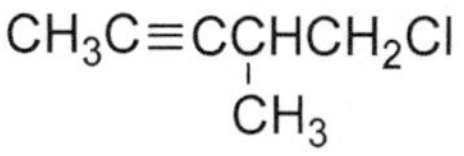

(14) $CH_2=C(Cl)_2$　(15) CF_2Cl_2　(16) 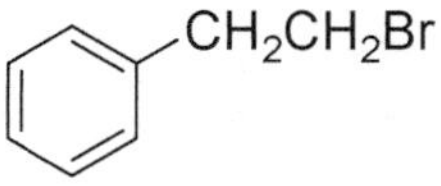

(17) 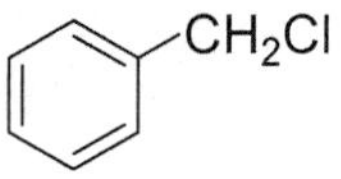　(18) 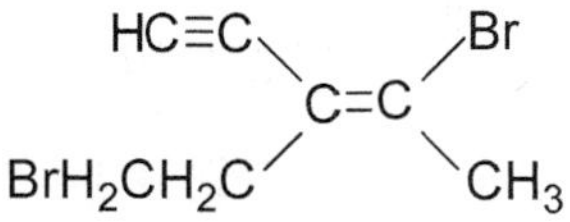

2-5 醇、酚、醚。

(1) 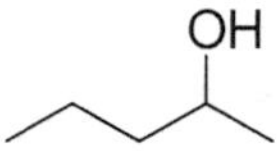　(2) 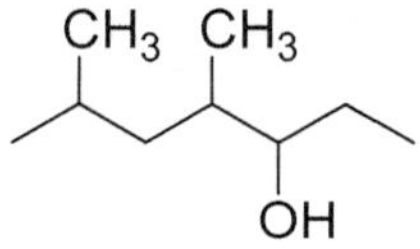　(3) 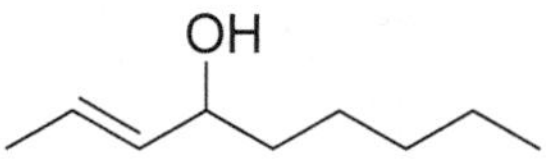

(4) 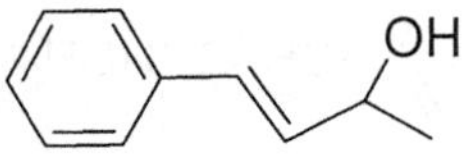　(5) 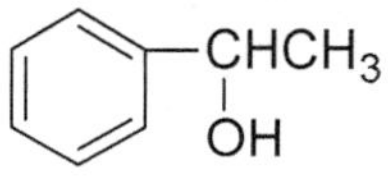　(6) 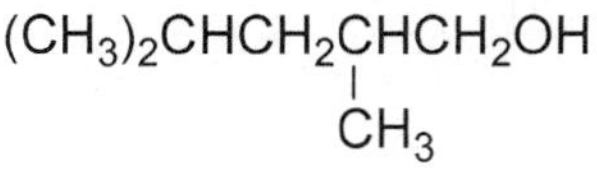

(7) 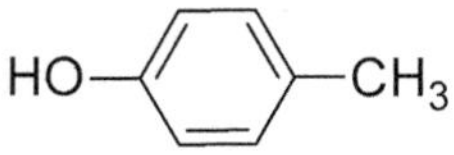　(8) 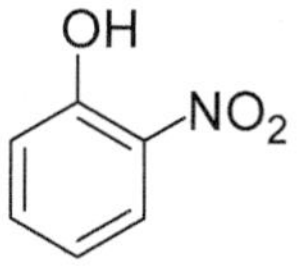　(9) 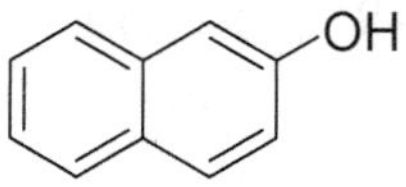

(10) 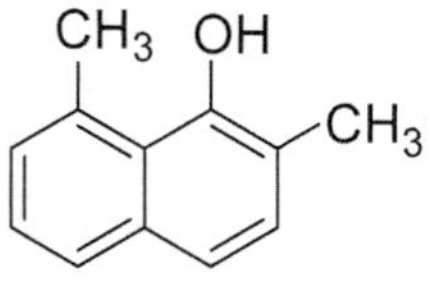　(11) 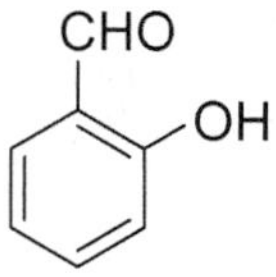　(12) 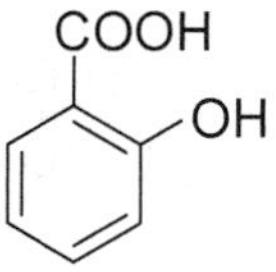

(13) $CH_3OCH(CH_3)_2$　(14) 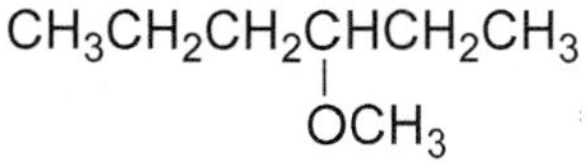

(15) 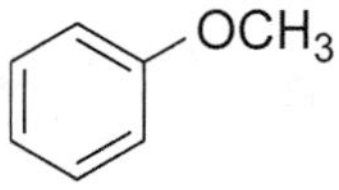　(16) $C_6H_5CH_2OCH_2CH=CH_2$

(17) 异戊醇；(18) (*E*)-4-溴-2,3-二甲基戊-2-烯-1-醇；(19) 5-硝基萘-1-酚；(20) 邻甲苯酚；(21) *α*-萘酚；(22) 对硝基苄基丙基醚；(23) *α*,*β*-二苯基乙醇；(24) 季戊四醇；(25) 1-甲氧基-2,2-二甲基丁烷

解

(1) 戊-2-醇(pentan-2-ol)；(2) 4, 6-二甲基庚-3-醇(4,6-dimethylheptan-3-ol)；(3) 壬-2-烯-4-醇(non-2-en-4-ol)；(4) 4-苯基丁-3-烯-2-醇(4-phenylbut-3-en-2-ol)；(5) 1-苯基乙醇(1-phenylethanol)；(6) 2, 4-二甲基戊-1-醇(2,4-dimethylpentan-1-ol)；(7) 对甲苯酚/4-甲基苯酚(4-methylphenol)；(8) 邻硝基苯酚/2-硝基苯酚(2-nitrophenol)；(9) 萘-2-酚(或 β-萘酚)(naphthalen-2-ol)；(10) 2, 8-二甲基萘-1-酚(2,8-dimethylnaphthalen-1-ol)；(11) 邻羟基苯甲醛/2-羟基苯甲醛(2-hydroxybenzaldehyde)；(12) 邻羟基苯甲酸/2-羟基苯甲酸(2-hydroxybenzoic acid)；(13) 异丙基甲基醚/2-甲氧基丙烷(isopropylmethylether/2-methoxypropane)；(14) 3-甲氧基己烷(3-methoxyhexane)；(15) 苯甲醚(methoxybenzene/phenylmethylether)；(16) 烯丙基苄基醚 (allylbenzylether)

(17) 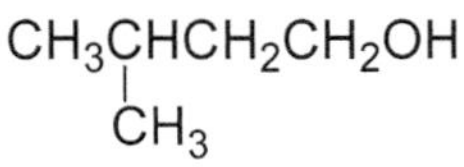　(18) 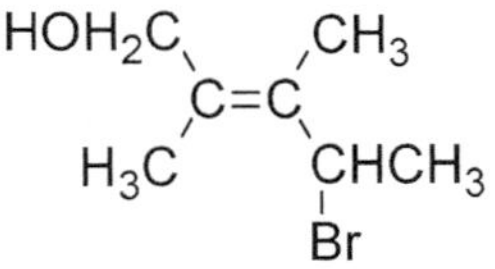　(19) 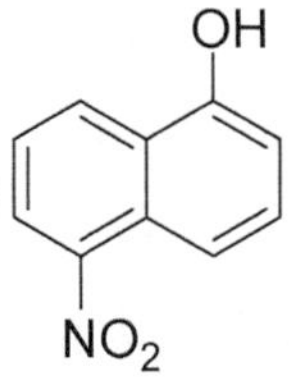

(20) 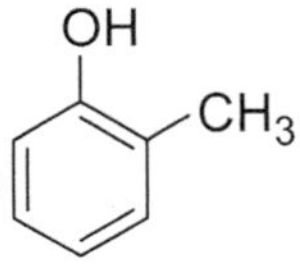　(21) 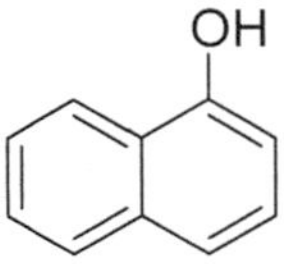　(22) 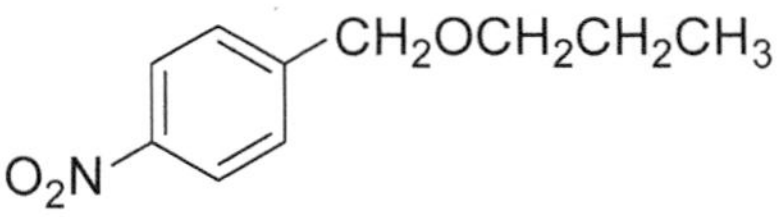

(23) 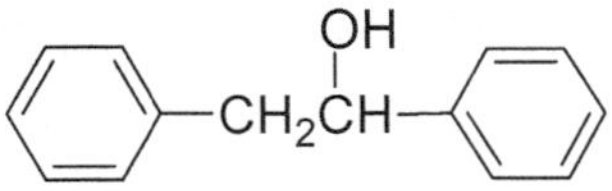　(24) $C(CH_2OH)_4$　(25) 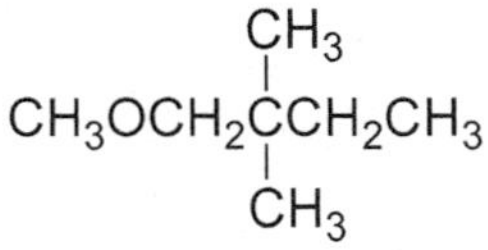

2-6　醛、酮。

(1) 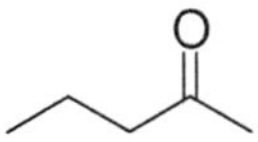　(2) 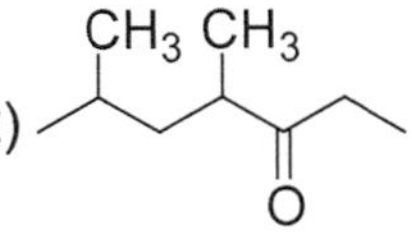　(3) 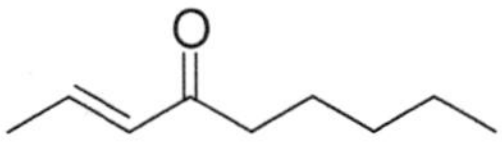

(4) 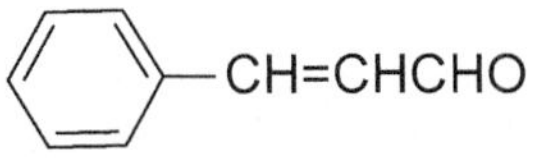　(5) 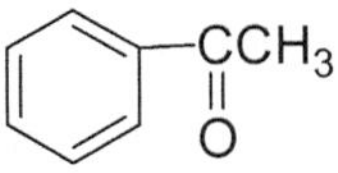　(6) 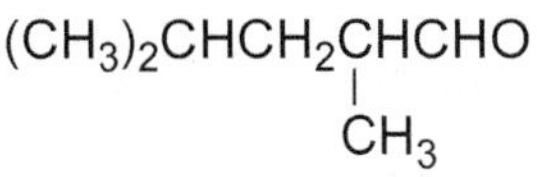

(7) 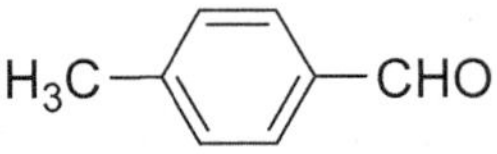　(8) 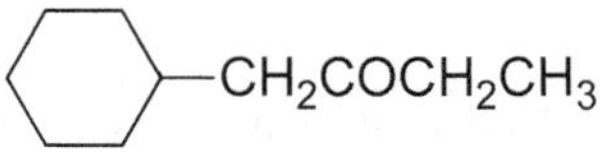　(9) 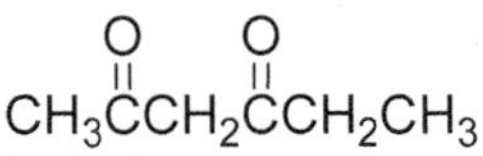

(10) 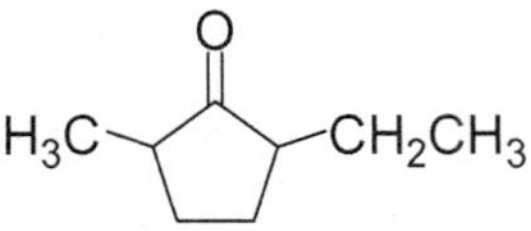

(11) 4-羟基-3-甲氧基苯甲醛；(12) 水杨醛；(13) β-羟基丙醛；(14) 反-2-氯-4-甲氧基环戊酮；(15) 戊-2,4-二烯醛；(16) 二苯甲酮；(17) 环己-1,3-二酮；(18) 环己基甲醛

解　(1) 戊-2-酮(pentan-2-one)；(2) 4, 6-二甲基庚-3-酮(4,6-dimethylheptan-3-one)；(3) 壬-2-烯-4-酮(non-2-en-4-one)；(4) 3-苯基丙烯醛(肉桂醛)(3-phenylpropenal)；(5) 1-苯基乙酮(苯

乙酮)(1-phenylethanone)；(6) 2,4-二甲基戊醛(2,4-dimethylpentanal)；(7) 对甲苯甲醛(4-methylbenzaldehyde)；(8) 1-环己基丁-2-酮(1-cyclohexylbutan-2-one)；(9) 己-2, 4-二酮(hexane-2,4-dione)；(10) 2-乙基-5-甲基环戊酮(2-ethyl-5-methylcyclopentanone)

(11) 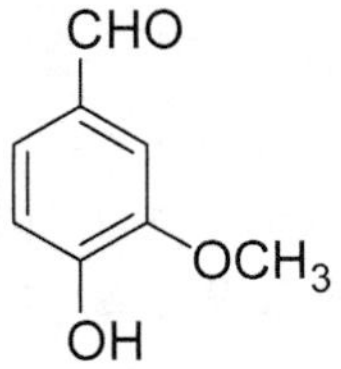　　(12) 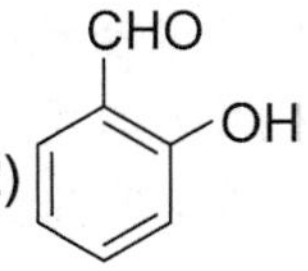　　(13) $HOCH_2CH_2CHO$

(14) 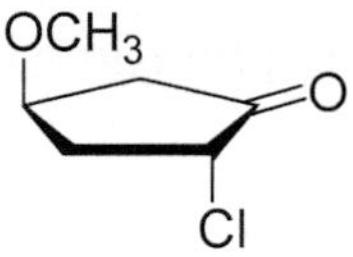　　(15) CH_2=CHCH=CHCHO　　(16) 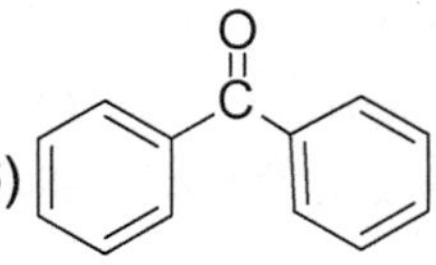

(17) 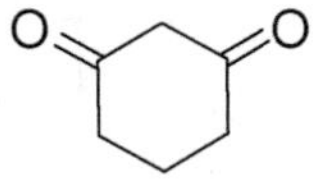　　(18) 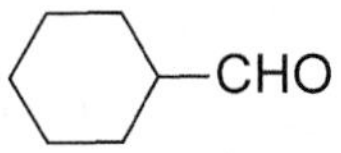

2-7　羧酸及其衍生物。

(1) 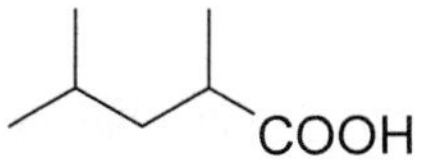　　(2) 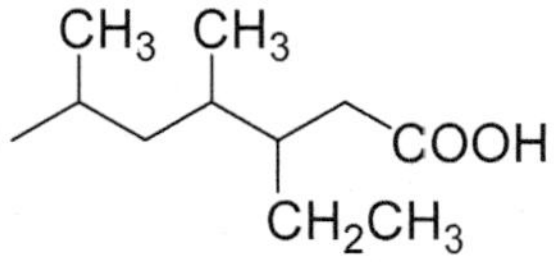　　(3) 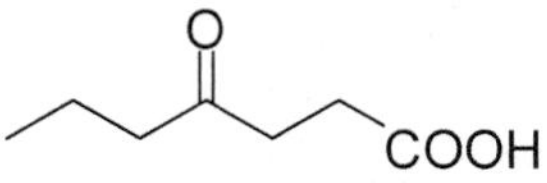

(4) 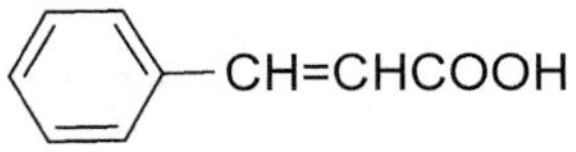　　(5) 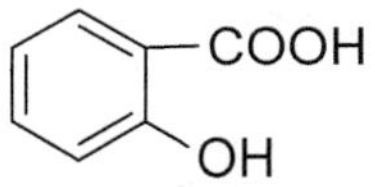　　(6) $(CH_3)_2CHCH_2CH(CH_3)CH_2COOH$

(7) 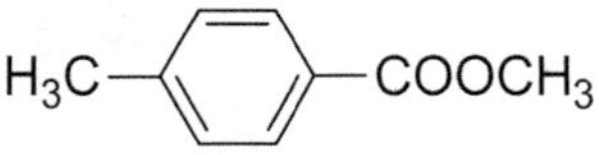　　(8) 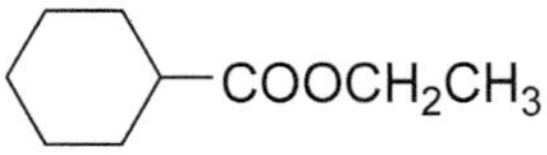　　(9) 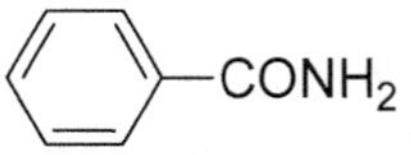

(10) 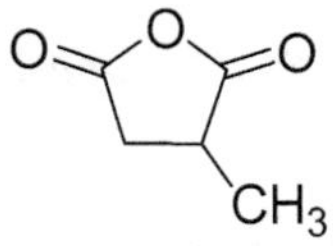　　(11) 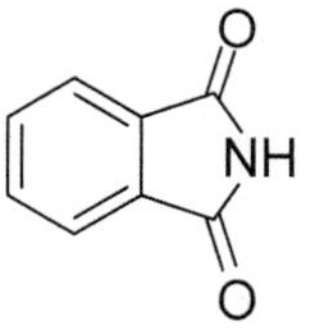　　(12) $CH_3C(=O)-N(CH_3)_2$

(13) 草酸；(14) 苯乙酸苯甲酯；(15) 3-苯基丙酸；(16) ε-己内酰胺；(17) 6-溴-4-乙基己-4-烯酸；(18) 乙酸苯酯；(19) *N*-苯基苯甲酰胺；(20) *N*-甲基邻苯二甲酰亚胺

解

(1) 2,4-二甲基戊酸(2,4-dimethylpentanoic acid)；(2) 3-乙基-4,6-二甲基庚酸(3-ethyl-4,6-dimethylheptanoic acid)；(3) 4-氧亚基庚酸(4-庚酮酸)(4-oxoheptanoic acid)；(4) 3-苯基丙烯酸(肉桂酸)(3-phenylacrylic acid)；(5) 邻羟基苯甲酸(2-hydroxybenzoic acid)；(6) 3,5-二甲基己酸(3,5-dimethylhexanoic acid)；(7) 对甲基苯甲酸甲酯(methyl 4-methylbenzoate)；(8) 环己基甲酸乙酯(ethyl cyclohexanecarboxylate)；(9) 苯甲酰胺(benzamide)；(10) 2-甲基丁二酸酐(2-methyl-butanedioic anhydride)；(11) 邻苯二甲酰亚胺(phthalimide)；(12) *N*,*N*-二甲基乙酰胺 (*N*,*N*-dimethyl acetamide)

(13) HOOCCOOH

(14) 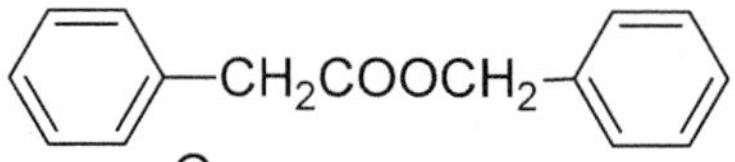

(15) 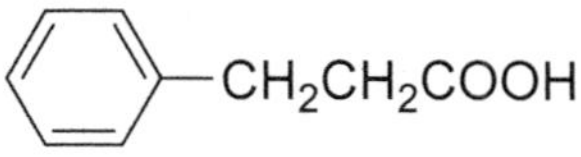

(16) 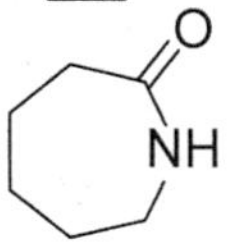

(17) 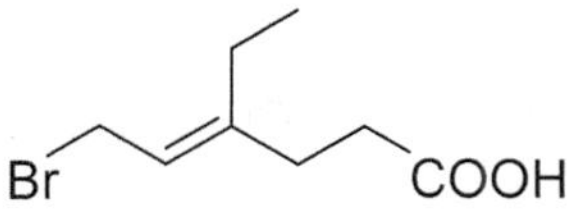

(18) 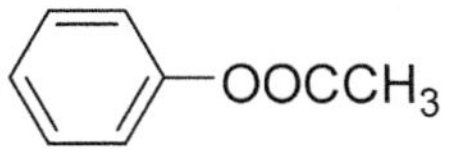

(19) 

(20) 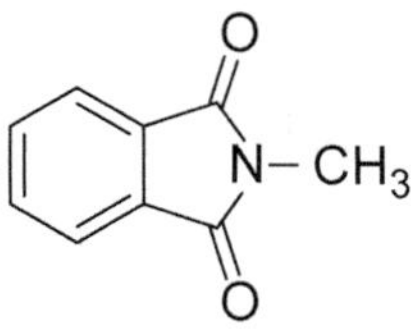

2-8　含氮化合物。

(1) 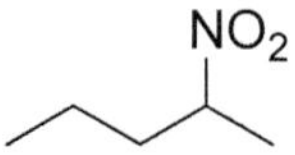

(2) 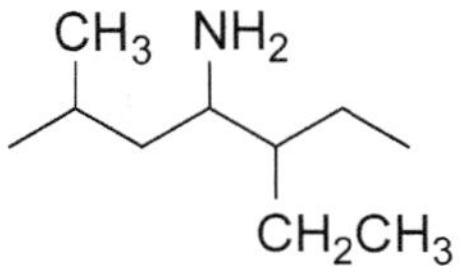

(3) 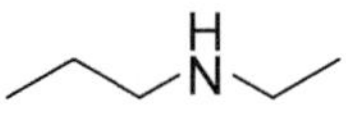

(4) 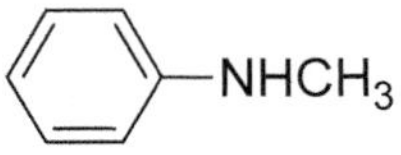

(5) 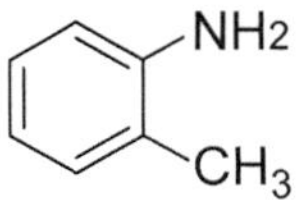

(6) $NH_2CH_2CH_2NH_2$

(7) 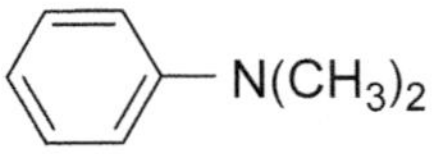

(8) 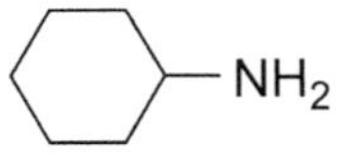

(9) 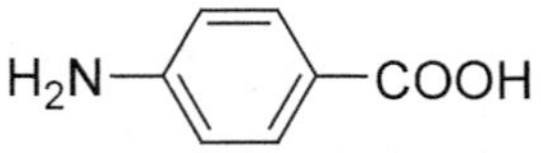

(10) 间硝基乙酰苯胺；(11) 甲胺硫酸盐；(12) *N*-乙基-*N*-甲基苯胺；(13) 对甲苄胺；(14) 己-1,6-二胺；(15) *β*-萘胺；(16) 2-氨基-4-甲氨基己烷；(17) *N*-环己基乙酰胺

解　(1) 2-硝基戊烷(2-nitropentane)；(2) 4-氨基-5-乙基-2-甲基庚烷(4-amino-5-ethyl-2-methylheptane)；(3) 乙基丙基胺(ethylpropylamine)；(4) *N*-甲基苯胺(*N*-methylaniline)；(5) 邻甲苯胺(*o*-tolylamine)；(6) 乙二胺(ethane-1,2-diamine)；(7) *N*, *N*-二甲基苯胺 (*N*,*N*-dimethylaniline)；(8) 环己胺(cyclohexylamine)；(9) 对氨基苯甲酸(4-aminobenzoic acid)

(10) 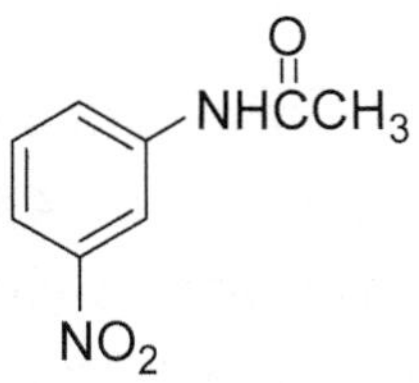

(11) $CH_3\overset{+}{N}H_2SO_4^-$

(12) 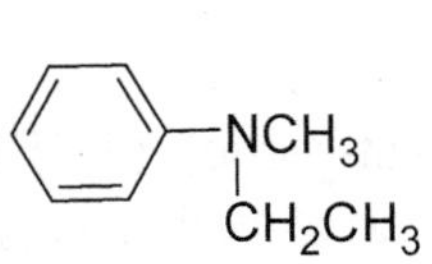

(13) 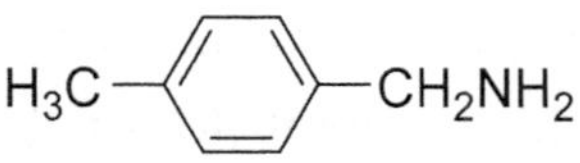

(14) 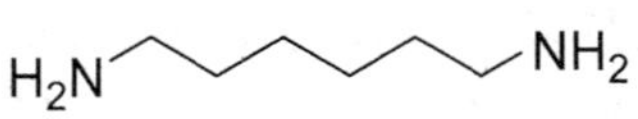

(15) 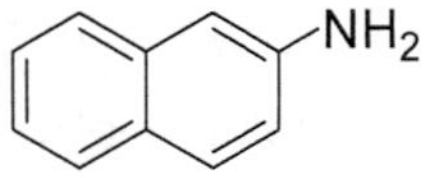

(16) 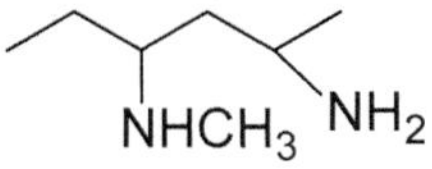

(17) 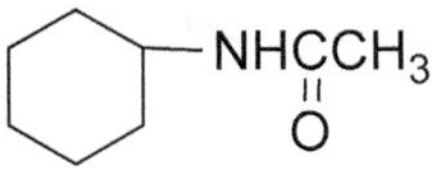

四、补充习题及答案

2-1　用系统命名法命名下列化合物。

(1) 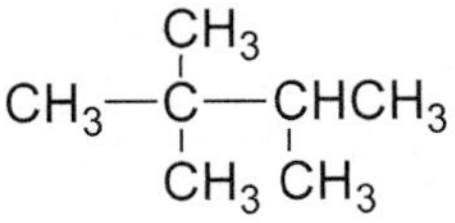

(2) 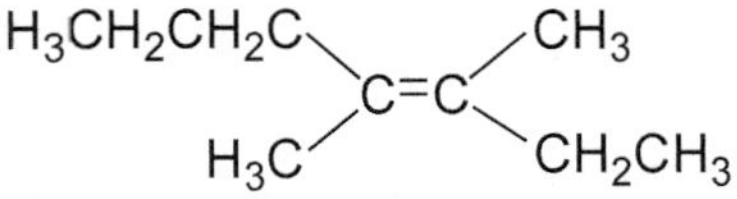

(3) 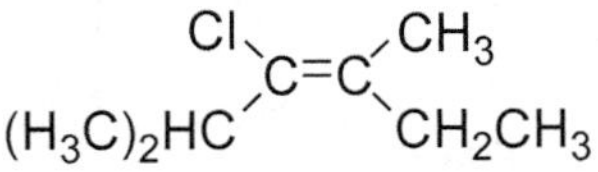

(4) 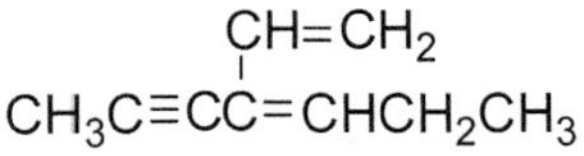

(5) 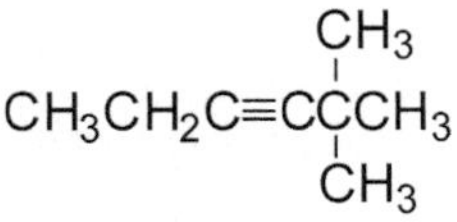

(6) 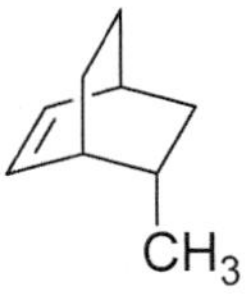

(7) 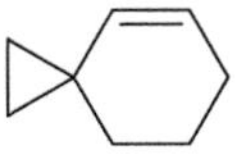

(8) 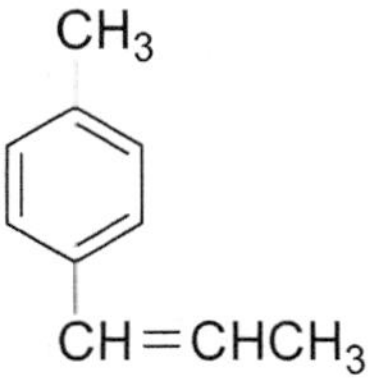

(9) 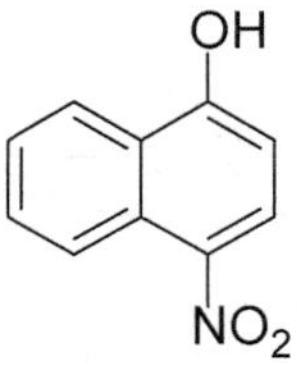

(10) 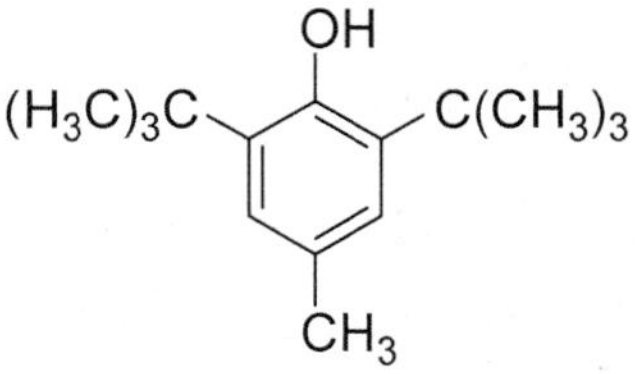

(11) 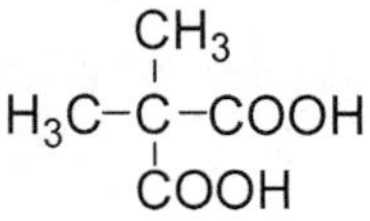

(12) 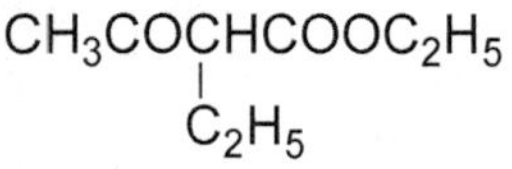

解

(1) 2,2,3-三甲基丁烷(2,2,3-trimethylbutane)；(2) (*E*)-3,4-二甲基庚-3-烯(3,4-dimethylhept-3-ene)；(3) (*E*)-3-氯-2,4-二甲基己-3-烯[(*E*)-3-chloro-2,4-dimethylhex-3-ene]；(4) 4-乙烯基庚-4-烯-2-炔(4-vinylhept-4-en-2-yne)；(5) 2,2-二甲基己-3-炔(2,2-dimethylhex-3-yne)；(6) 5-甲基双环[2.2.2]辛-2-烯(5-methylbicyclo[2.2.2]oct-2-ene)；(7) 螺[2.5]辛-4-烯(spiro[2.5]oct-4-ene)；(8) 1-甲苯-4-丙烯基苯(1-methyl-4-propenylbenzene)；(9) 4-硝基萘-1-酚(4-nitronaphthalen-1-ol)；(10) 2,6-二叔丁基-4-甲基苯酚(2,6-di-tert-butyl-4-methylphenol)；(11) 2,2-二甲基丙二酸(2,2-dimethylmalonic acid)；(12) 2-乙基-3-丁酸乙酯(ethyl 2-ethyl-3-oxobutanoate)

2-2　写出下列化合物的结构式。

(1) THF；(2) 2-氯吡啶；(3) 邻苄基苯乙酮；(4) 茴香醚；(5) 水杨酸异丁酯；(6) DMF；(7) 甘

油；(8) 安息香酸；(9) DMSO；(10) 肉桂醛；(11) 水杨酸；(12) 蚁酸；(13) 苦味酸；(14) 月桂醇；(15) NBS；(16) 巴豆醛；(17) 马来酸；(18) 草酸；(19) 马来酸酐；(20) 糠醛

解　(1) 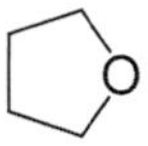

(2) 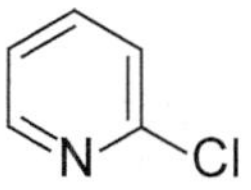

(3) 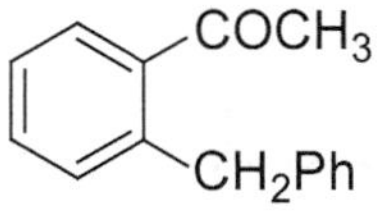

(4) 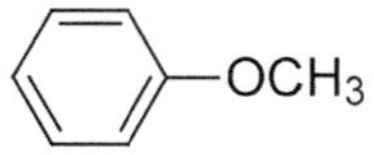

(5) 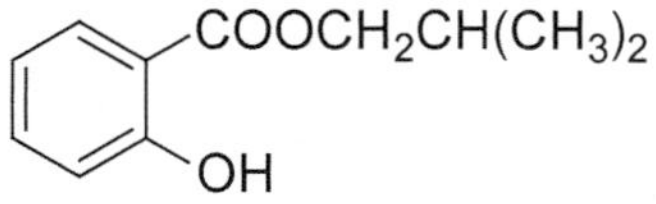

(6) $HCON(CH_3)_2$

(7) $HOCH_2CHOHCH_2OH$

(8) 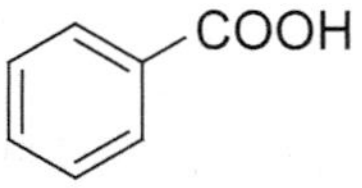

(9) 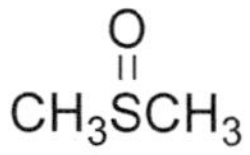

(10) 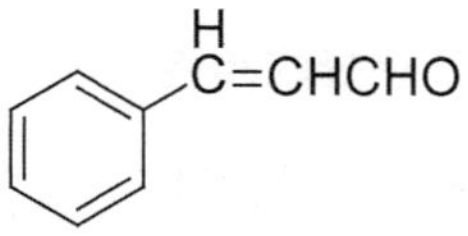

(11) 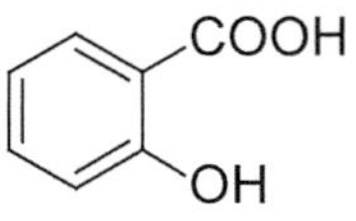

(12) HCOOH

(13) 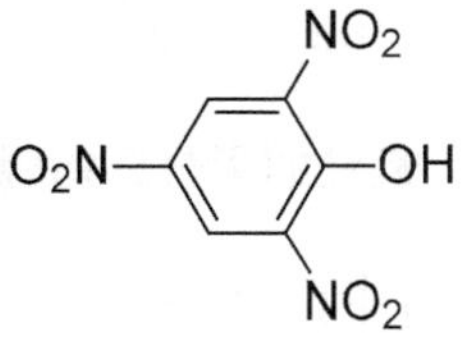

(14) $C_{12}H_{25}OH$

(15) 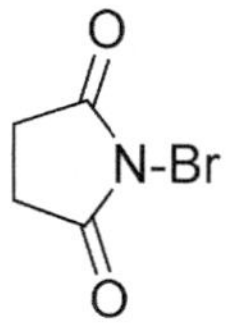

(16) $CH_3CH{=}CHCHO$

(17) 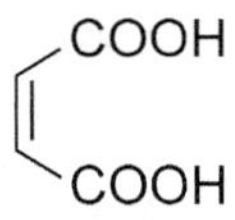

(18) 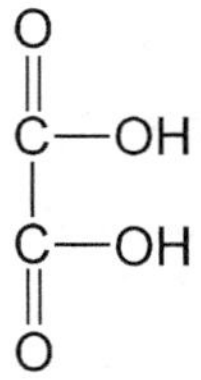

(19) 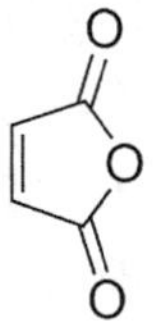

(20) 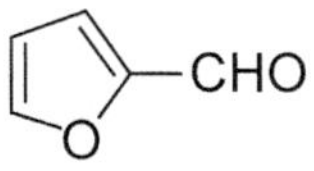

第 3 章　饱　和　烃

一、内 容 提 要

【一】烷烃的结构

烷烃中的碳原子都是以 sp^3 杂化轨道与其他原子形成 σ 键。由于 sp^3 杂化轨道的夹角要求保持 109.5°，因此烷烃分子中的键角也必须保持在 109.5°左右，为正四面体结构。

【二】烷烃的同分异构现象

(1) 同分异构现象。

(2) 链烷烃的构象异构的三种表示方法：透视式、锯架式和 Newman(纽曼)投影式及其之间的相互转化。

【三】乙烷的构象、正丁烷的构象及其对应的能量关系

(1) 乙烷的两种极限构象为：重叠式和交叉式。重叠式构象中，由于前后碳上的氢原子间的距离最近，相互间斥力最大，因此重叠式构象能量最高；交叉式构象中，前后碳上的氢原子间的距离最远，相互间斥力最小，因此交叉式构象的能量最低。

(2) 丁烷的四种极限构象为：全重叠式、部分重叠式、邻位交叉式、对位交叉式。其能量顺序为：全重叠式 > 部分重叠式 > 邻位交叉式 > 对位交叉式。

【四】环己烷的构象及取代环己烷的优势构象

(1) 环己烷主要有两种构象：椅式构象和船式构象，其中椅式构象能量较低。

(2) 取代环烷烃采取椅式构象，当环上有不同取代基时，体积较大的取代基连在 e 键上最稳定，这种构象属于优势构象。对于多取代环己烷，e 键上连的取代基越多越稳定，所以 e 键上取代基最多的构象是它的优势构象。

【五】烷烃的化学性质

烷烃的化学性质稳定，在一般条件下(常温、常压)与大多数试剂如强酸、强碱、强氧化剂、强还原剂及活泼金属都不发生反应。烷烃可发生自由基卤代反应。

【六】环烷烃的性质

小环(三元环和四元环)可与卤素、卤化氢等发生开环加成反应。大环(五元环和六元环)发生卤代反应。

二、例 题 讲 解

【例 3-1】　写出 4-叔丁基-2-乙基-1-甲基环己烷的优势构象。

解　对于多取代的环己烷，其优势构象为椅式构象，取代基尽可能多的位于平伏键上，同时，大基团优先位于平伏键上。所以，上述化合物的优势构象为

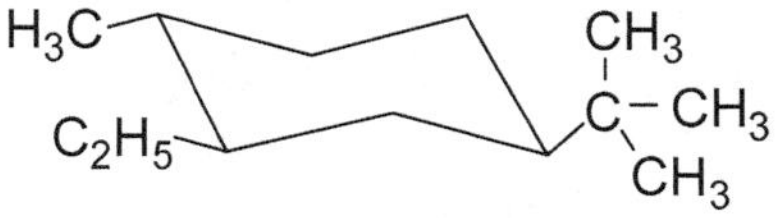

【例 3-2】　写出 1-异丙基-4-甲基环己烷的两个异构体，并比较其稳定性。

解　其两个异构体为反-1-异丙基-4-甲基环己烷和顺-1-异丙基-4-甲基环己烷。由于前者的优势构象中两个取代基均位于平伏键，所以前者稳定。

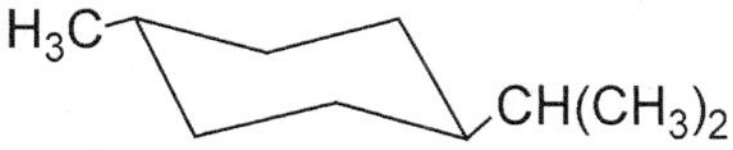

反-1-异丙基-4-甲基环己烷

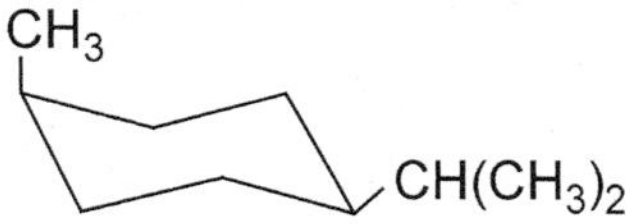

顺-1-异丙基-4-甲基环己烷

【例 3-3】　哪一种或哪几种相对分子质量为 86 的烷烃有：(1)两个一溴代产物；(2)三个一溴代产物；(3)四个一溴代产物；(4)五个一溴代产物?

解　相对分子质量为 86 的烷烃应为开链己烷。有几个一溴代产物，说明应该有几种氢原子。己烷的同分异构体包括以下分子：

(1) $CH_3CH_2CH_2CH_2CH_2CH_3$

3种氢

(2) 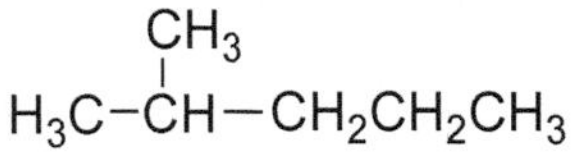

5种氢

(3) 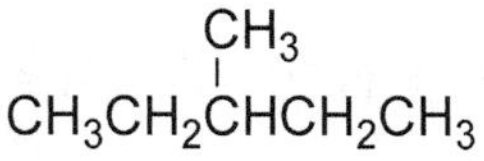

4种氢

(4) 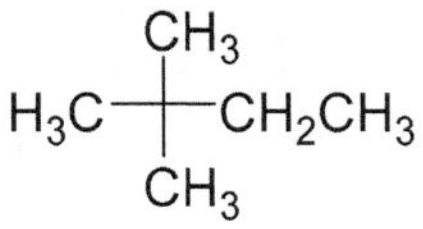

3种氢

(5) 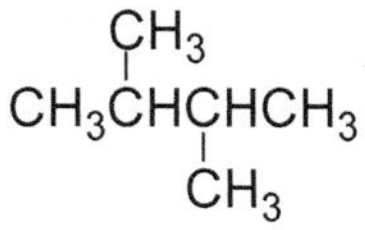

2种氢

所以，(5)有两个一溴代产物；(1)和(4)有三个一溴代产物；(3)有四个一溴代产物；(2)有五个一溴代产物。

【例 3-4】　将下列烷基自由基按稳定性大小排序。

(1) $\dot{C}H_2CH_2CH_2CH_2CH_2CH_3$

(2) 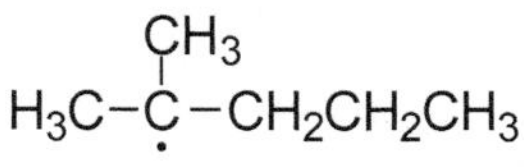

(3) 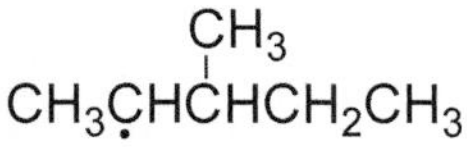

(4) $\cdot CH_3$

解　自由基的稳定性与生成自由基时断键所需的能量大小有关，能量越大，自由基越不稳定。3°C–H 键断裂最容易，而 H_3C–H 键断裂最难，所以稳定性大小顺序为：(2) > (3) > (1) > (4)。

三、习题解答

3-1　写出分子式为 C_6H_{14} 烷烃和 C_6H_{12} 环烷烃的所有构造异构体。

解　C_6H_{14} 烷烃共有 5 个构造异构体：

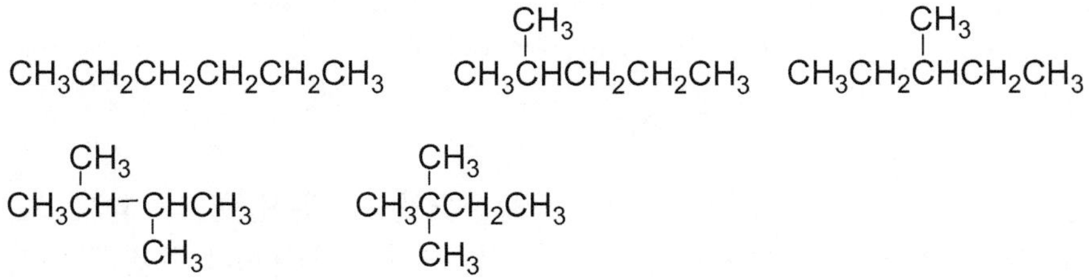

C_6H_{12} 环烷烃共有 12 个构造异构体：

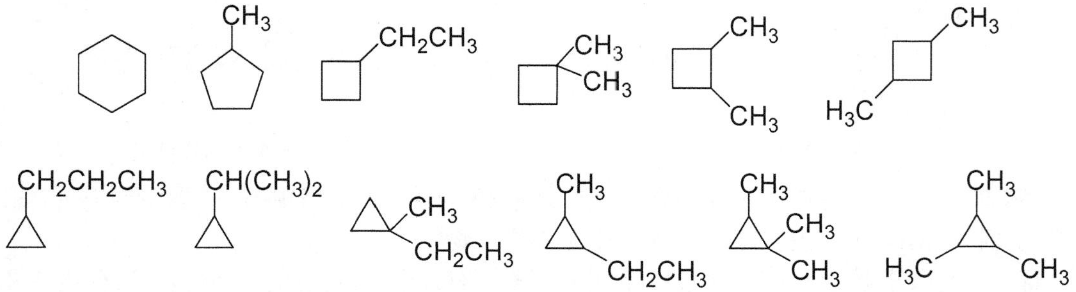

3-2　下列结构式中，哪些代表同一化合物的相同构象？哪些代表同一化合物的不同构象？哪些彼此是构造异构体？

(1)
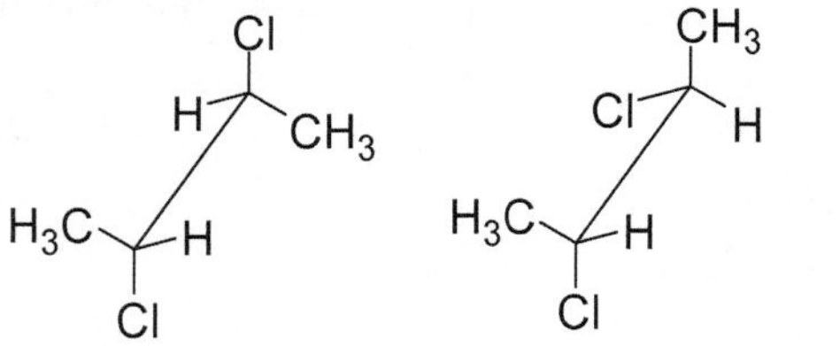

(2)
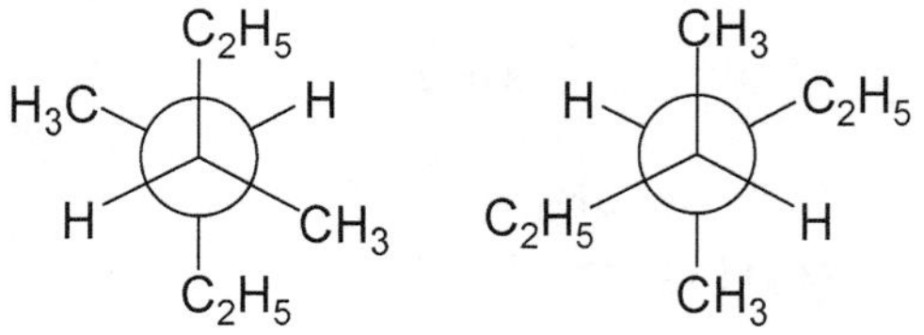

(3)
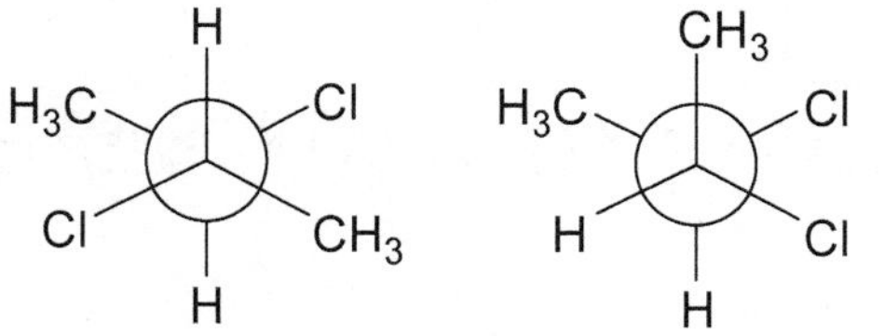

(4)
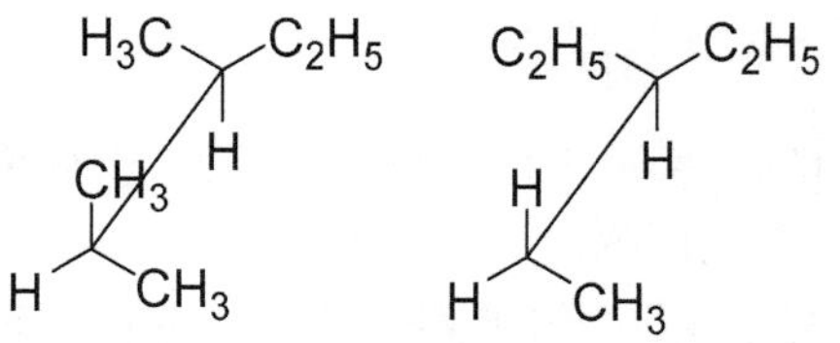

(5)
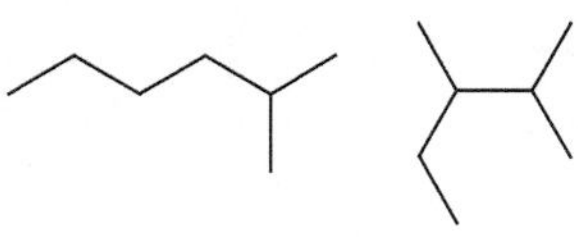

(6)
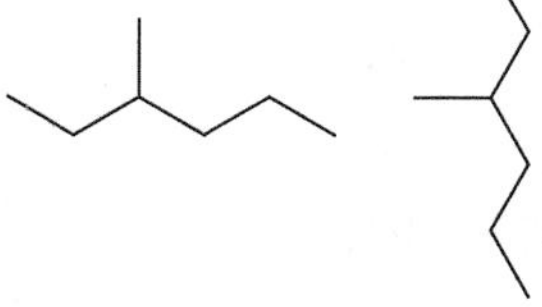

(7)
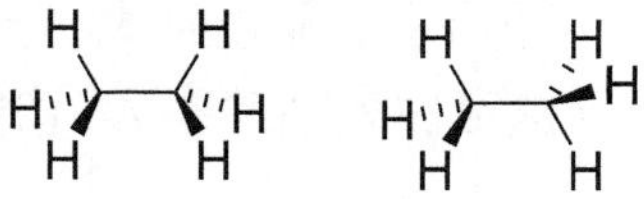

解 (1) 不等同，构象异构 (2) 等同 (3) 不等同，构象异构
(4) 不等同，构造异构 (5) 不等同，构造异构 (6) 等同
(7) 不等同，构象异构

3-3 已知环烷烃的分子式为 C_5H_{10}，根据氯化反应产物的不同，试推测各环烷烃的结构。

(1) 一元氯代产物只有一种 (2) 一元氯代产物可以有三种

解

(1) 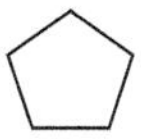

(2) 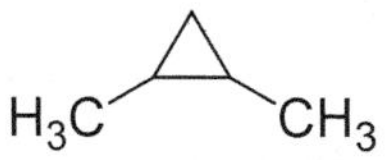

3-4 写出2,3-二甲基丁烷的主要构象式(用 Newman 投影式表示)。

解 (略)。

3-5 用 Newman 投影式写出 1,2-二溴乙烷最稳定及最不稳定的构象，并写出该构象的名称。

解

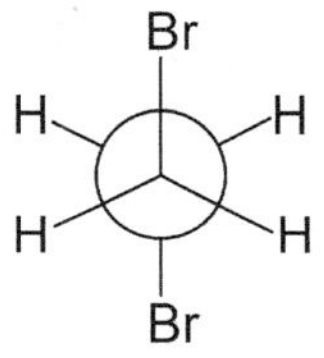

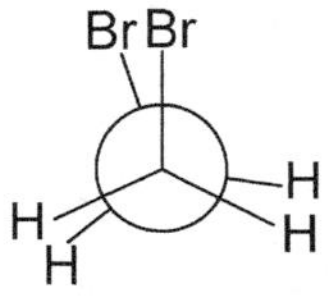

全交叉式构象，最稳定 全重叠式构象，最不稳定

3-6 写出下列化合物最稳定的构象式。

(1) 异丙基环己烷 (2) 顺-1-异丙基-2-甲基环己烷
(3) 反-1-异丙基-2-甲基环己烷 (4) 反-1-乙基-3-叔丁基环己烷

解

(1) 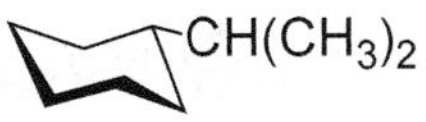

(2) 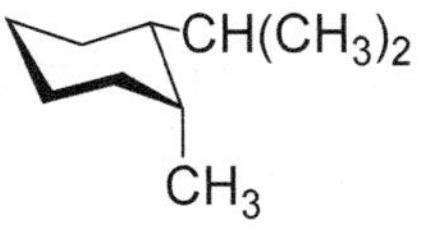

(3) 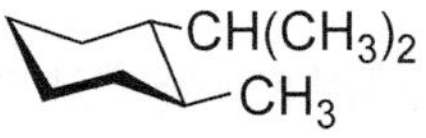

(4) 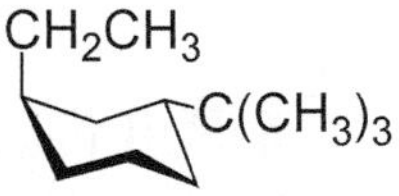

3-7 写出下列各对二甲基环己烷可能的椅式构象，并比较两种异构体的稳定性，说明原因。

(1) 顺-1,2-，反-1,2- (2) 顺-1,3-，反-1,3- (3) 顺-1,4-，反-1,4-

解

(1) 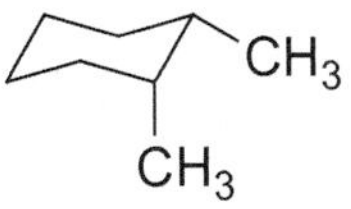

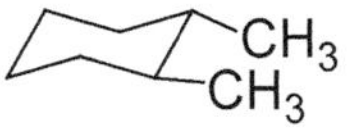

顺-1,2-二甲基环己烷(e,a) 反-1,2-二甲基环己烷(e,e)

因为反-1,2-二甲基环己烷中两个甲基位于平伏键，所以稳定性比顺-1,2-二甲基环己烷高。

(2) 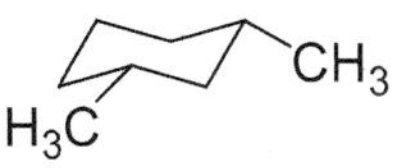

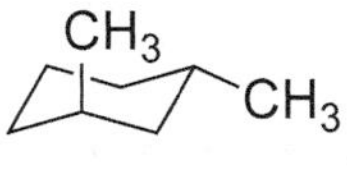

顺-1,3-二甲基环己烷(e,e) 反-1,3-二甲基环己烷(e,a)

因为顺-1,3-二甲基环己烷中两个甲基位于平伏键，所以稳定性比反-1,3-二甲基环己烷高。

(3) 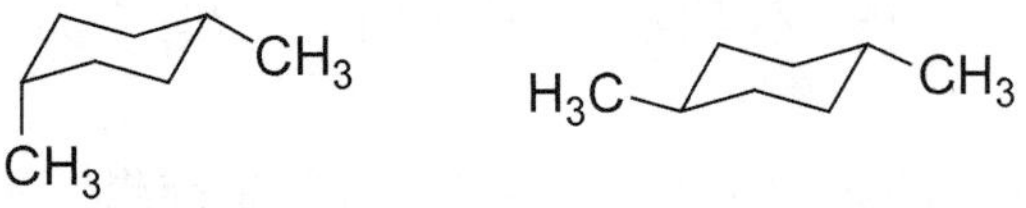

顺-1,4-二甲基环己烷(e,a)　　反-1,4-二甲基环己烷(e,e)

因为反-1,4-二甲基环己烷中两个甲基位于平伏键，所以稳定性比顺-1,4-二甲基环己烷高。

3-8　按题意回答下列各题。

(1) 写出符合分子式 C_8H_{18} 的沸点最高和最低的结构式。

(2) 下列化合物中，哪个是张力最小、能量最低、最稳定的化合物？

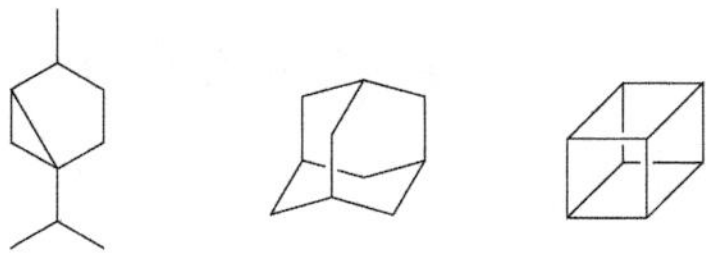

(3) 写出分子式为 C_5H_{12}、光照氯代只能生成一种单氯代产物的结构式。

解

(1) 沸点最高的是，沸点最低的是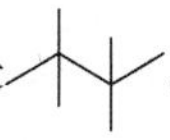。

(2) 第二个化合物张力最小、能量最低、最稳定。

(3) 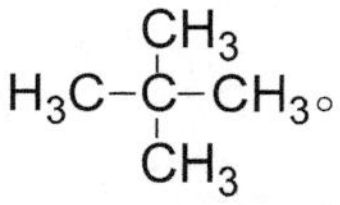。

3-9　考虑假设的两步反应：

$$A \underset{K_2}{\overset{K_1}{\rightleftharpoons}} B \underset{K_4}{\overset{K_3}{\rightleftharpoons}} C$$

它是用下面的能量轮廓图来描述的，请回答：(1) 总的反应(A→C)是放热还是吸热？(2) 哪个过渡状态是决定反应速率的？(3) 哪个是最稳定的化合物？(4) 哪个是最不稳定的化合物？

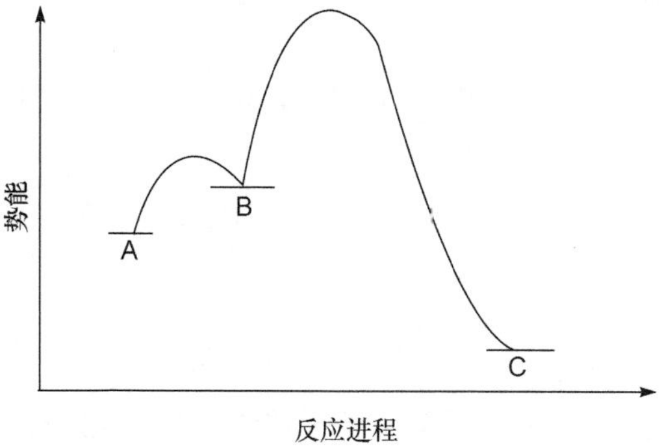

解　(1) 放热反应　　(2) 第二个　　(3) C　　(4) B

3-10　甲烷氯化时观察到下列现象，试解释。

(1) 将氯气先用光照，在黑暗中放置一段时间后，再与甲烷混合，不生成甲烷氯代产物。

(2) 将氯气先用光照，立即在黑暗中与甲烷混合，生成甲烷的氯代产物。

(3) 甲烷用光照后，立即在黑暗中与氯气混合，不生成甲烷氯代产物。

解 (1) 在黑暗中放置一段时间后，氯气经光照而产生的氯自由基已湮灭。此时再将氯气与甲烷混合，没有自由基引发反应，不生成甲烷氯代产物。

(2) 氯气经光照后可产生自由基，立即在黑暗中与甲烷混合，氯自由基来不及湮灭，可引发反应，生成甲烷的氯代产物。

(3) 甲烷分子中 C–H 键较强，不会在光照下发生均裂，不产生自由基。

3-11 甲烷与氯气通常需要加热到 250℃以上才能反应，但加入少量(0.02%)四乙基铅[$Pb(C_2H_5)_4$]后，则在 140℃就能发生反应，试解释。(提示：Cl–Cl 键和 C–Pb 键的解离能分别为 242 $kJ \cdot mol^{-1}$ 和 205 $kJ \cdot mol^{-1}$)

解 由于 C–Pb 键的解离能低于 Cl–Cl 键的解离能，四乙基铅可以在较低温度下均裂，形成自由基，引发自由基取代反应。

3-12 以等物质的量的甲烷和乙烷混合物进行一元氯代反应时，产物中氯甲烷与氯乙烷物质的量之比为 1∶400，则：(1)如何解释这样的事实？(2)根据这样的事实，你认为 $CH_3\cdot$和 $CH_3CH_2\cdot$哪一个稳定？

解 (1) 这样的事实说明：乙烷自由基取代的活化能比甲烷自由基取代的活化能低；乙基自由基比甲基自由基稳定；乙烷中的氢原子被取代的概率大于甲烷中的氢。

(2) 稳定性：$CH_3CH_2\cdot > CH_3\cdot$。

3-13 完成下列反应。

(1) 

(2) 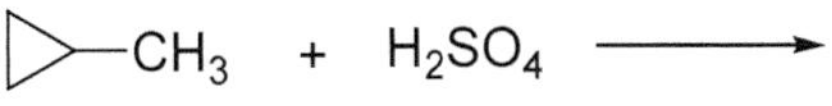

(3) 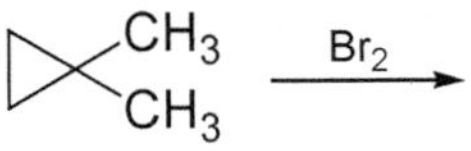

(4) 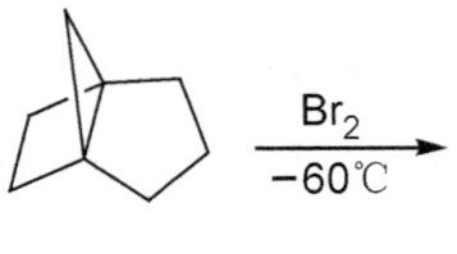

解

(1) $CH_3CH_2\overset{\displaystyle I}{C}HCH_3$ (2) $CH_3CH_2\overset{\displaystyle OSO_2OH}{C}HCH_3$ (3) $BrCH_2CH_2\overset{\displaystyle CH_3}{\underset{\displaystyle Br}{C}}CH_3$ (4) 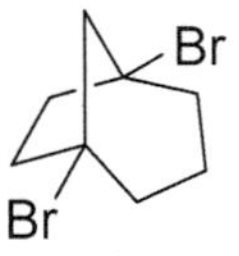

四、补充习题及答案

3-1 不查表试将下列烃类化合物按沸点降低的次序排列。

(1) 2,3-二甲基戊烷；(2) 正庚烷；(3) 2-甲基庚烷；(4) 正戊烷；(5) 2-甲基己烷

解 2-甲基庚烷 > 正庚烷 > 2-甲基己烷 > 2,3-二甲基戊烷 > 正戊烷。随着烷烃相对分子质量的增加，分子间的作用力也增加，其沸点也相应增加；碳原子数相同的构造异构体中，分子的支链越多，则沸点越低。

3-2 下列烷烃分别在光照条件下与氯气反应都只生成一种一氯代产物，请写出这些烷烃及一氯代产物的结构式。

(1) C_8H_{18} (2) C_5H_{12}

解

(1) 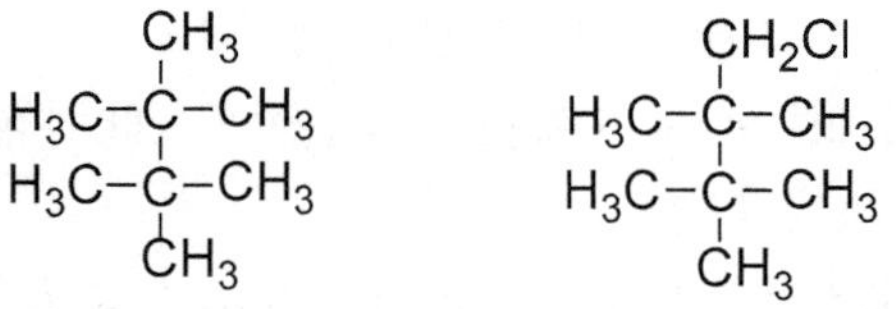

(2) 

3-3　写出环己烷在光作用下溴化产生溴代环己烷的反应机理。

解

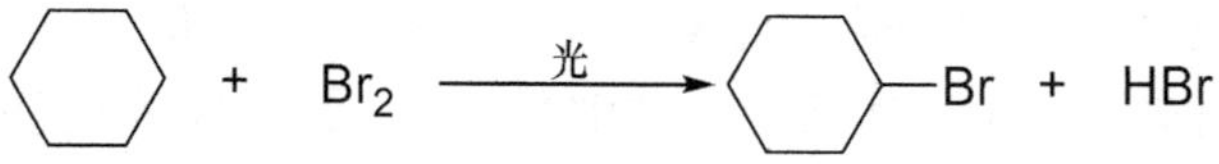

反应机理：

链引发：$Br_2 \xrightarrow{光} 2Br\cdot$

链增长：

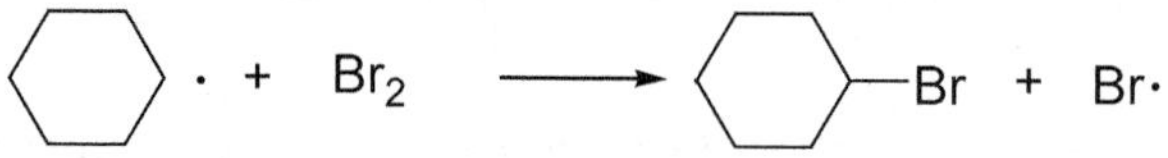

链终止：$Br\cdot + \cdot Br \longrightarrow Br_2$

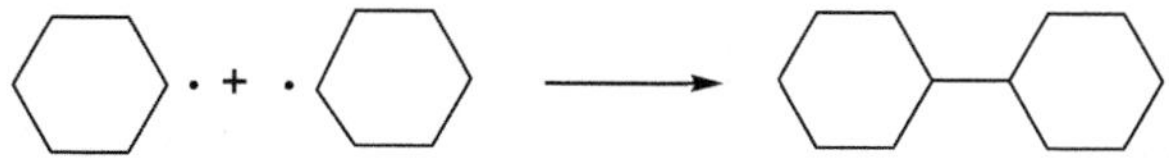

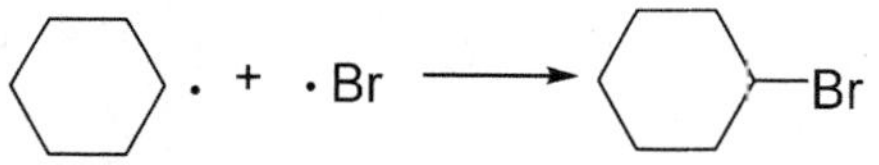

3-4　画出十氢化萘的顺反异构体的结构图，指出稳定结构并说明原因。

解　十氢化萘的顺、反异构体分别为：

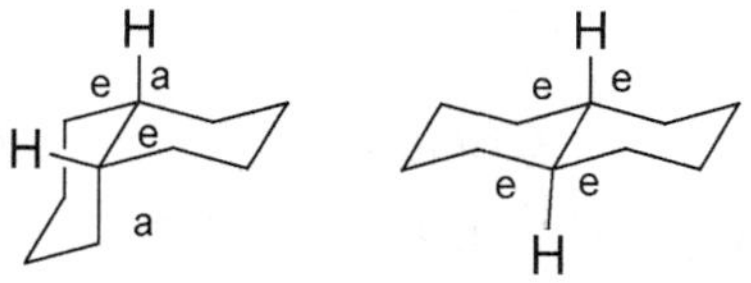

反式异构体比较稳定，因反式中取代基都是 e 型。

第 4 章　不饱和脂肪烃

一、内 容 提 要

【一】烯烃的同分异构现象

(1) 烯烃的异构比烷烃复杂，包括碳链异构、位置异构和顺反异构。

(2) 顺反异构是由于双键碳上原子或基团的不同空间位置而产生的异构。

【二】烯烃的化学性质

1. 催化加氢反应

$$RCH{=}CH_2 + H_2 \xrightarrow[\text{(Pt或Pd)}]{Ni} RCH_2CH_3$$

一般情况下烯烃的催化加氢反应活性次序如下：

$CH_2{=}CH_2 > RCH{=}CH_2 > R_2C{=}CH_2, RCH{=}CHR > R_2C{=}CHR > R_2C{=}CR_2$

2. 亲电加成反应(马氏加成)

亲电加成试剂	烯烃结构	产物	备注
HX	RCH=CHR	$RCH_2\underset{X}{C}HR$	符合马氏规则，反应活性顺序为： $R_2C{=}CR_2 > R_2C{=}CHR > R_2C{=}CH_2 > RCH{=}CHR >$ $RCH{=}CH_2 > CH_2{=}CH_2 > CH_2{=}CHCl$
H_2O		$RCH_2\underset{OH}{C}HR$	制备醇
H_2SO_4		$RCH_2\overset{R}{C}HOSO_3H$	
Br_2		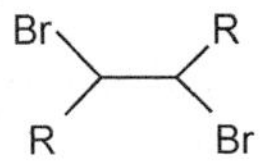	溴鎓离子中间体
HXO		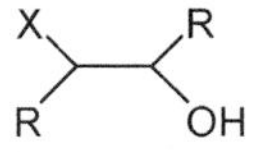	邻卤代醇
:CH_2			制备三元环
B_2H_6, OH^-/H_2O	$RCH{=}CH_2$	RCH_2CH_2OH	制备醇

3. 氧化反应

氧化剂及条件	烯烃结构	产物	烯烃结构	产物	烯烃结构	产物
$KMnO_4/H^+$	CH_2=	CO_2+H_2O	RCH=	RCOOH	R_2C=	R_2C=O
稀、冷的中性或碱性 $KMnO_4$；OsO_4	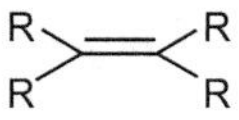	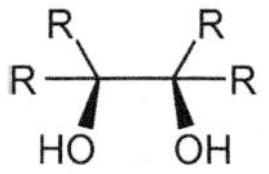 (顺式邻二醇)				
O_3/Zn，H_2O	CH_2=	H_2C=O	RCH=	RCH=O	R_2C=	R_2C=O
RCOOOH	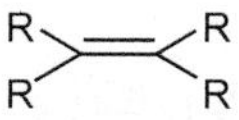	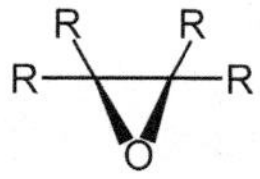				
$PdCl_2$-$CuCl_2$ (瓦克法)	CH_2=CH_2 RCH=CH_2	CH_3CHO $RCOCH_3$				

4. α-氢原子的反应(自由基卤代反应)

$$CH_3CH{=}CH_2 \xrightarrow[500\sim600℃]{Cl_2(\text{气相})} \underset{\displaystyle Cl}{\underset{|}{C}}H_2CH{=}CH_2$$

【三】炔烃的化学性质

1. 末端炔烃的酸性

$$RC\equiv CH + NaNH_2 \xrightarrow{\text{液氨}} RC\equiv CNa + NH_3$$

$$HC\equiv CH + 2Ag(NH_3)_2NO_3 \longrightarrow \underset{\text{白色}}{AgC\equiv CAg\downarrow} + 2NH_4NO_3 + 2NH_3$$

$$RC\equiv CH + Cu(NH_3)_2Cl \longrightarrow \underset{\text{棕红色}}{RC\equiv CCu\downarrow} + NH_4Cl + NH_3$$

2. 催化加氢反应

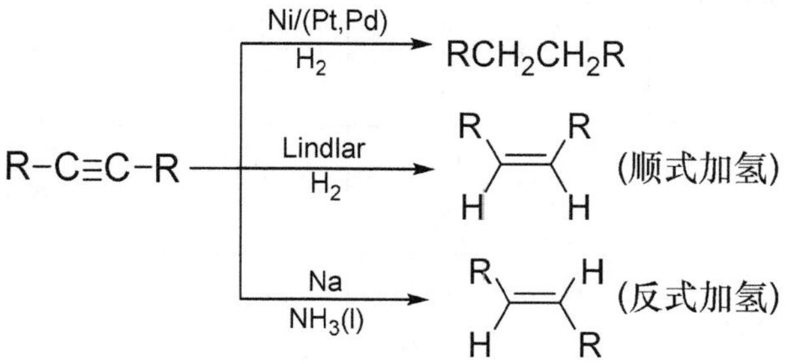

3. 亲电加成反应

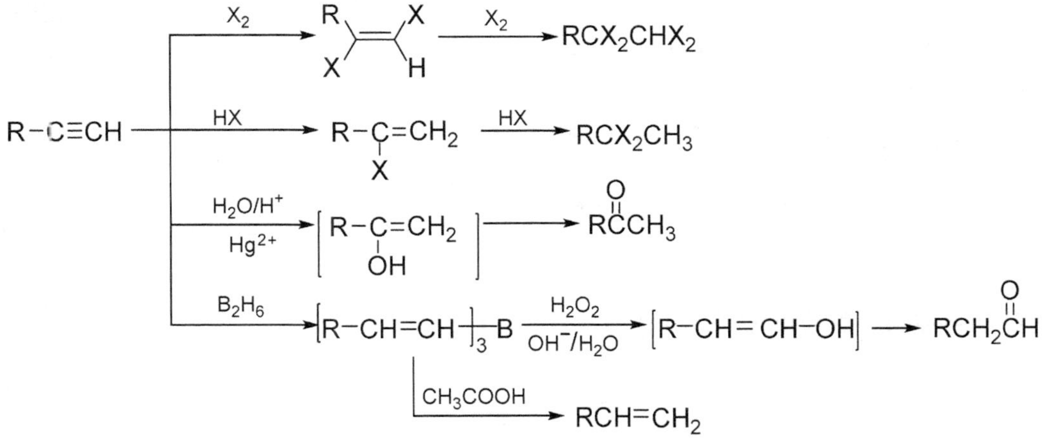

4. 亲核加成反应(与 ROH、RCOOH、HCN 等反应)

$$-C\equiv C- \ + \ CH_3OH \xrightarrow{20\%KOH溶液} -CH=\overset{|}{C}-OCH_3$$

$$-C\equiv C- \ + \ HCN \xrightarrow{Cu_2Cl_2\text{-}NH_4Cl} -CH=\overset{|}{C}-CN$$

5. 氧化反应

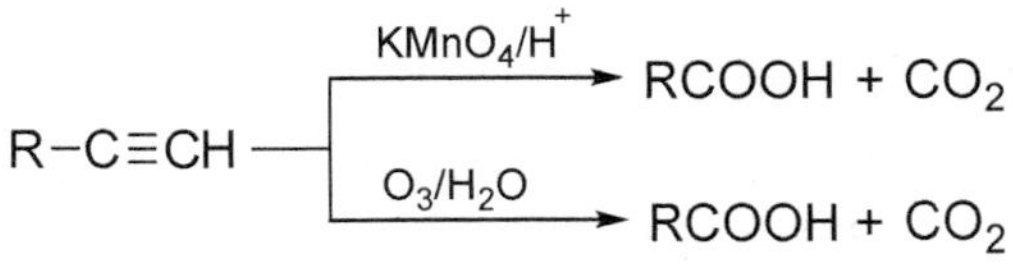

6. 聚合反应

$$2HC\equiv CH \xrightarrow[NH_4Cl]{Cu_2Cl_2} CH_2=CH-C\equiv CH \xrightarrow[Cu_2Cl_2,\ NH_4Cl]{HC\equiv CH} CH_2=CH-C\equiv C-CH=CH_2$$

乙烯基乙炔　　　　二乙烯基乙炔

【四】共轭二烯烃

1. 共轭效应(π-π 共轭效应、p-π 共轭效应和超共轭效应)

2. 共振论

(1) 共振论：当一个共轭体系(分子、离子、自由基等)不能用一个经典结构式圆满地表达时，可以用若干个可能的经典结构式的共振来表达。各个可能的经典结构式称为极限结构式，又称为共振结构式。各极限结构式的融合(共振)构成共振杂化体。

(2) 共振结构式的书写规则：

① 极限结构式之间只允许共轭的 p 或 π 电子移动，而原子的位置不动；②极限结构式应符合经典的价键理论和 Lewis 结构原则，如碳原子不得多于四价，第二周期原子的价电子数不能超过 8 个等；③所有极限结构式必须保持相同数目的单电子和成对电子。

(3) 共振式的稳定性比较：

① 共价键越多，共振式越稳定；②有正负电荷分离的共振式，电荷相距越远越不稳定；

③负电荷在电负性大的原子上的共振式较稳定；④所有原子具有完整价电子(八电子体)的共振式稳定；⑤等价的或近似的共振式稳定性相同；⑥相邻原子成键的比不相邻原子成键的共振式稳定；⑦相邻两原子带有同性电荷的共振式不稳定。

3. 共轭二烯烃的化学性质

1) 亲电加成反应(1,2-加成和 1,4-加成)

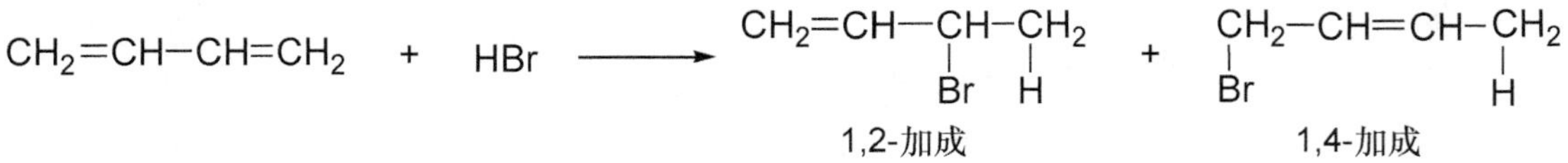

2) Diels-Alder 反应(制备六元环)

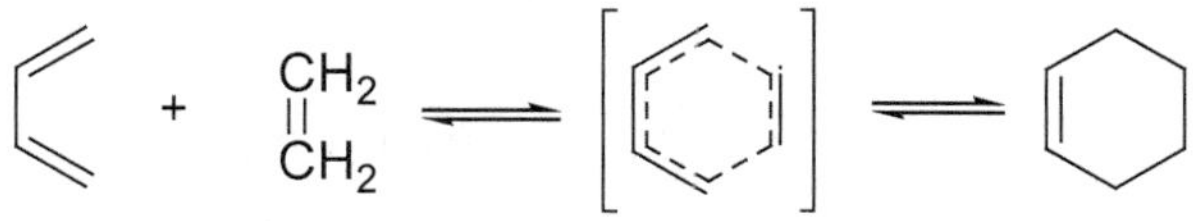

二、例 题 讲 解

【例 4-1】　下列化合物与 HBr 反应活性由大到小的顺序是(　　)。

A.$CH_2=CHCl$　B.$CH_2=CHOCH_3$　C.$CH_2=CHOCOCH_3$　D.$CH_2=CHCOOCH_3$

解　此题考查取代基团对双键电子云的影响。当双键上连有给电子基时，双键上电子云密度增高，反应活性增大，故答案为 B > C > A > D。

【例 4-2】　以环戊烷为原料，合成顺式-1,2-环戊二醇。

解　双键通过碱性高锰酸钾氧化，可合成顺式邻二醇。本题的一个重要中间体是合成环己烯，而烯烃可通过卤代烃的消除来制备。所以目标化合物的合成路线如下：

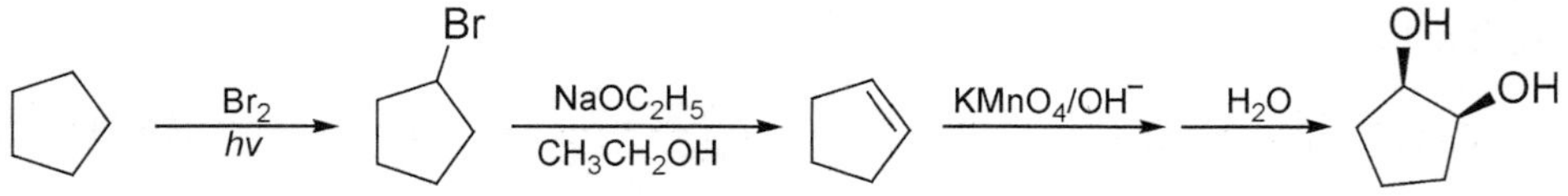

【例 4-3】　推测下列反应的反应机理。

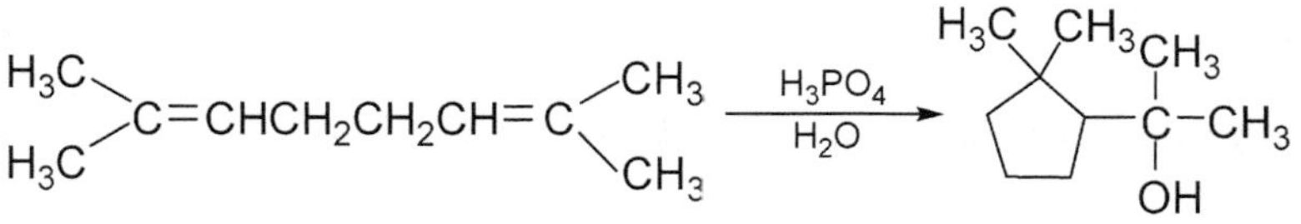

解　在解机理题时，首先分析原料和产物的结构不同点，包括碳原子数的变化，官能团的变化以及碳原子连接方式的变化。在本题中，碳原子数未发生改变，但由链状化合物变为了环状化合物，说明存在骨架的重排；官能团中多了一个羟基，在酸性条件下，体系中不可能存在 OH^-，这个羟基应该是来自条件中的水，因为水脱掉一个质子便可得到羟基。从上述分析中，可逆推(空心箭头表示逆推)出中间体(Ⅰ)：

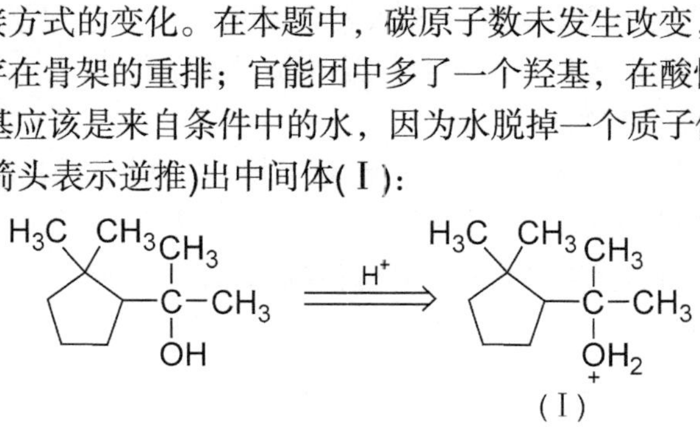

(Ⅰ)

而中间体(Ⅰ)可由碳正离子中间体(Ⅱ)与水加成得到：

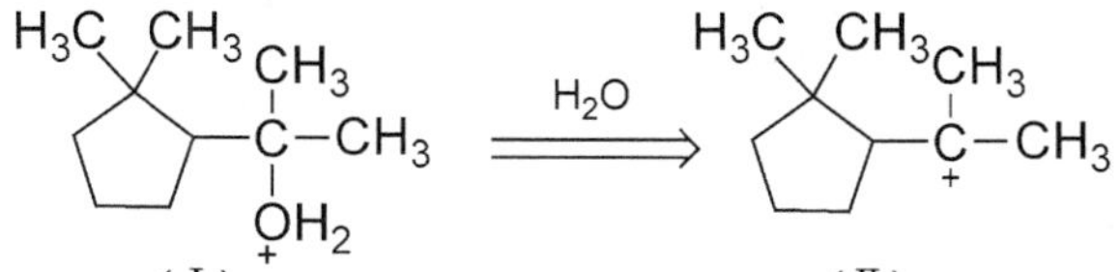

(Ⅰ)　　　　(Ⅱ)

碳正离子中间体(Ⅱ)进行逆推分析，通过键的断裂和电荷的重新组合成键分析，可得到中间体(Ⅲ)。该步反应为碳正离子对双键的加成。

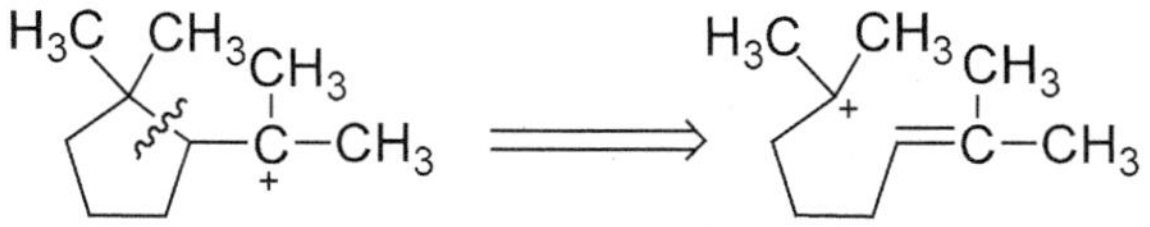

(Ⅱ)　　　　(Ⅲ)

中间体(Ⅲ)与原料相比，相当于双键上加了一个 H^+，而题目中给出了磷酸提供质子，因此，该反应的机理为：

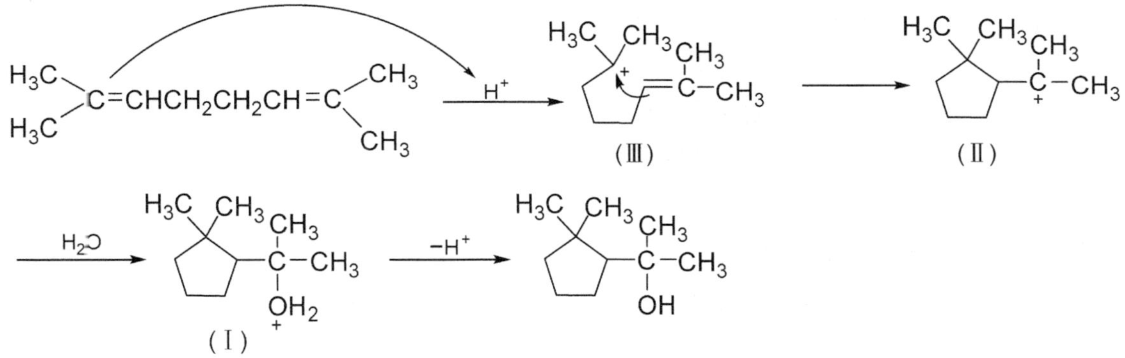

在酸性条件下，碳链骨架的重排大都是通过碳正离子进行的。另外，在书写机理时，弯箭头的方向指向电子流动的方向。同时要保持原料和产物电荷的平衡。

【例 4-4】　推测下列反应的反应机理。

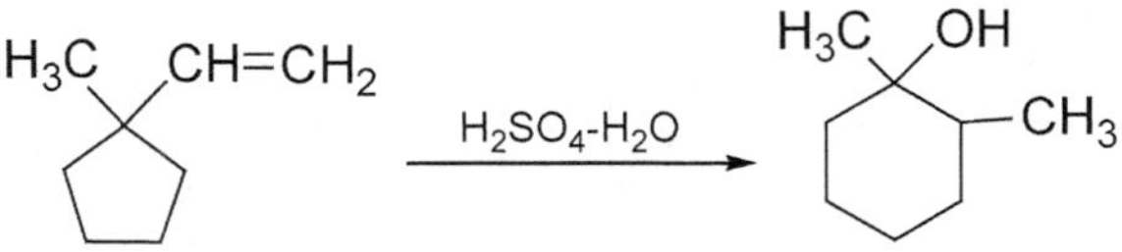

解　本题与上例有一定的相似之处，比较上题的分析，通过逆推分析，可推出本题的碳正离子中间体(Ⅰ)

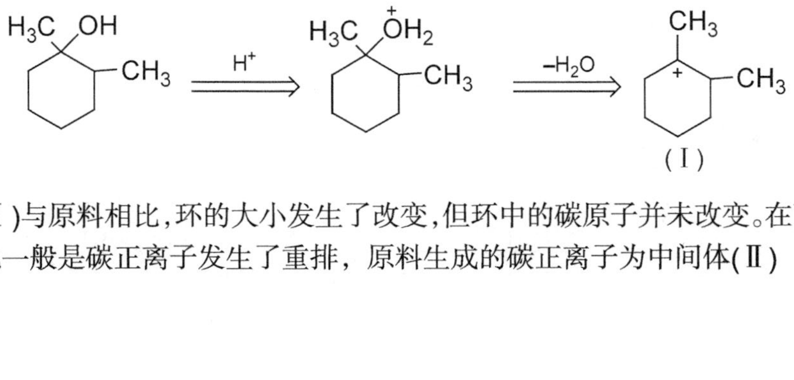

(Ⅰ)

中间体(Ⅰ)与原料相比，环的大小发生了改变，但环中的碳原子并未改变。在酸性条件下，碳链发生变化一般是碳正离子发生了重排，原料生成的碳正离子为中间体(Ⅱ)

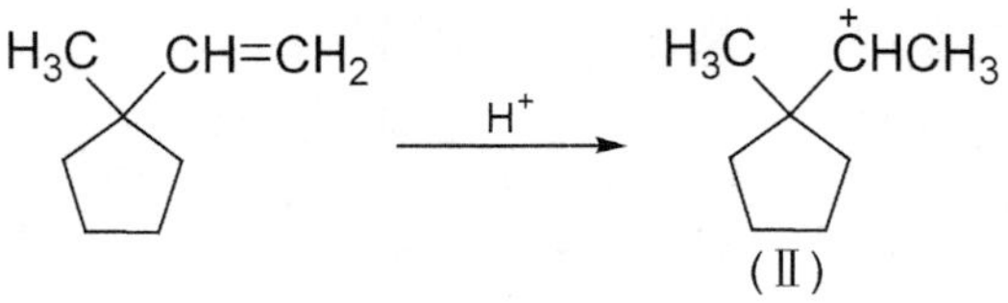

(Ⅱ)为仲碳正离子，不稳定，有重排生成更稳定的叔碳正离子的趋势，因此，可发生五元环开环和六元环关环，生成中间体(Ⅰ)

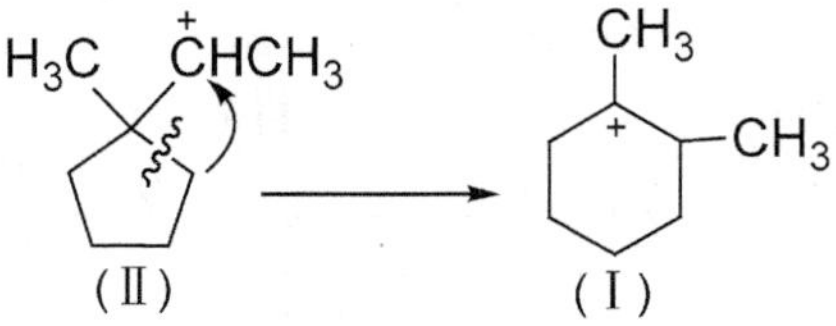

因此，该反应的机理为：

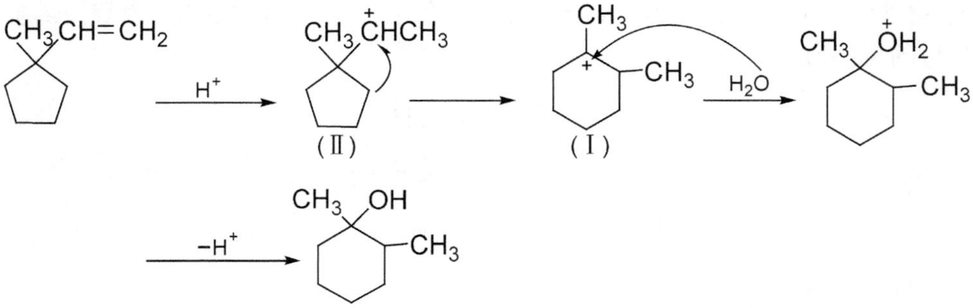

【例 4-5】 推导反应机理。

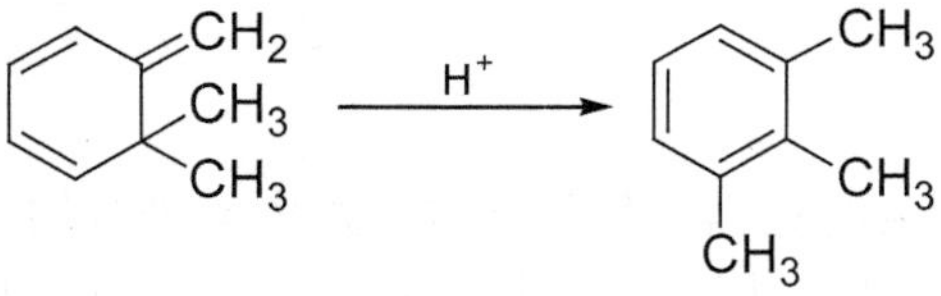

解 此题也为酸性条件下烯烃生成碳正离子，然后重排的过程。反应机理为：

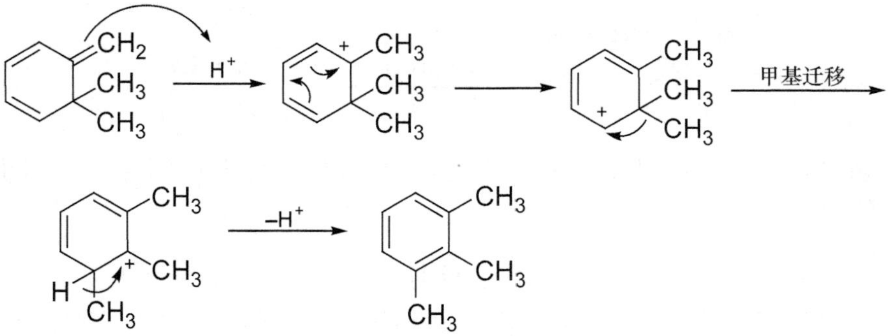

【例 4-6】 推测下列反应机理。

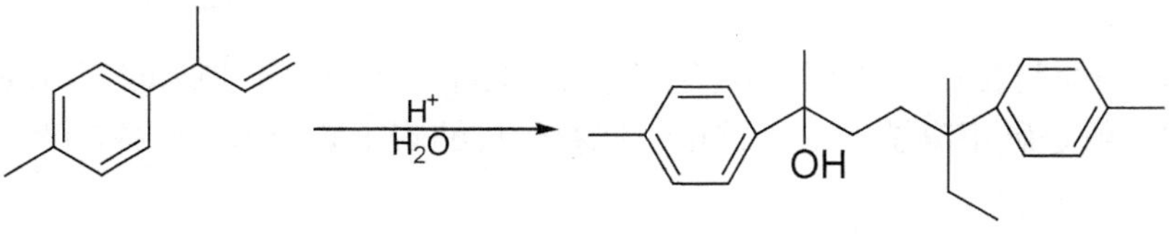

解　此题考查酸性条件下烯烃亲电加成生成碳正离子后经过两次重排的过程。

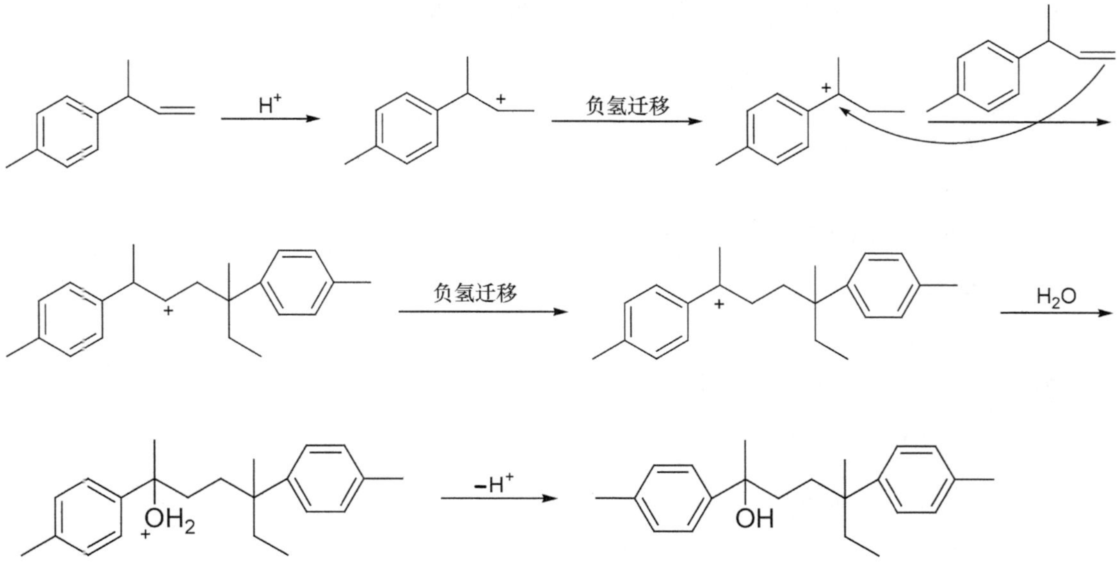

三、习题解答

4-1　命名下列化合物。

(1) 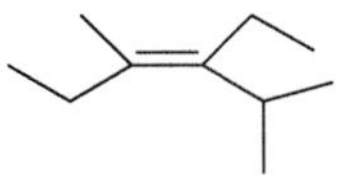　　(2) 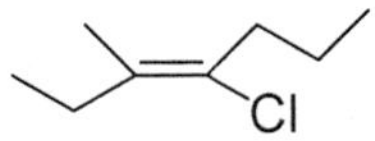

(3) 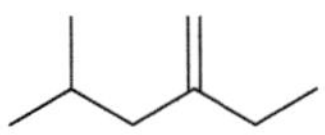　　(4) 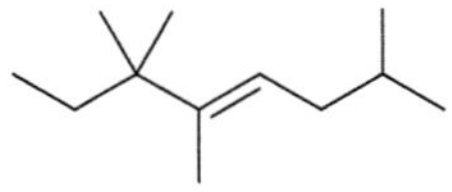

解　(1) 反-3-乙基-2,4-二甲基己-3-烯　　(2) (*Z*)-4-氯-3-甲基庚-3-烯

(3) 2-甲基-4-甲亚基己烷　　(4) (*E*)-2,5,6,6-四甲基辛-4-烯

4-2　写出下列化合物的构型式。

(1) 反-4,4-二甲基戊-2-烯　　(2) (*Z*)- 4-异丙基-3-甲基庚-3-烯

(3) (*Z*)- 1-氯-1-氟-2-甲基丁-1-烯　　(4) (*E*)-4-甲基戊-2-烯

解

(1) 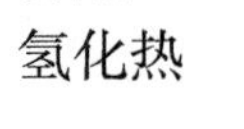　　(2) 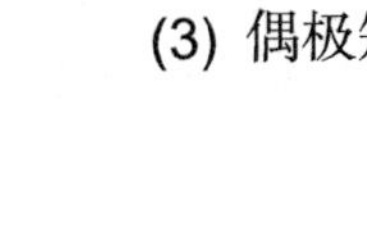

(3) $\mathrm{(F)(Cl)C{=}C(CH_3)(CH_2CH_3)}$　　(4) $\mathrm{((CH_3)_2CH)(H)C{=}C(H)(CH_3)}$

4-3　比较丁-2-烯的顺式和反式结构式下列物理常数的大小。

(1) 沸点　　(2) 熔点　　(3) 偶极矩

(4) 氢化热　　(5) 稳定性

解

(1) 顺式 > 反式　　(2) 顺式 < 反式　　(3) 顺式 > 反式

(4) 顺式 > 反式　　　　(5) 顺式 < 反式

4-4　完成下列反应式。(有*标注的，给出产物的构型)

(1) 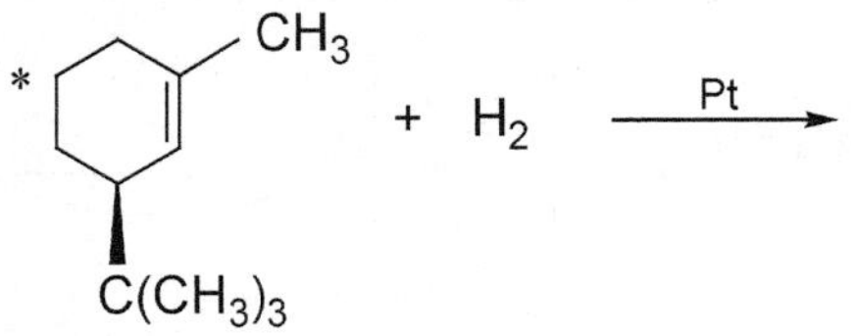

(2) $CH_3CH(CH_3)CH_2CH{=}CH_2 + HCl \longrightarrow$

(3) $CH_3CH_2C(CH_3)_2CH{=}CH_2 + H_2O \xrightarrow{H^+}$

(4) 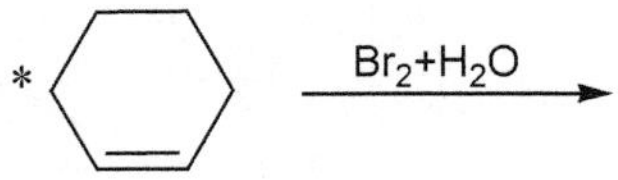

(5) 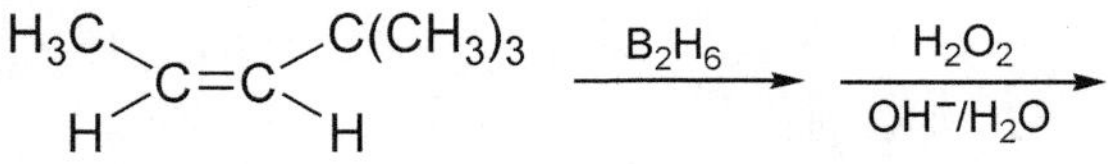

(6) 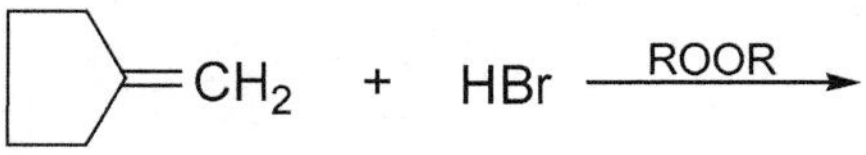

(7) 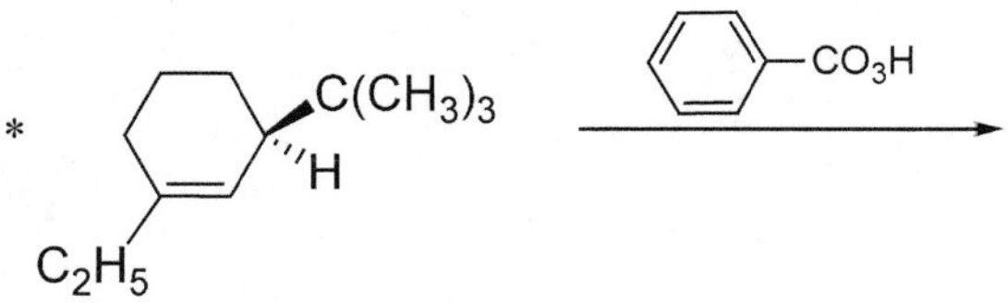

(8) 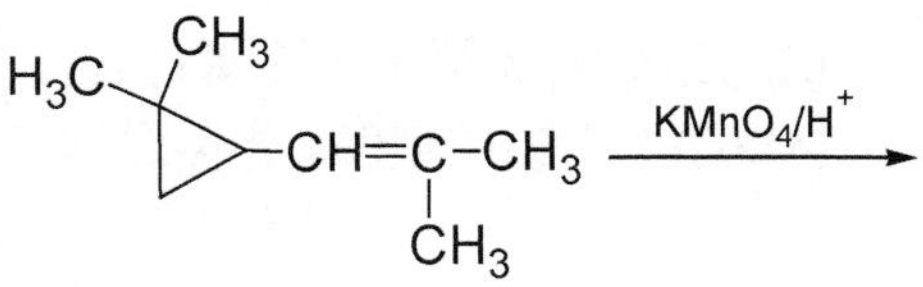

(9) $(CH_3)_2CHC(CH_3){=}CHCH_3 \xrightarrow[2)\ Zn,H_2O]{1)\ O_3}$

(10) 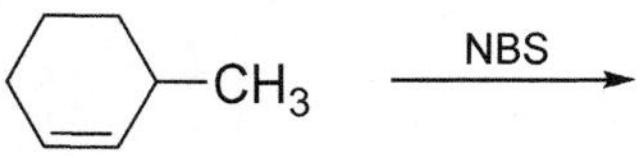

(11) 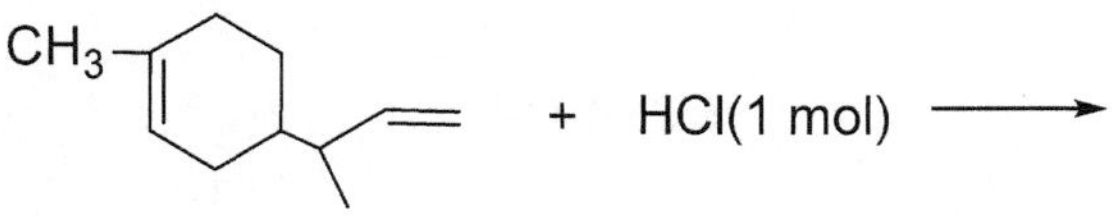

(12) $CH_3CH{=}CHC{\equiv}CH + H_2 \xrightarrow{Lindlar}$

(13) $CH_2{=}C(CH_3){-}CH{=}CH_2 + HCl \xrightarrow{\triangle}$

(14) * 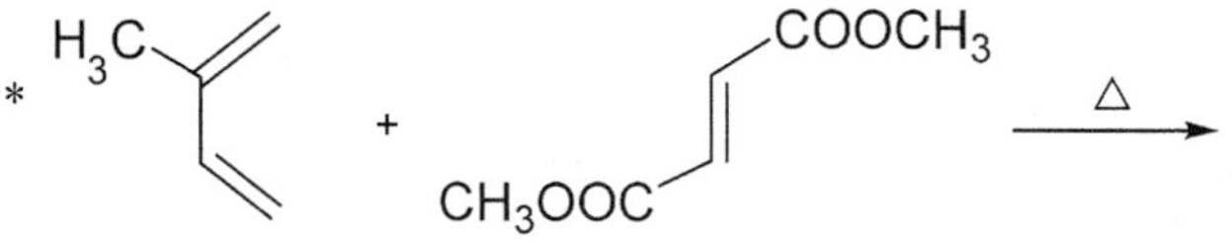

解

(1) 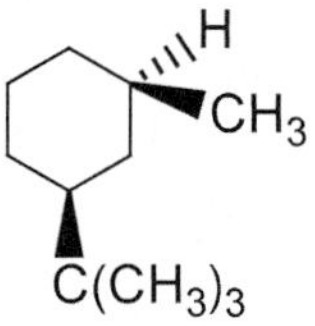

(2) 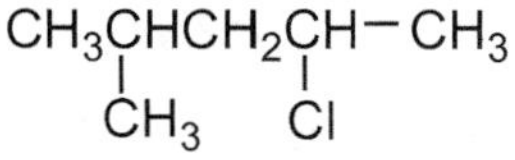

(3) 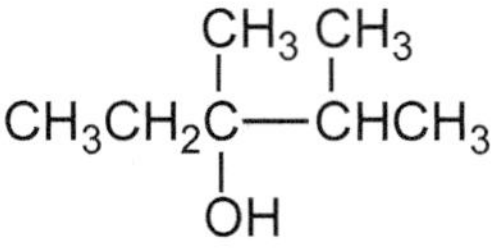

(4) 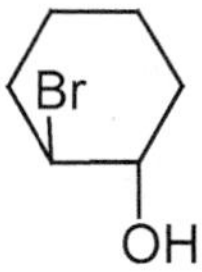

(5) 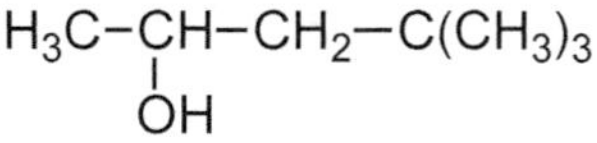

(6) 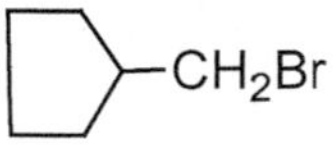

(7) 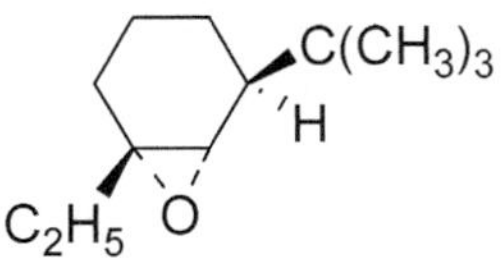

(8) 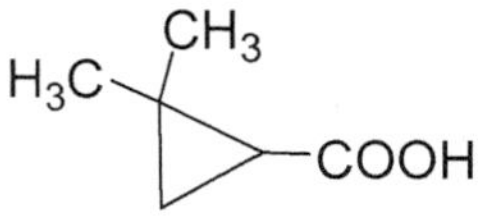 + CH_3COCH_3

(9) 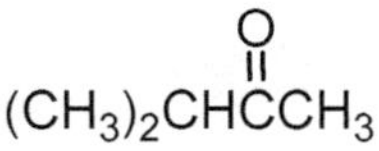 + CH_3CHO

(10) 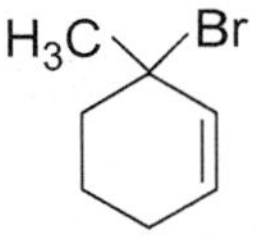

(11) 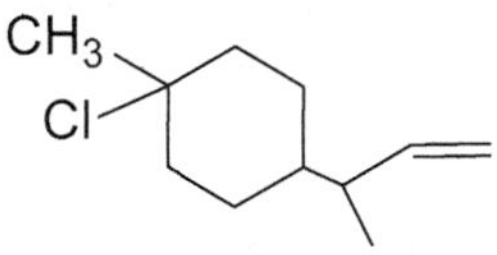

(12) $CH_3-CH=CH-CH=CH_2$

(13) 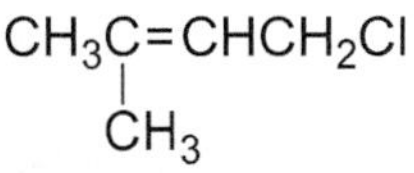

(14) 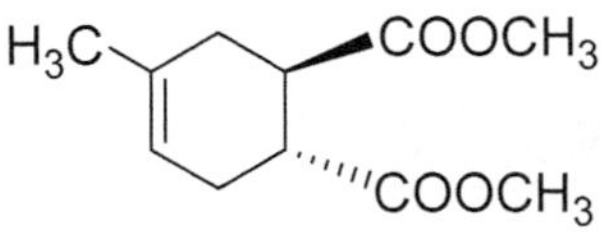

4-5　比较下列结构的稳定性。

(1) A 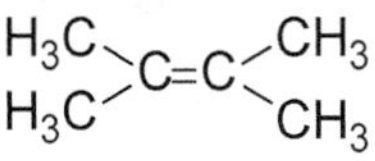 B 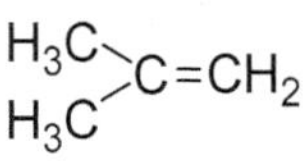 C 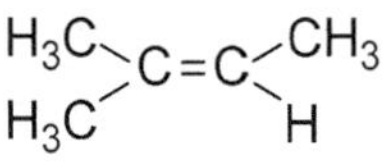 D $CH_3CH_2CH=CH_2$

(2) A $CH_2=CH-\overset{+}{C}H_2$　B $(CH_3)_2C=CH\overset{+}{C}H_2$　C $CH_3CH=CH\overset{+}{C}H_2$　D $CH_2=CH-CH_2-\overset{+}{C}H_2$

解

(1) A > C > B > D；(2) B > C > A > D。

4-6　用化学方法鉴别下列各组化合物。

(1) 丙烷、环丙烷和丙烯

(2) 正丁烷、丁-1-烯和丁-1-炔

(3) 戊-1-炔和戊-2-炔

(4) 戊-1,3-二烯和戊-1,4-二烯

解

(1) 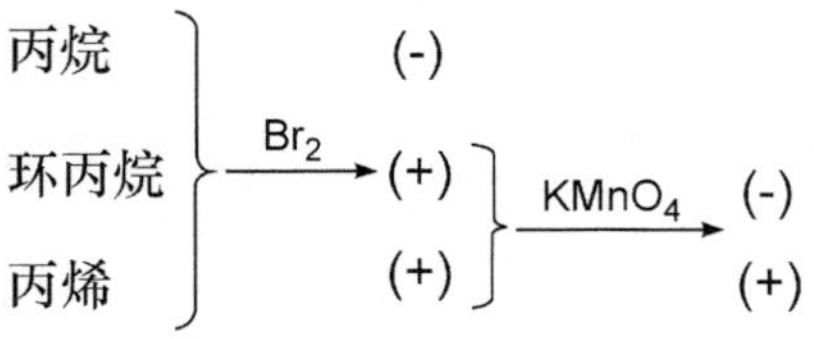

(2) 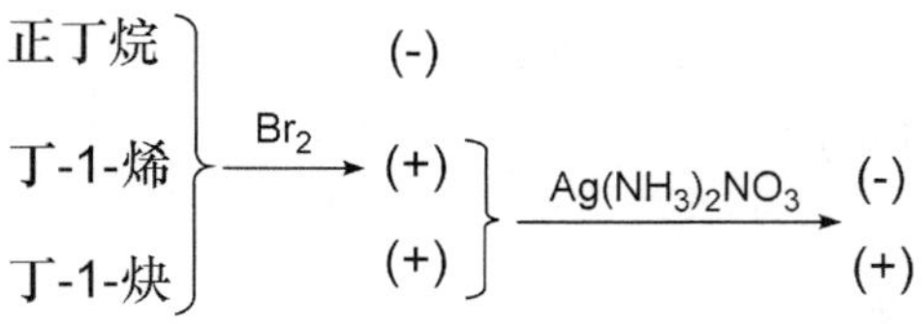

(3) 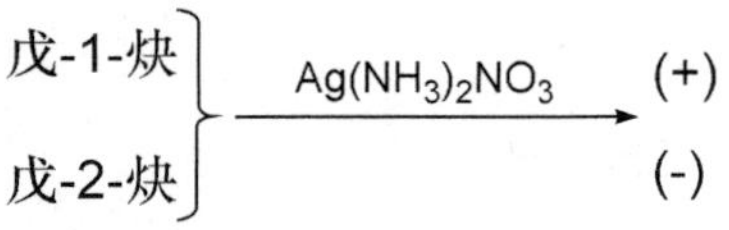

(4) 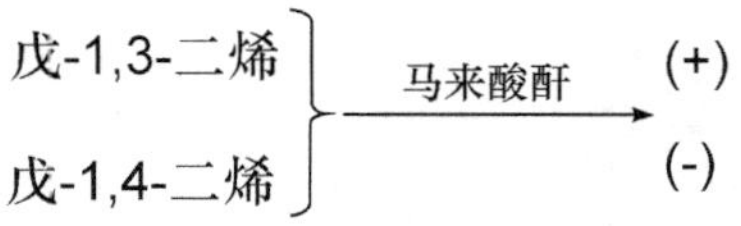

4-7 经酸性 $KMnO_4$ 氧化后，分别得到下列化合物，推断原来烯烃的结构。

(1) $2CO_2 + 2H_2O$

(2) $(CH_3)_2CHCOOH + CH_3COOH$

(3) $(CH_3)_2CO + HOOCCH_2CH_2COOH + CO_2 + H_2O$

(4) $CH_3-\overset{\overset{O}{\|}}{C}-CH_2CH_2CH_2CH_2-\overset{\overset{O}{\|}}{C}-OH$

解

(1) C_2H_4

(2) $(CH_3)_2CHCH=CHCH_3$

(3) $(CH_3)_2C=CHCH_2CH_2CH=CH_2$

(4) 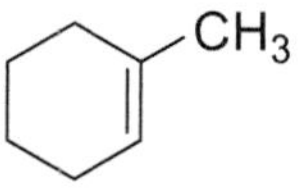

4-8 经臭氧氧化还原水解后，分别得到下列化合物，推断原来烯烃的结构。

(1) $CH_3-\overset{\overset{O}{\|}}{C}-CH_2CH_2CH_2CH_2-\overset{\overset{O}{\|}}{C}H$

(2) $CH_3\overset{\overset{O}{\|}}{C}CH_3$, $H\overset{\overset{O}{\|}}{C}CH_2\overset{\overset{O}{\|}}{C}H$, HCHO

解

(1) 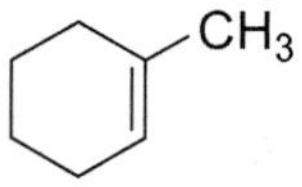

(2) $(CH_3)_2C=CHCH_2CH=CH_2$

4-9 推测下列反应的机理。

(1) $CH_3CH_2CH=CH_2 \xrightarrow[CH_3OH]{Br_2} CH_3CH_2\underset{\underset{OCH_3}{|}}{C}HCH_2Br + CH_3CH_2\underset{\underset{Br}{|}}{C}H-\underset{\underset{Br}{|}}{C}H_2$

(2) 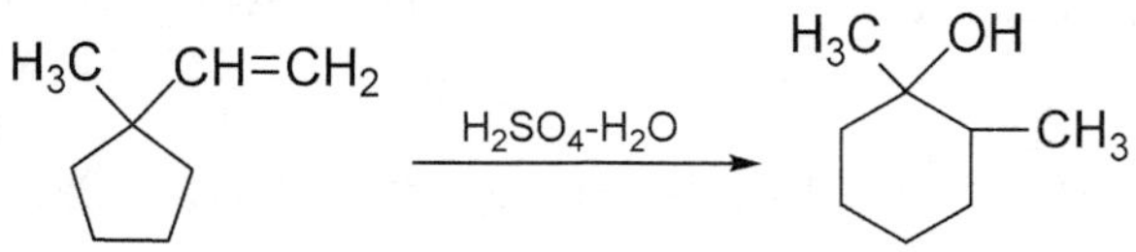

(3) 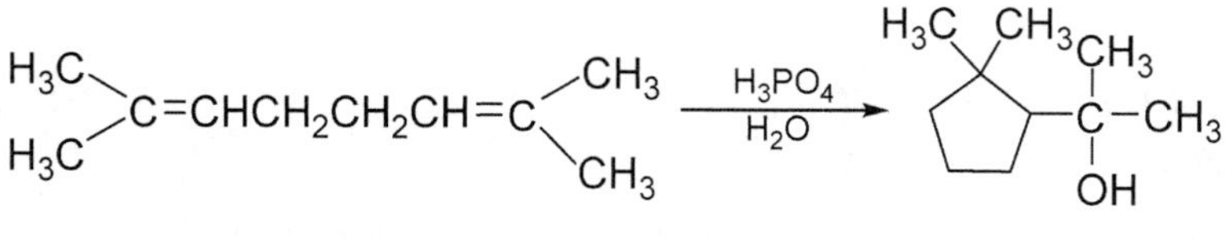

解

(1)
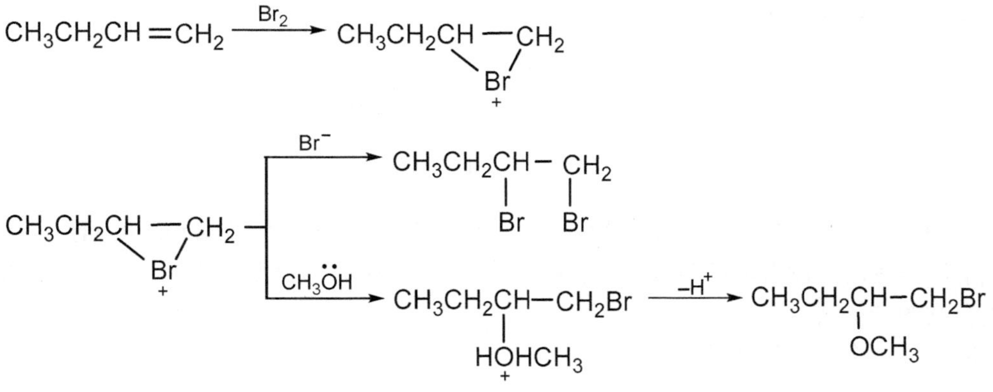

(2) 答案见例 4-4。

(3) 答案见例 4-3。

4-10　由指定原料合成下列各化合物(常用无机试剂任选)。

(1) $HC{\equiv}CH \longrightarrow CH_3CH_2CH_2CH_3$

(2) $HC{\equiv}CH \longrightarrow CH_3CH_2CH_2CH_2Br$

(3) $CH_3C{\equiv}CH \longrightarrow CH_3CH_2CH_2OH$

(4)
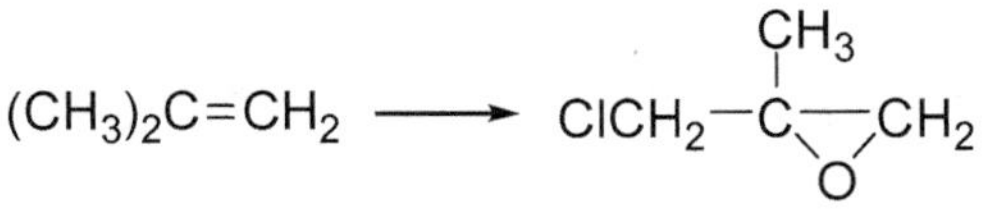

解

(1) $HC{\equiv}CH + H_2 \xrightarrow{Lindlar} H_2C{=}CH_2 \xrightarrow{HBr} CH_3CH_2Br$

$HC{\equiv}CH \xrightarrow[NH_3(液)]{Na} HC{\equiv}CNa \xrightarrow{CH_3CH_2Br} HC{\equiv}C{-}CH_2CH_3 \xrightarrow[Ni]{H_2} CH_3CH_2CH_2CH_3$

(2)

$CH{\equiv}CH \xrightarrow[Lindlar]{H_2} H_2C{=}CH_2 \xrightarrow{HCl} CH_3CH_2Cl$

$CH{\equiv}CH \xrightarrow{NaNH_2} CH{\equiv}CNa$

$\left.\begin{matrix} CH_3CH_2Cl \\ CH{\equiv}CNa \end{matrix}\right\} \longrightarrow CH{\equiv}CCH_2CH_3$

$\xrightarrow[Lindlar]{H_2} CH_2{=}CHCH_2CH_3 \xrightarrow[过氧化物]{HBr} CH_3CH_2CH_2CH_2Br$

(3) $CH_3C{\equiv}CH \xrightarrow[Lindlar]{H_2} CH_3CH{=}CH_2 \xrightarrow{B_2H_6} (CH_3CH_2CH_2)_3B \xrightarrow[OH^-/H_2O]{H_2O_2} CH_3CH_2CH_2OH$

(4)
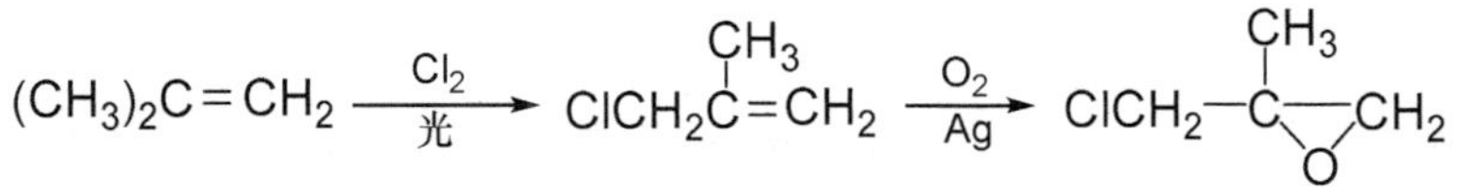

4-11　某化合物分子式为 C_8H_{16}，能使溴水褪色，也可溶于浓硫酸。经臭氧氧化并在锌粉存在下水解，只得到一种产物丁醛。试写出该烯烃可能的结构式。

解　该烯烃可能的构造式为：$CH_3CH_2CH_2CH{=}CHCH_2CH_2CH_3$。

4-12　某化合物 A 的分子式为 C_7H_{14}，经酸性高锰酸钾溶液氧化后生成两个化合物 B 和 C，A 经臭氧氧化而后还原水解也得到产物 B 和 C。试写出 A 的结构式。

解　A 的构造式为：

$$CH_3-C(CH_3)=C(CH_3)-CH_2-CH_3$$

4-13　某化合物的相对分子质量为 82，每摩尔该化合物可吸收 2 mol 的 H_2，当它和硝酸银氨溶液作用时，没有沉淀生成；当它吸收 1 mol 的 H_2 时，产物为 2,3-二甲基丁-1-烯。写出该化合物的结构式。

解　该化合物的构造式为：

$$CH_2=C(CH_3)-C(CH_3)=CH_2$$

4-14　分子式为 C_7H_{10} 的某开链烃 A，可发生下列反应：A 经催化加氢可生成 3-乙基戊烷；A 与硝酸银氨溶液反应可产生白色沉淀；A 在 $Pd/BaSO_4$ 催化下吸收 1 mol H_2 生成化合物 B，B 能与顺丁烯二酸酐反应生成化合物 C。试写出 A、B、C 的结构式及各步反应式。

解

A　$CH_3CH=C(C_2H_5)C\equiv CH$　B　$CH_3CH=C(C_2H_5)CH=CH_2$　C

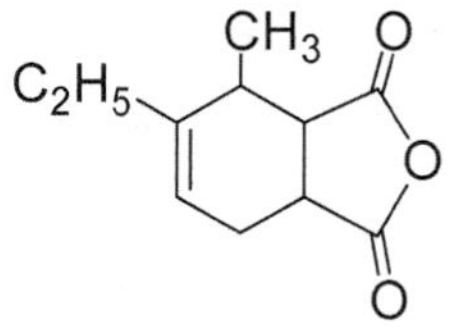

$$CH_3CH=C(C_2H_5)C\equiv CH \xrightarrow{H_2} CH_3CH_2CH(C_2H_5)CH_2CH_3$$

$$CH_3CH=C(C_2H_5)C\equiv CH \xrightarrow{AgNO_3} CH_3CH=C(C_2H_5)C\equiv CAg\downarrow$$

$$CH_3CH=C(C_2H_5)C\equiv CH \xrightarrow[Pd/BaSO_4]{H_2} CH_3CH=C(C_2H_5)CH=CH_2$$

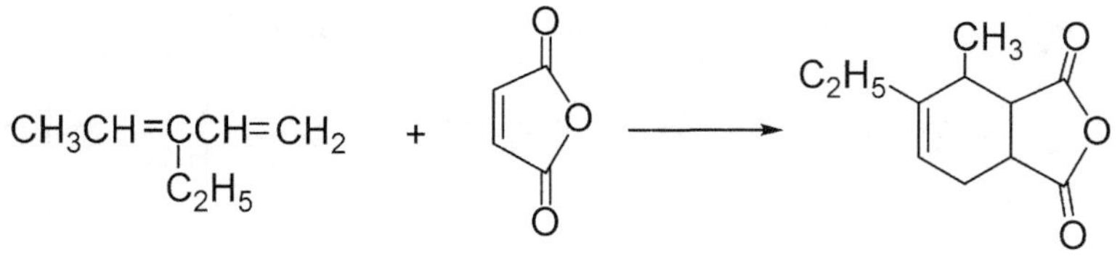

4-15　某化合物 A 的分子式为 C_5H_8，在与 $NaNH_2$ 作用后，再与 1-溴丙烷作用，生成分子式为 C_8H_{14} 的化合物 B，用高锰酸钾氧化 B 得到分子式为 $C_4H_8O_2$ 的两种不同的羧酸 C 和 D，A 在硫酸汞存在下与稀硫酸作用，可得到分子式为 $C_5H_{10}O$ 的酮 E。试推出 A～E 的结构式及各步反应式。

解

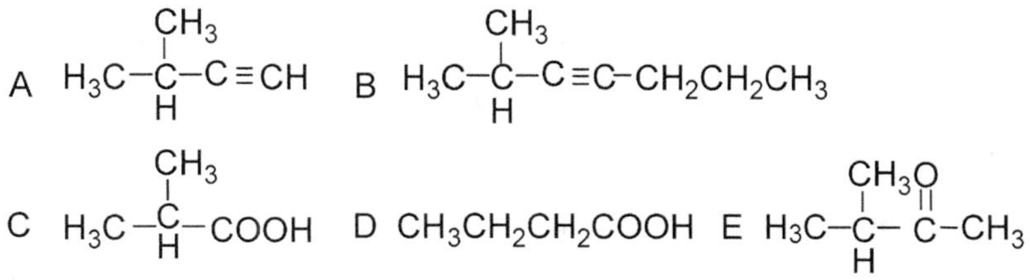

4-16　指出下列几对结构式中哪些互为共振结构式。

(1) 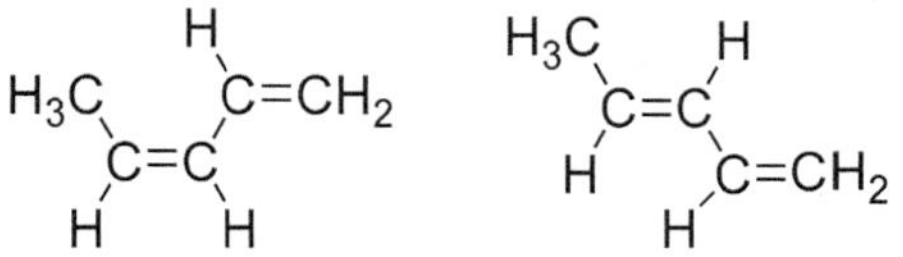

(2) 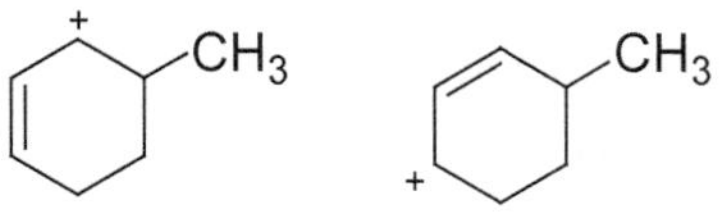

(3) $H_2C{=}CH{-}OH$　　$CH_3{-}CH{=}O$

解　(2)。

4-17　选用适当原料，通过 Diels-Alder 反应合成下列化合物。

(1) 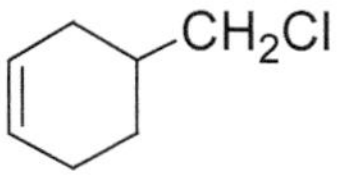　(2) 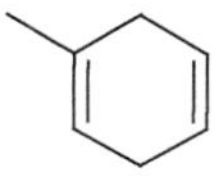　(3) 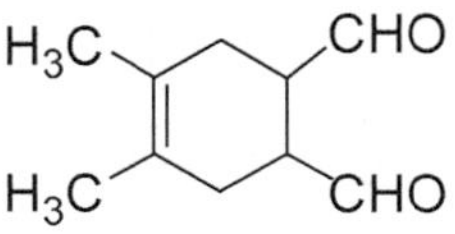　(4) 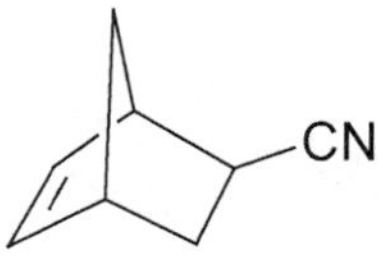

解

(1) 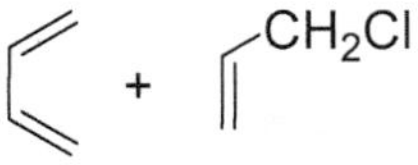　(2) 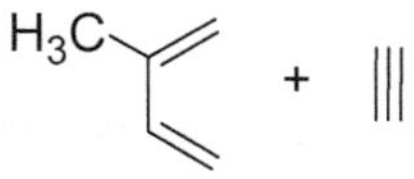

(3) 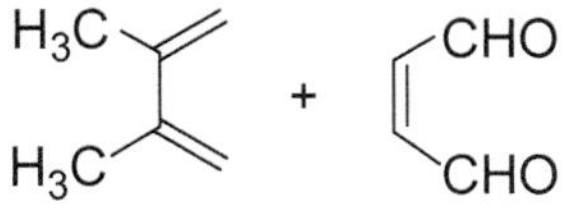　(4) 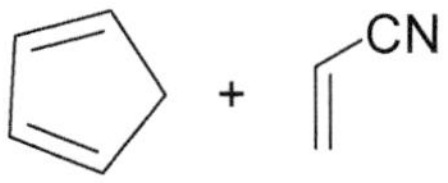

四、补充习题及答案

4-1　完成下列反应。

(1) 

(2) 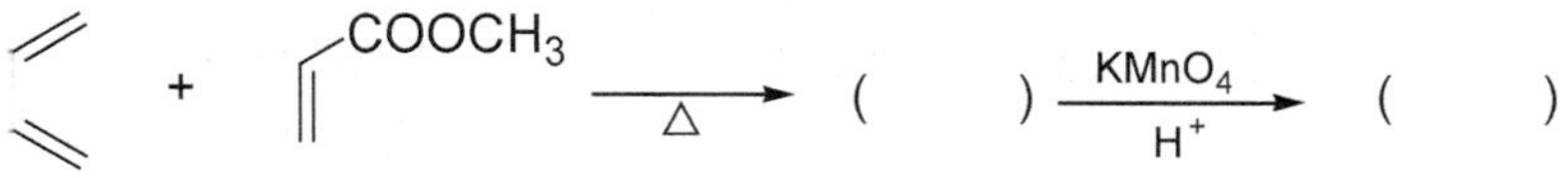

(3) 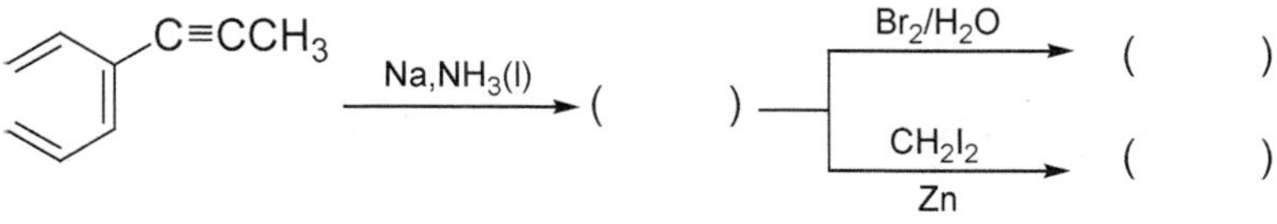

(4) 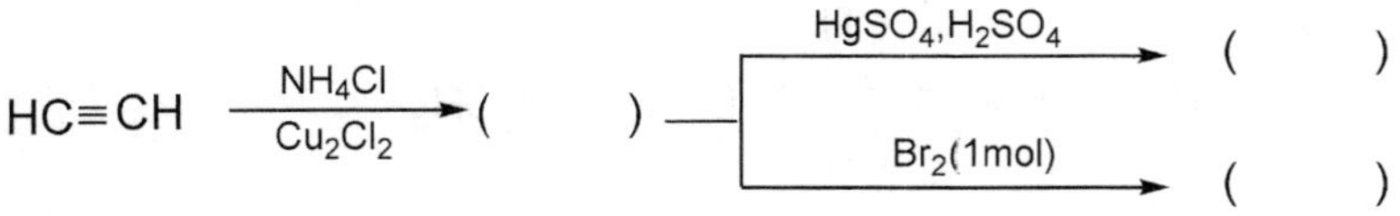

(5) 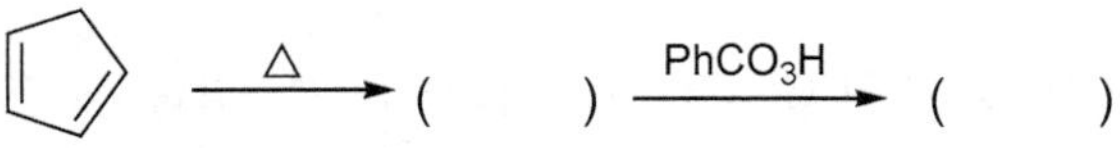

解

(1) 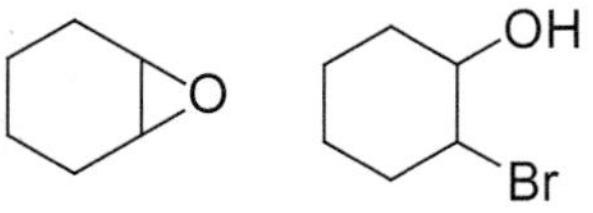

(2) 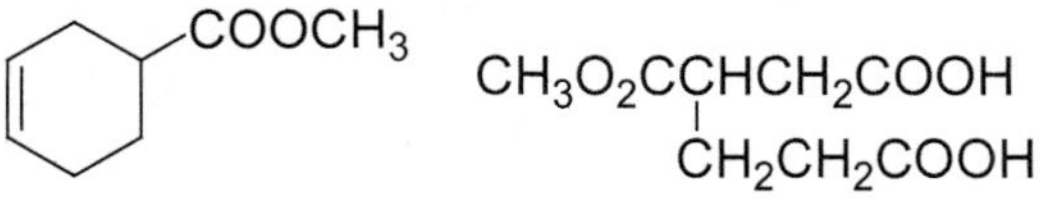

(3) 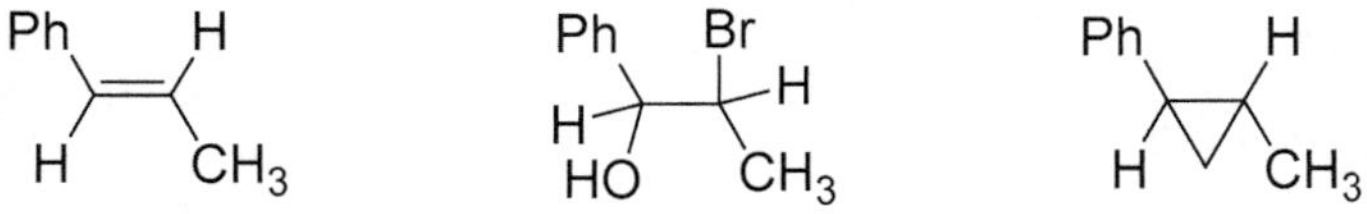

(4) 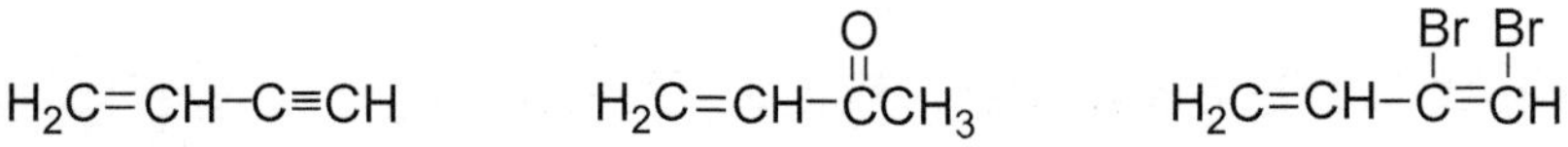

(5) 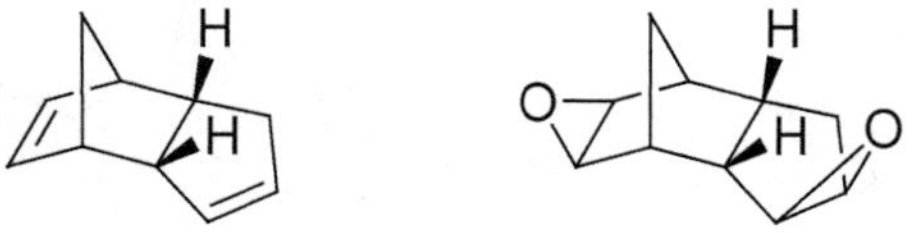

4-2 写出下列反应的转化过程。

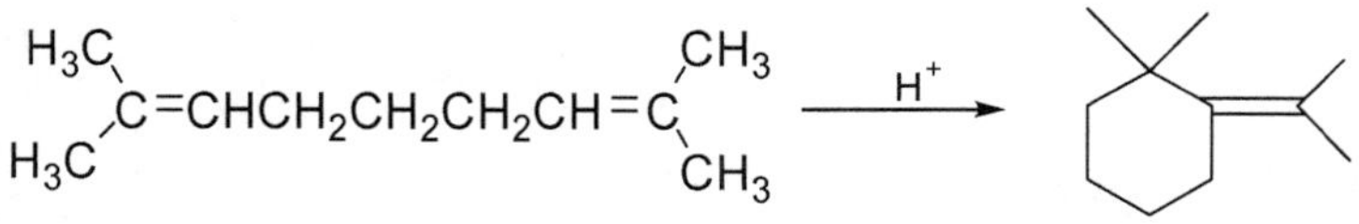

解

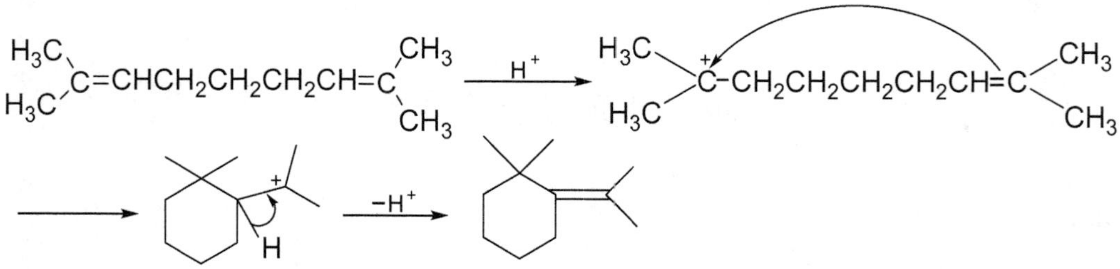

4-3 1,2-二溴-3-氯丙烷是一种杀根瘤线虫的农药，用什么原料合成？怎样合成？

解

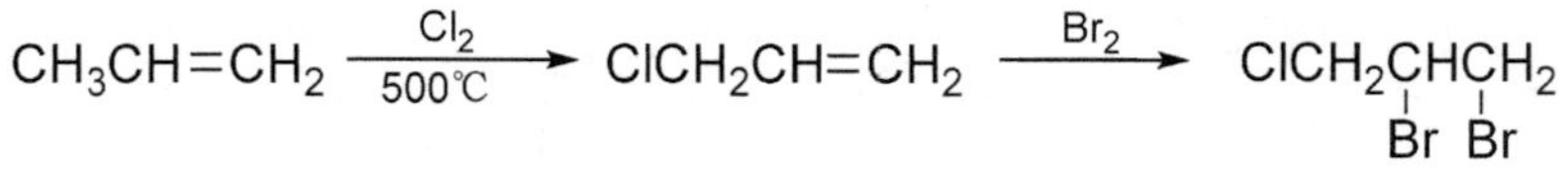

4-4 写出下列反应的机理。

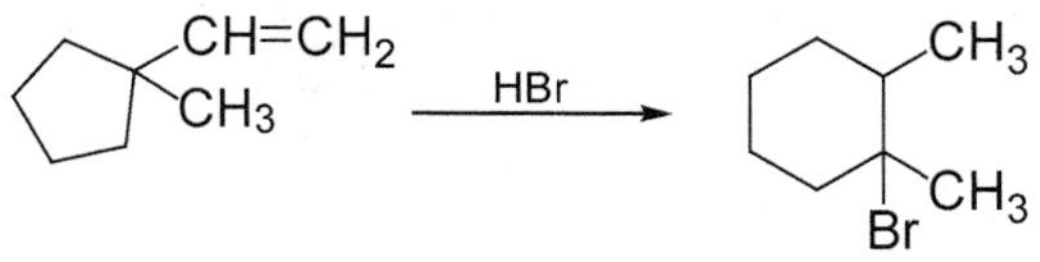

解

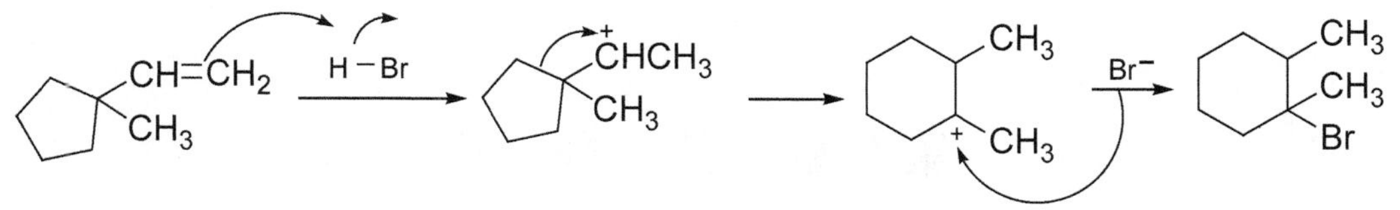

4-5　以小于等于 2 个碳的有机物为原料及必要的试剂合成 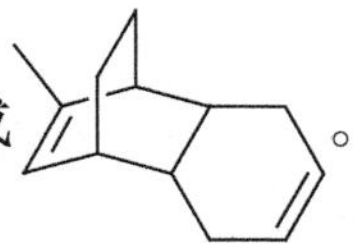 。

解

$$HC\equiv CH \xrightarrow{NaNH_2} HC\equiv CNa \xrightarrow{CH_3Cl} HC\equiv CCH_3$$

$$HC\equiv CH \xrightarrow{NH_4Cl\text{-}CuCl} H_2C{=}CHC\equiv CH \xrightarrow{H_2/\text{Lindlar}} H_2C{=}CHCH{=}CH_2 \xrightarrow[\triangle]{H_2C{=}CH_2}$$

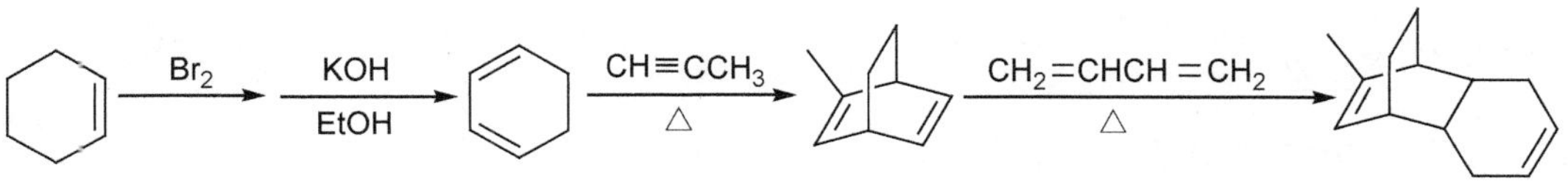

第5章 芳 香 烃

一、内 容 提 要

【一】苯环上的亲电取代反应

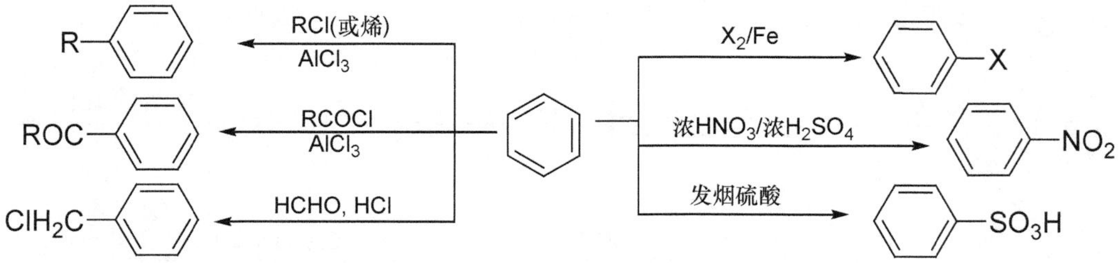

【二】苯环上的亲电取代反应的定位规则

(1) 邻对位定位基：邻对位定位基又称第一类定位基，它们可使苯环活化(卤素除外)，同时使第二个取代基主要进入它的邻位和对位(邻+对 $>60\%$)。其定位能力由强到弱的次序大致如下：$-O^-$，$-NR_2$，$-NHR$，$-NH_2$，$-OH$，$-OCH_3$，$-NHCOR$，$-OCOR$，$-C_6H_5$，$-R$，$-X$ 等。

(2) 间位定位基：间位定位基又称第二类定位基，它们可使苯环钝化，同时使第二个取代基主要进入它的间位(间位 $>40\%$)。其定位能力由强到弱的次序大致如下：$-NH_3^+$，$-NO_2$，$-CN$，$-CX_3$，$-SO_3H$，$-CHO$，$-COCH_3$，$-COOH$，$-COOCH_3$，$-CONH_2$ 等。

【三】芳烃侧链的反应

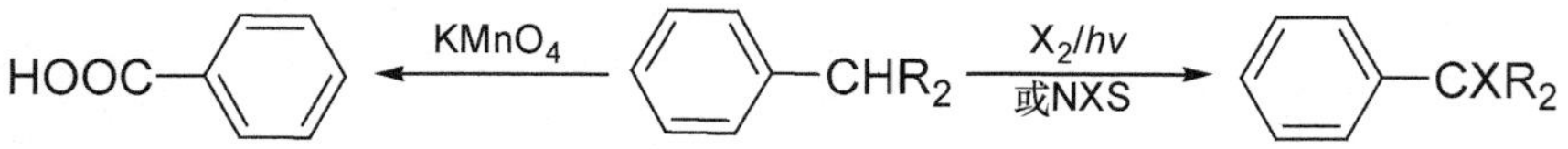

【四】还原反应

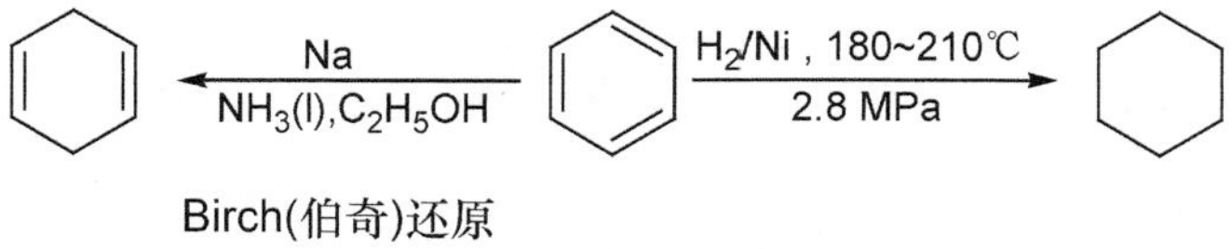

Birch(伯奇)还原

【五】稠环芳烃

1. 萘的化学性质

萘的氯代、硝化、磺化反应与苯类似，主要进攻 α-位。对于一取代萘，当取代基为第一类定位基时，新的基团进入同环的 α-位，若取代基为第二类定位基，则新的基团进入另一环的 α-位。

2. 氧化反应(氧化剂不同，产物不同)

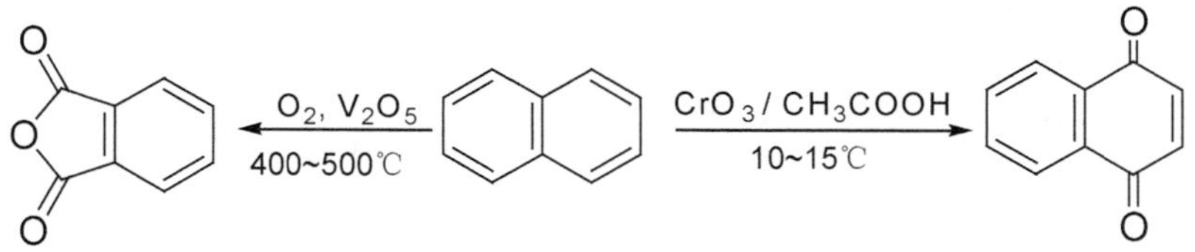

邻苯二甲酸酐　　1,4-萘醌

【六】芳香性的判断(Hückel 规则)

单环多烯烃要有芳香性，必须满足以下三个条件：①成环原子共平面；②形成环状闭合共轭体系；③环上 π 电子数为 $4n+2$(n=0，1，2，3，…)。

二、例 题 讲 解

【例 5-1】 写出下述反应的反应机理。

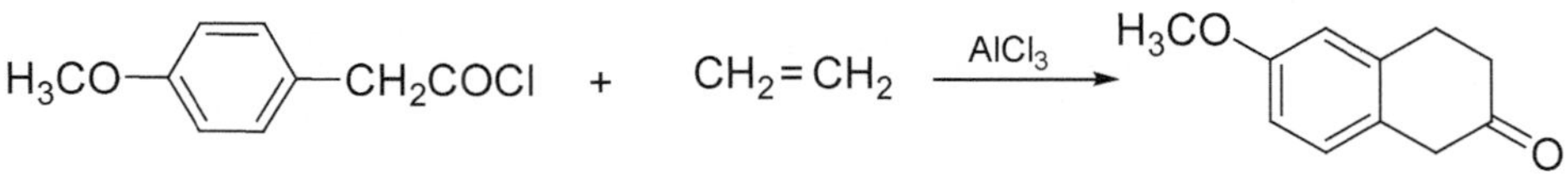

解 从反应物和产物的结构以及所给的条件看，发生的为傅-克烷基化反应，其中间体(Ⅰ)的结构为

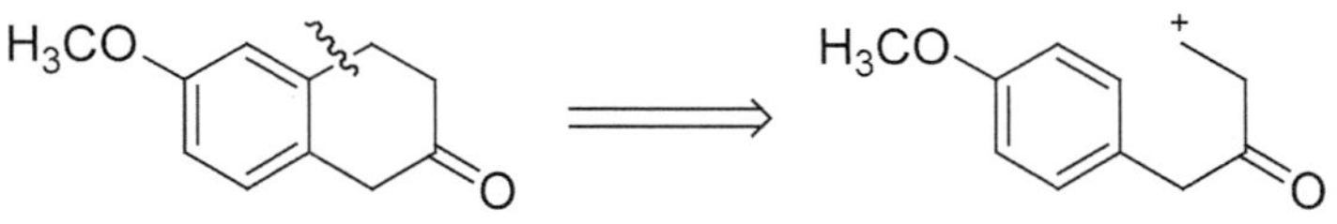

(Ⅰ)

中间体(Ⅰ)应为酰基正离子与乙烯发生的亲电加成反应，所以该反应的反应机理为：

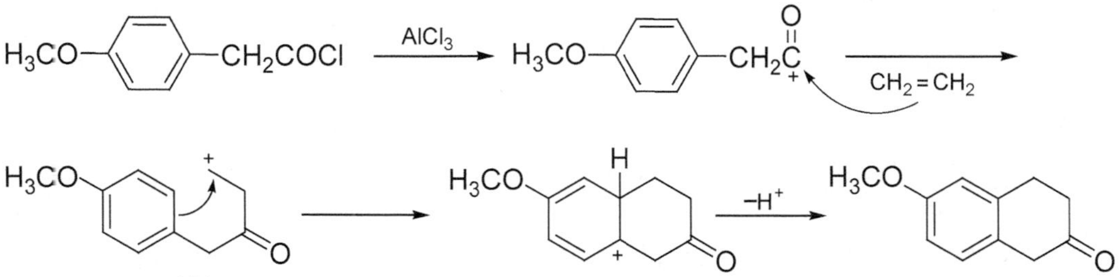

(Ⅰ)

【例 5-2】 完成下列反应。

(1)

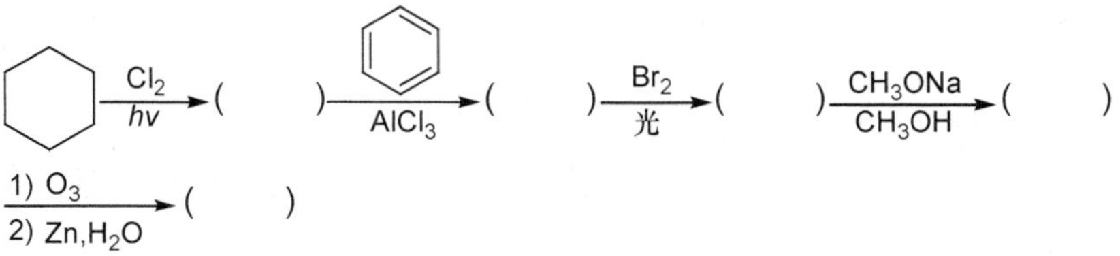

(2) 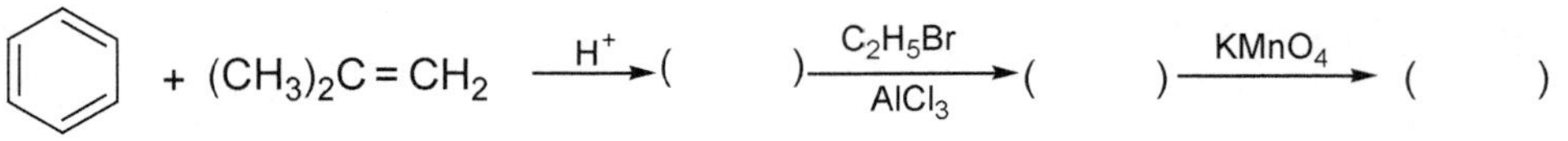

(3) 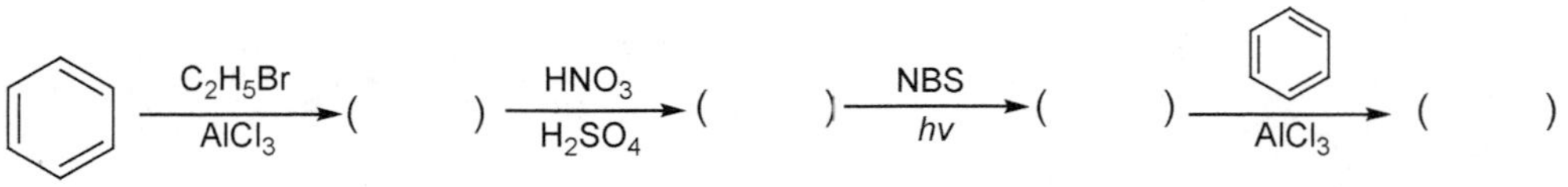

(4) 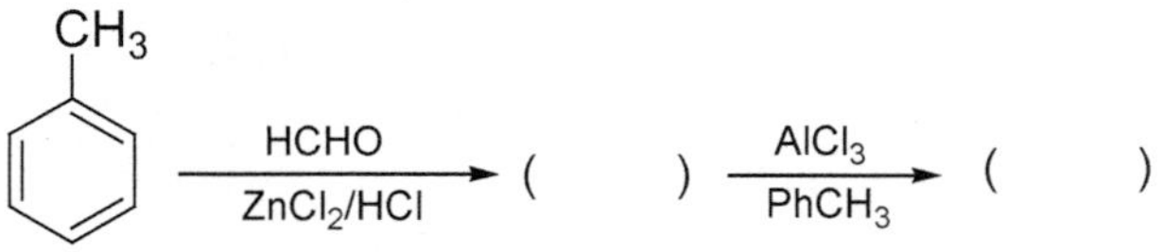

解　(1) 该题考查的反应分别为：烷烃的氯代、芳烃的烷基化、芳烃侧链的卤代、烯烃的制备(卤代烃的消除)和烯烃的臭氧化。

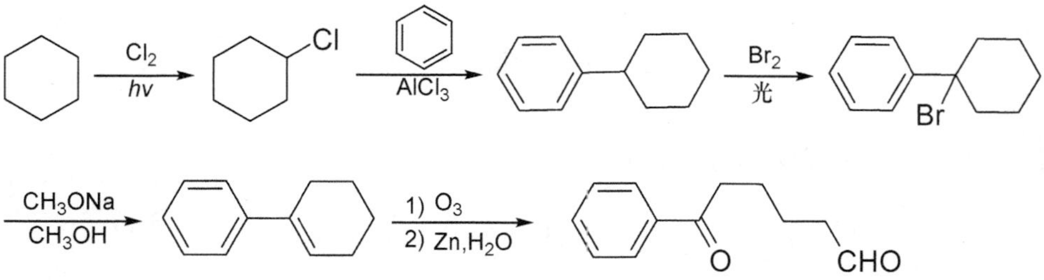

(2) 该题考查的反应分别为：芳烃的烷基化、芳烃侧链的氧化(无 α-H 的侧链不能被氧化)。

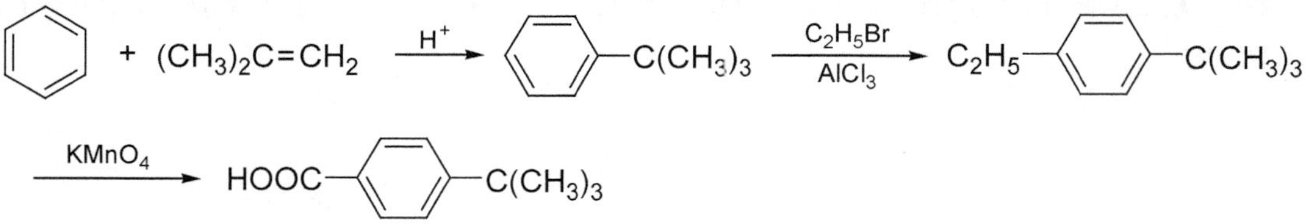

(3) 该题考查的反应分别为：芳烃的烷基化、芳烃的硝化、芳烃侧链的卤代和芳烃的烷基化。

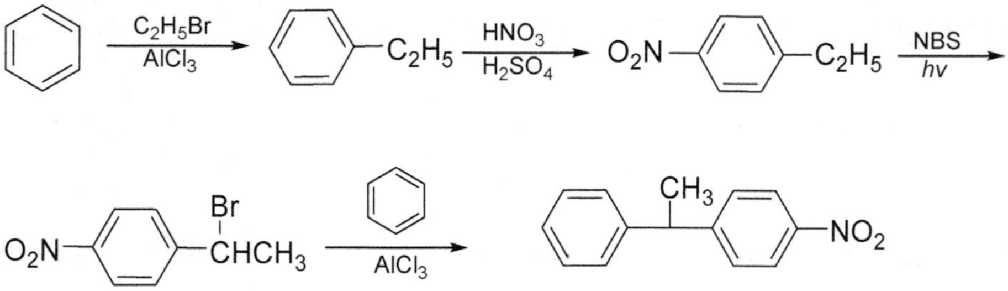

(4) 该题考查的反应分别为：芳烃的氯甲基化反应、芳烃的傅-克烷基化反应。

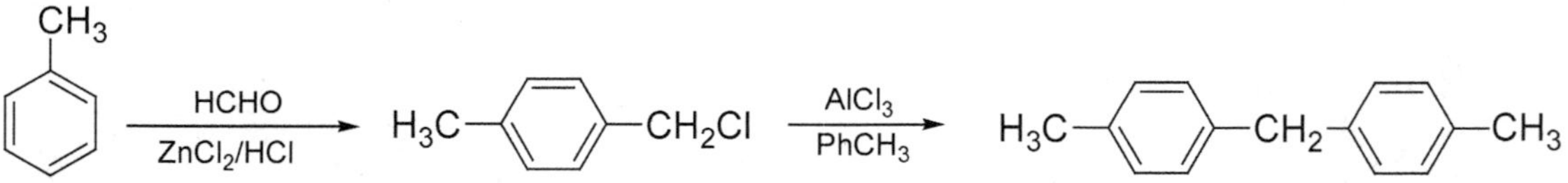

【例 5-3】　以甲苯为原料合成间氯苯甲酸。

解　本题考查的是苯环上二元取代的定位规则，应先氧化，使邻对位定位基的甲基变为间位定位基的羧基后再氯代。如直接氯代，则生成邻氯甲苯和对氯甲苯。

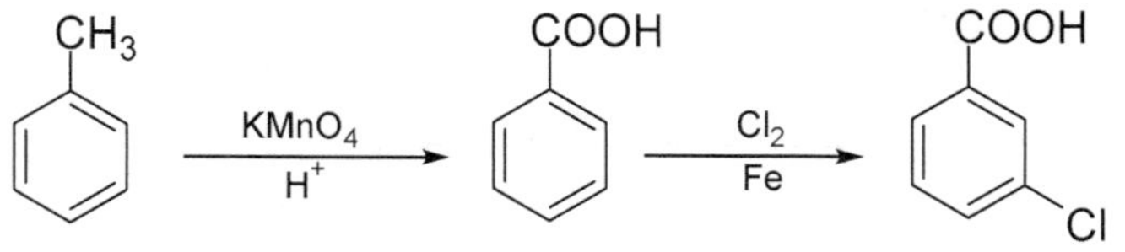

【例 5-4】 下列化合物哪些不能发生 Friedel-Crafts 烷基化反应？

(1) C_6H_5CN　　(2) $C_6H_5CH_3$　　(3) C_6H_5Cl

(4) C_6H_5CHO　　(5) C_6H_5OH　　(6) $C_6H_5COCH_3$

解 本题考查的是 Friedel-Crafts 烷基化反应的条件。(1)(3)(4)(6)均含有吸电子基团，因此不能发生 Friedel-Crafts 烷基化反应。

(5) 容易发生 Friedel-Crafts 烷基化反应，但不能用 $AlCl_3$ 作催化剂，因为酚类化合物可与催化剂 $AlCl_3$ 反应使其失活。

【例 5-5】 鉴别下列化合物。

(A) $PhCH_2CH_3$　　(B) $PhC(CH_3)_3$　　(C) $PhCH{=}CH_2$　　(D) $PhC{\equiv}CH$

解 本题考查含有侧链的芳香族化合物的性质。分析四种物质有两个饱和烃和两个不饱和烃，故先用溴的四氯化碳溶液将其分成两组，然后再根据末端炔烃的特性将其与烯烃分开。

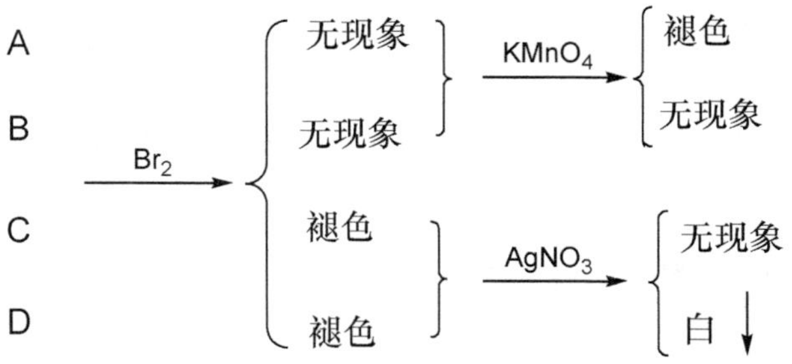

【例 5-6】 以苯为原料(其他试剂任选)合成 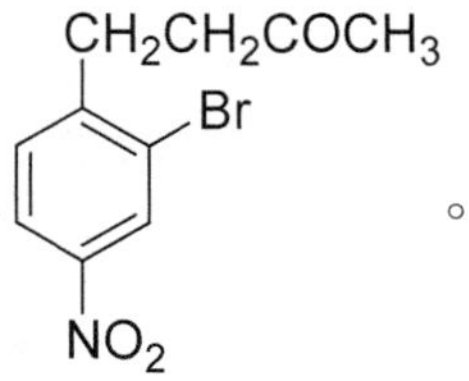 。

解 比较原料与生成物，生成物结构式中较苯环多了三个取代基。因此采用逆合成思路对要合成的化合物进行剖析，从目标化合物到原料的逆推路线如下所示：

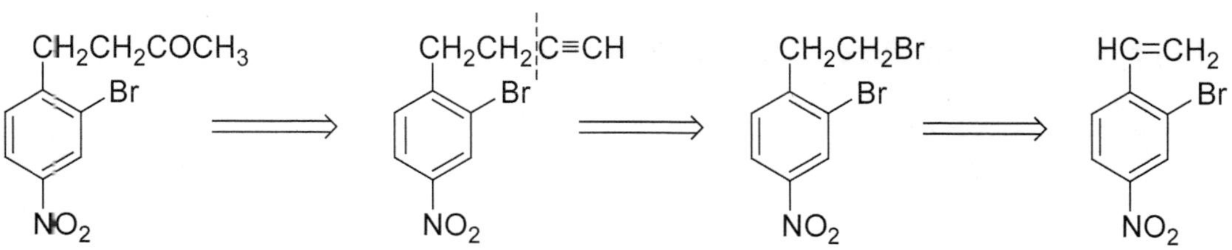

通过傅-克反应、反马氏加成等反应，考虑通过芳环上的亲电取代反应定位规律得到目标产物。因此由苯合成此化合物的合成路线为：

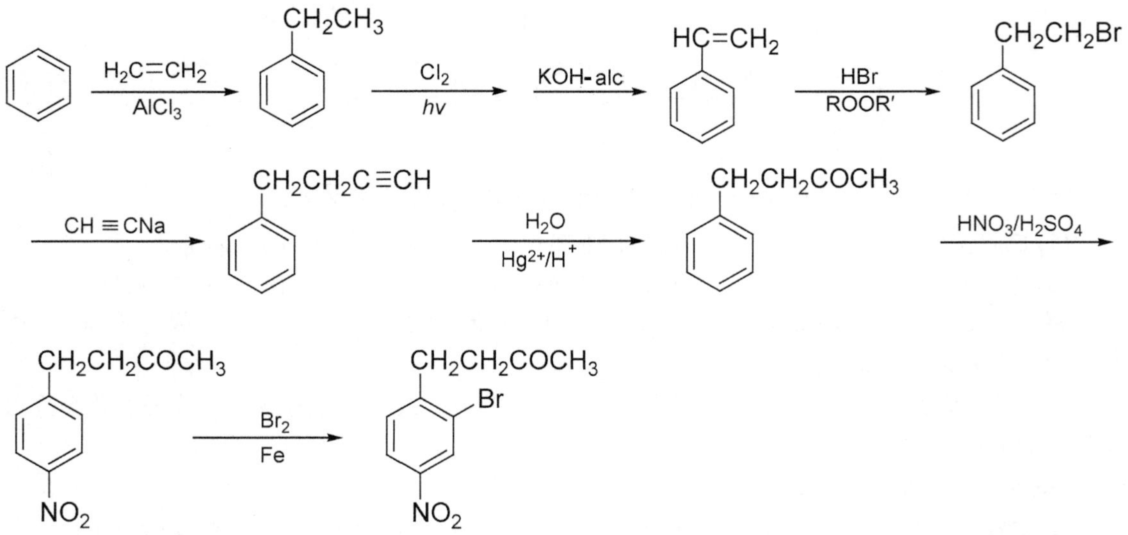

【例 5-7】　由苯、乙炔合成 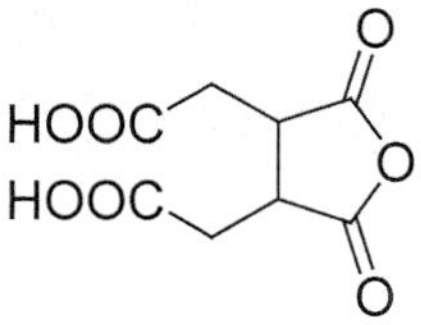 (无机试剂任选)。

解　由逆向合成法推出目标分子可以由 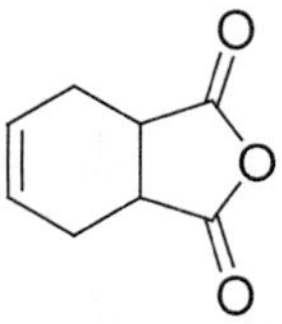 在酸性高锰酸钾的氧化下得到，而该化合物可以通过顺丁烯二酸酐与丁-1,3-二烯的双烯合成得到。因此，此题的关键是得到丁-1,3-二烯和顺丁烯二酸酐。

合成路线为：

$$HC\equiv CH \xrightarrow{NH_4Cl\text{-}CuCl} CH\equiv CCH{=}CH_2 \xrightarrow{H_2/\text{Lindlar}} H_2C{=}CHCH{=}CH_2$$

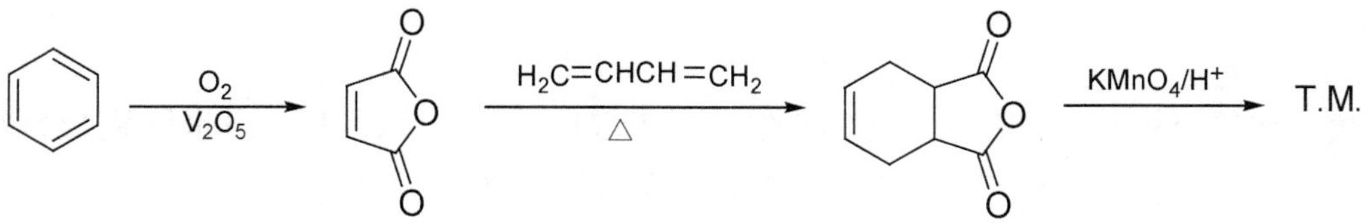

【例 5-8】　下列化合物或离子具有芳香性的是(　　)。

A. 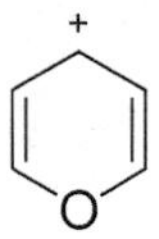　B. 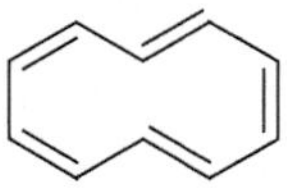　C. 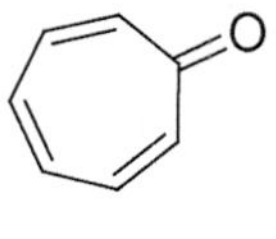　D. 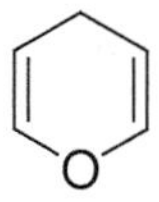　E. 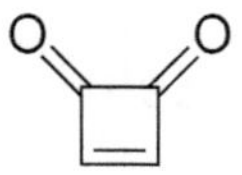

F. 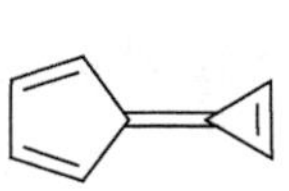　G. 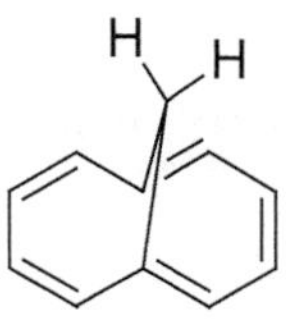

解 化合物B为[10]-轮烯，由于环内两个氢相互拥挤，扭转了结构，环上的原子不能保持共平面状态，因此没有芳香性。而化合物G用架桥基取代[10]-轮烯两个环内氢，使分子成为平面分子体系，因此具有芳香性。化合物 C，环庚三烯酮通过共振式变换可以形成类环庚三烯正离子，符合休克尔规则，具有芳香性。化合物D不能形成闭合的共轭体系，不具有芳香性，因此化合物A具有芳香性。E通过共振式变换也符合休克尔规则，具有芳香性。杯烯F，当环外双键的电子流向五元环时，五元环形成 π_5^6 电子体系。而三元环失去电子则形成 π_3^2 电子体系，这一得和失都满足了休克尔规则的要求，故具有芳香性。此题的答案为ACEFG。

三、习题解答

5-1 完成下列反应方程式。

(1) 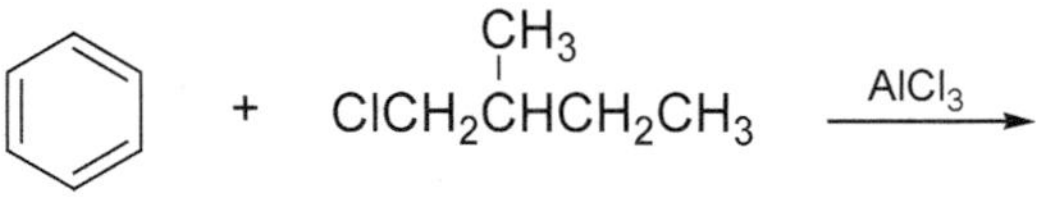

(2) 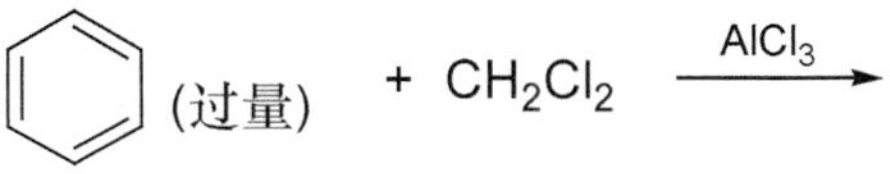

(3) 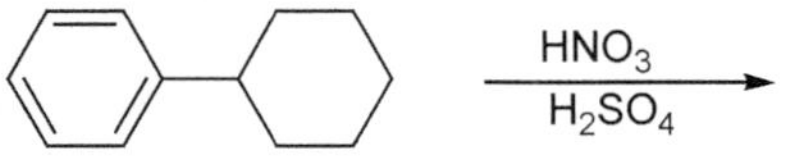

(4) 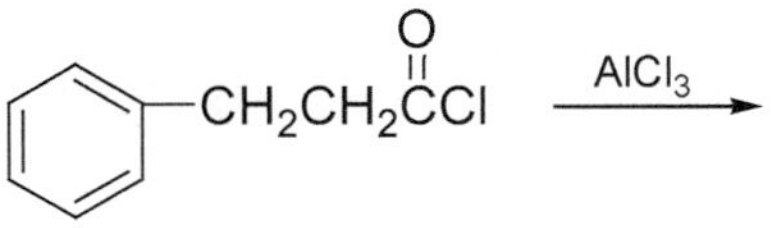

(5) 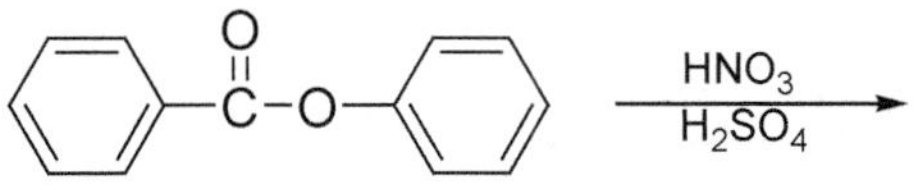

(6) 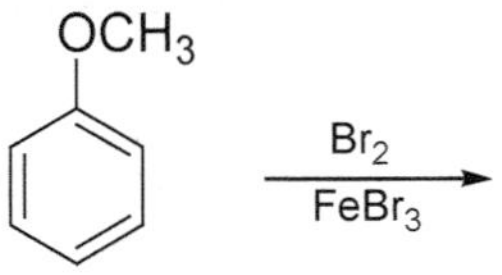

(7) 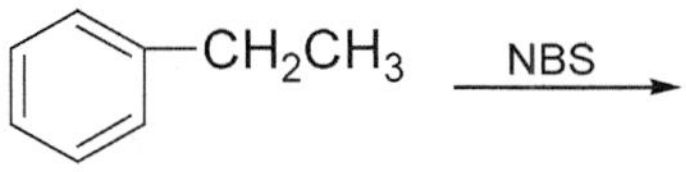

(8) 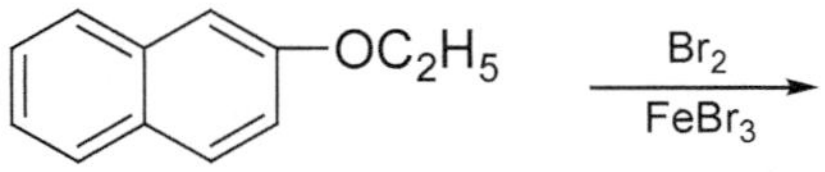

(9) 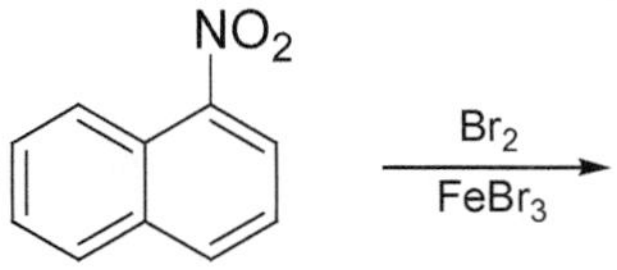

(10) 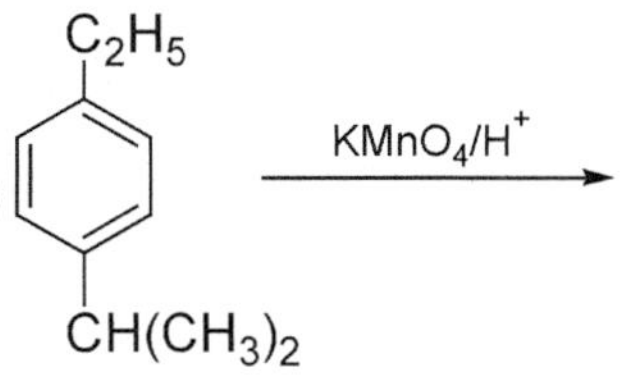

解

(1) 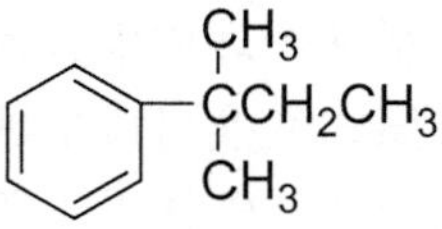　(2) 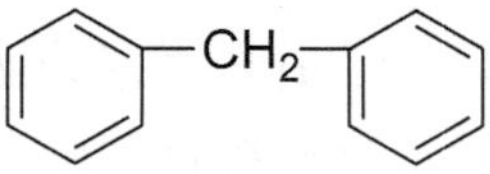　(3) 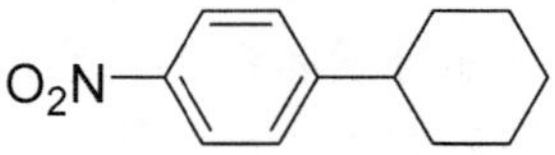

(4) 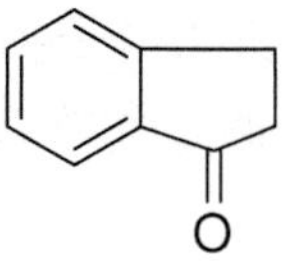　(5) 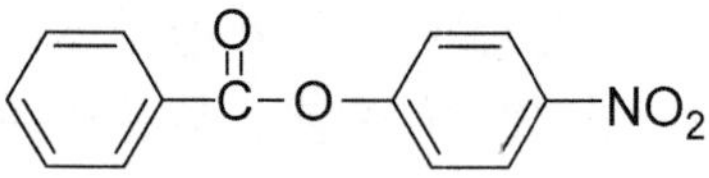　(6) 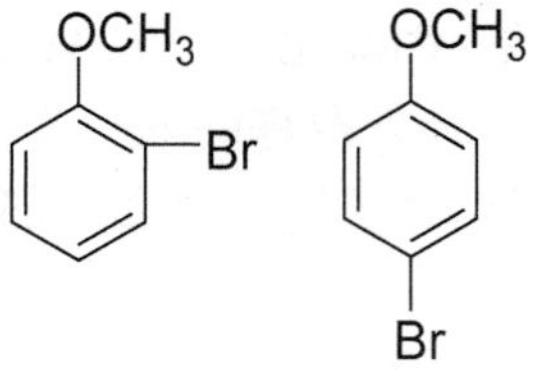

(7) 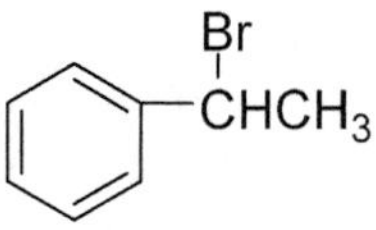　(8) 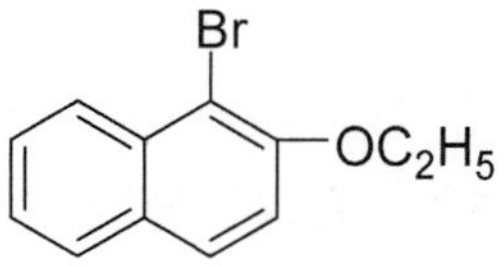

(9) 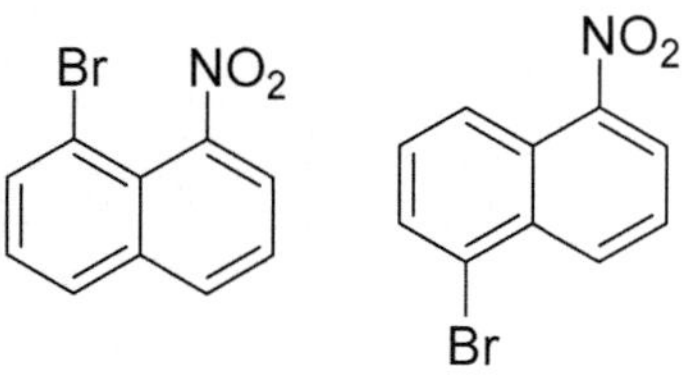　(10) 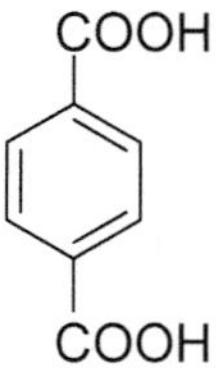

5-2　回答问题。

(1) 下列化合物发生亲电取代反应由易到难的次序为____________。

(A) 乙酰苯胺　(B) 甲苯　(C) 硝基苯　(D) 苯胺

(2) 下列化合物溴代反应时活性大小顺序为____________。

(A) 溴苯　(B) 苯甲醚　(C) 甲苯　(D) 苯甲酸

(3) 下列化合物进行亲电取代反应时速度顺序为____________。

(A) 苯　(B) 甲苯　(C) 苯胺　(D) 苯甲醛

解　(1) (D) > (A) > (B) > (C)

(2) (B) > (C) > (A) > (D)

(3) (C) > (B) > (A) > (D)

5-3　用箭头表示下列化合物亲电取代反应的位置。

(1) 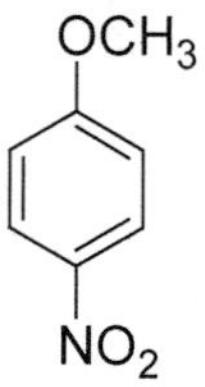　(2) 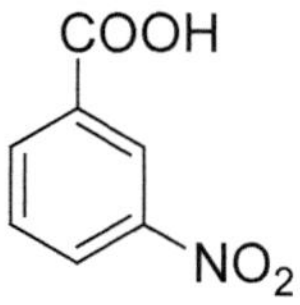　(3) 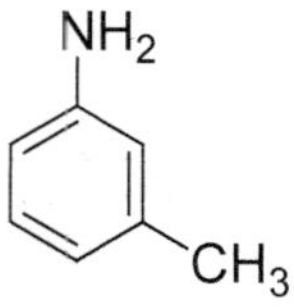　(4) 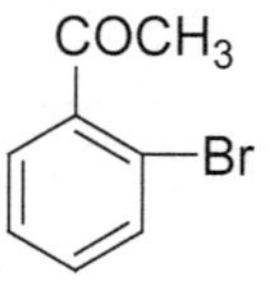

(5) 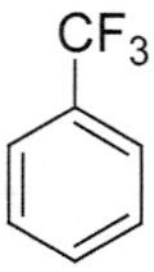　(6) 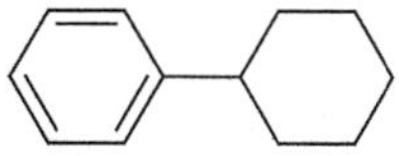　(7) 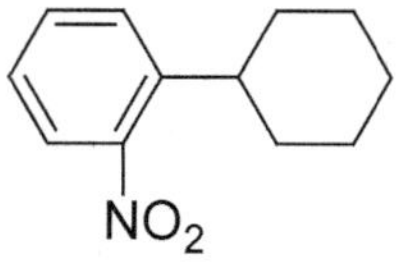　(8) 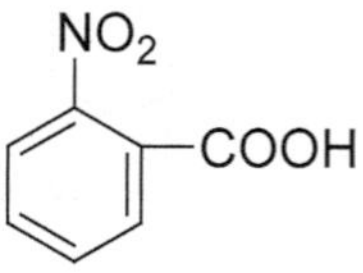

(9) 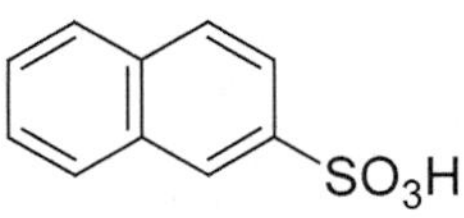

(10) 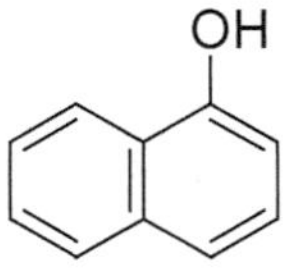

解

(1) 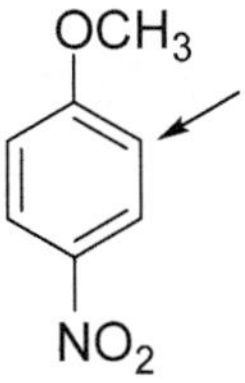

(2) 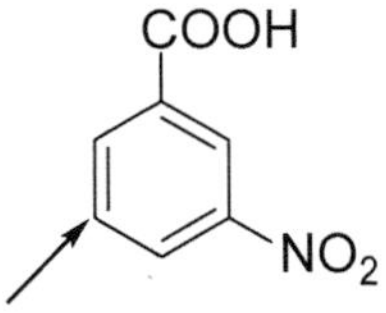

(3) 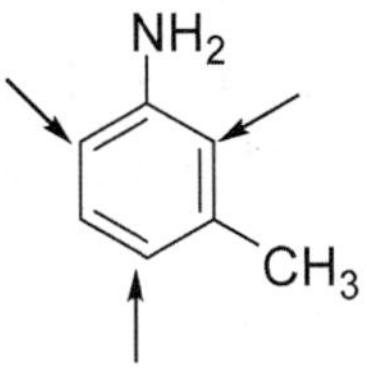

(4) 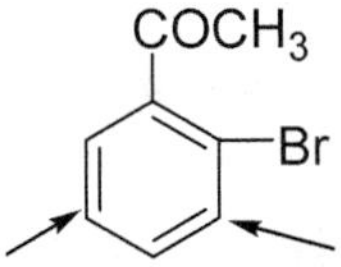

(5) 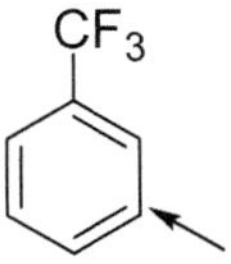

(6) 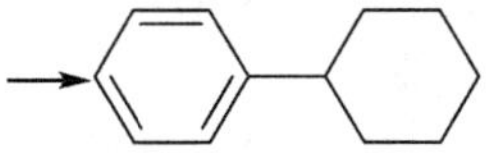

(7) 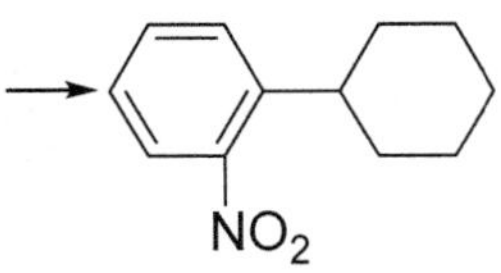

(8) 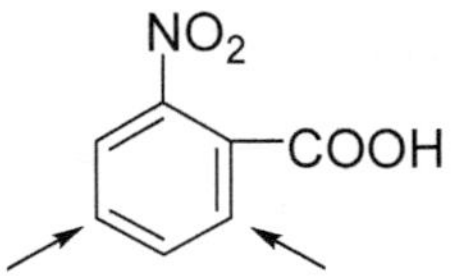

(9) 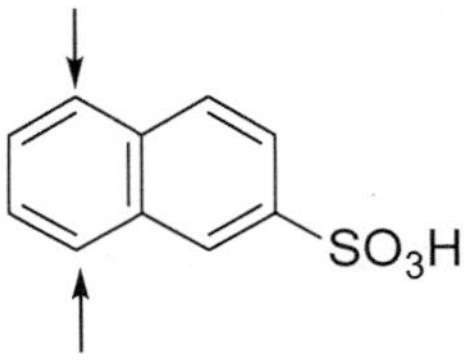

(10) 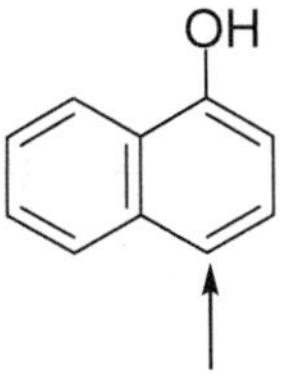

5-4 写出下列反应的可能历程。

(1) 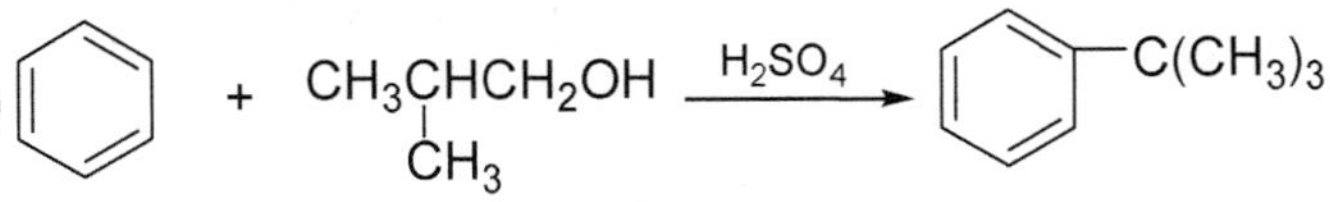

(2) 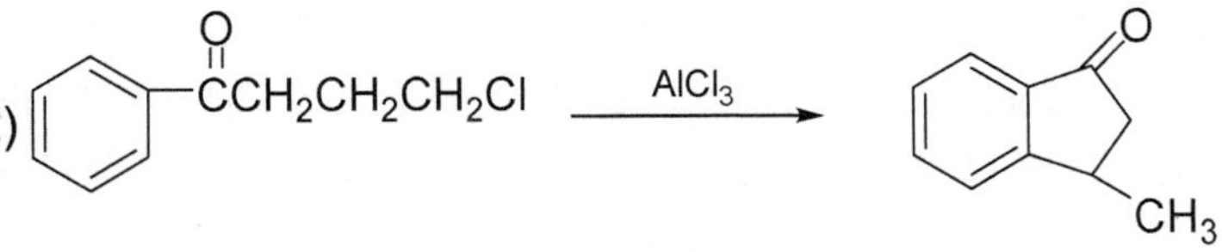

解

(1) 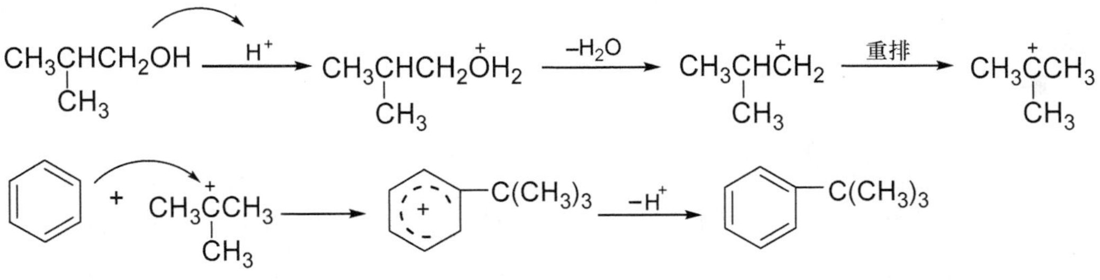

(2) 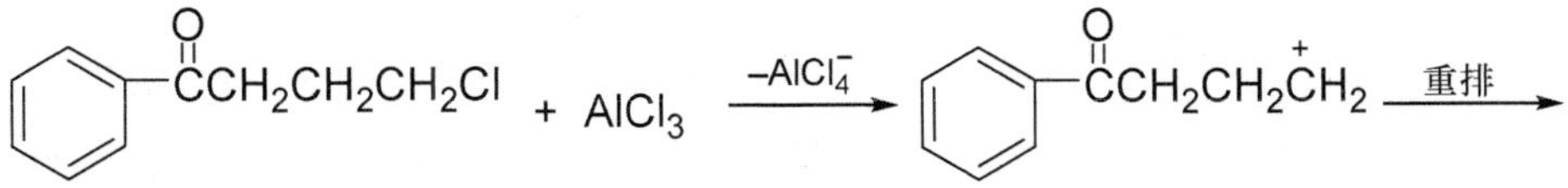

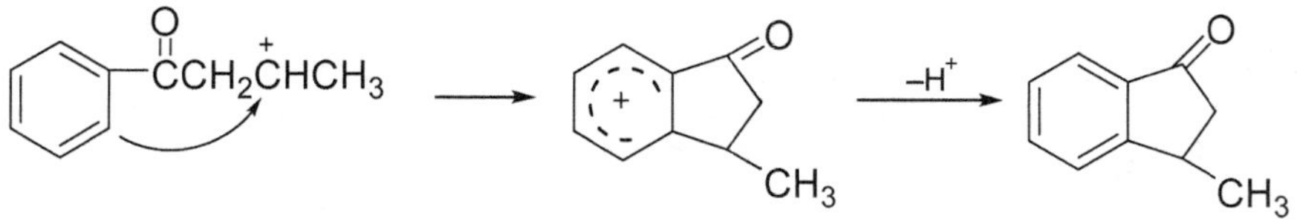

5-5　鉴别下列各组化合物。

(1) 甲苯，己-1-烯，环己-1,3-二烯　　(2) 苯，乙苯，苯基乙炔

(3) 苯，异丙苯，苯乙烯

解

(1) 加入溴水无变化者为甲苯，已反应的两种化合物中加入顺丁烯二酸酐，产生白色沉淀者为环己-1,3-二烯。

(2) 加入 $Ag(NH_3)_2NO_3$ 溶液有白色沉淀者为苯基乙炔，余下两者加入 $KMnO_4$ 溶液，褪色者为乙苯。

(3) 加入溴水褪色者为苯乙烯，余下两者加入 $KMnO_4$ 溶液，使之褪色者为异丙苯。

5-6　判断下列化合物或离子是否具有芳香性。

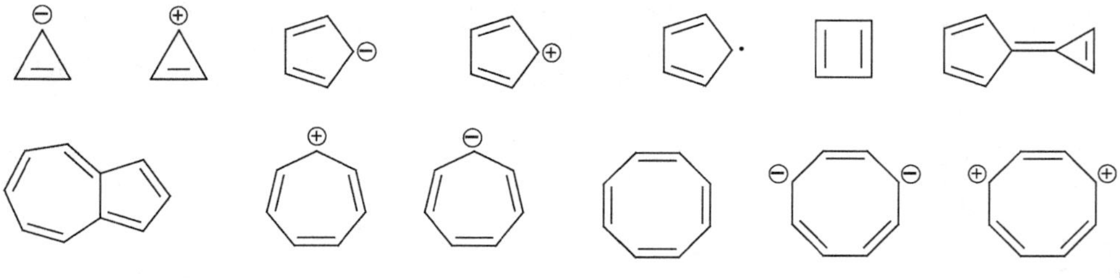

解　有芳香性的为：

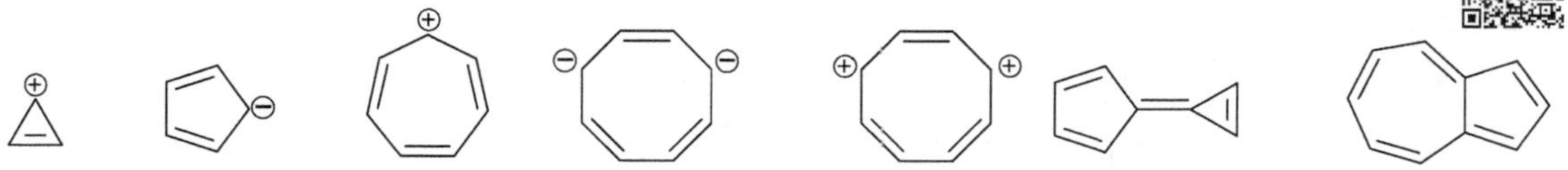

5-7　推测结构。

(1) 化合物 A 的分子式为 C_9H_8，在室温下能迅速使 Br_2/CCl_4 溶液和稀的 $KMnO_4$ 溶液褪色，在温和条件下氢化时只吸收 1 mol H_2，生成化合物 B，B 的分子式为 C_9H_{10}；A 在强烈的条件下氢化时可吸收 4 mol H_2，强烈氧化时可生成邻苯二甲酸。试写出 A、B 的结构式。

(2) 某芳烃 A(C_9H_{12})在铁催化下溴代，得到的一溴代物有两种 B 和 C。将 A 在剧烈条件下氧化生成一种酸 D($C_8H_6O_4$)，D 硝化只能有一种一硝基产物 E($C_8H_5O_4NO_2$)。试推测 A ~ E 的结构式。

解

(1) A 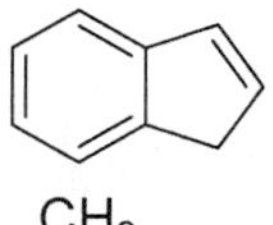　B 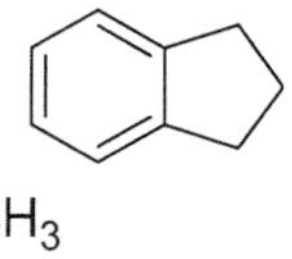

(2) A 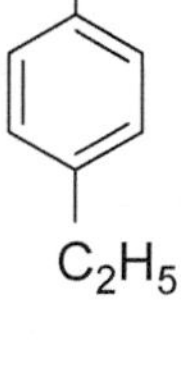

B 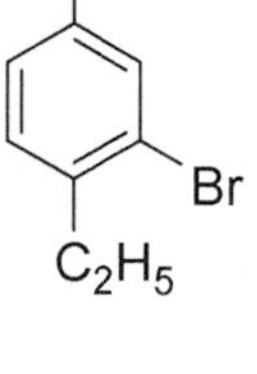

C 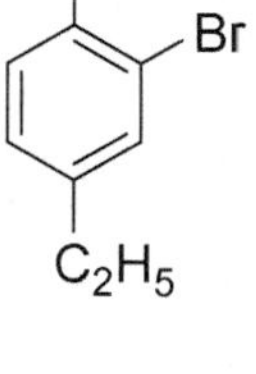

D 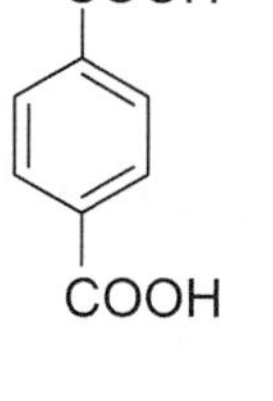

E 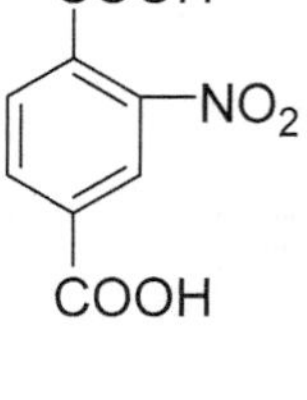

5-3　合成。

(1) 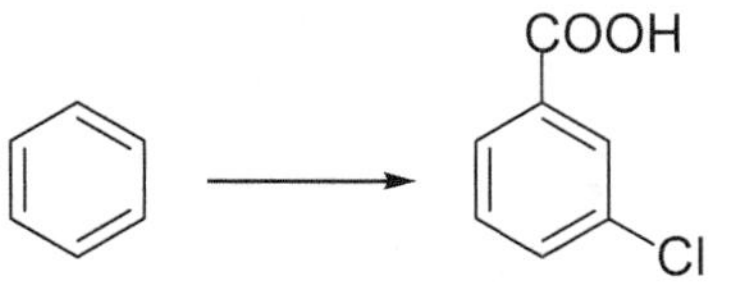

(2) 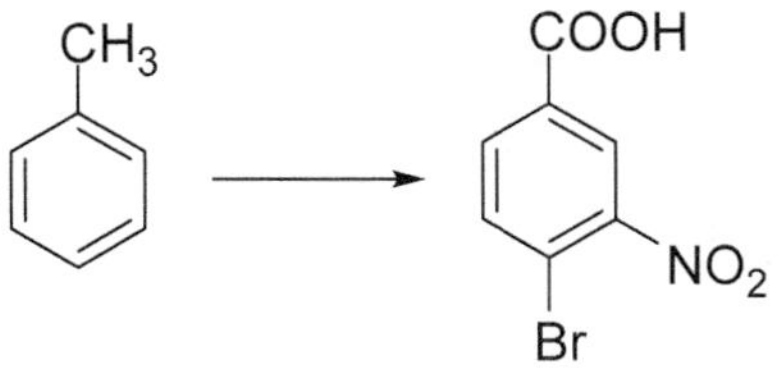

(3) 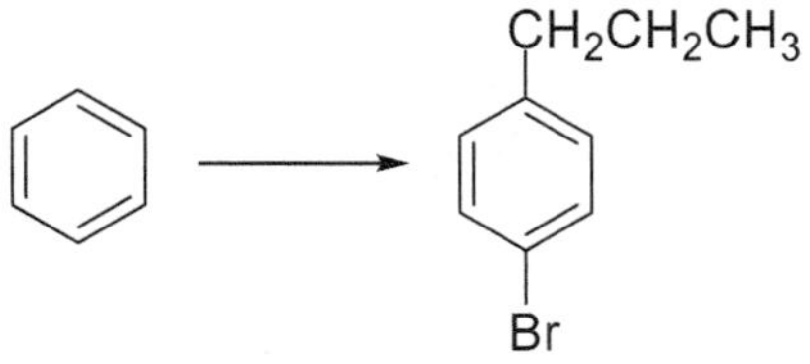

解

(1) 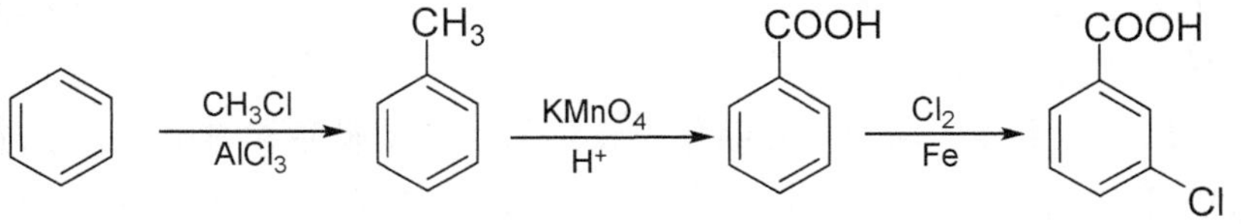

(2) 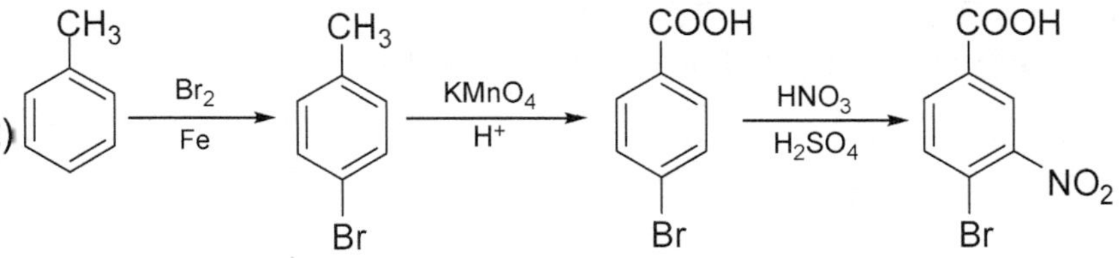

(3) 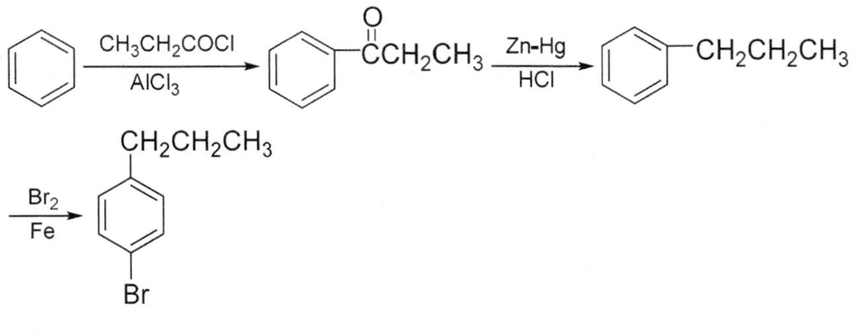

四、补充习题及答案

5-1　试扼要写出下列合成步骤，所需要的脂肪族或无机试剂可任意选用。

(1) 由间二甲苯合成 5-硝基-1,3-苯二甲酸

(2) 由苯甲醚合成 2,6-二溴-4-硝基苯甲醚

(3) 由对二甲苯合成 2-硝基-1,4-苯二甲酸

解

(1) 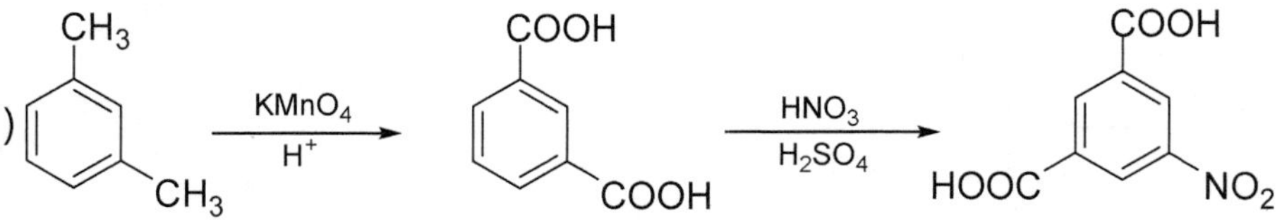

(2) 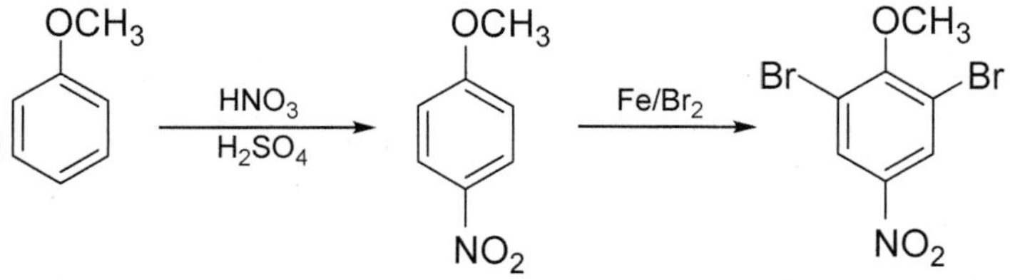

(3) 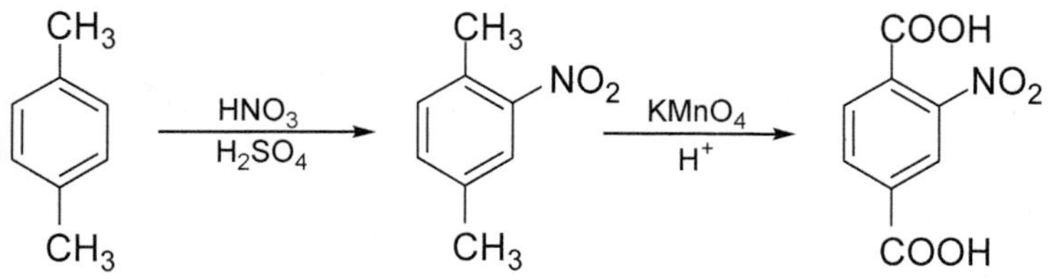

5-2　在浓硫酸的作用下，甲苯的两个主要磺化产物是什么？哪一个是动力学控制的产物？哪一个是热力学控制的产物？为什么？

解　在浓硫酸作用下，甲苯的两个主要磺化产物是邻甲基苯磺酸和对甲基苯磺酸。甲苯的邻位电子云密度较高，磺酸基进攻时，活化能较低，所以邻位产物是动力学控制产物；对位产物由于空阻较小，势能较低，是热力学控制产物。

5-3　指出以下各化合物硝化时硝基进入的位置(一元硝化)。

(1) 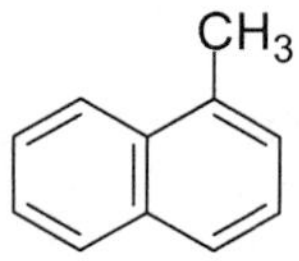　(2) 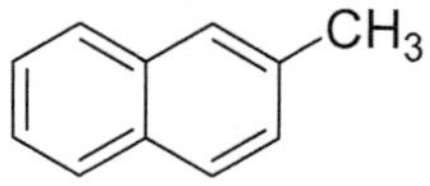　(3) 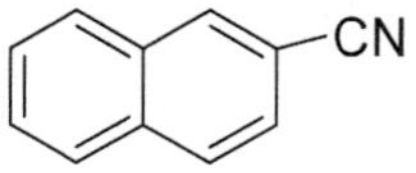

(4) 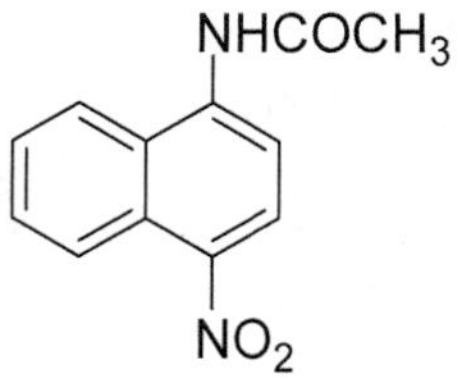　(5) 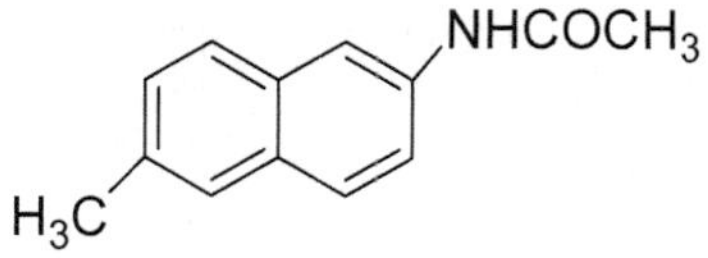　(6) 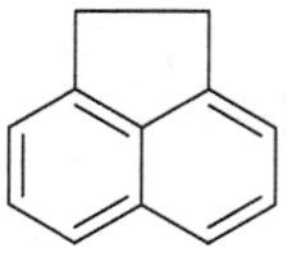

解

(1) 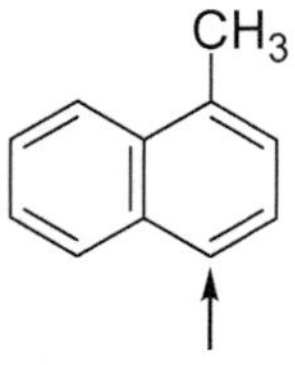　(2) 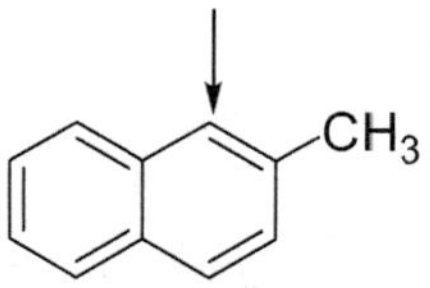　(3) 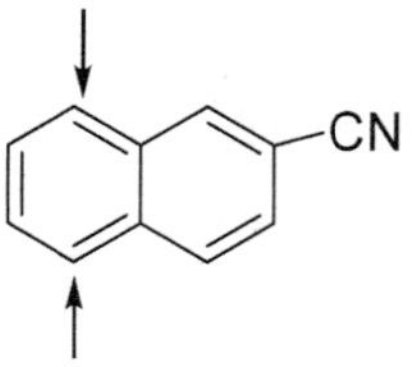

(4) 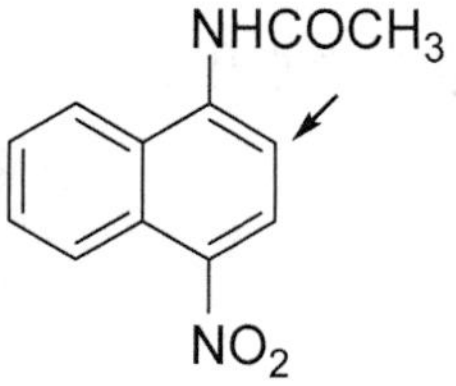　(5) 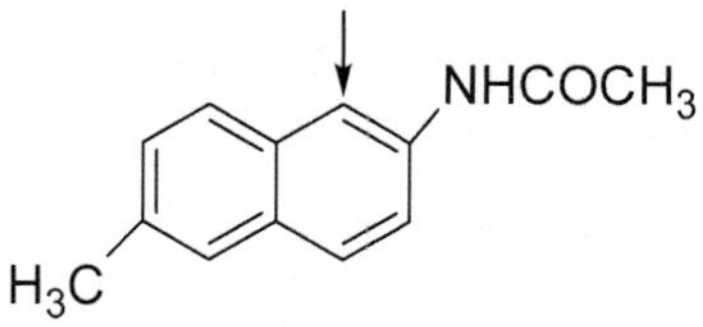　(6) 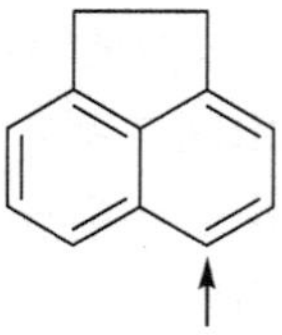

5-4 化合物 A 和 B，分子式均为 $C_{14}H_{20}$。将 A 或 B 经 O_3 氧化及在锌粉存在下水解，均生成化合物 C 和 D。C 能由苯和丙酰氯在 $AlCl_3$ 作用下生成，D 可以由 3-甲基丁-1-炔在 Hg^{2+}/H^+ 催化下与 H_2O 作用得到。试写出化合物 A ~ D 的构造式。

解

A. 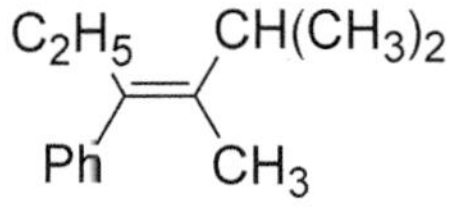
B. 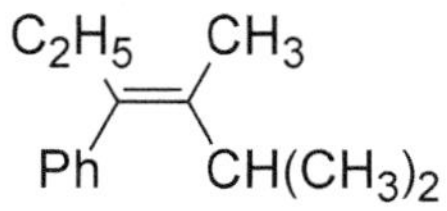
C. $PhCOC_2H_5$ D. $CH_3COCH(CH_3)_2$

5-5 化合物 A($C_{16}H_{16}$)能使 Br_2/CCl_4 和 $KMnO_4$ 溶液褪色，在常压下氢化只吸收 1 mol H_2。当用 $KMnO_4$、H_2SO_4 加热氧化时只生成一种二元羧酸，此酸进行溴化时只生成一种溴代二元羧酸。试写出 A 的结构式和各步反应式。

解

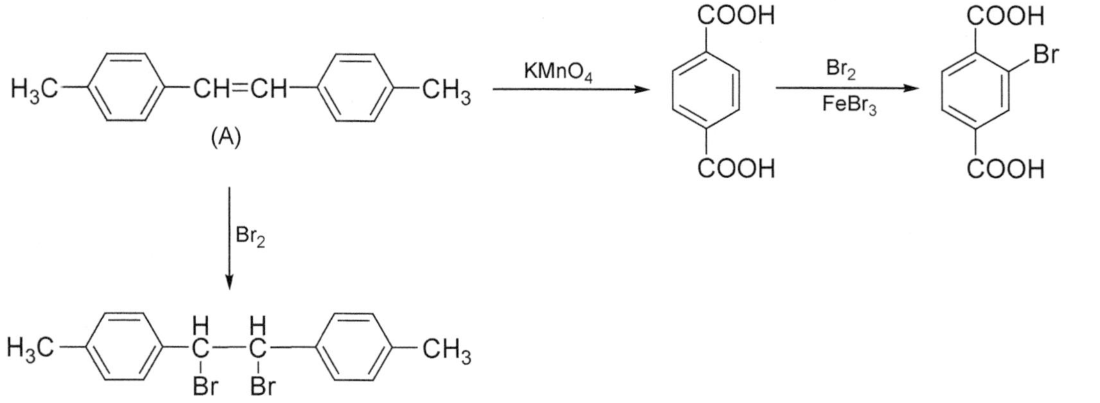

5-6 写出下列反应的机理。

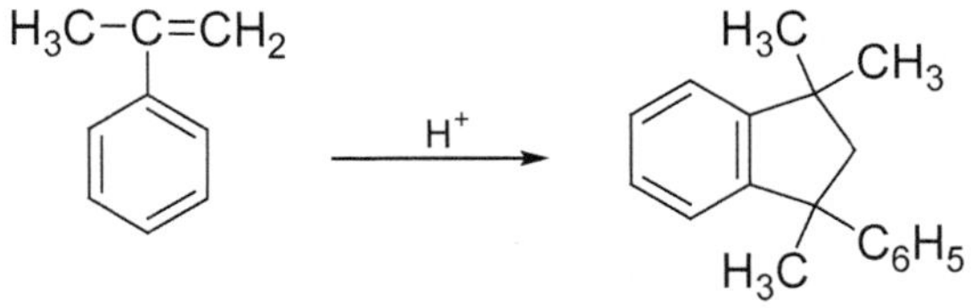

解

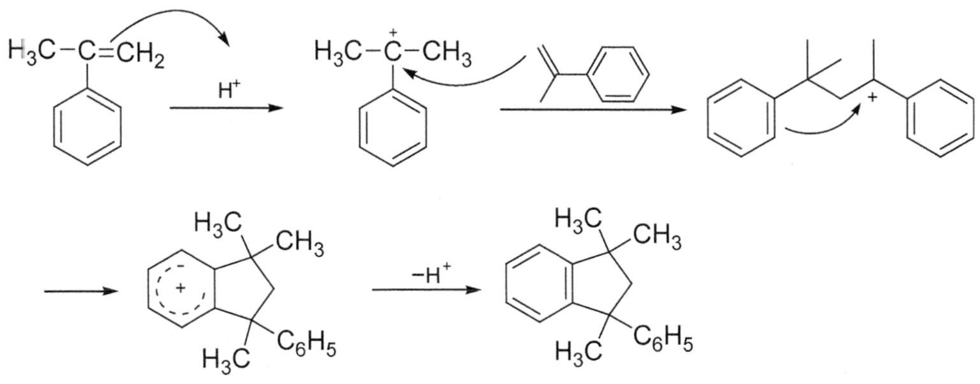

5-7 写出下列反应的机理。

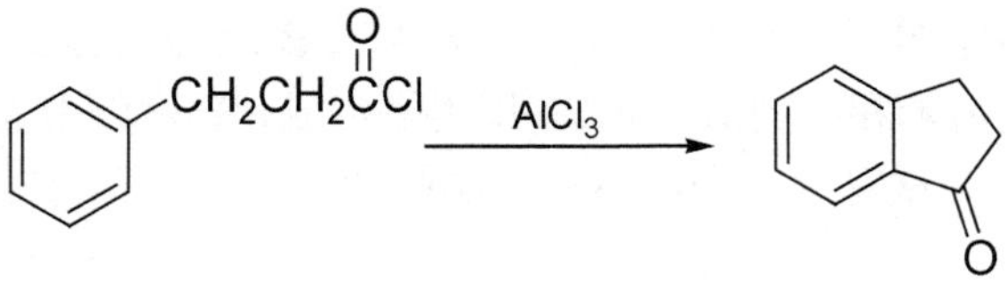
CH2CH2CCl
O
AlCl3
O

解

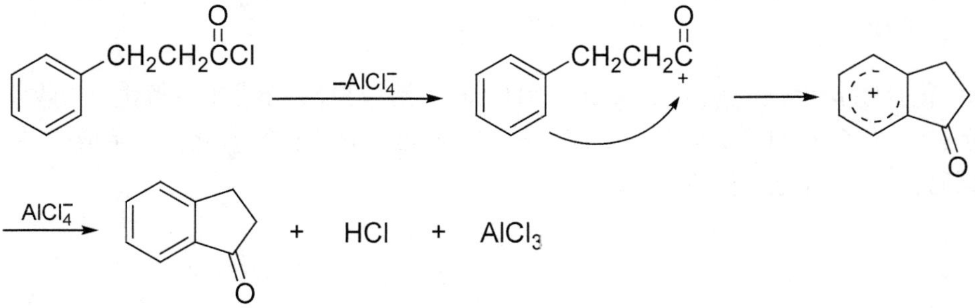
CH2CH2CCl
O
−AlCl4−
CH2CH2C
+
AlCl4−
+ HCl + AlCl3

第6章　手 性 分 子

一、内 容 提 要

【一】对称因素与手性判断

对称因素包括对称面和对称中心，分子中存在对称面或对称中心，该分子就有对称性，不具备手性特征，是非手性分子。

【二】构型的表示方法及它们之间的相互转化

可用楔形透视式、锯架式、Newman 投影式来表示对映异构体的立体结构式。

【三】绝对构型 *R*/*S* 标记法

R/*S* 标记法的规则如下：首先将手性碳原子所连的四个基团(a, b, c, d)按“次序规则”的优先次序排序。若 a, b, c, d 四个基团的优先次序为 a > b > c > d，把排序最小的基团 d 放在离观察者眼睛最远的位置，观察其余三个基团由 a→b→c 的顺序：若是顺时针方向，则其构型为 *R*；若是逆时针方向，则构型为 *S*。

【四】手性碳原子、内消旋体、外消旋体

(1) 手性碳原子：与四个互不相同的原子或基团相连的碳原子。

(2) 内消旋体：含有手性碳原子，但不是手性分子，因而也没有旋光性的化合物称为内消旋体。

(3) 外消旋体：等量的右旋体和左旋体的混合物称为外消旋体。

【五】环状化合物的对映异构和不含手性碳的对映异构

(1) 在脂环族化合物中若存在手性碳原子，也有对映异构体。

(2) 常见的不含手性碳的对映异构体：丙二烯型衍生物和联苯型衍生物。

二、例 题 讲 解

【例 6-1】　判断下列化合物有无光学活性。

(1) 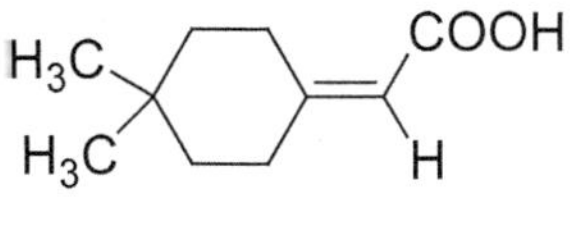

(2) 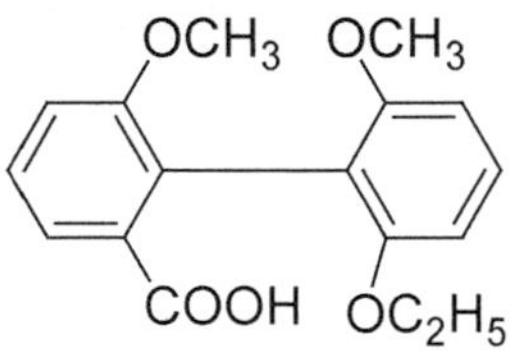

(3) 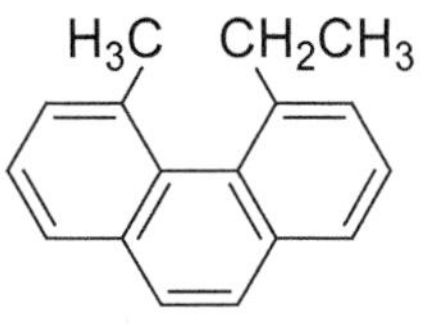

(4) 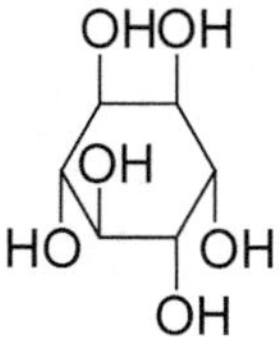

(5) 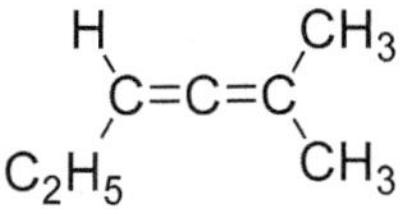

(6) 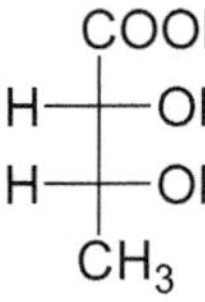

(7) 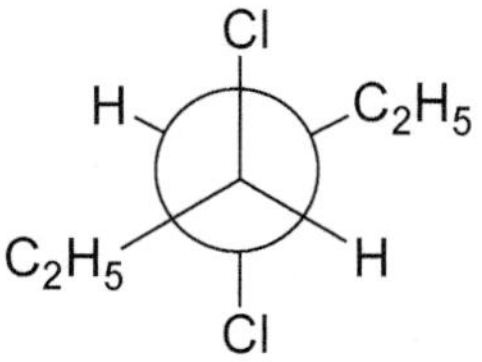

(8) 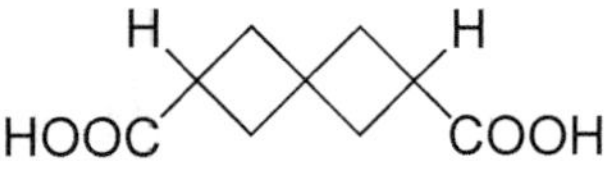

解　判断化合物有无光学活性，关键是判断其有无对称因素，如果有对称因素(对称中心或对称面)，则无光学活性。在化合物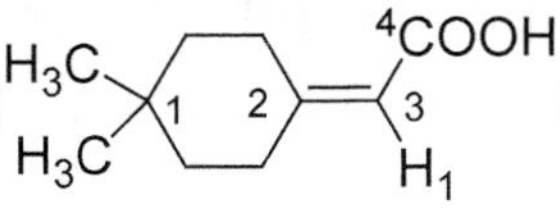中，存在由 C1–C2–C3–C4–H1 构成的对称面，所以(1)无光学活性；在(2)中，由于取代基之间的空间位阻，两个苯环之间存在一定的夹角，所以分子中找不到对称因素，有光学活性；(3)是一个螺旋分子，在分子中也找不到对称因素，所以(3)也有光学活性；(4)有光学活性；(5)无光学活性；(6)有光学活性；(7)是内消旋体，无光学活性；(8)两个四元环之间存在夹角，没有对称因素，有光学活性。

【例 6-2】　写出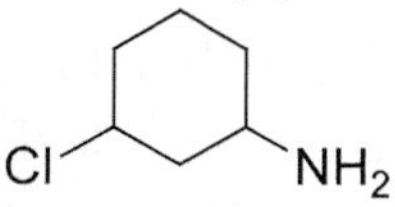的立体异构体，并标明不对称碳原子的构型。

解　在化合物中，如果有 n 个不同的手性碳，那么这个化合物就有 2^n 个立体异构体。在题中所示的化合物中，有两个不同的手性碳，所以应该有 4 个立体异构体，它们分别为：

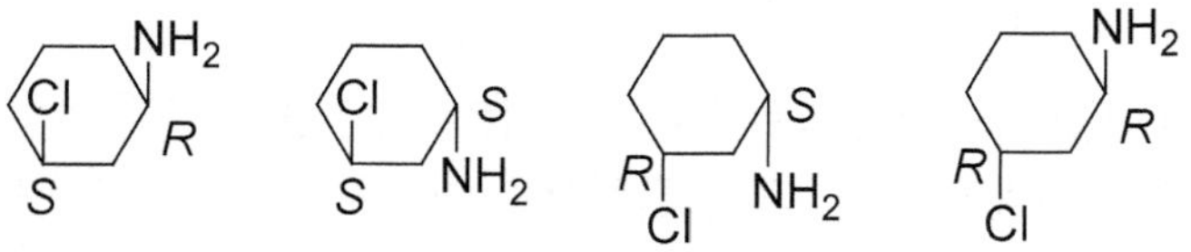

【例 6-3】　用系统命名法命名下列化合物。

A. 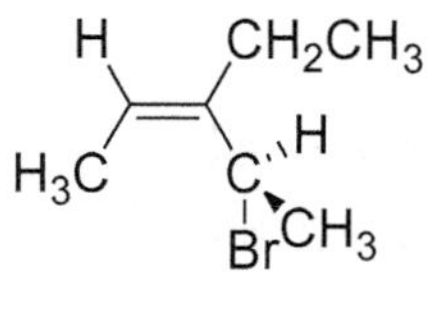

B. 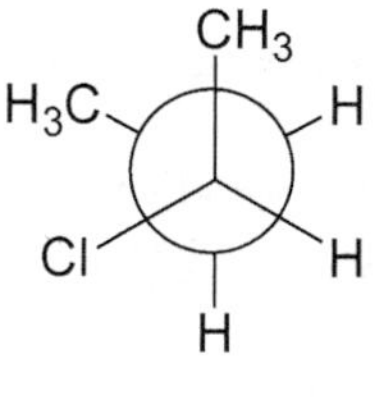

解　化合物 A 在命名时既要考虑顺反异构，又要考虑对映异构，大的基团在同侧，为 Z 构型；最小基团 H 放到离视线最远处，其他基团由大到小为顺时针，为 R 构型。因此，名称为(2Z, 4R)- 4-溴-3-乙基戊-2-烯。

化合物 B 在命名时需要将 Newman 投影式转变成 Fischer 投影式，如下图所示：

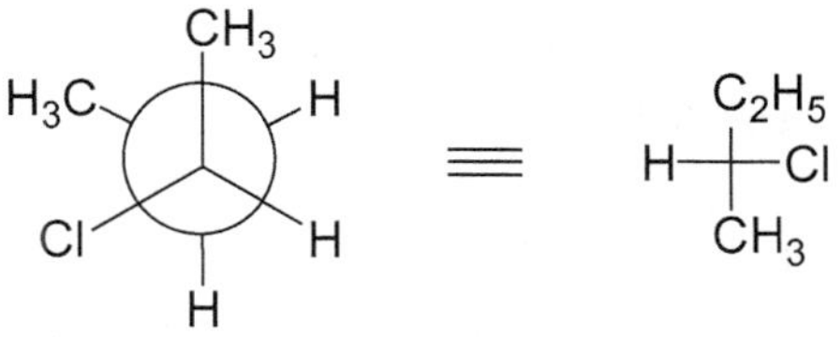

按照 Fischer 投影式的命名原则即手性碳上最小基团在竖直键上，其他基团由大到小顺时针为 *R*，逆时针为 *S*；手性碳上最小基团在横键上，其他基团由大到小顺时针为 *S*，逆时针为 *R*，故名称为(2*R*)-2-氯丁烷。

三、习 题 解 答

6-1　命名下列化合物。

(1) 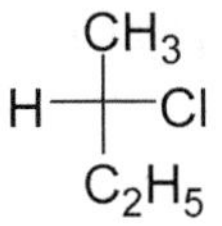　(2) 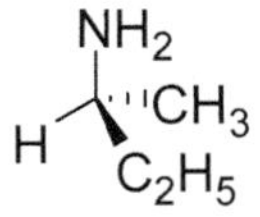　(3) 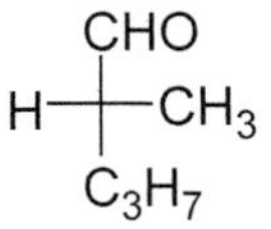

(4) 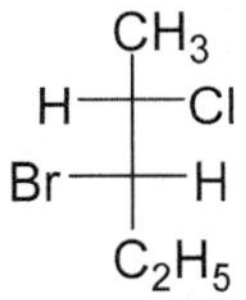　(5) 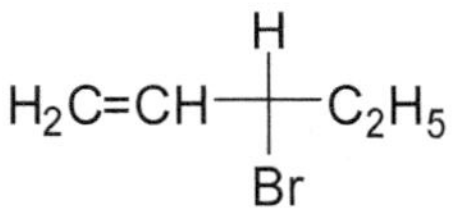　(6) 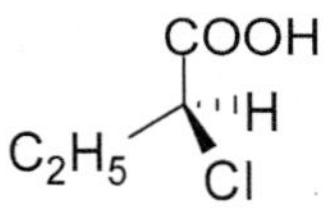

解

(1) (*S*)-2-氯丁烷　(2) (*S*)-2-氨基丁烷　(3) (*R*)-2-甲基戊醛

(4) (2*S*,3*S*)- 3-溴-2-氯戊烷　(5) (*R*)-3-溴戊-1-烯　(6) (*S*)-2-氯丁酸

6-2　写出下列化合物的费歇尔(Fischer)投影式。

(1) (*S*)-*α*-氯代乙苯　(2) (*R*)-3-甲基戊-1-炔　(3) (*R*)-2-溴丁烷

(4) (*S*)-丁-2-醇　(5) (*S*)-3-氯 3-甲基-戊-1-烯　(6) (*R*)-1-溴-2-甲基丁烷

(7) (*R*)-2-羟基丙酸　(8) (2*S*,3*R*)-2-溴-3-碘丁烷　(9) (2*R*,3*R*)-2,3-二氯丁烷

(10) (2*S*,3*R*)-2,3-二溴戊烷

解

(1) 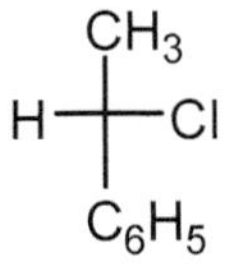　(2) 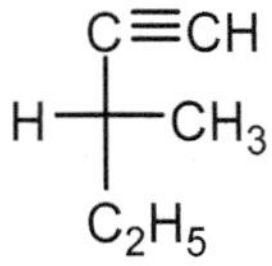　(3) 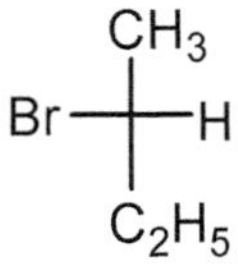　(4) 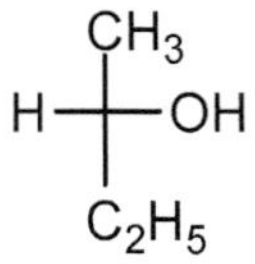

(5) 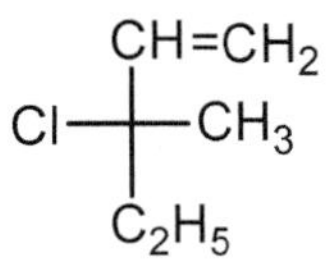　(6) 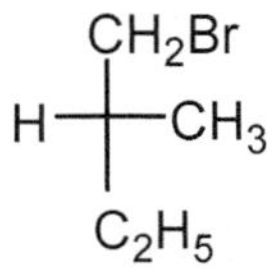　(7) 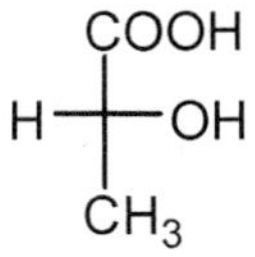　(8) 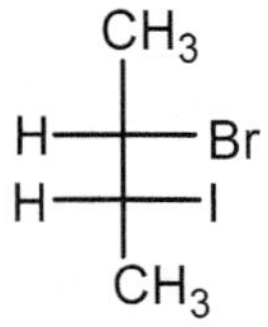

(9) 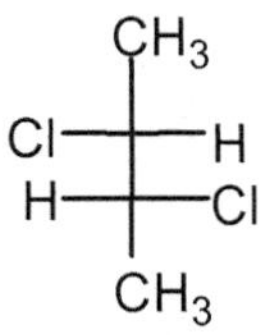　(10) 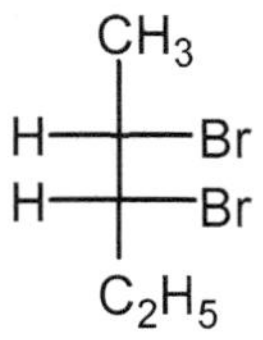

6-3　已知葡萄糖的[α]=+52.5°，在 0.1 m 长的样品管中盛有未知浓度的葡萄糖溶液，测得其旋光度为+3.4°，求此溶液的浓度。

解　$c=\dfrac{\alpha}{[\alpha]_{D}^{25}\times 1}=\dfrac{3.4}{52.5\times 1}=0.0647(\mathrm{g/mL})$

6-4　将下列化合物结构式转变成 Fischer 投影式，并标明每个手性碳原子的绝对构型。

(1) 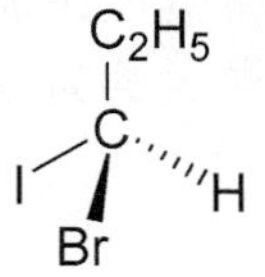　(2) 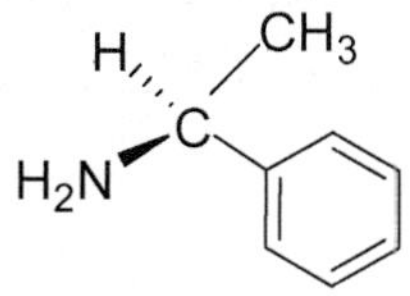　(3) 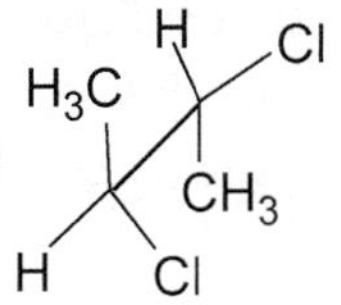

(4) 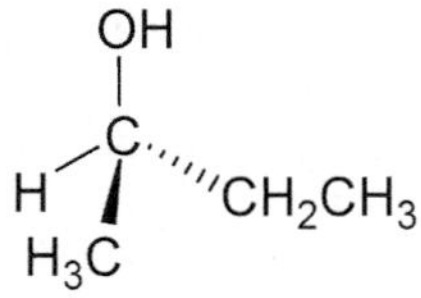　(5) 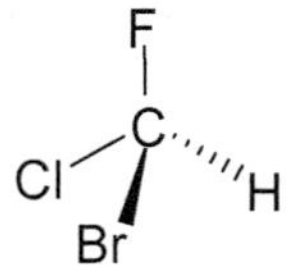　(6) 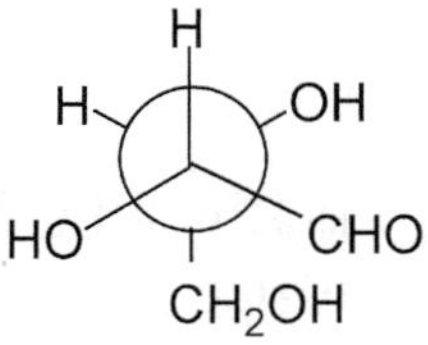

解

(1) 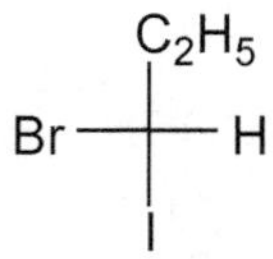 (*S*)　(2) 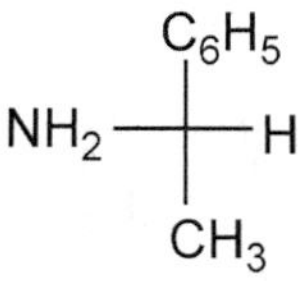 (*S*)　(3) 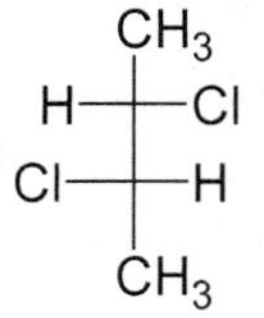 (*S*) (*S*)

(4) 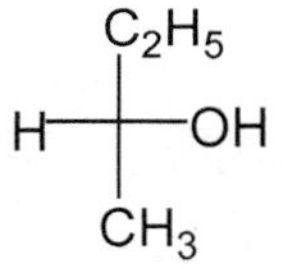 (*R*)　(5) 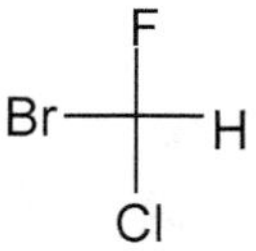 (*R*)　(6) 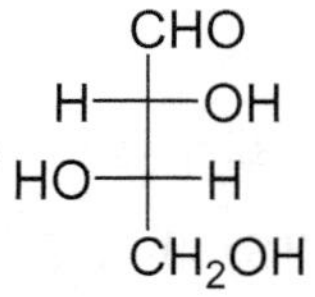 (*R*) (*S*)

6-5　胆甾醇的结构如下，标出该结构式所有手性碳原子(用*标记)。

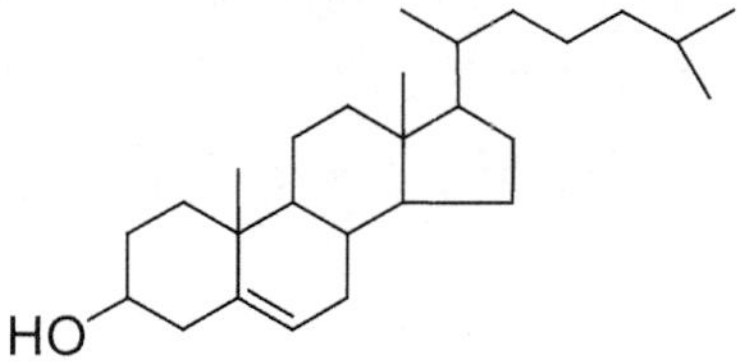

解

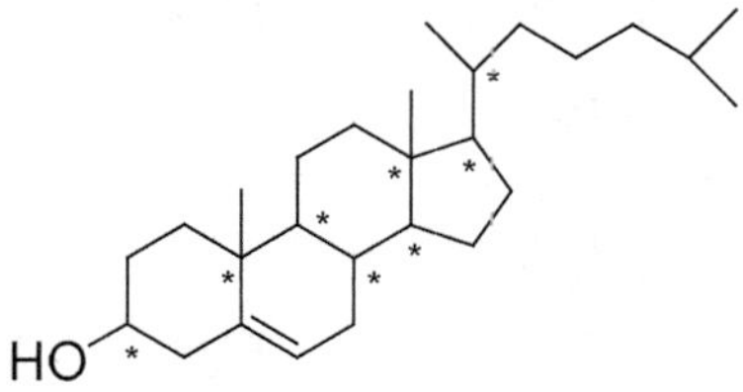

6-6　找出下列化合物的手性碳原子，并用 *R*/*S* 法标明手性碳原子的构型。

(1) 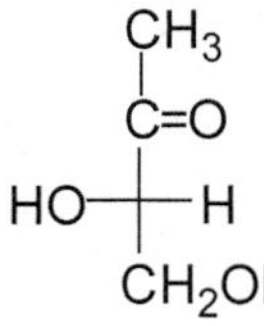　(2) 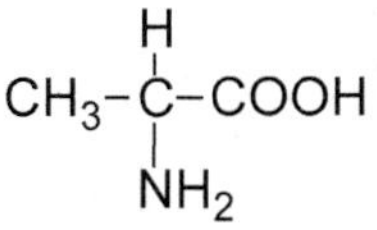　(3) 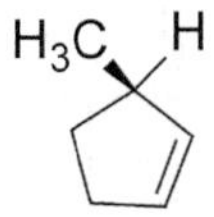

(4) 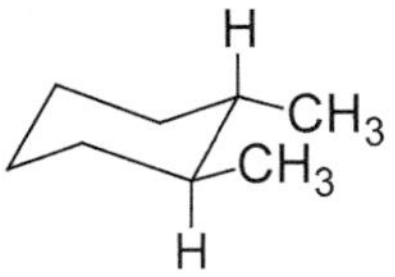　　(5) 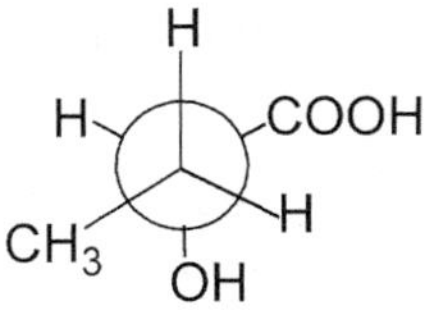

解

(1) 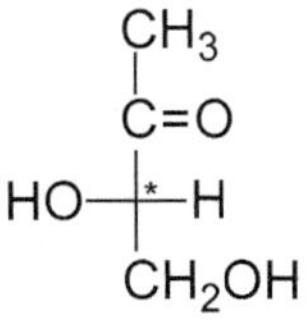

S

(2) 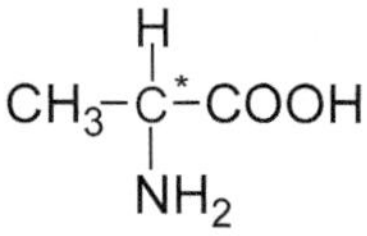

S

(3) 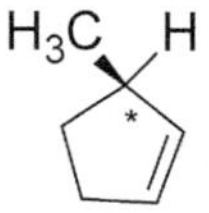

R

(4) 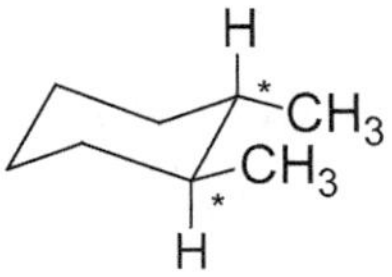

S,*S*

(5) 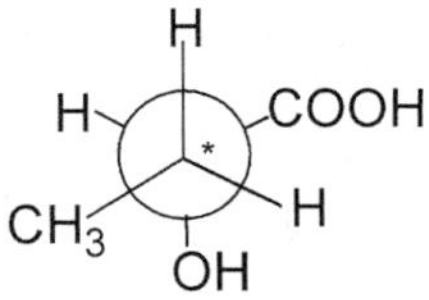

S

6-7　下列化合物哪些是手性分子？

(1) 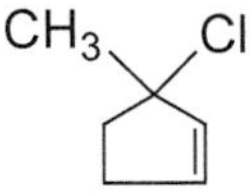　　(2) 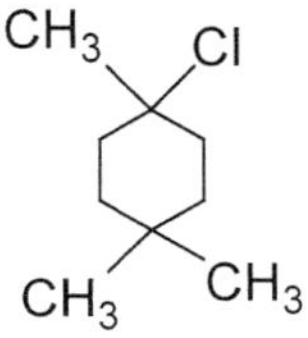　　(3) 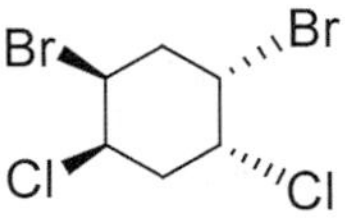

(4) 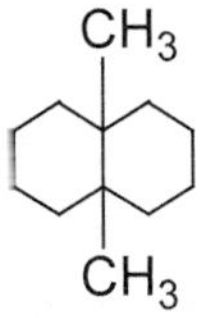　　(5) 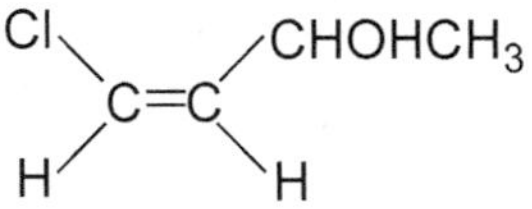　　(6) 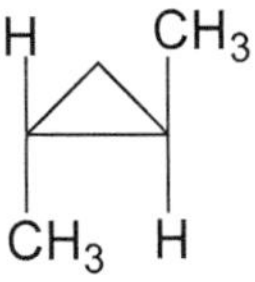

解　(1)、(3)、(5)、(6)是手性分子。

6-8　两种烯烃 A 和 B，分子式均为 C_7H_{14}。它们都有旋光性，且旋光方向相同。分别催化加氢后都得到 C，C 也有旋光性。试推测 A、B、C 的结构式。

解

A. 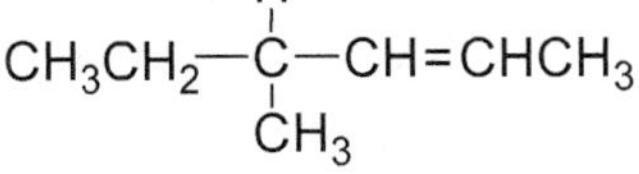　B. 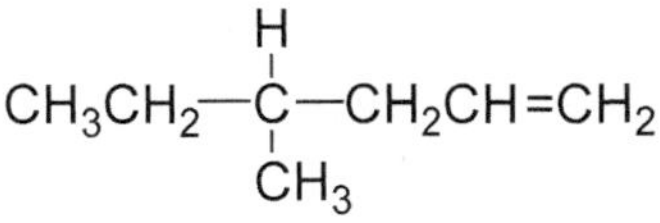　C. 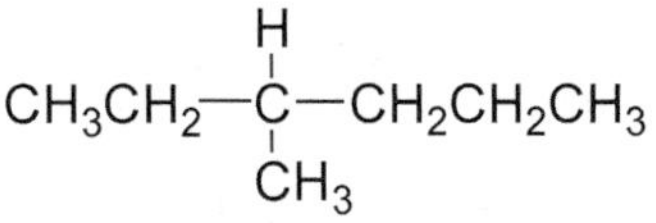

四、补充习题及答案

6-1　下列化合物中哪个有旋光异构体？如有手性碳，用星号标出，并指出可能有的旋光异构体的数目。

(1) $CH_3CH_2\underset{\substack{|\\ Cl}}{C}HCH_3$　　(2) $CH_3CH{=}C{=}CHCH_3$　　(3) $CH_3\underset{\substack{|\\ OH}}{C}H{-}\underset{\substack{|\\ CH_3}}{C}HCOOH$

(4) 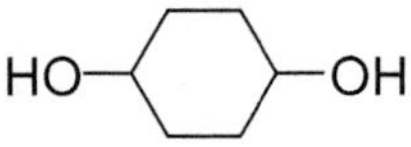　(5) 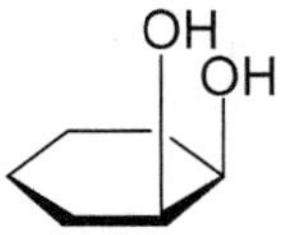　(6) 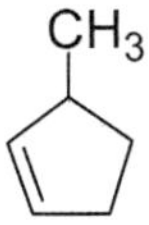

(7) 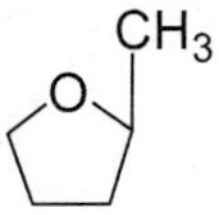　(8) 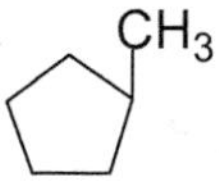　(9) 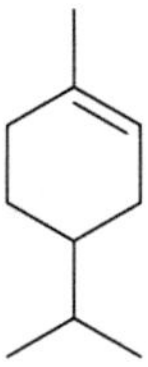　(10) 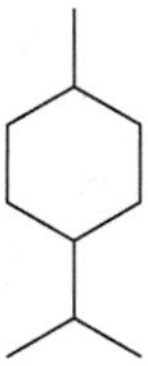

解

(1) $CH_3CH_2\underset{\substack{|\\ Cl}}{\overset{*}{C}}HCH_3$（2个）　　(2) $CH_3CH{=}C{=}CHCH_3$（2个）　　(3) $CH_3\underset{\substack{|\\ OH}}{\overset{*}{C}}H{-}\underset{\substack{|\\ CH_3}}{\overset{*}{C}}HCOOH$（4个）

(4) 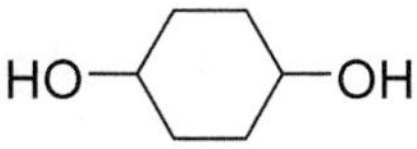（无）　(5) 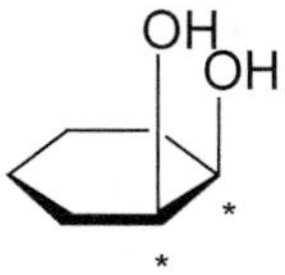（无）　(6) 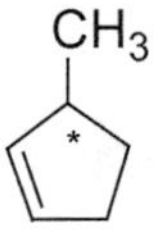（2个）

(7) 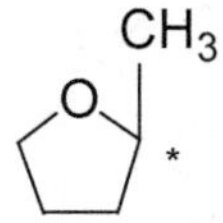（2个）　(8) 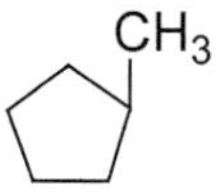（无）　(9) 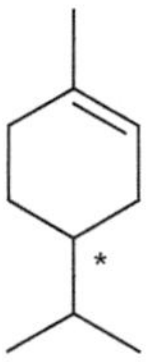（2个）　(10) （无）

6-2　分子式是 $C_5H_{10}O_2$ 的酸，有旋光性，写出它的一对对映体的投影式，并用 *R*/*S* 标记法命名。

解

$C_5H_{10}O_2$　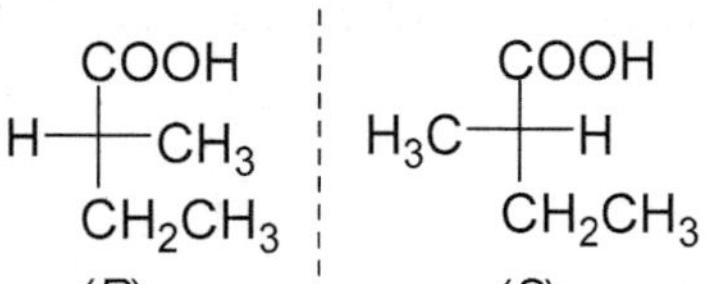

(*R*)　(*S*)

6-3　分子式为 C_6H_{12} 的开链烃 A，有旋光性。经催化氢化生成无旋光性的 B，分子式为 C_6H_{14}。写出 A、B 的结构式。

解

A　$CH_2{=}CH\underset{\substack{|\\ CH_3}}{\overset{*}{C}}HCH_2CH_3$　　B　$CH_3CH_2\underset{\substack{|\\ CH_3}}{C}HCH_2CH_3$

6-4　化合物 A(C_8H_{12})具有旋光性，将 A 用铂催化氢化生成 B(C_8H_{18})，不具有旋光性。将 A 用 Lindlar 催化剂小心氢化生成 C(C_8H_{14})，也无旋光性。但如将 A 置于液氨中与金属钠反应生成产物 D(C_8H_{14})却具有旋光性。试推断 A ~ D 的结构。

解

A. 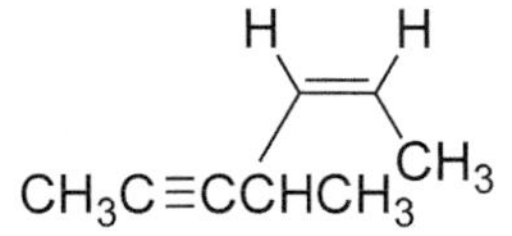

B. $CH_3CH(CH_2CH_2CH_3)_2$

C. 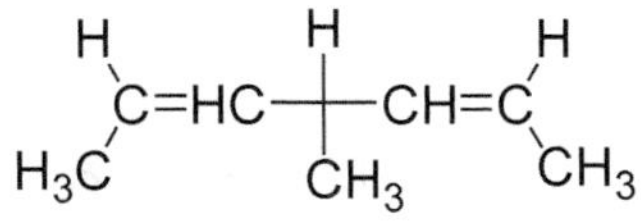

D. 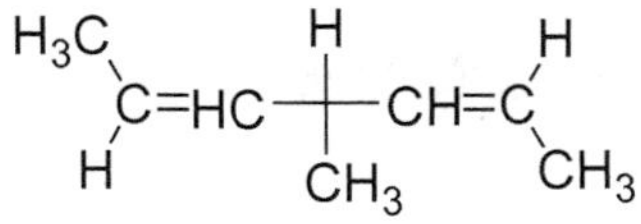

6-5　双环[2.2.1]庚-2-烯用酸性 $KMnO_4$ 处理得到化合物 H($C_7H_{10}O_4$)，写出 H 的结构，标出手性碳的构型，并判断是否具有光学活性。

解　化合物 H 的结构如下

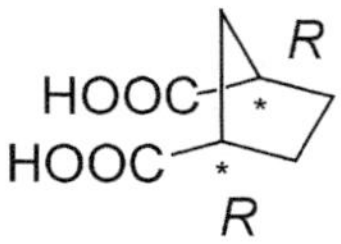

是内消旋体，不具有光学活性。

6-6　判断青蒿素分子手性碳原子个数，分别写出内酯环上 C2、C3、C4、C5 的构型。

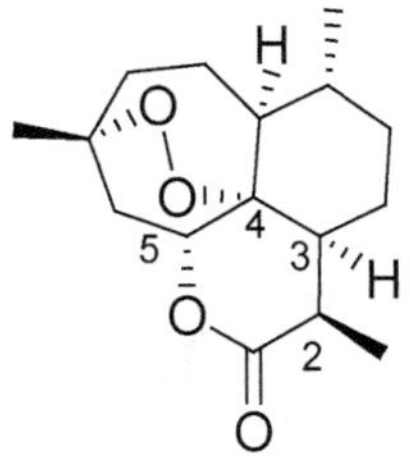

解　有七个手性碳。C2、C3、C4、C5 的构型分别为 *R*、*S*、*R*、*R*。

6-7　有一旋光性化合物 A(C_6H_{10})，能与硝酸银的氨溶液作用生成白色沉淀 B($C_6H_{10}Ag$)。将 A 催化加氢生成 C(C_6H_{14})，C 没有旋光性。试写出 B、C 的构造式和 A 的对映异构体的 Fischer 投影式，并用 *R*/*S* 命名。

解

A. 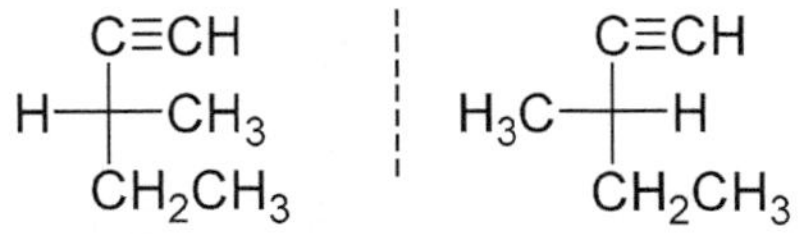

(*R*)-2-甲基戊-1-炔　　(*S*)-2-甲基戊-1-炔

B. 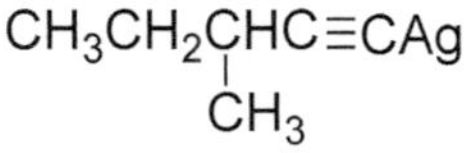

C. 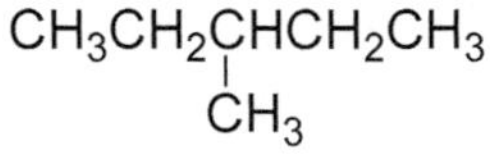

第7章　卤　代　烃

一、内 容 提 要

【一】卤代烃的亲核取代反应

$$\underset{\text{反应底物}}{RX} + \underset{\text{亲核试剂}}{Nu:} \longrightarrow \underset{\text{产物}}{RNu} + \underset{\text{离去基团}}{X^-}$$

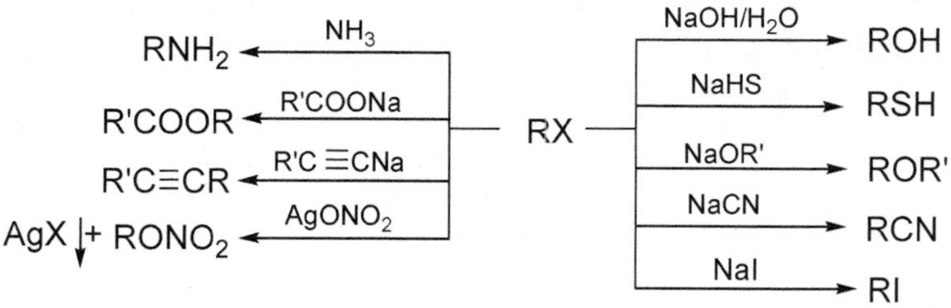

【二】亲核取代反应历程

1. 双分子亲核取代反应(S_N2)

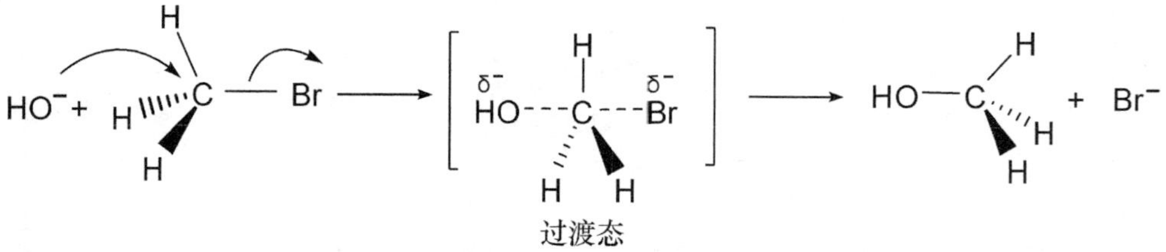

立体化学：产物构型翻转。RX 的活性：CH_3X > 1°RX > 2°RX > 3°RX >> 乙烯型 RX。

2. 单分子亲核取代反应(S_N1)

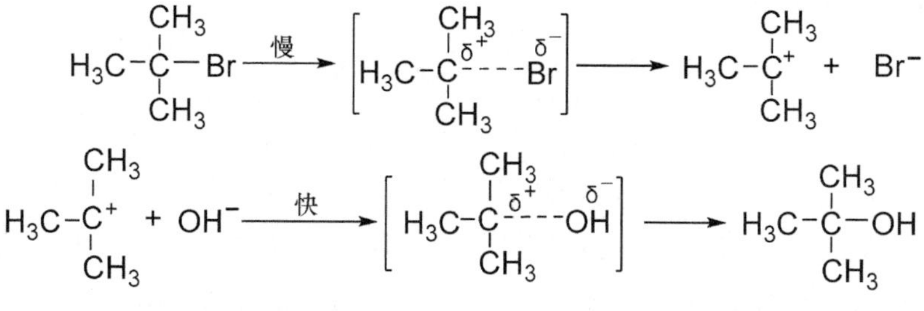

立体化学：产物外消旋化。RX 的活性：3°RX > 2°RX > 1°RX >> 乙烯型 RX。

【三】消除反应

1. 消除反应

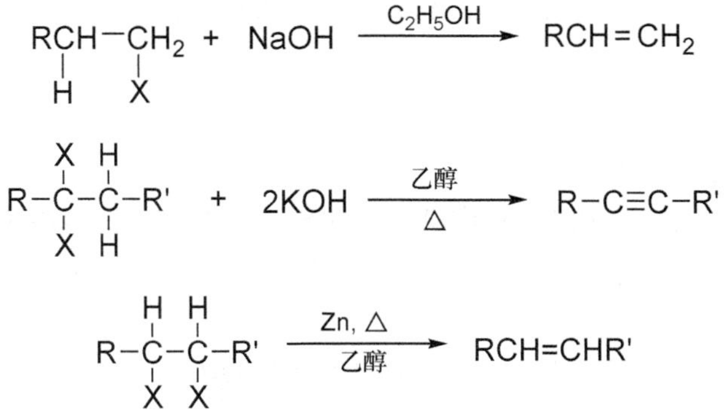

2. 消除反应历程

1) 双分子消除反应(E2)

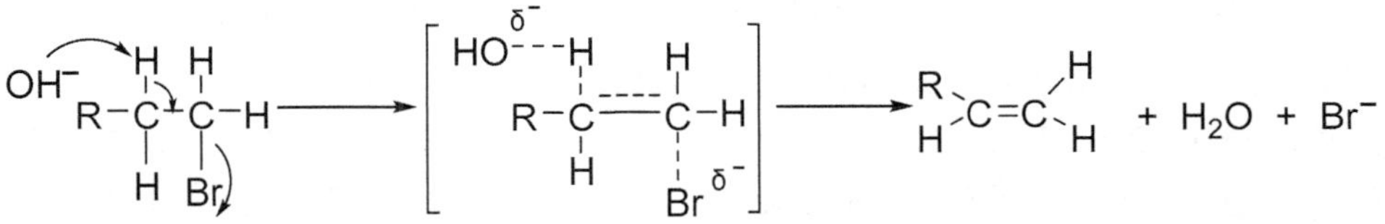

过渡态

2) 单分子消除反应(E1)

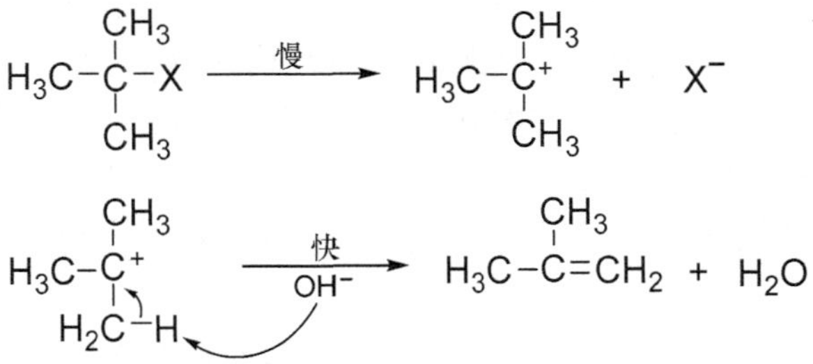

【四】取代反应和消除反应的竞争

(1) 卤代烷结构：伯卤代烷的 S_N2 反应较快，E2 反应较慢，但随着中心碳原子上支链增多，S_N2 反应速率减慢，E2 反应速率加快；3°RX 以消除反应为主。

(2) 进攻试剂的性质：亲核试剂对 E1 和 S_N1 反应均无明显影响。试剂的亲核性大有利于 S_N2 反应，试剂的碱性强有利于 E2 反应。

(3) 溶剂的极性：极性大的溶剂(如水)有利于取代反应(S_N2)，极性小的溶剂(如乙醇)有利于消除反应(E2)。

(4) 温度的影响：升高温度更有利于消除反应。

【五】与金属的反应

$$RX + Mg \xrightarrow{\text{绝对乙醚}} RMgX$$

$$R_2CuLi + R'X \longrightarrow R-R' + RCu + LiX$$

$$2RX + 2Na \xrightarrow[\triangle]{} R-R + 2NaX$$

【六】卤代烯烃和卤代芳烃

卤代烯烃的亲核取代反应活性

S_N1：烯丙型(苄基型) 卤代烃 > 3°RX > 2°RX > 1°RX > 乙烯型(卤苯型)卤代烃

S_N2：烯丙型(苄基型) 卤代烃 > 1°RX > 2°RX > 3°RX > 乙烯型(卤苯型)卤代烃

二、例 题 讲 解

【例 7-1】 溴乙烷与乙醇钠的乙醇溶液反应为 S_N2 反应

$$CH_3CH_2Br(2.0M) + CH_3CH_2ONa(1.0M) \xrightarrow{EtOH} CH_3CH_2OCH_2CH_3 + NaBr$$

按如下条件改变，反应速率是增大还是减小？

(1) 用 CH_3CH_2Cl 代替 CH_3CH_2Br　　(2) 用 CH_3Br 取代 CH_3CH_2Br

(3) 用 CH_3CH_2SNa 代替 CH_3CH_2ONa　　(4) 用 DMSO 代替乙醇作溶剂

解 本题考查的是影响 S_N2 亲核取代反应的因素。

(1) 改成氯乙烷后，是离去基团不同。一般来说，离去基团对 S_N2 反应的影响是：离去基团越容易离去，S_N2 反应越快。由于 Br^- 比 Cl^- 更易离去，因此变换成氯乙烷后反应速率减小。

(2) 用 CH_3Br 取代 CH_3CH_2Br 后，底物的烃基结构改变了。当反应底物的分子烃基中 C 上的支链越多，S_N2 的反应越慢。通常伯碳上最容易发生 S_N2 反应，仲碳次之，叔碳最难。

(3) 用 CH_3CH_2SNa 代替 CH_3CH_2ONa 是亲核试剂发生了改变。当亲核试剂的亲核性越强，浓度越高，反应速率也越快。在质子溶剂中，由于硫醇钠亲核性大于醇钠，因此反应速率增大。

(4) S_N2 反应适合在极性非质子溶剂中进行，因此换成 DMSO 后反应速率增大。

【例 7-2】 写出下列化合物(A)和(B)进行 E2 反应所得的产物。

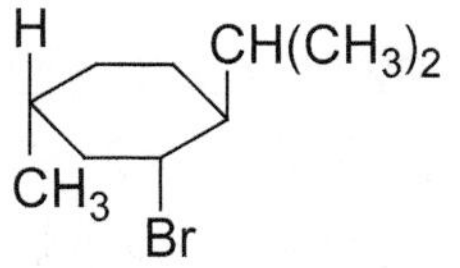

(A)

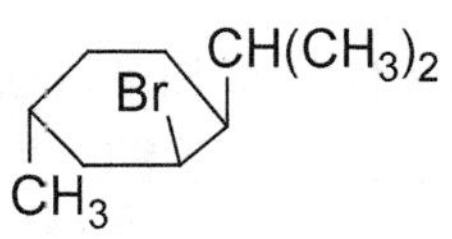

(B)

解 E2 消除中，消除氢必须与卤素处于反位，所以 B 有两个消除产物，主产物为取代基较多的烯烃。

(A)

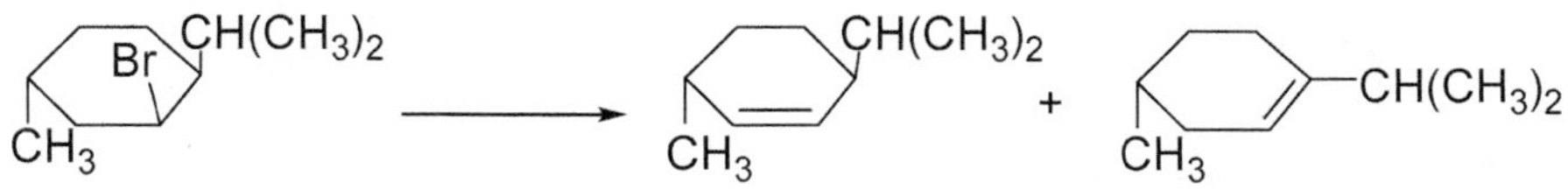

(B)　　　　次　　　　主

【例 7-3】　比较下列消除反应的速率。(在 KOH 的醇溶液中)

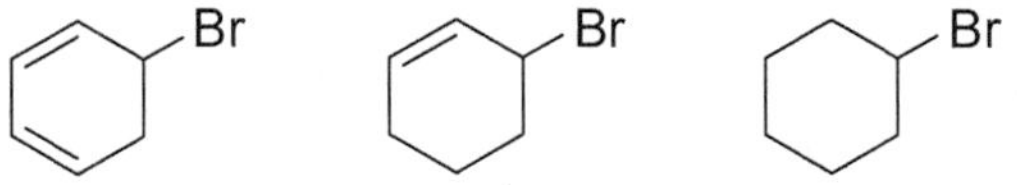

解　反应速率的快慢可以从中间体的稳定性来比较，中间体越稳定，反应速率越快，而中间体的稳定性可以从产物的稳定性来判断(有利于产物稳定的因素，均有利于中间体的稳定)。消除产物分别为：苯、环己二烯和环己烯，由于共轭程度越高，体系越稳定，因此反应速率为：

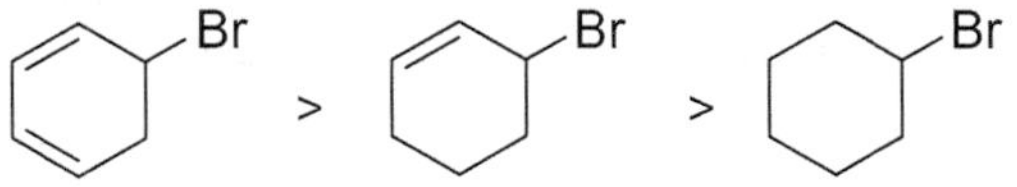

【例 7-4】　化合物 A 与 Br_2/CCl_4 溶液作用生成一个三溴化合物 B。A 很容易与 NaOH 水溶液作用，生成两种同分异构体的醇 C 和 D。A 与 KOH 醇溶液作用，生成一种共轭二烯烃 E。将 E 臭氧氧化还原水解后生成乙二醛(OHC–CHO)和 4-氧代戊醛(OHC–CH_2CH_2–CO–CH_3)。推导 A ~ E 的构造式。

解　本题应该先从 E 出发，根据烯烃臭氧氧化还原水解生成产物的规律，推出 E 的结构。方法：将两个羰基碳上的氧和双键去掉，然后用一个双键把两个碳连接。

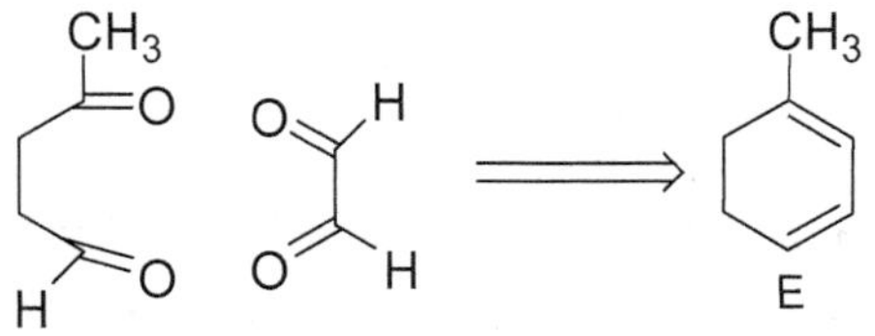

E

由于本题中的反应均不涉及碳链的改变，所以 A ~ D 的主体结构应该均为环己烷结构。

由 A 与 Br_2/CCl_4 溶液作用生成一个三溴化合物 B，可推出 A 中有一个溴原子。由 A 与 KOH 醇溶液作用，发生消除反应，生成共轭二烯烃 E，可推出 A 中有一个双键。A 很容易与 NaOH 水溶液作用，生成两种同分异构体的醇 C 和 D，说明 A 中的溴取代基非常活泼，即 Br 位于烯丙位上，且发生消除反应时，生成的碳正离子中间体容易发生异构化。从这些信息中可推出 A 的可能结构为：

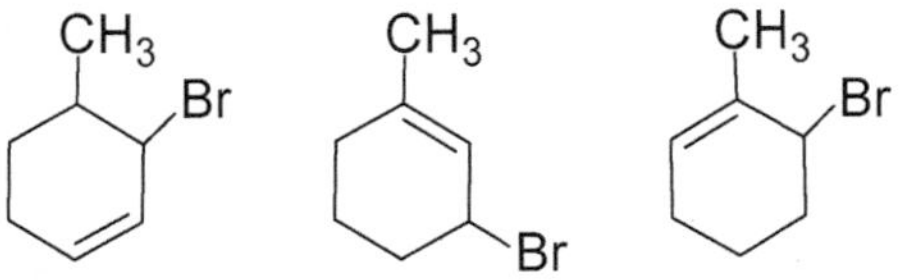

A1　　A2　　A3

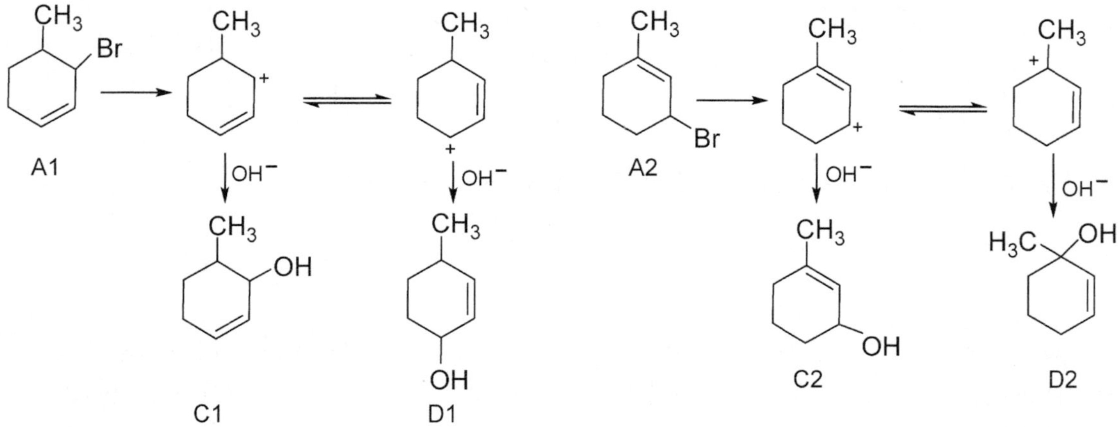

A1　C1　D1　A2　C2　D2

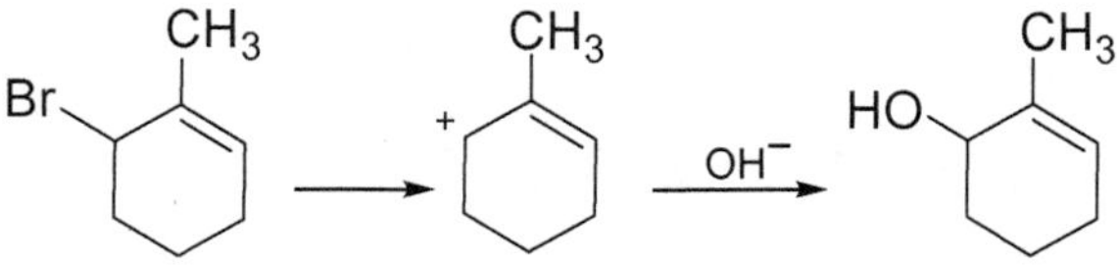

A3

从上面的方程式中，可看出 A1 和 A2 与 NaOH 水溶液作用，可生成两种同分异构体的醇，而 A3 只能生成一种醇，所以 A 的结构应为 A1 或 A2。B 的结构为

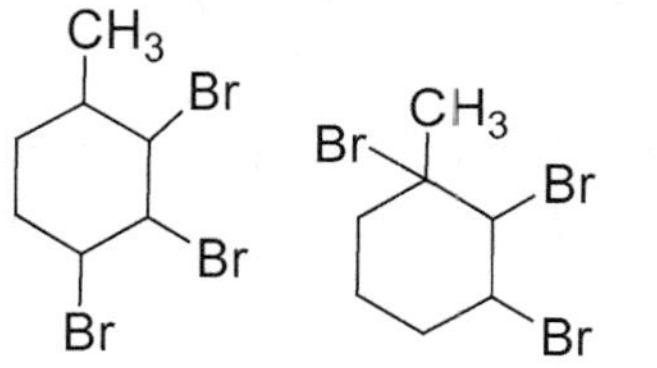

B1　B2

【例 7-5】 化合物 A(C_6H_{14})在光照下与氯气反应得到三种分子式为($C_6H_{14}Cl$)的化合物 B、C、D，其中 B 难以发生 E2 反应，C 和 D 分别与$(CH_3)_3COK/(CH_3)_3COH$ 共热得到相同的烯烃 E(C_6H_{12})。写出化合物 A ~ E 的结构式。

解　本题较为容易，主要考查同分异构体及影响卤代烃的消除反应因素的知识。根据题中所提供的依据，化合物 A 只能产生三种不同的氯代烷，证明化合物 A 中有三种氢原子。因此可以推断出化合物 A 的结构式为：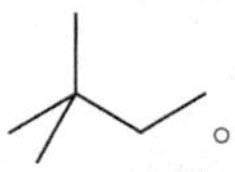。另外，卤代烃无论是发生 E1 还是 E2 反应，其反应活性都是 3°RX > 2°RX > 1°RX，且空间位阻小有利于 E2 反应。因此，由化合物 B 很难发生 E2 反应说明 B 的结构为：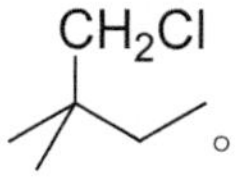。B 和 C 得到相同的烯烃 E，同样也发生了消除反应。因此化合物的结构为：

(A) 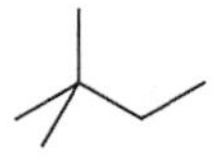　(B) 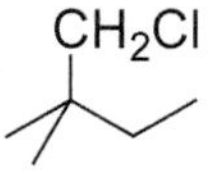　(C) 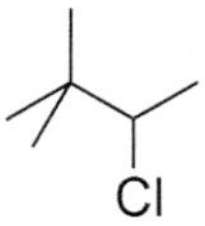　(D) 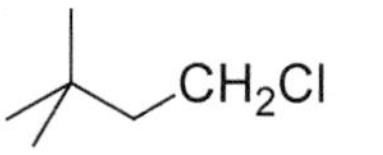　(E) 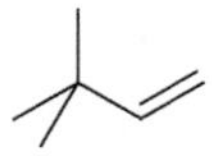

【例 7-6】　完成下列转化。

(1) 以甲苯为原料合成 2-苯乙酸　　(2) 由 1-氯丙烷合成异丙胺

解 (1) 利用逆向合成法，分析 2-苯乙酸与甲苯之间的关系，显然不能通过直接氧化甲苯得到，而引入氰基是增加一个碳得到羧酸的常用方法，所以利用卤代烃的亲核取代反应引入氰基是关键。

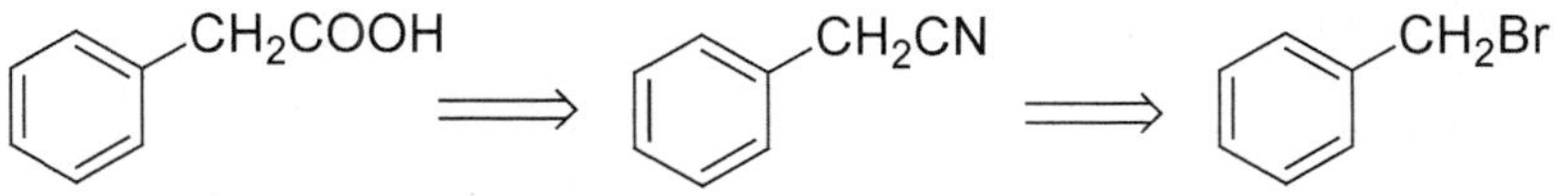

因此由甲苯合成 2-苯乙酸的路线为：

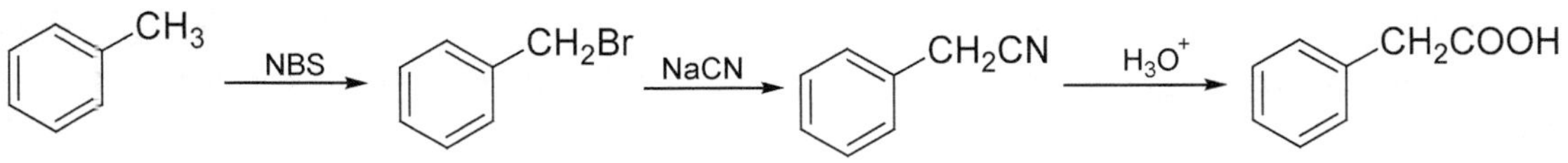

(2) 分析产物与原料的关系，逆向合成路线如下：

$$CH_3\underset{NH_2}{\underset{|}{C}}HCH_3 \Longrightarrow CH_3\underset{Cl}{\underset{|}{C}}HCH_3 \Longrightarrow CH_3CH{=}CH_2$$

因此利用卤代烷的消除反应得到烯烃是关键。1-氯丙烷依次经过消除反应、亲电加成、亲核取代反应后得到异丙胺。合成路线为：

$$CH_3CH_2CH_2Cl \xrightarrow[EtOH]{NaOEt} CH_3CH{=}CH_2 \xrightarrow{HCl} CH_3\underset{Cl}{\underset{|}{C}}HCH_3 \xrightarrow{NH_3} CH_3\underset{NH_2}{\underset{|}{C}}HCH_3$$

三、习 题 解 答

7-1 写出 1-溴丁烷与下列化合物反应所得到的主要有机物。

(1) NaOH(水溶液) (2) KOH(醇溶液) (3) Mg，干醚 (4) (3)的产物+D_2O

(5) NaI(丙酮溶液) (6) $(CH_3)_2CuLi$ (7) $CH_3C{\equiv}CNa$ (8) CH_3NH_2

(9) C_2H_5ONa, C_2H_5OH (10) NaCN (11) $AgNO_3, C_2H_5OH$

(12) CH_3COOAg

解

(1) $CH_3CH_2CH_2CH_2OH$ (2) $CH_3CH_2CH{=}CH_2$ (3) $CH_3CH_2CH_2CH_2MgBr$

(4) $CH_3CH_2CH_2CH_2D$ (5) $CH_3CH_2CH_2CH_2I$ (6) $CH_3CH_2CH_2CH_2CH_3$

(7) $CH_3CH_2CH_2CH_2C{\equiv}CCH_3$ (8) $CH_3CH_2CH_2CH_2NHCH_3$ (9) $CH_3CH_2CH_2CH_2OC_2H_5$

(10) $CH_3CH_2CH_2CH_2CN$ (11) $CH_3(CH_2)_3ONO_2$ (12) $CH_3(CH_2)_3OOCCH_3$

7-2 把下列两组化合物：

(Ⅰ) A. $CH_3CH{=}CHCl$ B. $CH_2{=}CHCH_2CH_2Cl$ C. $CH_2{=}CHCH_2Cl$

(Ⅱ) A. 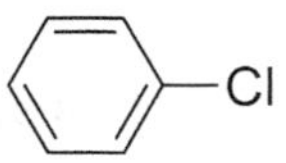 B. 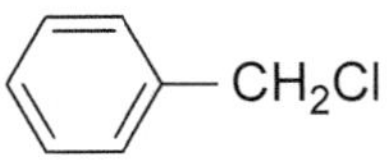 C. 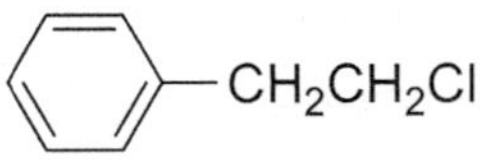

(1) 按亲核取代反应的难易次序排列。

(2) 按与 $AgNO_3$(醇溶液中)反应的活性顺序排列。

(3) 按亲电加成(第一组)、亲电取代(第二组)的难易次序排列。

解 两组化合物的排列顺序为：

(1) 按亲核取代反应的难易次序排列：(Ⅰ) C > B > A；(Ⅱ) B > C > A。

(2) 按与 $AgNO_3$(醇溶液中)反应的活性顺序排列：(Ⅰ) C > B > A；(Ⅱ) B > C > A。

(3) 按亲电加成难易次序排列(Ⅰ) B > C > A；亲电取代的难易次序排列：(Ⅱ) C > B > A。

7-3 回答下列问题：

(1) CH_3Br 和 C_2H_5Br 在含水乙醇溶液中进行碱性水解时，若增加水的含量则反应速率明显下降，而$(CH_3)_3CCl$ 在乙醇溶液中进行水解时，如含水量增加，则反应速率明显上升。为什么？

(2) 无论实验条件如何，新戊基卤[$(CH_3)_3CCH_2X$]的亲核取代反应速率都慢，为什么？

(3) 1-氯丁-2-烯(A)和 3-氯丁-1-烯(B)分别与浓乙醇钠的乙醇溶液反应，A 只生成 C，B 只生成 D，但分别在乙醇溶液中加热，则无论 A 还是 B，均得到 C 和 D 的混合物。为什么？

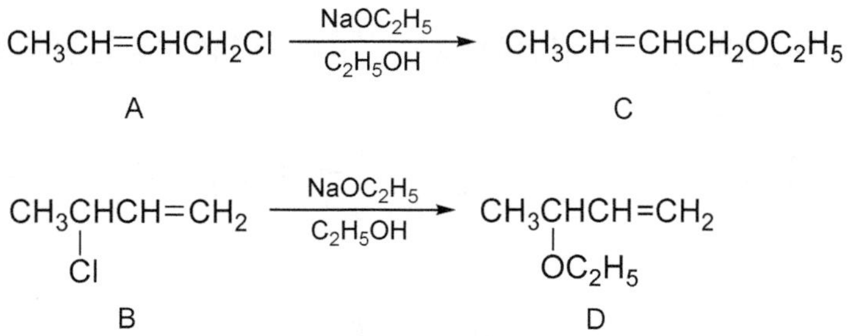

(4) 将下列亲核试剂按其在 S_N2 反应中的亲核性由大到小排列，并简述理由。

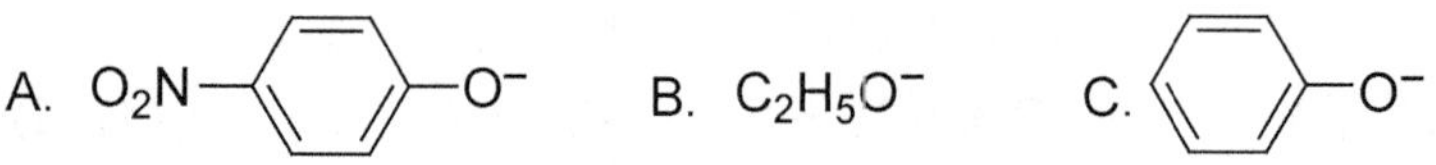

(5) 1-氯丁烷与 NaOH 生成正丁醇的反应，往往加入少量 KI 作催化剂。试解释 KI 的催化作用。

(6) 仲卤代烷水解时一般是按 S_N1 及 S_N2 两种机理进行，若使反应按 S_N1 机理进行，可采取什么措施？

(7) 顺-和反-1-叔丁基-4-氯环己烷分别与热的氢氧化钠乙醇溶液反应(E2 机理)，哪一个较快？

解

(1) CH_3Br 和 C_2H_5Br 是伯卤代烷，进行碱性水解按 S_N2 机理进行。增加水的含量可使溶剂的极性增大，不利于 S_N2 反应；$(CH_3)_3CCl$ 是叔卤代烷，水解按 S_N1 机理进行。增加水的含量可使溶剂的极性增大，有利于 S_N1 反应。

(2) $(CH_3)_3CCH_2X$ 在进行 S_N1 反应时，C—X 键断裂得到不稳定的 1°C^+，所以 S_N1 反应速率很慢；$(CH_3)_3CCH_2X$ 在进行 S_N2 反应时，*α*-C 上有空间障碍特别大的叔丁基，不利于亲核试剂从背面进攻 *α*-C，所以 S_N2 反应速率也很慢。

(3) 在浓乙醇钠的乙醇溶液中，反应均按 S_N2 机理进行，无 C^+生成，无重排现象发生；在乙醇溶液中加热，反应是按照 S_N1 机理进行的，有 C^+生成，有重排现象发生：

$$CH_3\underset{\substack{|\\Cl}}{C}HCH{=}CH_2 \xrightarrow{-Cl^-} CH_3\overset{+}{C}HCH{=}CH_2 \longleftrightarrow CH_3CH{=}CH\overset{+}{C}H_2$$

(4) 亲核性：B > C > A；原因：三种亲核试剂的中心原子均是氧，故其亲核性顺序与碱性一致。

(5) I^-是一个强的亲核试剂和好的离去基团：

$$CH_3CH_2CH_2CH_2Cl \xrightarrow{I^-} CH_3CH_2CH_2CH_2I \xrightarrow{OH^-} CH_3CH_2CH_2CH_2OH$$

亲核性：$I^- > OH^-$；离去能力：$I^- > Cl^-$。

(6) 增加水的含量，减少碱的浓度。

(7) 顺式较快，因为其过渡态能量较低：

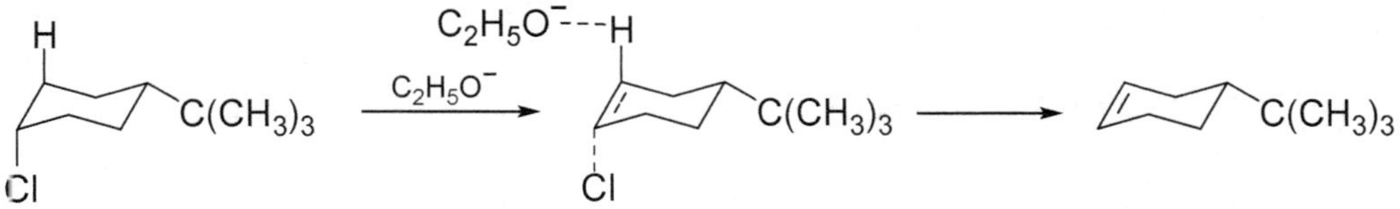

顺-1-叔丁基-4-氯环己烷　　　　叔丁基e键取代(稳定)

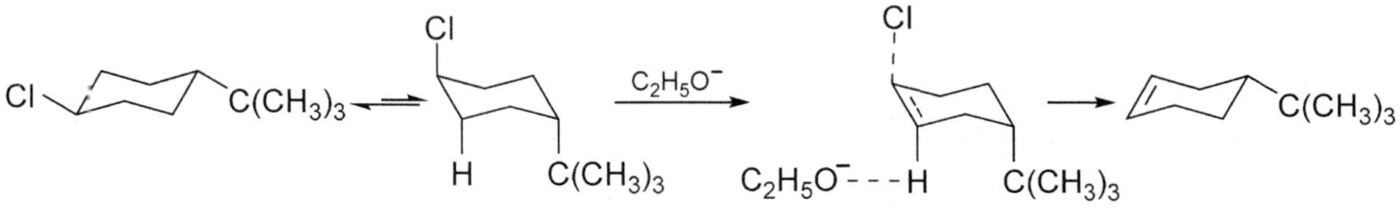

反-1-叔丁基-4-氯环己烷　　　　叔丁基a键取代(不稳定)

7-4　完成下列反应。

(1) $(CH_3)_3CBr + KCN \xrightarrow{C_2H_5OH}$

(2) $CH_3\underset{\substack{|\\Br}}{C}HCH_3 \xrightarrow[C_2H_5OH,\ \triangle]{AgNO_3}$

(3) $CH_3CH{=}CH_2 \xrightarrow{HBr} (\quad) \xrightarrow{NaCN}$

(4) $CH_3CH{=}CH_2 \xrightarrow[\text{过氧化物}]{HBr} (\quad) \xrightarrow{NH_3}$

(5) 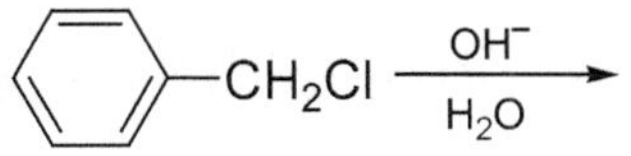

解

(1) $(CH_3)_2C{=}CH_2$

(2) $CH_3\underset{\substack{|\\ONO_2}}{C}HCH_3 + AgBr\downarrow$

(3) $CH_3\underset{\substack{|\\Br}}{C}HCH_3$　　$CH_3\underset{\substack{|\\CN}}{C}HCH_3$

(4) $CH_3CH_2CH_2Br$　　$CH_3CH_2CH_2NH_2$

(5) 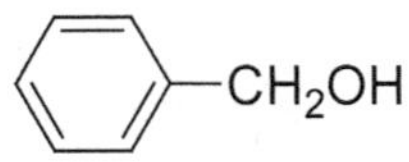

7-5　在下列每一对反应中，预测哪一个更快。为什么？

(1) (A) $(CH_3)_2CHCH_2Cl + OH^- \longrightarrow (CH_3)_2CHCH_2OH + Cl^-$

(B) $(CH_3)_2CHCH_2I + OH^- \longrightarrow (CH_3)_2CHCH_2OH + I^-$

(2) (A) $CH_3CH_2CH(CH_3)CH_2Br + CN^- \longrightarrow CH_3CH_2CH(CH_3)CH_2CN + Br^-$

(B) $CH_3CH_2CH_2CH_2CH_2Br + CN^- \longrightarrow CH_3CH_2CH_2CH_2CH_2CN + Br^-$

(3) (A) $CH_3CH{=}CHCH_2Cl + H_2O \xrightarrow[\triangle]{} CH_3CH{=}CHCH_2OH + HCl$

(B) $CH_2{=}CHCH_2CH_2Cl + H_2O \xrightarrow[\triangle]{} CH_2{=}CHCH_2CH_2OH + HCl$

(4) (A) $CH_3CH_2CH_2Br + NaSH \longrightarrow CH_3CH_2CH_2SH + NaBr$

(B) $CH_3CH_2CH_2Br + NaOH \longrightarrow CH_3CH_2CH_2OH + NaBr$

(5) (A) $CH_3CH_2I + SH^- \xrightarrow{CH_3OH} CH_3CH_2SH + I^-$

(B) $CH_3CH_2I + SH^- \xrightarrow{DMF} CH_3CH_2SH + I^-$

解

(1) B > A。I^-的离去能力大于 Cl^-。

(2) B > A。A 中 β-C 上空间障碍大，反应速率慢。

(3) A > B。C^+稳定性：$CH_3CH{=}CHCH_2^+ > CH_2{=}CHCH_2CH_2^+$。

(4) A > B。亲核性：$SH^- > OH^-$。

(5) B > A。极性非质子溶剂有利于 S_N2。

7-6　将下列各组化合物按照对指定试剂的反应活性从大到小排列成序。

(1) 在 2% $AgNO_3$-乙醇溶液中反应：

(A) 1-溴丁烷　　(B) 1-氯丁烷　　(C) 1-碘丁烷

(2) 在 NaI-丙酮溶液中反应：

(A) 3-溴丙烯　　(B) 溴乙烯　　(C) 1-溴乙烷　　(D) 2-溴丁烷

(3) 在 KOH-醇溶液中反应：

(A) 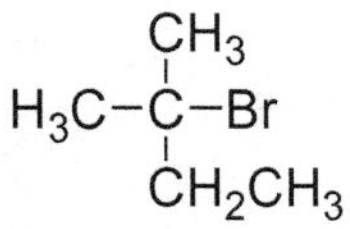　(B) 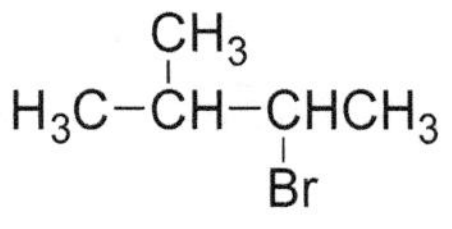　(C) 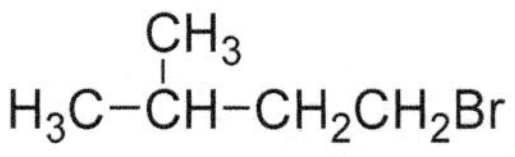

解

(1) (C) > (A) > (B)　　(2) (A) > (C) > (D) > (B)　　(3) (A) > (B) > (C)

7-7　用化学方法区别下列化合物。

(1) (A) 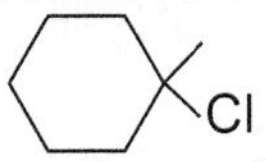　(B) 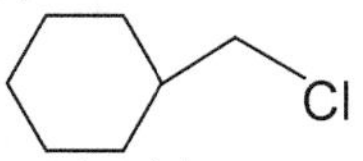　(C) 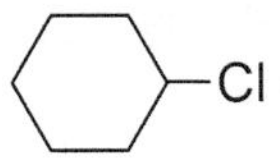

(2) 1-氯丁烷，1-碘丁烷，己烷，环己烯

(3) (A) 2-氯丙烯，(B) 3-氯丙烯，(C) 苄基氯，(D) 间氯甲苯，(E) 氯代环己烷

解

(1) (A)、(B)、(C) $\xrightarrow[C_2H_5OH]{AgNO_3}$

- (A) AgCl↓ 立刻出现沉淀
- (B) AgCl↓ 加热出现沉淀
- (C) AgCl↓ 放置片刻出现沉淀

(2) 1-氯丁烷、1-碘丁烷、己烷、环己烯 $\xrightarrow[\triangle]{AgNO_3/醇}$

- 1-氯丁烷：AgCl↓（白）
- 1-碘丁烷：AgI↓（黄）
- 己烷：无现象
- 环己烯：无现象

无现象、无现象 $\xrightarrow{Br_2/CCl_4}$ 褪色：环己烯；不褪色：己烷

(3) $CH_2{=}CH(Cl)CH_3$、$CH_2{=}CHCH_2Cl$、$C_6H_5CH_2Cl$、*m*-$CH_3C_6H_4Cl$、$C_6H_{11}Cl$ $\xrightarrow{Br_2/CCl_4}$

- $CH_2{=}CH(Cl)CH_3$：褪色
- $CH_2{=}CHCH_2Cl$：褪色
- $C_6H_5CH_2Cl$：不褪色
- *m*-$CH_3C_6H_4Cl$：不褪色
- $C_6H_{11}Cl$：不褪色

褪色、褪色 $\xrightarrow{AgNO_3/醇}$ ×；AgCl↓（白）

不褪色、不褪色、不褪色 $\xrightarrow{AgNO_3/醇}$ AgCl↓（快）；×；AgCl↓（慢）

7-8 完成下列转化。

(1) $CH_3CH{=}CH_2 \longrightarrow \underset{OH}{CH_2}\underset{OH}{CH}\underset{OH}{CH_2}$

(2) $CH_3CH_2CH_2CH_2Br \longrightarrow CH_3CH_2\underset{OH}{CH}CH_3$

(3)
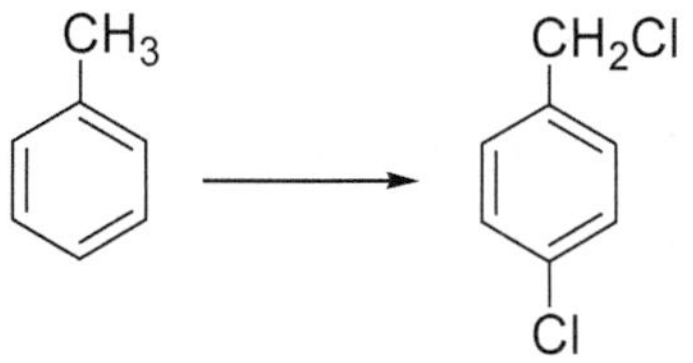

(4)

解

(1) $CH_3CH{=}CH_2 \xrightarrow[高温]{Cl_2} ClCH_2CH{=}CH_2 \xrightarrow[CCl_4]{Cl_2} ClCH_2\underset{Cl}{CH}\underset{Cl}{CH_2} \xrightarrow[H_2O]{OH^-} \underset{OH}{CH_2}\underset{OH}{CH}\underset{OH}{CH_2}$

(2) $CH_3CH_2CH_2CH_2Br \xrightarrow[\triangle]{KOH,C_2H_5OH} CH_3CH_2CH{=}CH_2 \xrightarrow{HBr}$

$CH_3CH_2\underset{Br}{CH}CH_3 \xrightarrow[H_2O]{OH^-} CH_3CH_2\underset{OH}{CH}CH_3$

(3)
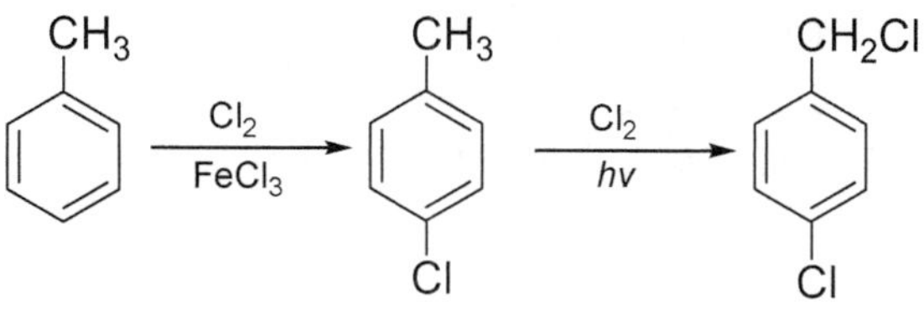

(4) 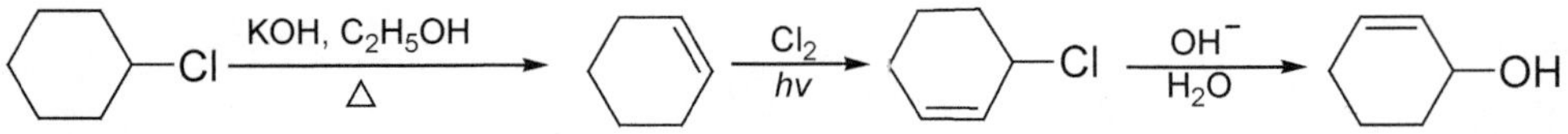

7-9　某烯烃 A 分子式为 C_6H_{12}，具有旋光性。加氢后生成相应的饱和烃 B。A 与 HBr 反应后生成 C($C_6H_{13}Br$)，C 亦具有旋光性。写出 A、B、C 的结构及各步反应式。

解

A $CH_3CH(C_2H_5)CH{=}CH_2$　　B $CH_3CH(C_2H_5)CH_2CH_3$　　C $CH_3CH(C_2H_5)CHBrCH_3$

$$\underset{\text{A}}{CH_3CH(C_2H_5)CH{=}CH_2} \xrightarrow[\text{Pd,C}]{H_2} \underset{\text{B}}{CH_3CH(C_2H_5)CH_2CH_3}$$

$$\underset{\text{A}}{CH_3CH(C_2H_5)CH{=}CH_2} \xrightarrow{\text{HBr}} \underset{\text{C}}{CH_3CH(C_2H_5)CHBrCH_3}$$

7-10　某卤代烃 C_3H_7Br(A)，与 KOH-醇溶液共热得到主产物 C_3H_6(B)，B 与 HBr 作用得到的主产物是 A 的异构体。推测 A 的结构，并写出相应的反应式。

解　A 的结构为 $CH_3CH_2CH_2Br$

相应的反应式为：

$$CH_3CH_2CH_2Br \xrightarrow[\triangle]{KOH, C_2H_5OH} CH_3CH{=}CH_2 \xrightarrow{HBr} CH_3CHBrCH_3$$

7-11　卤代烃与 NaOH 在水与乙醇混合物中进行反应，指出下列现象哪些属于 S_N2 历程，哪些属于 S_N1 历程。

(1) 产物的绝对构型完全转化。　(2) 有重排产物。

(3) 碱的浓度增加反应速率加快。　(4) 三级卤代烃速率大于二级卤代烃。

(5) 增加溶剂的含水量反应速率明显加快。　(6) 反应只有一个过渡态。

(7) 试剂的亲核性越强反应速率越快。

解

(1) S_N2　(2) S_N1　(3) S_N2　(4) S_N1　(5) S_N1　(6) S_N2　(7) S_N2

7-12　用下列化合物能否制备 Grignard 试剂？为什么？

(1) $HOCH_2CH_2Br$　(2) $HC{\equiv}CCH_2CH_2Br$

(3) $CH_3{-}C({=}O){-}CH_2Br$　(4) $CH_3CH_2CH(OCH_3)CH_2Br$

解

(1) 不能。因为醇羟基中的氢原子为活泼氢，能分解 Grignard 试剂。

(2) 不能。因为炔氢也是活泼氢，能分解 Grignard 试剂。

(3) 不能。因为其分子中含有羰基，能与 Grignard 试剂反应。

(4) 不能。因为卤原子的 β-C 上连有甲氧基，会发生消除反应，生成烯烃。

7-13 由 1-溴丙烷制备下列化合物。

(1) 异丙醇 (2) 1,1,2,2-四溴丙烷 (3) 2-溴丙烯 (4) 己-2-炔 (5) 2-溴-2-碘丙烷

解

(1) $CH_3CH_2CH_2Br \xrightarrow[\text{醇}]{KOH} CH_3CH=CH_2 \xrightarrow[H_2O]{H_2SO_4} CH_3\overset{\overset{OH}{|}}{C}HCH_3$

(2) $CH_3CH_2CH_2Br \xrightarrow[\text{醇}]{KOH} CH_3CH=CH_2 \xrightarrow{Br_2/CCl_4} CH_3\overset{\overset{Br}{|}}{C}H-\overset{\overset{Br}{|}}{C}H_2$

$\xrightarrow{NaNH_2} H_3C-C\equiv CH \xrightarrow[CCl_4]{2Br_2} H_3C-\overset{\overset{Br}{|}}{\underset{\underset{Br}{|}}{C}}-\overset{\overset{Br}{|}}{\underset{\underset{Br}{|}}{C}}H$

(3) 由(2)题得到的$CH_3C\equiv CH \xrightarrow{HBr} CH_3\overset{\overset{Br}{|}}{C}=CH_2$

(4) $CH_3CH_2CH_2Br \xrightarrow[\text{醇}]{KOH} \xrightarrow{Br_2/CCl_4} \xrightarrow[\triangle]{NaNH_2} H_3C-C\equiv CH$ [参见(2)]

$CH_3C\equiv CH \xrightarrow[\text{液}NH_3]{Na} CH_3C\equiv C^{-}Na^{+} \xrightarrow{CH_3CH_2CH_2Br} CH_3C\equiv CCH_2CH_2CH_3$

(5) $CH_3CH_2CH_2Br \xrightarrow[\text{醇}]{KOH} \xrightarrow{Br_2/CCl_4} \xrightarrow[\triangle]{NaNH_2} H_3C-C\equiv CH$ [参见(2)]

$$CH_3C\equiv CH \xrightarrow{HBr} CH_3\overset{\overset{Br}{|}}{C}=CH_2 \xrightarrow{HI} CH_3\overset{\overset{Br}{|}}{\underset{\underset{I}{|}}{C}}-CH_3$$

7-14 某化合物分子式为 C_5H_{12}(A)，A 在其同分异构体中熔点和沸点差距最小，A 的一氯代物只有一种 B。B 进行 S_N1 或 S_N2 反应都很慢，但在 Ag^+的作用下可以生成 Saytaeff 烯烃 C。写出化合物 A ~ C 的构造式。

解

A $H_3C-\overset{\overset{CH_3}{|}}{\underset{\underset{CH_3}{|}}{C}}-CH_3$ B $H_3C-\overset{\overset{CH_3}{|}}{\underset{\underset{CH_3}{|}}{C}}-CH_2Cl$ C $CH_3\underset{\underset{CH_3}{|}}{C}=CHCH_3$

7-15 某烃 C_3H_6(A)在低温时与氯作用生成 $C_3H_6Cl_2$(B)，在高温时则生成 C_3H_5Cl(C)。使 C 与碘化乙基镁作用得 C_5H_{10}(D)，D 与 NBS 作用生成 C_5H_9Br(E)。E 与氢氧化钾的乙醇溶液共热，主要生成 C_5H_8(F)，后者又可与丁烯二酸酐发生双烯合成得到 G。试推测 A ~ G 的结构式。

解

A. $CH_3CH=CH_2$ B. $CH_3\underset{\underset{Cl}{|}}{C}HCH_2Cl$ C. $CH_2=CHCH_2Cl$ D. $CH_3CH_2CH_2CH=CH_2$

E. $CH_2=CH\underset{\underset{Br}{|}}{C}HC_2H_5$ F. $CH_2=CHCH=CHCH_3$ G.

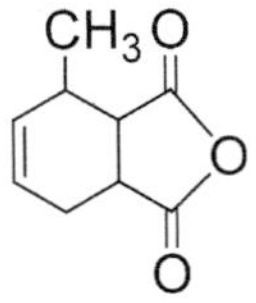

四、补充习题及答案

7-1　由2-甲基-1-溴丙烷及其他无机试剂制备下列化合物。

a. 异丁烯　b. 2-甲基丙-2-醇　c. 2-溴-2-甲基丙烷　d. 1,2-二溴-2-甲基丙烷

e. 1-溴-2-甲基丙-2-醇

解

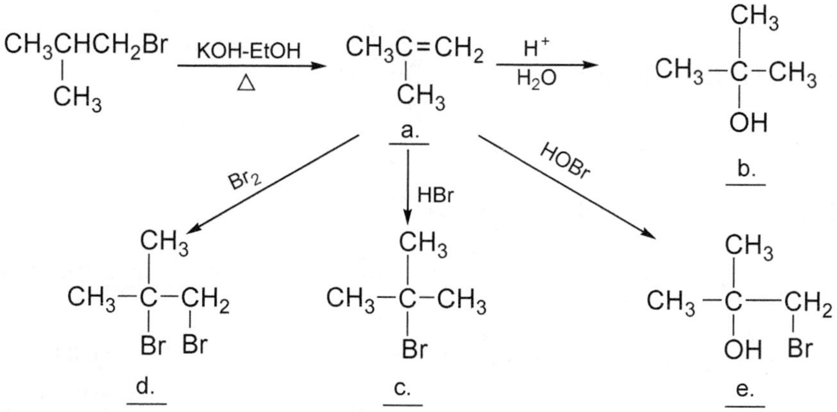

7-2　完成下列反应。

(1) 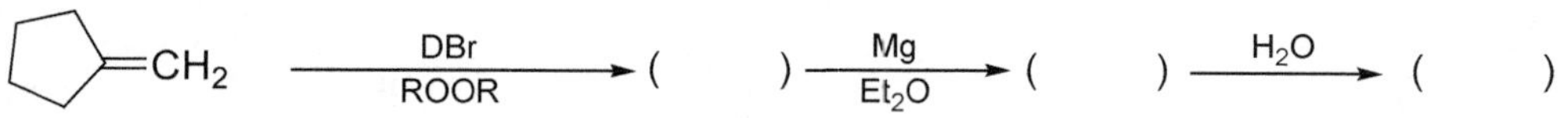

(2) 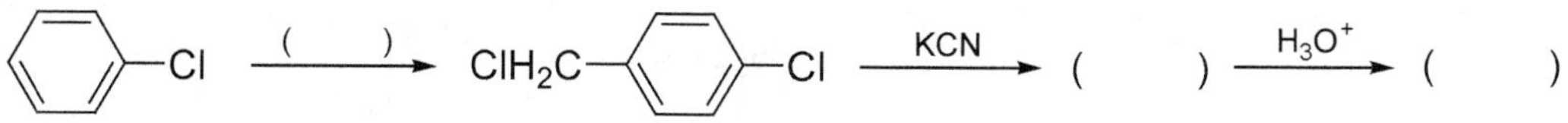

(3) 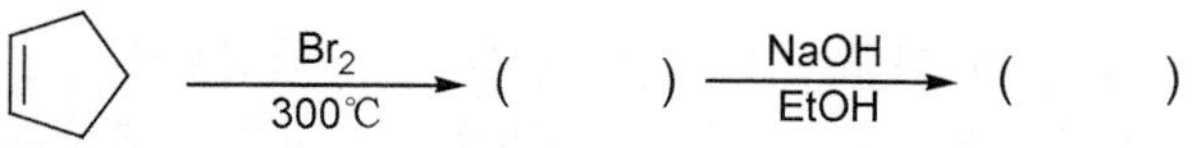

解

(1) 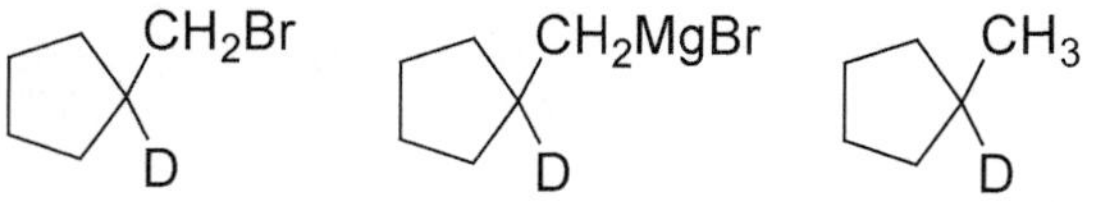

(2) HCHO, $ZnCl_2$/HCl 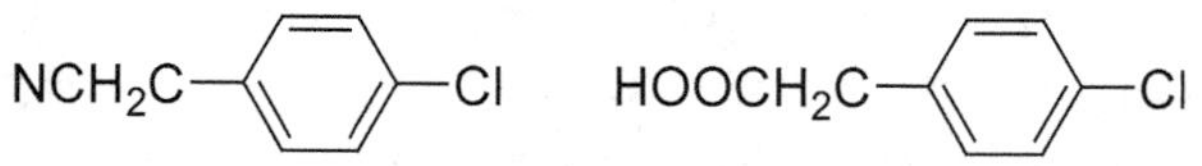

(3) 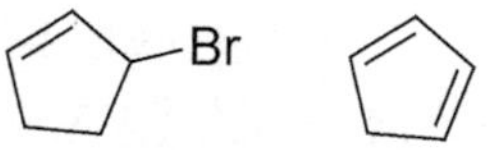

7-3　完成以下转化。

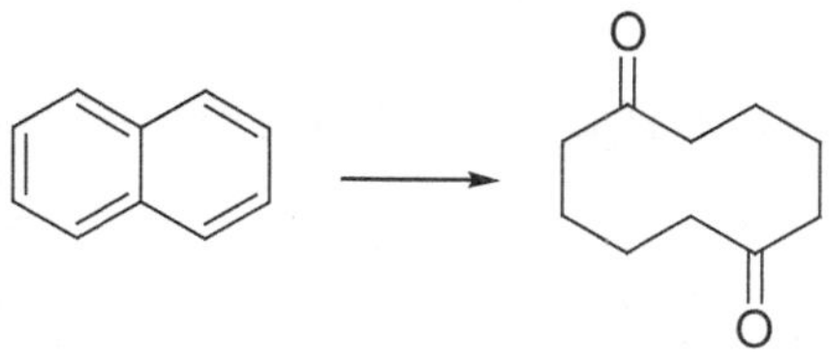

解

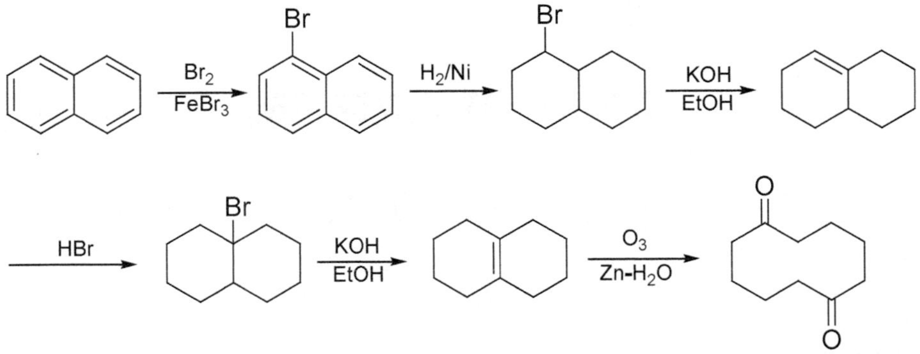

7-4　以双环[4.4.0]癸烷和乙烯及必要的试剂为原料合成 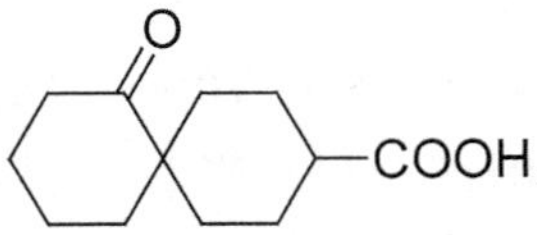 。

解

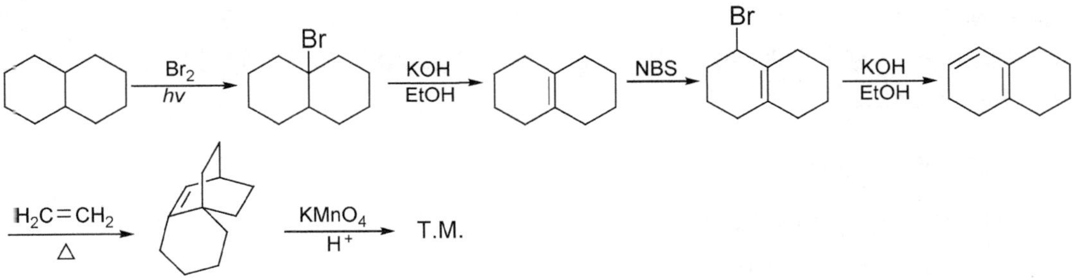

第 8 章　有机波谱基础

一、内 容 提 要

红 外 光 谱

【一】常见官能团的特征吸收峰

红外吸收波数在 4000 ~ 1400 cm^{-1} 范围称为官能团区或称为特征吸收谱带区，主要分布的是官能团伸缩振动吸收峰。官能团区的光谱比较简单但具有很强的特征性。在 4000 ~ 2500 cm^{-1} 区域出现的吸收峰大多数是氢原子与其他原子间化学键产生的伸缩振动吸收峰(O–H, N–H, C–H 等)。在 2500 ~ 1900 cm^{-1} 区域中出现三键和累积双键的伸缩振动吸收峰。在 1900 cm^{-1} 区域中出现碳氧双键、碳碳双键、碳氮双键及硝基的伸缩振动吸收峰和苯环的骨架振动吸收峰。

【二】红外光谱的应用

(1) 用于测定分子中的官能团是否存在。
(2) 对简单分子的结构进行推测。
(3) 判断烯和苯的取代情况。

紫 外 光 谱

【一】紫外光谱中不同跃迁引起的吸收带(R 带、K 带和 B 带)

R 吸收带为 $n \to \pi^*$ 跃迁引起的吸收带，其特点是吸收强度较弱，$\varepsilon_{max} < 100$，吸收峰波长一般在 270 nm 以上。K 吸收带为 $\pi \to \pi^*$ 跃迁引起的吸收带，其特点为吸收峰很强，$\varepsilon_{max} > 10000$。共轭双键增加，$\lambda_{max}$ 向长波方向移动，ε_{max} 也随之增加。B 吸收带为苯的 $\pi \to \pi^*$ 跃迁引起的特征吸收带，为一宽峰，其波长在 230 ~ 270 nm，中心在 254 nm，ε 约为 204。

【二】紫外光谱的应用

(1) 根据化合物在近紫外区吸收带的位置，估计可能存在的官能团结构。
(2) 提供分子中发色系统和共轭程度的信息。
(3) 检验杂质的存在。

核磁共振谱

【一】基本概念

化学位移、偶合常数、自旋耦合-裂分、核等价、峰面积、峰型、各向异性效应。

【二】核磁共振的应用

核磁共振是鉴定有机化合物结构的重要工具之一，核磁共振谱图可提供如下结构信息：

(1) 峰组数反映分子中不等性质子的种类，同时初步判断分子的对称性。

(2) 峰面积(积分面积)反映各种不等性质子的比例。

(3) 化学位移反映质子在分子中的化学环境。

(4) 信号裂分(峰型)反映相邻质子的数目、类型及相对位置。

【三】核磁谱图解析的一般步骤

(1) 按照化学位移位置，共振谱图中的吸收峰分为不同的组(注意扣除溶剂峰)，并根据各自的化学位移值推断所代表的质子类型。

(2) 根据各组峰的积分面积或积分曲线高度，计算吸收峰所含质子的比例。若总质子数已知，或有某一吸收峰代表确定的质子数，可求出各组峰所含质子数。

(3) 根据吸收峰的峰形和耦合常数，确定各组峰之间的关系，进一步推出在分子中的相对位置。亦可以根据峰的裂分形状、数目，判断与之耦合的等同质子数目。

(4) 综合以上分析结果，推断分子结构或结构片段。

质　谱

【一】质谱的应用

(1) 确定物质的相对分子质量。

(2) 利用高分辨质谱或者利用同位素峰的丰度比数据，确定分子式，计算化合物不饱和度。

【二】分子离子峰

分子离子是样品分子失去一个电子形成的离子(实际上为带一个正电荷的游离基)，它的质荷比值对应于样品的相对分子质量，分子离子峰具有以下特征：

(1) 为质谱图中除同位素峰外质荷比值最大的峰。

(2) 为奇电子离子，其相对分子质量应该符合氮规则：含奇数氮原子的有机化合物分子，其相对分子质量为奇数；含偶数氮原子的有机化合物分子，其相对分子质量为偶数。

(3) 在高质荷比区应该有分子离子通过丢失合理的中性碎片产生的碎片峰。

二、习题解答

8-1　红外光谱的哪些特征振动频率可以用来区别下列各对化合物？

(1) $CH_3CH_2CH_2CH_3$ 与 $CH_3CH_2CH{=}CH_2$　　(2) $C_6H_5C{\equiv}CH$ 与 $C_6H_5CH{=}CH_2$

解　(1) 丁烯在~3100 cm^{-1} 的 C—H 伸缩振动吸收峰和~1600 cm^{-1} 处的 C═C 双键伸缩振动吸收峰，~910 cm^{-1} 和~990 cm^{-1} 处 $CH{=}CH_2$ 的面外摇摆振动吸收峰。

(2) 苯乙炔在~2200 cm^{-1} 处 C≡C 键的伸缩振动吸收峰，在 3300 cm^{-1} 处的≡C—H 伸缩振动吸收峰，在~700 cm^{-1} 处≡C—H 的弯曲振动吸收峰。

8-2　己-1-炔的红外光谱在 2100 cm^{-1} 附近有 C≡C 伸缩振动的尖锐吸收峰，但己-3-炔在这个区域没有吸收，解释原因。

解 己-3-炔分子中 C≡C 键两侧基团相似，伸缩振动不产生偶极矩变化，因此没有红外活性，也就没有相应的红外吸收。

8-3 两个结构对称、分子式为 C_4H_6O 的异构体，它们在 CCl_4 稀溶液中的红外光谱都没有 3600 cm^{-1} 区域的吸收。异构体 A 在 3080、1620 和 760 cm^{-1} 附近有吸收带；异构体 B 在 2900 cm^{-1} 和 1780 cm^{-1} 附近有吸收带。推测 A 和 B 可能的结构。

解 分子包含 2 个不饱和度，按题意，分子中没有羟基。异构体 A 为二氢呋喃；异构体 B 为环丁酮。

A 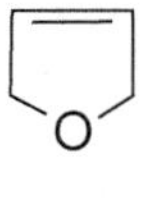 B 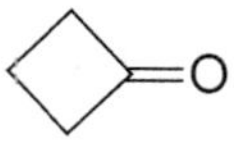

8-4 环戊-1,2-二醇的立体异构体在高度稀释的 CCl_4 中在 3626 cm^{-1} 附近有红外吸收带，仅一个异构体在 3572 cm^{-1} 有吸收带。指定哪一个异构体有 3572 cm^{-1} 处吸收带，解释原因。

解 顺式异构体容易生成分子内氢键，红外吸收带向低波数移动，所以红外 3572 cm^{-1} 处是顺式环戊-1,2-二醇。

8-5 水杨酸甲酯的红外吸收有：3300、1700、3050、1540、1590 和 2900 cm^{-1}，将上述吸收峰与下列结构关联起来：(a) CH_3；(b) C=O；(c) 环上的 OH 基；(d) 芳香环。

解 (a) 2900 cm^{-1} (b) 1700 cm^{-1} (c) 3300 cm^{-1} (d) 3050 cm^{-1}、1540 cm^{-1}、1590 cm^{-1}

8-6 下列哪种振动模式无红外吸收？

(a) CO_2 的对称伸缩振动 (b) CO_2 的不对称伸缩振动

(c) O=C=S 的对称伸缩振动 (d) *o*-二甲苯中 C=C 伸缩振动

(e) *p*-二甲苯中 C=C 伸缩振动 (f) *p*-溴甲苯中的 C=C 伸缩振动

解 不引起偶极矩变化的振动不产生红外吸收谱带。属于这种情况的为(a)和(e)，其伸缩振动是按键轴对称的。

8-7 含有 C=C, C≡C, C=O, C=N 重键的化合物，可能发生哪些电子跃迁？

解 可能发生 σ→σ*，σ→π*，π→π*，π→σ*，n→π*跃迁。

8-8 下列两组化合物中哪些化合物的紫外吸收波长最长？

(1) A. $CH_3CH_2CH_2CH_2CH_2NH_2$ B. CH_2=$CHCH_2CH$=$CHNH_2$ C. CH_3CH=$CHCH$=$CHNH_2$

(2) A 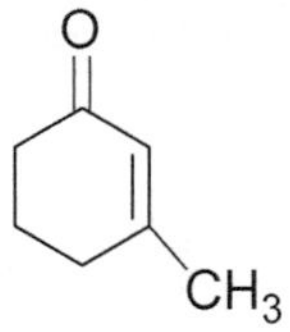 B 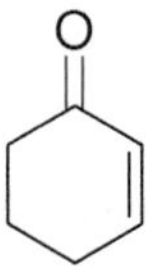 C 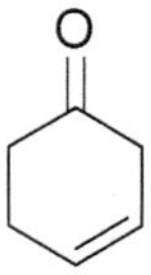

解 (1) C (2) A

8-9 (1) 说明为什么苯可吸收 254 nm 的紫外光，而苯酚可吸收 280 nm 的紫外光；(2) 和苯相比，己-1,3,5-三烯的吸收波长应位于何处？

解 (1) 氧原子的 p 轨道上有一对 n 电子，它可以和苯环 π 键体系共轭，增加了电子的离域程度，发生 HOMO→LUMO 跃迁所需能量降低，因此苯酚吸收较长波长的光。

(2) 己-1,3,5-三烯的最大吸收波长 274 nm，由于苯环的 π 键体系的能量低于己三烯的线性 π 键体系的能量，因此苯吸收波长更短的光。

8-10　根据下列最大的吸收波长 λ_{max}(nm)数据，总结吸光分子的结构与 λ_{max} 之间的关系。

乙烯(170 nm)，丁-1,3-二烯(217 nm)，2,3-二甲基丁-1,3-二烯(226 nm)，环己-1,3-二烯(256 nm)和己-1,3,5-三烯(274 nm)。

解　(1) 共轭 π 键的分子，最大吸收波长较长。

(2) 共轭 π 键数量增加，最大吸收波长 λ_{max} 也增加。

(3) 环状多烯的最大吸收波长较非环状多烯的长。

(4) C=C 双键上有烷基取代时，将使最大吸收波长向长波移动(红移)。

8-11　解释下列物质的最大吸收波长 λ_{max}(nm)的变化。

CH_3X，X = Cl (173 nm)，Br (204 nm)，I (258 nm)

解　CH_3X 电子跃迁为 $n\rightarrow\sigma^*$，处于较高的主能级上的 n 电子(Cl、Br、I 的主量子数分别为 3,4,5)更远离核的吸引，更容易被激发。因为跃迁所需能量逐渐减少，所以从 Cl 到 Br 再到 I 最大吸收波长向长波移动。

8-12　二苯乙烯异构体的最大吸收波长 λ_{max} 为 294 nm 和 278 nm，确定异构体的立体结构。

解　顺式结构能量较高，最大吸收波长较小；顺式结构中的两个苯环处于同一平面，空间位阻大，减弱了共轭效应。因此最大吸收波长 λ_{max} 278 nm 是二苯乙烯的顺式结构，最大吸收波长 λ_{max} 294 nm 是二苯乙烯的反式结构。

8-13　下列化合物的 ^1H NMR 谱各有几组信号？

(1) $CH_3COCH_2C{\equiv}CH$　　(2) $CH_3COCH_2C_6H_5$　　(3) $CH_3CH_2CH_2CH_2CH_2Br$

解　(1) 3 组　　(2) 5 组　　(3) 5 组或 4 组(C_3 与 C_4 上的质子信号可能重叠)

8-14　下列各组化合物中标出的 H 的化学位移值大小顺序如何？

(1) $CH_3C\underline{H}_2CH_3$，$CH_3C\underline{H}_3$，$(CH_3)_3C\underline{H}$　　(2) $C\underline{H}_3Cl$，$(C\underline{H}_3)_3P$，$(C\underline{H}_3)_3Si$，$(C\underline{H}_3)_2S$，$C\underline{H}_3F$

解　(1) CH > CH_2 > CH_3　　(2) $C\underline{H}_3F$ > $C\underline{H}_3Cl$ > $(C\underline{H}_3)_2S$ > $(C\underline{H}_3)_3P$ > $(C\underline{H}_3)_3Si$

8-15　下列化合物中各有多少组等性质子？

(1) $CH_3CH_2OCH_2CH_3$　　(2) $(CH_3)_2CHCH_2OH$　　(3) $ClCH{=}CHCl$

(4) $BrCH{=}CH_2$　　(5) $CH_3CHClCH_2CH_3$　　(6) *p*-$CH_3CH_2C_6H_4CH_2CH_3$

(7) $Br_2CHCH_2CH_2CH_2Br$

解　(1) 2 组；(2) 4 组；(3) 1 组；(4) 3 组；(5) 5 组(亚甲基上的两个 H 不等价)；(6) 3 组(苯环上的 4 个 H 是等价的，6 个甲基 H 原子是等价的，4 个亚甲基氢是等价的)；(7) 4 组($Br_2CH^aCH_2^bCH_2^cCH_2^dBr$)。

8-16　化合物(C_4H_8O)在 1710 cm^{-1} 处有一强的红外吸收峰，核磁共振 ^1H NMR 数据为：δ 1.1 ppm(三重峰，3H)；δ 2.0 ppm(单峰，3H)；δ 2.2 ppm(四重峰，2H)。推断该化合物的构造式。

解　化合物分子的不饱和度为 1，在 1710 cm^{-1} 处的红外吸收峰表明存在羰基，再结合 ^1H NMR 数据推断化合物为丁-2-酮 $CH_3CH_2COCH_3$。

8-17　化合物 A 的分子式为 $C_{11}H_{14}O_2$，它的红外光谱在 1720 cm^{-1} 处有吸收峰，核磁共振 ^1H NMR 数据为：δ 1.0(二重峰，6H)；2.0(多重峰，1H)；4.1(二重峰，2H)；7.8(多重峰，5H)。试写出化合物的结构和各峰的归属。

解　化合物分子的不饱和度为 5，可能含苯环，在 1720 cm^{-1} 处的红外吸收峰表明存在羰基，^1H NMR 数据表明存在异丁基和单取代苯环；化合物结构应为苯甲酸异丁酯。

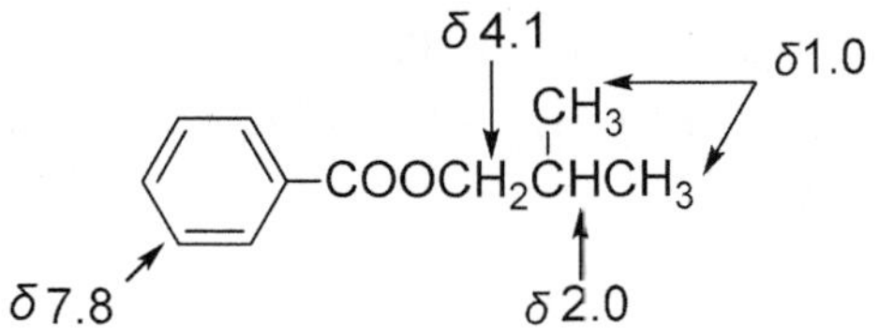

8-18　两个化合物都有分子式 $C_5H_{10}O$，^1H NMR 和 ^{13}C NMR 数据如下所列。两个化合物在 1710~1740 cm^{-1} 区域有强的红外吸收。解析这两个化合物的结构和谱图，画出 NMR 谱的略图。

(1) ^1H NMR：δ/ppm 1.55(7 重峰，1H), 2.10(单峰，3H), 1.05(二重峰，6H)；

^{13}C NMR：δ/ppm 212.6, 41.5, 27.2, 17.8。

(2) ^1H NMR：δ/ppm 2.38(三重峰，2H), 2.10(单峰，3H), 1.57(6 重峰，2H), 0.88(三重峰，3H)；

^{13}C NMR：δ/ppm 209.0, 45.5, 29.5, 17.0, 13.2。

解　两个化合物的不饱和度均为 1，红外吸收表明分子中含羰基；根据 NMR 谱，可知化合物(1)为 3-甲基丁-2-酮，化合物(2)为戊-2-酮。(谱图略)

8-19　根据波谱数据推测结构。

(a) $C_7H_{14}O$　IR：1750 cm^{-1}；^1H NMR：δ/ppm 1.0(s，9H), 2.1(s，3H), 2.3(s，2H)。

(b) $C_6H_{10}O_2$　IR：1700 cm^{-1}；^1H NMR：δ/ppm 2.2(s，6H), 2.7(s，4H)。

(c) $C_9H_{10}O$　IR：1700 cm^{-1}；^1H NMR：δ/ppm 2.1(s，3H), 3.6(s，2H), 7.2(s，5H)。

(d) C_9H_9ClO　IR：1700 cm^{-1}；^1H NMR：δ/ppm 1.2(t，3H), 3.0(q，2H), 7.7(q，4H)。

(e) $C_6H_{12}O_3$　IR：1710 cm^{-1}；^1H NMR：δ/ppm 2.1(s，3H), 2.6(d，2H), 3.2(s，6H), 4.7(t，1H)；化学反应表明分子中有醚键。

(f) $C_{15}H_{14}O$　IR：1720cm^{-1}；^1H NMR：δ/ppm 2.02(s，3H), 5.08(s，1H), 7.25(m，10H)。

解

(a) 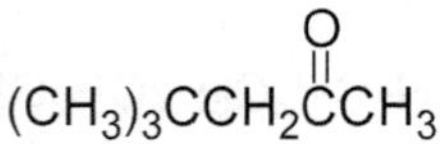

(b) 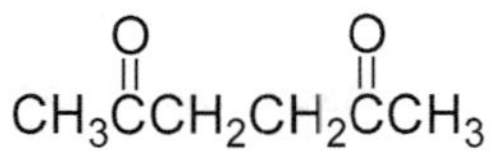

(c) 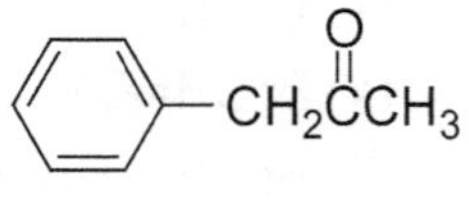

(d) 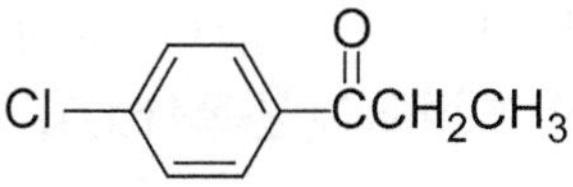

(e) 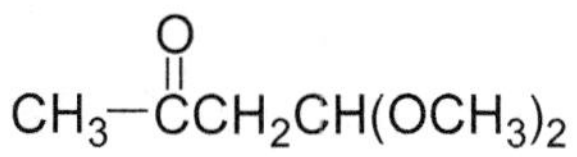

(f) 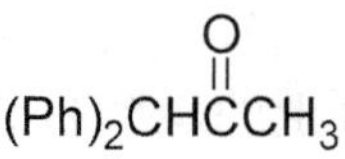

8-20　分子式为 C_7H_8O 的某化合物，其 ^1H NMR 信号为 δ/ppm=7.3, 4.4, 3.7，相对峰面积为 7 : 2.9 : 1.4。推断该化合物的结构。

解　三种不同类型的 H 原子的相对峰面积用 1.4 除，变为 5 : 2 : 1。δ=7.3 归属为 5 个 H 原子，δ=4.4 归属为 2 个 H 原子，δ=3.7 归属为 1 个 H 原子，H 原子总数为 8，这和分子式一致。δ=7.3 的 5 个 H 原子为苯环氢原子，即存在 C_6H_5 结构。分子式的剩余部分由 CH_2OH 组成。δ=3.7 归属为 OH 中的 H 原子。δ=4.4 的 2 个 H 原子归属为苄位 H 原子，且是 OH 的 α 位。该化合物为 $C_6H_5CH_2OH$，苄醇。

8-21　$CH_3OCH_2CH_2OCH_3$ 的 ^1H NMR 图谱中给出化学位移为 3.4 ppm 和 3.2 ppm，相应的峰面积比为 2 : 3，这些数字是否和所给结构相符？

解　数字和所给结构相符。因为 CH_3 和 CH_2 是各自等价的，只出现两个信号，由于 O 原子的作用，两个信号都移向低场，CH_2 信号比 CH_3 信号向低场移动得更多。积分给出正确的 H 原子个数比：2 : 3 = 4 : 6，此为实际氢原子产生的信号比。

8-22 一个戊酮的异构体，分子离子峰为 *m*/*z* 86，并在 *m*/*z* 71 和 *m*/*z* 43 处各有一个强峰，且在 *m*/*z* 58 处有峰，写出该酮的结构式。另一个戊酮在 *m*/*z* 86 和 *m*/*z* 71 处各有一个强峰，它的结构式是什么？

解 前者为戊-2-酮，*m*/*z* 58 碎片峰为麦氏重排产生；后者为戊-3-酮。

8-23 化合物的分子式为 C_7H_7ON，计算它的环加双键数，推测化合物的结构式。该化合物的质谱在 *m*/*z* 121, 105, 77, 51 处有较强的峰，写出产生这些离子的断裂方式。

解 化合物的环加双键数为 5，分子中可能有苯环，*m*/*z* 121 为分子离子峰，*m*/*z* 105 可能为苯甲酰基碎片离子，*m*/*z* 77、51 碎片离子峰表明存在苯环，化合物可能为苯甲酰胺。

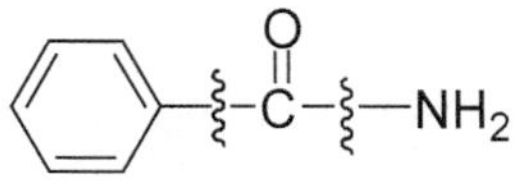

8-24 样品甲和乙分别给出下列质谱数据，判断哪个样品是正丁醇，哪个样品是乙醚。

样品	$M^{+\cdot}$	最强离子峰
甲	74	*m*/*z* 73，59，45，31，29，27
乙	74	*m*/*z* 56，43，41，31，29，27

解 甲：乙醚；乙：正丁醇。

8-25 某化合物含有 C、H、O 和 N 原子，质谱给出其最大 *m*/*z* 值为 121，红外吸收为 700 cm^{-1}、750 cm^{-1}、1520 cm^{-1}、1680 cm^{-1} 和 3100 cm^{-1}，在 3440 cm^{-1} 处有一双峰，试推断该化合物的合理结构。

解 相对分子质量为 121，由于相对分子质量为奇数，一定含有奇数个 N 原子。红外谱图显示存在下列基团：1520 cm^{-1} 为芳环(范围 1450 ~ 1600 cm^{-1})；1685 cm^{-1} 为酰胺羰基的伸缩振动；3100 cm^{-1} 为芳香 C–H 键(范围 3000 ~ 3100 cm^{-1})；3440 cm^{-1} 为胺或酰胺中的 –N–H 键(范围 3300 ~ 3500 cm^{-1})；700, 750 cm^{-1} 为单取代苯基。双峰归属为 N–H 键的对称和不对称伸缩振动，意味着存在 NH_2。将上述各部分综合在一起，推断该化合物为苯甲酰胺。

8-26 推测基团的分子式，已知含有 C 和 H 原子且为阳离子，*m*/*z* 值为下列数值：(a)43，(b)65，(c)91(假定 e=+1)。

解 *m*/*z* 值除以 12，可得到 C 原子数目，剩余质量为 H 原子数目，因此基团的分子式为：(a)$C_3H_7^+$；(b) $C_5H_5^+$；(c) $C_7H_7^+$。

8-27 (1) 烃类化合物的分子离子(RS^+)的 *m*/*z* 值能为奇数吗？

(2) 如果 RS^+ 只含有 C、H、O 原子，它的 *m*/*z* 值既可以是奇数，也可以是偶数吗？

(3) 如果 RS^+ 只含有 C、H、N 原子，它的 *m*/*z* 值既可以是奇数，也可以是偶数吗？

(4) 为什么 *m*/*z*=31 的离子不可能是 $C_2H_7^+$？它是什么？

解 (1) 不能为奇数。烃类化合物和它们的母体离子，必须含有偶数个 H 原子，因为 C 原子的质量为偶数(12)，所以 *m*/*z* 值必须是偶数。

(2) 不能为奇数，只能为偶数。分子式中引入 O 原子并不改变 C 和 H 原子的比例，O 原子质量为偶数(16)，由 C、H 和 O 原子组成的 RS^+ 的质量也为偶数。

(3) 可以是奇数，也可以是偶数。根据 N 规则，每引入一个 N 原子，需要加一个 H 原子。因此如果 N 原子为奇数，氢原子数也为奇数，*m*/*z* 值也就为奇数。如果 N 原子为偶数，就需要偶数个 H 原子，因此 m/z 值也就为偶数。(这些叙述仅适用于母体离子，不适合碎片离子)。

(4) 因为碳原子数为 2 的化合物含有 H 原子的最大数量为 6(C_2H_6)，所以可能的结构有：CH_3O^+和 CH_5N^+。

8-28 写出化合物 $C_{10}H_{12}O$ 的结构，其质谱图给出如下 m/z 值：15、43、57、91、105 和 148。

解 m/z 值 15 对应 CH_3^+，由于 43–15=28，正好是 C=O 的质量，所以值 43 说明化合物中含有 CH_3CO。最大值 148 为相对分子质量，从 148 中减去一个乙酰基得 105，这一质量数在质谱图中也有。比 105 小的峰是 91，它们相差 14，故推断出 CH_3CO 和一个 CH_2 相连，得到 CH_3COCH_2，其质量为 57，148–57=91，正好解释产生 91 峰的原因，这个峰为 $C_7H_7^+$，是稳定的苄基正离子，化合物的结构为：$CH_3COCH_2CH_2C_6H_5$。

三、补充习题及答案

8-1 有一化合物 $C_{10}H_{16}$，由红外光谱证明有双键和异丙基存在，其紫外光谱 λ_{max}= 231 nm(ε_{max} =9000)，此化合物加氢只能吸收 2 g 分子 H_2，确定其结构。

解 ① 计算不饱和度 Ω =3(两个双键一个环)；②λ_{max} =231 nm；③可能的结构如下：

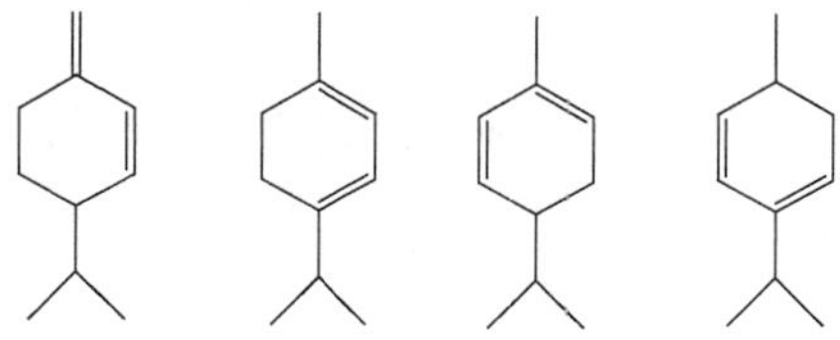

A B C D

④ 计算 λ_{max}

(A 结构)λ_{max} =非稠环二烯+2×烷基取代+环外双键=217+2×5+5=232(231)

所以化合物 $C_{10}H_{16}$ 为 A 结构。

8-2 $C_4H_8O_2$ 的红外谱图如下所示，试推测其结构。

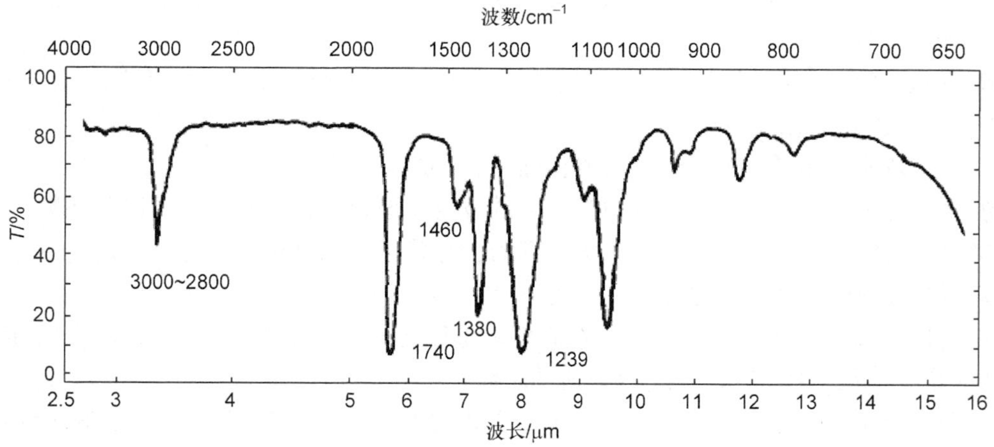

解 该化合物可能是乙酸乙酯。

8-3 纯液体 C_8H_8 的红外谱图如下所示，试推测其结构

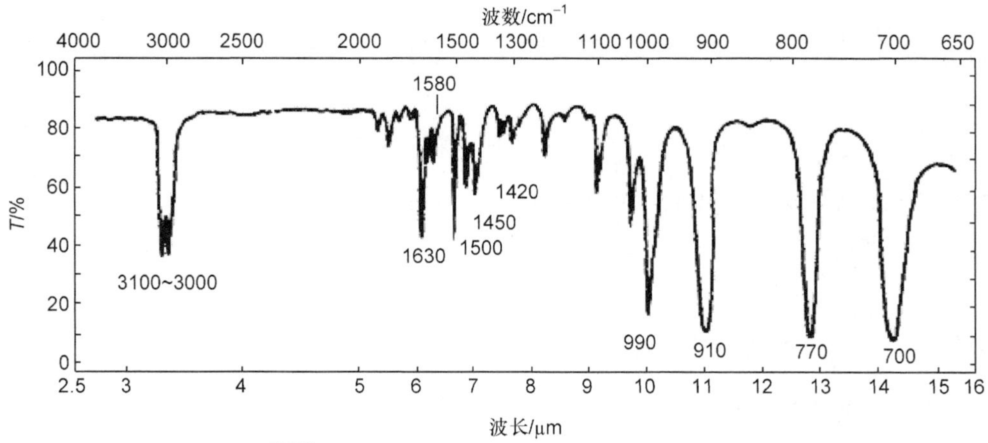

解　该化合物可能是 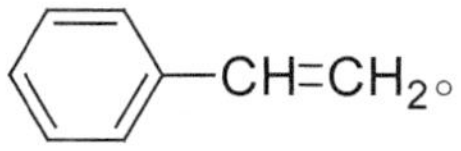。

8-4　化合物 A($C_9H_{10}O$)不发生碘仿反应，其红外光谱表明在 1690 cm^{-1} 处有强吸收峰，^1H NMR 谱如下：δ 1.2(三重峰，3H)，δ 3.0(四重峰，2H)，δ 7.7(多重峰，5H)。

(1) 求 A 的结构。

(2) 已知 B 为 A 的异构体，能发生碘仿反应，其红外光谱表明在 1705 cm^{-1} 处有强吸收，核磁共振谱如下：δ 2.0(单峰，3H)，δ 3.5(单峰，2H)，δ 7.1(多重峰，5H)。求 B 的结构。

解　化合物 A、B 的不饱和度为 5，红外光谱在 1690 cm^{-1} 处有羰基的吸收峰，A 不能发生碘仿反应，表明没有甲基酮结构。B 可以发生碘仿反应，表明有甲基酮结构。结合 ^1H NMR 数据，推测化合物分别为：

A 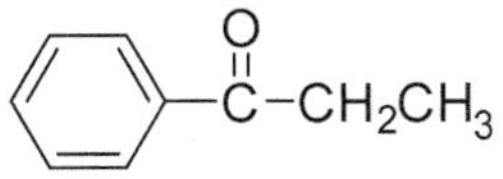　　B. 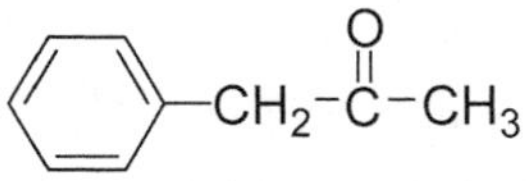

8-5　化合物 A($C_6H_{12}O_3$)在 1710 cm^{-1} 处有强的 IR 吸收峰，A 用碘的氢氧化钠水溶液处理时，得到黄色沉淀，与 Tollens 试剂作用不发生银镜反应，然而 A 先用稀硫酸处理，然后再与 Tollens 试剂作用有银镜反应。A 的 ^1H NMR 数据如下：δ 2.1(单峰，3H)，δ 3.2(单峰，6H)，δ 2.6(二重峰，2H)，δ 4.7(三重峰，1H)。试推测 A 的结构并写出反应式。

解　A 的结构及反应式如下：

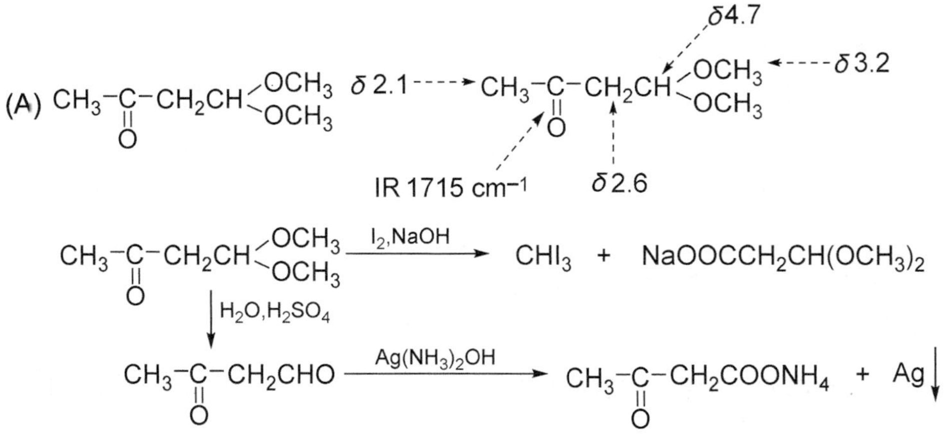

8-6　下列化合物中的 H_a 与 H_b 哪些是磁不等价的？

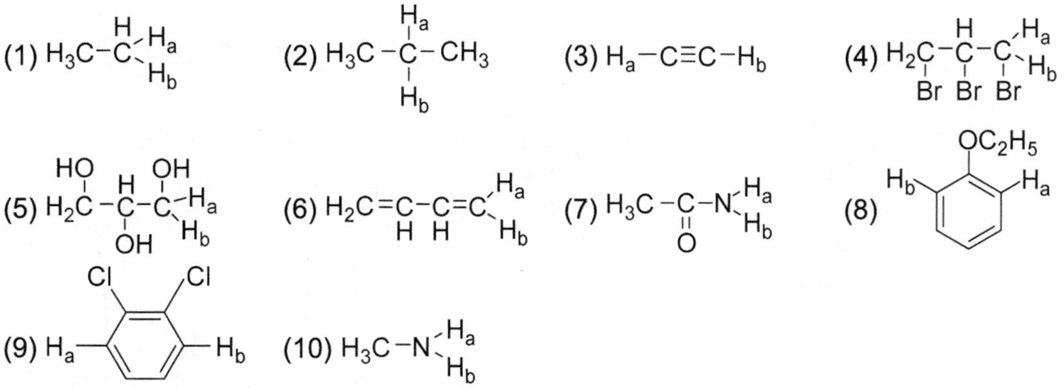

解　(4)(5)(6)(7)(8)(9)中的 H_a 与 H_b 是磁不等价的。

8-7　下列化合物中，哪些质子可以互相耦合？

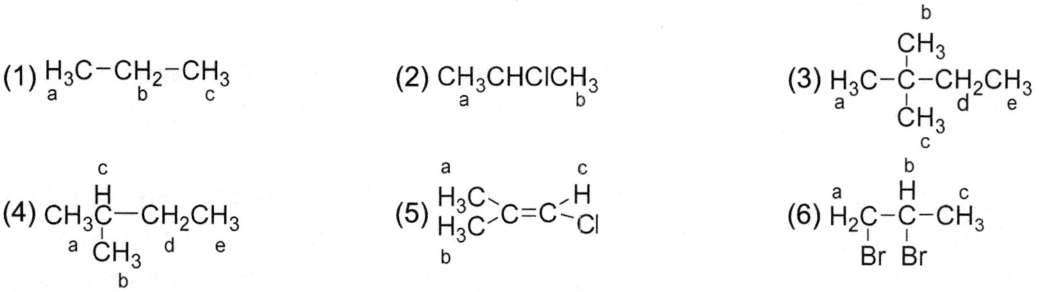

解　(1) H_a 与 H_b 可以耦合，H_b 与 H_c 可以耦合。

(2) H_a 与 H_b 不能耦合。

(3) H_d 与 H_e 之间可以耦合，其余 H 之间不能耦合。

(4) H_a 与 H_c，H_b 与 H_c，H_c 与 H_d，H_d 与 H_e 之间可以耦合。

(5) H_a 与 H_b，H_a 与 H_c，H_b 与 H_c 之间可以互相耦合。

(6) H_a 与 H_b，H_b 与 H_c 之间能互相耦合。

8-8　正十八烷的质谱图如下，它的基峰的质荷比是多少？

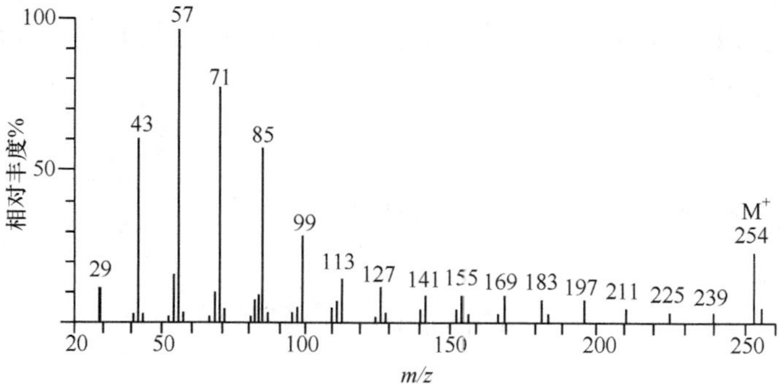

解　正十八烷质谱图中基峰的质荷比是 57。

8-9　下列化合物的分子离子峰的质荷比是偶数还是奇数？

(1) CH_3I　　(2) $N\equiv C-CH_3$　　(3) $C_2H_5NH_2$　　(4) 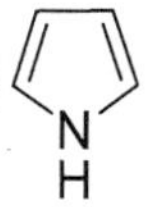　　(5) $H_2NCH_2CH_2NH_2$

解　(1)(5)化合物的分子离子峰的质荷比是偶数，(2)(3)(4)化合物的分子离子峰的质荷比是奇数。

8-10　2,2-二甲基丁烷的质谱数据如下：

m/z	14	28	40	44	57	72
相对强度/%	1.00	5.00	3.00	3.00	100.00	5.00

(1) 它的分子离子峰的相对强度是多少？为什么？

(2) 基峰的质荷比是多少？该离子峰是怎么产生的？写出裂解过程。

解　(1) 2,2-二甲基丁烷的分子离子峰的相对强度为 0，因为该化合物的相对分子质量为 86，质谱数据中没有 *m/z* 86 的峰，所以它的分子离子峰的相对强度为 0。

(2) 基峰的质荷比为 57，57=M–29，所以裂解过程为：

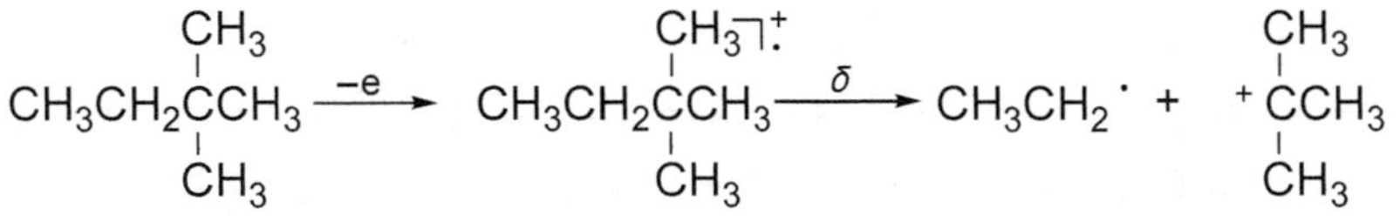

8-11　$CHCl_3$ 的质谱中出现了 M、M+2、M+4、M+6 的峰，计算这些峰的强度比(只考虑氯的同位素)。

解　^{35}Cl 的天然丰度为 75.8，^{37}Cl 的天然丰度为 24.2，在 $CHCl_3$ 中 n=3。应用$(A+B)^n$公式展开式 $A^3+3A^2B+3AB^2+B^3$，代入 A=75.8、B=24.2 计算，所得各项的值分别代表 M、M+2、M+4、M+6 各峰的强度，它们的比值如下：M∶M+2∶M+4∶M+6=$(75.8)^3$∶$3\times(75.8)^2\times24.2$∶$3\times75.8\times(24.2)^2$∶$(24.2)^3$=3∶3∶1∶0.1。

8-12　一个化合物的化学式为 C_7H_7ON，计算它的环加双键的总数，并由所得数值推测一个适合该化合物的构造式。该化合物的质谱图在 *m/z* 121、105、77、51 处有较强的峰，写出产生这些离子的断裂方式。

解　Ω=7–3+1=5，环加双键的总数为 5，分子的结构式为苯甲酰胺，该化合物按如下所示的方式断裂，产生题中相应的 *m/z* 值。

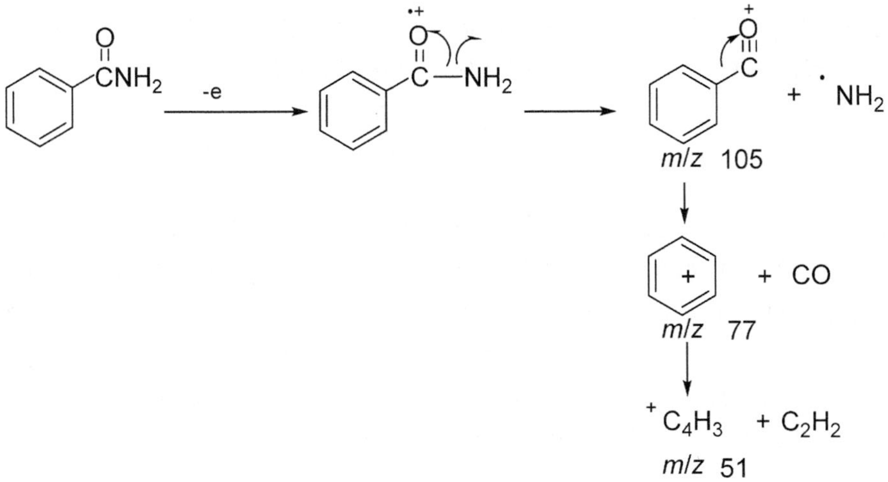

四、有机波谱综合解析

【例 8-1】 某化合物分子式为 $C_5H_{10}O$，IR 显示 3400 cm^{-1} 附近有宽强吸收，1640 cm^{-1} 有一中等强度吸收峰。^1H NMR：5.70(t，J=7 Hz，1H)，4.15(d，J=7 Hz，2H)，3.83(宽峰，1H)，1.70(s，3H)，1.63(s，3H)。给出该化合物的结构。

解 进行波谱分析时，如果分子式已给出，先计算不饱和度 $\Omega=1+n_4+(n_3-n_1)/2$，式中 n_4 为化合物中四价原子数目(常为碳原子数)，n_3 为化合物中三价原子数目(常为氮原子数)，n_1 为化合物中一价原子数目(常为氢或卤原子数)。本题中不饱和度为 1，表明分子中可能有双键或环存在。

IR 显示 3400 cm^{-1} 附近有宽强吸收，同时 3.83(宽峰，1H)，这两个信息表明分子中存在–OH。1640 cm^{-1} 有一中等强度吸收峰，表明分子中含–C═C–，这与一个不饱和度相符，结合 5.70(t，J=7 Hz，1H)，表明分子中存在–CH═C–。双键中的质子裂分为三重峰，根据 n+1 规律，表明–CH–应与–CH_2–相连，即–CH_2CH═C–，这与信息 4.15(d，J=7 Hz，2H)相符。耦合常数相同，也进一步证实了上述推断。化学位移为 4.15，表明–CH_2–应与–OH 相连。从 1.70(s，3H)和 1.63(s，3H)可推出，有两个甲基与季碳相连，目标分子及核磁指认为：

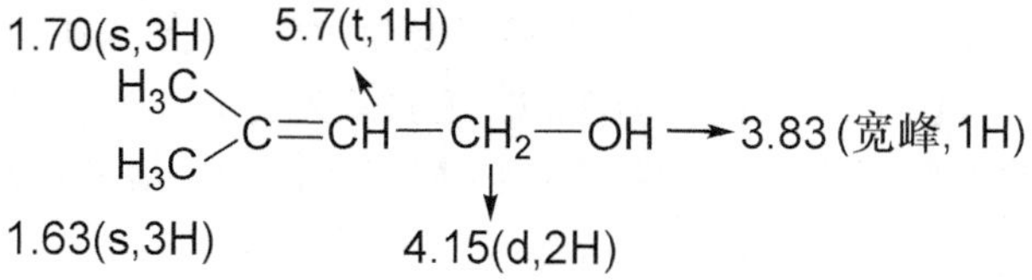

【例 8-2】 某一麻醉药样品 G，分子式为 $C_{13}H_{20}N_2O_2$，其 IR 在 1700 cm^{-1} 有强吸收，^1H NMR：δ 1.05(三重峰，6H)，2.6(四重峰，4H)，2.75(三重峰，2H)，4.2(单峰，2H)，4.35(三重峰，2H)，6.5~7.8(多重峰，4H)。将样品用碱水解，得到两个化合物，其中之一为对氨基苯甲酸。推测该化合物结构。

解 先计算不饱和度 $\Omega=1+n_4+(n_3-n_1)/2=1+13+(2-20)/2=5$。说明分子中含有苯环，这与产物之一为对氨基苯甲酸相符。从 6.5 ~ 7.8(多重峰，4H)和用碱水解得到对氨基苯甲酸这两个信息可推出苯环为对位二取代，分子应为酯，存在如下片段：

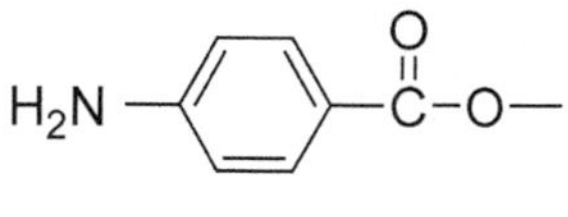

化学位移 4.2 的峰应为氨基上质子的信号。化学位移在 4.35 的质子，其所连的碳原子应与氧相连，且该碳原子的邻位原子上带有两个质子，根据以上分析，可推出片段–OCH_2–。从 2.75(三重峰，2H)可推出–CH_2–，根据 n+1 规律，该碳原子的邻位原子上带有两个质子。从 δ 1.05(三重峰，6H)、2.6(四重峰，4H)可推出存在如下对称结构：CH_3CH_2–X–CH_2CH_3，式中，X 应为 C 原子或 N 原子。进一步根据碳原子个数，可确定 X 为 N 原子，该片段应为–$N(CH_2CH_3)_2$。将以上片段组合，可得出该目标化合物的结构为：

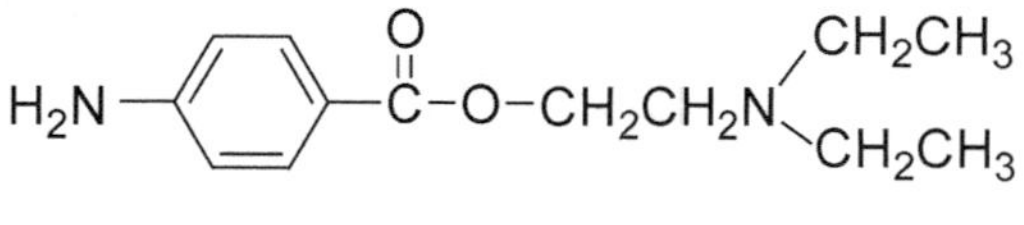

【例 8-3】 某化合物(A)$C_4H_7ClO_2$，其核磁共振有 a、b、c 三组峰，a 在 δ=1.25 处有一个三亘峰，b 在 3.95 处有一个单峰，c 在 4.21 处有一个四重峰。红外光谱在 1730 cm^{-1} 区域有一强的吸收峰。化合物(B)$C_5H_{10}O$，其核磁共振有 a、b 二组峰，a 在 δ =1.05 处有一个三重峰，b 在 2.47 处有一个四重峰，红外光谱在 1700 cm^{-1} 附近有特征吸收峰。写出 A 和 B 的结构式，并写出各峰的归属。

解 首先计算不饱和度，A 和 B 的不饱和度均为 1。A 与 B 分别在 1730 cm^{-1} 区域和 1700 cm^{-1} 区域有强吸收，说明这两个分子中均存在羰基，且 A 应为酯类，B 应为酮或醛类。分子 A 在核磁谱图上有三组峰，说明除羰基碳外，余下的三个碳原子上均有氢原子。b 组峰的化学位移为 3.95，且为单峰，说明这个碳原子两边与季碳(酯基)和氯原子相连，结合分子式，可推出分子中存在如下片段：$—O-\overset{O}{\overset{\|}{C}}-CH_2-Cl$。另外两组峰分别为三重峰四重峰，且 c 的化学位移为 4.21，说明质子所属的碳原子应与氧相连，从以上条件可推出分子中存在如下片段 CH_3CH_2O-。A 的结构应为：

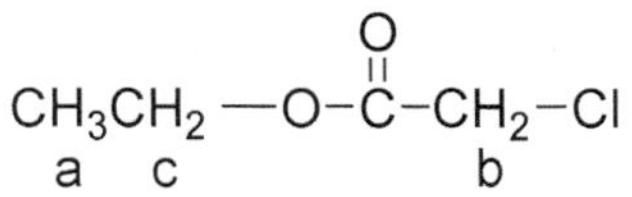

对于分子 B，在核磁谱图上只有两组峰，而分子中除去羰基碳外，还有四个碳，所以分子中应存在对称结构。核磁谱图中有一个三重峰和一个四重峰，可推测存在如下片段 CH_3CH_2-，结合对称结构和分子中存在羰基，可得出 B 的结构应为：

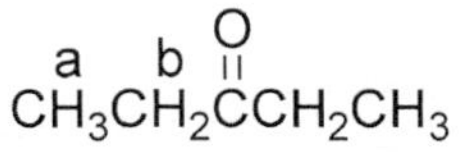

第9章 醇 和 醚

一、内 容 提 要

【一】醇的卤代反应

$$RX \xleftarrow[\text{无重排}]{PX_3,\text{或}PX_5,\text{或}SOCl_2} ROH \xrightarrow[\text{可发生重排}]{HX} RX$$

【二】醇的脱水反应

$$RCH{=}CH_2 \xleftarrow[170℃]{\text{浓}H_2SO_4} RCH_2CH_2OH \xrightarrow[140℃]{\text{浓}H_2SO_4} RCH_2CH_2OCH_2CH_2R$$

【三】醇的酸性

$$R{-}OH + Na \longrightarrow R{-}ONa + \frac{1}{2}H_2\uparrow$$

【四】醇的氧化反应

$$RCH_2OH \xrightarrow[\text{或}Na_2Cr_2O_7+H_2SO_4]{KMnO_4+H_2SO_4} RCHO \xrightarrow{[O]} RCOOH$$

$$R_2CHOH \xrightarrow[\text{或}Na_2Cr_2O_7+H_2SO_4]{KMnO_4+H_2SO_4} R_2CO$$

弱氧化剂：Sarrett[沙瑞特，$(C_5H_5N)_2 \cdot CrO_3$]试剂与Corey试剂(PCC)可将伯醇氧化为醛，仲醇氧化为酮。Jones(琼斯，$CrO_3 \cdot H_2SO_4$)试剂可将仲醇氧化为酮。分子中如有双键、三键时，不受氧化剂影响。

【五】邻二醇的特殊反应

1. 邻二醇用高碘酸或四乙酸铅氧化

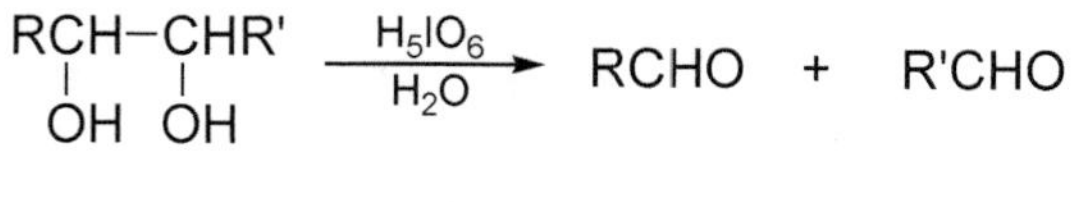

2. 片呐醇重排

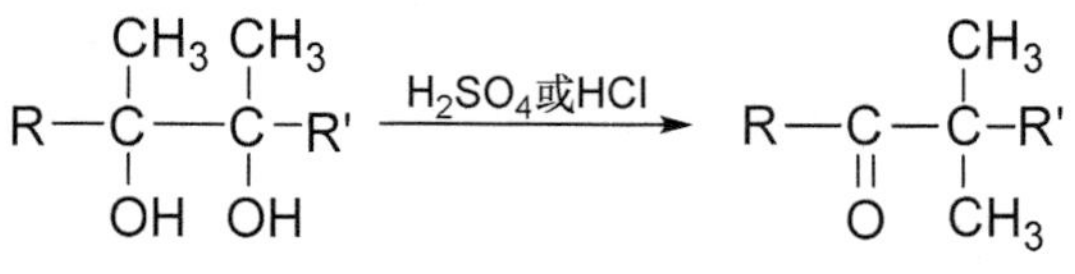

【六】醇的制备

醇的制备方法有烯烃水合法、烯烃的羟汞化-脱汞反应、烯烃硼氢化-氧化反应、卤代烃水解、羰基化合物的还原等方法，也可通过格氏试剂来制备。

【七】醚键的化学性质

1 醚键的断裂

2. 取代环氧乙烷的开环

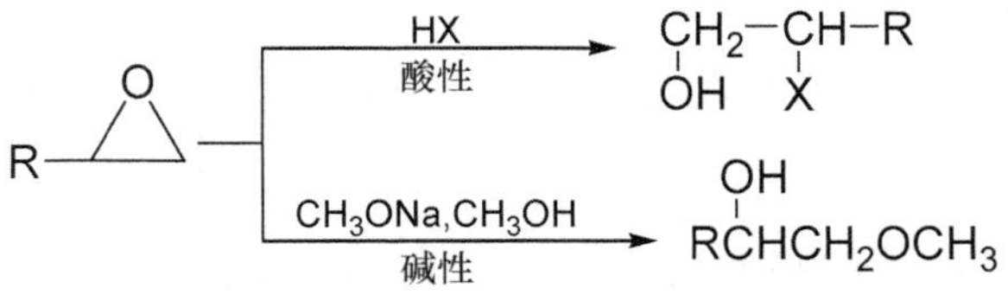

二、例 题 讲 解

【例 9-1】 写出下列反应的反应机理。

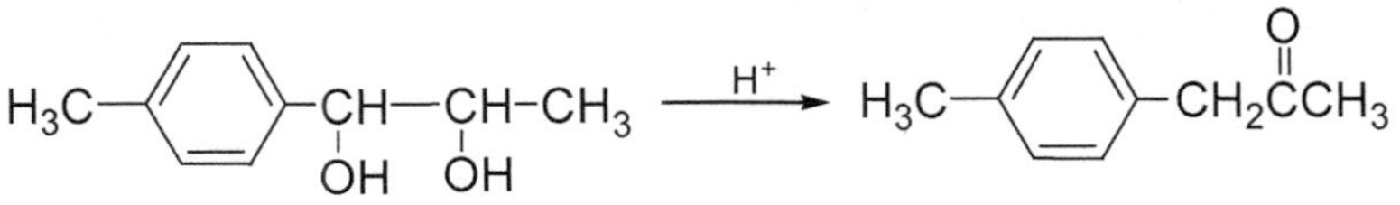

解 从题中所给的反应物和产物的结构以及反应条件，可看出本题考查的是片呐醇的重排。该反应的反应机理为：

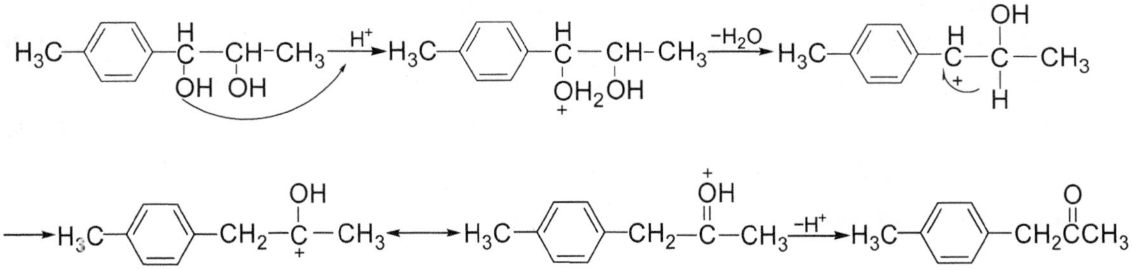

【例 9-2】 写出下列反应的反应机理。

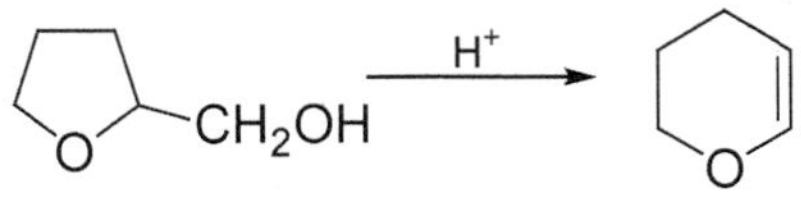

解 本题中原料的五元环变为了产物的六元环，说明反应过程中存在着重排反应。另外，与原料相比，产物中少了一个氧原子，在酸性条件下，氧原子一般是以水分子的形式失去。所以，推测该反应的机理为羟基与条件中所给的质子结合，脱去水分子，生成碳正离子中间体(Ⅰ)。(Ⅰ)的另外一个共振结构式为(Ⅱ)，(Ⅱ)中由于三元环的张力，重排生成更稳定的中间体(Ⅲ)。碳正离子中间体(Ⅲ)脱去一个质子，生成目标化合物。所以，该反应的反应机理为：

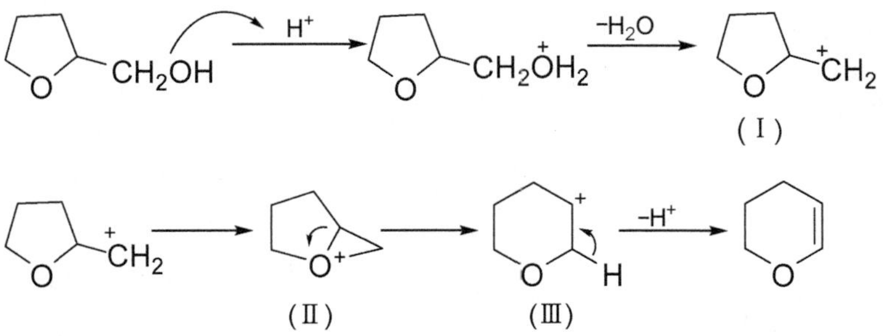

【例 9-3】　写出下列反应的反应机理。

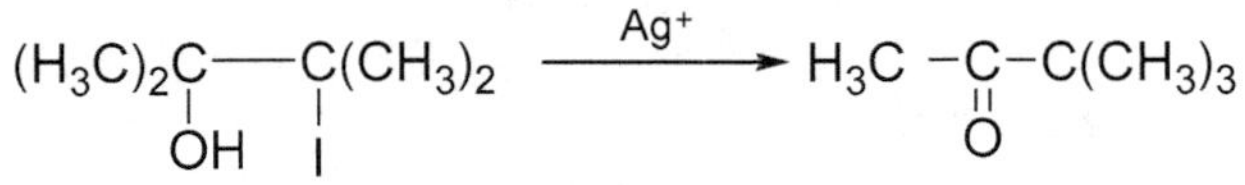

解　C–I 键发生断裂，形成碳正离子与 I^-，I^-与 Ag^+形成 AgI 沉淀，碳正离子的邻碳上连有羟基，可发生片呐醇类型的重排反应。该反应的反应机理为：

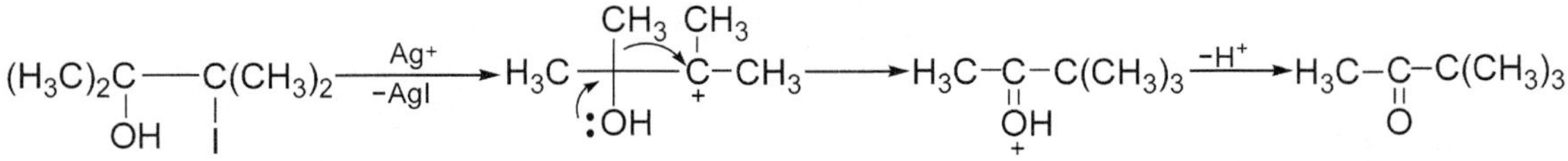

【例 9-4】　写出下列反应的反应机理。

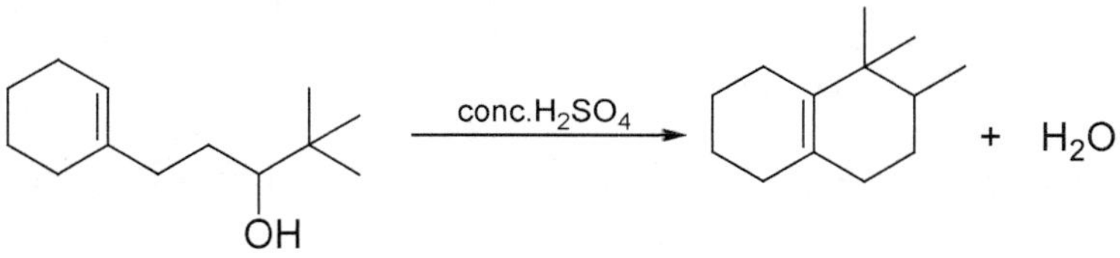

解　本题中碳原子数未发生改变，产物形成一个新的六元环，说明反应过程中存在着骨架的重排；甲基迁移说明存在重排反应；与原料相比，产物中少了一个氧原子，在酸性条件下，氧原子一般是以水分子的形式失去。所以，推测该反应的机理为羟基与条件中所给的质子结合，脱去水分子，生成碳正离子中间体(Ⅰ)。(Ⅰ)重排生成更稳定的中间体(Ⅱ)。碳正离子中间体(Ⅱ)与双键发生亲电加成反应，形成新的六元环中间体(Ⅲ)，中间体(Ⅲ)脱去一个质子，生成目标化合物。所以，该反应的反应机理为：

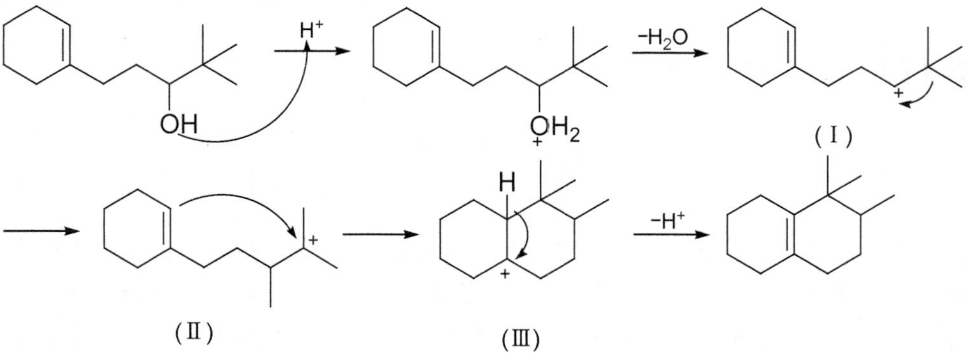

【例 9-5】　用乙烯和丁-1-烯为原料制备 $CH_3CH_2OCH(CH_3)CH_2CH_3$。其他试剂任选。

解　本题涉及醚的合成，可用威廉姆森合成法，即卤代烃与醇钠反应。由于醇钠为强碱，所以卤代烃常用伯卤代烃。产物拆分为 CH_3CH_2I 与 $CH_3CH_2CH(CH_3)ONa$。CH_3CH_2I 由乙烯与 HI 的加成制备，$CH_3CH_2CH(CH_3)ONa$ 由丁-1-烯制备。整个合成路线为：

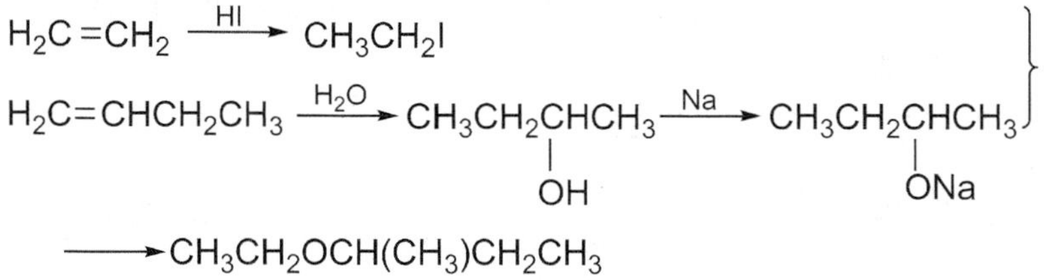

【例 9-6】 以乙烯、丙烯、苯和必要的无机试剂为原料合成下列化合物。

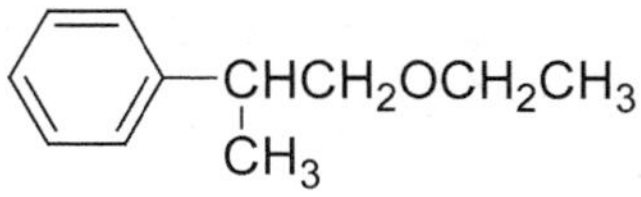

解　本题涉及醚的合成，可用威廉姆森合成法，即卤代烃与醇钠反应。产物拆分为 CH_3CH_2ONa 与 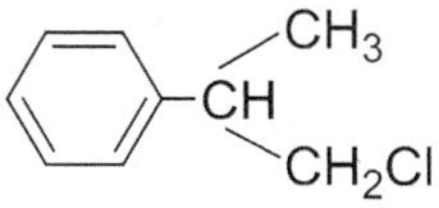。CH_3CH_2ONa 由乙烯制备，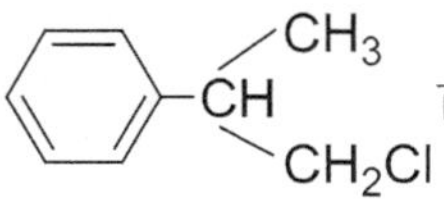 可由苯与丙烯制备。整个合成路线为：

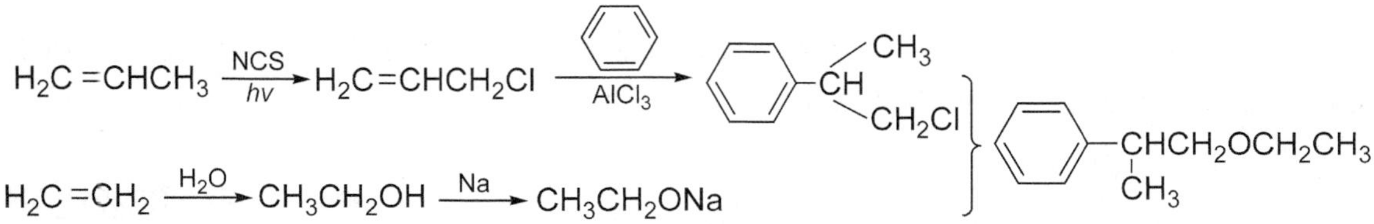

【例 9-7】 完成下列转化。除指定原料外，可选用任何其他原料。

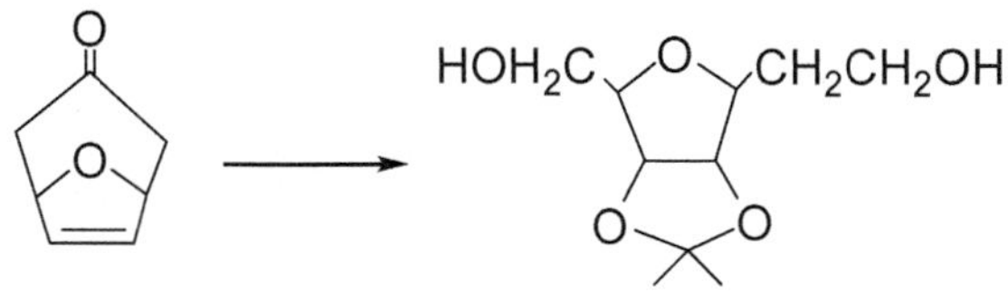

解　将目标产物与原料相比，C1–O–C2 未发生改变，以此为边，可将原料拆分为(Ⅰ)和(Ⅱ)，产物拆分为(Ⅲ)和(Ⅳ)。这样将问题转化为由(Ⅰ)合成(Ⅲ)以及由(Ⅱ)合成(Ⅳ)。

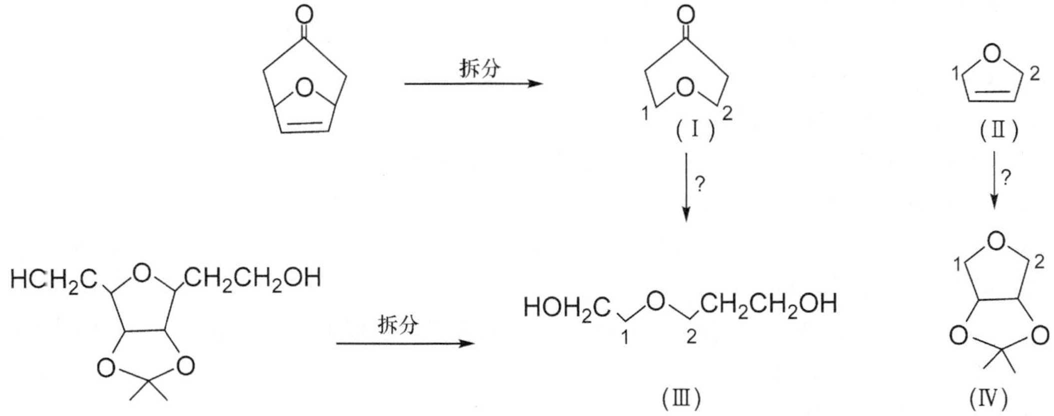

从(Ⅰ)和(Ⅲ)对比看，碳原子数未发生变化，官能团方面，由羰基变为了两羟基。直接由羰基无法变为两个羟基，但是酯还原时可生成两个醇羟基，而且酮可以通过拜耳-魏立格氧化生成酯。因此，(Ⅰ)和(Ⅲ)的转化为：

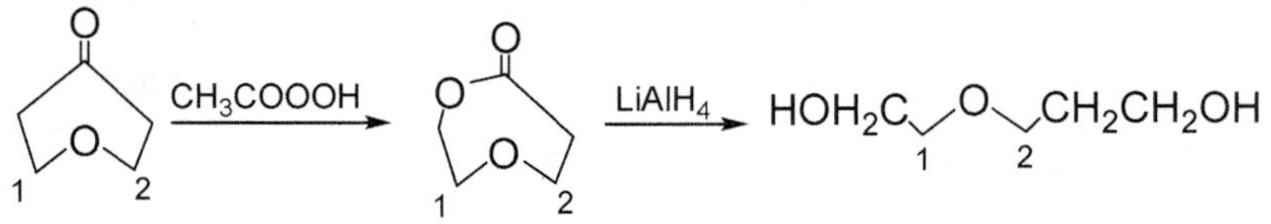

(Ⅰ)　　(Ⅲ)

(Ⅳ)和(Ⅱ)相比多了三个碳原子，而这三个碳原子和两个氧原子形成了缩醛结构，由此可推出其前体应为二醇中间体(Ⅴ)和丙酮反应。而烯烃可通过四氧化锇等氧化生成二醇，(Ⅱ)到(Ⅳ)的转化应为：

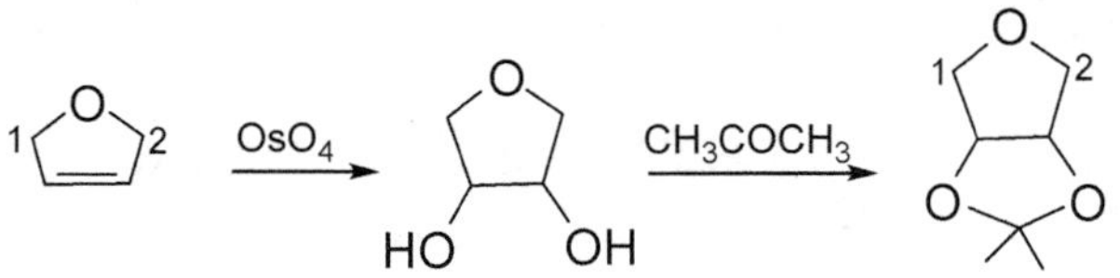

(Ⅱ)　　(Ⅴ)　　(Ⅳ)

把这两部分合起来后就是整个合成路线，考虑到缩醛对氧化剂稳定，而醇不稳定，所以先进行第二部分的反应。整个合成路线为：

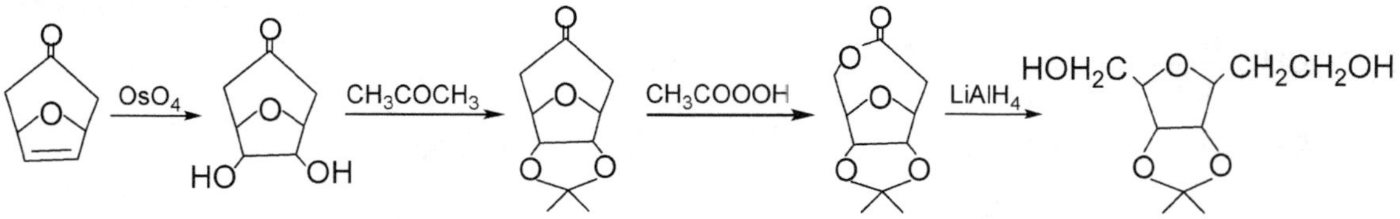

三、习 题 解 答

9-1　将下列化合物按沸点由大到小排序，并说明其理由。

(1) $CH_3CH_2CH_2OH$　(2) $HOCH_2CH_2CH_2OH$　(3) $CH_3OCH_2CH_2OH$

(4) $CH_3OCH_2CH_3$　(5) $HOCH_2CH\ (OH)CH_2OH$

解　$HOCH_2CH(OH)CH_2OH > HOCH_2CH_2CH_2OH > CH_3OCH_2CH_2OH > CH_3CH_2CH_2OH > CH_3OCH_2CH_3$

9-2　区别下列各组化合物。

(1) $CH_2{=}CHCH_2OH$, $CH_3CH_2CH_2OH$ 和 $CH_3CH_2CH_2Cl$

(2) $CH_3CH_2CH\ (OH)CH_3$, $CH_3CH_2CH_2CH_2OH$ 和$(CH_3)_3COH$

解　(1) 用 Lucas 试剂鉴别：$CH_2{=}CHCH_2OH$ 室温下迅速混浊；$CH_3CH_2CH_2OH$ 加热混浊；$CH_3CH_2CH_2Cl$ 不反应。

(2) 用 Lucas 试剂鉴别：$(CH_3)_3COH$ 室温下迅速混浊；$CH_3CH_2CH(OH)CH_3$ 室温下片刻后混浊；$CH_3CH_2CH_2CH_2OH$ 加热混浊。

9-3　解释下列现象。

(1) 乙二醇及其甲醚的沸点随相对分子质量的增加而降低。

	CH_2OH $\mid$ CH_2OH	CH_2OH $\mid$ CH_2OCH_3	CH_2OCH_3 $\mid$ CH_2OCH_3
沸点/℃	197	125	84

(2) 异丁醇与 NaBr 和 H_2SO_4 反应生成异丁基溴及少量副产物叔丁基溴，而 3-甲基丁-2-醇在同样反应条件下只得到 2-溴-2-甲基丁烷。

(3) 正丁基乙基醚被等物质的量的热浓氢溴酸分解，得到溴乙烷和丁-1-醇，而乙基叔丁基醚被等物质的量的冷浓氢溴酸分解，得到乙醇和叔丁基溴。

解 (1) 分子间氢键依次减弱。

(2) 异丁醇与 HBr 作用由于空间位阻，部分按 S_N1 历程进行，得到少量重排副产物叔丁基溴；3-甲基丁-2-醇在同样反应条件下完全按 S_N1 历程反应，只得到重排产物 2-溴-2-甲基丁烷。

(3) 正丁基乙基醚在热浓氢溴酸中按 S_N2 历程断裂，得到溴乙烷和丁-1-醇，而乙基叔丁基醚在冷浓氢溴酸中按 S_N1 历程断裂，得到乙醇和叔丁基溴。

9-4　比较下列各组醇和 HBr 反应的相对速率。

(1) 苄醇、对甲基苄醇和对硝基苄醇　　(2) 苄醇、α-苯基乙醇和 β-苯基乙醇

解 (1) 对甲基苄醇 > 苄醇 > 对硝基苄醇　　(2) α-苯基乙醇 > 苄醇 > β-苯基乙醇

9-5　完成下列反应式。

(1) 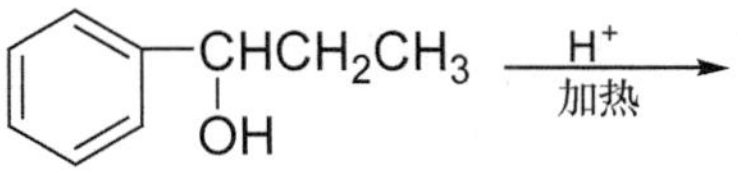

(2) 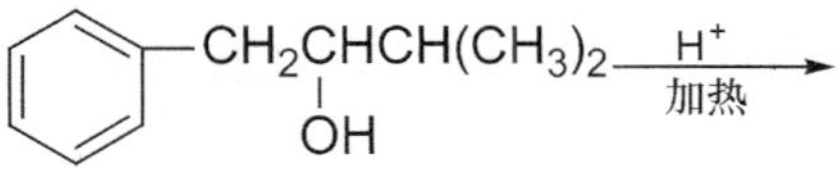

(3) 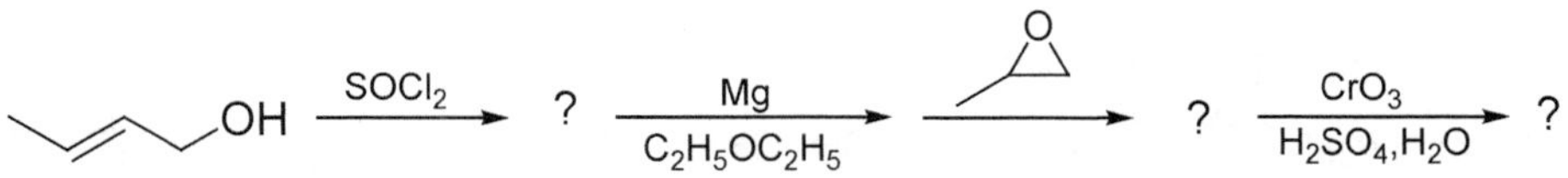

(4) 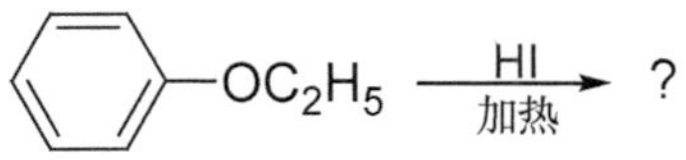

(5) 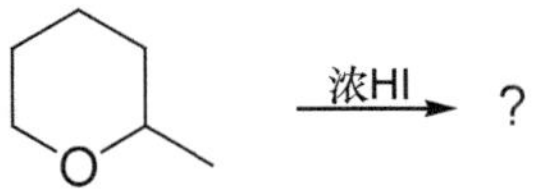

(6) 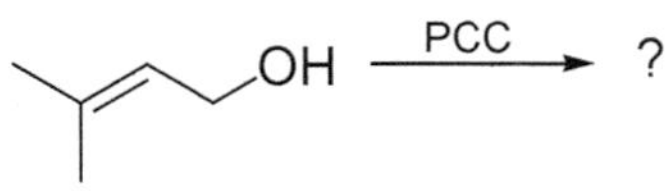

(7) 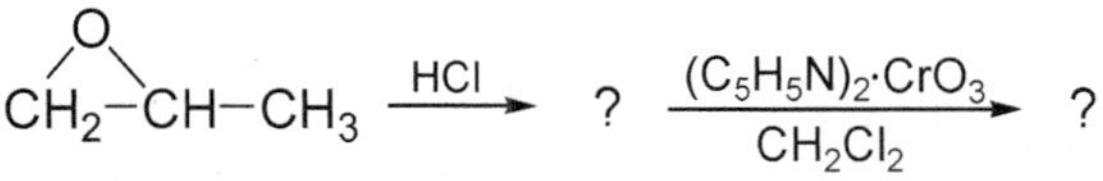

(8) 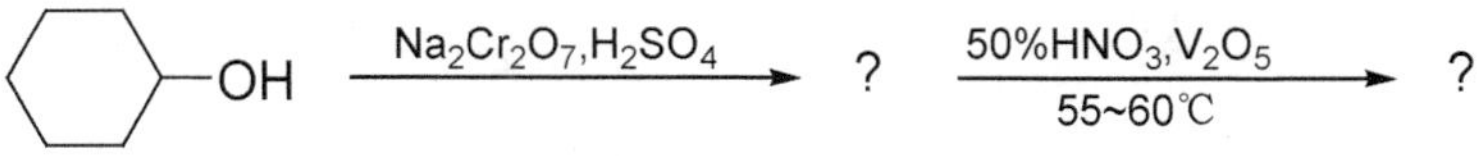

(9) $CH_3CH_2\underset{\displaystyle CH_3}{\underset{|}{C}H}CH_2CH_2OH \xrightarrow{H^+,加热}$

(10) $CH_3CH_2\underset{\displaystyle CH_3}{\underset{|}{C}}HCH_2CH_2OH \xrightarrow[Br_2]{P} ? \xrightarrow[C_2H_5OH]{NaOH} ?$

(11) $CH_3CH_2\overset{\displaystyle OH}{\overset{|}{C}}(CH_3)_2 \xrightarrow{Al_2O_3,加热} ?$

解

(1) 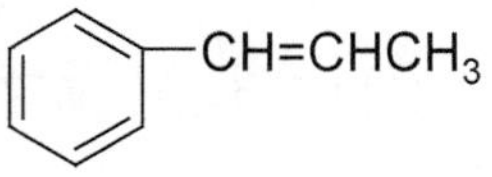

(2) 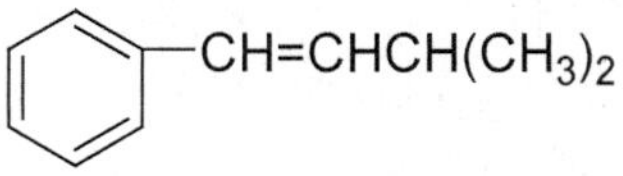

(3) 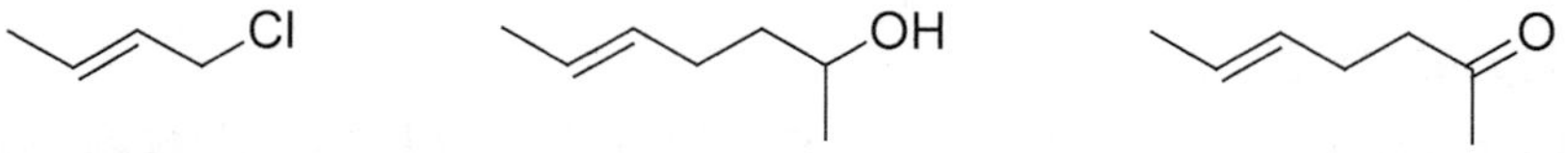

(4) 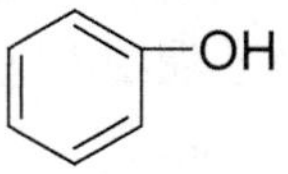　C_2H_5I

(5) 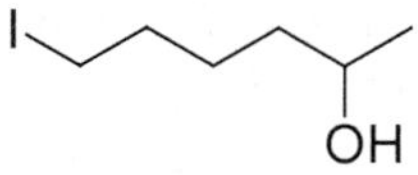

(6) 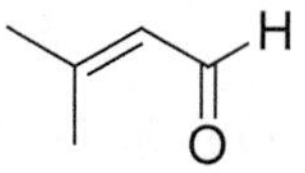

(7) $HOCH_2\underset{\displaystyle Cl}{\underset{|}{C}}HCH_3$　　$CH_3\underset{\displaystyle Cl}{\underset{|}{C}}HCHO$

(8) 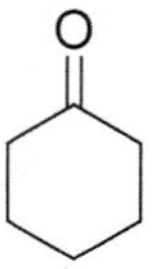　$HOOC(CH_2)_4COOH$

(9) $CH_3CH_2\underset{\displaystyle CH_3}{\underset{|}{C}}=CHCH_3$

(10) $CH_3CH_2\underset{\displaystyle CH_3}{\underset{|}{C}}HCH_2CH_2Br$　　$CH_3CH_2\underset{\displaystyle CH_3}{\underset{|}{C}}HCH=CH_2$　　(11) $CH_3CH=C(CH_3)_2$

9-6　用反应历程解释下列反应事实。

(1) $(CH_3)_3C\underset{\displaystyle OH}{\underset{|}{C}}HCH_3 \xrightarrow{85\%H_3PO_4} (CH_3)_3CCH=CH_2 + (CH_3)_2CH\underset{\displaystyle CH_3}{\underset{|}{C}}=CH_2 + (CH_3)_2C=C(CH_3)_2$

(2) 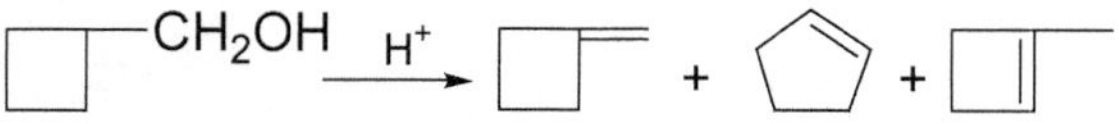

(3) 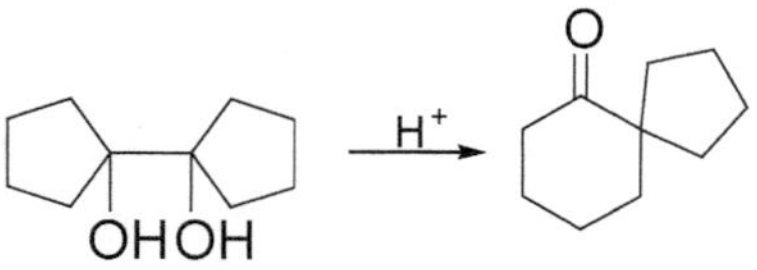

解

(1) $(CH_3)_3C\underset{\displaystyle OH}{\underset{|}{C}}HCH_3 \xrightarrow{H^+} (CH_3)_3C\underset{\displaystyle {}^+OH_2}{\underset{|}{C}}HCH_3 \xrightarrow{-H_2O} (CH_3)_3C\overset{+}{C}H\overset{\displaystyle H}{\overset{|}{C}}H_2 \xrightarrow{-H^+} (CH_3)_3CCH=CH_2$

$\downarrow$ 甲基迁移

$(CH_3)_2CH\underset{\displaystyle CH_3}{\underset{|}{C}}=CH_2 \xleftarrow{-H^b} (CH_3)_2\underset{\displaystyle H^a}{\underset{|}{C}}\overset{\displaystyle H^b\text{-}CH_2}{\overset{|}{\overset{+}{C}}}CH_3 \xrightarrow{-H^a} (CH_3)_2C=C(CH_3)_2$

(2) 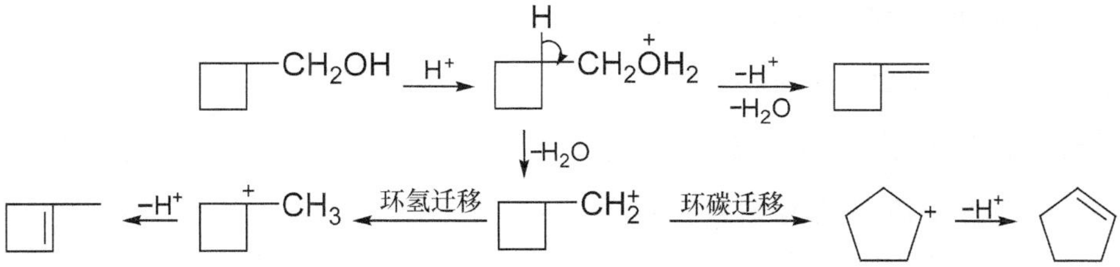

(3) 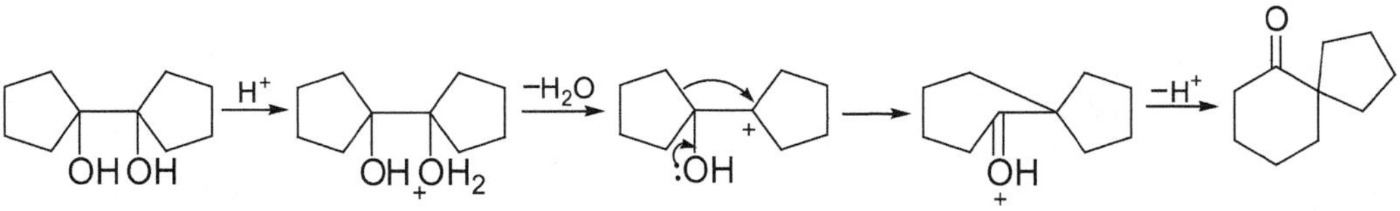

9-7 新戊醇在 H_2SO_4 存在下加热可生成不饱和烃。将此不饱和烃臭氧化后，在锌粉存在下水解，就可得到一个醛和酮。试写出反应的历程及各步反应产物的构造式。

解

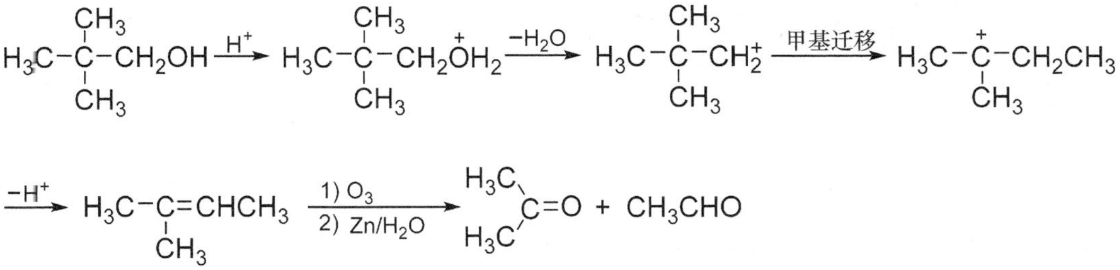

9-8 从某醇依次和 HBr、KOH(醇溶液)、H_2SO_4、H_2O、$K_2Cr_2O_7$+H_2SO_4 作用，可得到丁-2-酮。试推测原化合物的可能结构，并写出各步反应式。

解

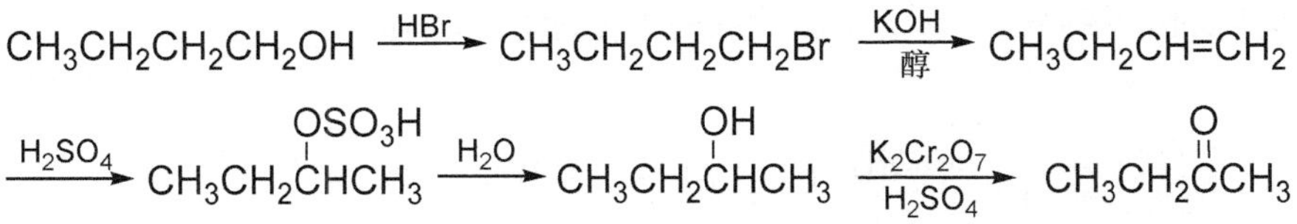

9-9 有一化合物 A 的分子式为 $C_5H_{11}Br$，和 NaOH 水溶液共热后生成 $C_5H_{12}O$(B)。B 有对映异构体，能和钠作用放出氢气，和浓硫酸共热生成 C_5H_{10}(C)。C 经臭氧化和在还原剂存在下水解，则生成丙酮和乙醛。试推测 A~C 的结构并写出各步反应式。

解

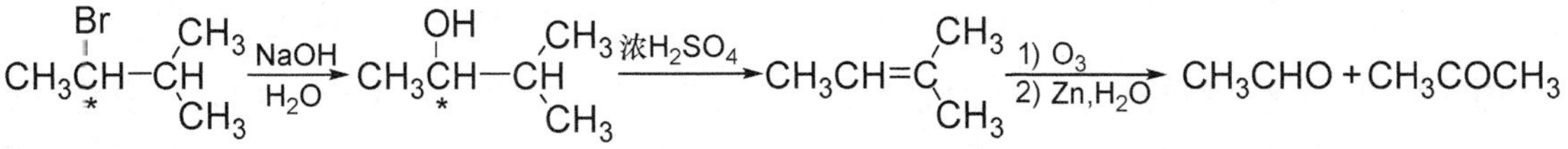

(A) (B) (C)

9-10 下列各醚和浓氢碘酸加热，可生成何种产物？

(1) 甲丁醚 (2) 2-甲氧基戊烷 (3) 1-甲氧基-2-甲基丁烷

解 (1) 碘甲烷+正丁醇 (2) 碘甲烷+戊-2-醇 (3) 碘甲烷+2-甲基丁-1-醇

9-11　完成下列各组化合物的反应式。

(1) 溴乙烷+丁-2-醇钠 $\longrightarrow$?

(2) 正氯丙烷+2-甲基丁-2-醇钠 $\longrightarrow$?

(3) 2-氯-2-甲基丙烷+正丙醇钠 $\longrightarrow$?

(4) 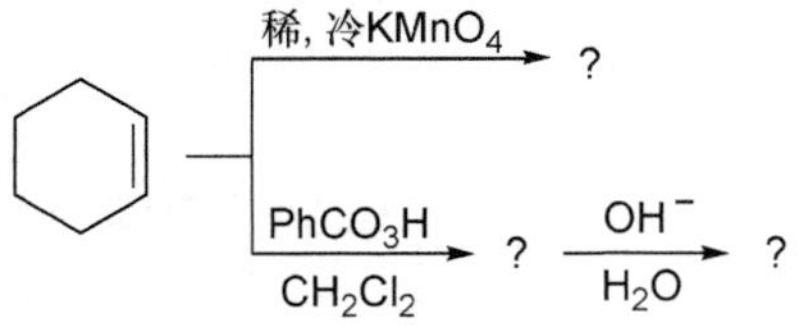

解

(1) $CH_3CH_2\underset{\displaystyle CH_3}{\underset{|}{C}H}-OCH_2CH_3$　　(2) $CH_3CH_2\overset{\displaystyle CH_3}{\overset{|}{\underset{\underset{\displaystyle CH_3}{|}}{C}}}-OCH_2CH_2CH_3$　　(3) $(CH_3)_2C{=}CH_2$

(4) 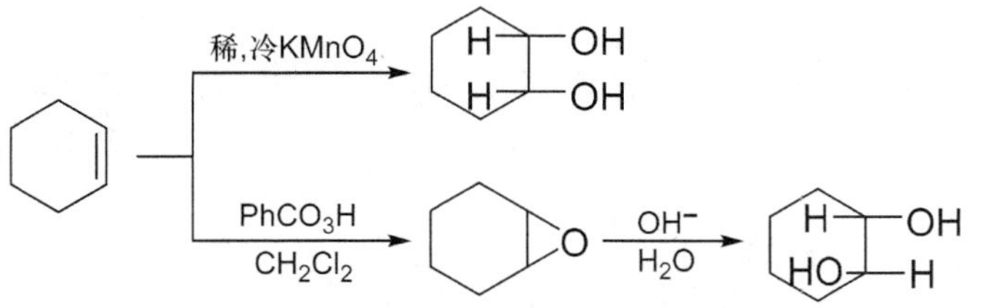

9-12　用指定原料合成下列化合物。(无机试剂任用)

(1) 乙烯 $\longrightarrow$ 二乙醇胺　　(2) 甲烷 $\longrightarrow$ 二甲醚

(3) 丙烯 $\longrightarrow$ 异丙醚　　(4) 丙烯 $\longrightarrow$ 己-2-醇

解

(1) $CH_2{=}CH_2 \xrightarrow{O_2/Ag} \underset{\backslash O /}{CH_2-CH_2} \xrightarrow{NH_3} \underset{\text{二乙醇胺}}{HN(CH_2CH_2OH)_2}$

(2) $CH_4 \xrightarrow[\text{光照}]{Cl_2} CH_3Cl \xrightarrow[H_2O]{NaOH} CH_3OH \xrightarrow[\triangle]{\text{浓}H_2SO_4} CH_3OCH_3$

(3) $CH_3CH{=}CH_2 \xrightarrow[2)\ H_2O]{1)\ H_2SO_4} CH_3\overset{\displaystyle OH}{\overset{|}{C}H}-CH_3 \xrightarrow[\triangle]{\text{浓}H_2SO_4} [(CH_3)_2CH]_2O$

(4) $CH_3CH{=}CH_2 \xrightarrow[\text{过氧化物}]{HBr} CH_3CH_2CH_2Br \xrightarrow[\text{乙醚}]{Mg} CH_3CH_2CH_2MgBr$

$CH_3CH{=}CH_2 \xrightarrow{PhCO_3H} CH_3\overset{/O\backslash}{CH-CH_2} \xrightarrow{CH_3CH_2CH_2MgBr} CH_3\overset{\displaystyle OH}{\overset{|}{C}H}CH_2CH_2CH_2CH_3$

9-13　有一化合物的分子式为 $C_{20}H_{21}O_4N$，与热的浓氢碘酸作用可产生 CH_3I，表明有甲氧基存在。当此化合物 4.24 mg 用氢碘酸处理，并将所生成的 CH_3I 通入硝酸银的醇溶液，得到 11.62 mg 碘化银。此化合物含有几个甲氧基?

解　4 个

9-14　(*S*) -1-溴-2-甲基丁-2-醇用稀氢氧化钠水溶液处理转为有光学活性的环氧化物 A，A 分别用碱或酸的水溶液处理得到两个取代的邻二醇 B 和 C。写出 A~C 的结构式及上述各步反应历程。

解

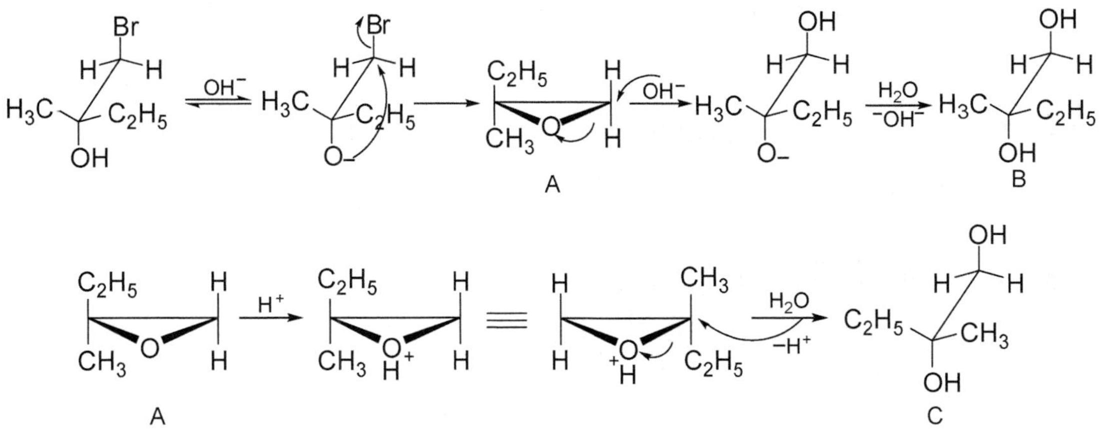

四、补充习题及答案

9-1　预测下列化合物与卢卡斯试剂反应速率的顺序。

2-甲基戊-2-醇，正丙醇，二乙基甲醇

解　与卢卡斯试剂反应速率顺序：2-甲基戊-2-醇 > 二乙基甲醇 > 正丙醇。

9-2　完成下列转化。

a. $CH_3CH_2CH_2CH_2OH \longrightarrow CH_3CH_2CH(OH)CH_3$

b. $CH_2{=}CH_2 \longrightarrow HOCH_2CH_2OCH_2CH_2OCH_2CH_2OH$

解

a. $CH_3CH_2CH_2CH_2OH \xrightarrow{HBr} CH_3CH_2CH_2CH_2Br \xrightarrow[NaOH]{CH_3CH_2OH}$

$CH_3CH_2CH{=}CH_2 \xrightarrow[H^+]{H_2O} CH_3CH_2CH(OH)CH_3$

b.

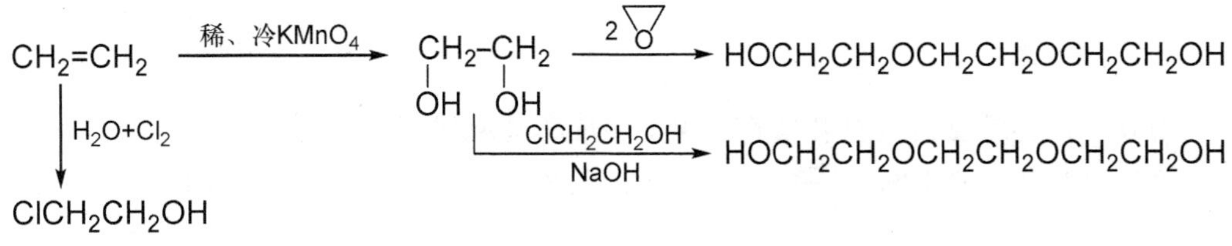

9-3　用简便且有明显现象的方法鉴别下列各组化合物。

a　$CH{\equiv}CCH_2CH_2OH$　　$CH_3C{\equiv}CCH_2OH$　　b.

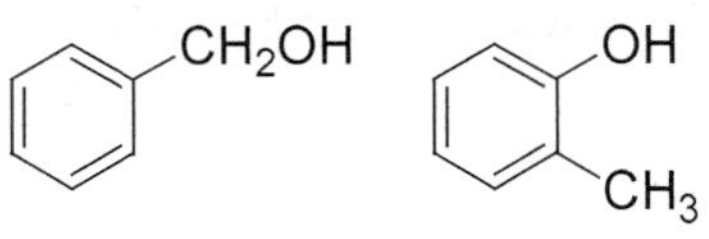

c. $CH_3CH_2OCH_2CH_3$, $CH_3CH_2CH_2CH_2OH$, $CH_3(CH_2)_4CH_3$　d. CH_3CH_2Br, CH_3CH_2OH

解　a. $Ag(NH_3)_2^+NO_3$　b. $FeCl_3$　c. 浓 H_2SO_4 和 $K_2Cr_2O_7$　d. 浓 H_2SO_4

9-4　下列化合物是否可形成分子内氢键？写出带有分子内氢键的结构式。

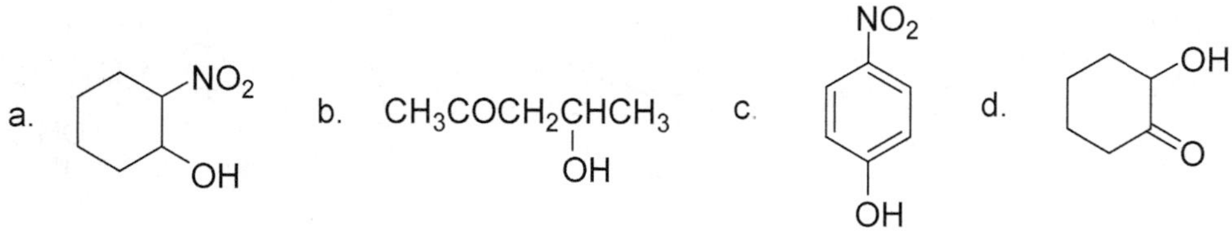

解　a、b、d 可以形成分子内氢键。

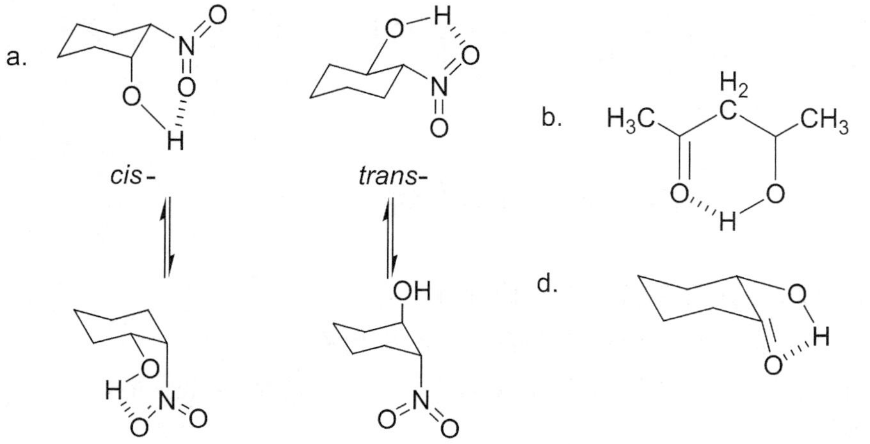

9-5　写出下述反应的历程。

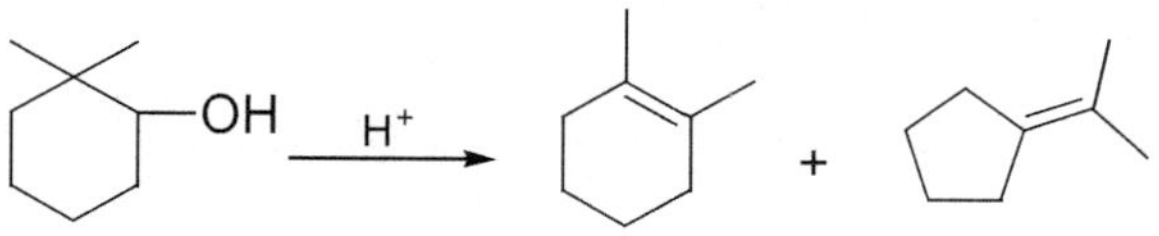

解

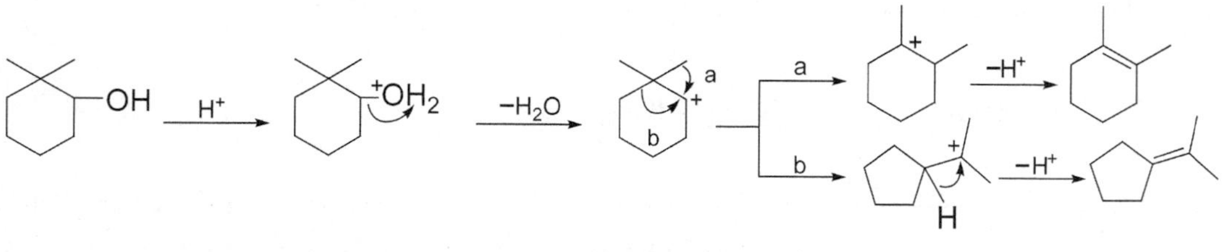

9-6　丁-3-烯-2-醇与溴化氢作用可能生成哪些取代产物？试解释之。

解

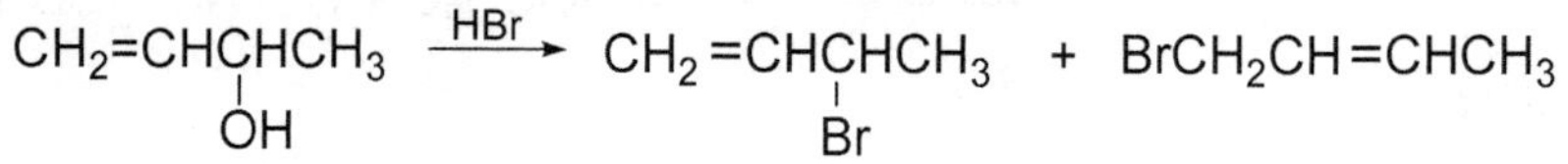

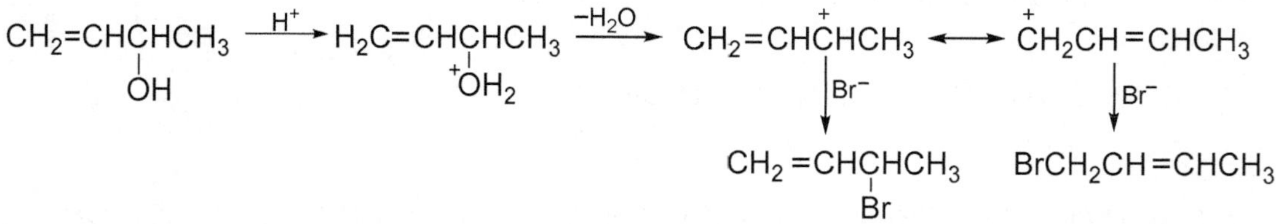

9-7　用适当的 Grignard 试剂和有关醛、酮合成下列醇。(各写出两种不同的组合)

(1) 戊-2-醇　(2) 2-甲基丁-2-醇　(3) 1-苯基丙-1-醇　(4) 2-苯基丙-2-醇

解

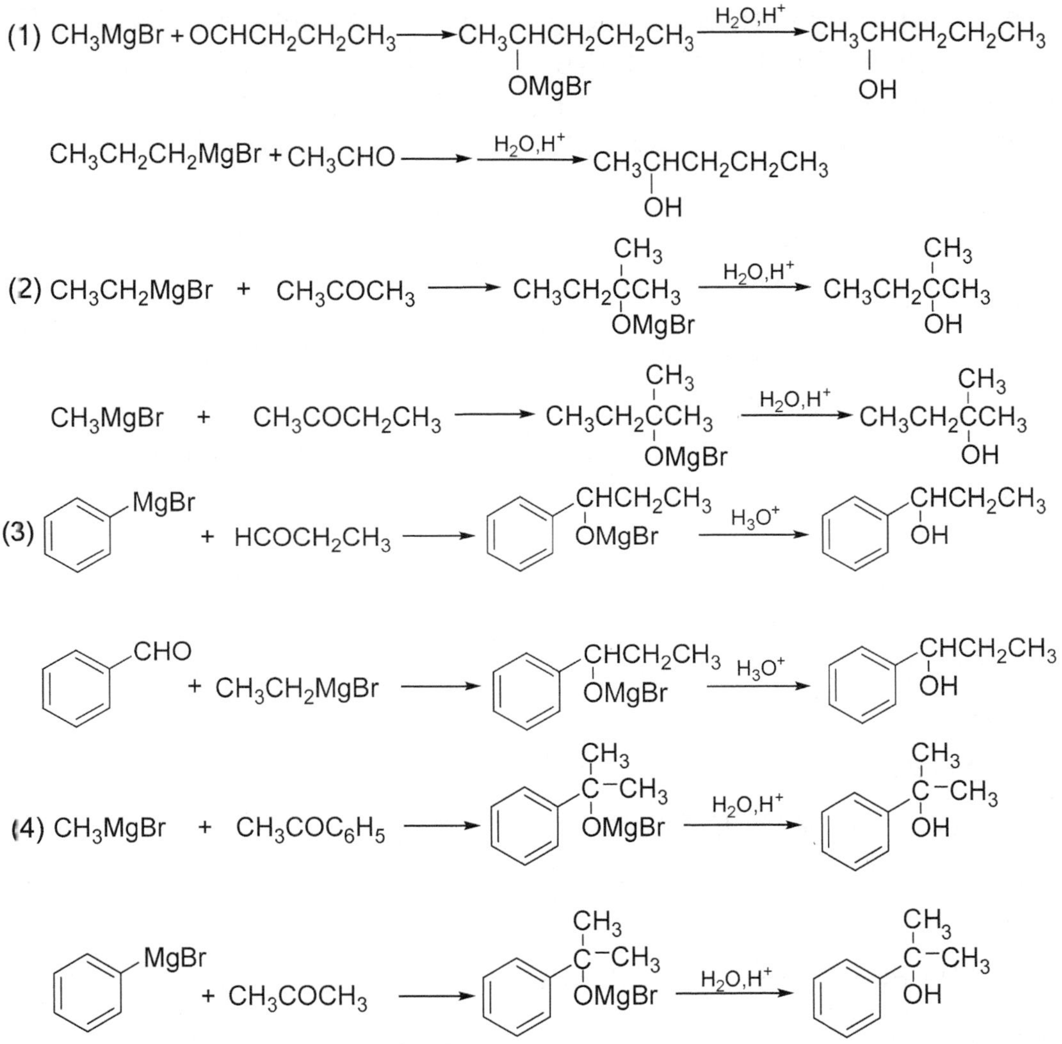

9-8　分子式为 C_7H_8O 的芳香族化合物 A，与金属钠无反应；在浓氢碘酸作用下得到 B 及 C。B 能溶于氢氧化钠溶液，并与三氯化铁作用产生紫色。C 与硝酸银乙醇溶液作用产生黄色沉淀。推测 A、B、C 的结构。

解　A. 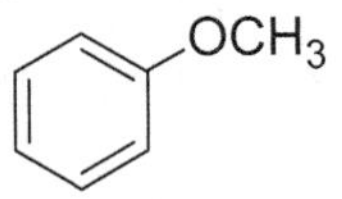　B. 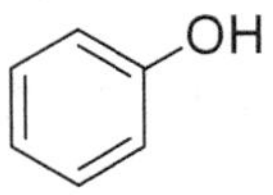　C. CH_3I

9-9　分子式为 $C_5H_{12}O$ 的 A，能与金属钠作用放出氢气，A 与浓 H_2SO_4 共热生成 B。用冷的高锰酸钾水溶液处理 B 得到产物 C。C 与高碘酸作用得到 CH_3COCH_3 及 CH_3CHO。B 与 HBr 作用得到 D($C_5H_{11}Br$)，将 D 与稀碱共热又得到 A。推测 A ~ D 的结构。

解

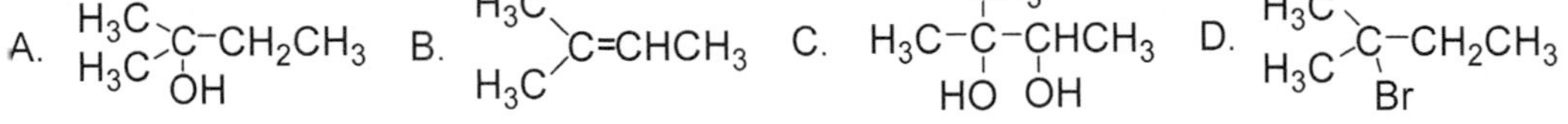

9-10　对叔丁基环己醇是一种可用于配制香精的原料，在工业上由对叔丁基酚氢化制得。如果这样得到的产品中含有少量未被氢化的对叔丁基酚，怎样将产品提纯？

解　用 NaOH 水溶液萃取洗涤除去叔丁基酚。

9-11　由化合物(A)$C_6H_{13}Br$ 所制得 Grignard 试剂与丙酮作用可生成 3-乙基-2,4-二甲基戊-2-醇。A 可发生消除反应生成两种异构体 B、C，将 B 臭氧化后再在还原剂存在下水解，则得到相同碳原子数的醛 D、酮 E。试写出各步反应式以及 A ~ E 的结构式。

解　各步反应式及 A ~ E 的结构式如下：

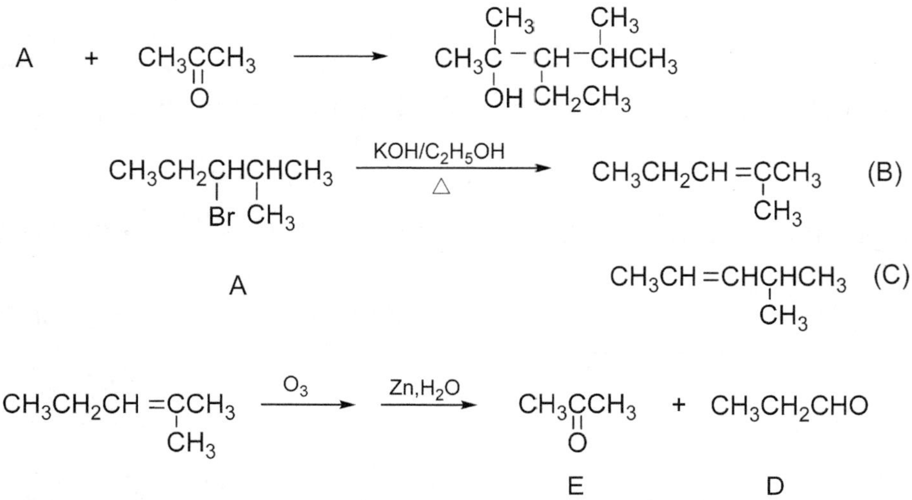

9-12　合成题。

(1) 2-甲基丙-1-醇、异丙醇 ⟶ 2,4-二甲基戊-2-烯

(2) 丙烯 ⟶ 甘油和三硝酸甘油酯

(3) 苯、乙烯、丙烯 ⟶ 3-甲基-1-苯基丁-2-烯

解

(1)

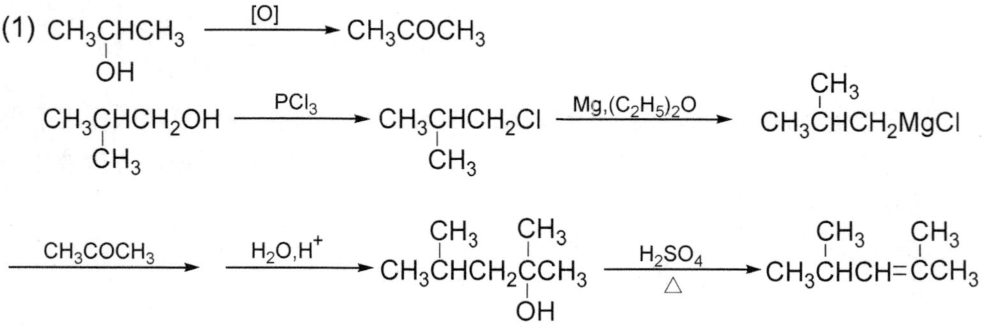

(2)

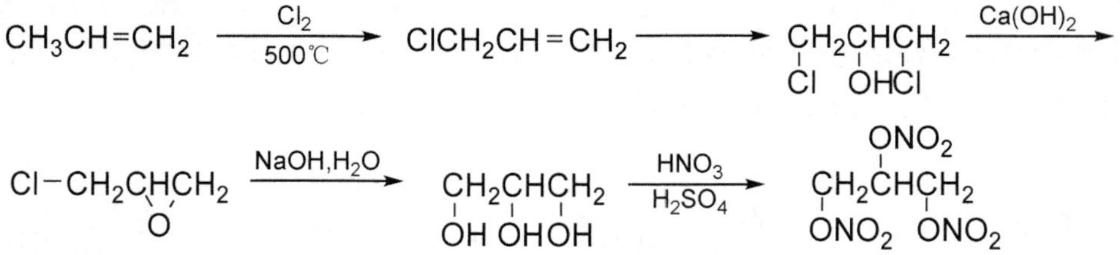

(3) $CH_3CH{=}CH_2 \xrightarrow{H_3^+O} CH_3CH(OH)CH_3 \xrightarrow{[O]} CH_3COCH_3$

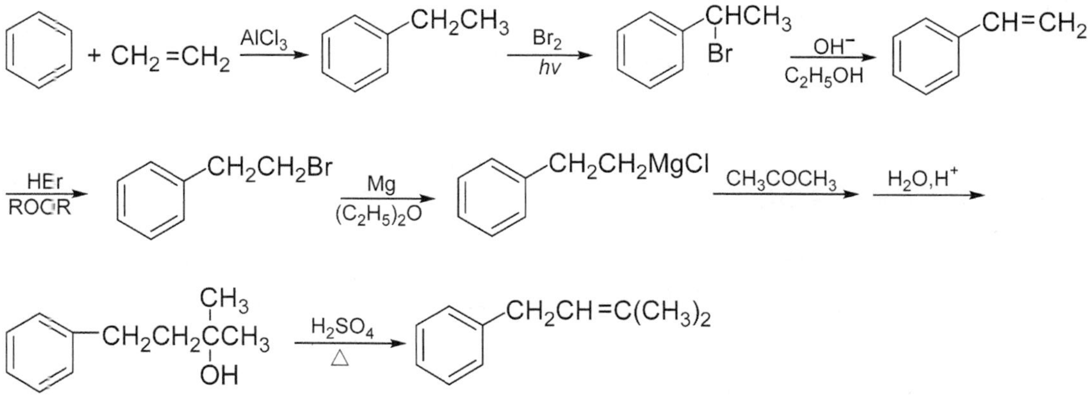

9-13 有一化合物分子式为 $C_7H_{16}O$，在常温下不和金属钠作用；与过量浓氢碘酸共热生成两种物质：C_2H_5I 和 $C_5H_{11}I$，后者用 AgOH 处理后所生成的化合物沸点为 138℃。试推测其结构，并写出各步反应式。

解 沸点为 138℃的物质为正戊醇。此化合物为乙基正戊基醚。

$$CH_3CH_2OCH_2CH_2CH_2CH_2CH_3 \xrightarrow{2HI} C_2H_5I + ICH_2CH_2CH_2CH_2CH_3$$

$$\longrightarrow HOCH_2CH_2CH_2CH_2CH_3 + AgI$$

9-14 写出 1,2-环氧丙烷与下列试剂反应的方程式。

(1) 有少量硫酸存在下的甲醇 (2) 有少量甲醇钠存在下的甲醇

解 1,2-环氧丙烷在酸催化及碱催化下产物是不相同的。

酸催化：

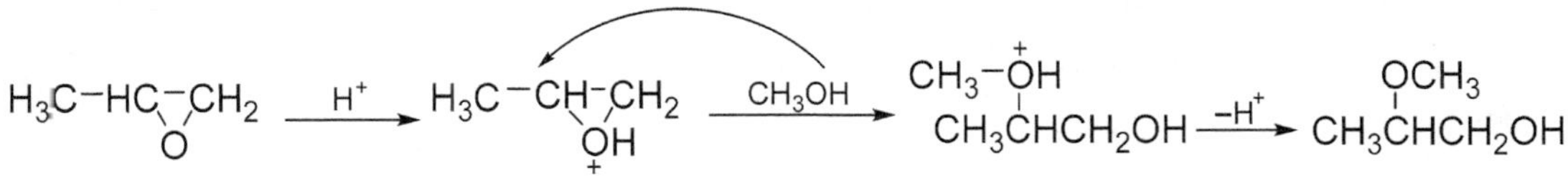

碱催化：

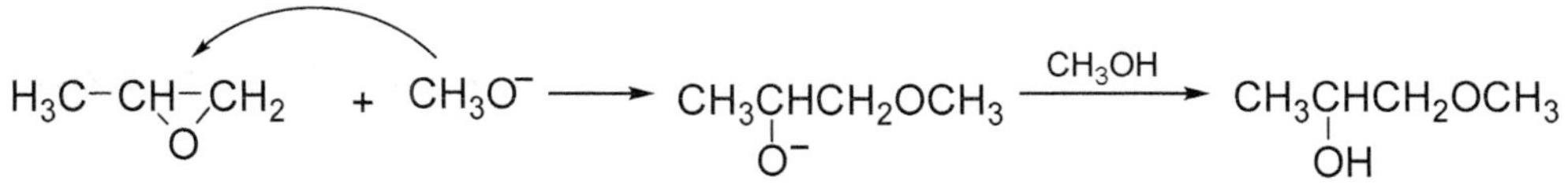

9-15 顺环己-1,2-二醇与高碘酸的氧化反应比反型异构体快，解释原因。

解 高碘酸氧化环状酯中间体如下：

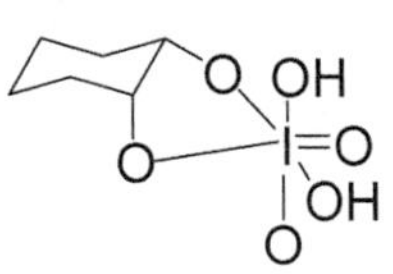

顺环己-1,2-二醇的环状酯中间体

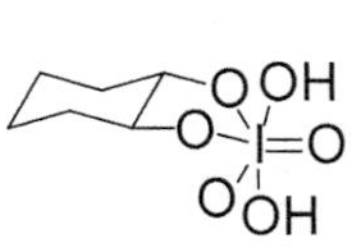

反环己-1,2-二醇的环状酯中间体

因为反环己-1,2-二醇与高碘酸氧化的环状酯中间体增加了六元环的扭曲，故反应慢。

9-16 写出下面化合物立体异构体，指出哪一个立体异构体可以失水成醚，并写出失水过程的构象式。

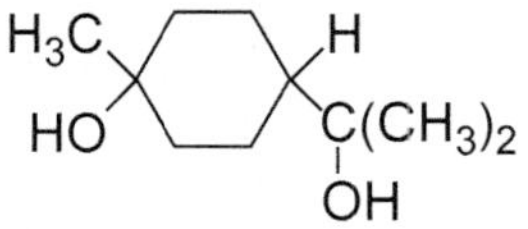

解 有 *Z*、*E* 两个异构体。

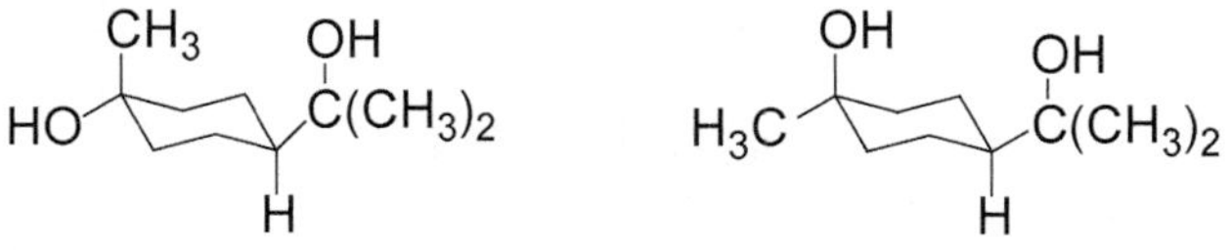

(*E*)- (*Z*)-

Z-构型异构体可以失水成醚，失水过程如下：

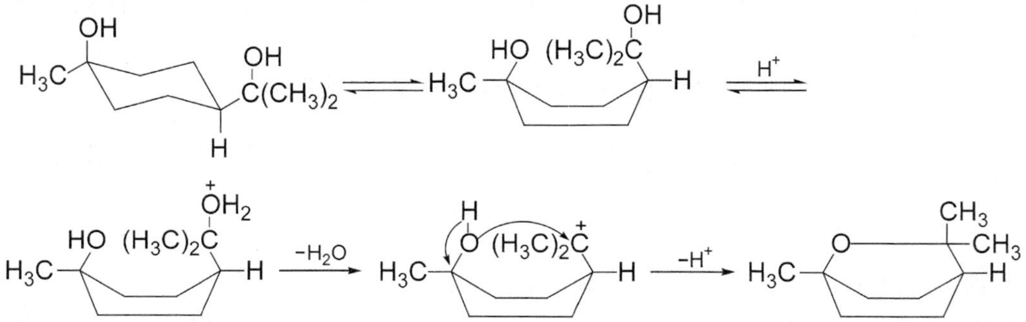

9-17 汽油中混有乙醇，设计一个测定其中乙醇含量的化学方法。

解 $C_2H_5OH+Na \longrightarrow C_2H_5ONa+1/2H_2\uparrow$ 测氢气体积即知乙醇的含量

$C_2H_5OH+CH_3MgI \longrightarrow C_2H_5OMgI+CH_4\uparrow$ 测甲烷体积即知乙醇的含量

9-18 设计一个合成 15-冠-5 的可行路线。

解

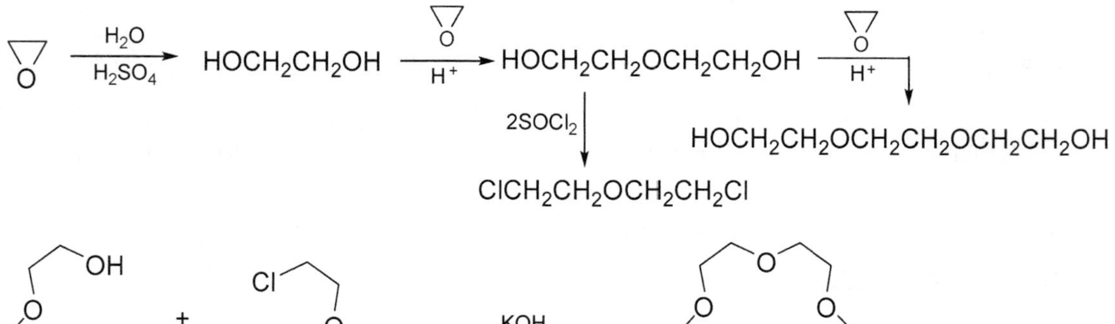

第 10 章　酚

一、内 容 提 要

【一】酚的化学性质

1. 酸性

苯酚的 pK_a≈10，它的酸性比醇强，苯酚能溶解于氢氧化钠水溶液而生成酚钠。当苯环上连有供电子基团时，使取代苯酚的酸性减弱；当苯环上连有吸电子基团时，使取代苯酚的酸性增强。

2. 酚醚的形成和苯基烯丙基醚的重排反应(Claisen 重排)

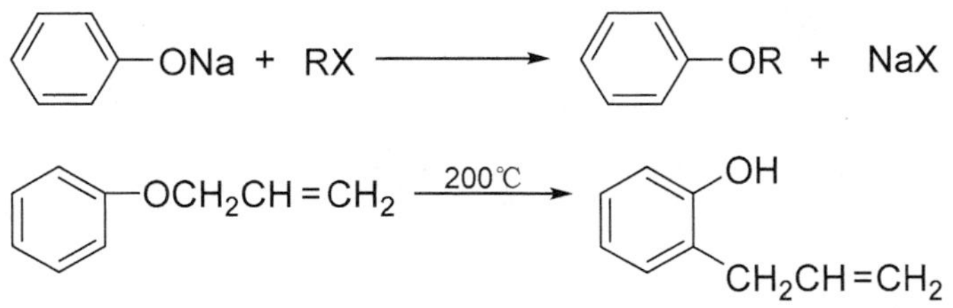

3. 酚酯的形成和酚酯的重排反应(Fries 重排)

4. 芳环上的亲电取代反应(卤代、硝化、磺化、傅-克烷基化和酰基化反应)

5. 酚的氧化反应——醌的制备

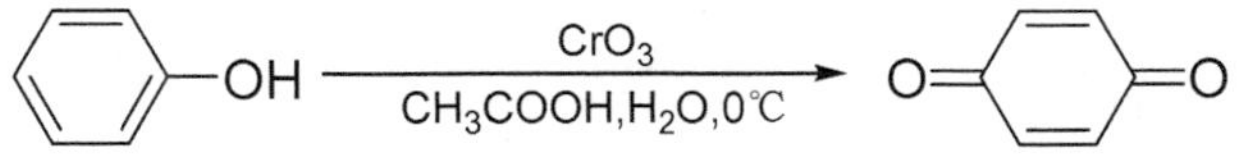

6. 与羰基化合物的缩合反应

(1) Kolbe-Schmitt(科尔伯-施密特)反应。

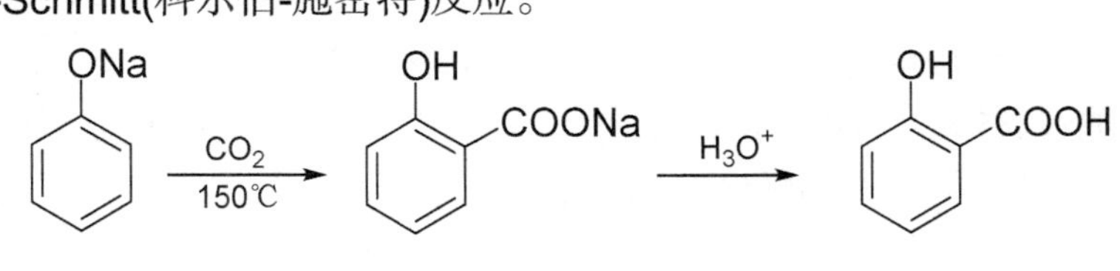

(2) 与甲醛缩合——酚醛树脂的生成。

【二】酚的制法

酚的制法包括异丙苯氧化法、磺化碱熔法和芳卤衍生物水解等。

二、例 题 讲 解

【例 10-1】　比较下列酚类化合物的酸性强弱。

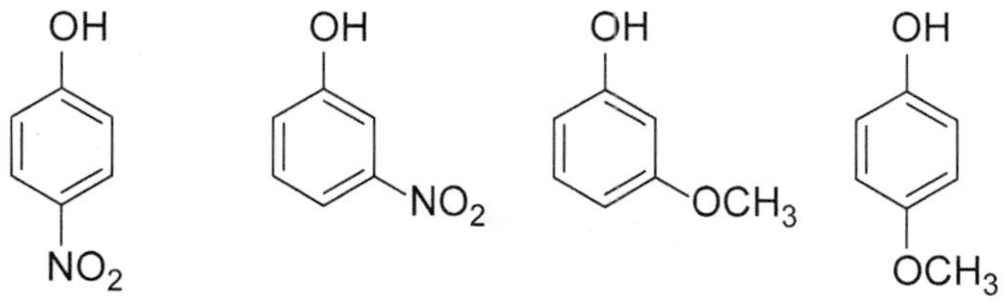

解　取代基的性质影响苯酚的酸性。如果取代基为吸电子基，则可使取代苯酚的酸性增强；如果为供电子基，可使取代苯酚的酸性减弱。所以硝基取代苯酚的酸性要比甲氧基取代苯酚的酸性强。另外，还要考虑取代基的位置。对于对硝基苯酚，硝基的吸电子诱导效应和共轭效应都使羟基氧上的电子云更好地离域，从而生成更稳定的对硝基苯氧负离子，所以对硝基苯酚的酸性最强。对于间硝基苯酚，主要是吸电子诱导效应，而共轭效应的作用较弱，所以间硝基苯酚的酸性较对硝基苯酚的酸性弱。甲氧基处于酚羟基对位时，氧上孤对电子通过共轭效应增大苯环上的电子云密度，氧的诱导效应使苯环上的电子云密度减小，而共轭效应的作用要远远大于诱导效应，所以对甲氧基苯酚的酸性较苯酚的酸性弱。当甲氧基位于酚羟基间位时，供电子的共轭效应作用较弱，而吸电子诱导效应使苯酚的酸性增大，所以间甲氧基苯酚的酸性较苯酚的酸性强。

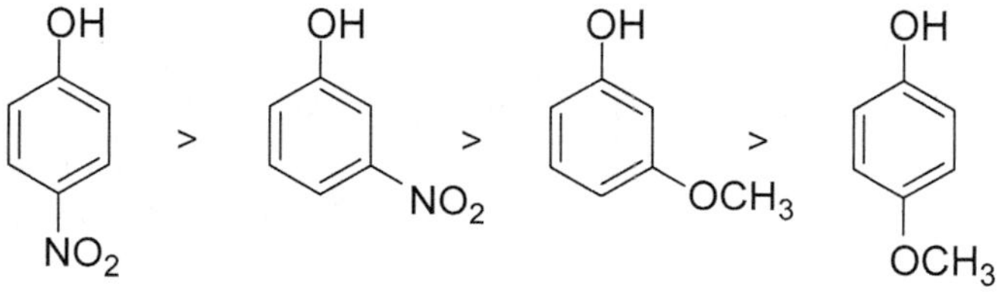

【例 10-2】　比较下列酚类化合物的酸性强弱。

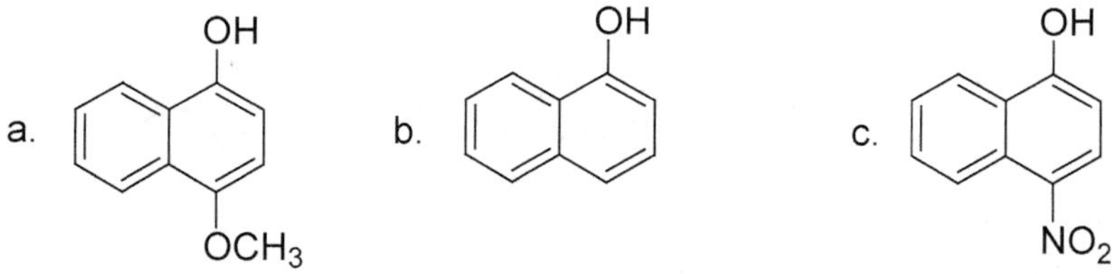

解　萘酚及其衍生物的酸性判断与苯酚类似。如果取代基为吸电子基，可使萘环上电子云密度降低，使取代萘酚的酸性增强；如果为供电子基，可使萘环上电子云密度升高，取代萘酚的酸性减弱。因此，酸性强弱顺序为：c > b > a。

【例 10-3】　完成下列反应。

解　(1) HI 酸可以使醚键断裂，断裂时，生成的产物取决于醚中烃基的结构。对于芳基和烷基形成的醚，芳氧键不易断裂，而是烷氧键断裂。对于苄基和烷基形成的醚键，醚键的断裂机理类似于 S_N1 机理。该反应的产物为：

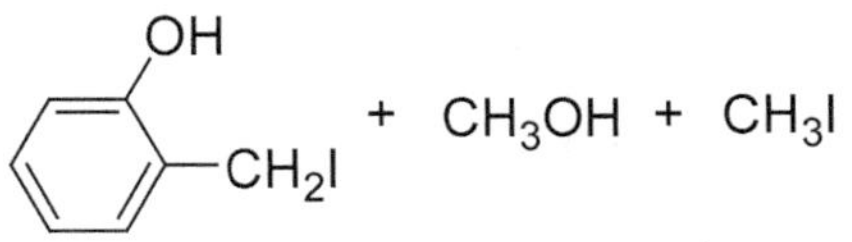

(2) 这个反应包括两个反应：

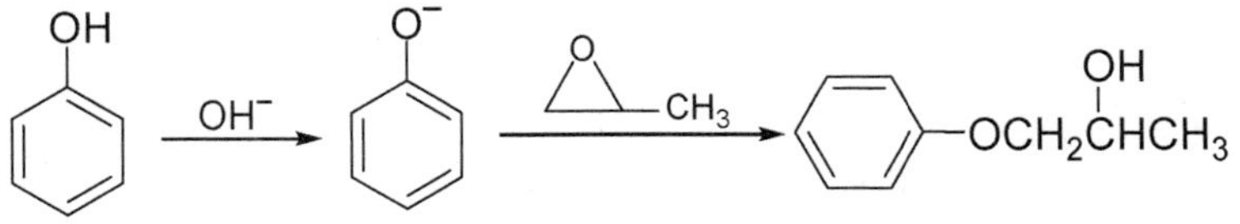

【例 10-4】　完成下列反应。

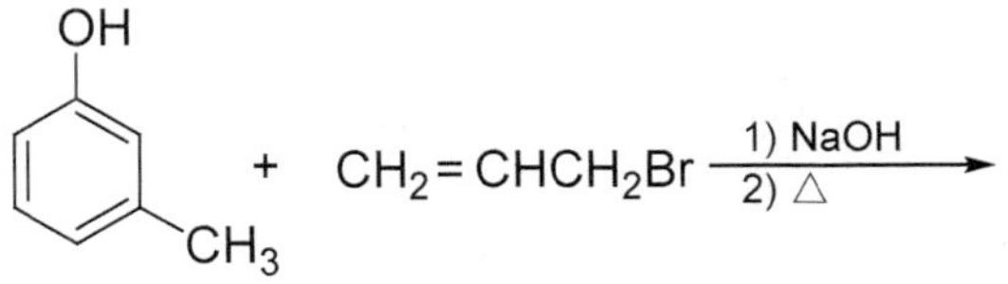

解　苯酚具有酸性，与 NaOH 反应得到酚钠，可作为亲核试剂与烯丙基溴反应得到烯丙基醚，在加热的条件下，发生 Claisen 重排，得到产物。反应如下：

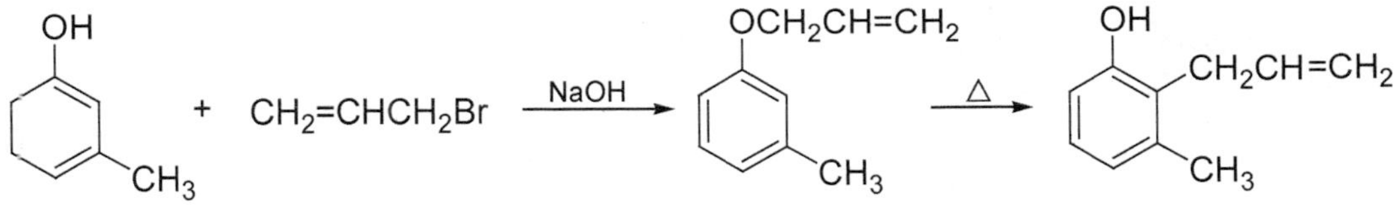

【例 10-5】　比较下列化合物的沸点高低。

A. 邻硝基苯酚　　　　　　　　B. 对硝基苯酚

解　邻硝基苯酚能够形成分子内氢键，而对硝基苯酚能够形成分子间氢键，因而对硝基苯酚沸点较高。

【例 10-6】　以甲苯和相应的试剂合成下列化合物。

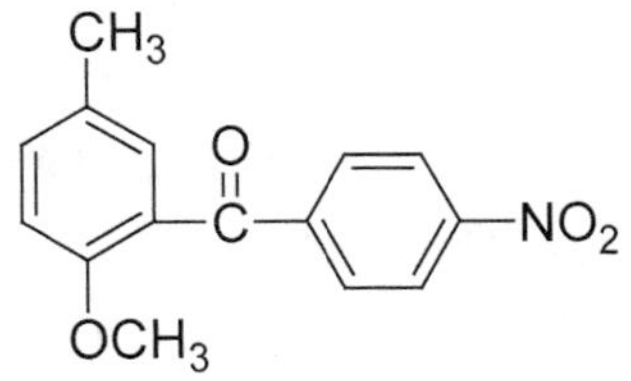

解　目标产物可分解为 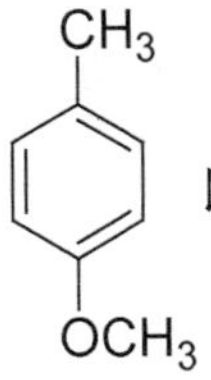 以及 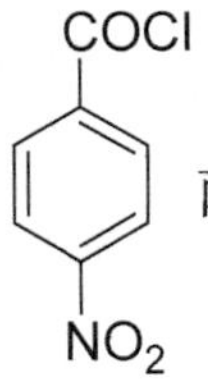 两个片段。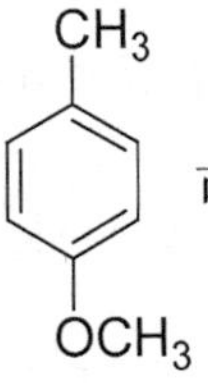 可通过对甲基酚钠与 CH_3I 合成，而对甲基酚钠则是通过在甲苯的对位引入羟基得到。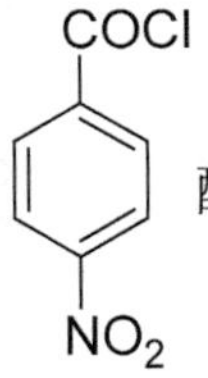 酰氯可通过羧酸得

到，而甲苯氧化则得到苯甲酸。合成路线如下：

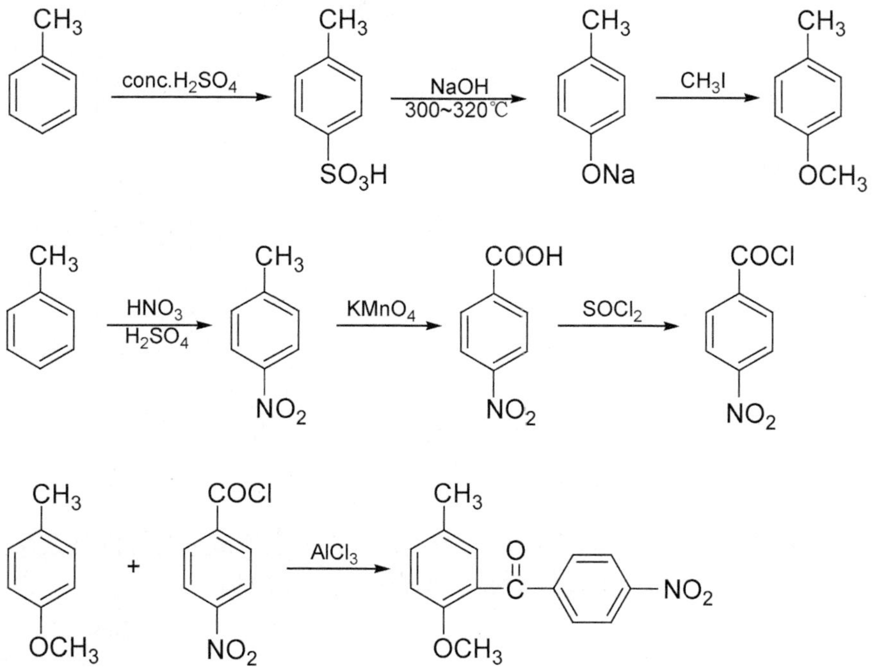

三、习 题 解 答

10-1　区别化合物：苯酚，苯甲醚和苯甲醇。

解　苯酚遇 $FeCl_3$ 溶液显色；苯甲醇用 Lucas 试剂检验，室温下立即混浊；苯甲醚均无现象发生。

10-2　分离下列各组化合物。

(1) 苯和苯酚　　(2) 环己醇中含少量苯酚

(3) 苯甲醚和对甲苯酚　　(4) *β*-萘酚和正辛醇

解　(1) 加入氢氧化钠水溶液，分出苯，水相用盐酸酸化，分出苯酚。

(2) 用氢氧化钠水溶液萃取，分出少量苯酚。

(3) 用氢氧化钠水溶液处理，对甲苯酚溶于氢氧化钠水溶液，苯甲醚不溶分出，水相用盐酸酸化分出对甲苯酚。

(4) 用氢氧化钠水溶液处理，*β*-萘酚溶于氢氧化钠水溶液，分出正辛醇，水相用盐酸酸化，分出 *β*-萘酚。

10-3　比较下列各化合物的酸性强弱，并解释。

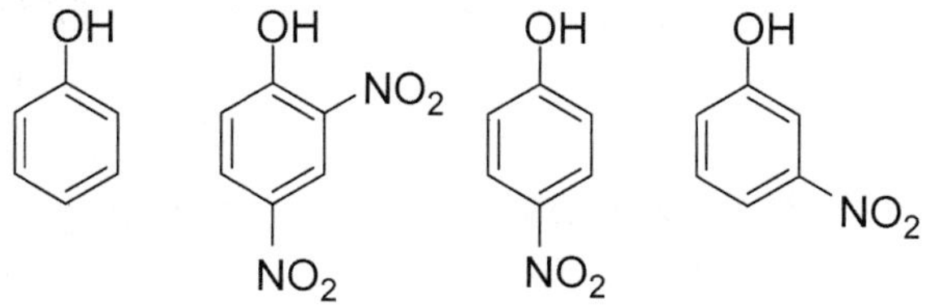

解

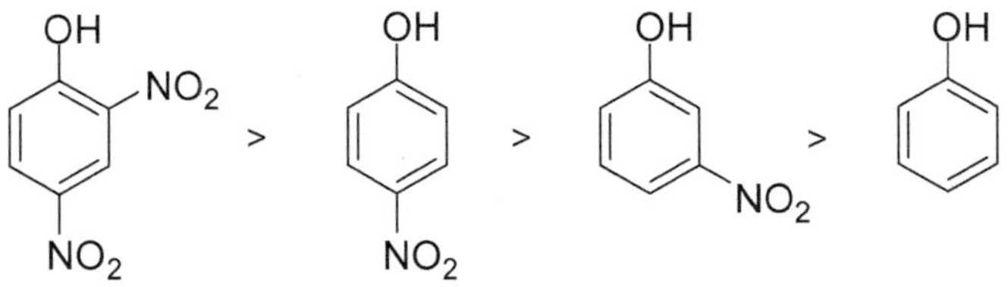

10-4　在下列化合物中，哪些能形成分子内氢键？

(1) 对硝基苯酚　　(2) 邻硝基苯酚

(3) 邻甲苯酚　　(4) 邻氟苯酚

解　邻硝基苯酚、邻氟苯酚生成分子内氢键。

10-5　如何证明在邻羟基苯甲醇(水杨醇)中含有一个酚羟基和一个醇羟基？

解　Lucas 试剂混浊证明有醇羟基存在；与 $FeCl_3$ 发生显色反应证明有酚羟基存在。

10-6　完成下列各组化合物的反应式。

(1) 苯甲醚+HI ⟶ ?+ ?

(2) 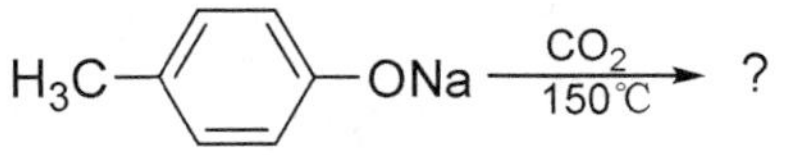

(3) 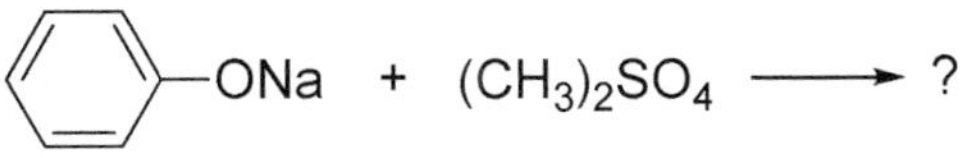

(4) 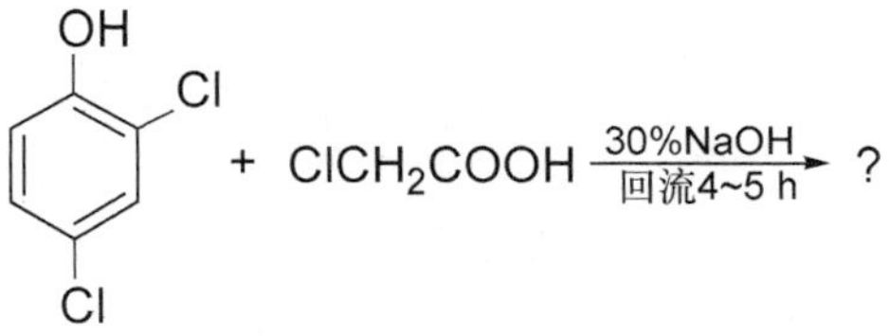

解

(1) 苯甲醚 + HI ⟶ 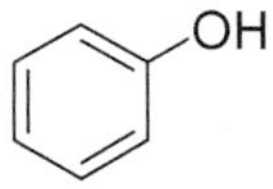 + CH_3I

(2) 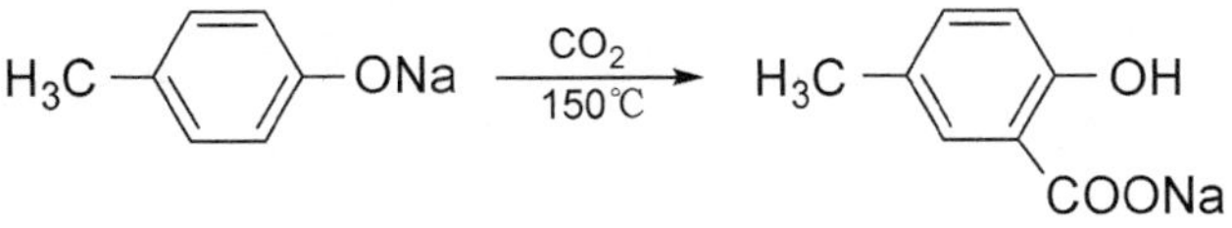

(3) 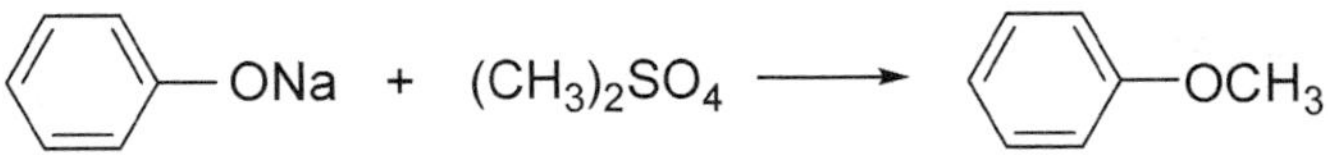

(4) 

10-7　从苯和丙烯合成苯基丙三醇单醚(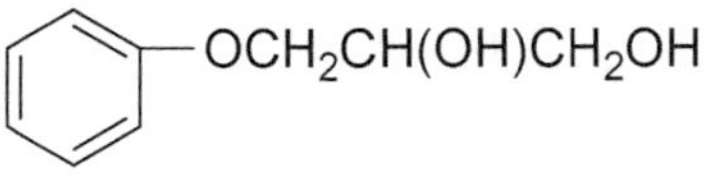)。

解

$H_2C=CHCH_3 \xrightarrow[光照]{Br_2} H_2C=CHCH_2Br$

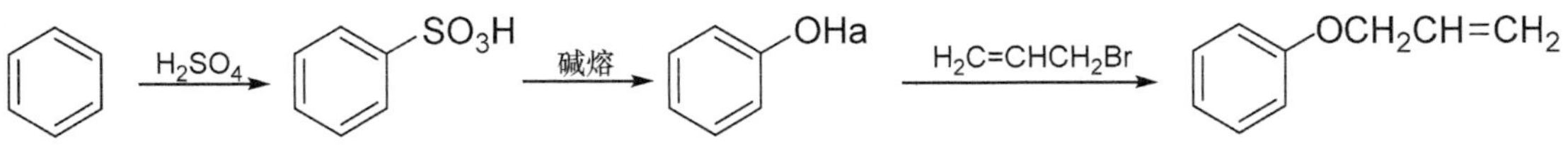

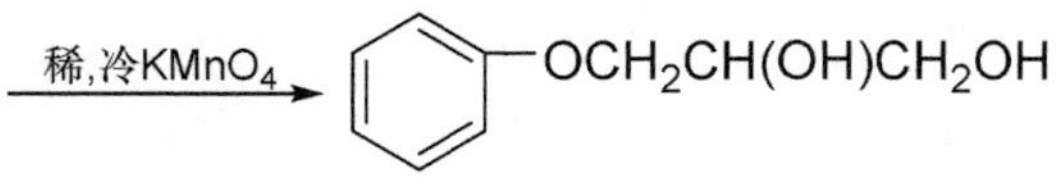

10-8　完成下列转变。

(1) 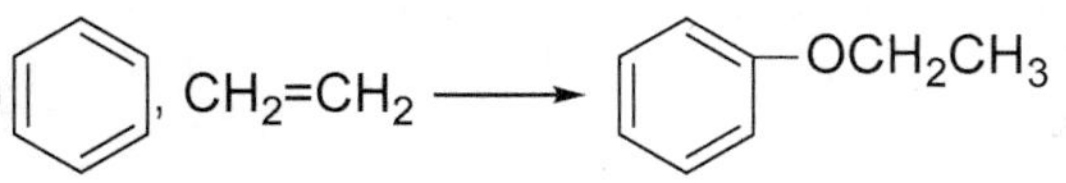

(2) 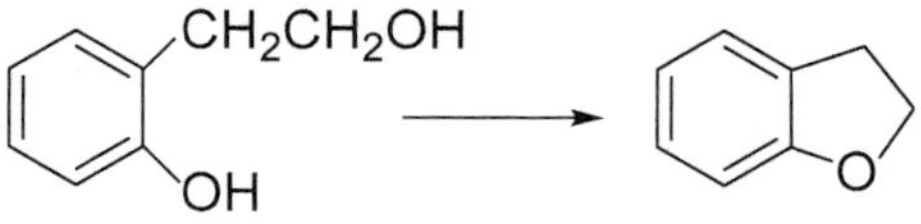

(3) 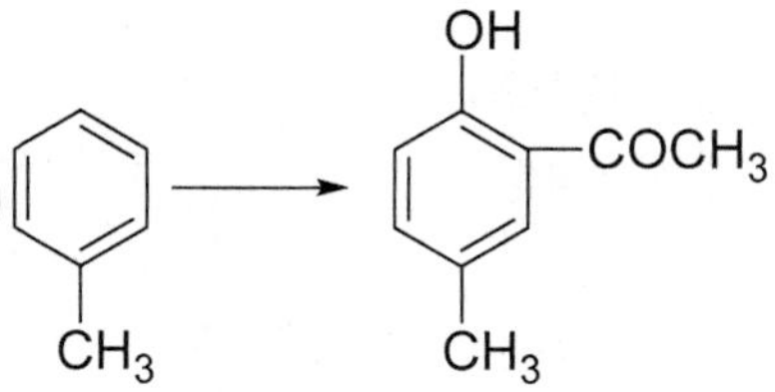

(4) 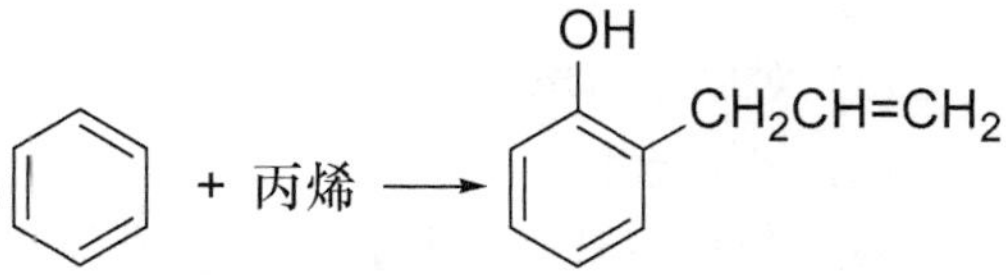

解

(1) $CH_2{=}CH_2 \xrightarrow{HBr} CH_3CH_2Br$

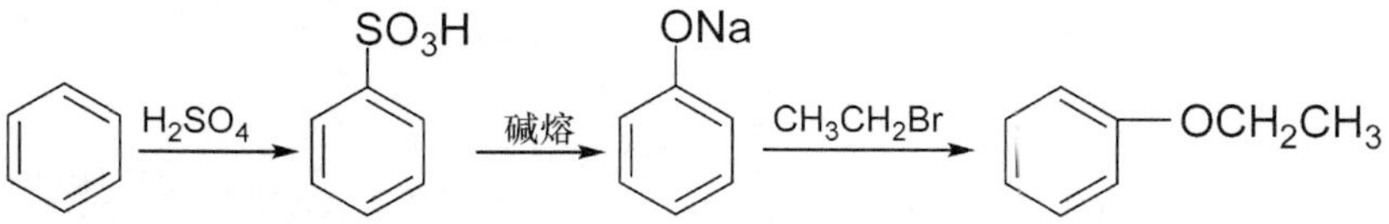

(2) 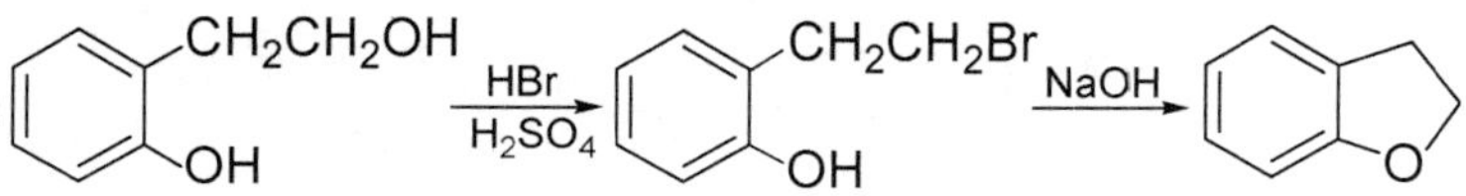

(3) 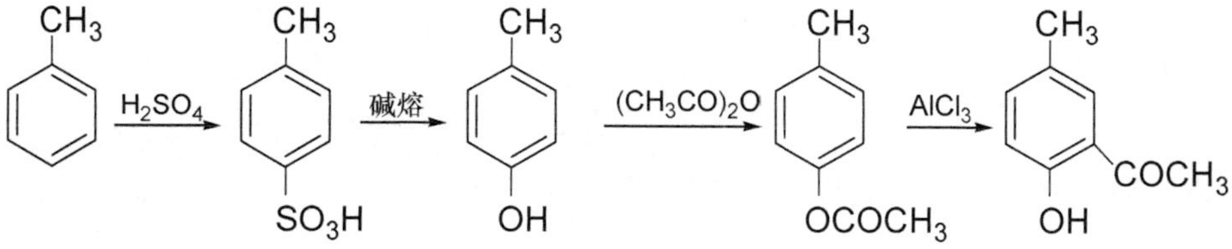

(4) $CH_2{=}CHCH_3 \xrightarrow[hv]{Br_2} CH_2{=}CHCH_2Br$

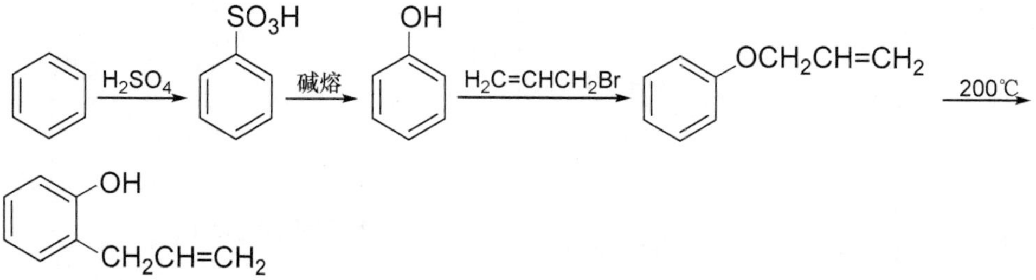

10-9　有一芳香族化合物 A，分子式为 C_7H_8O，不与钠发生反应，但与浓 HI 作用生成 B 和 C 两个化合物，B 能溶于 NaOH，并与 $FeCl_3$ 作用显紫色，C 能与 $AgNO_3$ 溶液作用，生成黄色碘化银。写出 A、B、C 的构造式。

解

A. 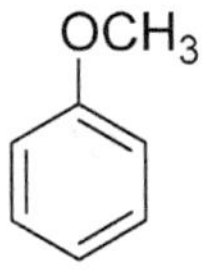　B. 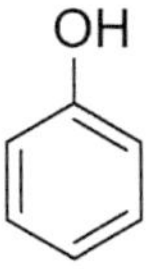　C. CH_3I

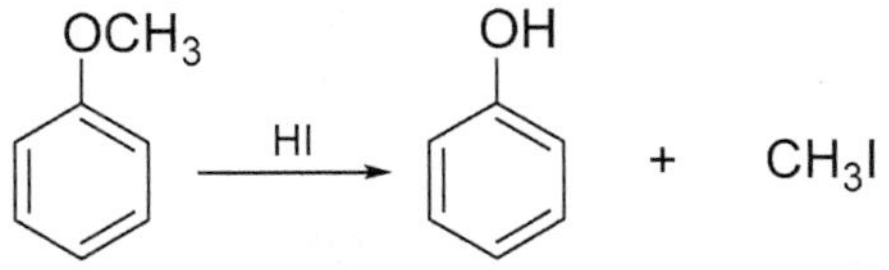

$$CH_3I + AgNO_3 \longrightarrow CH_3ONO_2 + AgI$$

四、补充习题及答案

10-1　由苯或甲苯和必要的无机或有机试剂合成下列化合物。

(1) 间苯三酚　(2) 4-乙基苯-1,3-二酚　(3) 对亚硝基苯酚　(4) 2,4-二硝基苯甲醚

解

(1) 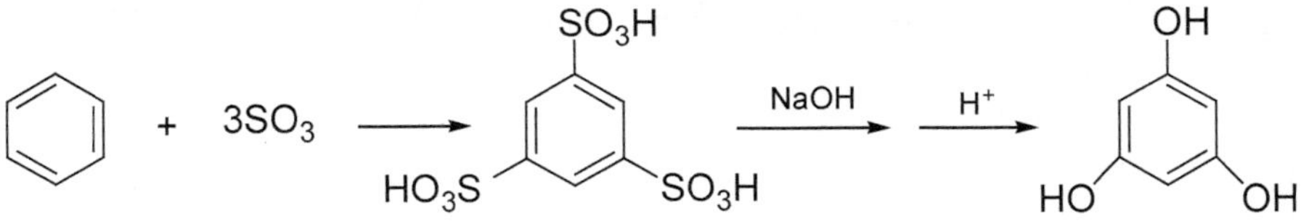

(2) 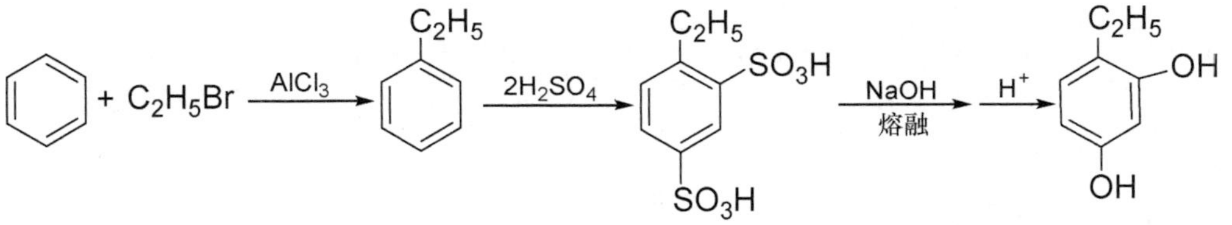

(3) 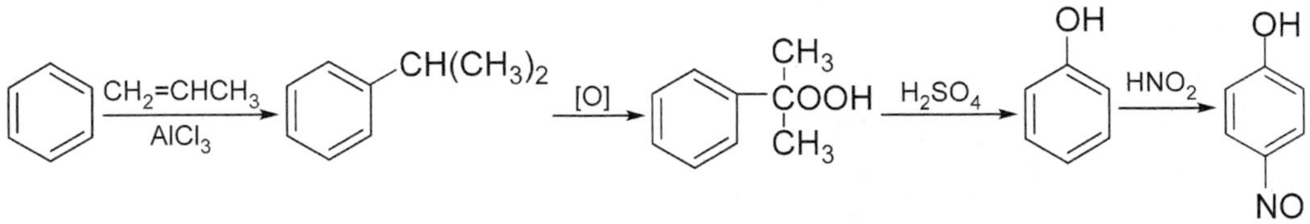

(4) 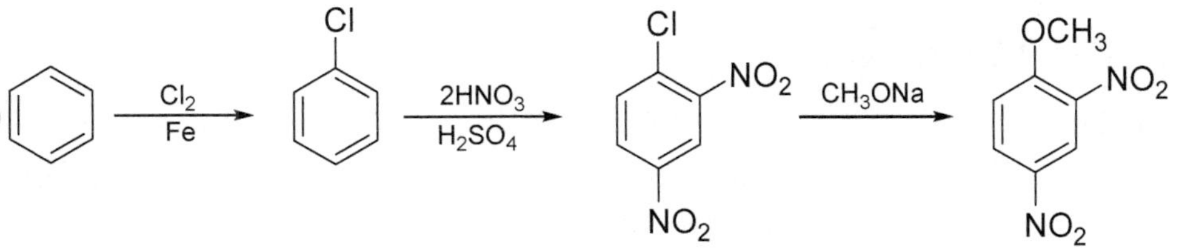

10-2　以苯酚为原料合成：

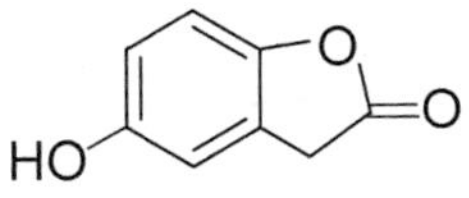

解

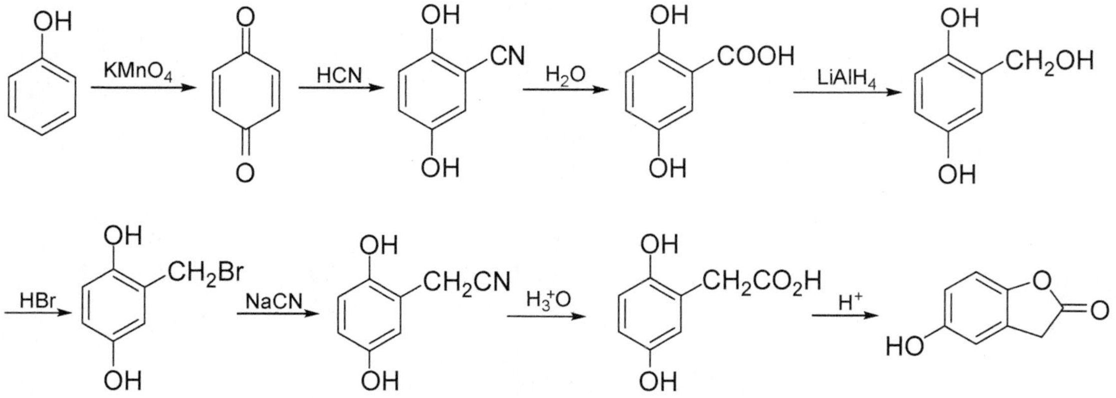

10-3　双酚 A 学名为 2,2-二对羟基苯丙烷，是高分子合成的重要单体，可以由苯酚和丙酮在硫酸催化作用下缩合制备，写出该反应的反应式及反应机理。

解

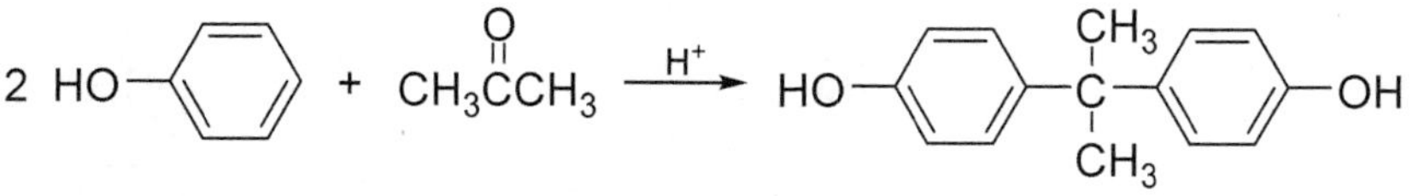

反应机理：

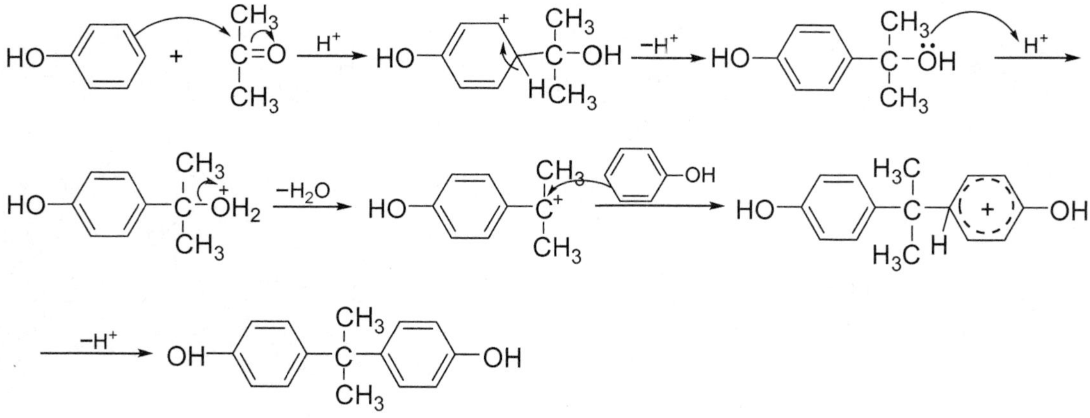

10-4　以苯酚为原料合成下列化合物。

(1) 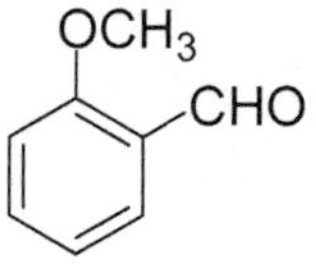
(2) 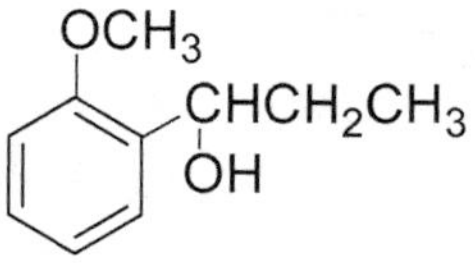
(3) 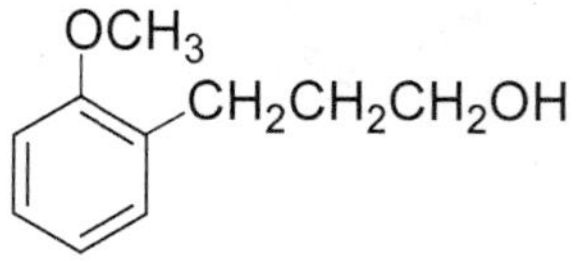

(4) 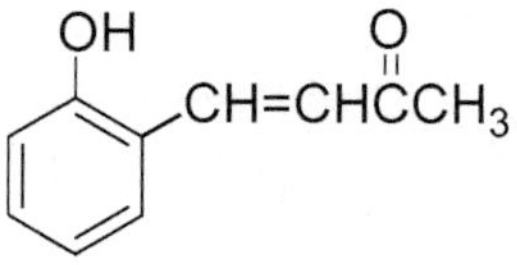
(5) 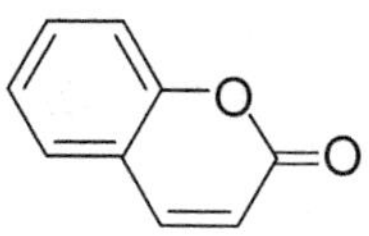
(6) 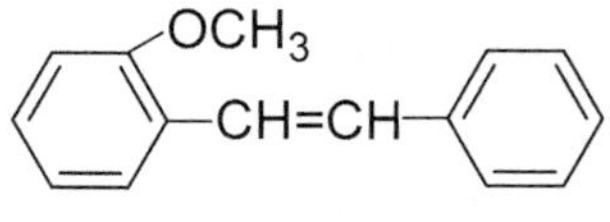

解

(1) 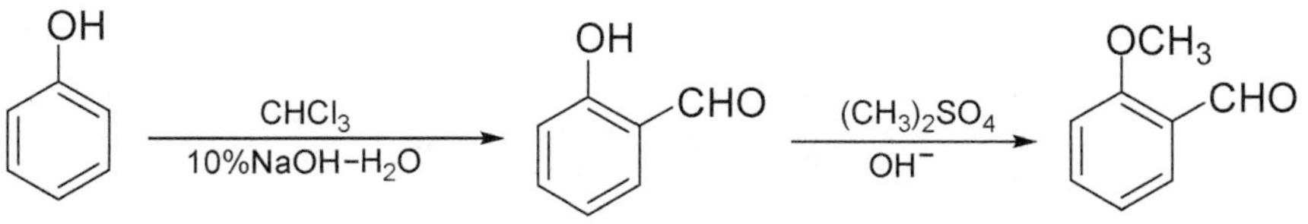

(2) 由(1)得 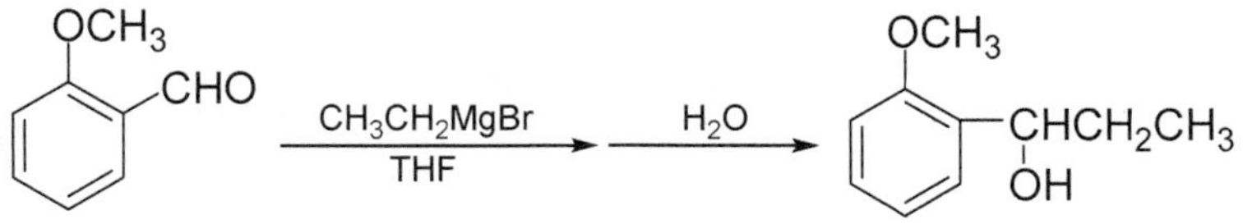

(3) 由(1)得 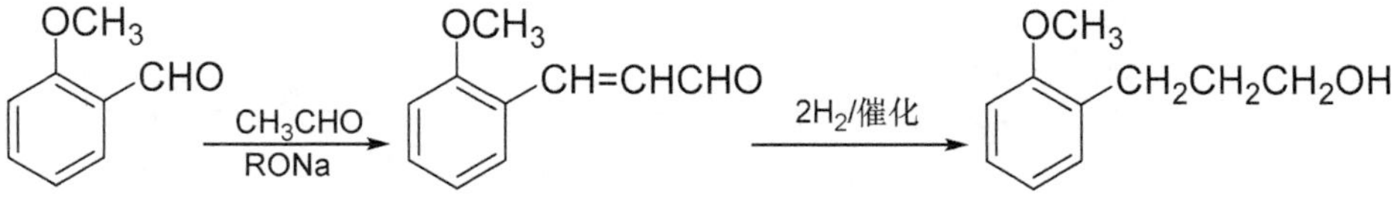

(4) 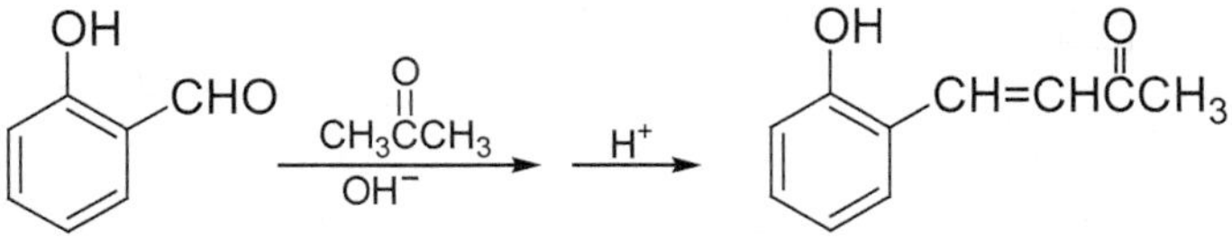

(5) 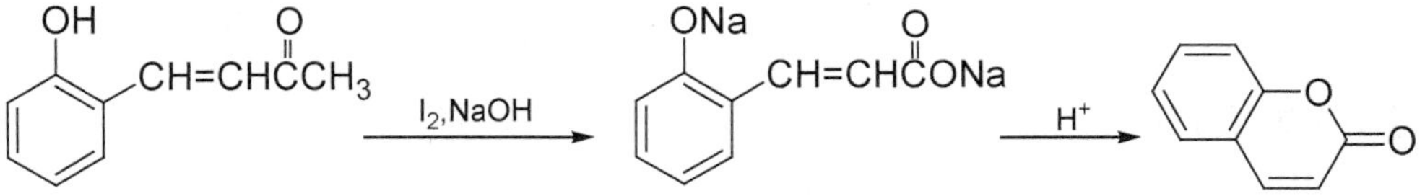

(6) 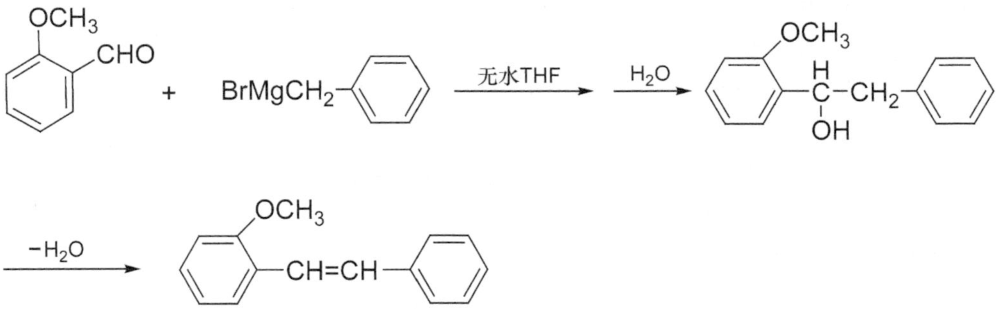

10-5 写出对甲基苯甲醚转变成 1-甲氧基-4-甲基环己-1,4-二烯的反应机理。

解

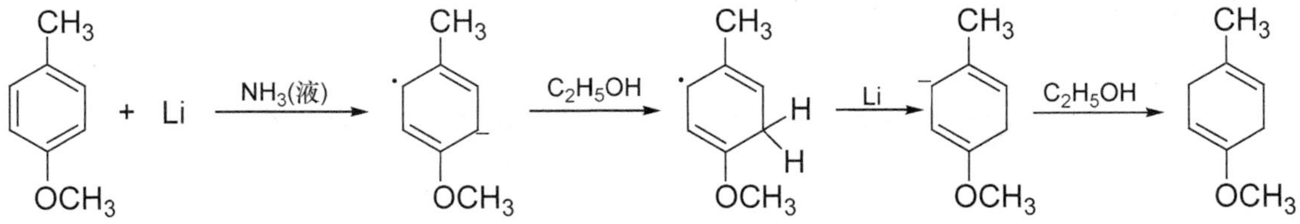

第 11 章　醛　酮　醌

一、内 容 提 要

【一】羰基的亲核加成

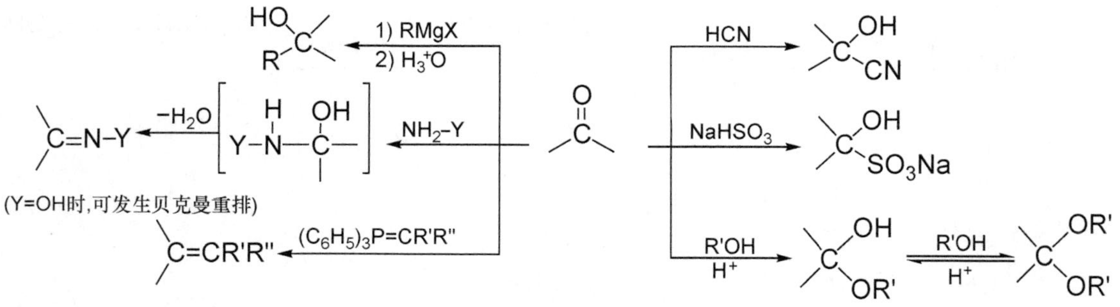

【二】α-氢的反应

1. 卤代和卤仿反应

$$-\overset{O}{\overset{\|}{C}}-\underset{|}{\overset{|}{C}}H- + X_2 \xrightarrow{\text{酸或碱}} -\overset{O}{\overset{\|}{C}}-\underset{|}{\overset{|}{C}}X- + HX$$

$$R\overset{O}{\overset{\|}{C}}CH_3 + NaOH + X_2 \longrightarrow RCOONa + CHX_3$$

2. 羟醛缩合反应

$$RCH_2\overset{O}{\overset{\|}{C}}H + RCH_2\overset{O}{\overset{\|}{C}}H \xrightarrow{10\%NaOH} RCH_2\overset{OH}{\overset{|}{C}}H\underset{R}{\underset{|}{C}}H\overset{O}{\overset{\|}{C}}H \xrightarrow[\triangle]{-H_2O} RCH_2CH=\underset{R}{\underset{|}{C}}\overset{O}{\overset{\|}{C}}H$$

3. Mannich 反应

$$R'\overset{O}{\overset{\|}{C}}CH_2R + HCHO + HN(CH_3)_2 \xrightarrow{H^+} R'\overset{O}{\overset{\|}{C}}\underset{R}{\underset{|}{C}}HCH_2N(CH_3)_2$$

【三】氧化反应

1. Tollens 试剂氧化醛

$$RCHO + 2Ag(NH_3)_2OH \xrightarrow[\triangle]{} RCOONH_4 + 2Ag\downarrow + H_2O + 3NH_3$$

2. Fehling 试剂氧化醛

$$RCHO + 2Cu(OH)_2 + NaOH \xrightarrow{\triangle} RCOONa + Cu_2O\downarrow + 3H_2O$$

3. Baeyer-Villiger(拜尔-魏立格)反应

【四】还原反应

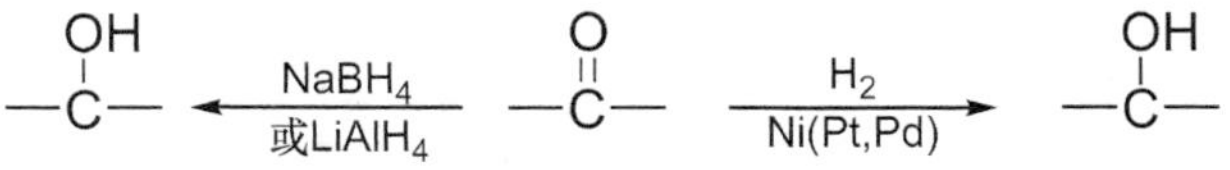

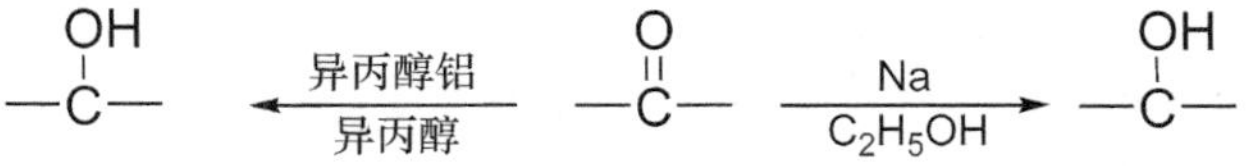

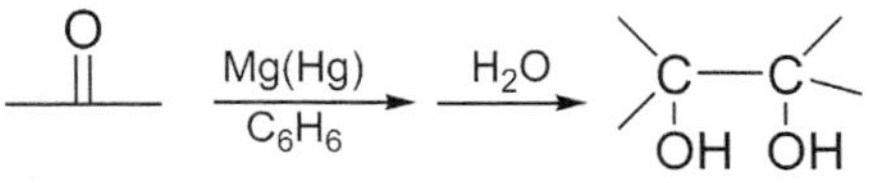

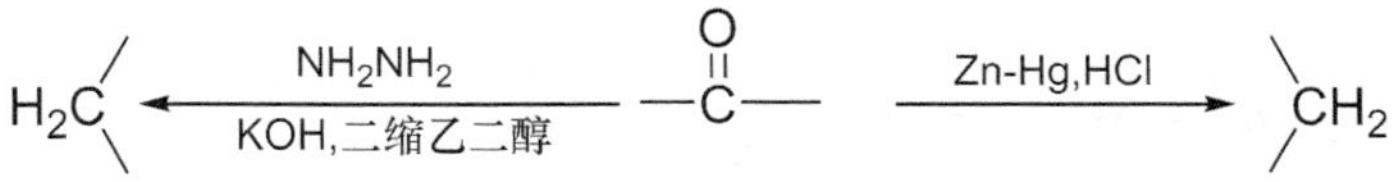

$$RCHO \xrightarrow{\text{强碱}} RCOO^- + RCH_2OH$$ (歧化反应)

【五】不饱和醛、酮的反应

1. 1,2-加成和 1,4-加成

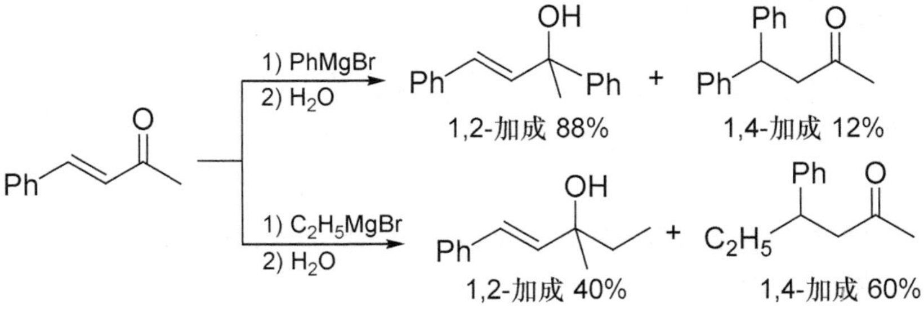

2. 插烯作用

$$CH_3CH{=}CHCHO \xrightarrow{OH^-} \xrightarrow[\triangle]{-H_2O} CH_3CH{=}CHCH{=}CHCH{=}CHCHO$$

【六】醛、酮的制备

(1) 醇的氧化和脱氢。

(2) 炔烃水合和同碳二卤化物水解。

(3) 芳环酰基化反应。

二、例 题 讲 解

【例 11-1】　写出下述反应的反应机理。

(1) 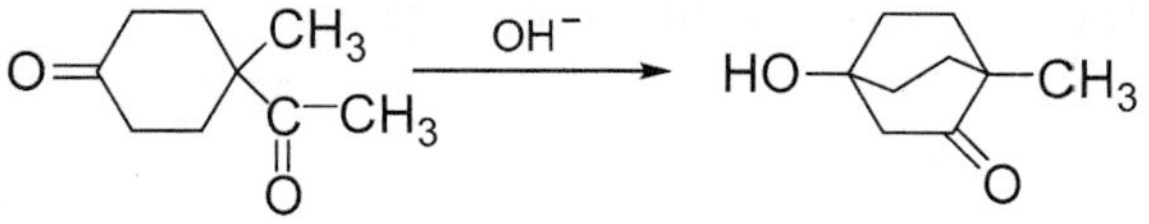

(2) 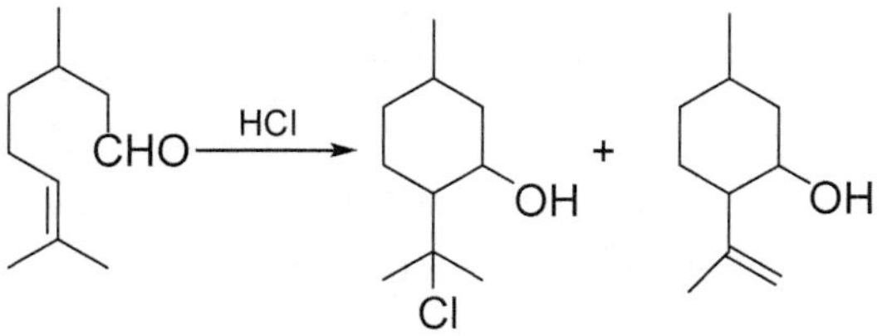

(3) 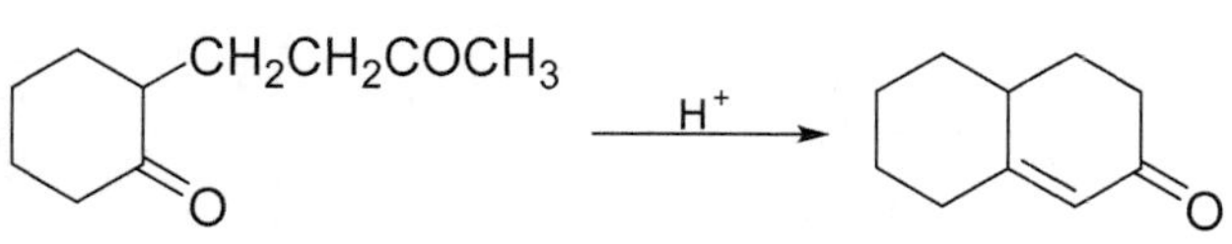

(4) 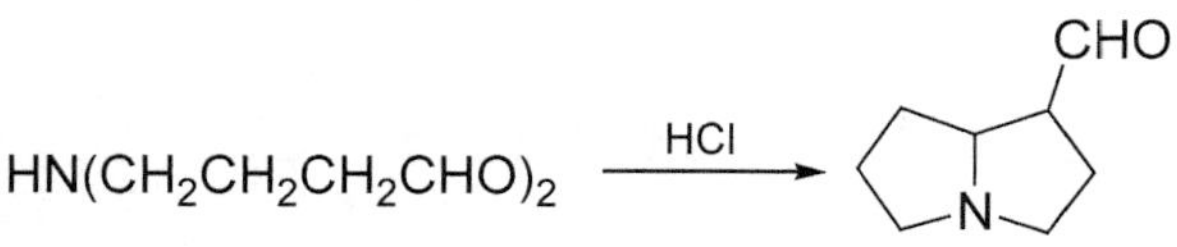

(5) 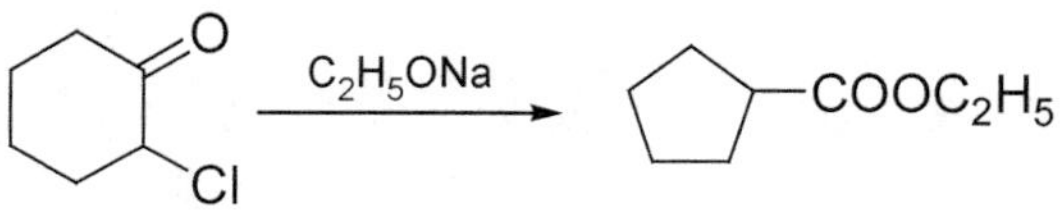

解　(1) 比较产物和反应物的结构，从中可看出这个反应的关键是 C1 和 C8 成键，其余的碳骨架未发生改变，而 C8 是与羰基相连的甲基，C1 为羰基，题中所给的条件为碱性条件。从以上的分析可得出这个反应是羟醛缩合反应。所以该反应的反应机理为：

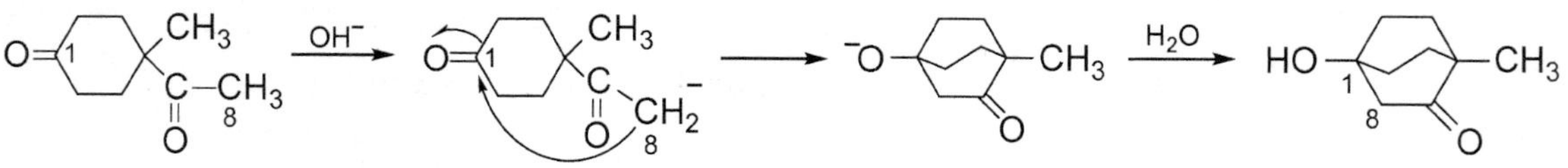

写该反应机理时，要注意 OH^-作为催化剂，第一步加入，后续反应中要有一个生成。另外，注意反应中生成的水的利用。

(2) 该反应的关键是 C1 和 C2 成键，同时 C3 也发生了改变。从这两个产物可推出，其前体中间体(Ⅰ)应为碳正离子，因为碳正离子可发生脱氢反应和与卤素负离子的加成反应，生成双键和碳卤键。中间体(Ⅰ)的正电荷应该来自于条件中所给的 HCl 中的质子，原料中有两个位点可与质子结合，一个是富电子的双键，另外一个是羰基中带负电荷的氧原子。产物中有羟基产生，所以应该是质子与氧原子结合，生成中间体(Ⅱ)。中间体(Ⅱ)中，带正电荷的 C1 可与富电子的碳碳双键发生分子内的亲电加成，生成中间体(Ⅰ)，中间体(Ⅰ)发生脱氢和与氯离子加成的反应，生成两个目标产物。该反应的反应机理为：

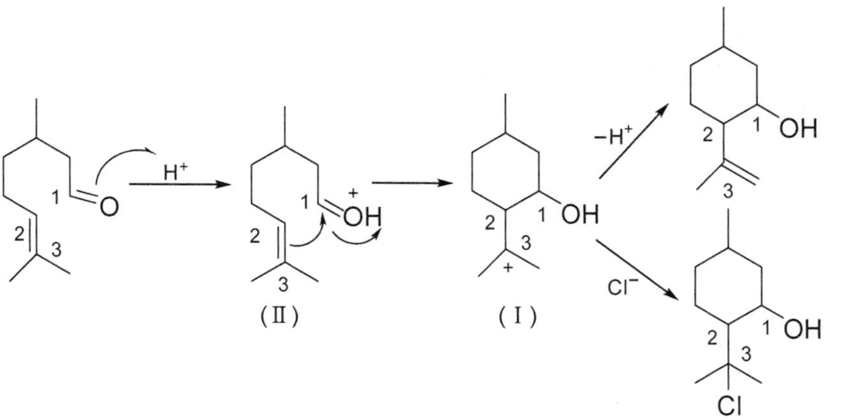

(3) 这是一个甲基酮和另外一个羰基缩合的过程。在酸性条件下，α-甲基酮必须先互变为烯醇结构(Ⅰ)，才具有和其他羰基缩合的能力。

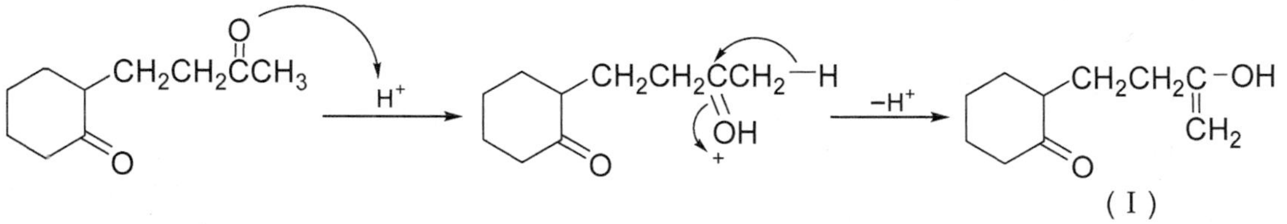

(Ⅰ) 中的羰基在酸性条件下，必须先质子化后才更具有正电性，其活性提高，更易被亲核试剂进攻，生成中间体(Ⅱ)，然后发生分子内亲核加成的缩合反应，生成中间体(Ⅲ)。

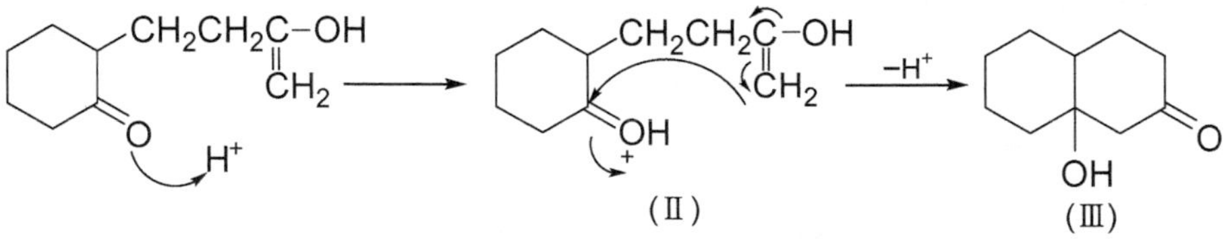

(Ⅲ) 发生消除反应，脱去一个羟基便可得到目标产物。在酸性条件下，羟基不能作为游离基直接离去，必须先质子化后生成盐，然后脱水脱质子生成双键。

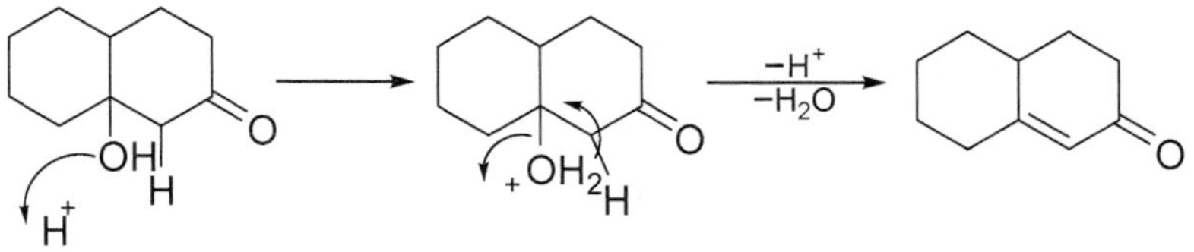

该反应的反应机理为：

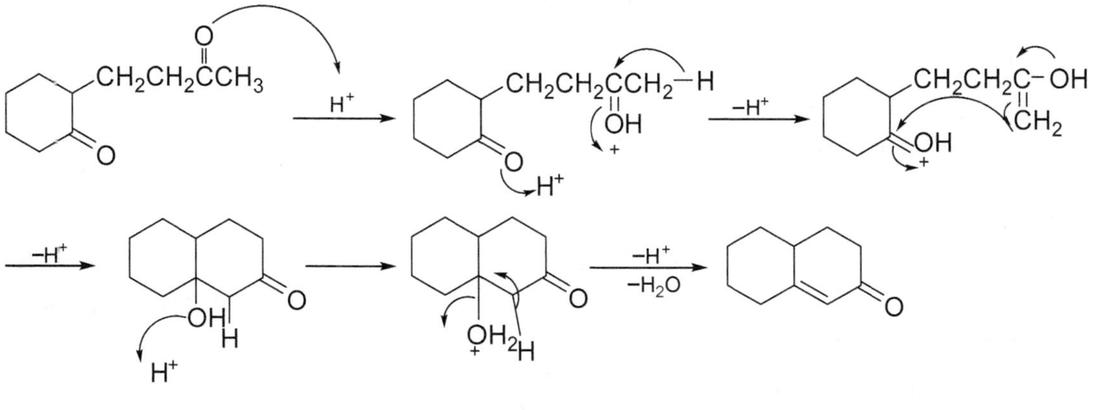

(4) 该反应主要分为两步进行，首先是一分子醛与仲胺在酸性条件下发生分子内的亲核加成得到烯胺，然后生成的烯胺再与另一分子醛基发生分子内的 Mannich 反应。

该反应机理为：

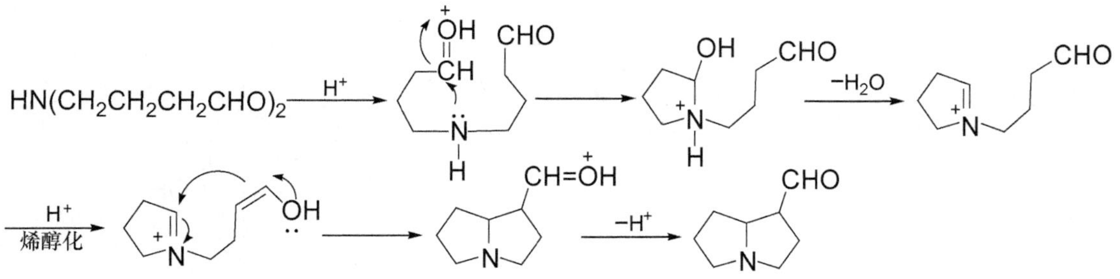

(5) 首先是碱进攻酮羰基发生亲核加成，生成碳负离子。然后碳负离子作为亲核试剂进攻 RX 中的 α-C 发生分子内的亲核取代。

该反应机理为：

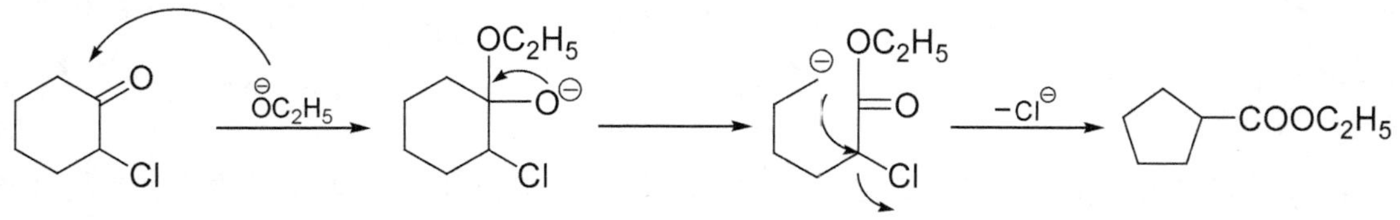

【例 11-2】 完成下列转化。

(1) 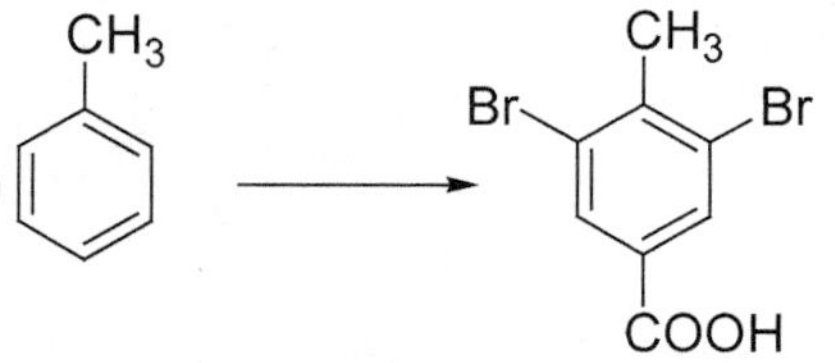

(2) 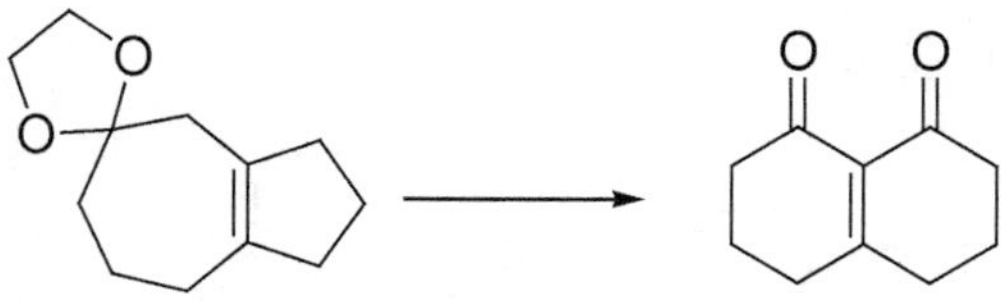

(3) 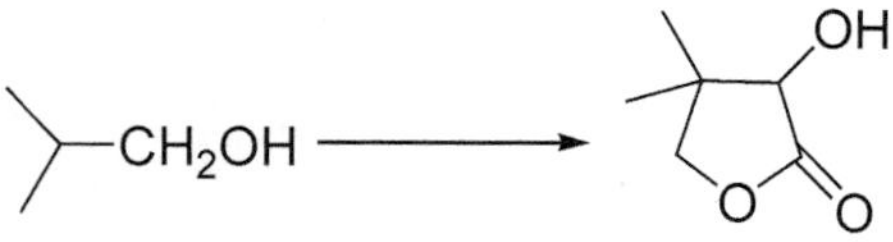

(4) $(CH_3)_2CHCH_2CH_2OH \longrightarrow (CH_3)_2CHCH_2CH_2NHCH_2CH_3$

(5) 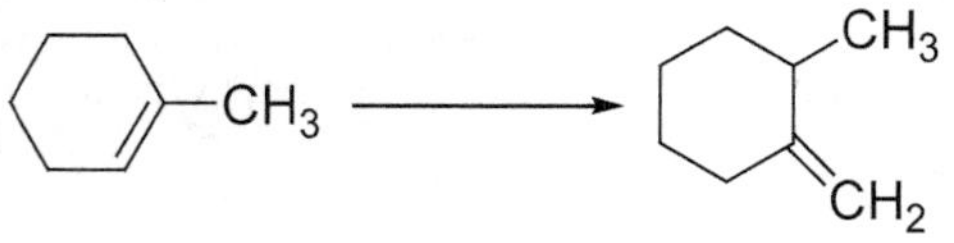

解 (1) 与原料相比，目标化合物中多了三个取代基，其中两个溴原子可通过芳烃的溴代实现，但这要求在甲基的对位有一个间位定位基，且这个基团可以很方便地转化为羧基。考虑到甲基酮可以通过卤仿反应生成羧基，所以可以在甲基的对位引入乙酰基作为间位定位基。这个反应的转化路线为：

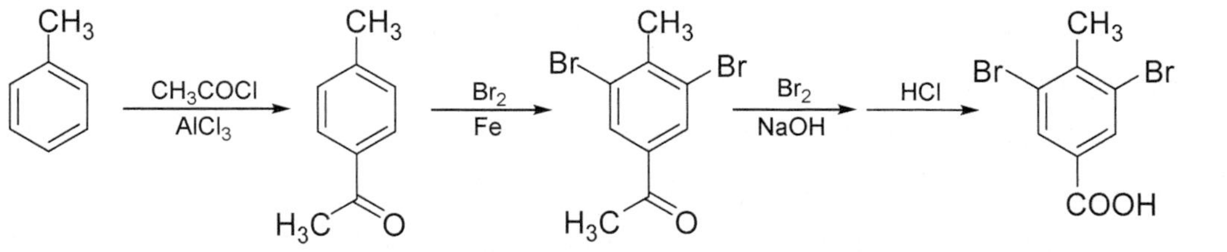

(2) 目标产物为 α,β-不饱和羰基化合物，由此推出可通过醛酮的羟醛缩合实现。原料为同一个碳上的双醚，经水解可得到羰基官能团，双键经臭氧化 Zn 粉还原后得到酮，然后分子内羟醛缩合得到产物。这个反应的转化路线为：

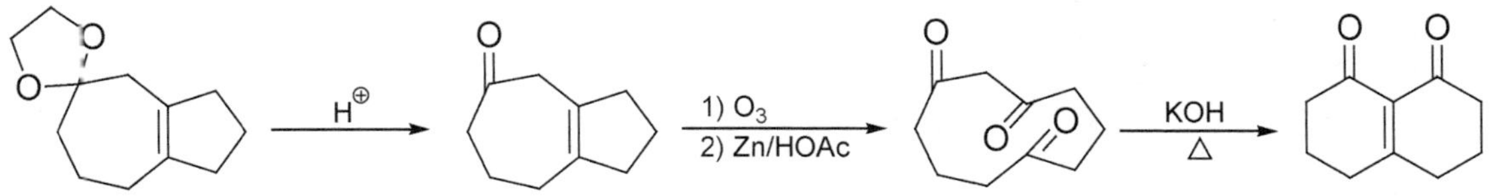

(3) 目标产物为内酯，考虑应为分子内的酯化反应实现，这就要求分子内存在一个 α-羟基酸的官能团。醛酮与 HCN 加成得到 α-羟基腈，经水解后可以得到 α-羟基酸。而增加一个 C 的 β-OH 醛可通过与甲醛歧化反应实现，这个醛则是由原料部分氧化得到。这个反应的转化路线为：

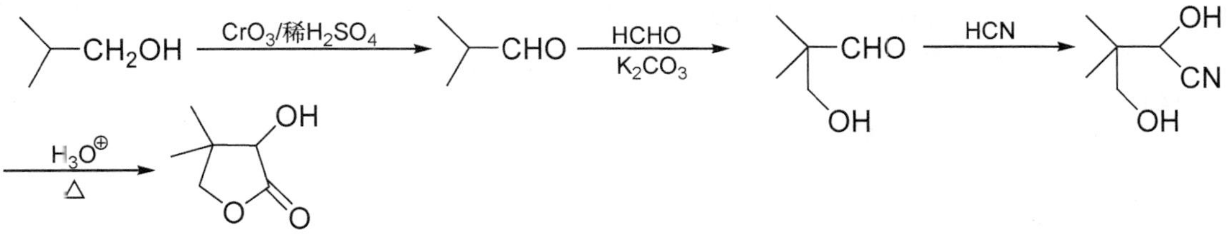

(4) 目标产物为仲胺，并且左边碳链保持不变，因此可以考虑羰基化合物与胺作用，得到的烯胺经还原得到。而原料伯醇经弱氧化剂 Sarrett 试剂或 Jones 试剂氧化则可控制在醛的阶段。这个反应的转化路线为：

$$(CH_3)_2CHCH_2CH_2OH \xrightarrow[\text{吡啶}]{CrO_3} (CH_3)_2CHCH_2CHO \xrightarrow{CH_3CH_2NH_2} (CH_3)_2CHCH_2CH{=}NCH_2CH_3$$

$$\xrightarrow{H_2/Pt} (CH_3)_2CHCH_2CH_2NHCH_2CH_3$$

(5) 目标产物与原料相比有一个环外双键，一般由醛酮与 Wittig 试剂合成。而醛酮可由醇的氧化而得，原料烯烃经硼氢化氧化可得到反马式加成的醇。这个反应的转化路线为：

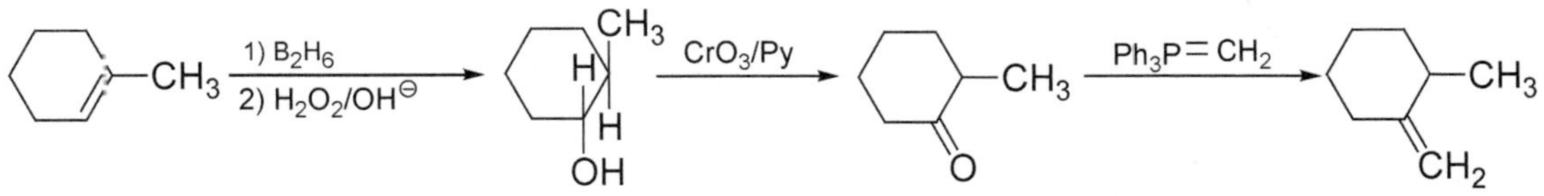

三、习 题 解 答

11-1　按照沸点降低的顺序排列下列化合物。

(1) $CH_3CH_2CH_2CHO$　　(2) $CH_3CH_2CH_2CH_2OH$　　(3) $CH_3(CH_2)_3CH_3$

解　(2)>(1)>(3)

11-2　将下列化合物按其亲核加成的活性次序排列。

(1) CH_3CHO　CH_3COCH_3　CF_3CHO　$CH_3COCH{=}CH_2$

(2) $ClCH_2CHO$　$BrCH_2CHO$　$CH_2{=}CHCHO$　CH_3CH_2CHO

(3) CH_3CHO　CH_3COCH_3　C_6H_5CHO　$C_6H_5COC_6H_5$

(4) 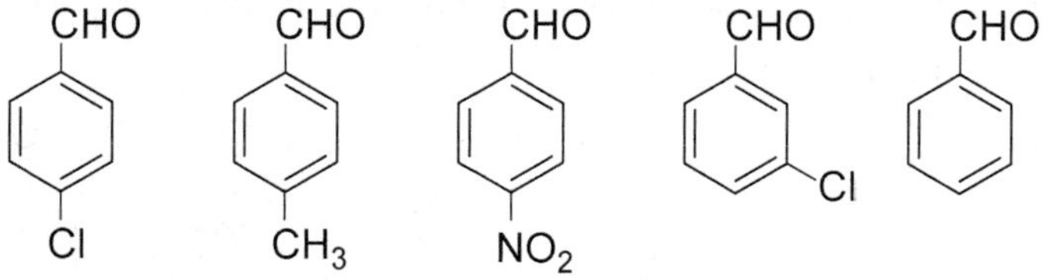

解

(1) $CF_3CHO>CH_3CHO>CH_3COCH_3>CH_3COCH{=}CH_2$

(2) $ClCH_2CHO>BrCH_2CHO>CH_3CH_2CHO>CH_2{=}CHCHO$

(3) $CH_3CHO>C_6H_5CHO>CH_3COCH_3>C_6H_5COC_6H_5$

(4) 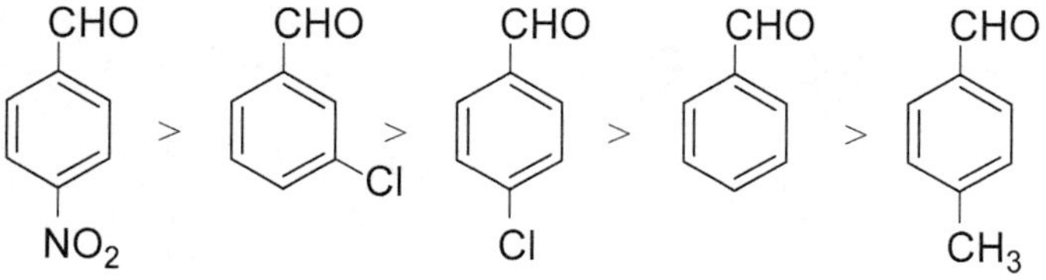

11-3　写出下列反应的主产物。

(1) 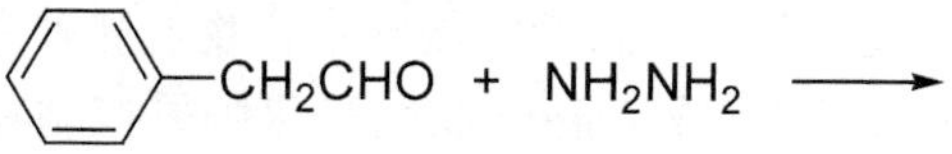

(2) 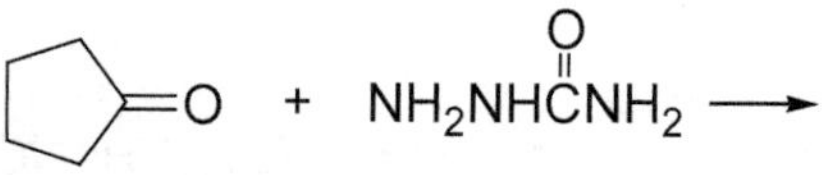

(3) 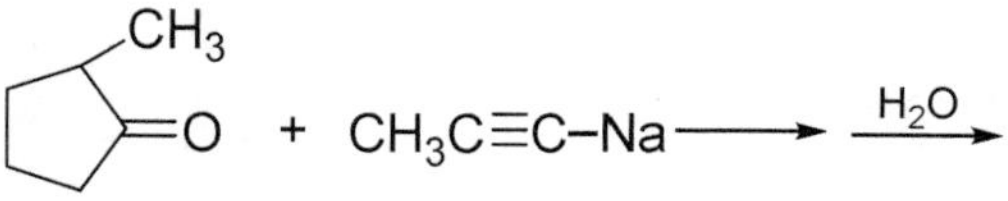

(4) 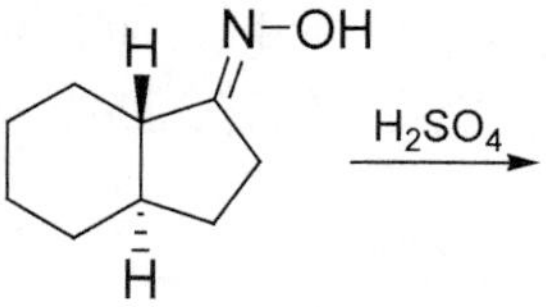

(5) 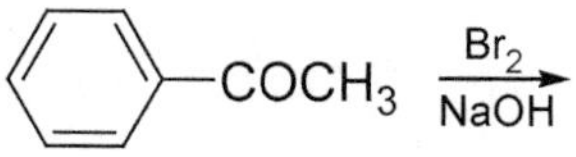

(6) 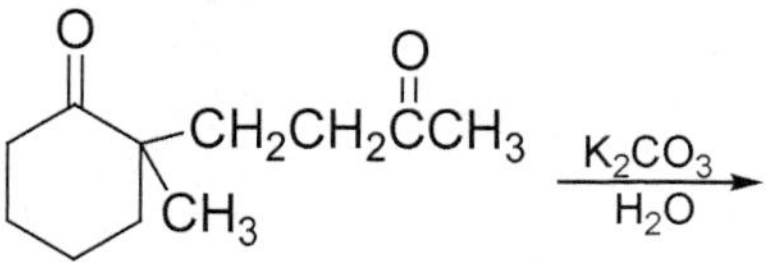

(7) 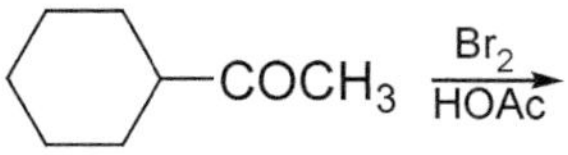

(8) 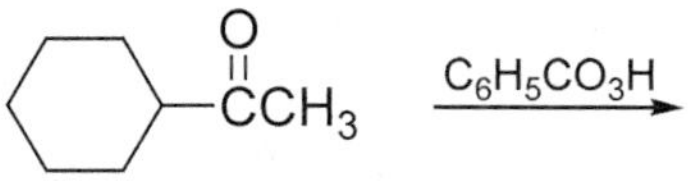

(9) 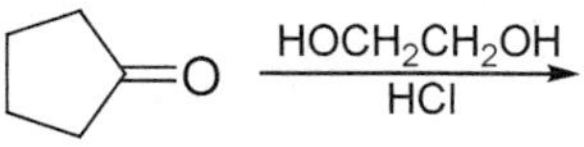

(10) 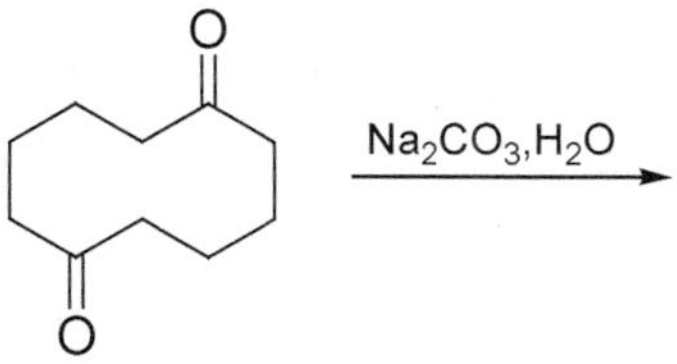

解

(1) 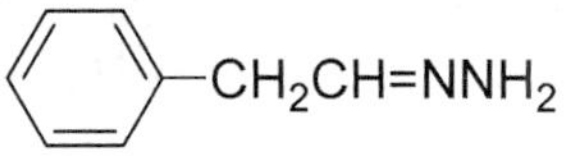

(2) 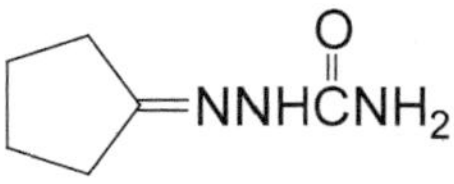

(3) 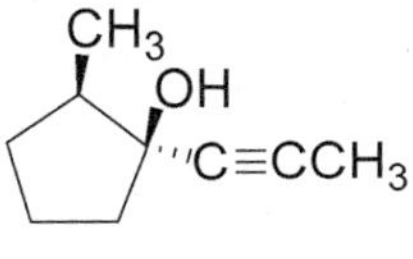

(4) 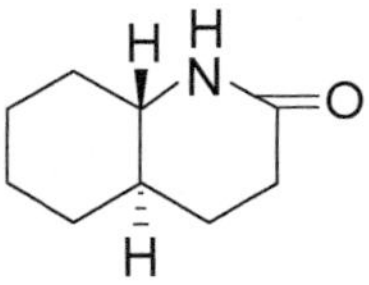

(5) 

(6) 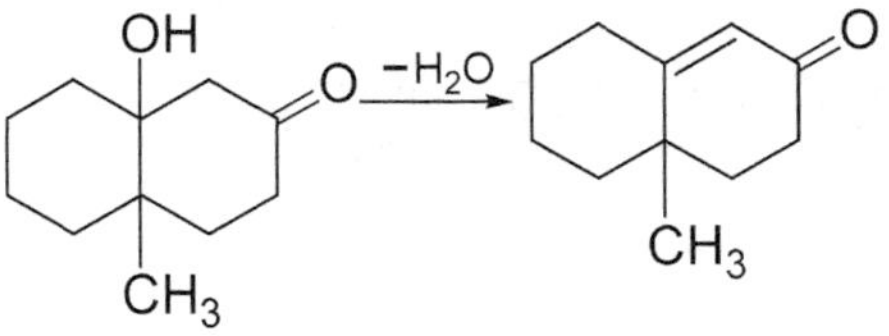

(7) 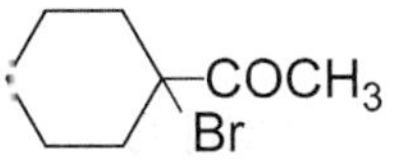

(8) 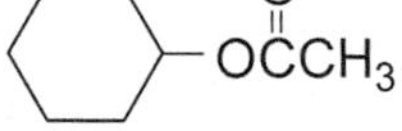

(9) 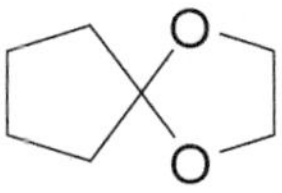

(10) 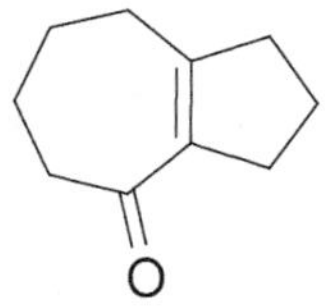

11-4　判断丙醛和苯乙酮与下列试剂有无反应，如有写出主产物。

(1) $NaBH_4$，在 CH_3OH 中　(2) C_6H_5MgBr，然后加 H_3^+O　(3) $NaHSO_3$，然后加 NaCN

(4) $LiAlH_4$，然后加 H_2O　(5) 稀 NaOH 水溶液，然后加热　(6) H_2，Pt

(7) $HOCH_2CH_2OH$，HCl　(8) I_2+NaOH 溶液　(9) $[Ag(NH_3)_2]OH$

(10) H_2NOH　(11) Zn-Hg+HCl　(12) $(C_6H_5)_3P{=}CHCH_3$

(13) $H_2NNHCONH_2$　(14) HNO_3，H_2SO_4

解

(1) $CH_3CH_2CH_2OH$　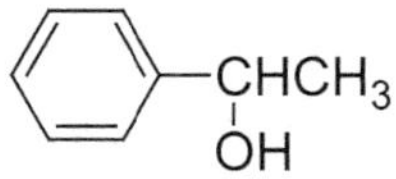

(2) 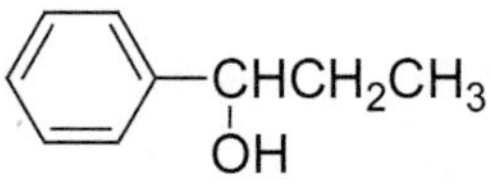　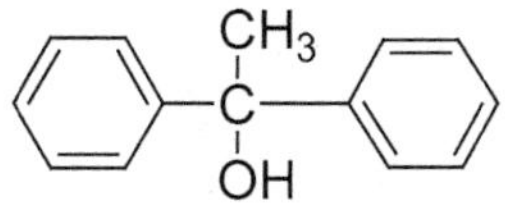

(3) $CH_3CH_2\overset{CN}{\overset{|}{C}}HOH$　无　　(4) $CH_3CH_2CH_2OH$　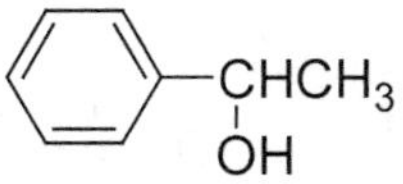

(5) $CH_3CH_2CH{=}\overset{CH_3}{\overset{|}{C}}CHO$　$C_6H_5\overset{CH_3}{\overset{|}{C}}{=}CH\overset{O}{\overset{\|}{C}}C_6H_5$　(6) $CH_3CH_2CH_2OH$　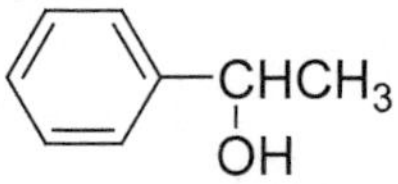

(7) 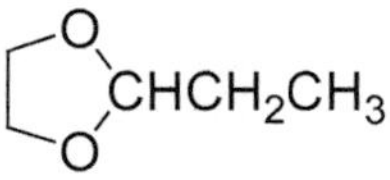　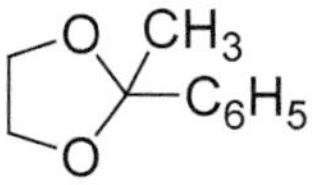　　(8) 无　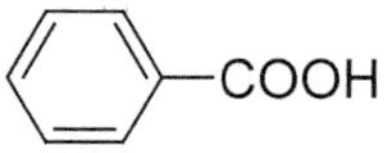 + CHI_3

(9) CH_3CH_2COOH, Ag　无　　(10) $CH_3CH_2CH{=}NOH$　$C_6H_5\underset{CH_3}{\underset{|}{C}}{=}NOH$

(11) $CH_3CH_2CH_3$　$C_6H_5CH_2CH_3$　　(12) $CH_3CH_2CH{=}CHCH_3$　$C_6H_5\underset{CH_3}{\underset{|}{C}}{=}CHCH_3$

(13) $CH_3CH_2CH{=}NNHCONH_2$　$C_6H_5\underset{CH_3}{\underset{|}{C}}{=}NNHCONH_2$

(14) CH_3CH_2COOH　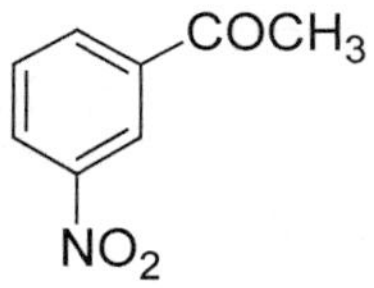

11-5　下列化合物中哪些能发生碘仿反应？哪些能与饱和 $NaHSO_3$ 溶液加成？写出反应产物。

(1) $CH_3COCH_2CH_3$　(2) CH_3CH_2CHO　(3) $CH_3CH_2COCH_2CH_3$

(4) CH_3CH_2OH　(5) $CH_3\underset{OH}{\underset{|}{C}}HCH_2CH_3$　(6) 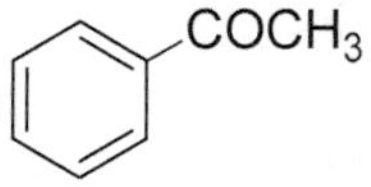

(7) 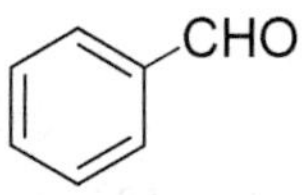　(8) 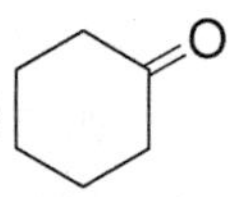

解　能发生碘仿反应的是：(1)、(4)、(5)、(6)，其产物分别是：

(1) CH_3CH_2COOH, CHI_3　　(4) $HCOOH, CHI_3$

(5) CH_3CH_2COOH, CHI_3　　(6) 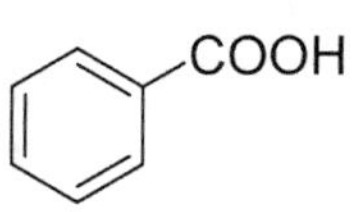 ,CHI_3

能和饱和 $NaHSO_3$ 水溶液加成的是：(1)、(2)、(7)、(8)，其产物分别是：

(1) $CH_3\overset{SO_3Na}{\underset{OH}{C}}CH_2CH_3$　(2) $H_3CH_2C-\overset{SO_3Na}{\underset{OH}{C}}H$　(3) 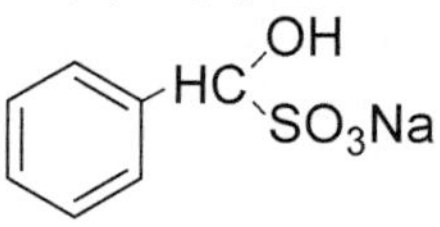　(4) 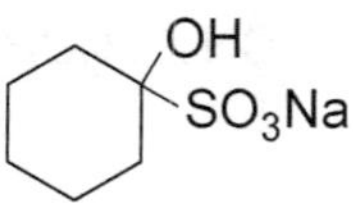

11-6 用化学方法区别下列各组化合物。

(1) 苯甲醇与苯甲醛 (2) 己-2-酮与己-3-酮 (3) 丙酮与苯乙酮

(4) 己-2-醇与己-2-酮 (5) 己醛与己-2-酮 (6) 甲醛、乙醛与丙酮

(7) 戊-2-酮、戊-3-酮与环己酮 (8) 丁酮、丁-2-醇与 2-氯丁烷

(9) 对甲苯甲醛、苯乙醛、苯乙酮、对甲苯酚

解

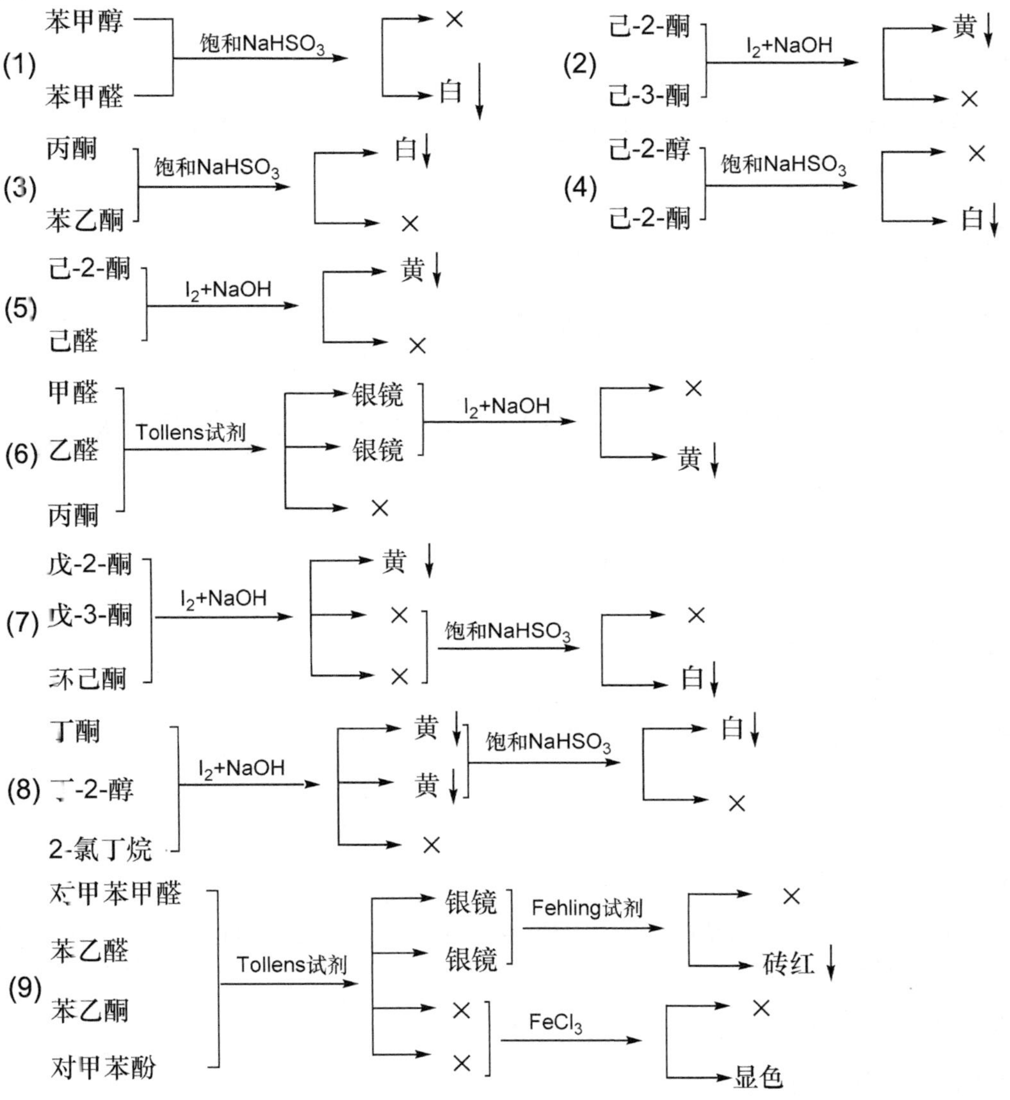

11-7 利用 Wittig 试剂和必要的原料合成下列化合物。

(1) 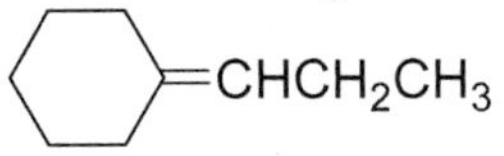

(2) $(CH_3)_2C{=}CHC_6H_5$

解

(1) 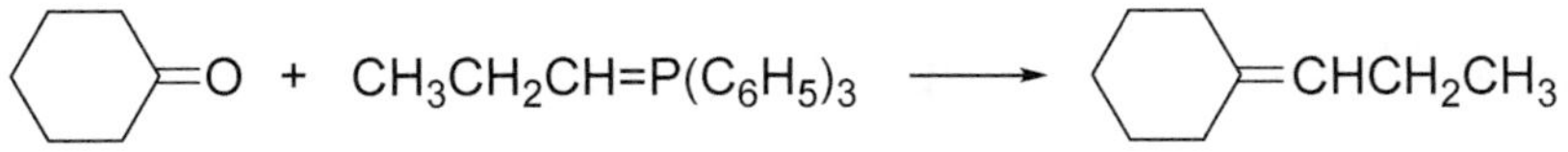

(2) $C_6H_5CHO + (CH_3)C{=}P(C_6H_5)_3 \longrightarrow (CH_3)_2C{=}CHC_6H_5$

11-8　利用适当的醛、酮和格氏试剂合成下列各化合物。

(1) $CH_3\overset{OH}{\underset{CH_2CH_3}{C}}CH_2CH_2CH_3$　　(2) $CH_3CH_2CH_2OH$

(3) 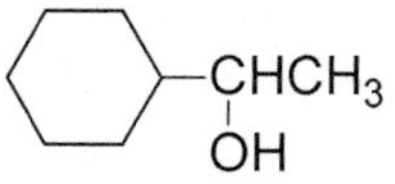　　(4) 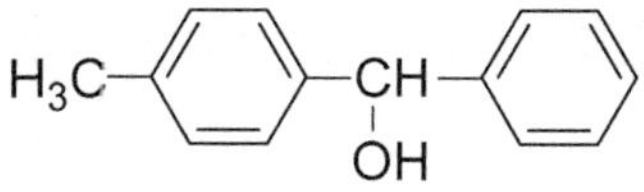

解

(1) $CH_3\overset{O}{\overset{\|}{C}}CH_2CH_3 + CH_3CH_2CH_2MgBr \xrightarrow[2)\ H_3^+O]{1)\ 干醚} CH_3\overset{OH}{\underset{CH_2CH_3}{C}}CH_2CH_2CH_3$

(2) $CH_3CH_2MgBr + HCHO \xrightarrow[2)\ H_3^+O]{1)\ 干醚} CH_3CH_2CH_2OH$

(3) 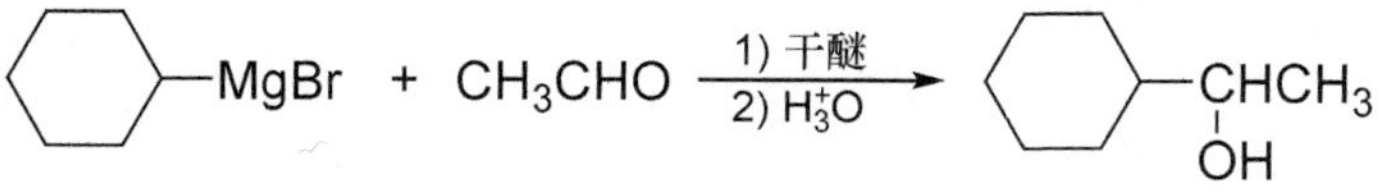

(4) 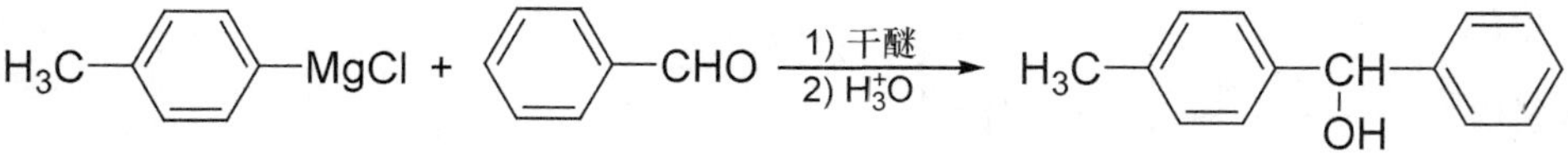

11-9　写出对甲苯甲醛在下列反应中得到的产物。

(1) 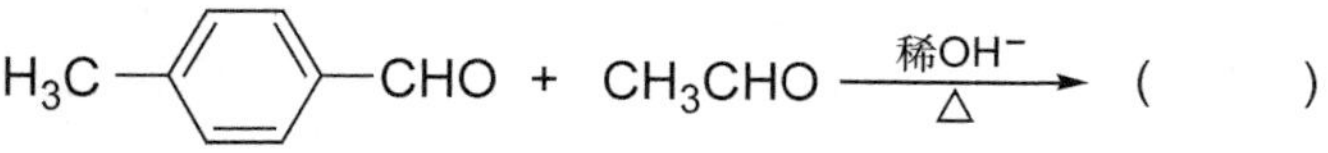

(2) 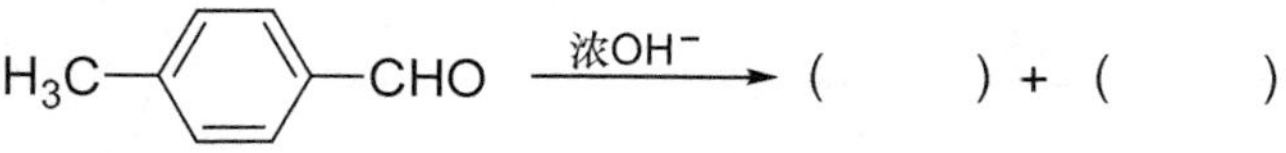

(3) 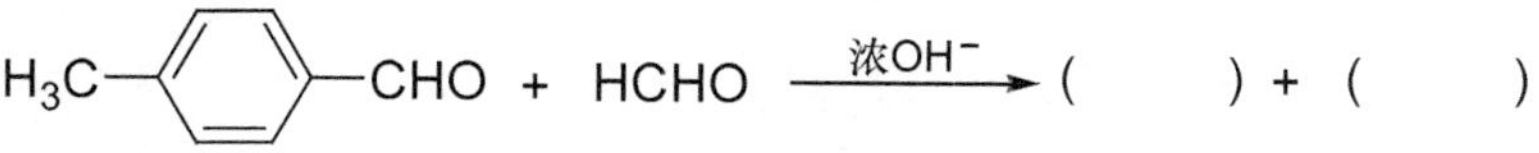

(4) 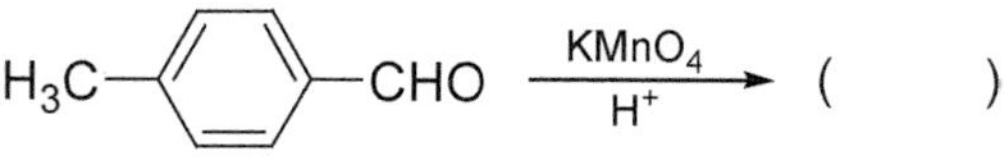

解

(1) 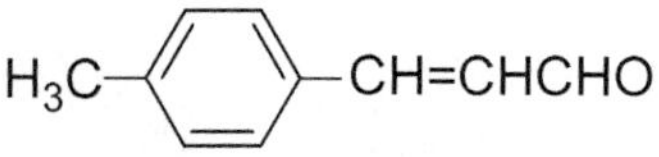　　(2) 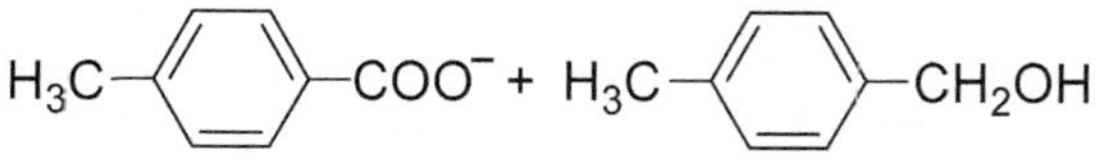

(3) 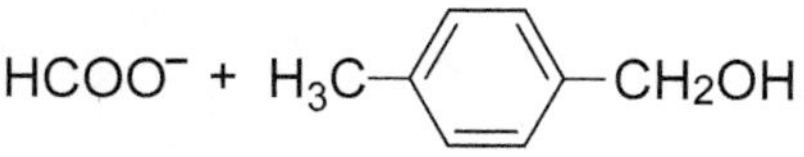　　(4) 

11-10　完成下列反应。

(1) $CH_3\overset{OH}{\overset{|}{C}}HCH_2CH_3 \xrightarrow{(A)} CH_3\overset{O}{\overset{\|}{C}}CH_2CH_3 \xrightarrow{HCN} (B)$

(2) $CH_3CH_2CHO \xrightarrow[\triangle]{稀OH^-} (A) \xrightarrow[2)\ H_2O]{1)\ LiAlH_4} (B)$

(3) 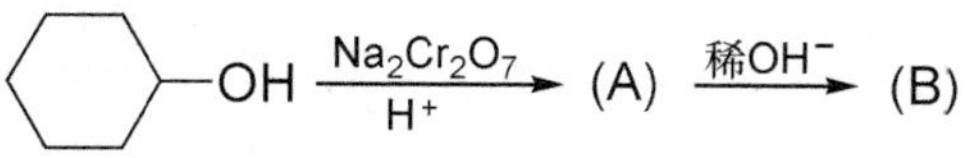

(4) $(CH_3)_2CHCHO \xrightarrow[HOAc]{Br_2} (A) \xrightarrow[干HCl]{2CH_3CH_2OH} (B) \xrightarrow[干醚]{Mg} (C) \xrightarrow[2)\ H_3^+O]{1)\ (CH_3)_2CHCHO} (D)$

(5) 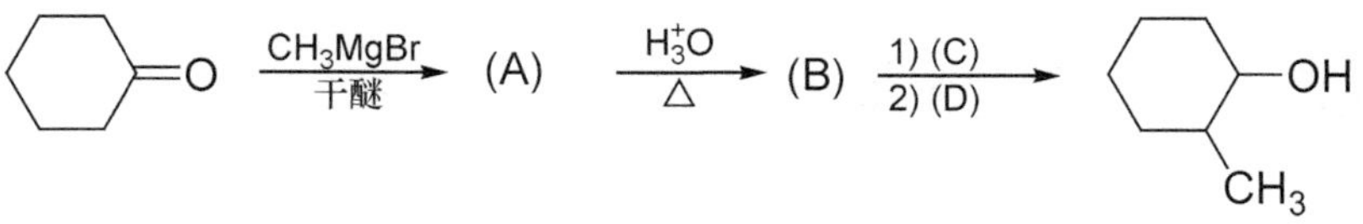

解

(1) A. $CrO_3 \cdot C_5H_5N$ B. $CH_3\underset{CN}{\overset{OH}{C}}CH_2CH_3$

(2) A. $CH_3CH_2CH{=}\underset{CH_3}{C}CHO$ B. $CH_3CH_2CH{=}\underset{CH_3}{C}CH_2OH$

(3) A. 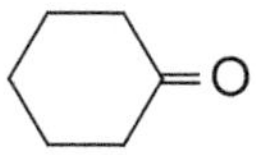 B. 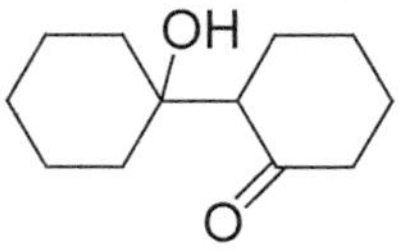

(4) A. $(CH_3)_2\underset{Br}{C}CHO$ B. $(CH_3)_2\underset{Br}{C}CH(OC_2H_5)_2$ C. $(CH_3)_2\underset{MgBr}{C}CH(OC_2H_5)_2$ D. $(CH_3)_2\underset{HO-CHCH(CH_3)_2}{C}CHO$

(5) A. 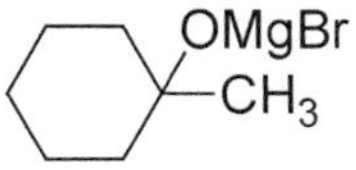 B. 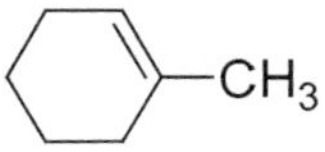 C. B_2H_6 D. H_2O_2, OH^-

11-11 用不多于四个碳原子的醇或卤代烃及必要的无机试剂合成下列各化合物。

(1) $CH_3CH_2\overset{O}{\overset{\|}{C}}CH_2CH_3$ (2) $CH_3CH_2\overset{CH_3}{CH}CHO$ (3) $CH_3CH_2CH_2CH{=}\overset{CH_2CH_3}{C}CH_2OH$

解

(1)
$$CH_3CH_2CH_2OH \xrightarrow{[O]} CH_3CH_2CHO$$
$$CH_3CH_2Br \xrightarrow[\text{干醚}]{Mg} CH_3CH_2MgBr$$
$$\xrightarrow[2)\ H_2O]{1)\ \text{干醚}} CH_3CH_2\overset{OH}{CH}CH_2CH_3 \xrightarrow{CrO_3\cdot C_5H_5N} CH_3CH_2\overset{O}{\overset{\|}{C}}CH_2CH_3$$

(2)
$$CH_3\underset{Cl}{CH}CH_2CH_3 \xrightarrow[\text{干醚}]{Mg} CH_3\underset{MgCl}{CH}CH_2CH_3$$
$$CH_3OH \xrightarrow{[O]} HCHO$$
$$\xrightarrow[2)\ H_2O]{1)\ \text{干醚}} CH_3\underset{CH_2OH}{CH}CH_2CH_3 \xrightarrow{CrO_3\cdot C_5H_5N} CH_3\underset{CHO}{CH}CH_2CH_3$$

(3)
$$CH_3CH_2CH_2CH_2OH \xrightarrow{[O]} CH_3CH_2CH_2CHO \xrightarrow[\triangle]{\text{稀}NaOH}$$
$$CH_3CH_2CH_2CH{=}\underset{CH_2CH_3}{C}CHO \xrightarrow{NaBH_4} CH_3CH_2CH_2CH{=}\underset{CH_2CH_3}{C}CH_2OH$$

11-12 试以乙醛为原料制备下列各化合物，所需无机试剂和必要的有机试剂任选。

(1) $CH_2=CHCH=CH_2$　　(2) 辛-2,4,6-三烯醛　　(3) 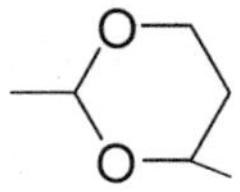

解

(1) $CH_3CHO \xrightarrow{\text{稀NaOH}} CH_3CH(OH)CH_2CHO \xrightarrow{NaBH_4} CH_3CH(OH)CH_2CH_2OH \xrightarrow[-H_2O]{H^+} CH_2=CHCH=CH_2$

(2) $CH_3CHO \xrightarrow[\triangle]{\text{稀NaOH}} CH_3CH=CHCHO \xrightarrow[\triangle]{\text{稀NaOH}}$ 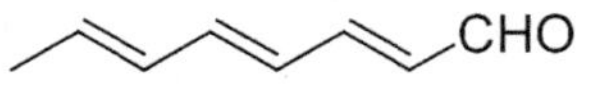

辛-2,4,6-三烯醛

(3) $CH_3CHO \xrightarrow{\text{稀NaOH}} CH_3CH(OH)CH_2CHO \xrightarrow{NaBH_4} CH_3CH(OH)CH_2CH_2OH \xrightarrow[\text{干HCl}]{CH_3CHO}$ 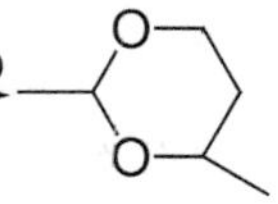

11-13　以下列化合物为主要原料合成指定的化合物。

(1) $CH_3CH=CH_2$　$CH\equiv CH$ ⟶ 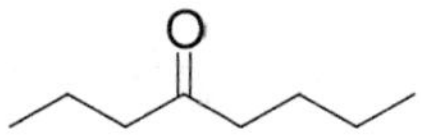

(2) $CH_3CH=CH_2$　$CH_3CH_2CH_2COCH_3 \longrightarrow (CH_3)_2C=C(CH_3)CH_2CH_2CH_3$

(3) $CH_2=CH_2$　$BrCH_2CH_2CHO \longrightarrow CH_3CH(OH)CH_2CH_2CHO$

解

(1) $CH_3CH=CH_2 \xrightarrow[H_2O_2]{HBr} CH_3CH_2CH_2Br$

$CH\equiv CH \xrightarrow{NaNH_2} NaC\equiv CNa$

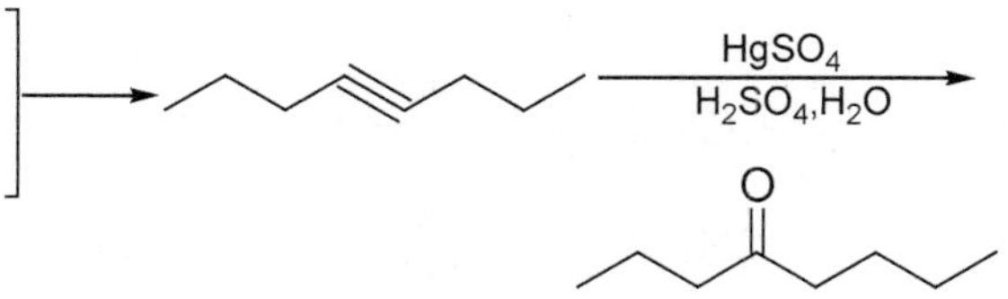

(2) $CH_3CH=CH_2 \xrightarrow{HBr} CH_3CH(Br)CH_3 \xrightarrow[\text{干醚}]{Mg} CH_3CH(MgBr)CH_3$

$\xrightarrow[\text{干醚}]{CH_3COCH_2CH_2CH_3} \xrightarrow{H_2O}$ 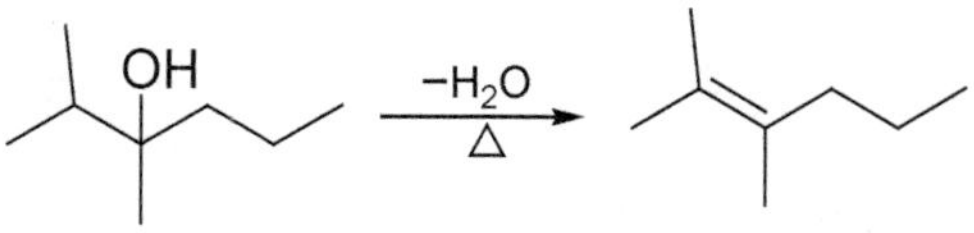

(3) $CH_2=CH_2 \xrightarrow{H_3\overset{+}{O}} CH_3CH_2OH \xrightarrow{[O]} CH_3CHO$

$BrCH_2CH_2CHO \xrightarrow[\text{干HCl}]{2CH_3CH_2OH} BrCH_2CH_2CH(OC_2H_5)_2 \xrightarrow[\text{干醚}]{Mg}$

$BrMgCH_2CH_2CH(OC_2H_5)_2 \xrightarrow[\text{干醚}]{CH_3CHO} \xrightarrow{H_3\overset{+}{O}} CH_3CH(OH)CH_2CH_2CHO$

11-14　化合物 A($C_5H_{12}O$)有旋光性，在碱性 $KMnO_4$ 溶液作用下生成 B($C_5H_{10}O$)，无旋光性。化合物 B 与正丙基溴化镁反应，水解后得到 C，C 经拆分可得互为镜像关系的两个异构体。试推测化合物 A、B、C 的结构。

解

A. 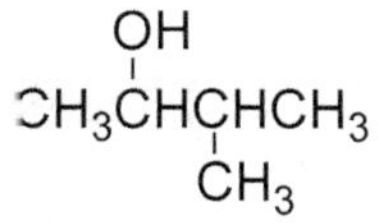 B. 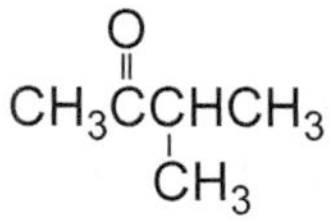 C. 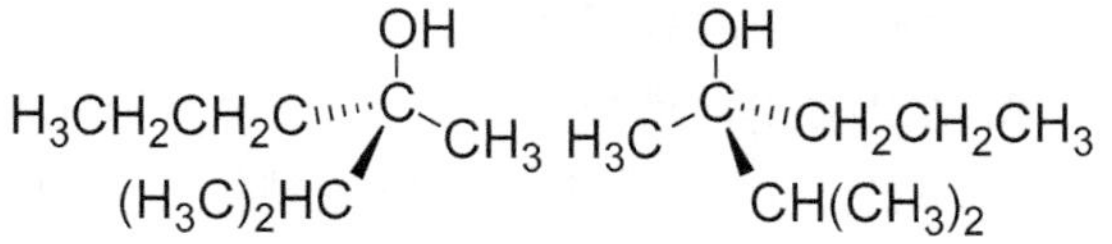

11-15 某化合物的分子式 $C_6H_{12}O$，能与羟胺作用生成肟，但不发生银镜反应，在铂催化下进行催化加氢则得到醇，此醇经去水、臭氧氧化、水解等反应后得到两种液体：其中之一能发生银镜反应，但不能发生碘仿反应；另一种能发生碘仿反应，而不能使 Fehling 试剂还原。试写出该化合物的构造式。

解 $(CH_3)_2CHCOCH_2CH_3$

11-16 分子式为 $C_8H_{14}O$ 的某化合物 A，可使溴水迅速褪色，可以与苯肼反应，A 被氧化生成一分子丙酮及另一化合物 B，B 具有酸性，与 NaOCl 反应生成一分子氯仿和一分子丁二酸。试写出 A、B 可能的构造式。

解

A. $CH_3COCH_2CH_2CH{=}C(CH_3)_2$ 或 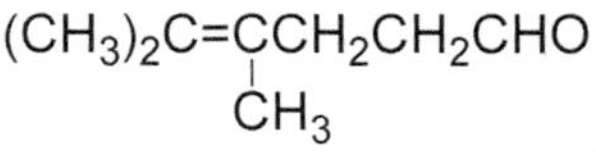 B. $CH_3COCH_2CH_2COOH$

11-17 分子式为 $C_9H_{16}O$ 的化合物 A，经臭氧化后生成 B、C 两个化合物。B 能与羟胺作用，但不与亚硫酸氢钠的饱和溶液作用；C 能发生碘仿反应，同时生成一种结构为 $HOOCCH_2COOH$ 的羧酸。试写出 A、B、C 可能的结构式。

解

A. $(CH_3CH_2)_2C{=}CHCH_2COCH_3$ 或 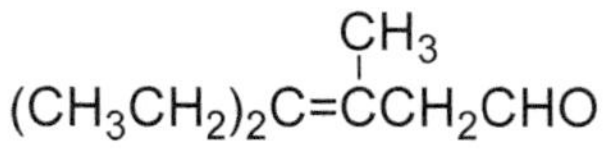

B. $CH_3CH_2COCH_2CH_3$ C. CH_3COCH_2CHO

11-18 一种芳香醛和丙酮在碱作用下可以生成分子式为 $C_{12}H_{14}O_2$ 的化合物 A，A 经碘仿反应后生成 $C_{11}H_{12}O_3$ 的化合物 B。B 经催化加氢后生成 C。B、C 经氧化都生成分子式为 $C_9H_{10}O_3$ 的化合物 D。D 经 HBr 处理后生成邻羟基苯甲酸。试写出 A、B、C、D 的结构式。

解

A. 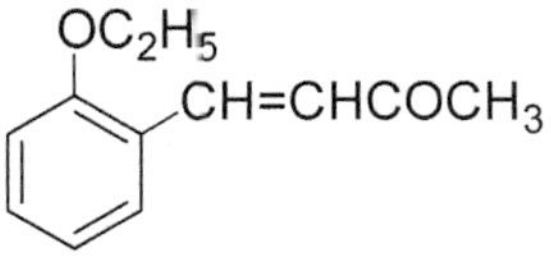 B. 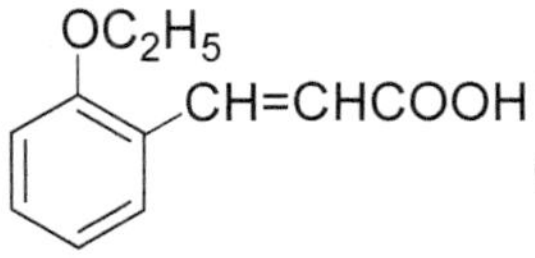 C. 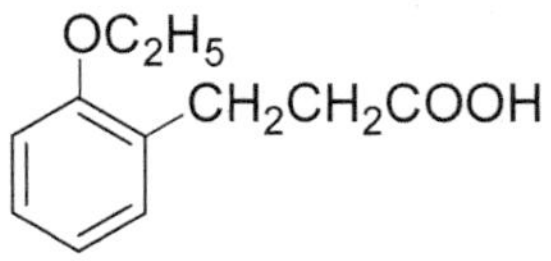 D. 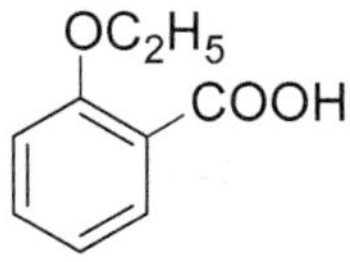

11-19 某化合物(A)$C_4H_7ClO_2$，其核磁共振有 a、b、c 三组峰，a 在 δ 1.25 处有一个三重峰，b 在 3.95 处有一个单峰，c 在 4.21 处有一个四重峰。红外光谱在 1730 cm^{-1} 区域有一强的吸收峰。化合物(B)$C_5H_{10}O$，其核磁共振有 a'、b'二组峰，a'在 δ 1.05 处有一个三重峰，b'在 2.47 处有一个四重峰，红外光谱在 1700 cm^{-1} 附近有特征吸收峰。根据上述事实推测化合物 A、B 的结构简式。

解

A. 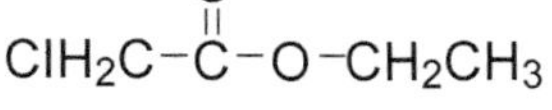 B. 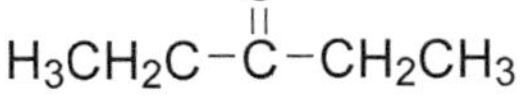

11-20　化合物 A($C_9H_{10}O$)不能发生碘仿反应，其红外光谱表明在 1690 cm^{-1} 处有一强吸收峰。核磁共振谱数据如下。推测 A 的结构。

δ =1.2 (3H)三重峰　　δ =3.0 (2H)四重峰　　δ =7.7 (5H)多重峰

已知 B 为 A 的异构体，能发生碘仿反应，其红外光谱表明在 1705 cm^{-1} 处有一强吸收峰。核磁共振谱数据如下。推测 B 的结构。

δ =2.0 (3H)单峰　　δ =3.5 (2H)单峰　　δ =7.1 (5H)多重峰

解

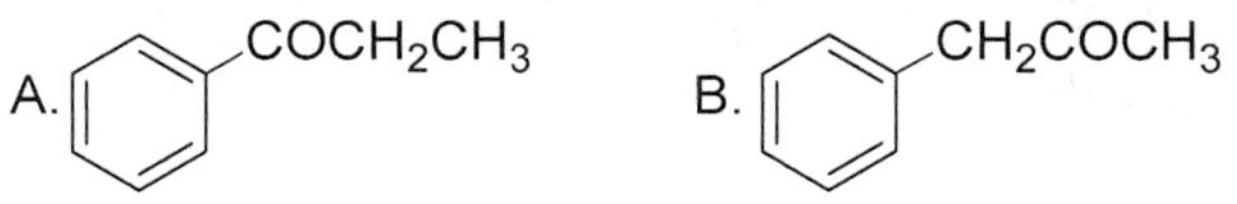

11-21　写出下列反应机理。

(1)
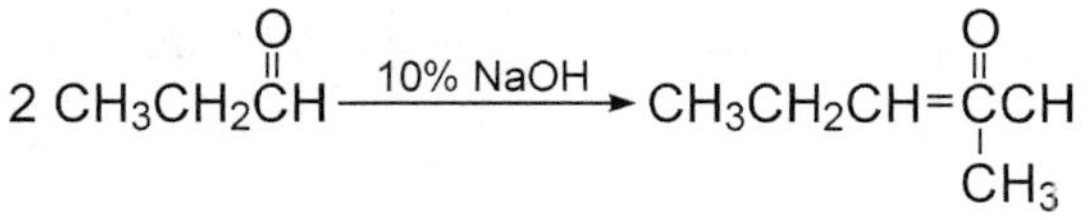

(2)
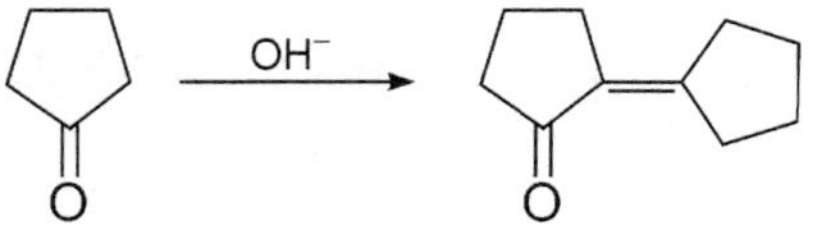

(3)
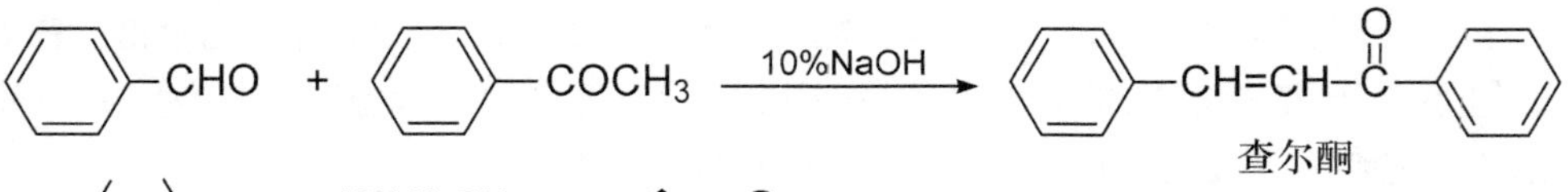

(4)
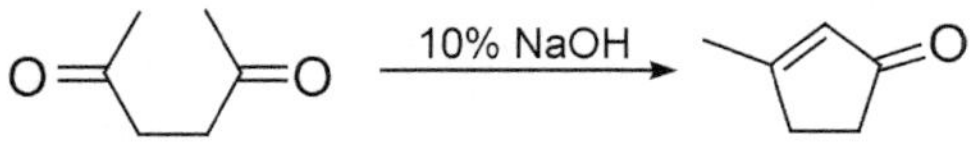

解

(1)

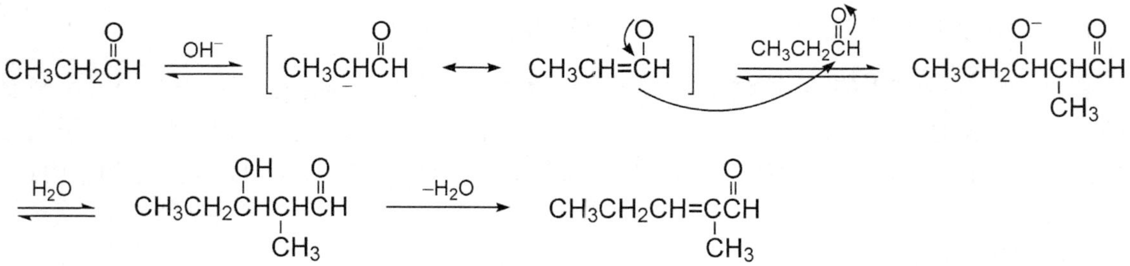

(2)

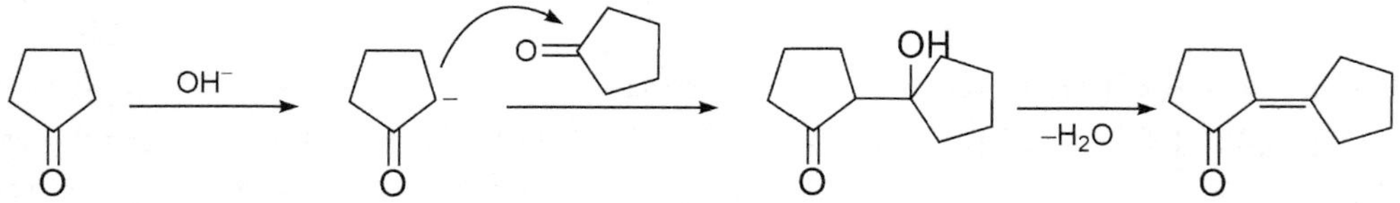

(3)

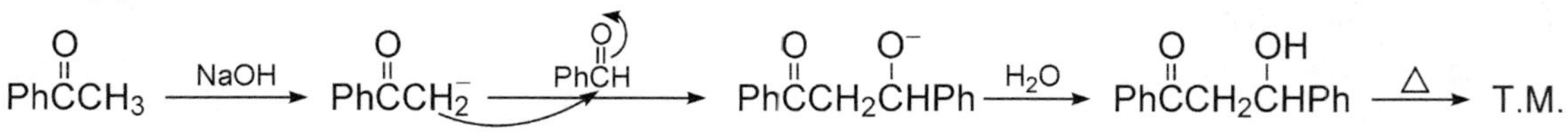

(4)

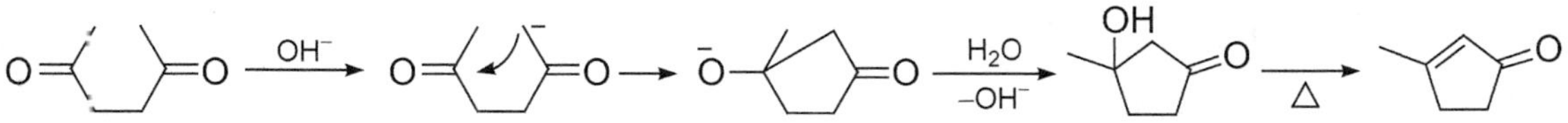

四、补充习题及答案

11-1 写出下列反应的主要产物。

(1) $CH_3CH_2COCH_3$ + $CH_3CH_2MgBr \xrightarrow{乙醚}$ ( ) $\xrightarrow{H_2O}$ ( )

(2) $2(CH_3)_2CHCH_2CHO \xrightarrow[\triangle]{稀NaOH}$ ( )

(3) $HOCH_2CH_2CH_2CHO \xrightarrow{干HCl}$ ( ) $\xrightarrow[CH_3OH]{干HCl}$ ( )

(4) 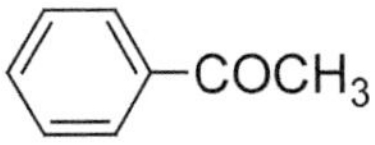 + $C_6H_5MgBr \longrightarrow$ ( ) $\xrightarrow[H^+]{H_2O}$ ( )

(5) $(CH_3)_3CCHO$ + $HCHO \xrightarrow{浓NaOH}$ ( )

(6) 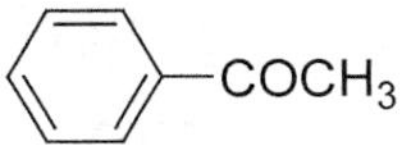 $\xrightarrow{C_6H_5NHNH_2}$ ( )

(7) 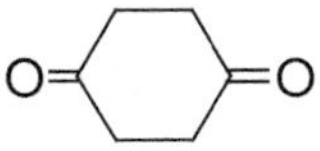 $\xrightarrow[乙醚]{2CH_3MgI}$ ( ) $\xrightarrow[\triangle]{H_2SO_4}$ ( ) $\xrightarrow[2)\ Zn/H_2O]{1)\ O_3}$ ( ) + ( )

(8) 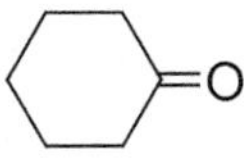 + $4HCHO \xrightarrow{稀NaOH}$ ( )

(9) 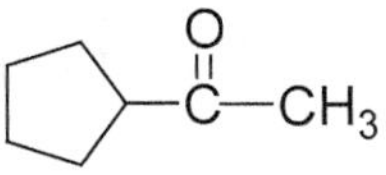 $\xrightarrow[NaOH]{Br_2}$ ( ) + ( )

(10) 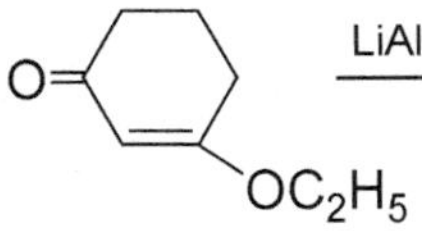 $\xrightarrow{LiAlH_4}\xrightarrow{H_2O}$ ( ) $\xrightarrow[\triangle]{HI(过量)}$ ( ) + ( )

解

(1) 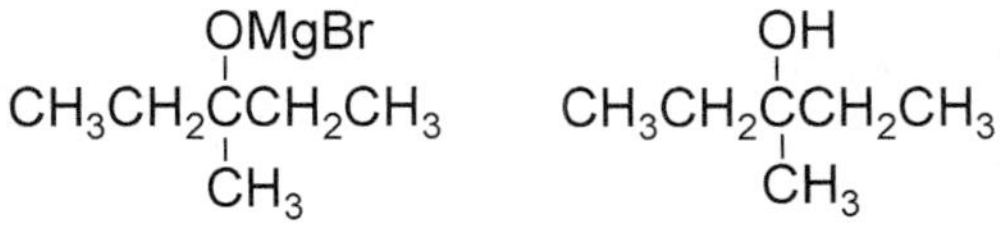

(2) 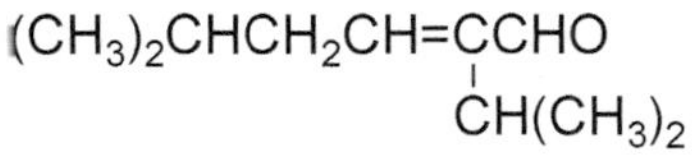

(3) 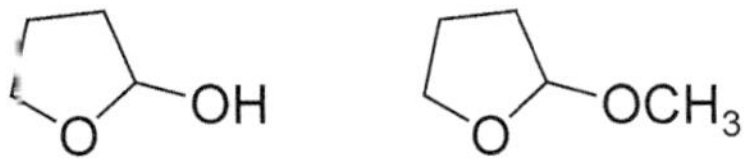

(4) 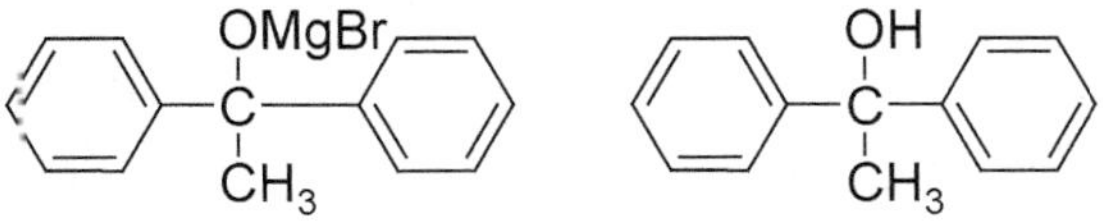

(5) $(CH_3)_3CCH_2OH$ + $HCOONa$

(6) 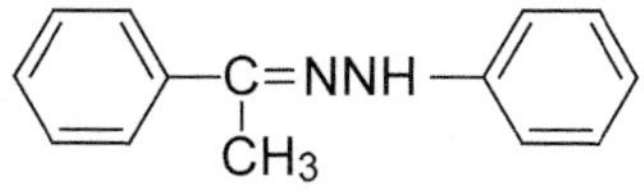

(7) 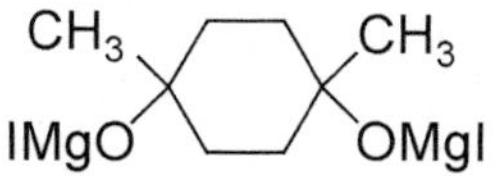　　OHCCHO + $CH_3COCH_2CH_2COCH_3$

(8) 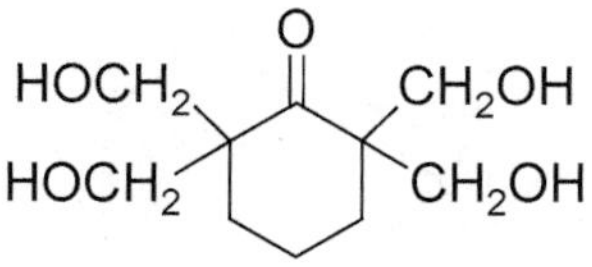

(9) 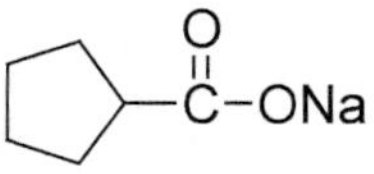 + $CHBr_3$

(10) 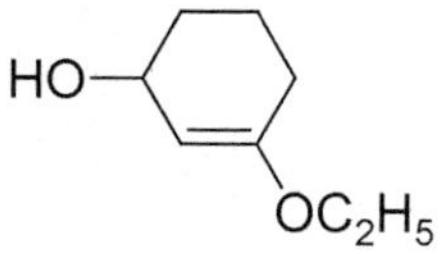　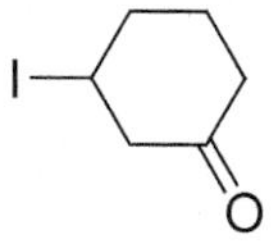 + C_2H_5I

11-2　下列化合物哪些能与 Tollens 试剂发生反应？哪些能与 Fehling 试剂发生反应？

(1) $CH_3CH(OH)CH_2CH_3$　(2) $CH_3CH_2CH_2CH_2OH$　(3) $CH_3CH_2COCH_3$

(4) $CH_3CH_2COCH_2CH_3$　(5) $(CH_3)_3CCHO$　(6) CH_3CHO

(7) 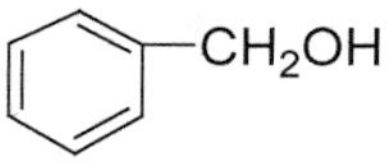　(8) 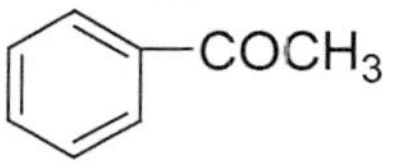　(9) 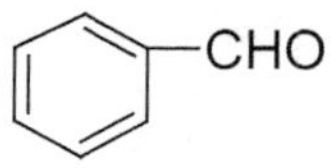

(10) 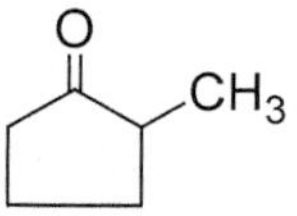　(11) $CH_3-\overset{O}{\overset{\|}{C}}CH_2\overset{O}{\overset{\|}{C}}-CH_3$　(12) $CH_3CH_2\underset{}{\overset{CH_3}{\overset{|}{C}}}HCHO$

解　能与 Tollens 试剂发生反应的是(5)(6)(9)(12)；

能与 Fehling 试剂发生反应的是(5)(6)(12)。

11-3　完成下列转化，并写出反应式。

(1) $CH_3CH_2CHO \longrightarrow CH_3\underset{OH}{\underset{|}{C}}HCH_2CH_3$

(2) $CH_3CH_2CH_2OH \longrightarrow CH_3CH_2CH_2CH_2OH$

(3) $CH_3CH_2CH_2OH \longrightarrow CH_3CH_2COCH_2CH_2CH_3$

(4) 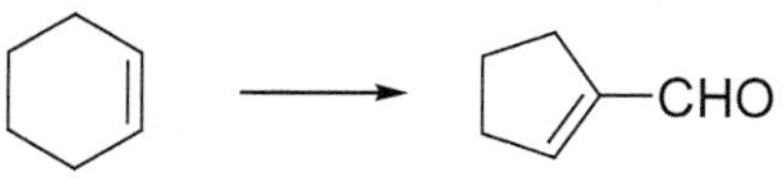

(5) $BrCH_2CH_2CHO \longrightarrow CH_3CH_2COCH_2CH_2CHO$

(6) $CH_3CH_2OH \longrightarrow$ 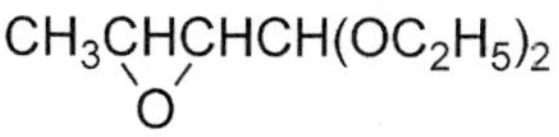

解

(1) $CH_3CH_2CHO \xrightarrow[2)\ H^+,H_2O]{1)\ CH_3MgI,Et_2O} CH_3\underset{OH}{\underset{|}{C}}HCH_2CH_3$

(2) $CH_3CH_2CH_2OH \xrightarrow[2)\ Mg,Et_2O]{1)\ PBr_3} CH_3CH_2CH_2MgBr \xrightarrow[2)\ H^+,H_2O]{1)\ HCHO} CH_3CH_2CH_2CH_2OH$

(3) $CH_3CH_2CH_2OH \xrightarrow[\text{吡啶}]{CrO_3} CH_3CH_2CHO$

$CH_3CH_2CH_2OH \xrightarrow[2)\ Mg,Et_2O]{1)\ PBr_3} CH_3CH_2CH_2MgBr$

$\longrightarrow CH_3CH_2CH(OH)CH_2CH_2CH_3$

$\xrightarrow{KMnO_4} CH_3CH_2COCH_2CH_2CH_3$

(4) 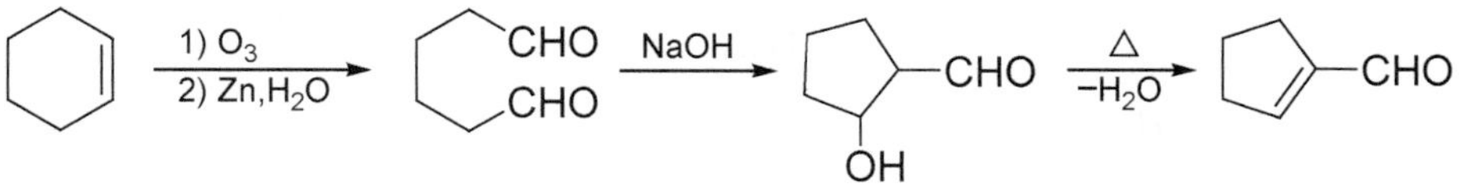

(5) 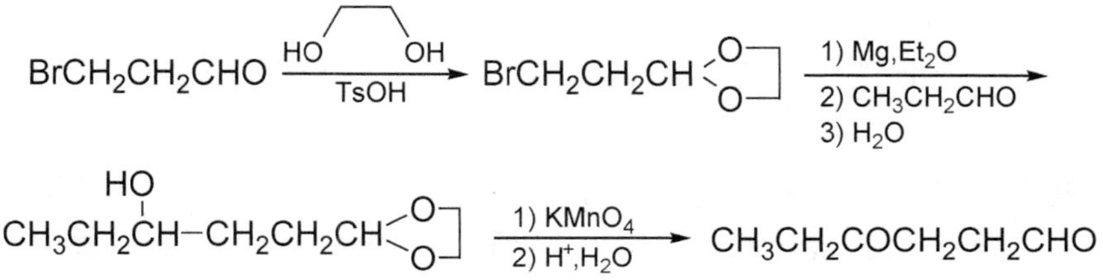

(6)

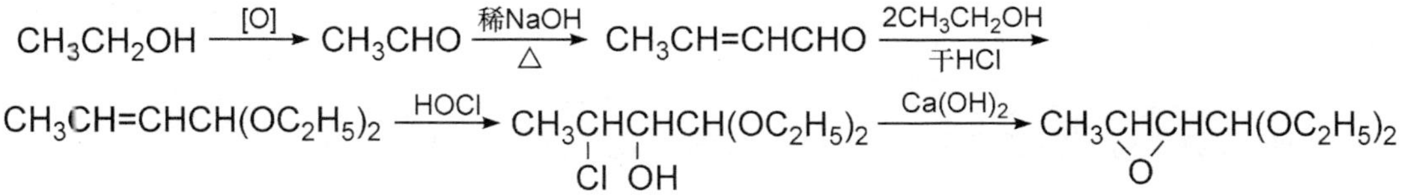

11-4　有一化合物 A 的分子式是 $C_9H_{10}O_2$，能溶于 NaOH 溶液，A 能和溴水、羟胺、氨基脲反应，不与 Tollens 试剂发生反应。A 经 $LiAlH_4$ 还原则产生化合物 B，B 的分子式为 $C_9H_{12}O_2$。A 和 B 均能发生卤仿反应。用 Zn(Hg)／HCl 还原 A 得 C，分子式为 $C_9H_{12}O$，将 C 用 NaOH 反应再同 CH_3I 煮沸得 D，分子式为 $C_{10}H_{14}O$。D 用 $KMnO_4$ 溶液氧化后得对甲氧基苯甲酸，写出 A、B、C、D 的结构。

解

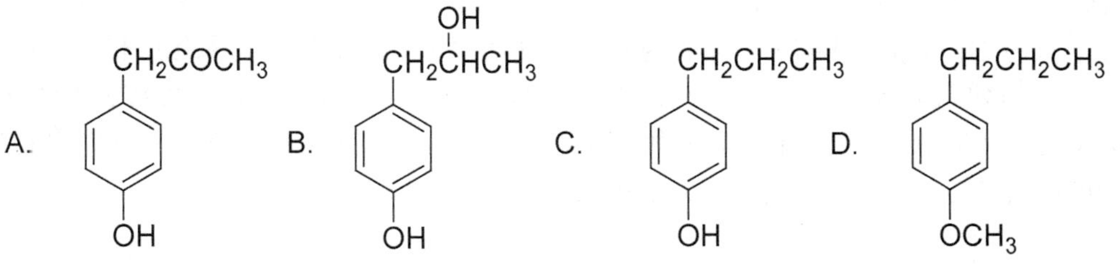

11-5　某化合物分子式为 $C_6H_{12}O$，能与羟胺作用生成肟，但不发生银镜反应，在铂的催化下加氢得到一种醇。此醇经过脱水、臭氧化还原水解等反应后得到两种液体，其中之一能发生银镜反应但不发生碘仿反应，另一种能发生碘仿反应但不能使 Fehling 试剂还原。试写出该化合物的结构式。

解

$$CH_3CH_2COCH(CH_3)_2$$

11-6　某化合物 A，分子式为 $C_{12}H_{20}$，具有光活性，在铂催化下加一分子氢气得到两个异构体 B 和 C，分子式均为 $C_{12}H_{22}$，A 臭氧化只得到一种化合物 D，分子式为 $C_6H_{10}O$，也具有光活性。D 与羟氨反应得 E，分子式为 $C_6H_{11}NO$。D 具有三个 α 活泼氢，其核磁共振谱表明只有一个甲基。试推测 A、B、C、D 的结构。

解

A. 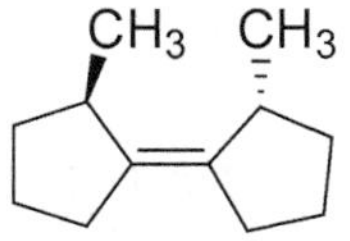 或 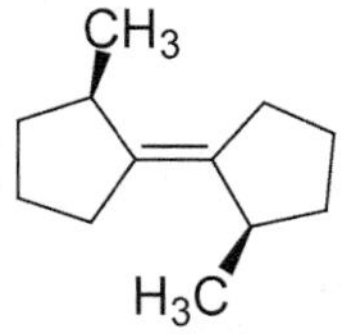　B. 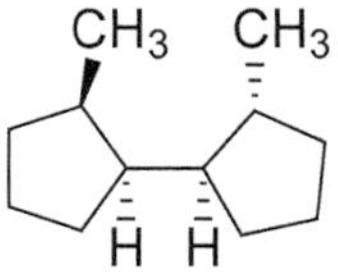

C. 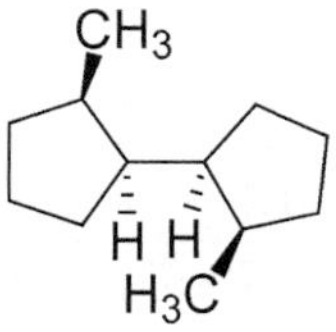　D. 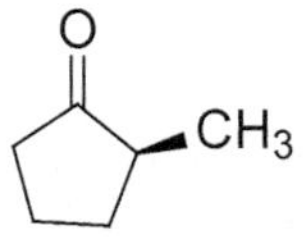

11-7　麝香酮($C_{16}H_{30}O$)是由雄麝鹿臭腺中分离出来的一种活性物质，可用于医药及配制高档香精。麝香酮与硝酸一起加热氧化，可得以下两种二元羧酸 A 和 B。将麝香酮以锌-汞齐及盐酸还原，得到甲基环十五碳烷 C。写出麝香酮的结构式。

$HOOC(CH_2)_{12}CH(CH_3)COOH$　　$HOOC(CH_2)_{11}CH(CH_3)CH_2COOH$　　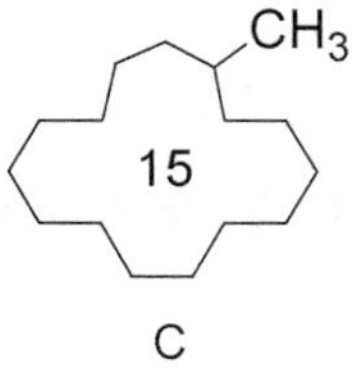

A　　B　　C

解

麝香酮的结构式为：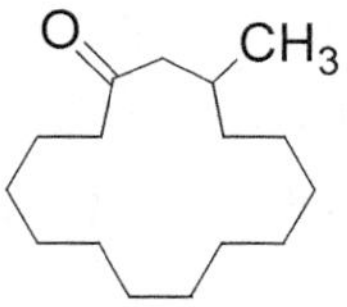

11-8　灵猫酮 A 是由香猫的臭腺中分离出的香气成分，是一种珍贵的香料，其分子式为 $C_{17}H_{30}O$。A 能与羟胺等氨的衍生物作用，但不发生银镜反应。A 能使溴的四氯化碳溶液褪色，生成分子式为 $C_{17}H_{30}Br_2O$ 的 B。将 A 与高锰酸钾水溶液一起加热得到氧化产物 C，分子式为 $C_{17}H_{30}O_5$。但如以硝酸与 A 一起加热，则得到如下的两个二元羧酸 $HOOC(CH_2)_6COOH$ 和 $HOOC(CH_2)_7COOH$。将 A 于室温催化氢化得分子式为 $C_{17}H_{32}O$ 的 D，D 与硝酸加热得到 $HOOC(CH_2)_{15}COOH$。写出灵猫酮以及 B、C、D 的结构式。

解

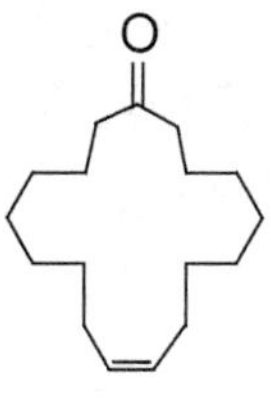

A

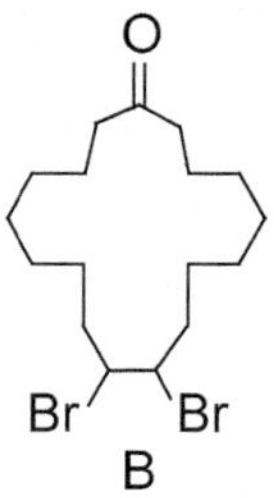

B

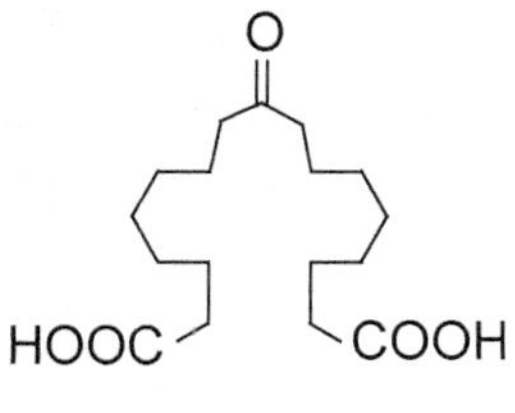

C

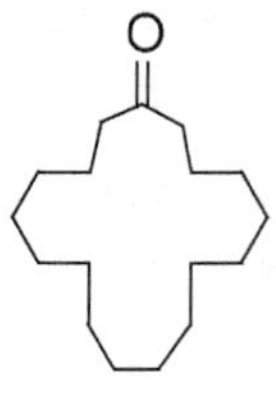

D

第 12 章　羧酸及其衍生物

一、内 容 提 要

【一】羧酸及其衍生物的性质

1. 酸性和成盐

$$RCOOH \rightleftharpoons RCOO^- + H^+$$

$$RCOOH + NaHCO_3 \longrightarrow RCOONa + CO_2 + H_2O$$

影响酸性的因素：①诱导效应的影响；②共轭效应的影响。

2. 羧酸及其衍生物间的相互转化

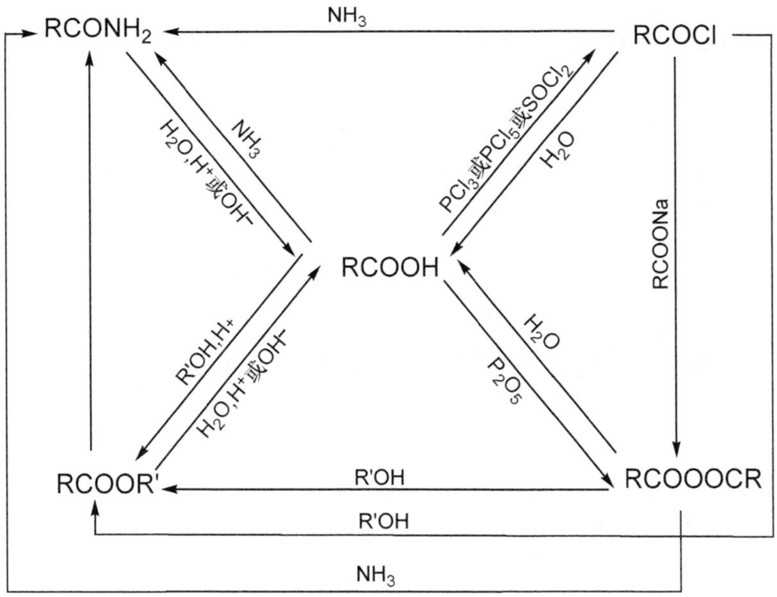

3. 羧酸及其衍生物的还原反应

$$\left.\begin{matrix} RCOOH \\ RCOX \\ RCOOR' \\ RCOOOCR \end{matrix}\right\} \xrightarrow[\text{或}LiAlH_4]{H_2/Cat.} RCH_2OH$$

$$\left.\begin{matrix} RCONH_2 \\ RCN \end{matrix}\right\} \xrightarrow[\text{或}LiAlH_4]{H_2/Cat.} RCH_2NH_2$$

4. α-氢的取代反应

$$RCH_2COOH + Br_2 \xrightarrow{PBr_3} \underset{\displaystyle Br}{RCHCOOH} + HBr$$

5. 羧酸衍生物与有机金属化合物的反应

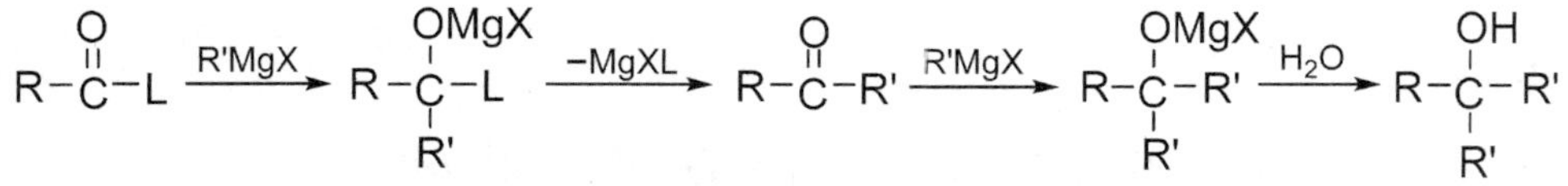

$$CH_3CH_2CH_2CO(CH_2)_4COCl \xrightarrow{(CH_3)_2CuLi} CH_3CH_2CH_2CO(CH_2)_4COCH_3$$

6. 羧酸的脱羧反应

$$RCOOH \xrightarrow{\triangle} RH + CO_2$$

不同二元酸的分解产物不同，草酸和丙二酸加热脱羧，碳链较长的二元酸则生成环状酸酐或酮(五元环或六元环)。

7. 羟基酸的脱水反应和脱羧反应

1) 脱水反应

α-羟基酸受热时，两分子间的羟基与羧基相互酯化脱水而生成交酯。*β*-羟基酸受热时，发生分子内脱水而生成*α*,*β*-不饱和酸。*γ*-和*δ*-羟基酸很容易脱水生成五元环和六元环的内酯。

2) 分解脱羧反应

α-羟基酸与稀硫酸或酸性高锰酸钾共热，则羧基和 *α*-碳原子之间的键断裂，分解脱羧生成醛、酮或羧酸。

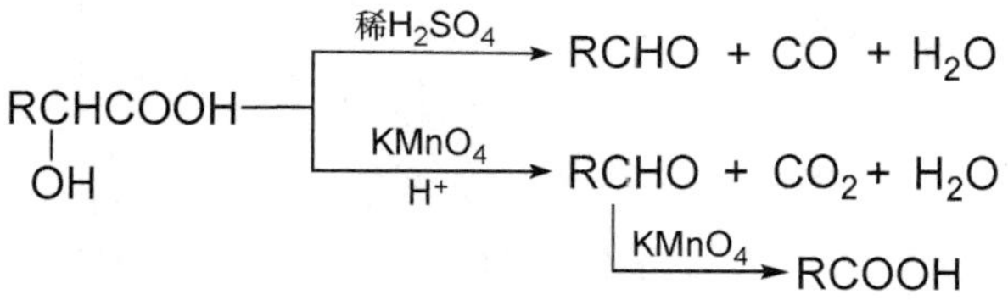

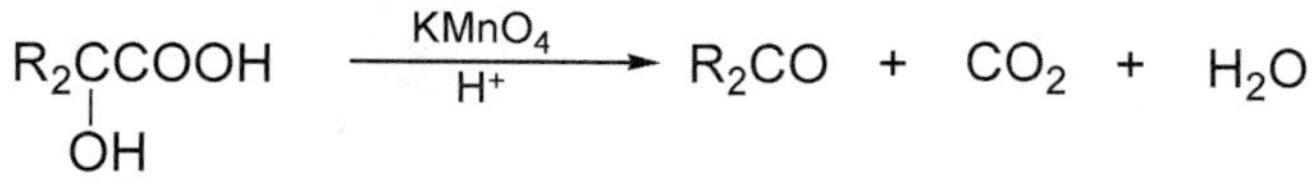

8. 酰胺的特殊反应

1) 脱水反应——腈的制备

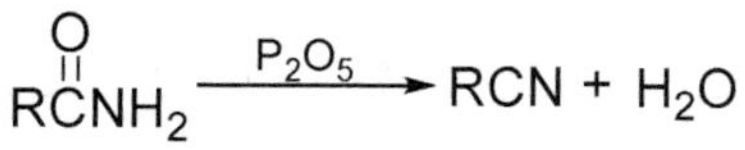

2) Hoffmann 降级反应

$$RCONH_2 + NaOBr + NaOH \longrightarrow RNH_2 + Na_2CO_3 + NaBr + H_2O$$

【二】羧酸的制备

(1) 羧酸的制备方法包括烃的氧化、醛的氧化、多卤代烷的水解、腈的水解、卤仿反应、格氏试剂与二氧化碳的反应等。

$$RCN \xrightarrow[H_2O]{NaOH} RCOONa \xrightarrow{H^+} RCOOH$$

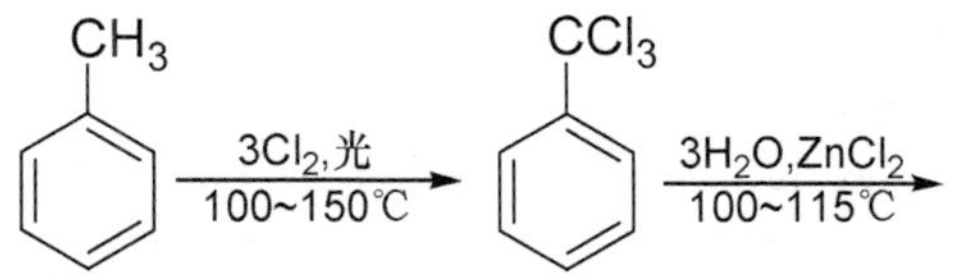

$$RMgX + CO_2 \xrightarrow[\text{低温}]{C_2H_5OC_2H_5} RCOOMgX \xrightarrow{H_3\overset{+}{O}} RCOOH$$

(2) 羟基酸的制备方法包括羟基腈水解、卤代酸水解和 Reformatsky 反应等。

$$R-\underset{CN}{\overset{OH}{C}}-R' \xrightarrow{H_3O^+} R-\underset{R'}{\overset{OH}{C}}-COOH$$

$$RCH_2COOH \xrightarrow{Br_2,P} R\underset{Br}{C}HCOOH \xrightarrow{OH^-,H_2O} R\underset{OH}{C}HCOOH$$

$$R-\overset{O}{\overset{\|}{C}}-R' + BrCH_2COOC_2CH_5 \xrightarrow[2)\ H_3O^+]{1)\ Zn,C_6H_6} R-\underset{R'}{\overset{OH}{C}}-CH_2COOH$$

二、例 题 讲 解

【例 12-1】 一羧酸衍生物 A 的分子式为 $C_5H_6O_3$，它能与乙醇作用得到两个互为异构体的化合物 B 和 C，B 和 C 分别与 $SOCl_2$ 作用后再加入乙醇，都得到同一化合物 D。试推测 A ~ D 的结构。

解　A 的不饱和度为 3，为羧酸衍生物，且能与乙醇作用得到两个互为异构体的化合物，可推得 A 应为酸酐，另一个不饱和键应为环。所以 A 的结构以及所发生的反应如下所示：

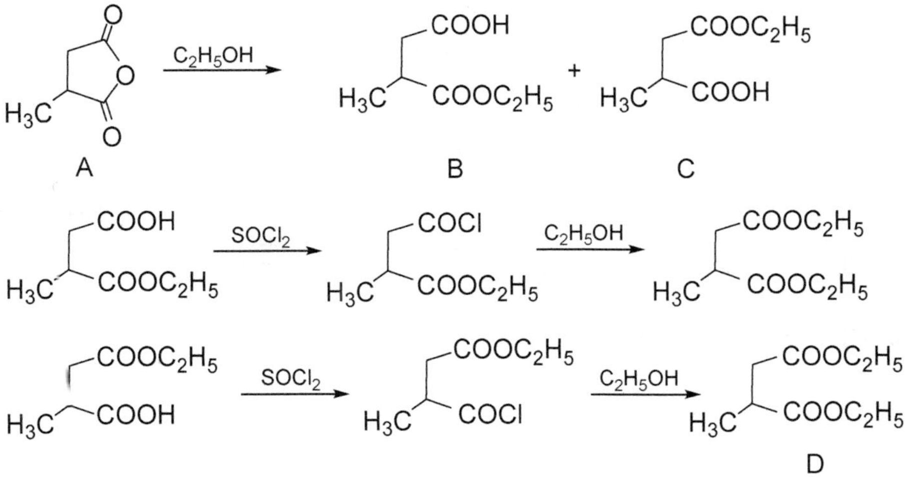

【例 12-2】 以乙炔为主要原料，合成：

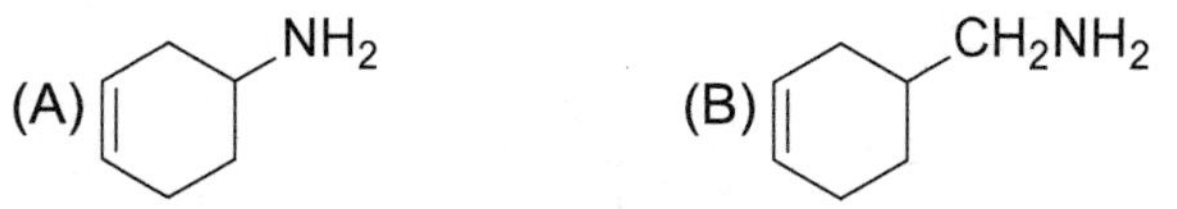

解　这两个化合物的官能团为脂肪胺，骨架为环己烯结构。脂肪胺的制法有酰胺的降解、酰胺或氰基化合物的还原，所以 A 和 B 可以通过如下化合物(Ⅰ)和(Ⅱ)来制备。(Ⅰ)中的酰胺可通过(Ⅱ)的水解来制备。

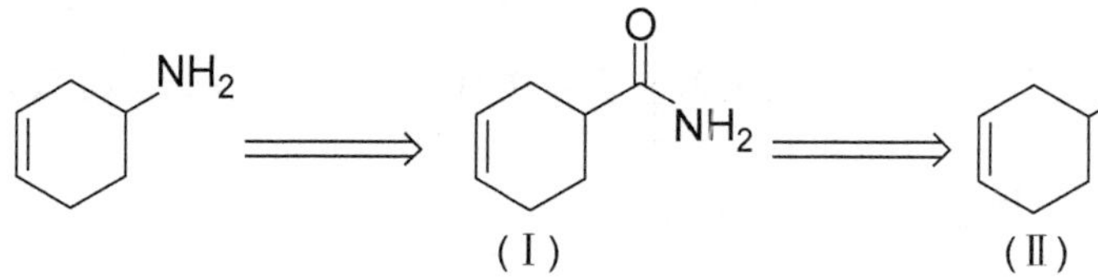

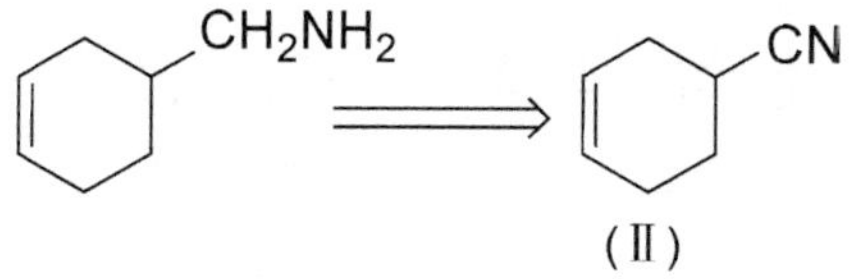

六元环的制备一般可通过 D-A 反应来制备，(Ⅱ)可通过丁-1,3-二烯和丙烯腈来制备。

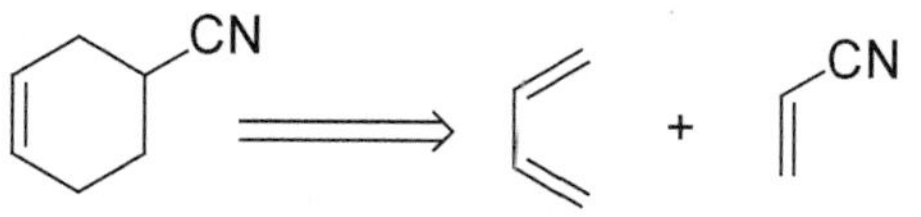

丙烯腈可通过乙炔和氢氰酸的亲核加成来制备。丁-1,3-二烯可通过丁-1-烯-3-炔的还原来制备。该化合物的合成路线为：

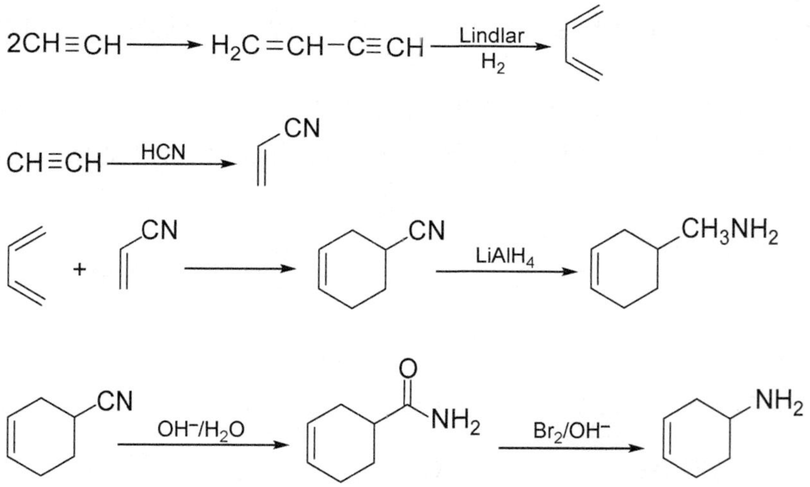

【例 12-3】　完成下列转化。

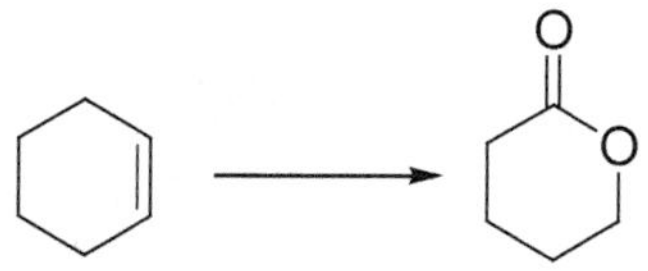

解　产物为六元环状内酯，可由酮发生 Baeyer-Villiger 反应而得。原料环己烯经氧化后可得到己二酸，二元羧酸热分解后得到环戊酮。该化合物的合成路线为：

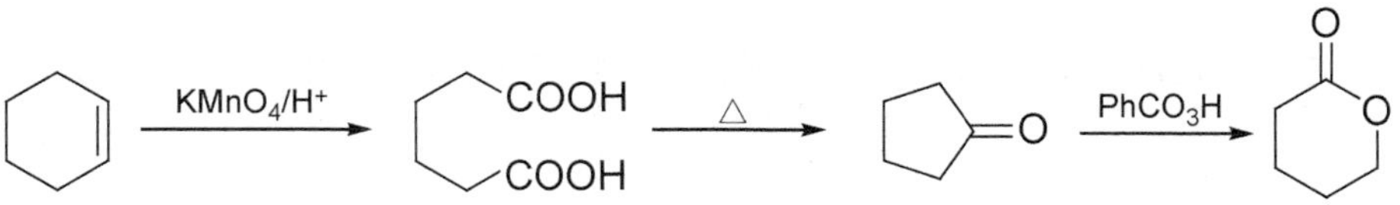

【例 12-4】　完成下列转化。

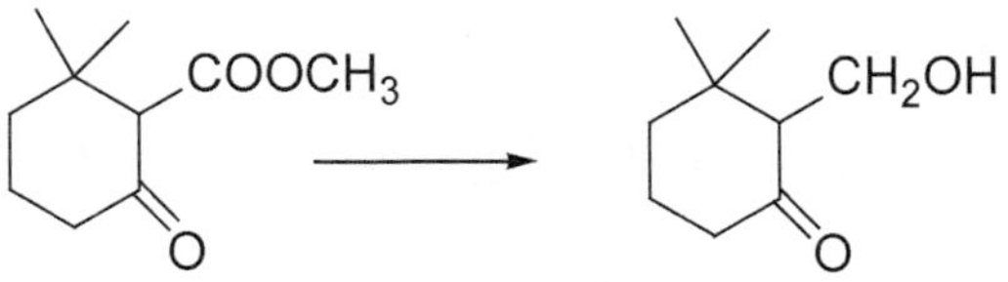

解　分析产物与原料的关系，发现本题考查的是酯基还原为醇而保留羰基，因此首先要保护羰基，然后还原酯基。该化合物的合成路线为：

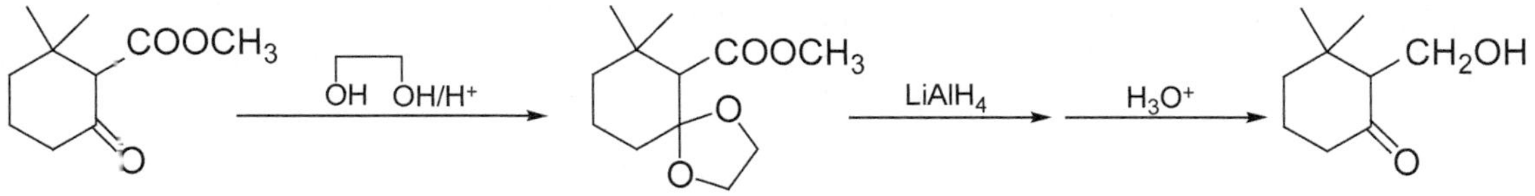

【例 12-5】　完成下列转化。

解　产物与原料的骨架相同，只是生成少一个 C 原子的伯胺，可利用酰胺的 Hoffmann 降级反应得到。该化合物的合成路线为：

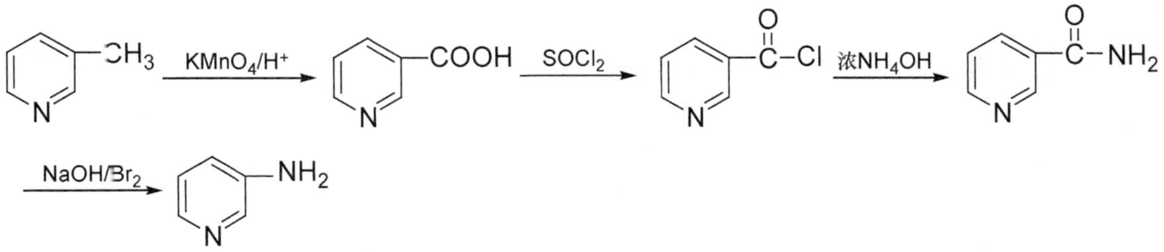

【例 12-6】　完成下列转化。

$$\underset{\displaystyle CH_3}{CH_3\underset{|}{C}HCOOH} \longrightarrow \underset{\displaystyle CH_3}{CH_3\underset{|}{C}H(CH_2)_4COOH}$$

解　产物与原料相比主链上多了四个碳原子，因此可以考虑 Grignard 试剂与环氧乙烷两次亲核加成而得，故该化合物的合成路线为：

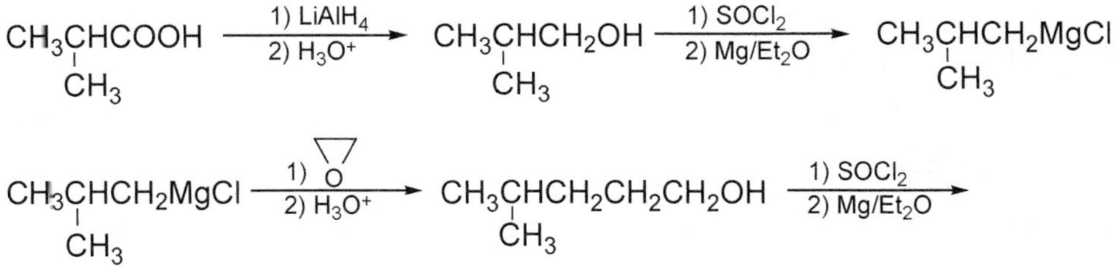

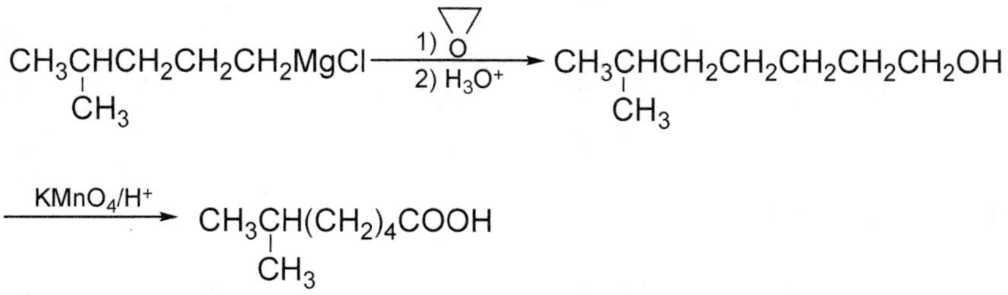

另外，也可利用 Grignard 试剂与酸酐的亲核加成后还原羰基而得。合成路线为：

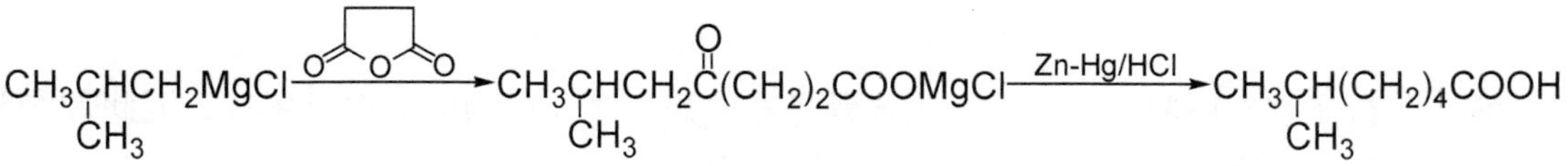

【例 12-7】　由丁-1,3-二烯为原料合成下列物质。(其他试剂任选)

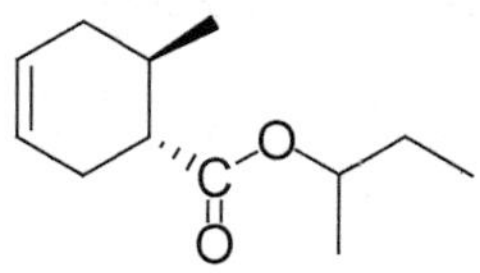

解　产物为环己烯骨架，而原料为丁二烯，因此可用 D-A 反应，注意的是亲双烯体要为反式结构。生成的酯再与醇发生酯交换得到产物。合成路线为：

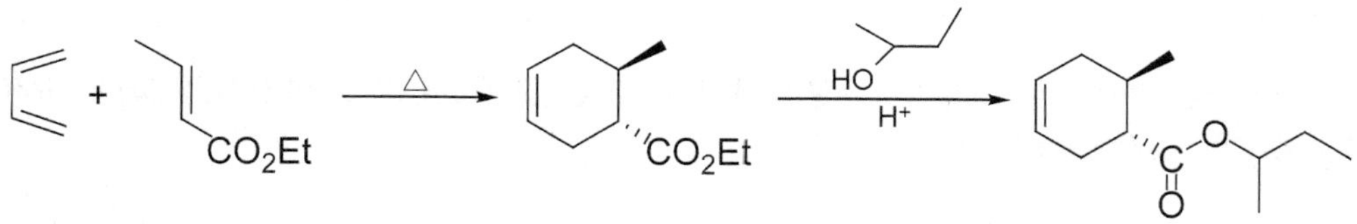

【例 12-8】　由 3-甲基丁酸制备下列物质。

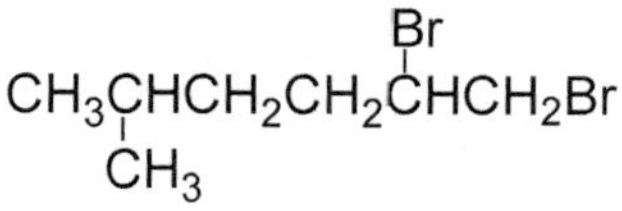

解　产物为邻二卤代物，可由烯烃与卤素加成而得。产物比底物又增长 2 个碳原子，由原料可得到酰氯，再与乙烯基有机金属化合物加成。合成路线为：

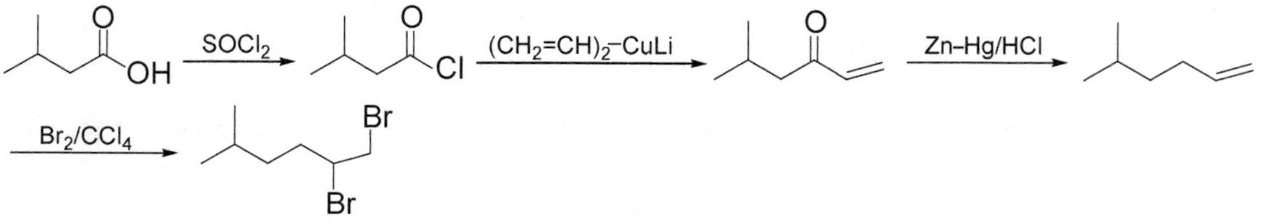

【例 12-9】　由乙醛合成戊酸。

解　产物为五个碳的羧酸，而原料为乙醛，可考虑羟醛缩合后得到四个碳的醛，再增长一个碳原子。合成路线为：

$$2CH_3CHO \xrightarrow{OH^-} \xrightarrow{\triangle} CH_3CH{=}CHCHO \xrightarrow{H_2/Ni} CH_3CH_2CH_2CH_2OH$$

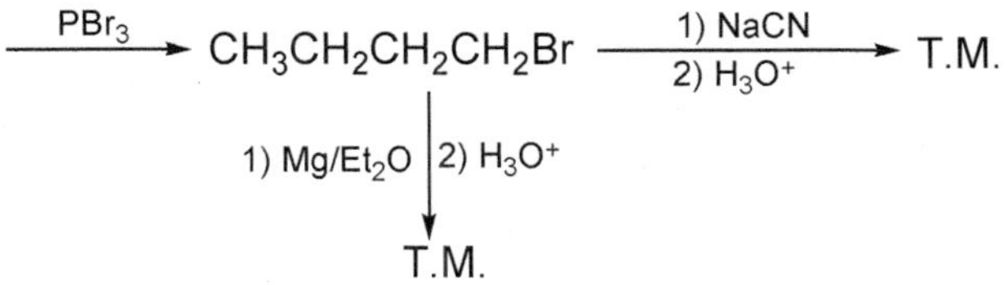

【例 12-10】 由呋喃和不超过四个碳的原料以及必要的试剂合成下列物质。(不考虑立体构型)

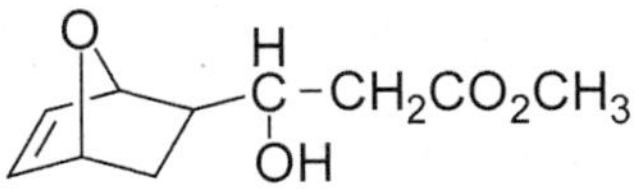

解 产物为环己烯骨架，原料呋喃为双烯体，可与丙烯醛成环。而产物为 β-羟基酯，可由 Reformasky 反应而得。合成路线为：

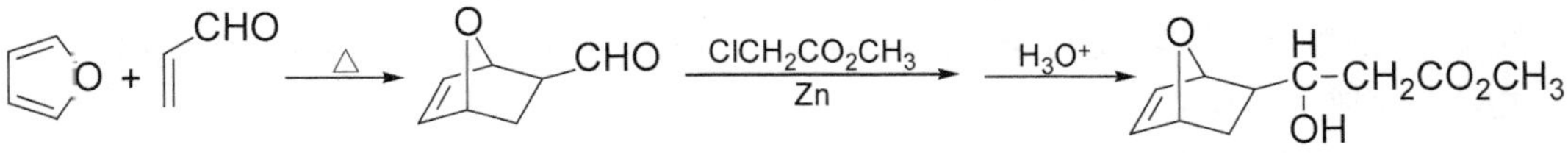

三、习题解答

12-1 比较下列各组化合物的酸性强弱。

(1) 醋酸，丙二酸，草酸，苯酚和甲酸

(2) CH_3COOH，F_3CCOOH，$ClCH_2COOH$ 和 C_2H_5OH

(3) 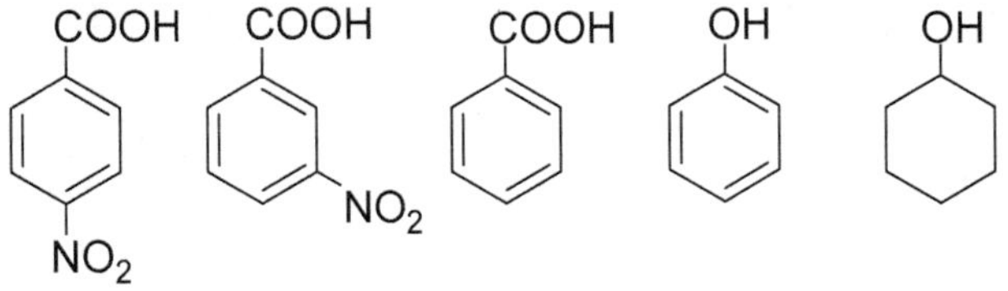

解 (1) 草酸 > 丙二酸 > 甲酸 > 醋酸 > 苯酚

(2) $F_3CCOOH > ClCH_2COOH > CH_3COOH > C_2H_5OH$

(3) 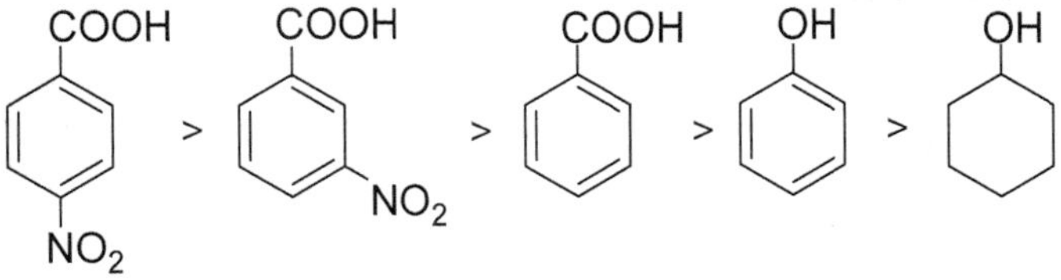

12-2 用化学方法区别下列各组化合物。

(1) 乙醇，乙醛，乙酸　　　　(2) 甲酸，乙酸，丙二酸

解

(1) 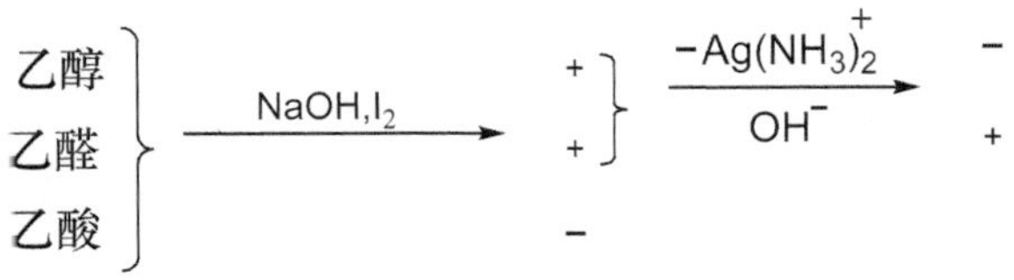

(2) 甲酸, 乙酸, 丙二酸 $\xrightarrow[OH^-]{Ag(NH_3)_2^+}$ 甲酸: +; 乙酸: −; 丙二酸: −

乙酸, 丙二酸 $\xrightarrow{\triangle}$ 乙酸: −; 丙二酸: $CO_2 \uparrow$

12-3　比较下列反应进行时的反应活性并解释。

(1) $C_2H_5CO_2H \xrightarrow{LiAlH_4} C_2H_5CH_2OH$

(2) $C_2H_5CO_2C_2H_5 \xrightarrow{LiAlH_4} C_2H_5CH_2OH + C_2H_5OH$

(3) $C_2H_5COCl \xrightarrow{LiAlH_4} C_2H_5CH_2OH$

(4) $C_2H_5CONH_2 \xrightarrow{LiAlH_4} C_2H_5CH_2NH_2$

解　羧酸及其衍生物与 $LiAlH_4$ 的反应是负氢离子对羰基的亲核加成，而羰基的反应活性是：酰卤 > 酸酐 > 酯 > 酰胺 > 羧酸负离子。所以反应活性次序为(3) > (2) > (4) > (1)。

12-4　完成下列反应。

(1) $H_2C(CH_2CH_2CO_2H)_2 \xrightarrow{\triangle}$

(2) $HOOCCH_2(CH_2)_2CH_2COOH \xrightarrow{\triangle}$

(3) $CH_3CH(OH)CH_2CH_2COOH \xrightarrow{\triangle}$

(4) $HOOCCH_2CH_2CO_2C_2H_5 \xrightarrow[C_2H_5OH]{Na}$

(5) 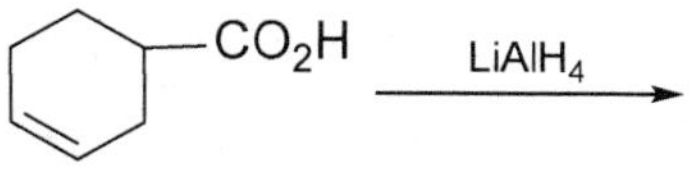

(6) $CH_3CH(OH)CO_2H \xrightarrow{2SOCl_2}$

(7) 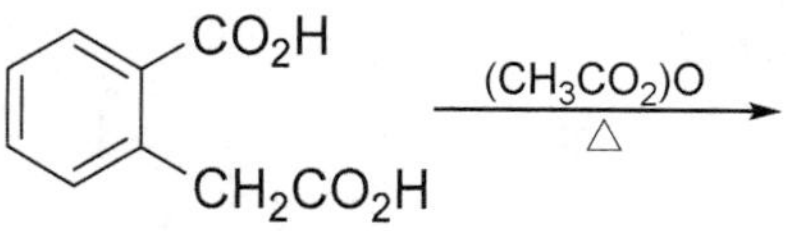

(8) 

(9) 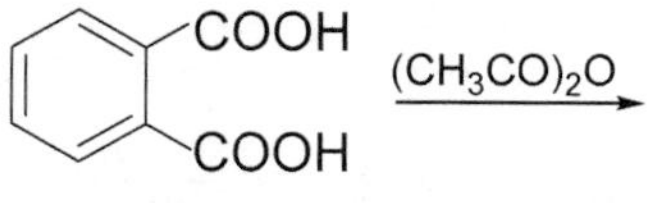

(10) 

(11) $CH_3CH_2CH_2C(=O){}^{18}OC(CH_3)_3 + H_2O \longrightarrow$

(12) 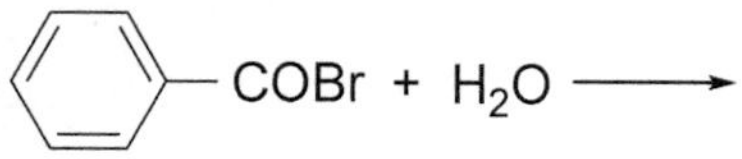

解

(1) 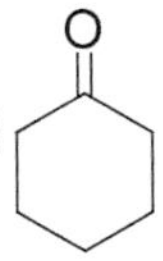　(2) 　(3) 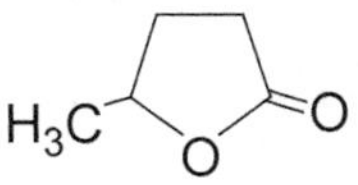

(4) $HOOCCH_2CH_2CH_2OH$　(5) 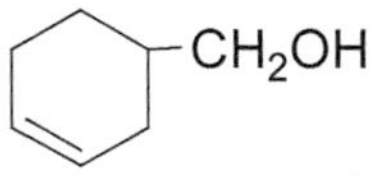　(6) 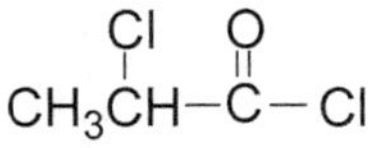

(7) 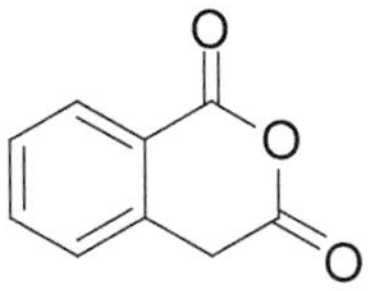　(8) 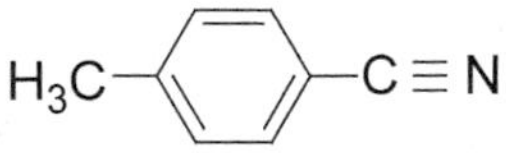　(9) 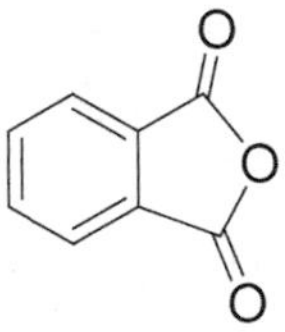

(10) 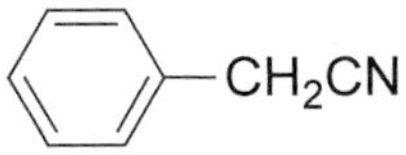　(11) 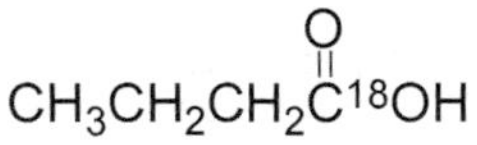　(12) 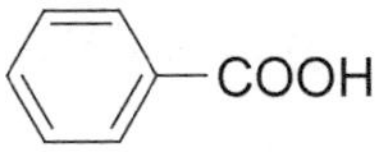

12-5　按要求排序。

(1) 按酸性大小排列下列化合物。

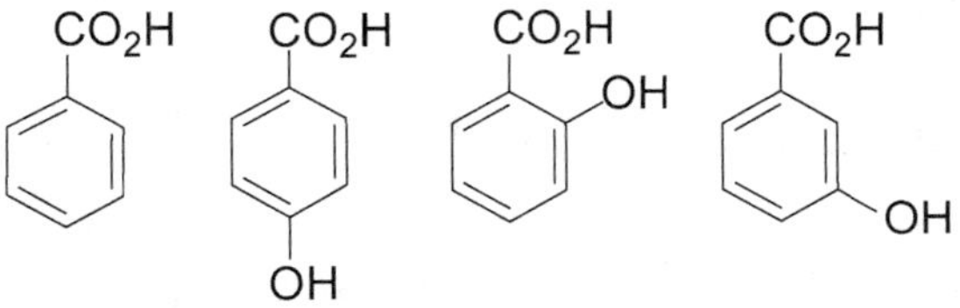

(2) 按碱性水解反应速率排列下列化合物。

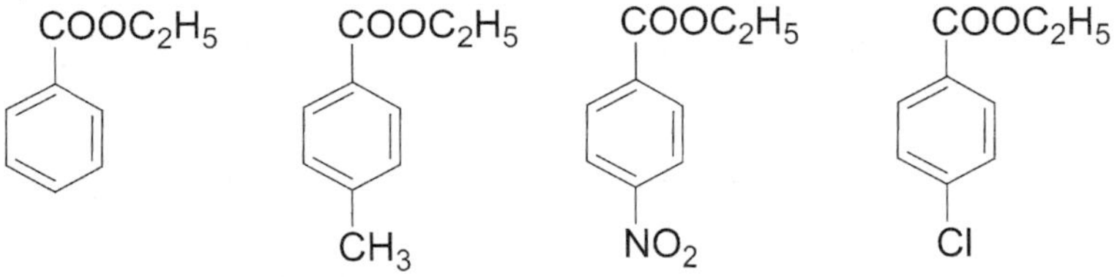

(3) 按 α-H 的活性从强到弱排列下列化合物。

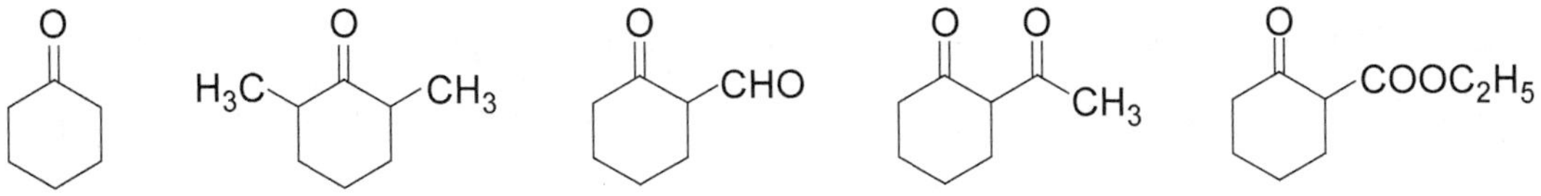

解

(1) 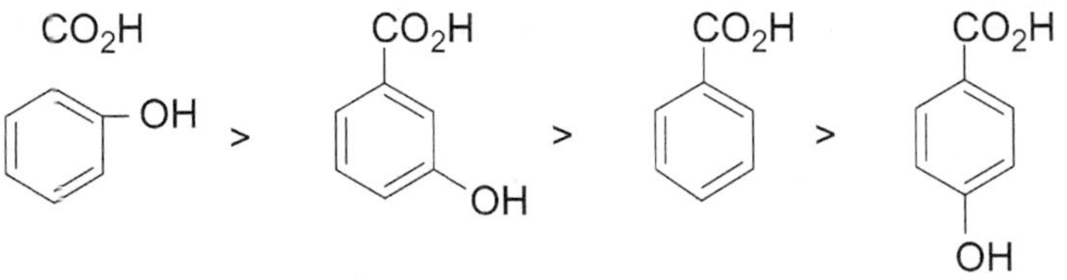

(2) 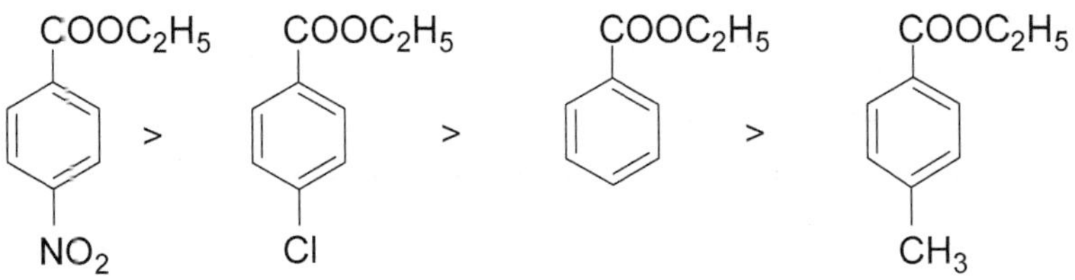

(3) 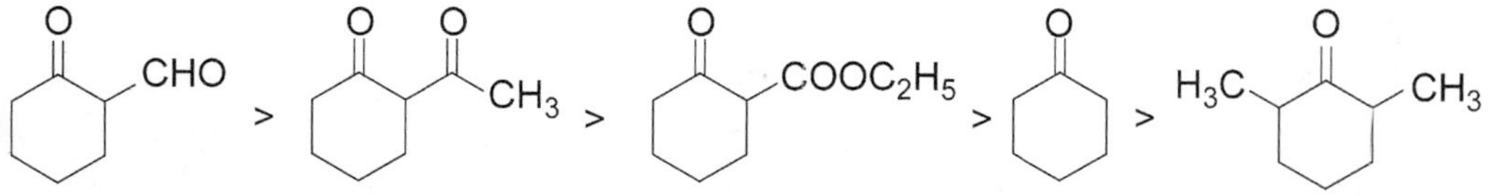

12-6　完成下列转变。

(1) 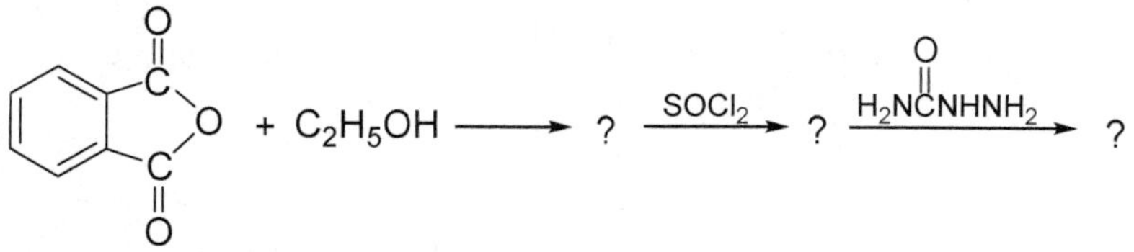

(2) $CH_3CO_2H \xrightarrow[P]{Cl_2}$? $\xrightarrow{Na_2CO_3}$? $\xrightarrow{NaCN}$? $\xrightarrow[H_2SO_4]{2C_2H_5OH}$?

(3) $2CH_3CHO \xrightarrow[\triangle]{OH^-}$? $\xrightarrow{NaBH_4}$? $\xrightarrow{PBr_3}$? $\xrightarrow[\text{乙醚}]{Mg}$ $\xrightarrow[2)\ H_3^+O]{1)\ CO_2}$?

(4) 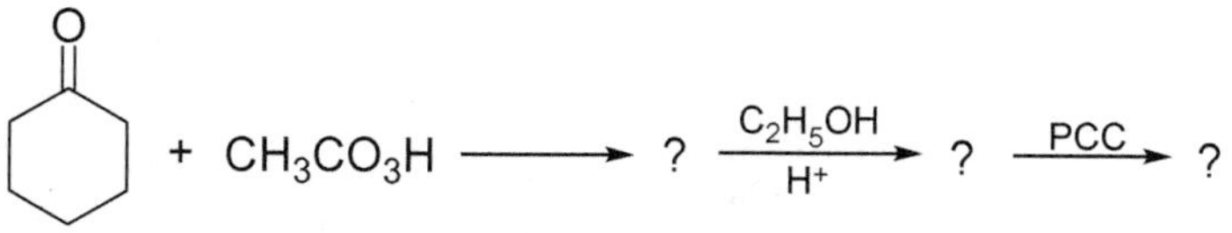

(5) 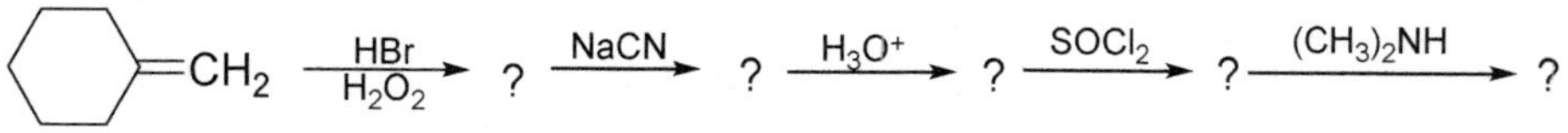

(6) $CH_3CH_2MgBr \xrightarrow[\text{无水醚}]{CH_3CHO}$ $\xrightarrow{H_3O^+}$? $\xrightarrow{HBr}$? $\xrightarrow[\text{无水醚}]{Mg}$ $\xrightarrow{CO_2}$ $\xrightarrow{H_3O^+}$?

$\xrightarrow{SOCl_2}$? $\xrightarrow{NH_3}$? $\xrightarrow{P_2O_5}$?

解

(1) 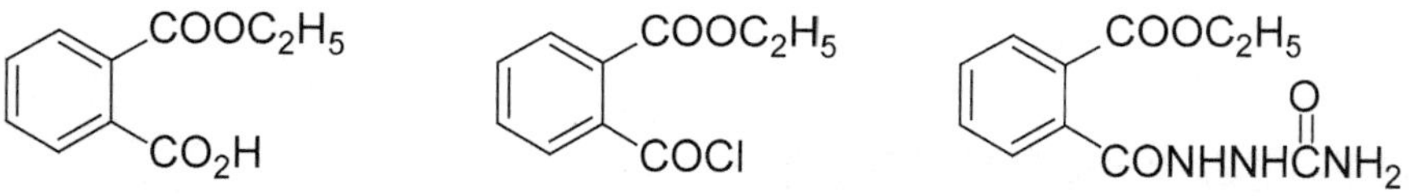

(2) $ClCH_2COOH$　$ClCH_2COONa$　$NCCH_2COOH$　$C_2H_5OOCCH_2COOC_2H_5$

(3) $CH_3CH{=}CHCHO$, $CH_3CH{=}CHCH_2OH$, $CH_3CH{=}CHCH_2Br$, $CH_3CH{=}CHCH_2CO_2H$

(4) 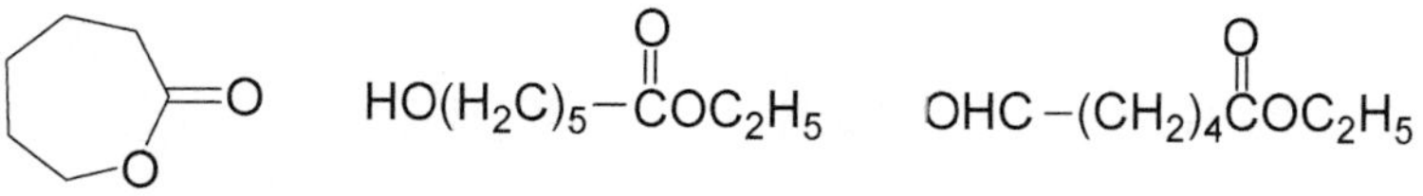

(5) 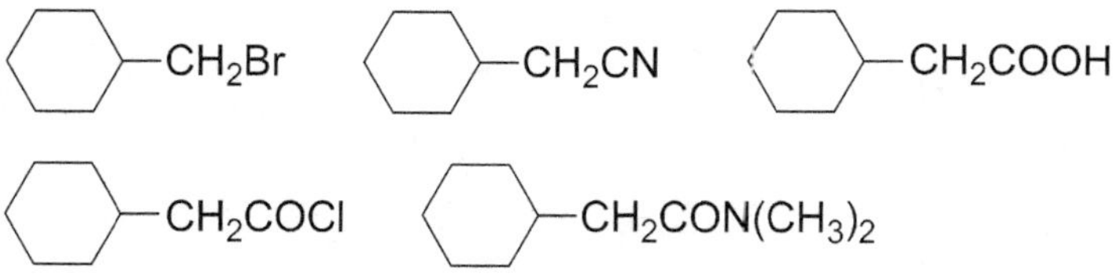

(6) 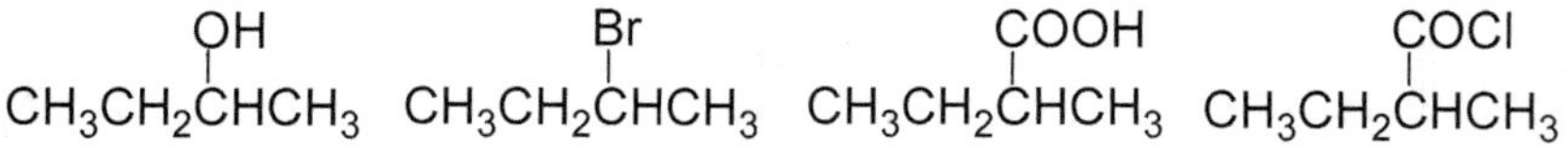

$CH_3CH_2CH(CONH_2)CH_3$　　$CH_3CH_2CH(CN)CH_3$

12-7　推断题。

(1) 化合物 A($C_{10}H_{22}O_2$)，与碱不作用，在稀酸中可水解生成 B(C_4H_8O)和 C(C_3H_8O)；C 与金属钠作用可放出气体，但 C 无碘仿反应；B 能进行银镜反应，B 与重铬酸钾在硫酸存在下反应生成化合物 D。D 与 Cl_2/P 作用后再水解得到化合物 E；E 在稀硫酸中加热得到化合物 F(C_3H_6O)；F 的同分异构体 G 可由化合物 C 氧化得到。写出 A ~ G 的结构式。

(2) 一羧酸衍生物 A 的化学式为 $C_5H_6O_3$，能与乙醇作用得到两个异构体的化合物 B 和 C；B 和 C 分别用 $SOCl_2$ 作用后再加入乙醇，都得到同一化合物 D。试推测 A ~ D 的结构。

解

(1) $(CH_3)_2CHCH(OCH_2CH_2CH_3)_2$ (A)　　$(CH_3)_2CHCHO$ (B)　　$CH_3CH_2CH_2OH$ (C)

$(CH_3)_2CHCOOH$ (D)　　$(CH_3)_2C(OH)COOH$ (E)　　CH_3COCH_3 (F)　　CH_3CH_2CHO (G)

(2) A 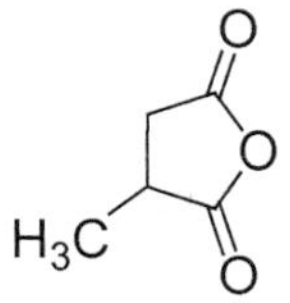　B 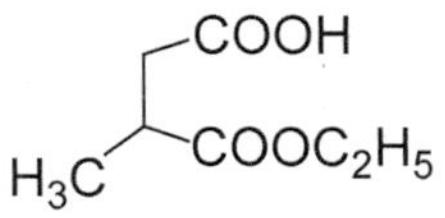　C 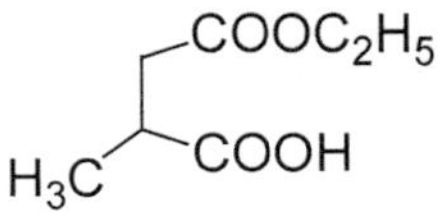　D 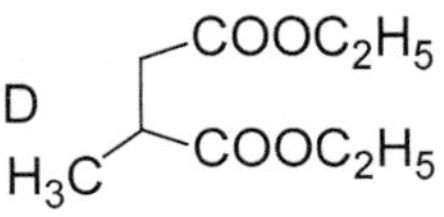

12-8　由指定的原料合成下列化合物。(无机试剂可任选)

(1) 乙炔 ⟶ 丙烯酸甲酯　　(2) 异丙醇 ⟶ α-甲基丙酸

(3) 丁酸 ⟶ 乙基丙二酸　　(4) 乙烯 ⟶ β-羟基丙酸

(5) 对甲氧基苯乙酮和乙醇 ⟶ β-甲基-β-羟基对甲氧基苯丙酸乙酯

解

(1) $HC\equiv CH \xrightarrow{HCN} H_2C=CH-CN \xrightarrow[HCl]{CH_3OH} H_2C=CH-COOCH_3$

(2) $CH_3CH(OH)CH_3 \xrightarrow{HBr} CH_3CH(Br)CH_3 \xrightarrow{Mg} \xrightarrow[H_3^+O]{CO_2} CH_3CH(COOH)CH_3$

(3) $CH_3CH_2CH_2COOH \xrightarrow{Br_2/P} CH_3CH_2CH(Br)COOH \xrightarrow[2)\ H_3^+O]{1)\ NaCN} HOOCCH(CH_2CH_3)COOH$

(4) $H_2C=CH_2 \xrightarrow{HOBr} H_2C(OH)-CH_2(Br) \xrightarrow[2)\ H_3^+O]{1)\ NaCN} CH_2(OH)CH_2COOH$

(5) 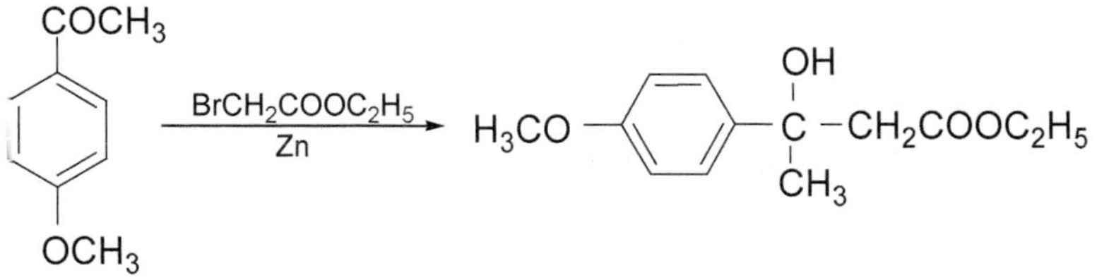

12-9　由指定原料合成下列化合物。

(1) 由四个碳以下化合物合成 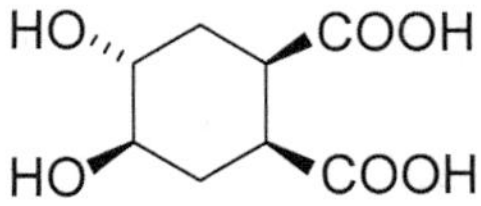

(2) 由己二酸及苯甲腈合成 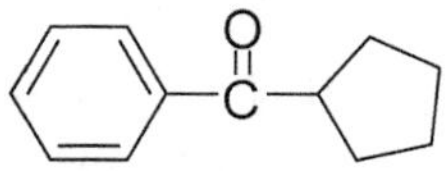

(3) 以甲苯为原料合成 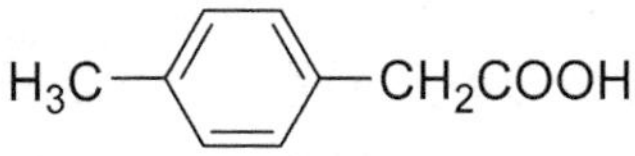

(4) 以异丙醇为原料合成 2, 2-二甲基丁酸

解

(1) 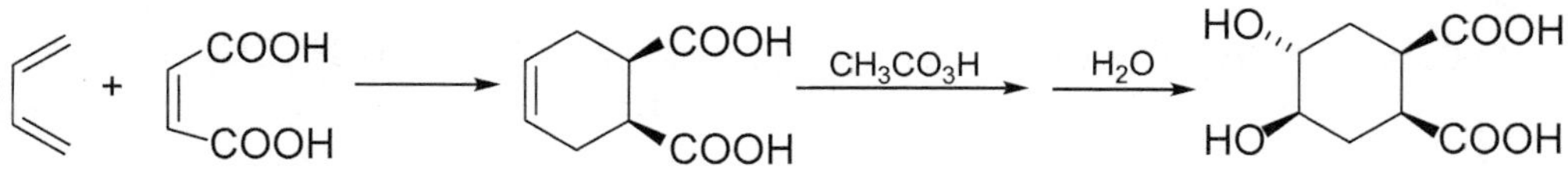

(2) 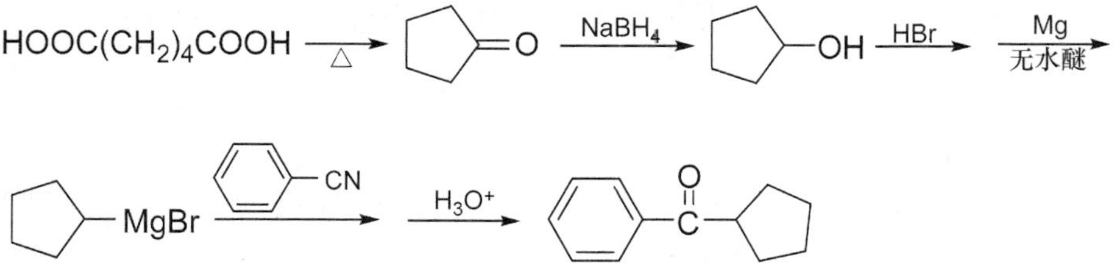

(3) 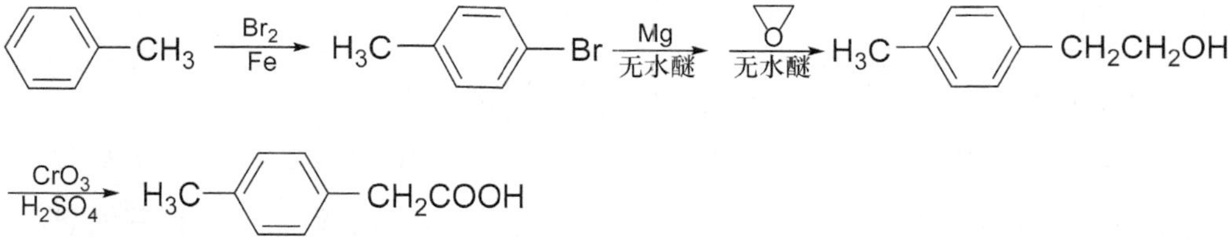

(4) 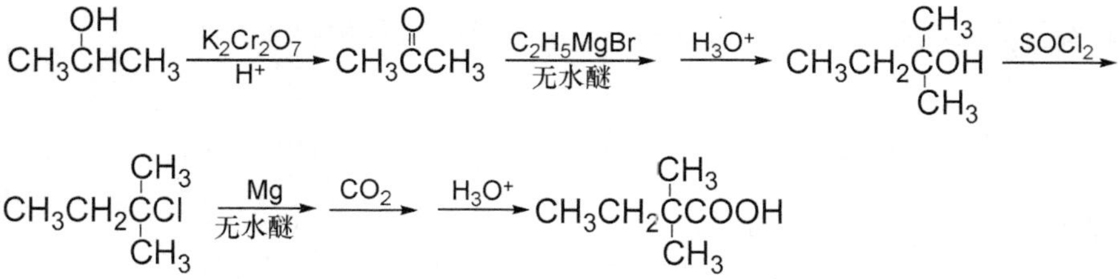

12-10　化合物 A 的分子式为 $C_4H_6O_2$，它不溶于 NaOH 溶液，不与 Na_2CO_3 发生作用，可使溴水褪色，有类似乙酸乙酯的香味。A 和 NaOH 溶液共热后变成 CH_3CO_2Na 和 CH_3CHO。另一化合物 B 的分子式与 A 同。它和 A 一样，不溶于 NaOH，不与 Na_2CO_3 发生作用，可使溴水褪色，香味和 A 类似。但 B 和 NaOH 水溶液共热后生成醇和一个羧酸钠盐，该钠盐用 H_2SO_4 中和后蒸馏出的有机物可使溴水褪色。A 和 B 各为何物？

解　A $CH_3\overset{O}{\overset{\|}{C}}OCH{=}CH_2$　B $CH_3O\overset{O}{\overset{\|}{C}}CH{=}CH_2$

四、补充习题及答案

12-1　完成下列反应。

(1) 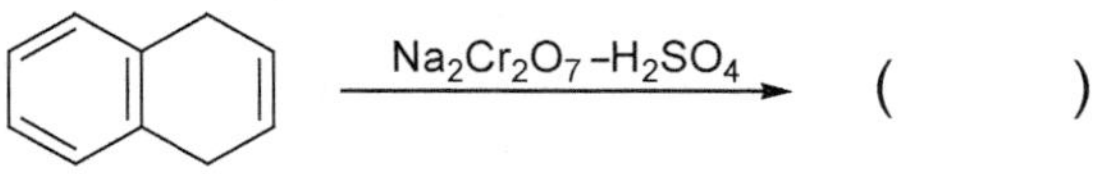

(2) 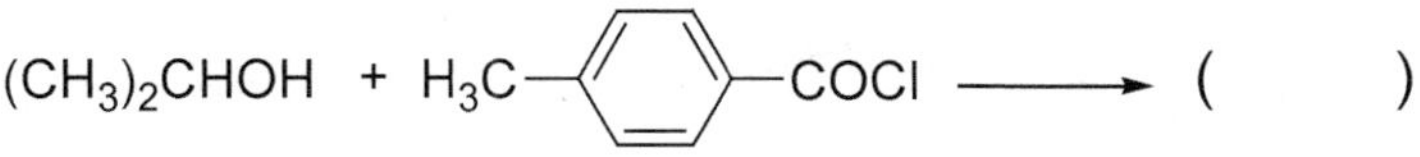

(3) $NCCH_2CH_2CN + H_2O \xrightarrow{NaOH} (\qquad) \xrightarrow{H^+} (\qquad)$

(4) 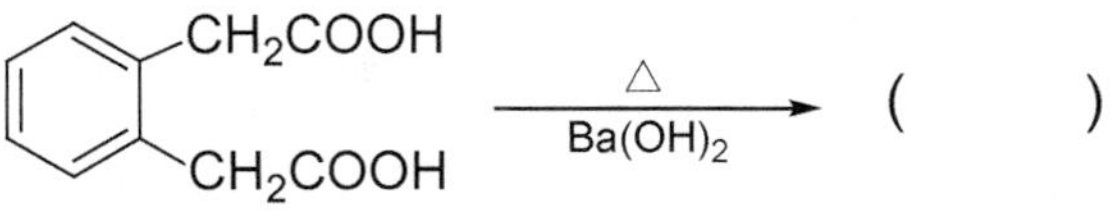

(5) 

(6) 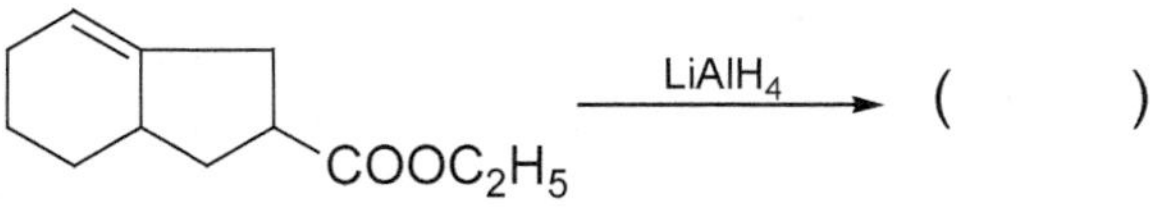

(7) 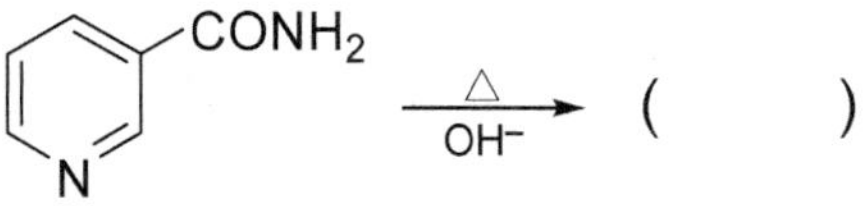

(8) $CH_2(COOC_2H_5)_2 + H_2NCONH_2 \longrightarrow (\qquad)$

解

(1) 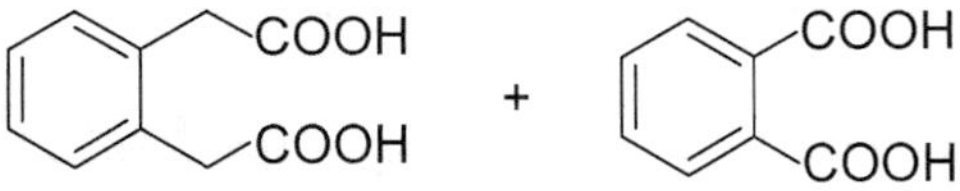

(2) 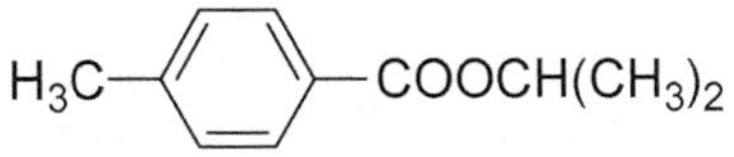

(3) $^-OOCCH_2CH_2COO^-$　$HOOCCH_2CH_2COOH$

(4) 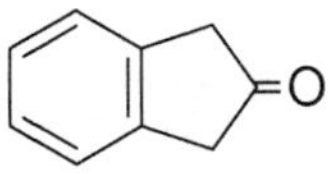

(5) 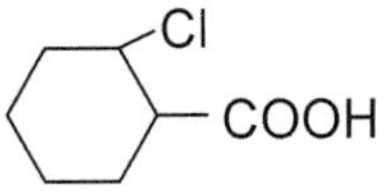

(6) 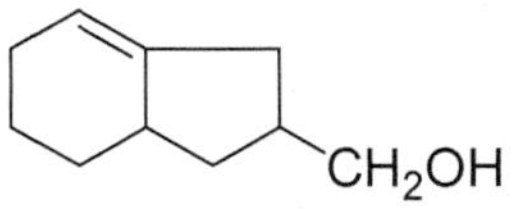

(7) 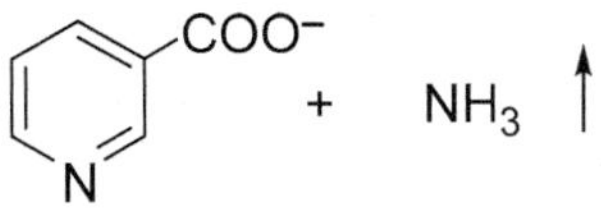

(8) 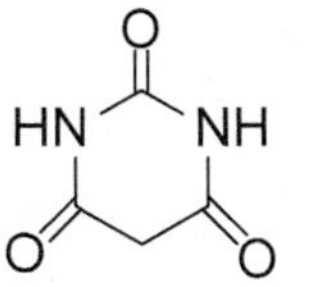

12-2　完成下列转化。

(1) 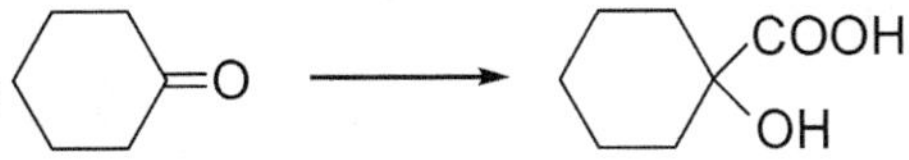

(2) 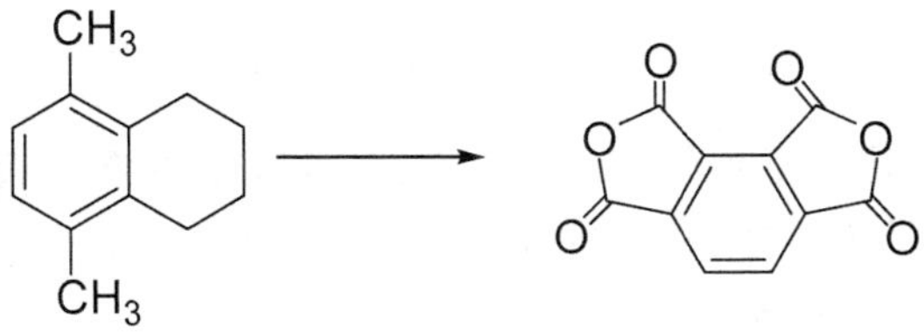

(3) 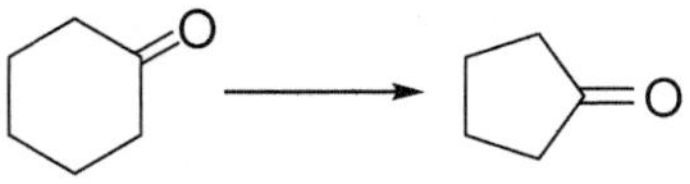

(4) $CH_3CH_2COOH \longrightarrow CH_3CH_2CH_2CH_2COOH$

(5) 乙烯 ⟶ *β*-羟基-*α*-甲基戊酸(用 Reformatsky 反应)

解

(1) 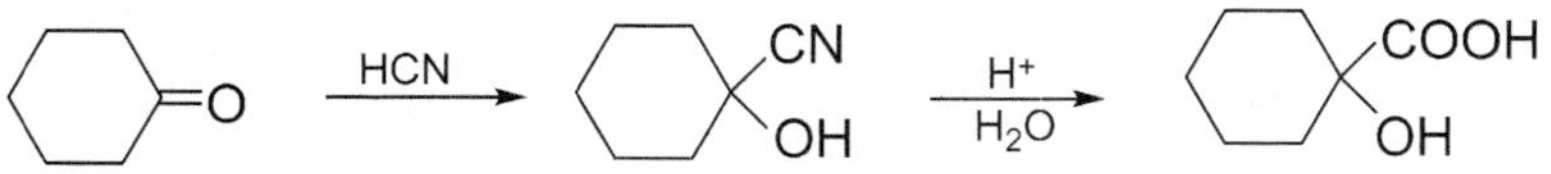

(2) 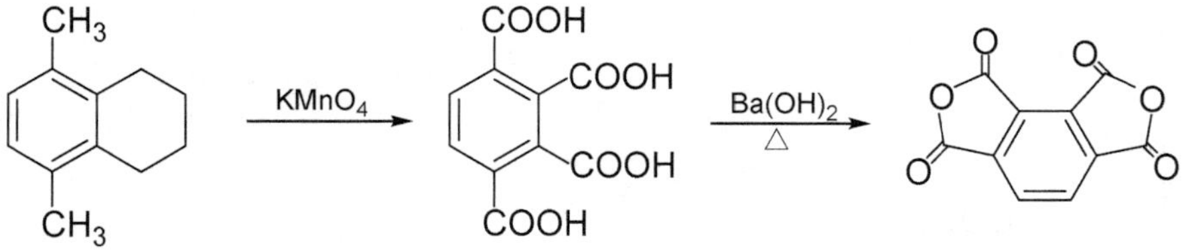

(3) 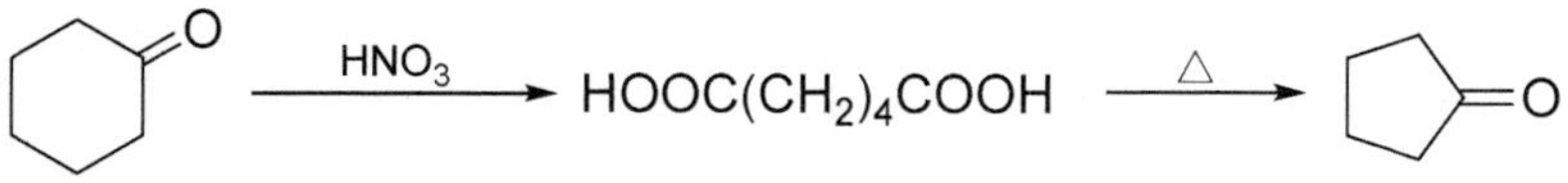

(4) 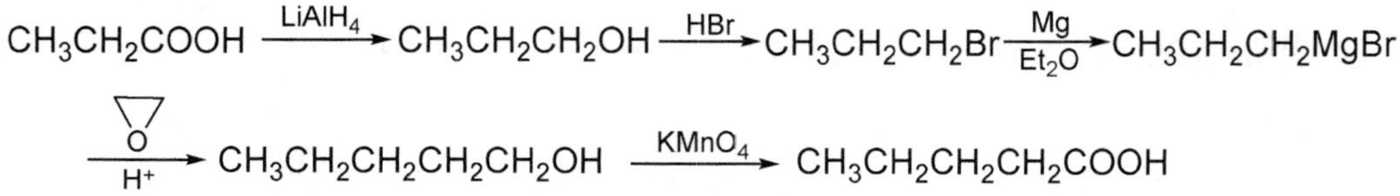

(5) 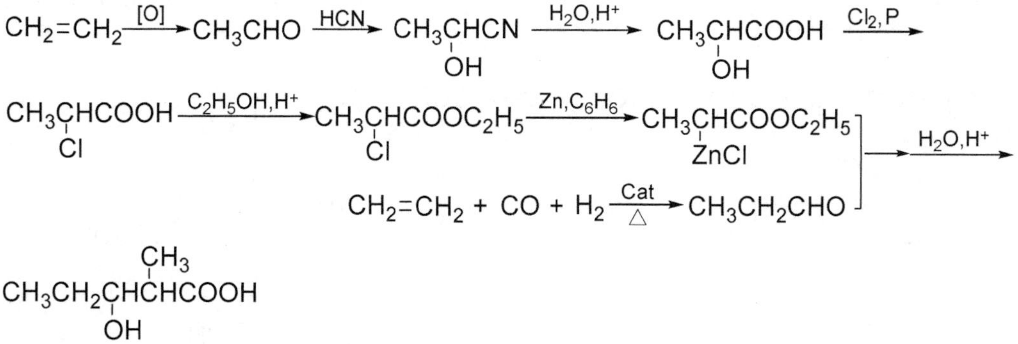

12-3　如何将己醇、己酸和对甲苯酚的混合物分离得到各种纯的组分?

解

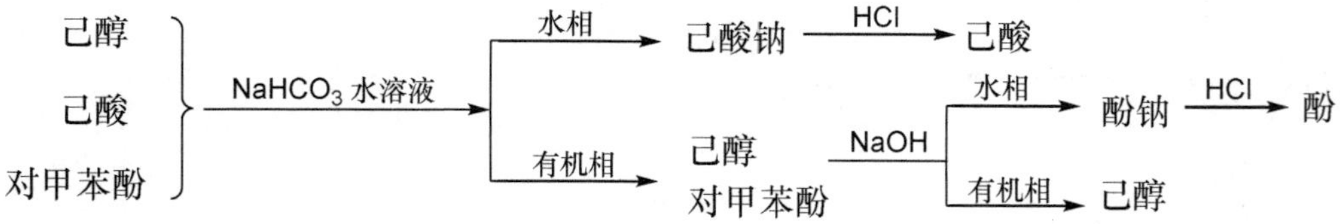

12-4　化合物 A 分子式为 $C_4H_6O_4$，加热后得到分子式为 $C_4H_4O_3$ 的 B，将 A 与过量甲醇及少量硫酸一起加热得分子式为 $C_6H_{10}O_4$ 的 C。B 与过量甲醇作用也得到 C。A 与 $LiAlH_4$ 作用后得分子式为 $C_4H_{10}O_2$ 的 D。写出 A ~ D 的结构式。

解

A. $\begin{matrix}CH_2COOH\\ |\\ CH_2COOH\end{matrix}$　B. 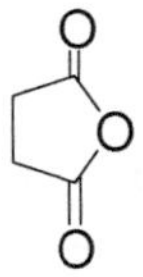　C. $\begin{matrix}CH_2-\overset{O}{\overset{\|}{C}}OCH_3\\ |\\ CH_2-\underset{O}{\underset{\|}{C}}OCH_3\end{matrix}$　D. $\begin{matrix}CH_2CH_2OH\\ |\\ CH_2CH_2OH\end{matrix}$

12-5　用指定的原料及必要的试剂合成。

(1) 从 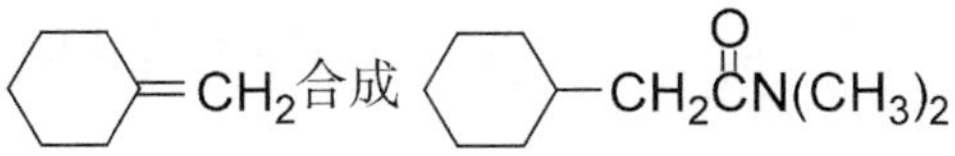

(2) 从苯合成 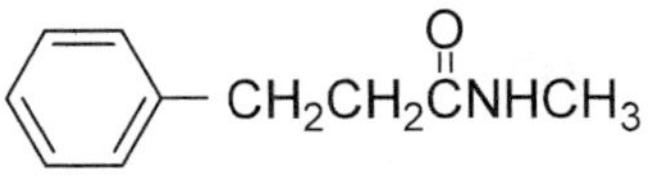

(3) 从两个碳化合物合成　$CH_3CH_2CH_2\overset{O}{\overset{\|}{C}}NHCH_2CH_3$

(4) 从两个碳化合物合成　$CH_3\underset{}{\overset{CONH_2}{\overset{|}{C}}}HCH_2CH_3$

解

(1) 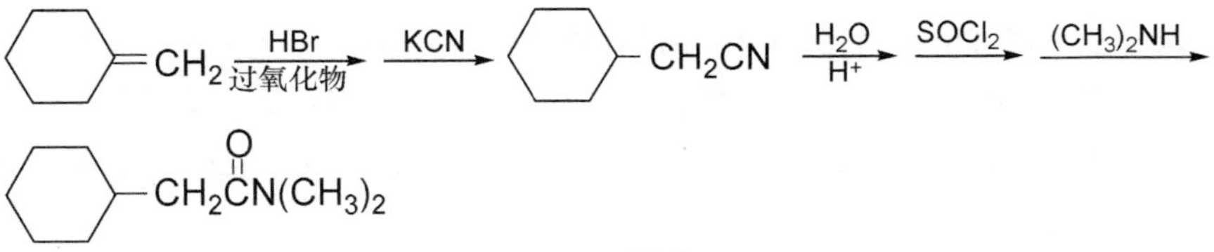

(2) 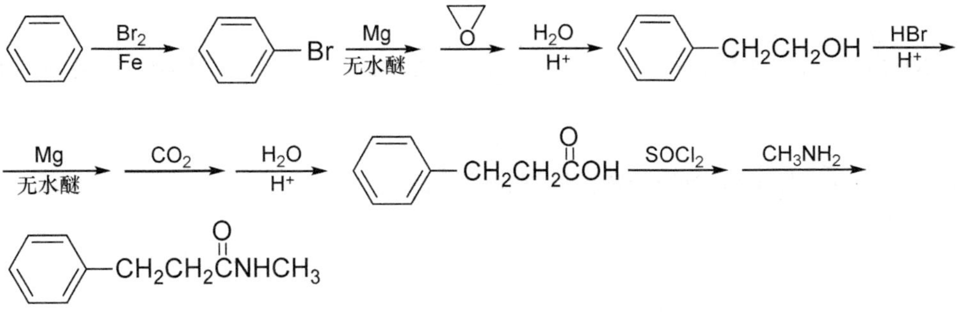

(3) $2CH_3\overset{O}{\overset{\|}{C}}H \xrightarrow[\triangle]{OH^-} CH_3CH{=}CHCHO \xrightarrow[H^+]{CrO_3} \xrightarrow[Pd]{H_2} CH_3CH_2CH_2\overset{O}{\overset{\|}{C}}OH \xrightarrow{PCl_3}$

$\xrightarrow{CH_3CH_2NH_2} CH_3CH_2CH_2\overset{O}{\overset{\|}{C}}NHCH_2CH_3$

(4) $CH_3CH_2MgBr \xrightarrow[\text{无水醚}]{CH_3CHO} \xrightarrow[H^+]{H_2O} CH_3CH_2\overset{OH}{\overset{|}{C}}HCH_3 \xrightarrow{HBr} \xrightarrow[\text{无水醚}]{Mg} \xrightarrow{CO_2} \xrightarrow[H^+]{H_2O}$

$CH_3CH_2\overset{COOH}{\overset{|}{C}}HCH_3 \xrightarrow{SOCl_2} \xrightarrow{NH_3} CH_3CH_2\overset{CONH_2}{\overset{|}{C}}HCH_3$

12-6　用 4 个碳以下的醇、甲苯以及必要的无机试剂合成下列化合物。

(1) N-正丁基异戊酰胺　　(2) 二叔丁基酮

解

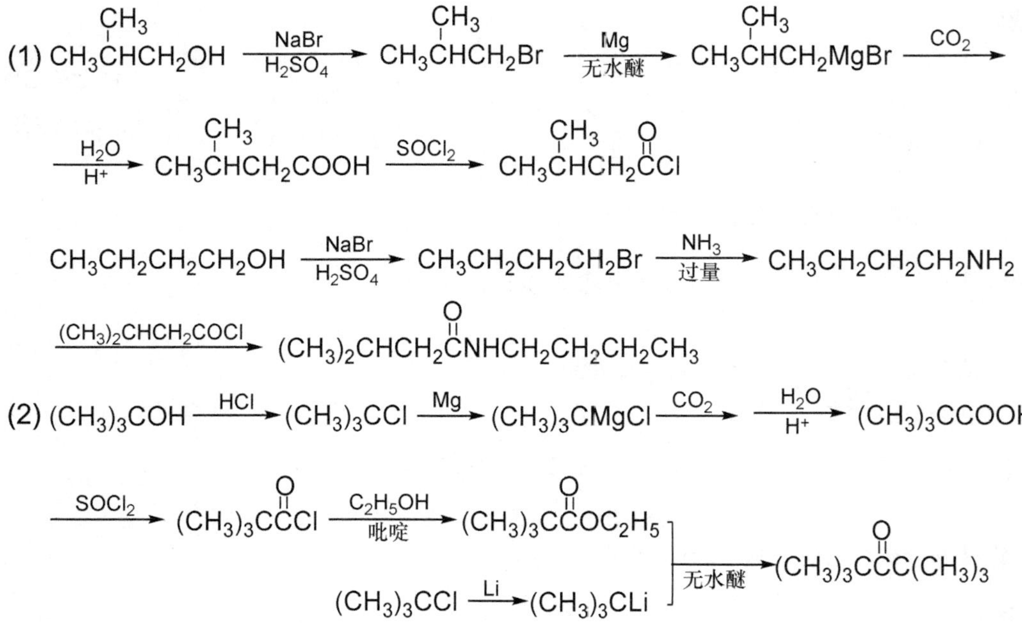

12-7　将 *N*-环己基氨基甲酸乙酯与 1 mol 氢氧化钾在甲醇中于 65℃加热 100 h，得到 *N*-环己基甲酸甲酯，产率 95%。试解释为什么不产生环己胺，用反应式表示。

解　因为氢氧化钾与过量 CH_3OH 反应，产生较多的 CH_3O^-，CH_3O^-与 *N*-环己基氨基甲酸乙酯发生了酯交换反应：

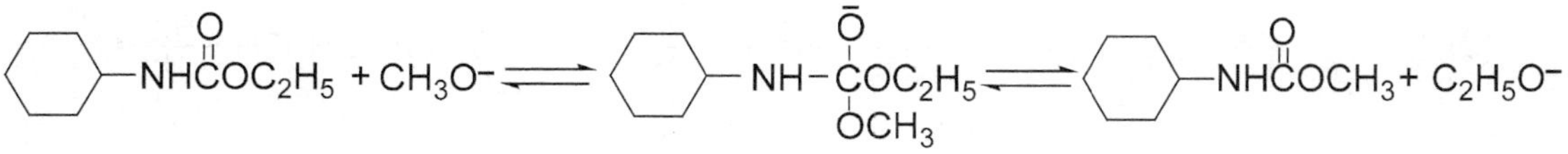

因 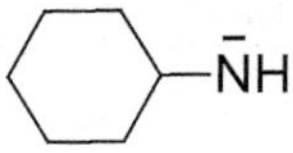比 $CH_3CH_2O^-$亲核性强，不易离去。

第 13 章　β-二羰基化合物

一、内 容 提 要

【一】β-二羰基化合物的制备

1. Claisen 酯缩合反应

$$RCH_2-\overset{\overset{O}{\|}}{C}-OC_2H_5+\underset{\underset{H}{|}}{RCH}-\overset{\overset{O}{\|}}{C}-OC_2H_5\xrightarrow[2)\ H_3O^+]{1)\ C_2H_5ONa}RCH_2-\overset{\overset{O}{\|}}{C}-\underset{\underset{R}{|}}{CH}-\overset{\overset{O}{\|}}{C}-OC_2H_5+C_2H_5OH$$

酯缩合反应可以在分子内发生，生成五元环和六元环 β-二羰基化合物，这个反应称为 Dieckmann(狄克曼)缩合反应。

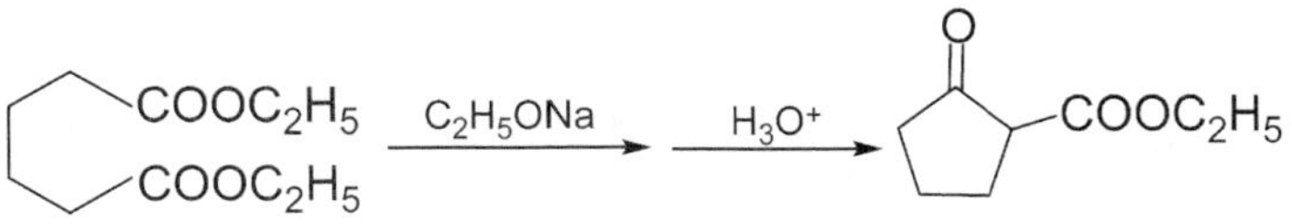

2. 酮酯缩合反应(具有 α-氢原子的酮除了可以和酮或醛发生羟醛缩合反应外，也可以和酯进行缩合)

$$CH_3\overset{\overset{O}{\|}}{C}CH_3+CH_3\overset{\overset{O}{\|}}{C}OC_2H_5\xrightarrow[2)\ H_3O^+]{1)\ C_2H_5ONa}CH_3\overset{\overset{O}{\|}}{C}CH_2\overset{\overset{O}{\|}}{C}CH_3$$

3. 丙二酸酯的制备

$$CH_3COOH\xrightarrow[P]{Cl_2}ClCH_2COOH\xrightarrow{NaOH}ClCH_2COONa\xrightarrow{KCN}NCCH_2COONa$$

$$\xrightarrow[H_2SO_4]{C_2H_5OH}C_2H_5OOCCH_2COOC_2H_5$$

【二】β-二羰基化合物在有机合成中的应用

1. 乙酰乙酸乙酯在有机合成上的应用

$$CH_3\overset{\overset{O}{\|}}{C}CH_2\overset{\overset{O}{\|}}{C}OC_2H_5\xrightarrow[2)\ RX]{1)\ C_2H_5ONa}CH_3\overset{\overset{O}{\|}}{C}\underset{\underset{R}{|}}{CH}\overset{\overset{O}{\|}}{C}OC_2H_5\xrightarrow[2)\ H_3^+O,\triangle]{1)\ 5\%NaOH}CH_3\overset{\overset{O}{\|}}{C}CH_2R$$

以三乙和适当的卤代物为原料，可合成下列几类化合物：

卤代物	产物	
RX	$R-CH_2COCH_3$	一取代丙酮
RX，R′X	$R-\underset{\underset{R'}{\vert}}{CH}COCH_3$	二取代丙酮

续表

卤代物	产物	
$R-CH(X)CO_2C_2H_5$ (α-卤代酯)	$CH_3COCH_2-CH(R)COOH$	γ-酮酸
RCOX(酰卤)	CH_3COCH_2COR	1,3-二酮
$RCOCH_2X$(α-卤代酮)	$CH_3COCH_2CH_2COR$	1,4-二酮
$X(CH_2)_nX$	$CH_3COCH_2-(CH_2)_n-CH_2COCH_3$	对称甲基二酮

2. 丙二酸二乙酯在有机合成上的应用

$$C_2H_5O\overset{O}{\overset{\|}{C}}CH_2\overset{O}{\overset{\|}{C}}OC_2H_5 \xrightarrow[RX]{C_2H_5ONa} C_2H_5O\overset{O}{\overset{\|}{C}}\underset{R}{\underset{|}{C}}H\overset{O}{\overset{\|}{C}}OC_2H_5 \xrightarrow[2)\ H_3O^+]{1)\ NaOH/H_2O} HO\overset{O}{\overset{\|}{C}}\underset{R}{\underset{|}{C}}H\overset{O}{\overset{\|}{C}}OH \xrightarrow{\triangle} RCH_2COOH$$

卤代物	产物	
RX	$R-CH_2COOH$	一取代乙酸
RX, R′X	$R-CH(R')COCH_3$	二取代乙酸
$R-CH(X)CO_2C_2H_5$ α-卤代酯	$HOOCCH_2CH(R)COOH$	丁二酸
$X(CH_2)_nX$	$HOOCH_2C(CH_2)_nCH_2COOH$	二元羧酸
$X(CH_2)_nX$	$(CH_2)_nCHCOOH$	环酸，n=3～6
2 mol XCH_2CH_2X 2 mol 丙二酸二乙酯	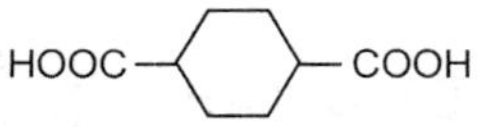	环状二元羧酸

【三】其他碳负离子的反应

1. Perkin 反应

$$ArCHO + RCH_2\overset{O}{\overset{\|}{C}}O\overset{O}{\overset{\|}{C}}CH_2R \xrightarrow{RCH_2COO^-} ArCH=\overset{R}{\overset{|}{C}}-COOH$$

2. Knoevenagel 缩合反应

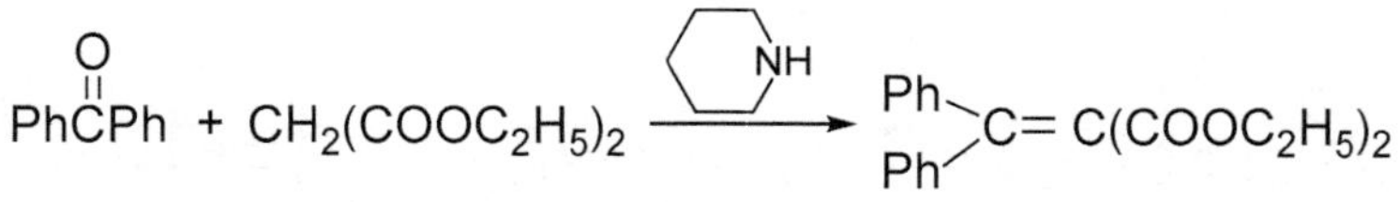

3. 安息香缩合反应

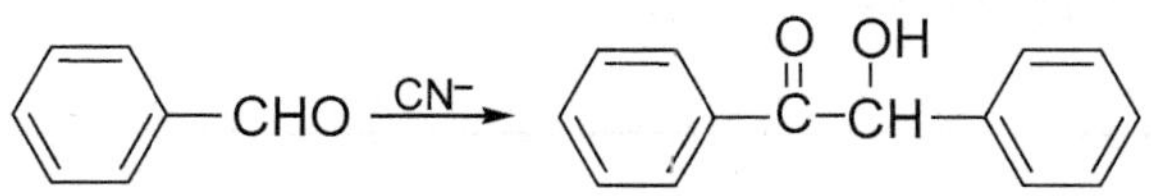

4. Michael 加成反应

具有 α-H 的羰基化合物在碱催化下与 α,β-不饱和羰基化合物(α,β-不饱和醛、酮、酯、腈或硝基化合物等)可以进行 1,4-共轭加成反应，生成 1,5-二羰基化合物。

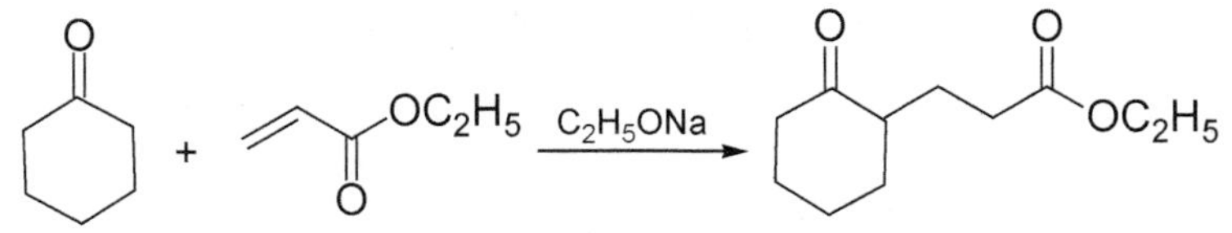

5. 烯胺的反应

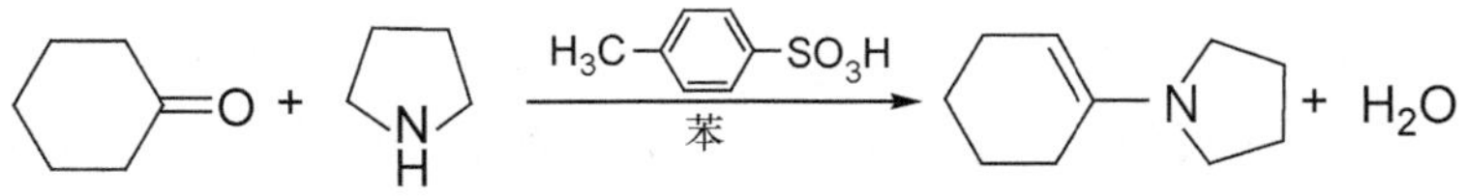

二、例题讲解

【例 13-1】　写出反应机理。

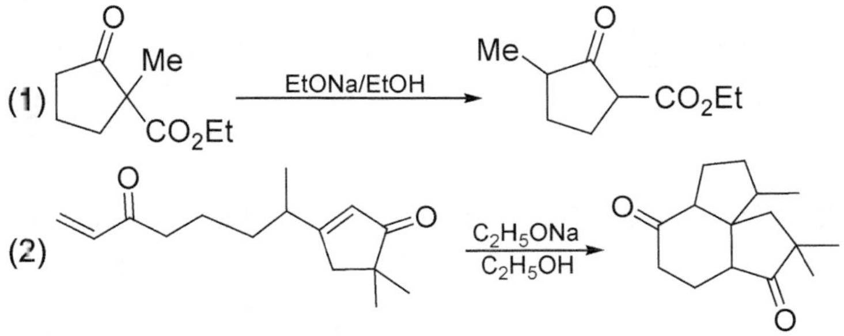

解　(1) 这是分子骨架发生改变的过程，这个过程包括三个反应：一是醇钠进攻酮羰基，生成碳负离子的反应，这个反应实际上是狄克曼缩合反应的逆反应；第二个是碳负离子的异构化反应；第三个是碳负离子异构化后，重新进行狄克曼缩合，生成目标化合物。

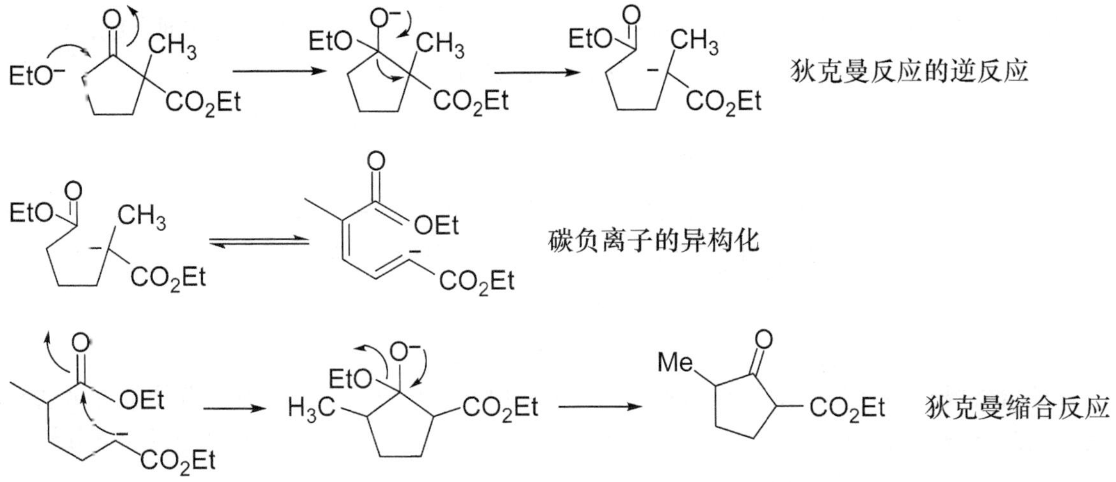

在碱性条件下，骨架改变必然经过碳负离子形成、迁移或异构化，并伴有断键(开环)和成键(合环)的过程。本题中，碳负离子形成有两种可能情况，一是碱作用下羰基的 α-氢离去形成碳负离子，此碳负离子不能开环。另一种是乙氧基进攻羰基后进行断键开环形成碳负离子，即狄克曼缩合反应的逆反应。

(2) 该反应产物与原料的碳原子数未发生变化，而结构变化较大，这时需要找到几个不变的碳原子作为参照物，然后找出原料中每个碳原子的变化情况。

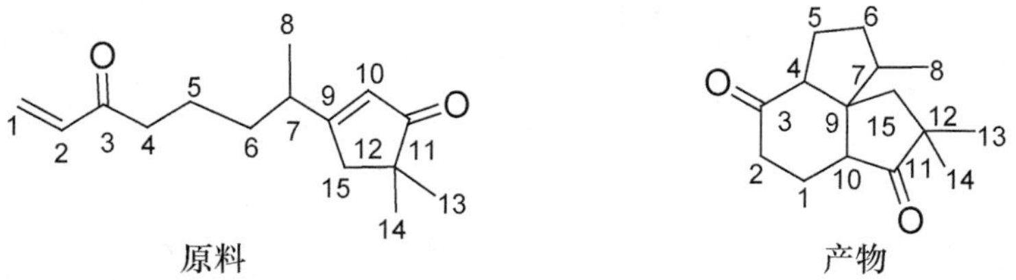

选作参照的碳原子一般为支链上的碳原子、未变的环上的碳原子等。本题中，以原料中的 C8、C13、C14 和五元环中的 C11、C12、C15 作为参照碳原子，然后将原料中的每一个碳原子进行归属。通过归属，可得出 C4 和 C9 成键，C1 和 C10 成键。C4 为羰基的 α-位，而 C9 为 α,β-不饱和羰基官能团的 β-位，可发生迈克尔加成反应。由此可得出中间体(Ⅰ)。

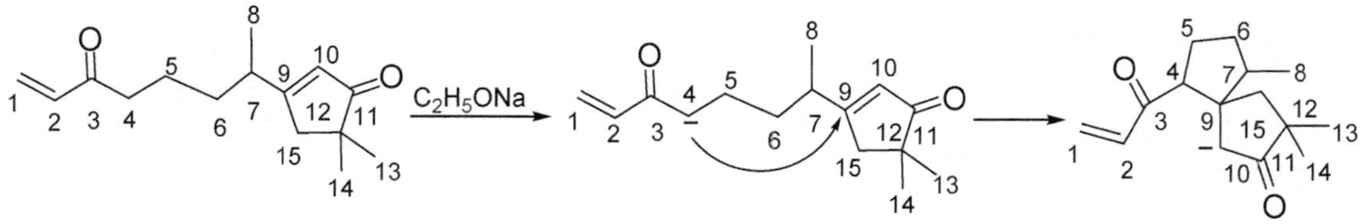

(Ⅰ)

在中间体(Ⅰ)中，C1 和 C10 与 C4 和 C9 类似，也可发生迈克尔加成，生成目标产物。

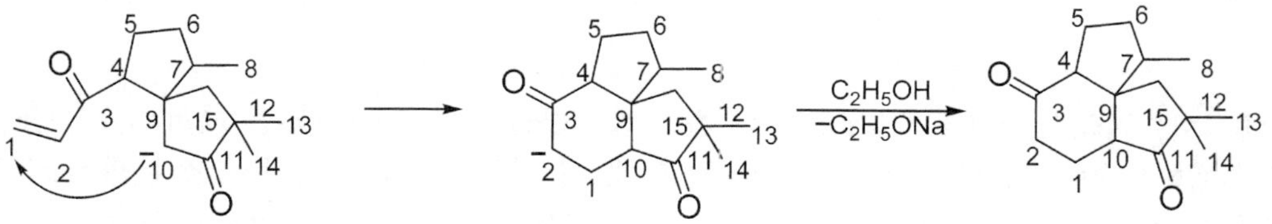

(Ⅰ)

【例 13-2】 由丙二酸二乙酯、不超过 4 个碳的有机原料以及其他必要试剂合成：

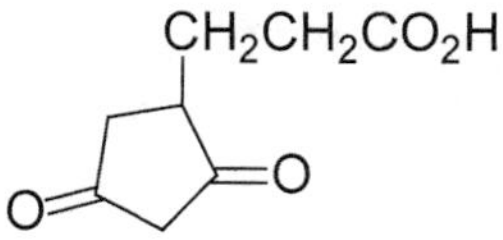

解 对于合成酸的化合物，一般是合成其酯的衍生物，然后再水解得到酸。

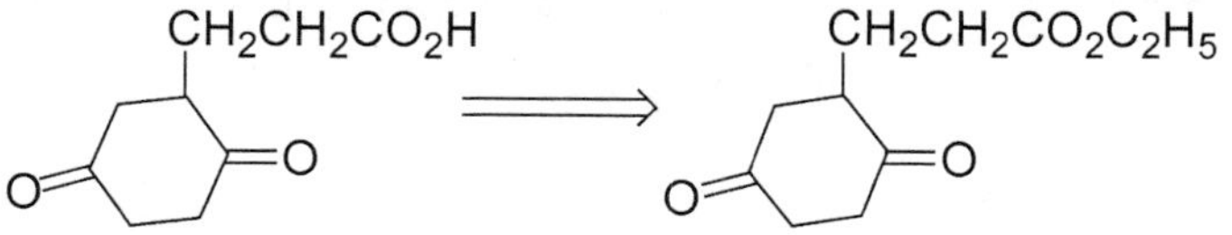

该化合物既包括 1,3-二羰基单元和 1,5-二羰基单元。合成 1,5-二羰基化合物最常用的反应为迈克尔加成，合成 1,3-二酮化合物最常用的反应为酮酯缩合反应。将产物进行逆推分析，需要一个中间体(Ⅰ)来进行酮酯缩合构筑 1,3-二酮骨架。

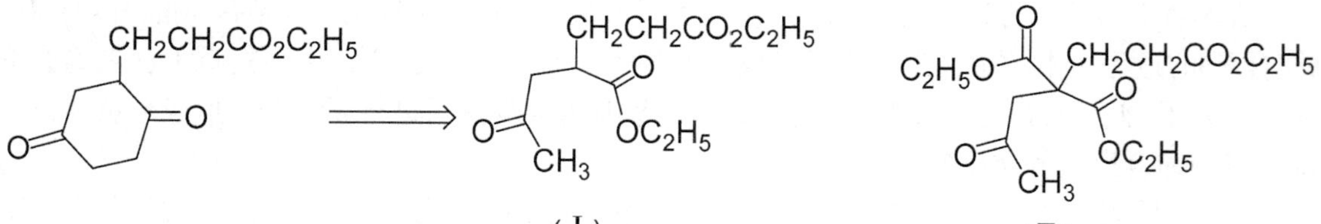

(Ⅰ)　　(Ⅱ)

根据题中所给的原料为丙二酸二乙酯以及二羰基化合物的性质，将中间体(Ⅰ)中引入一个烷氧羰基构筑一个取代的丙二酸二乙酯中间体(Ⅱ)。中间体(Ⅱ)的合成为丙二酸二乙酯与氯代丙酮的加成和与丙烯酸乙酯的迈克尔加成两步反应。所以目标化合物的合成路线为：

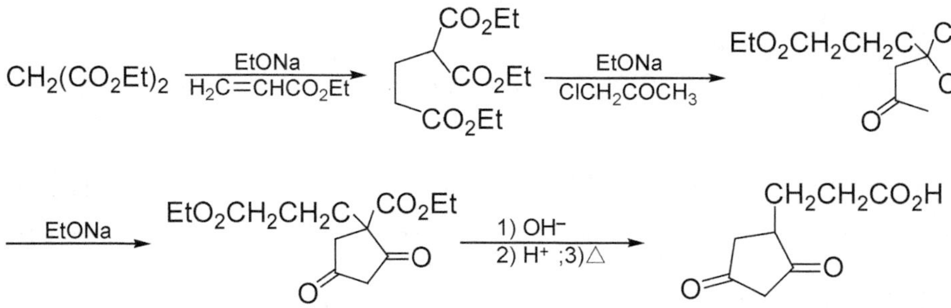

【例 13-3】　完成下列转化。

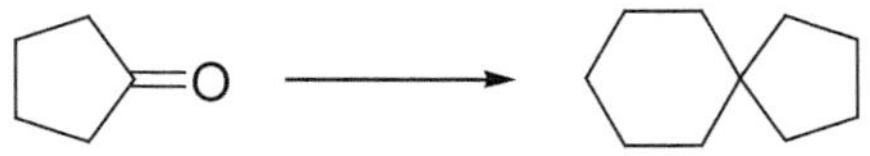

解　产物的碳原子数为原料的 2 倍，由此可考虑为原料环戊酮发生双分子还原得到 pinacol，pinacol 在酸性条件下重排后生成片呐酮，酮发生 Clemmensen 还原后得到产物烷烃。

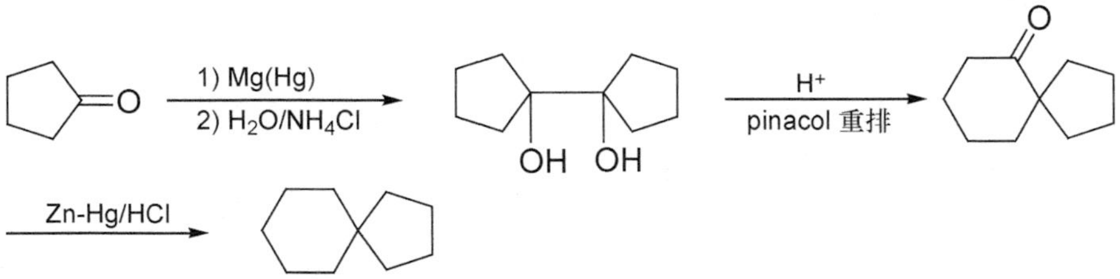

【例 13-4】　由环己烯、不超过 3 个碳的有机原料以及其他必要试剂合成：

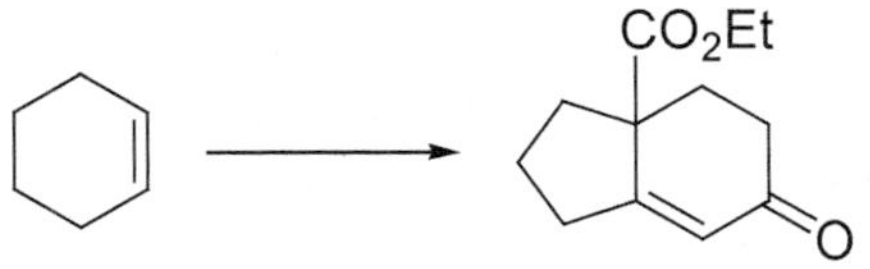

解　目标产物为 α,β-不饱和羰基化合物，可由羟醛缩合得到。同时也存在 1,5-二羰基化合物，可由含有活泼氢的化合物与 α,β-不饱和羰基化合物发生 Michael 加成而得。因此，首先利用丙酮与甲醛羟醛缩合得到丁-3-烯-2-酮；然后利用原料环己烯氧化后酯化得到己二酸二乙酯，再发生分子内的酯缩合得到 β-酮酸酯。

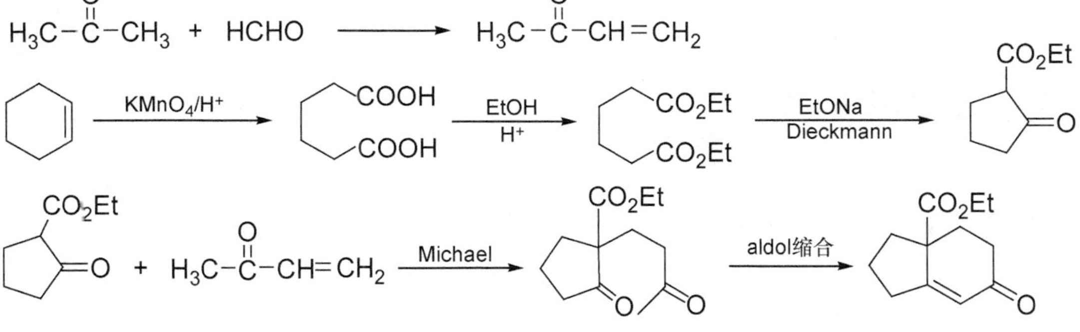

【例 13-5】　以丙二酸二乙酯为原料合成 2-甲基丁酸，其他试剂任选。

解　目标产物为 α-取代乙酸，因此利用原料与醇钠得到碳负离子作为亲核试剂，与 RX 发生亲核取代反应而引入烃基，在此需注意引入烃基体积先大后小。

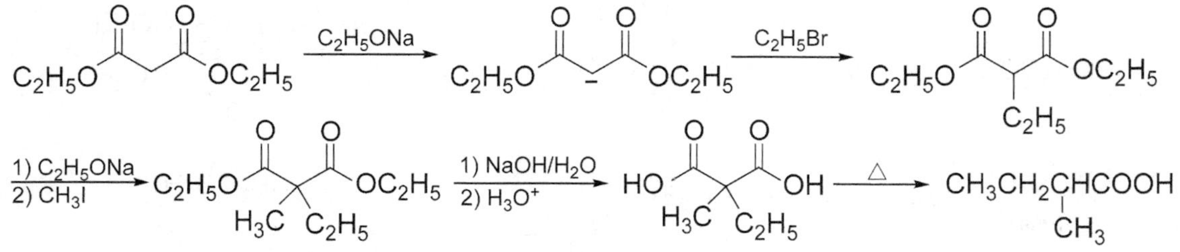

【例 13-6】　完成下列转化。(可加必要的有机、无机试剂)

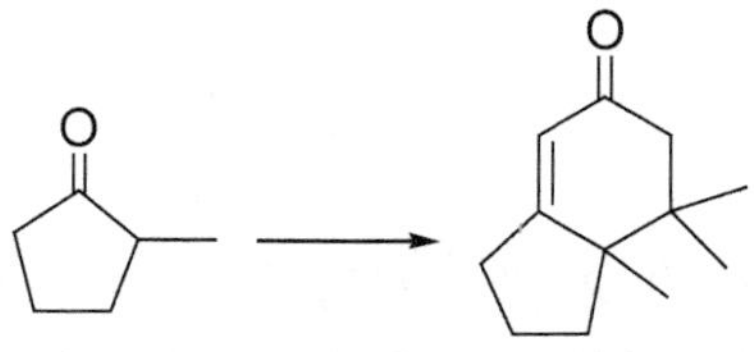

解　目标产物为 α,β-不饱和羰基化合物，可由羟醛缩合而得，而 1,5-二羰基化合物可由 Michael 加成得到。与例 13-4 相似。

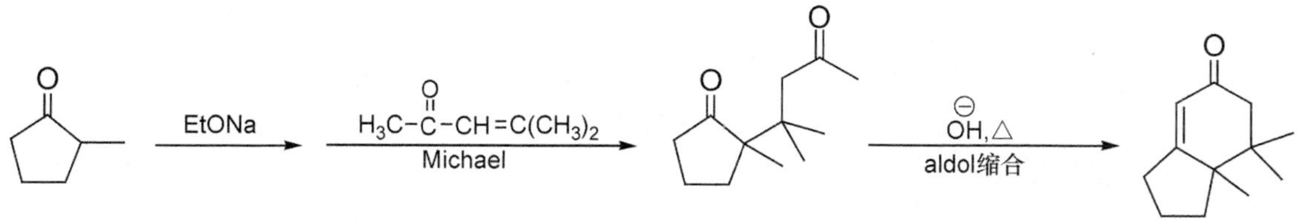

【例 13-7】　完成下列转化。(可加必要的有机、无机试剂)

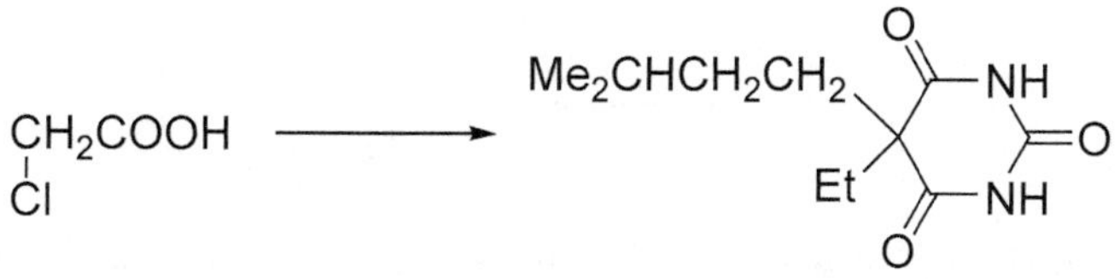

解　产物为对称的酰胺，可由取代丙二酸的衍生物氨解而得。原料 α-氯乙酸经氰解、水解、酯化后得到丙二酸二乙酯，与卤代烃亲核取代后可引入支链。故该转化路线如下：

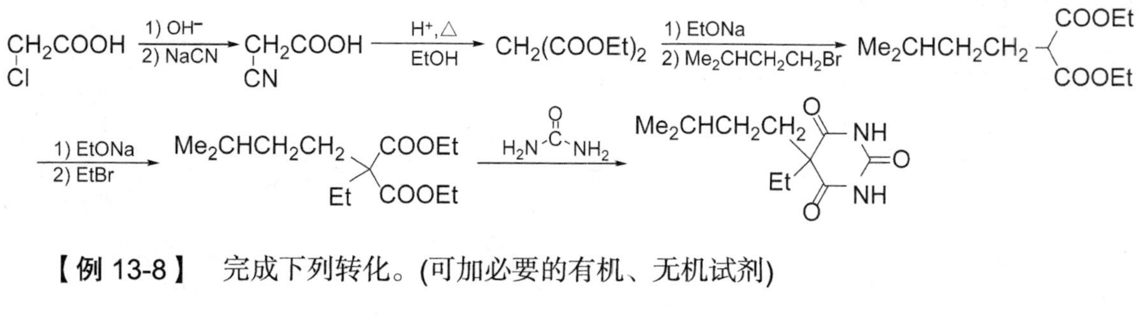

【例 13-8】　完成下列转化。(可加必要的有机、无机试剂)

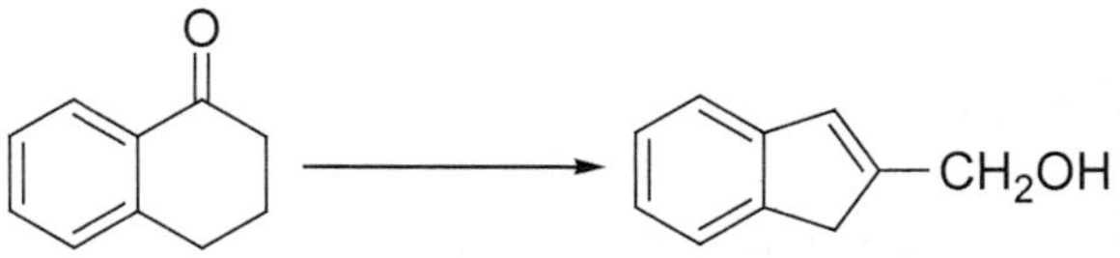

解　分析原料与产物的结构关系，碳原子总数没有改变，只是由六元环变为五元环。因此原料酮经还原得到醇，醇脱水得到烯烃后经臭氧化锌粉还原得到己二酸，酯化后得到二元羧酸酯，发生分子内的 Dickmann 缩合得到五元环状 β-酮酸酯，经 $NaBH_4$ 选择性还原酮羰基得醇. 脱水后得到烯烃，而酯基则需要更强的还原剂 $LiAlH_4$ 得到醇。

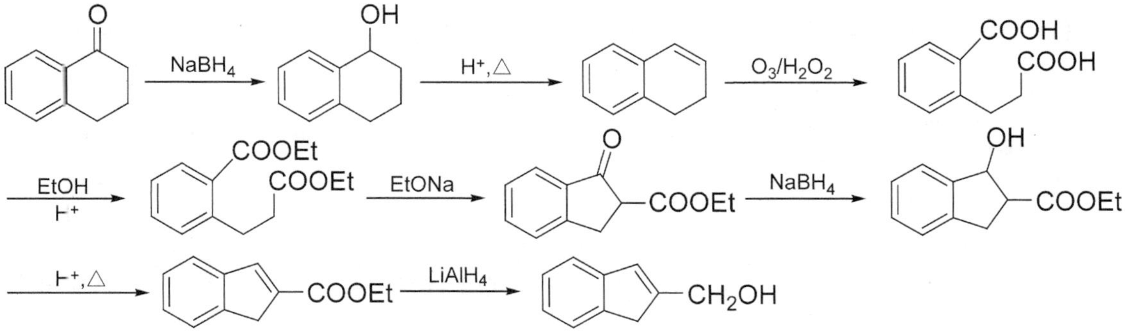

【例 13-9】　完成下列转化。(可加必要的有机、无机试剂)

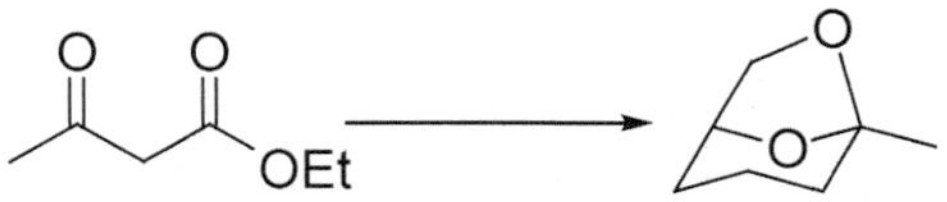

解　产物为同一碳上的双醚，是保护羰基的反应，可由醛酮与醇反应而得。而产物为环状结构，故缩合反应是发生在分子内的。因此，原料三乙与醇钠作用后与 β-溴代丁-1-烯亲核取代，引入烃基后酮式分解得到甲基酮，再将双键氧化为邻二醇。

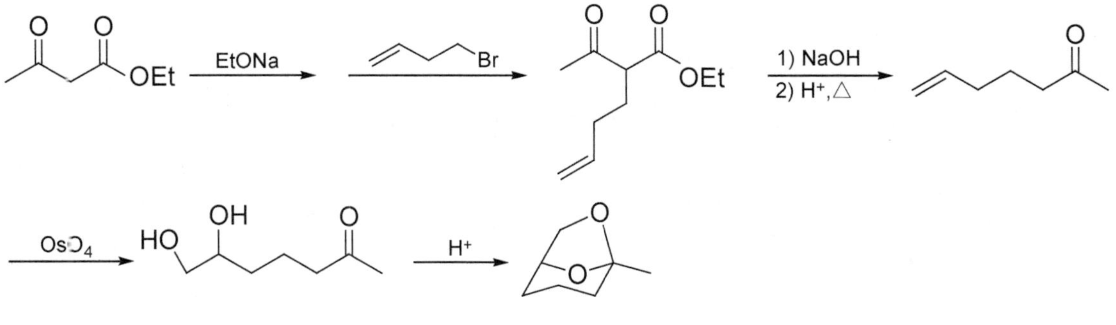

三、习题解答

13-1　下列羧酸酯中，哪些能进行缩合反应？写出缩合产物。

(1) 甲酸乙酯　(2) 乙酸丁酯　(3) 丙酸乙酯

(4) 苯甲酸乙酯　(5) 三甲基乙酸乙酯

解　(2)和(3)能进行缩合反应

(2) $CH_3\overset{O}{\overset{\|}{C}}CH_2\overset{O}{\overset{\|}{C}}O(CH_2)_3CH_3$

(3) $CH_3CH_2\overset{O}{\overset{\|}{C}}\underset{CH_3}{\underset{|}{CH}}\overset{O}{\overset{\|}{C}}OC_2H_5$

13-2 以乙酰乙酸乙酯为原料合成下列化合物。

(1) 3-甲基丁-2-酮　(2) 己-2-醇　(3) 戊-2,4-二酮

(4) 己-2,5-二酮

解

(1) 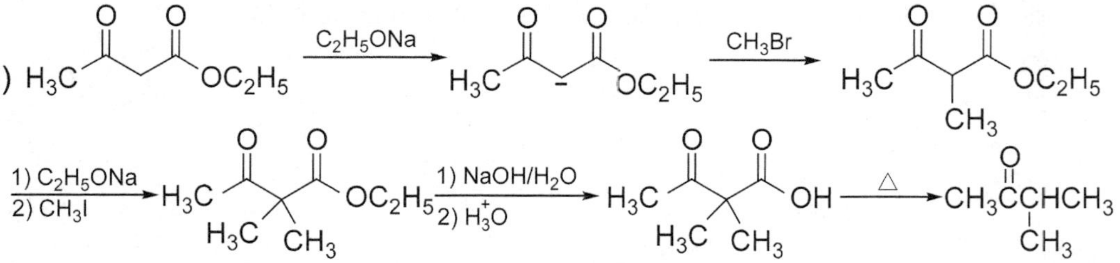

(2) 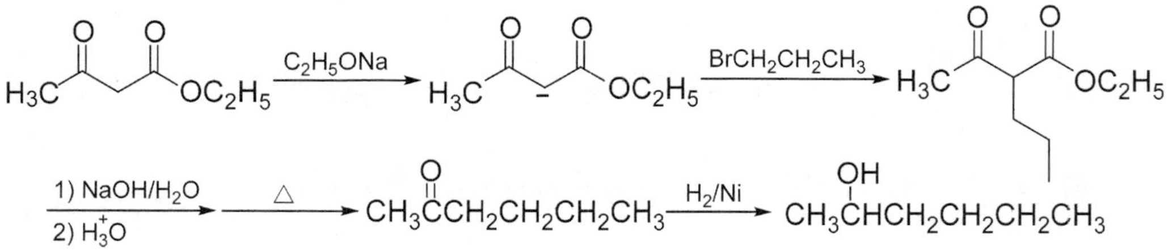

(3) 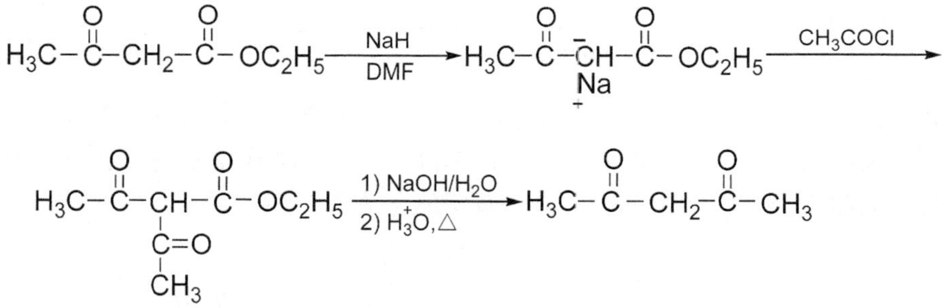

(4) 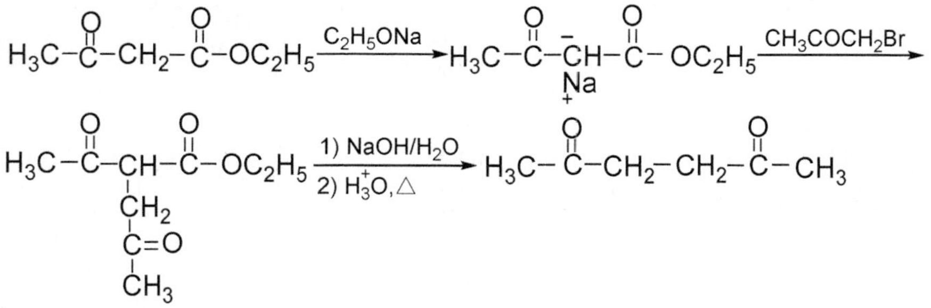

13-3 用丙二酸二乙酯法合成下列化合物。

(1) $CH_3CH_2\underset{CH_3}{\underset{|}{C}}HCOOH$

(2) 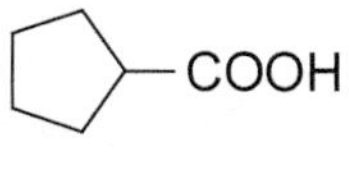

(3) $HOOCCH_2CH_2CH_2COOH$

(4) 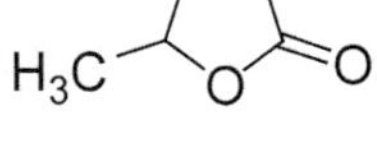

解

(1)

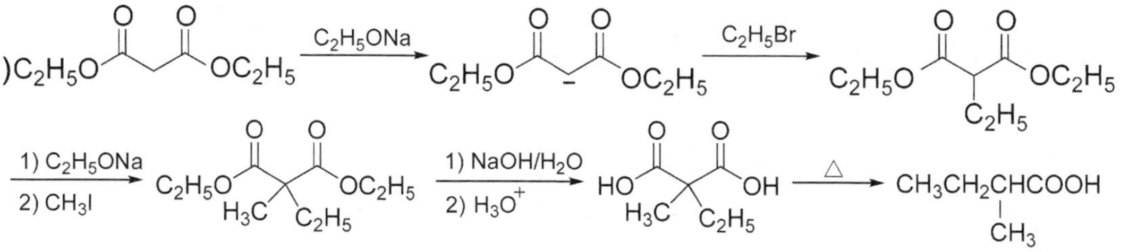

(2)

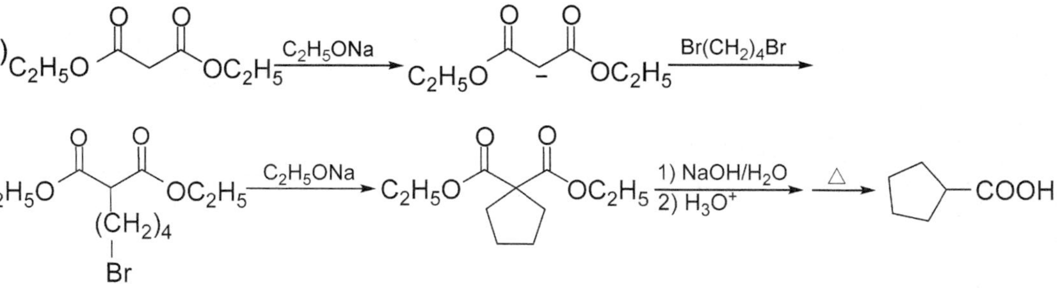

(3)

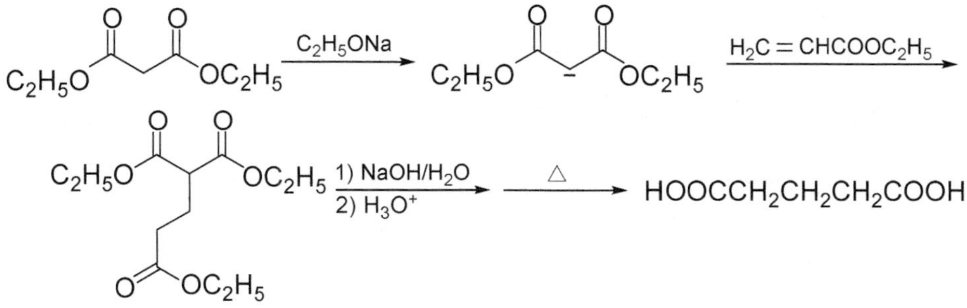

(4)

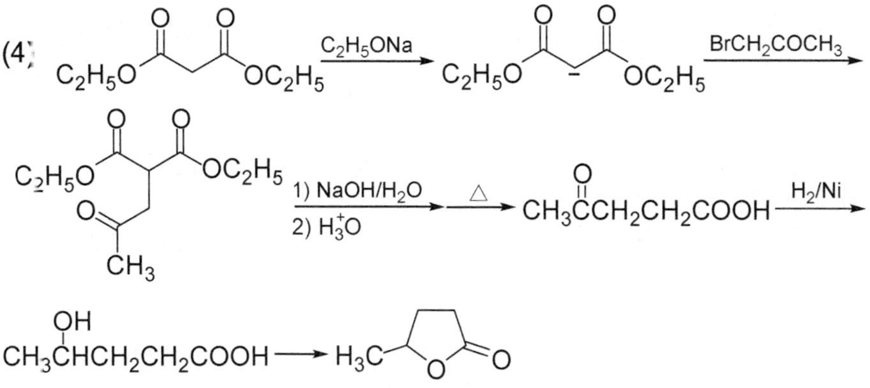

13-4 写出下列反应的机理。

(1)

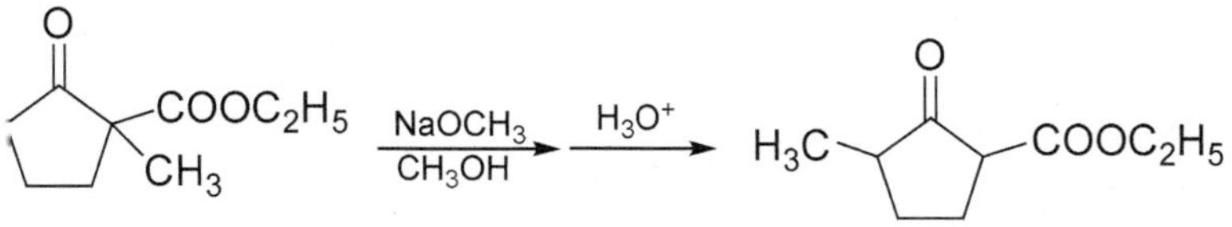

(2)

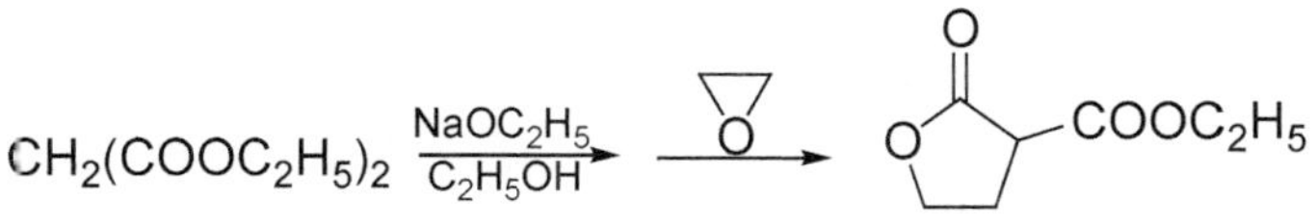

(3) 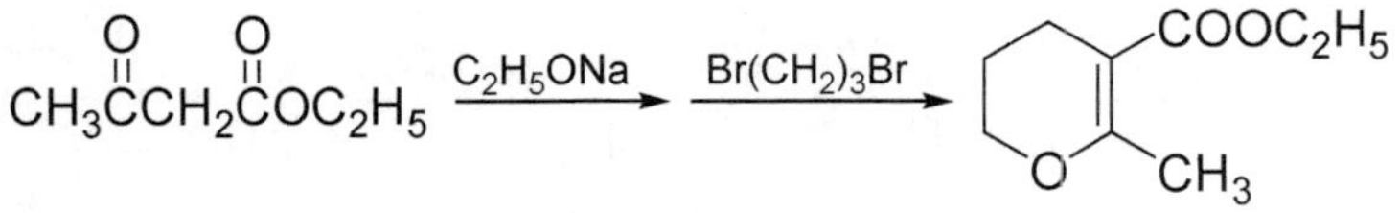

(4) 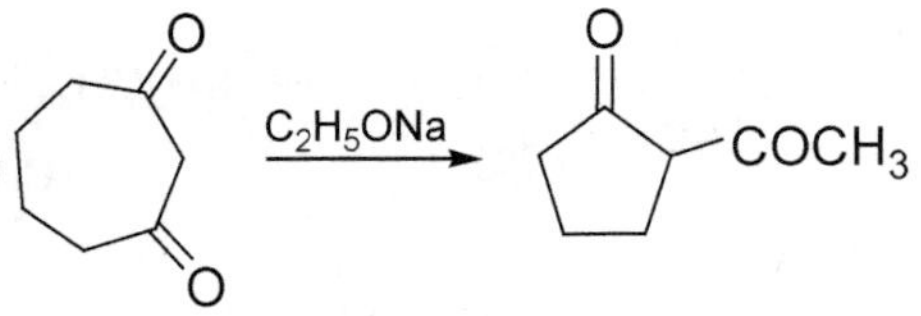

(5) 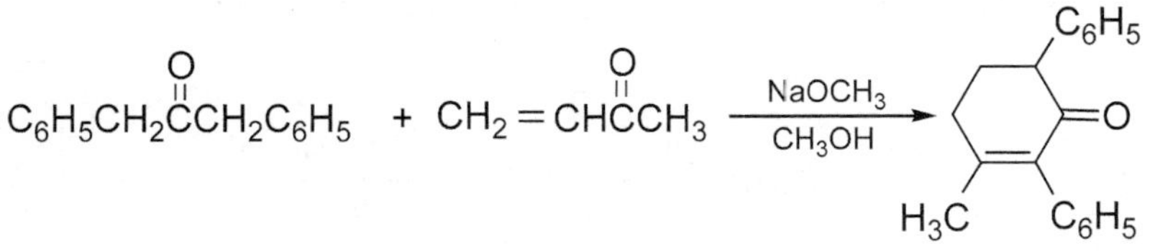

解

(1) 答案见例 13-1。

(2) 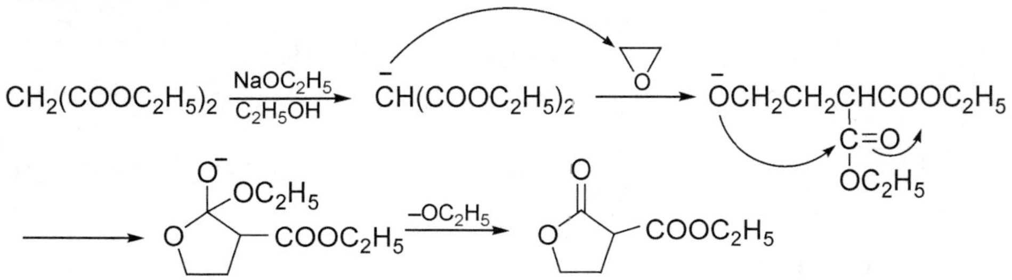

(3) 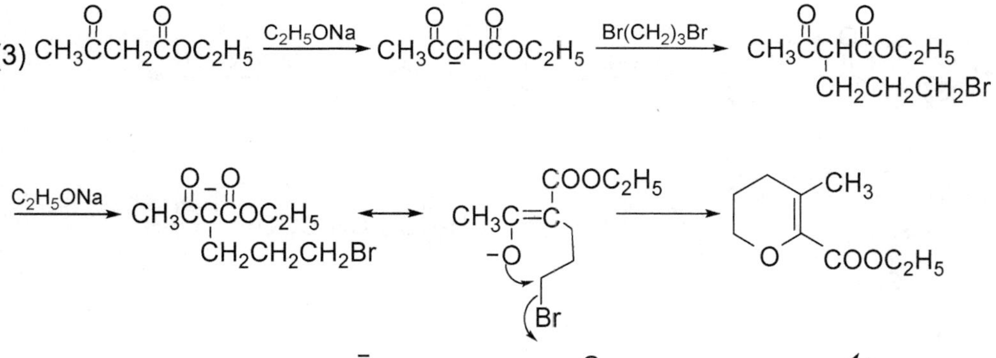

(4) 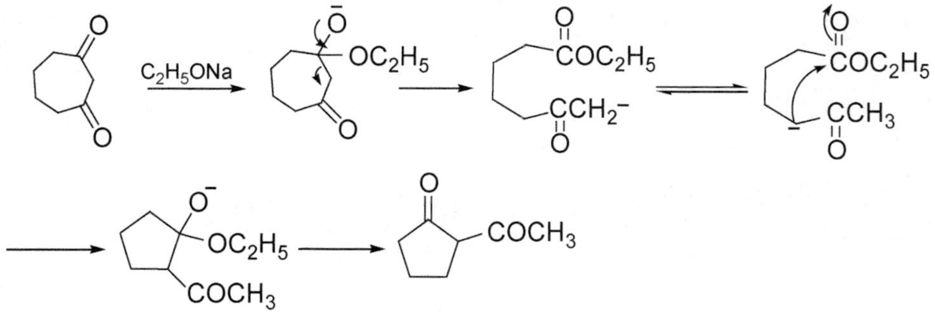

(5)

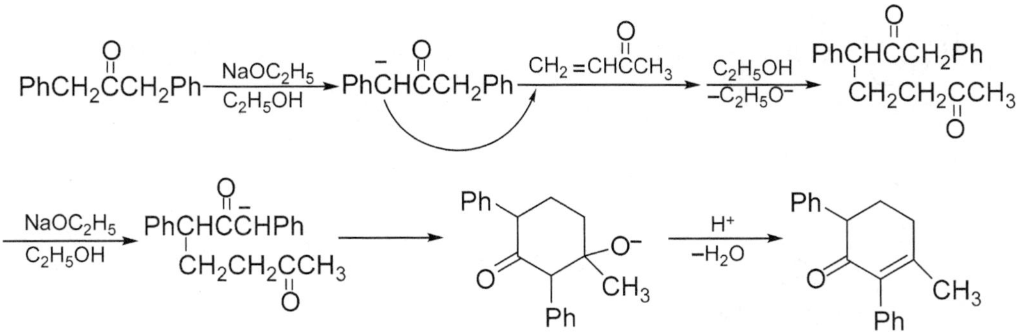

13-5　完成下列反应。

(1) $CH_2(COOC_2H_5)_2 \xrightarrow{NaOC_2H_5} \xrightarrow{H_2C=CHCH_2Br} ? \xrightarrow[2)\ H_3O^+;3)\ \triangle]{1)\ NaOH/H_2O} ? \xrightarrow{KMnO_4} ?$

(2)

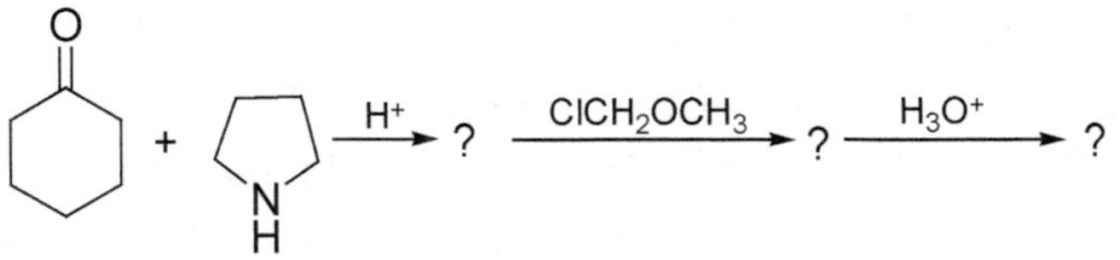

(3) $CH_3\overset{O}{\overset{\|}{C}}CH_2\overset{O}{\overset{\|}{C}}OC_2H_5 \xrightarrow{C_2H_5ONa} \xrightarrow{H_2C=CHCO_2C_2H_5} \xrightarrow[2)\ H_3O^+]{1)\ NaOH/H_2O} ? \xrightarrow[H^+]{C_2H_5OH} ?$

$\xrightarrow[-C_2H_5OH]{C_2H_5ONa} ? \xrightarrow{H_2C=CHCOCH_3} ? \xrightarrow[-H_2O]{C_2H_5ONa} ?$

(4)

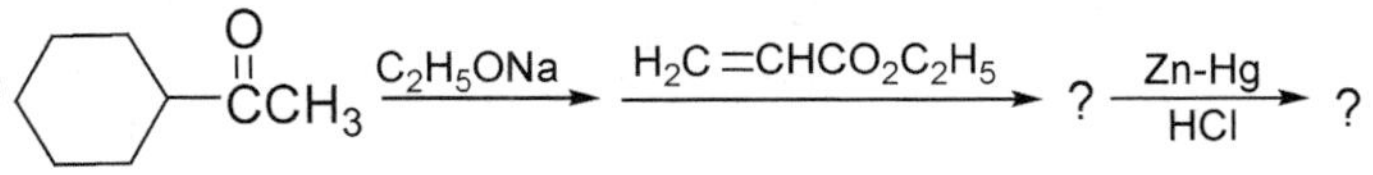

(5)

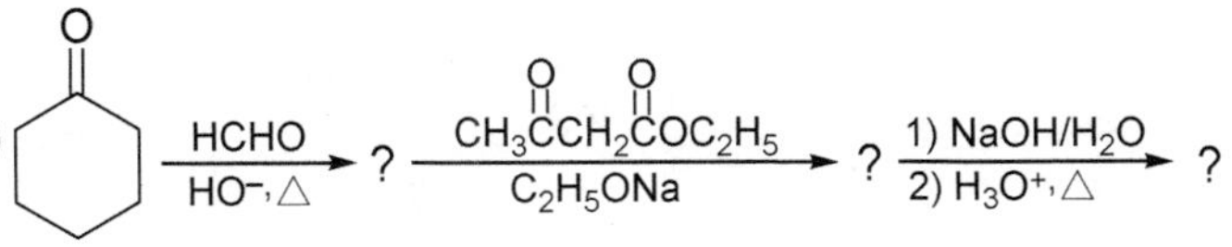

(6)

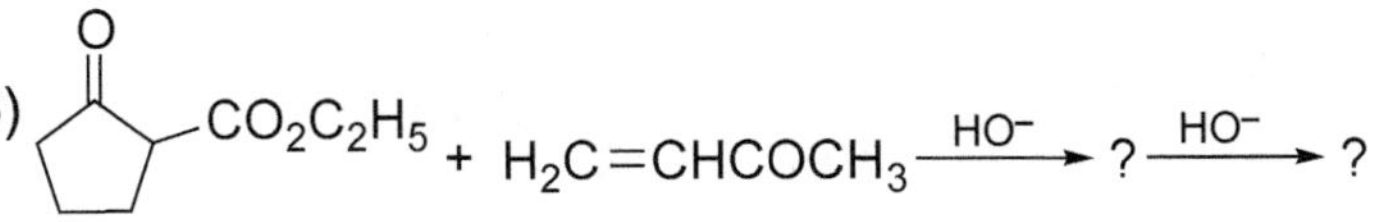

解

(1) $H_2C=CHCH_2CH(COOC_2H_5)_2$　　$H_2C=CHCH_2CH_2COOH$　　$HOOCCH_2CH_2COOH$

(2)

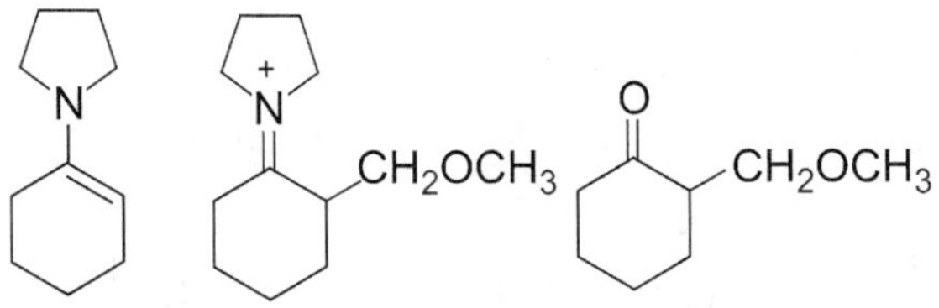

(3) $CH_3COCH_2CH_2CH_2COOH$　　$CH_3COCH_2CH_2CH_2COOC_2H_5$

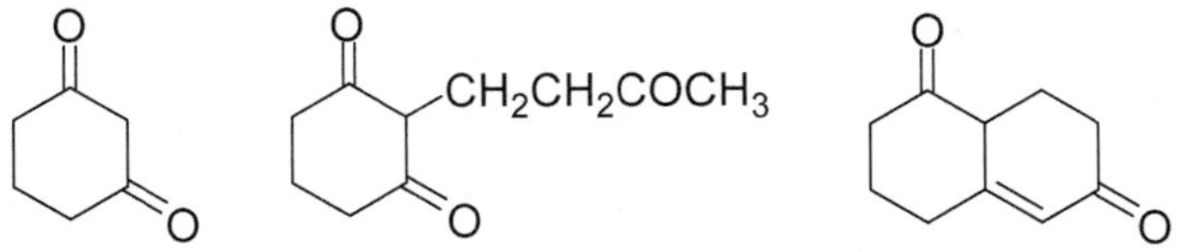

(4) 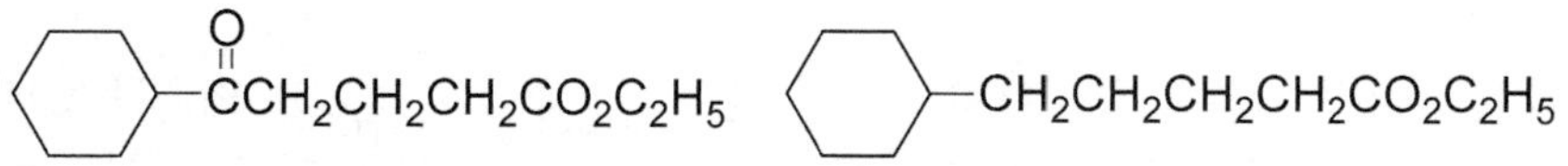

(5) 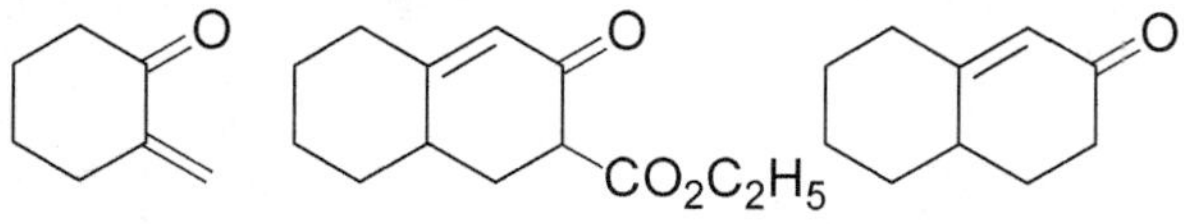

(6) 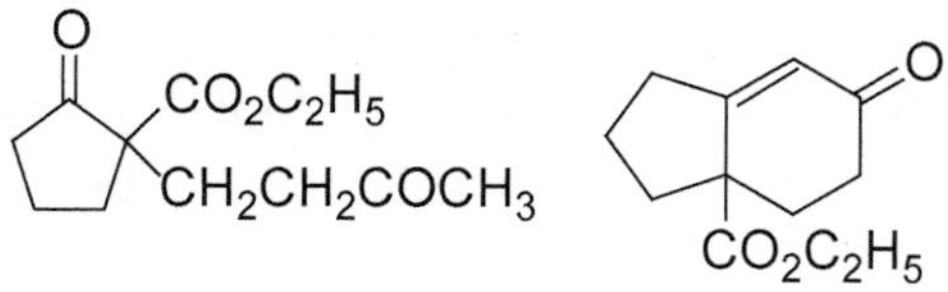

13-6　化合物 A($C_{10}H_{16}$)用 OsO_4 氧化得到饱和化合物 B($C_{10}H_{16}O_2$)；B 用高碘酸氧化得到一个酮 C(C_5H_8O)。B 用 20%H_2SO_4 共热得到另一个酮 D($C_{10}H_{16}O$)；D 在冰醋酸中与 Br_2 反应生成化合物 E($C_{10}H_{15}OBr$)。E 脱去溴化氢得到化合物 F($C_{10}H_{14}O$)；F 与溴代丁二酰亚胺作用转变为化合物 G($C_{10}H_{13}OBr$)；G 脱去溴化氢得到 H($C_{10}H_{12}O$)。在温和条件下用铬酸处理 H 得到了产物 I($C_8H_{10}O_5$)，缓慢加热 I 脱去一分子 CO_2 后生成了 J($C_7H_{10}O_3$)。J 可发生银镜反应，J 的银镜反应产物酸化后得到化合物 K；K 再加热脱羧生成了环戊酸。用臭氧处理化合物 H，在锌粉存在下水解，没有得到甲醛。试写出化合物 A ~ K 的结构式。

解

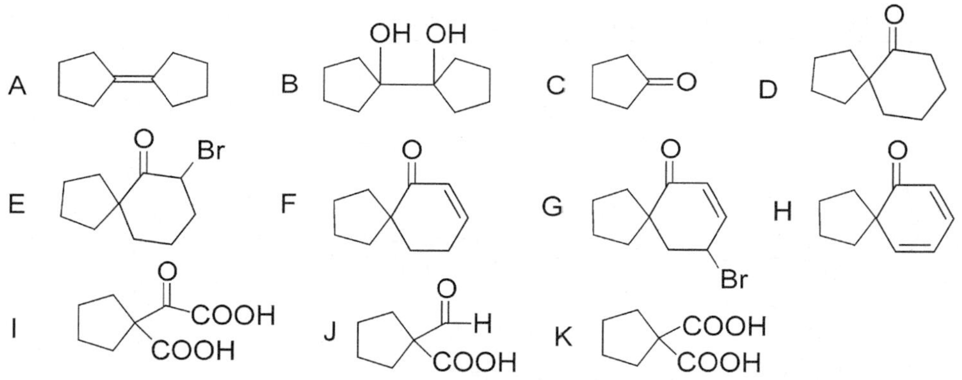

四、补充习题及答案

13-1　以甲醇、乙醇为原料，用丙二酸酯法合成下列化合物。

(1) 正己酸　　(2) 3-甲基己二酸　　(3) 环己烷-1,4-二甲酸

解

(1) $CH_3CH_2OH \xrightarrow{[O]} CH_3CHO \xrightarrow[\triangle]{5\%\ NaOH\ aq.} CH_3CH{=}CHCHO \xrightarrow{H_2,Cat} CH_3CH_2CH_2CH_2OH$

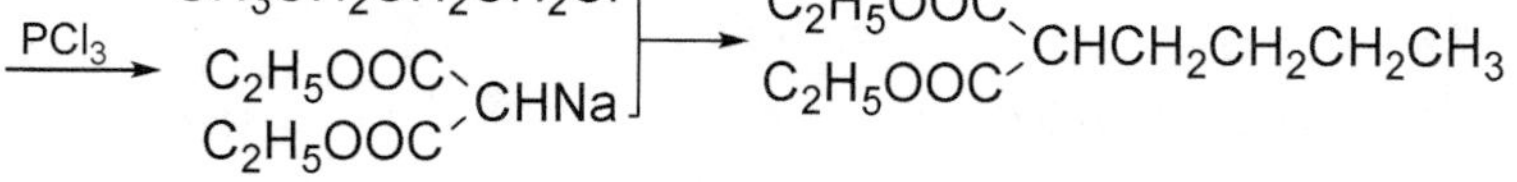

$\xrightarrow[2)\ H_3O^+,\triangle]{1)\ H_2O,OH^-} CH_3CH_2CH_2CH_2CH_2COOH$

(2) $CH_3CH_2OH \xrightarrow{HCl} CH_3CH_2Cl \xrightarrow[(C_2H_5)_2O]{Mg} CH_3CH_2MgCl \xrightarrow{CH_2O} \xrightarrow{H_3O^+} CH_3CH_2CH_2OH$

$\xrightarrow[\triangle]{H_3PO_4} CH_3CH{=}CH_2 \xrightarrow{Br_2} CH_3\overset{Br}{CH}CH_2Br$; $2C_2H_5O\overset{O}{\overset{\|}{C}}CH_2\overset{O}{\overset{\|}{C}}OC_2H_5 \xrightarrow{C_2H_5ONa}$

$(C_2H_5OOC)_2CH\overset{CH_3}{CH}CH_2CH(COOC_2H_5)_2 \xrightarrow[2)\ H_3O^+,\triangle]{1)\ H_2O,OH^-} HOOCCH_2\overset{CH_3}{CH}CH_2CH_2COOH$

(3) 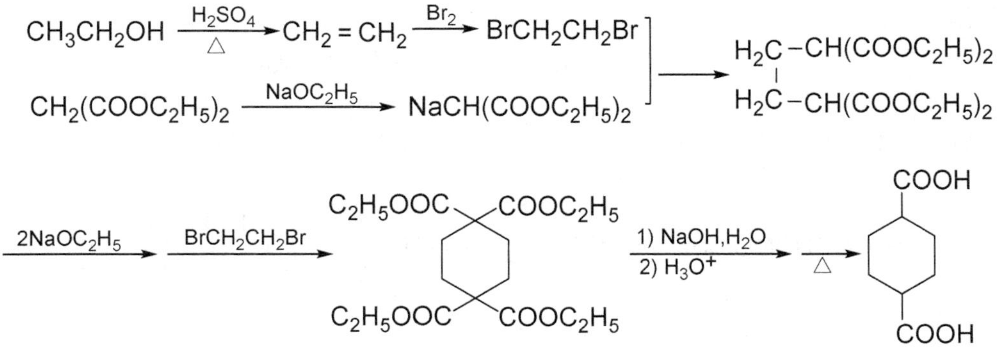

13-2　完成下列转化。

(1) 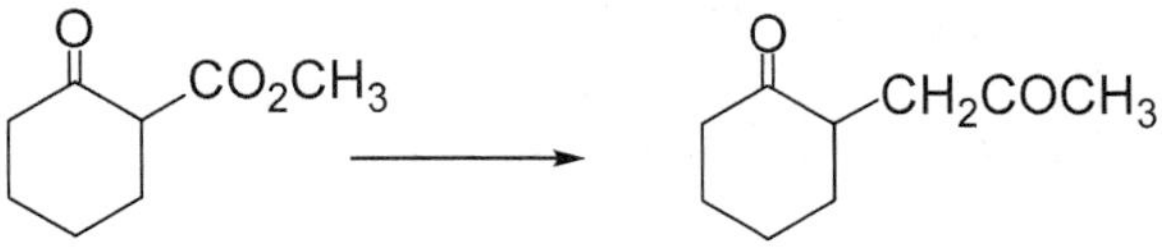

(2) 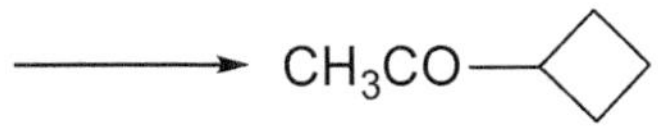

(3) $CH_3COOC_2H_5 \longrightarrow \begin{matrix} CH_3CHCOOH \\ | \\ CH_3CHCOOH \end{matrix}$

解

(1) 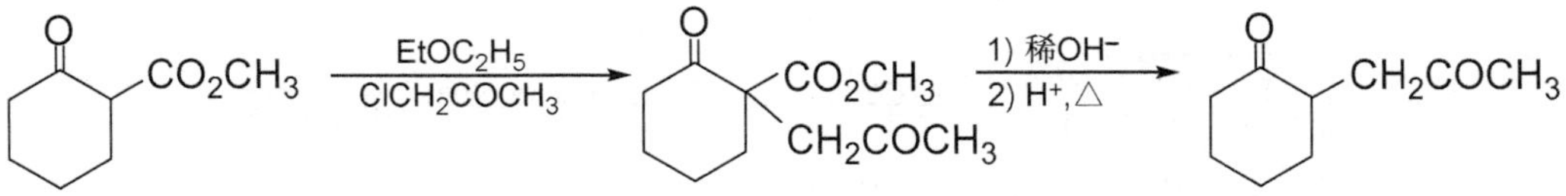

(2) $CH_3COOH \xrightarrow[H^+,\triangle]{CH_3CH_2OH} CH_3COOC_2H_5 \xrightarrow{NaOC_2H_5} CH_3COCH_2COOC_2H_5$

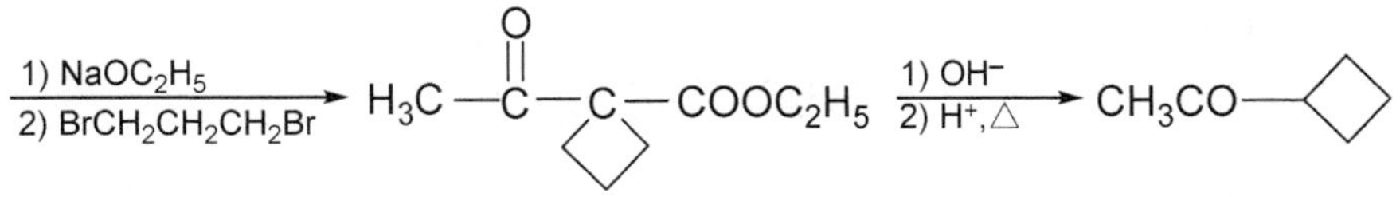

(3) $CH_3COOC_2H_5 \xrightarrow{NaOC_2H_5} CH_3COCH_2COOC_2H_5 \xrightarrow[2)\ BrCH_3]{1)\ NaOC_2H_5}$

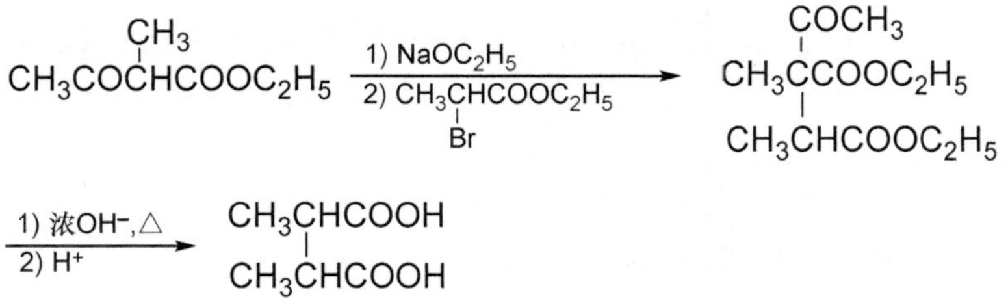

13-3　以甲醇、乙醇以及无机试剂为原料，经乙酰乙酸乙酯合成下列化合物。

(1) 3-乙基戊-2-酮　　(2) 2,7-辛二酮　　(3) γ-戊酮酸

解

(1)
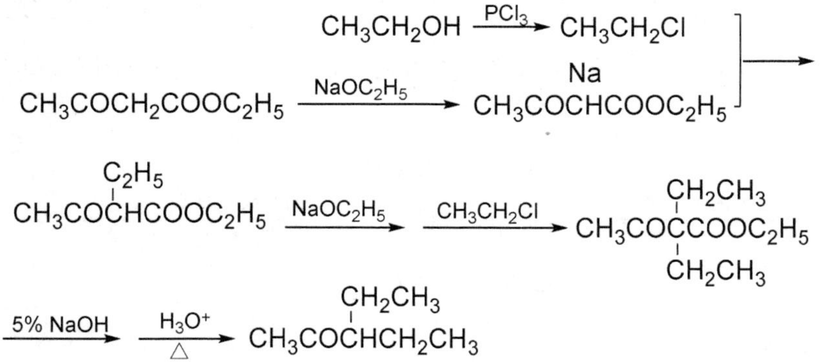

(2)
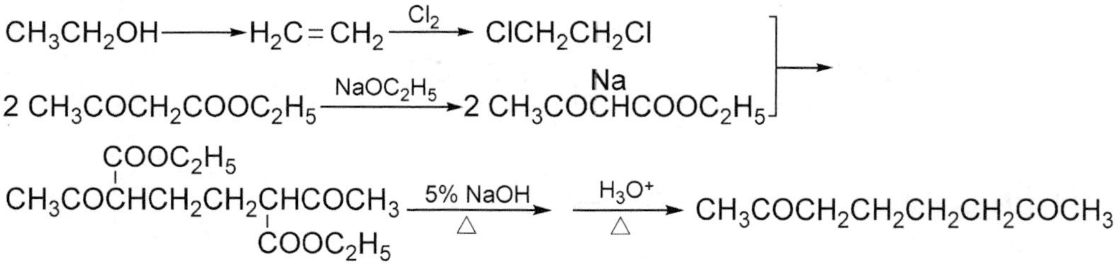

(3)
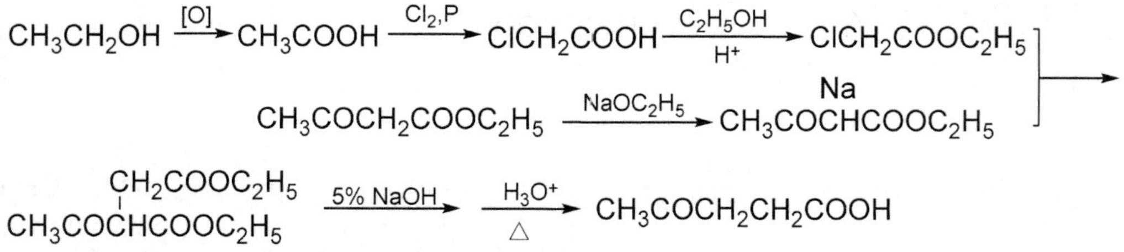

13-4　写出下列化合物的酮式与烯醇式互变平衡式。

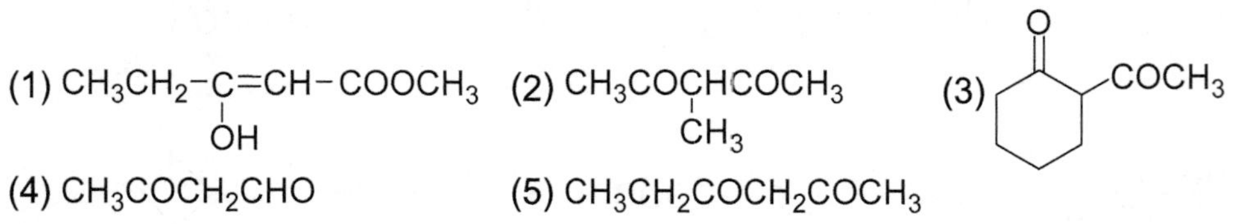

解

(1)
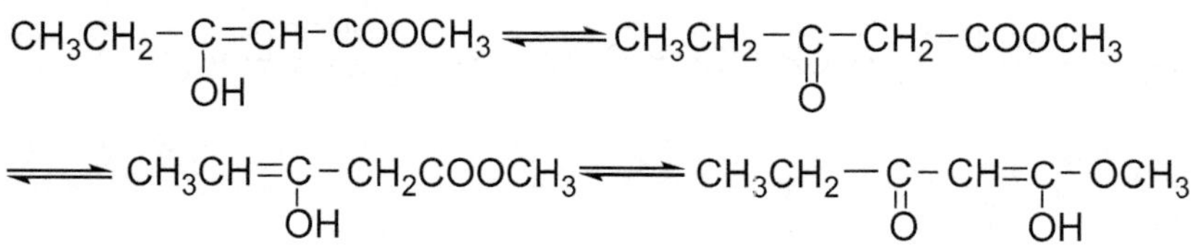

(2) 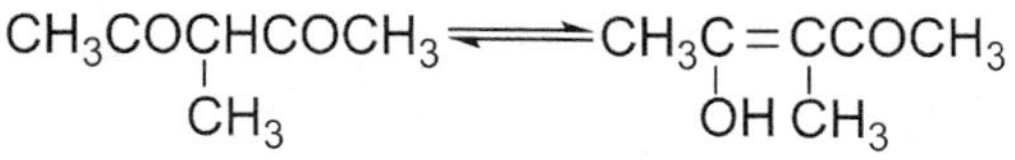

(3) 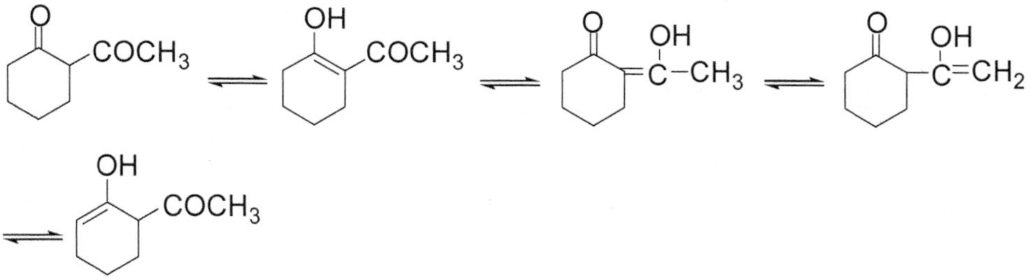

(4) 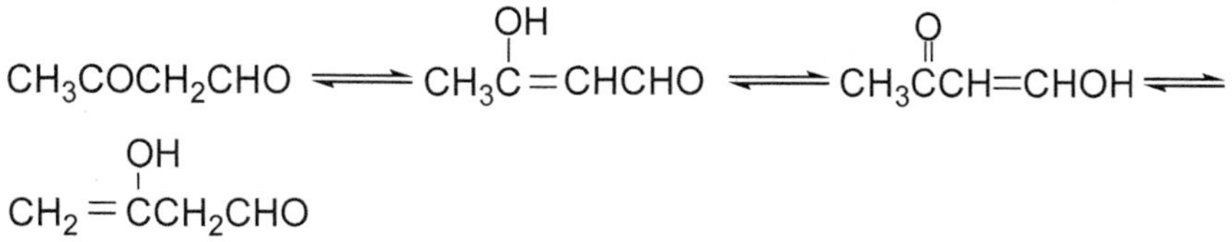

(5) 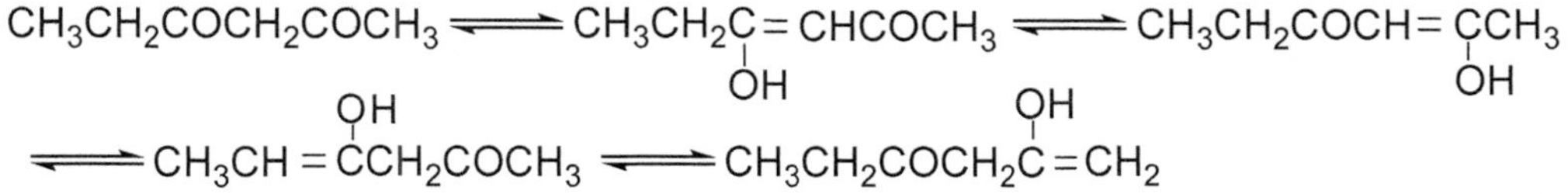

13-5　某酯类化合物 A($C_5H_{10}O_2$)，用乙醇钠的乙醇溶液处理，得到另一个酯 B($C_8H_{14}O_3$)。B 能使溴水褪色，将 B 用乙醇钠的乙醇溶液处理后，再与碘乙烷反应，又得到另一个酯 C($C_{10}H_{18}O_3$)。C 和溴水在室温下不反应。把 C 用稀碱水解再酸化，加热，即得酮 D($C_7H_{14}O$)。D 不发生碘仿反应，用锌汞齐还原则生成 3-甲基己烷。试推测 A ~ D 的结构。

解

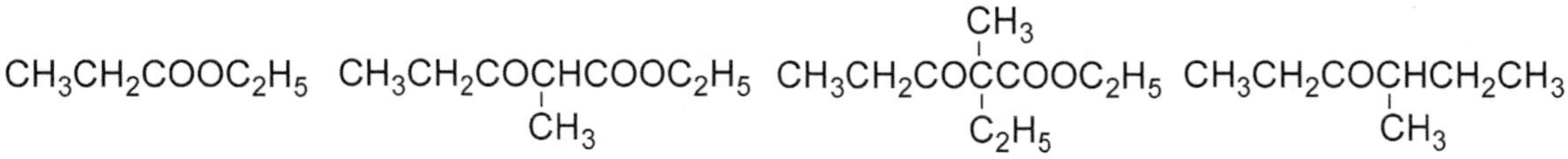

A　B　C　D

13-6　某化合物分子式为 $C_8H_{16}O$(A)，不与金属 Na、NaOH、$KMnO_4$ 反应，能与浓氢碘酸作用生成化合物 $C_7H_{14}O$(B)。B 与浓硫酸共热生成化合物 C_7H_{12}(C)，C 经臭氧化水解后得产物 $C_7H_{12}O_2$(D)。D 的 IR 图在 1750 ~ 1700 cm^{-1} 处有强吸收峰，而在 NMR 图中有两组峰，具有如下特征：一组为(1H)的三重峰(δ =10)，另一组是(3H)的单峰(δ =2)。C 在过氧化物存在下与氢溴酸作用得 $C_7H_{13}Br$(E)，E 经水解得化合物 B。试推导 A ~ E 的结构并写出相应反应方程式。

解

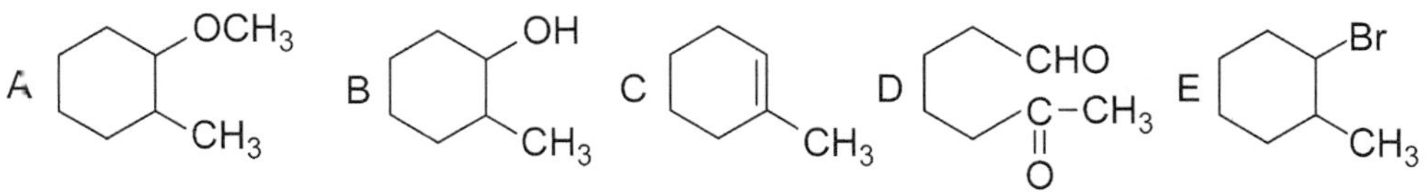

相关反应方程式为：

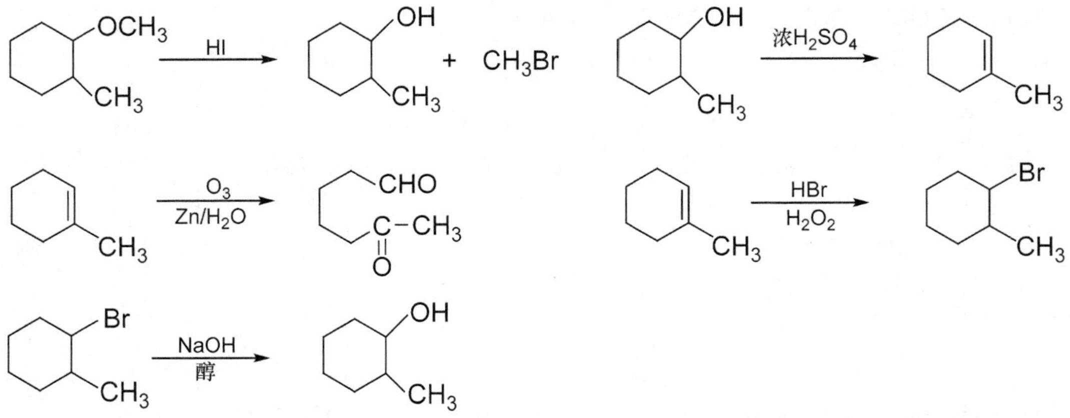

第 14 章　含氮化合物

一、内 容 提 要

【一】硝基化合物的化学性质

1. 硝基化合物的酸性

$$RCH_2NO_2 + NaOH \longrightarrow [RCHNO_2]^-Na^+ + H_2O$$

2. 还原反应

硝基化合物特别是芳香族硝基化合物可被不同还原剂还原生成不同的产物。

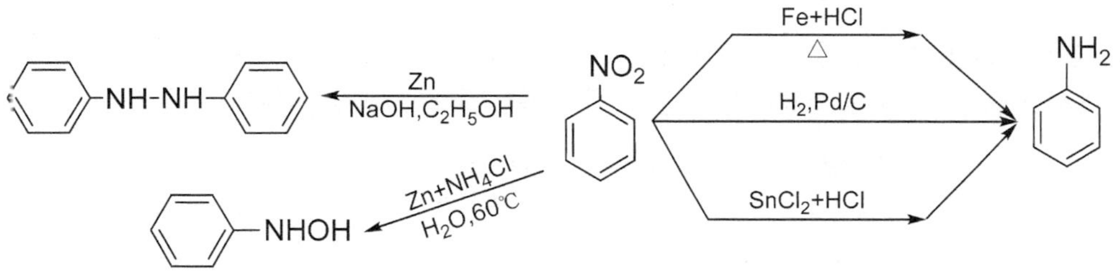

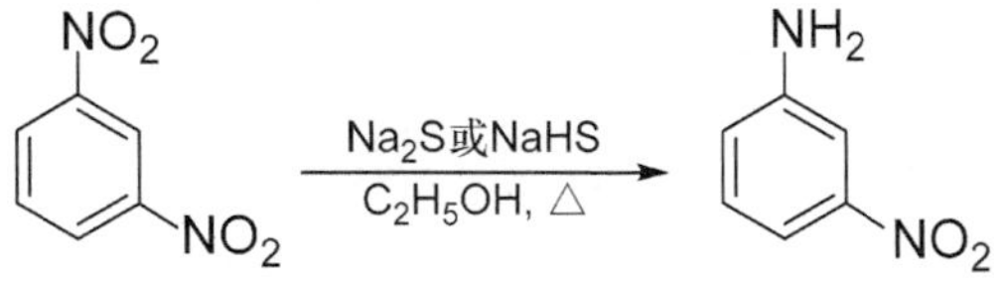

【二】胺的化学性质

1. 碱性和成盐

胺和氨相似，胺分子中氮原子有未共用电子对，能接受质子，具有碱性，能和酸成盐，胺的碱性比水强但比氢氧化钠弱。

$$RNH_2 + HCl \rightleftharpoons RNH_3^+Cl^-$$

2. 胺的烷基化和酰基化反应

1) 烷基化

$$NH_3 \xrightarrow[-HX]{RX} RNH_2 \xrightarrow[-HX]{RX} R_2NH \xrightarrow[-HX]{RX} R_3N \xrightarrow{RX} R_4\overset{+}{N}\overset{-}{X}$$

2) 酰基化

$$R-\overset{O}{\overset{\|}{C}}-Cl + R'NH_2(R'_2NH) \longrightarrow R-\overset{O}{\overset{\|}{C}}-NHR'\,(R-\overset{O}{\overset{\|}{C}}-NR'_2) + HCl$$

3) 与苯磺酰氯反应(Hinsberg 反应)

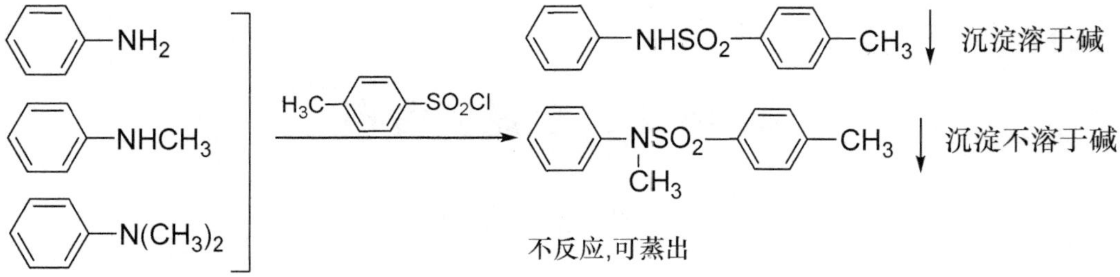

3. 胺与亚硝酸反应

$$RNH_2 + NaNO_2 + HCl \longrightarrow N_2\uparrow + \text{醇、烯烃和卤代烃的混合物}$$

$$R_2NH + NaNO_2 + HCl \longrightarrow \underset{N\text{-亚硝基胺}}{R_2NN{=}O} + H_2O$$

$$R_3N + NaNO_2 + HCl \longrightarrow R_3N^+H \cdot NO_2^-$$

4. 芳胺芳环上的亲电取代反应(卤代、硝化、磺化)

5. 季铵碱的制备和霍夫曼消除反应(消除酸性较强的 β-碳上的氢)

$$R_4N^+X^- + KOH \rightleftharpoons R_4N^+OH^- + KX$$

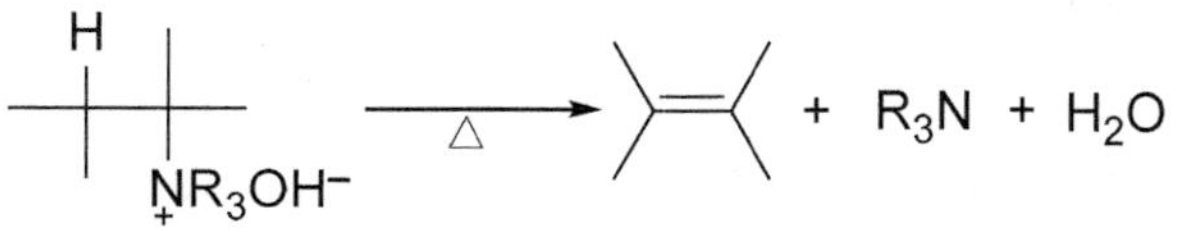

【三】胺的制备

1. 氨的烃基化
2. 硝基化合物的还原
3. 酰胺及含碳氮重键化合物的还原

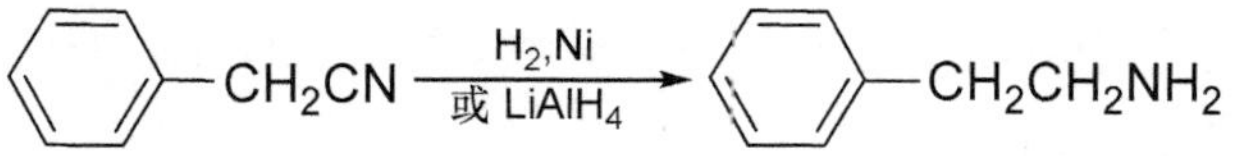

$$\overset{O}{\overset{\|}{RC}}NH_2 \xrightarrow[2)\ H_2O]{1)\ LiAlH_4} RCH_2NH_2$$

4. 羰基化合物氨化还原

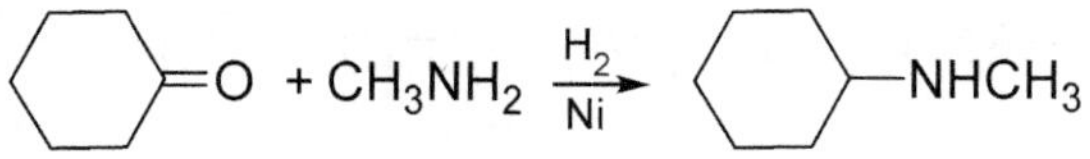

5. Gabriel 合成法

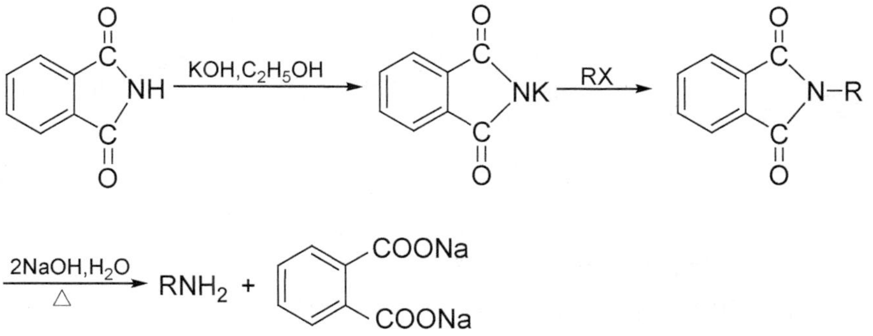

6. 酰胺的 Hoffmann 降解反应

【四】芳香族伯胺重氮化反应

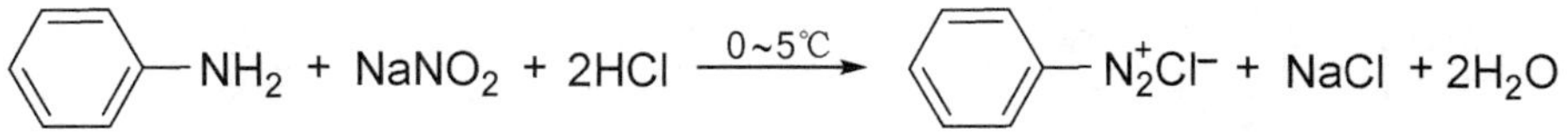

重氮盐的化学性质

1. 重氮基被取代的反应

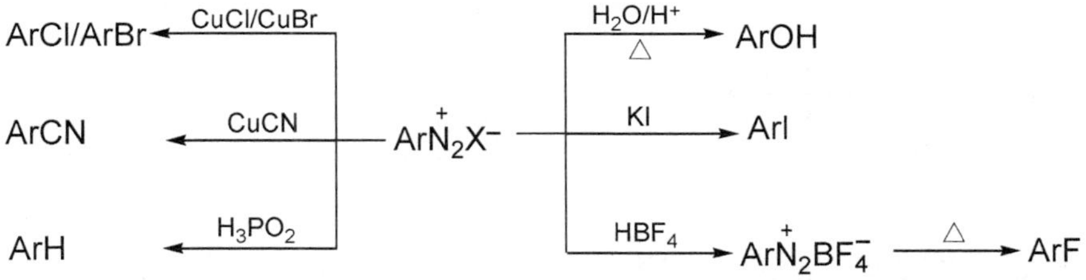

2. 偶联反应

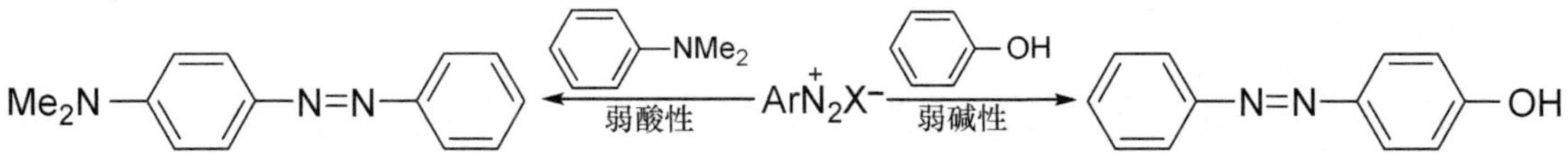

3. 还原成苯肼

$$Ar\overset{+}{N}_2X^- \xrightarrow{Na_2SO_3} ArNHNH_2$$

二、例题讲解

【例 14-1】 以苯为唯一原料合成：

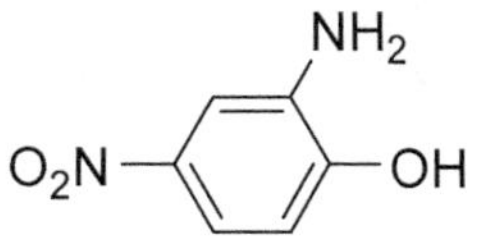

解　氨基一般通过硝基的还原来制备，所以可合成中间体 2,4-二硝基苯酚(Ⅰ)，通过硫化物的选择性还原来制备。2,4-二硝基苯酚可通过 2,4-二硝基氯苯常压水解得到。2,4-二硝基氯苯可通过氯苯的硝化得到。所以该化合物的合成路线为：

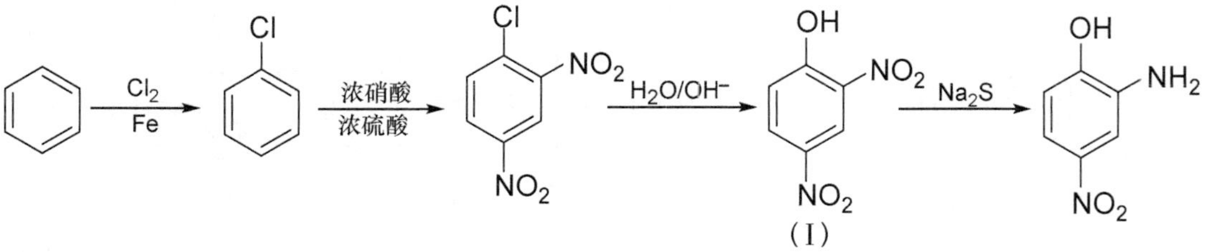

【例 14-2】 以甲苯为原料合成间甲基苯胺。

解 在目标化合物中，两个邻位定位基相互处于间位，不能直接合成。这时，需要在甲基的对位引入一个氨基，利用氨基的定位效应，在需要的位置引入硝基后，然后通过重氮化去掉氨基，再还原硝基得到目标化合物。所以这个化合物的合成路线为：

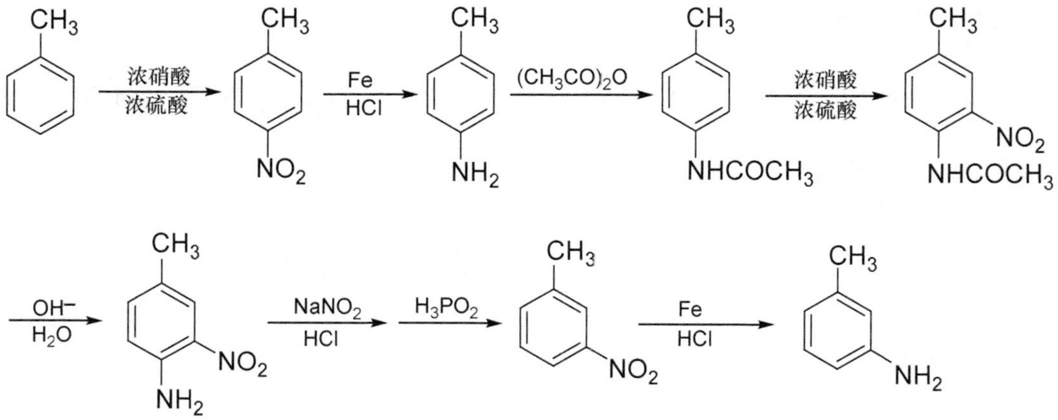

该题中注意，苯胺容易被氧化，不能直接进行硝化和磺化等反应，必须先进行乙酰化保护，再进行反应。

【例 14-3】 完成下列反应。

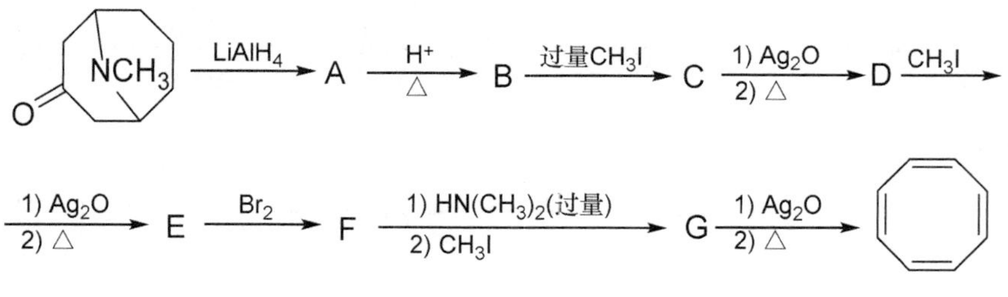

解 本题从反应条件看，主要的反应是季铵碱的消除反应。第一步反应为羰基还原生成醇的反应，第二步是醇在酸性条件下的脱水生成烯烃的反应。B 和过量的碘甲烷反应，生成季铵盐 C。C 与湿的氧化银反应生成季铵碱，再发生消除反应生成共轭二烯烃 D。D 和碘甲烷反应生成季铵盐，然后与湿的氧化银发生消除反应，生成共轭辛三烯 E。E 与溴发生 1,6-共轭加成生成 F，F 与二甲胺和碘甲烷反应生成季胺碱 G，G 与湿的氧化银发生消除反应得到环辛四烯。所以 A ~ G 的结构为：

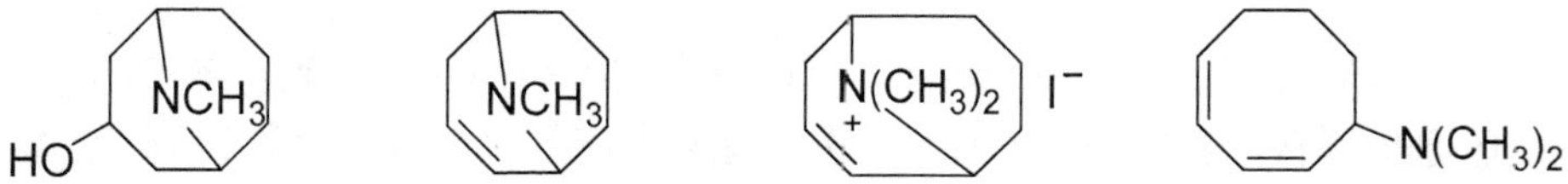

A B C D

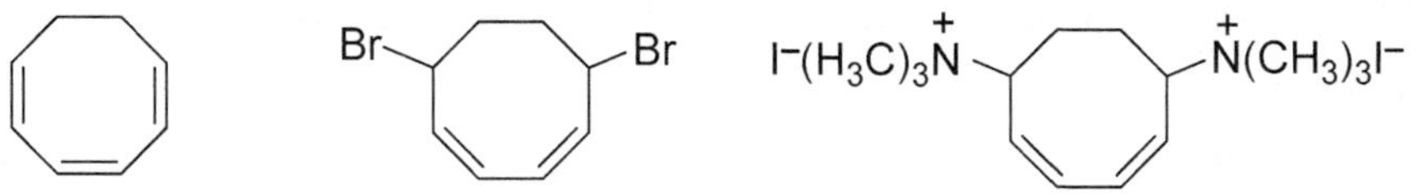

E　　　F　　　G

【例 14-4】　写出下列反应机理。

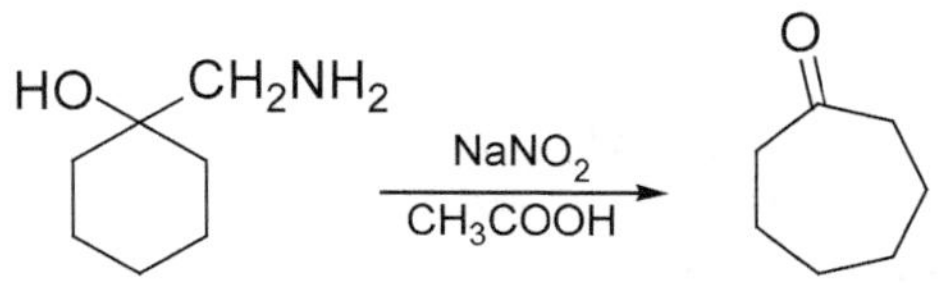

解　反应物到产物从五元环变为六元环，说明发生了重排反应。反应物中的$-NH_2$发生重氮化反应，失去 N_2，形成碳正离子，发生重排反应。反应机理如下：

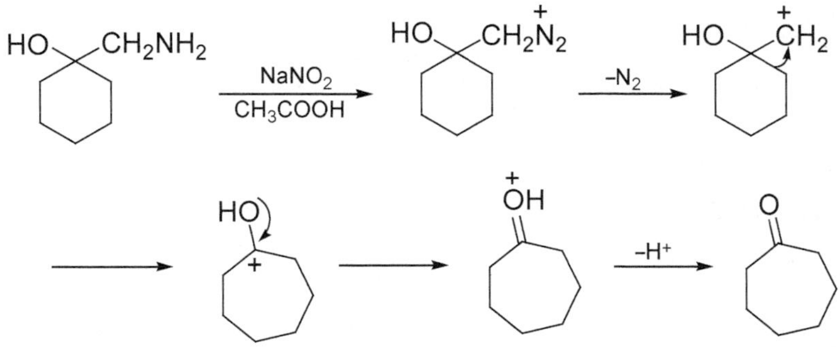

【例 14-5】　写出下列反应机理。

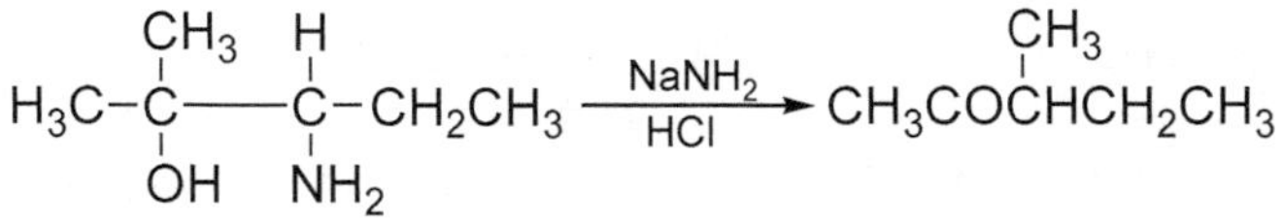

解　此题涉及$-NH_2$的重氮化反应以及片呐醇类型的重排反应。反应机理如下：

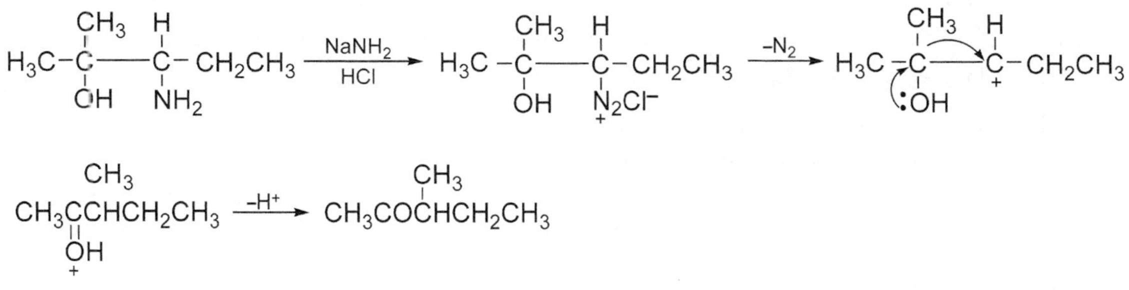

【例 14-6】　完成下列转变。

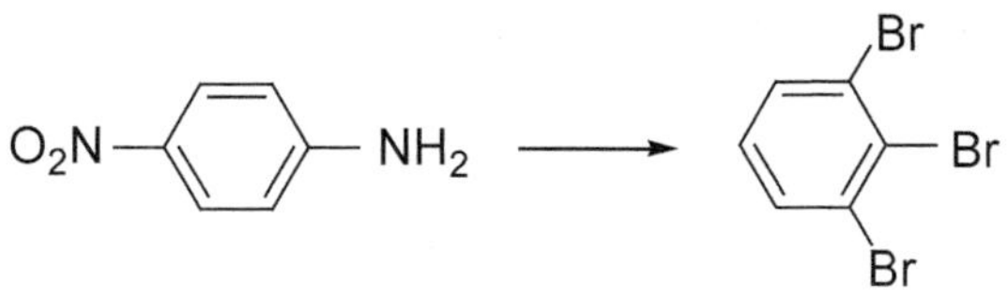

解　产物为 1,2,3-三溴苯，原料的卤代反应可在$-NH_2$的两个邻位的位置引入$-Br$，$-NH_2$

重氮化，然后被卤素取代，可将$-NH_2$转化为$-Br$。$-NO_2$可还原为$-NH_2$，重氮化后再被氢原子取代。合成路线如下：

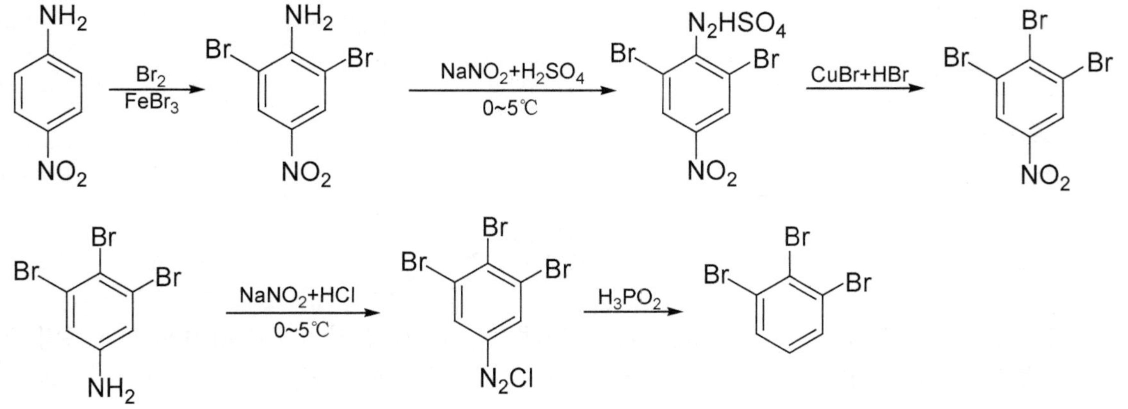

三、习题解答

14-1 命名下列化合物。

(1) $CH_3CH_2CH_2N(CH_3)_2$　　(2) $NH_2CH_2(CH_2)_2CH_2NH_2$

(3) $(CH_3)_4NBr$　　(4) $(CH_3)_2NH_2Cl$

(5) $\mathrm{H\overset{O}{\overset{\|}{C}}NHCH_3}$　　(6) $\mathrm{NH_2-\overset{O}{\overset{\|}{C}}-NH-\overset{O}{\overset{\|}{C}}-NH_2}$

(7) 　　(8) 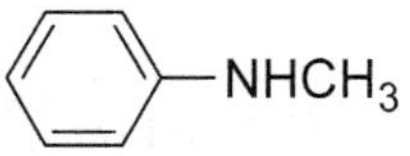

解 (1) *N*,*N*-二甲基丙胺；(2) 丁-1,4-二胺；(3) 四甲基溴化铵；(4) 二甲基氯化铵；(5) *N*-甲基甲酰胺；(6) 缩二脲；(7) 对甲苯胺；(8) *N*-甲基苯胺。

14-2 将下列化合物按沸点从高到低次序排列：丙醇、丙胺、甲乙醚、甲乙胺。

解 化合物按沸点从高到低次序排列为：丙醇 > 丙胺 > 甲乙胺 > 甲乙醚。

14-3 将下列化合物按碱性强弱排列。

(1) 苯胺，对甲基苯胺，对氨基苯甲醛

(2) NH_3，CH_3NH_2，CH_3CONH_2，NH_2CONH_2，$(CH_3)_4NOH$

(3) $CH_3CH_2NHCH_2CH_3$，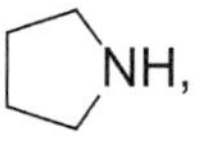，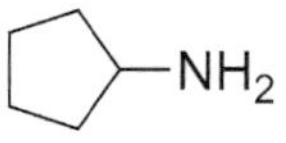

(4) CH_3CONH_2，CH_3NH_2，NH_3，$C_6H_5NH_2$

(5) 对甲苯胺，苄胺，2,4-二硝基苯胺，对硝基苯胺

(6) 苯胺，甲胺，三苯胺，*N*-甲基苯胺

(7) 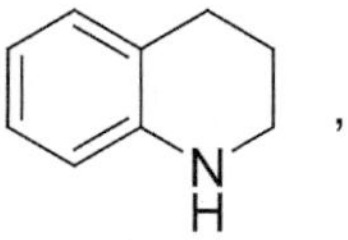，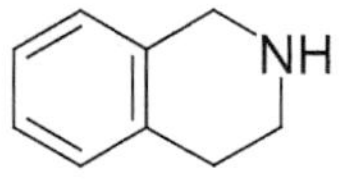

解 化合物按碱性强弱排列顺序为：

(1) 对甲苯胺 > 苯胺 > 对氨基苯甲醛

(2) $(CH_3)_4NOH > CH_3NH_2 > NH_3 > NH_2CONH_2 > CH_3CONH_2$

(3) 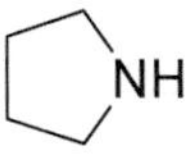 > $CH_3CH_2NHCH_2CH_3$ > 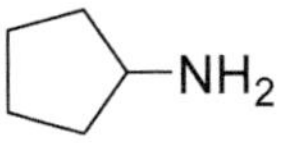

(4) $CH_3NH_2 > NH_3 > C_6H_5NH_2 > CH_3CONH_2$

(5) 苄胺 > 对甲苯胺 > 对硝基苯胺 > 2,4-二硝基苯胺

(6) 甲胺 > *N*-甲基苯胺> 苯胺> 三苯胺

(7) 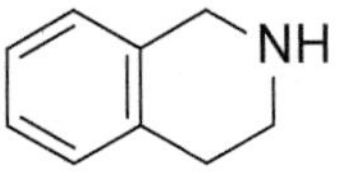 > 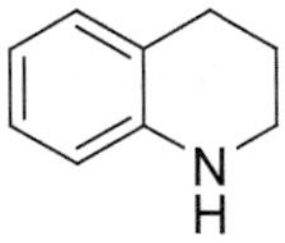

14-4　完成下列反应。

(1) $CH_3CH_2CN \xrightarrow{H^+,H_2O} (\quad) \xrightarrow{SOCl_2} (\quad) \xrightarrow{(CH_3CH_2CH_2)_2NH} (\quad) \xrightarrow{LiAlH_4} \xrightarrow{H_2O} (\quad)$

(2) 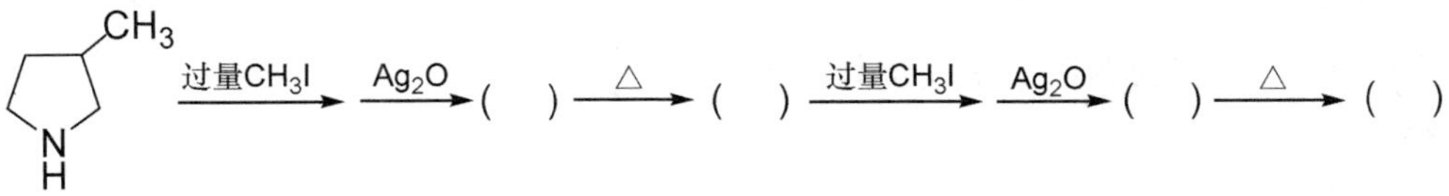

(3) 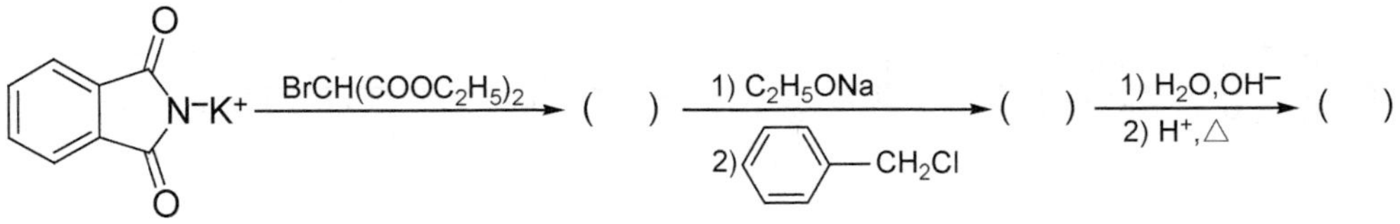

(4) 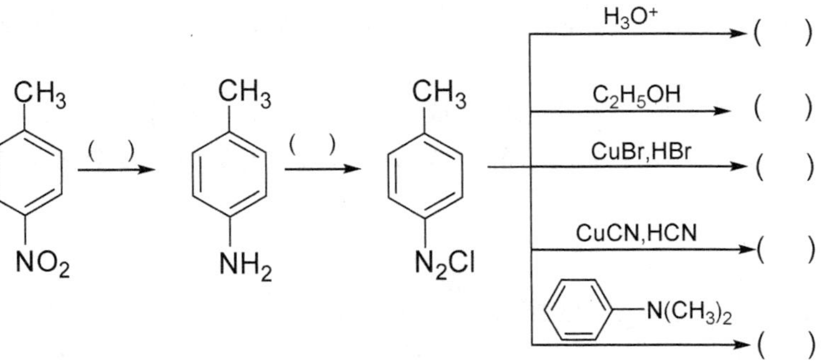

解

(1) CH_3CH_2COOH　CH_3CH_2COCl　$CH_3CH_2CON(CH_2CH_2CH_3)_2$　$(CH_3CH_2CH_2)_3N$

(2) 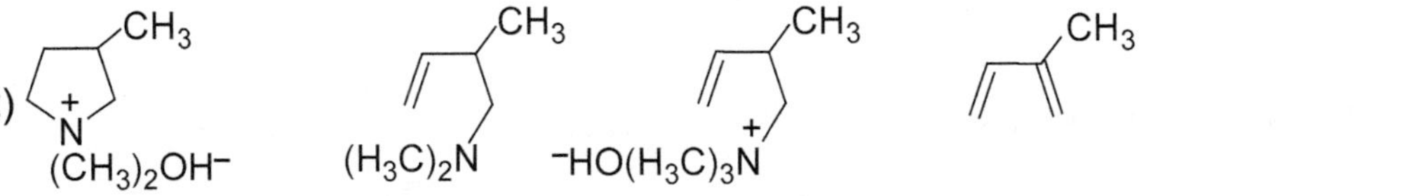

(3) 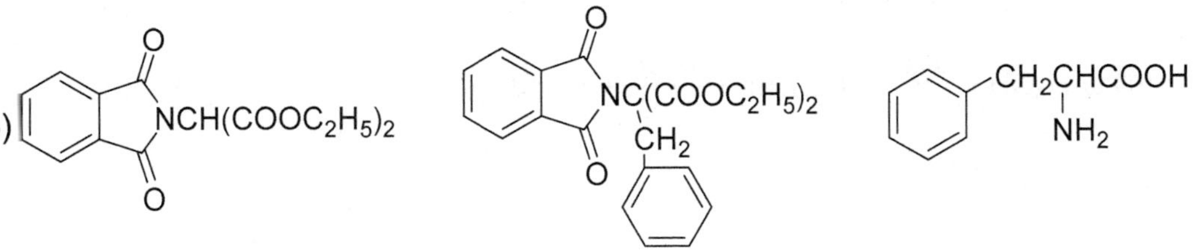

(4) Fe,HCl　　$NaNO_2$,HCl

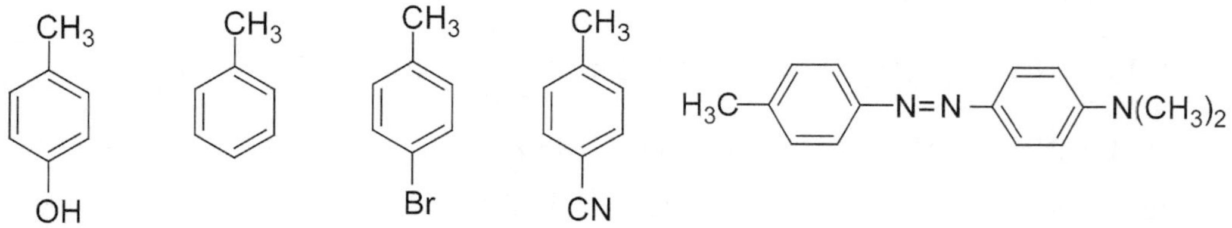

14-5　从苯胺制取对硝基苯胺，一般通过下述途径：

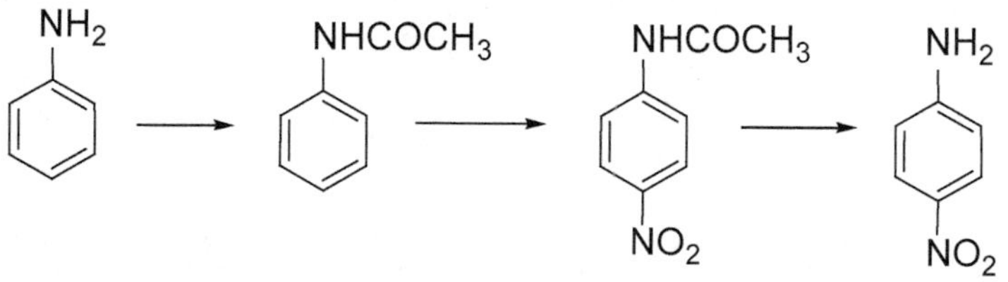

(1) 写出各步反应所有的试剂和反应条件。

(2) 为什么不通过苯胺直接硝化制取？

解

(1) 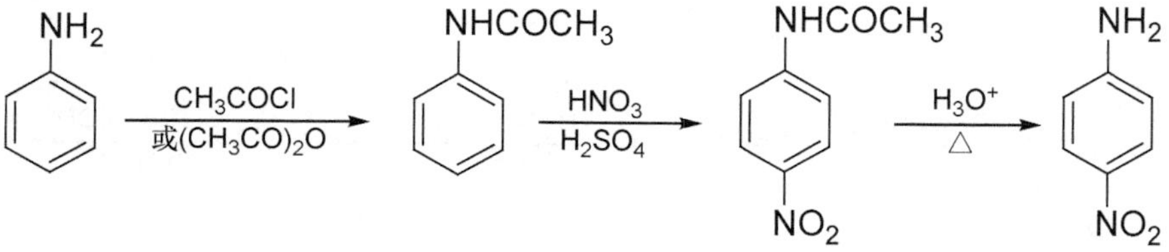

(2) 苯胺易被氧化、多取代等，直接硝化副产物较多，故不通过苯胺直接硝化制取。

14-6　完成下列转变。

(1) 由苯合成 1,3,5-三溴苯　　(2) 由乙醇合成甲胺　　(3) 乙醇合成乙胺

(4) 乙醇合成丙胺　　(5) 由苄醇合成苯酚　　(6) 由甲苯合成苄胺

解

(1) 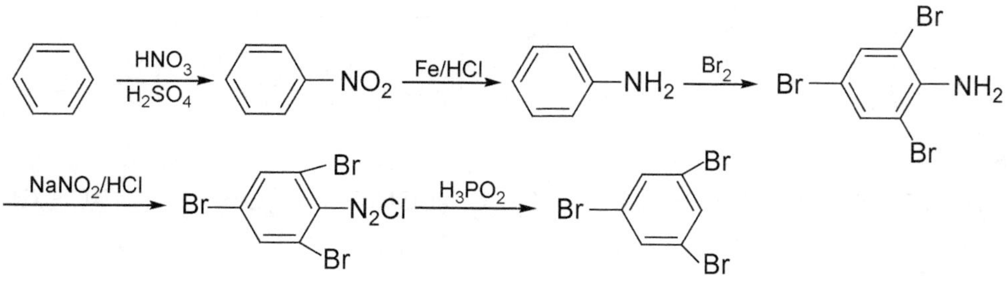

(2) $C_2H_5OH \xrightarrow{[O]} CH_3COOH \xrightarrow{NH_3} CH_3CONH_2 \xrightarrow{Br_2/NaOH} CH_3NH_2$

(3) $C_2H_5OH \xrightarrow{[O]} CH_3COOH \xrightarrow{NH_3} CH_3CONH_2 \xrightarrow{LiAlH_4} CH_3CH_2NH_2$

(4) $C_2H_5OH \xrightarrow{PBr_3} C_2H_5Br \xrightarrow{NaCN} C_2H_5CN \xrightarrow{[H]} CH_3CH_2CH_2NH_2$

(5) 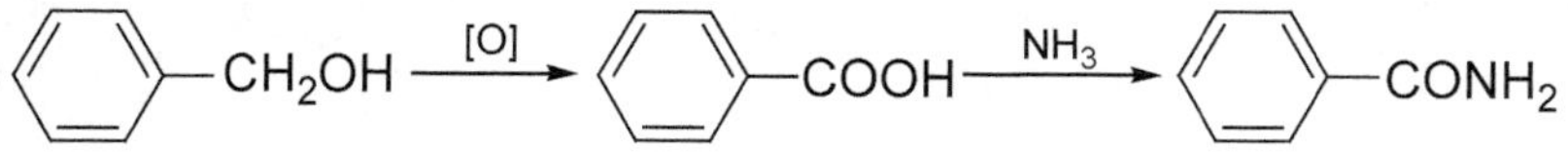

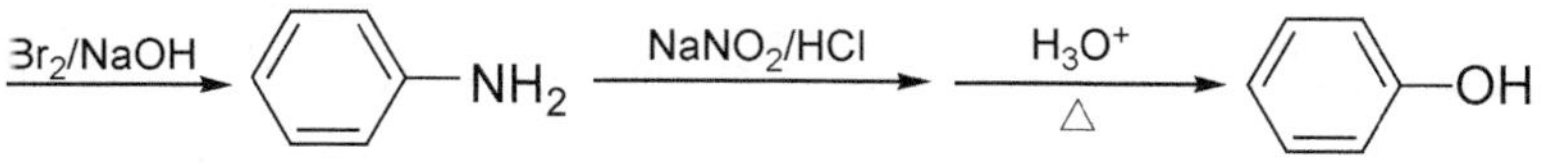

(6) 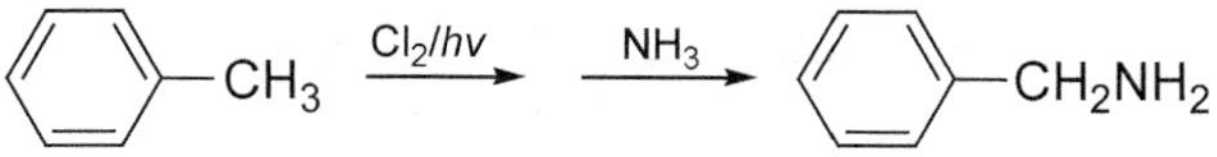

14-7　以苯或甲苯为原料合成下列化合物。

(1) 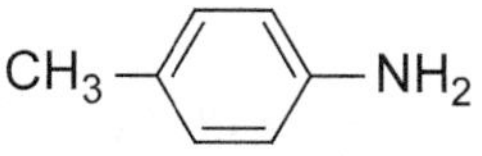　(2) 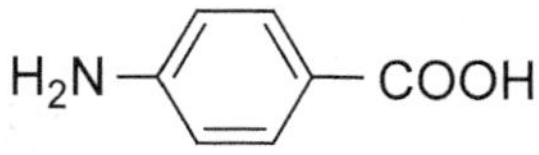　(3) 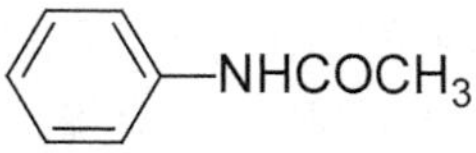

(4) 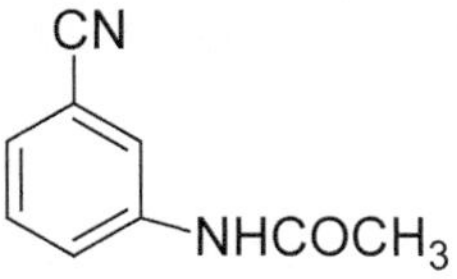　(5) 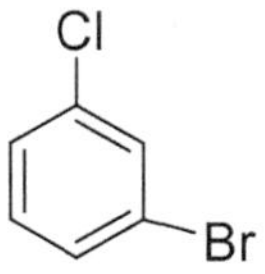　(6) 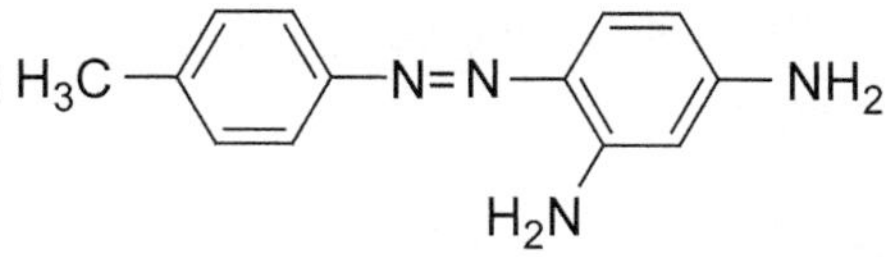

解

(1) 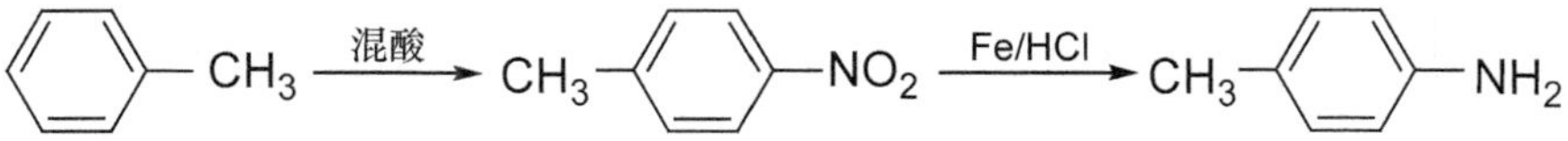

(2) 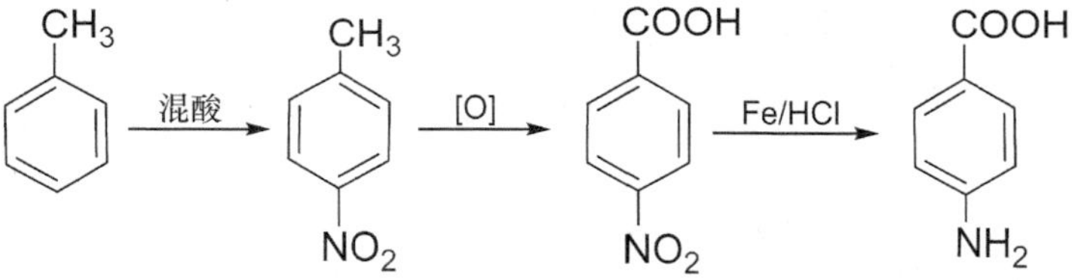

(3) 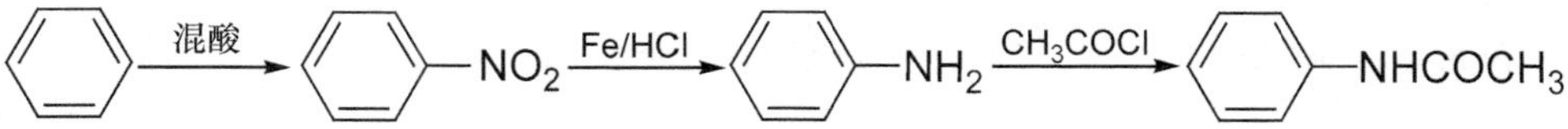

(4) 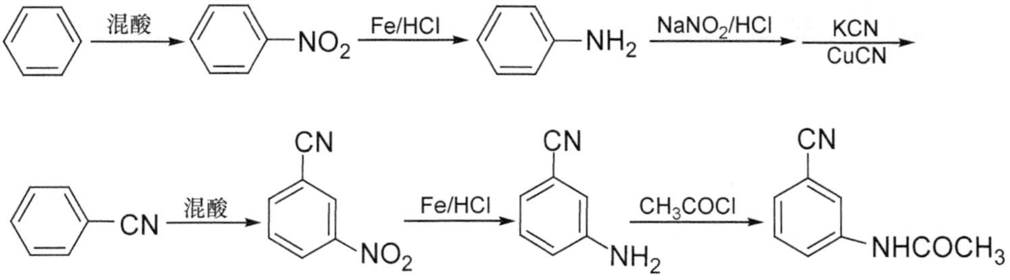

(5) 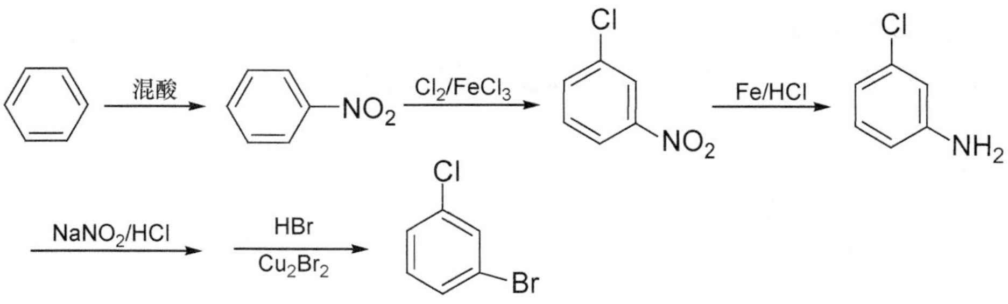

(6) 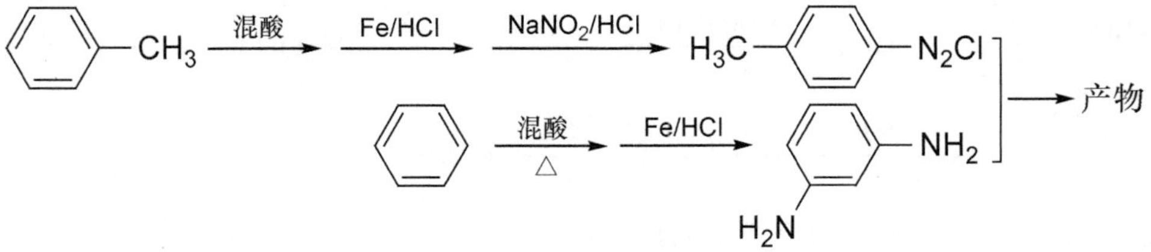

14-8　用化学方法区别下列各组化合物。

(1) 硝基苯，苯胺，*N*-甲基苯胺，苯酚　(2) 乙醇，乙醛，乙酸和乙胺

(3) 邻甲苯胺，*N*-甲基苯胺和 *N*,*N*-二甲基苯胺　(4) 正己醇，正己胺和己-2-酮

(5) 苯胺，苯酚和环己醇

解

(1) 硝基苯、苯胺、*N*-甲基苯胺、苯酚 $\xrightarrow{FeCl_3}$ −、−、−、+；前三者 $\xrightarrow{HNO_2}$ −、+、黄色油状

(2) 乙醇、乙醛、乙酸、乙胺 $\xrightarrow{NaNO_2,HCl}$ −、−、−、+；前三者 $\xrightarrow{NaOH/I_2}$ +、+、−；前两者 $\xrightarrow{Tollens}$ −、+

(3) 邻甲苯胺、*N*-甲基苯胺、*N*,*N*-二甲基苯胺 $\xrightarrow{NaNO_2,HCl}$ 淡黄色水溶液、黄色油状、绿色结晶

(4) 正己醇、己-2-酮、正己胺 $\xrightarrow{NaNO_2,HCl}$ −、−、+；前两者 $\xrightarrow{I_2+NaOH}$ −、+

(5) 苯酚、苯胺、环己醇 $\xrightarrow{FeCl_3}$ +、−、−；后两者 $\xrightarrow{NaNO_2,HCl}$ +、−

14-9　用化学方法分离下列各组化合物。

(1) 苯酚，苯胺和对氨基苯甲酸

(2) 对甲基苯酚，对二甲苯，对甲基苯胺，对甲基苯甲酸

解

(1) 苯酚、苯胺、对氨基苯甲酸 $\xrightarrow{NaHCO_3}$ 油层、油层、水层；两油层 $\xrightarrow{NaOH}$ 水层、油层

(2) 对甲基苯酚、对二甲苯、对甲基苯胺、对甲基苯甲酸 $\xrightarrow{NaHCO_3}$ 油层、油层、油层、水层；三油层 $\xrightarrow{HCl}$ 油层、油层、水层；两油层 $\xrightarrow{NaOH}$ 水层、油层

14-10　一个含丙胺的样品 0.4 g，用亚硝酸处理可得 149.3 cm^3 氮气(标准状况)。计算样品中丙胺的质量分数。

解　样品中丙胺的质量分数：

$$\frac{149.3\times10^{-3}/22.4}{0.4/59}=98.31\%$$

14-11　某有机化合物的分子式为 C_3H_7ON，加入 NaOH 煮沸，放出某种气体。将此气体通入盐酸溶液后，可得一含氯量为 52.6%的盐。这个化合物是什么？写出有关反应式。

解　这个化合物是 $CH_3CONHCH_3$。有关反应式为：

$$CH_3CONHCH_3+NaOH \xrightarrow[\triangle]{} CH_3COO^- + CH_3NH_2\uparrow$$

$$CH_3NH_2+HCl \longrightarrow CH_3NH_3Cl$$

14-12　化合物 A 分子式为 $C_6H_{15}N$，能溶于稀盐酸，与亚硝酸在室温下作用放出氮气并得到 B，B 能进行碘仿反应，B 和浓硫酸共热得 C，C 能使溴水褪色，用高锰酸钾氧化 C，得到乙酸和 2-甲基丙酸。推测 A、B、C 的结构式。

解　A、B、C 三种化合物的结构为

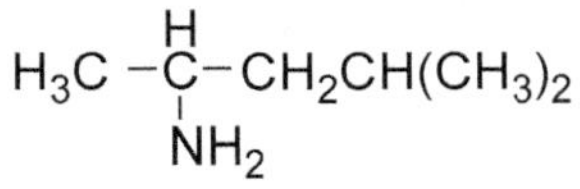

A

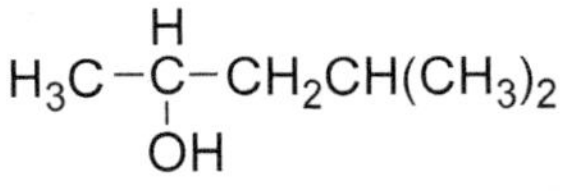

B

$CH_3CH{=}CHCH(CH_3)_2$

C

14-13　化合物 $A(C_7H_{15}N)$用碘甲烷处理生成水溶性的盐 $B(C_8H_{18}IN)$。用湿的氧化银处理后加热，生成 $C(C_8H_{17}N)$。C 再用碘甲烷处理，随后同氧化银-水悬浮液共热，生成三甲胺和 $D(C_6H_{10})$。D 经催化氢化生成 $E(C_6H_{14})$。E 的核磁共振谱显示七重峰和二重峰两组峰，强度之比 1 : 6。写出 A ~ E 的结构式。

解

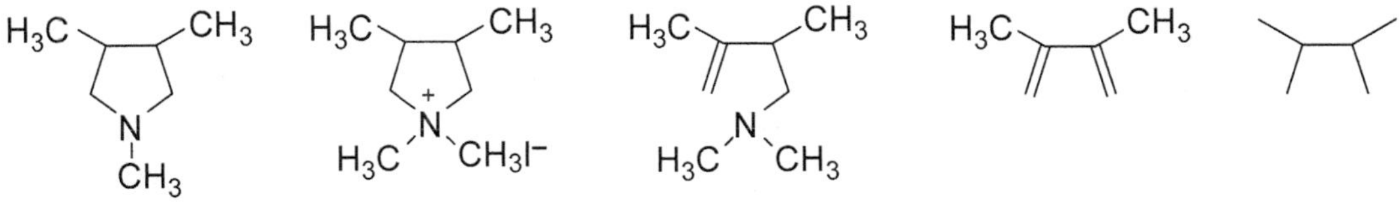

A　B　C　D　E

14-14　某碱性化合物 $A(C_4H_9N)$经臭氧化再水解，得到的产物中有一种是甲醛。A 经催化加氢得 $B(C_4H_{11}N)$。B 也可由戊酰胺和溴的氢氧化钠溶液反应得到。A 和过量的碘甲烷作用，能生成盐 $C(C_7H_{16}IN)$。该盐和湿的氧化银反应并加热分解得到 $D(C_4H_6)$。D 和丁炔二酸二甲酯加热反应得 $E(C_{10}H_{12}O_4)$。E 在钯存在下脱氢生成邻苯二甲酸二甲酯。试推测 A ~ E 的结构，并写出各步反应式。

解

A　$CH_2{=}CHCH_2CH_2NH_2$　B　$CH_3CH_2CH_2CH_2NH_2$　C　$CH_2{=}CHCH_2CH_2N(NH_3)_3I$

D　$CH_2{=}CHCH{=}CH_2$　E

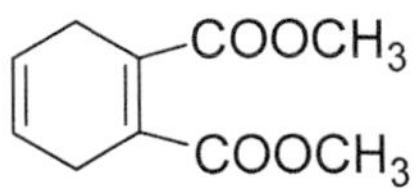

四、补充习题及答案

14-1　试用化学方法分离下列化合物。

(1) 正己醇，己-2-酮，三乙胺和正己胺　　(2) 苄胺、苄醇、对甲苯酚

解　(1) 加入亚硫酸氢钠饱和水溶液，己-2-酮生成晶体分出，然后用稀酸处理晶体又得到己-2-酮，分出己-2-酮；向正己醇、三乙胺和正己胺混合物中加入稀盐酸，正己醇不溶，分出；三乙胺和正己胺溶在稀盐酸中，再用氢氧化钠水溶液中和，分出三乙胺、正己胺，然后与乙酰氯反应，正己胺发生酰基化反应，为固体，分出三乙胺。然后水解酰基化产物，得到正己胺。

(2) 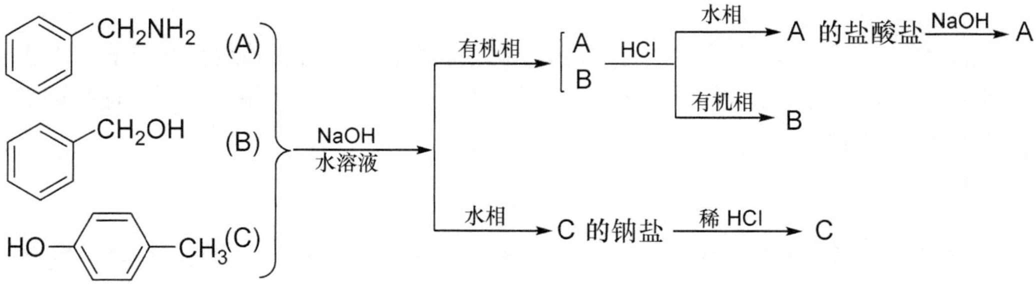

14-2　完成下列转化。

(1) $CH_3CH_2OH \longrightarrow CH_3CH(NH_2)CH_2CH_3$

(2) 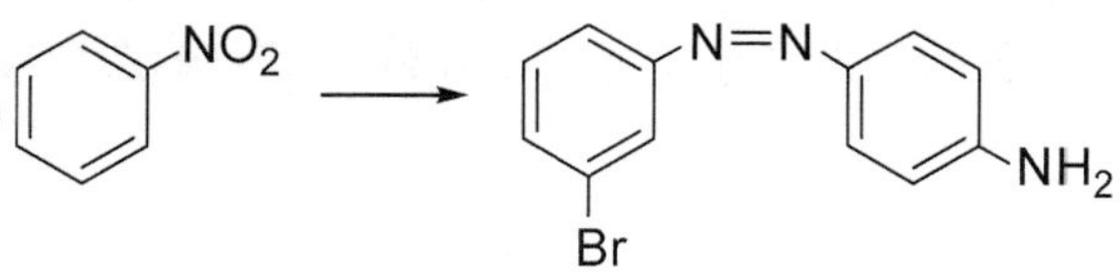

(3) 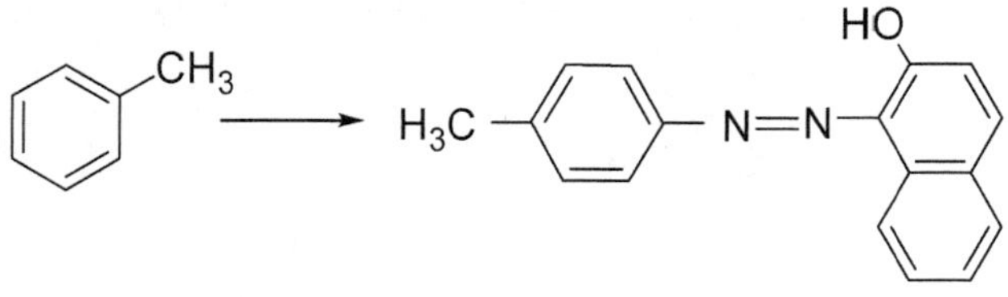

解　(1)

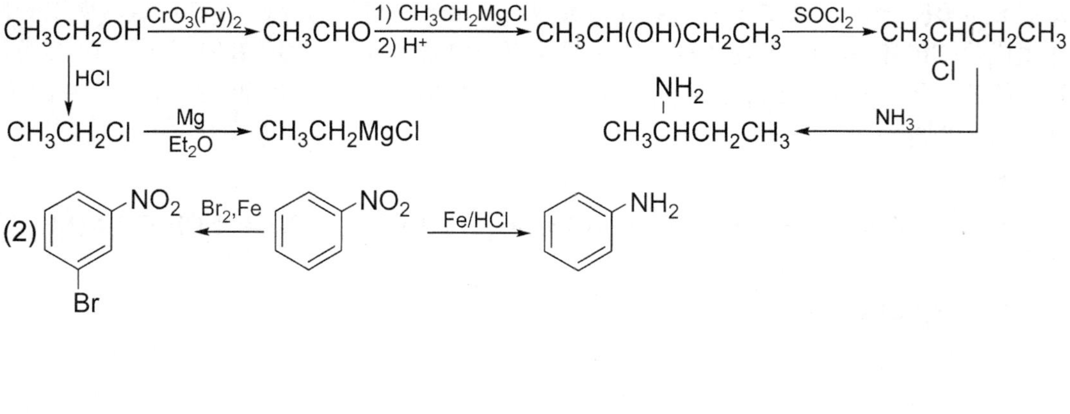

(2)

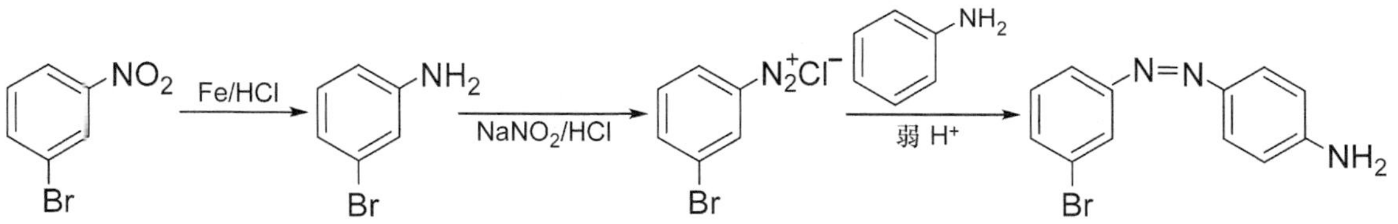

(3) 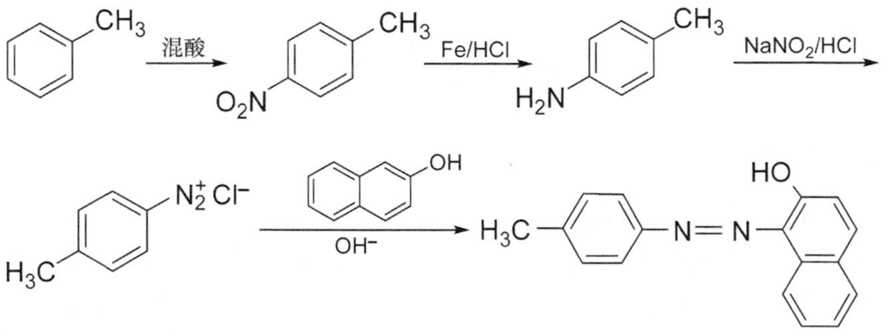

14-3　完成下列转化。

(1) $(CH_3)_2CHCH_2CH_2OH \longrightarrow (CH_3)_2CHCH_2NH_2$

(2) $(CH_3)_2CHCH_2CH_2OH \longrightarrow (CH_3)_2CHCH_2CH_2NH_2$

(3) $(CH_3)_2CHCH_2CH_2OH \longrightarrow (CH_3)_2CHCH_2CH_2CH_2NH_2$

解

(1) $$CH_3CH(CH_3)CH_2CH_2OH \xrightarrow{[O]} CH_3CH(CH_3)CH_2COOH \xrightarrow{SOCl_2} CH_3CH(CH_3)CH_2COCl$$

$$\xrightarrow{NH_3} CH_3CH(CH_3)CH_2CONH_2 \xrightarrow{Br_2,NaOH} CH_3CH(CH_3)CH_2NH_2$$

(2) $$CH_3CH(CH_3)CH_2CH_2OH \xrightarrow{SOCl_2} CH_3CH(CH_3)CH_2CH_2Cl \xrightarrow{NH_3} CH_3CH(CH_3)CH_2CH_2NH_2$$

(3) $$CH_3CH(CH_3)CH_2CH_2OH \xrightarrow{SOCl_2} CH_3CH(CH_3)CH_2CH_2Cl \xrightarrow{NaCN} CH_3CH(CH_3)CH_2CH_2CN$$

$$\xrightarrow{H_2,Cat} CH_3CH(CH_3)CH_2CH_2CH_2NH_2$$

第 15 章　杂环化合物

一、内 容 提 要

【一】五元杂环化合物的性质

1. 亲电取代反应(一般为 α-位取代)

噻吩、吡咯和呋喃均具有芳香性，但芳香性均比苯低，且芳香性依次减小。这三个化合物容易进行亲电取代反应，而相对较难进行加成反应，亲电取代反应都主要发生在 α-位。

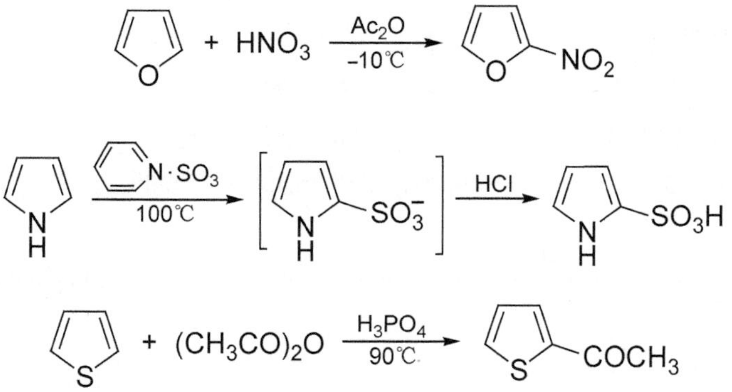

2. 呋喃和吡咯的特殊反应

1) Diels-Alder 反应

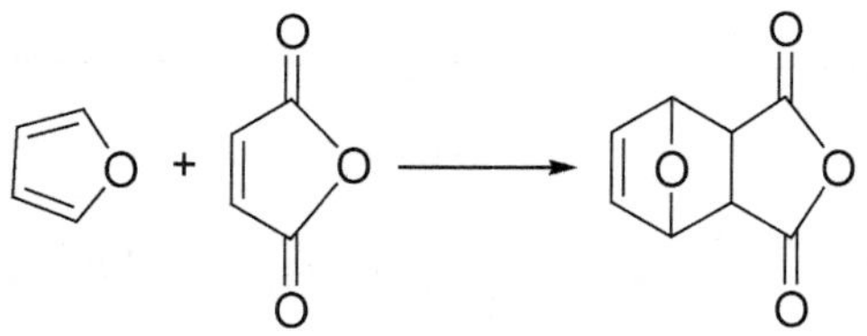

2) 呋喃的水解开环反应

呋喃在稀酸中能水解开环得到 1,4-二羰基化合物，是合成呋喃的逆反应。

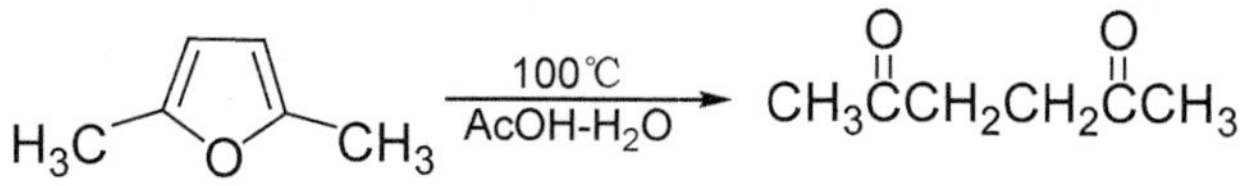

3) 吡咯的弱碱性和弱酸性

吡咯碱性极弱，比苯胺的碱性还要弱得多。吡咯具有弱酸性，其酸性比醇强而比酚弱。当与固体氢氧化钾或氢氧化钠共热时生成钾盐或钠盐。

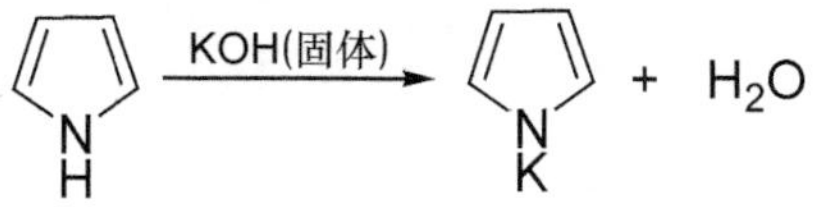

【二】六元杂环化合物的性质

1. 吡啶的碱性

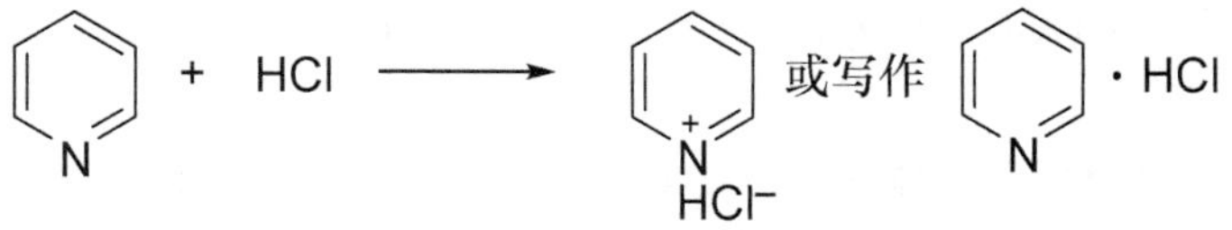

吡啶盐酸盐

2. 亲电取代反应(一般为 β-位取代)

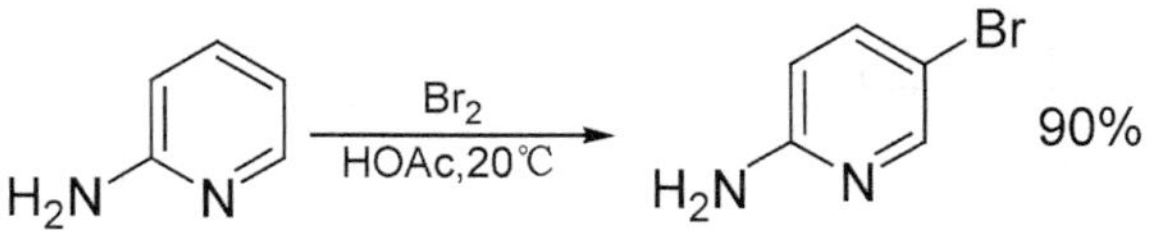

3. 亲核取代反应

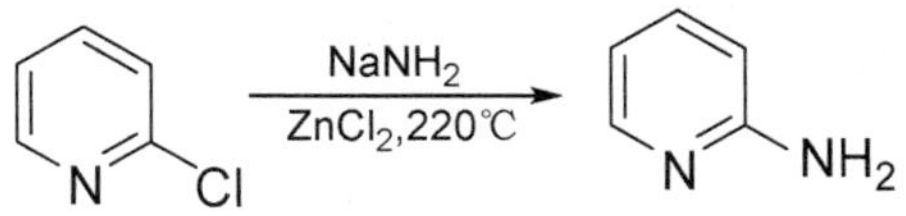

4. 氧化反应

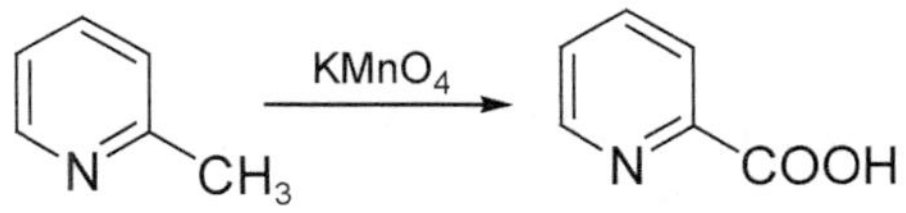

5. 还原反应

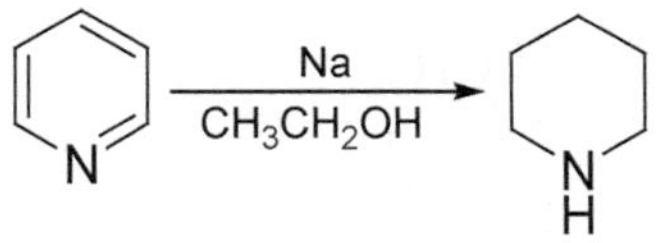

二、例 题 讲 解

【例 15-1】 比较下列化合物的碱性。

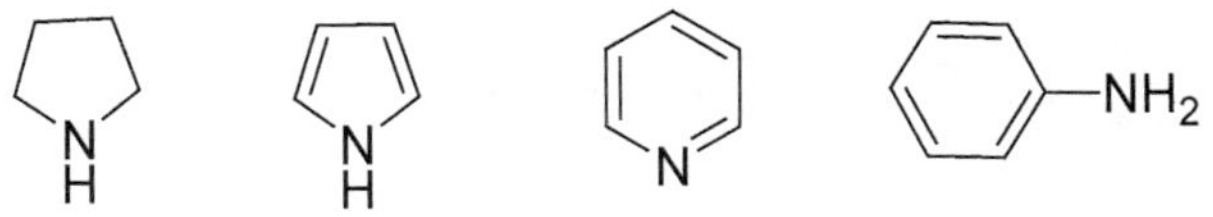

解 在这四个化合物中，四氢吡咯属于脂肪胺，其碱性最强；吡啶中的氮原子的未成对电子对未参与吡啶环的共轭，因此其碱性比苯胺的碱性强；吡咯中氮原子上的孤对电子对参与环的共轭，不能再与质子结合，因此吡咯的碱性比苯胺的碱性还弱。

【例 15-2】 以 4-甲基吡啶为原料合成 4-氨基吡啶。

解 甲基可以被氧化生成羧酸，然后转化成酰胺，酰胺发生降解便可制备胺。合成路线为：

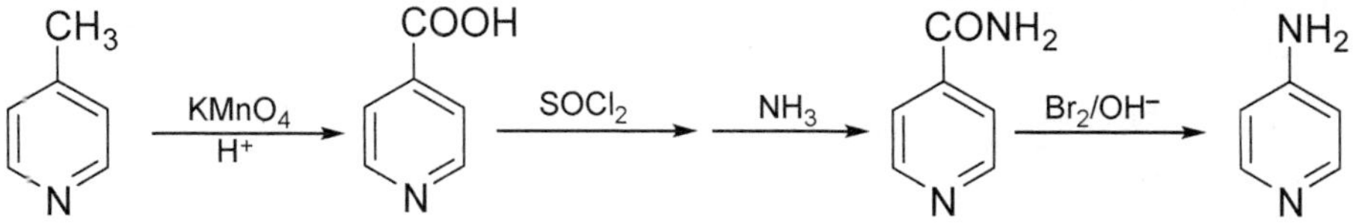

【例 15-3】　推导反应机理

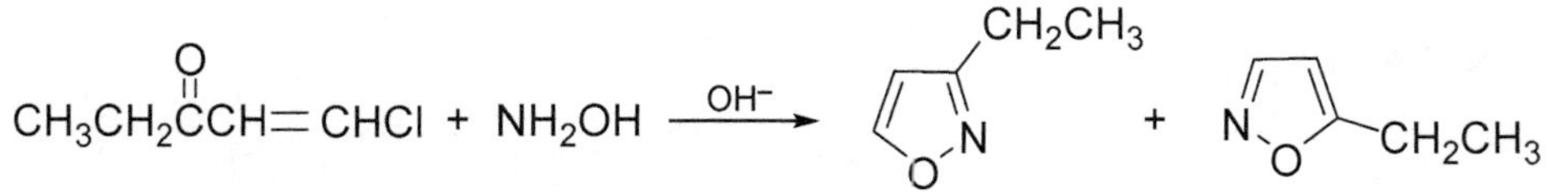

解　从产物结构可以看出，这是羟胺发生的 1, 2-亲核加成和 1, 4-亲核加成产物。该反应的反应机理为：

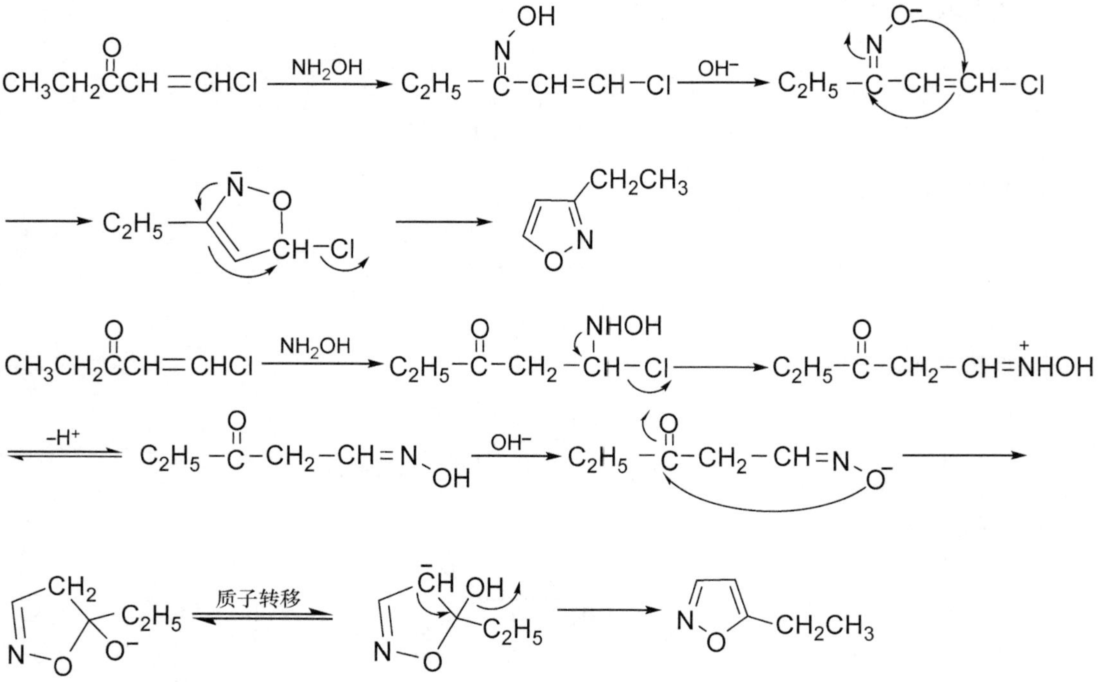

三、习题解答

15-1　完成下列反应。

(1) 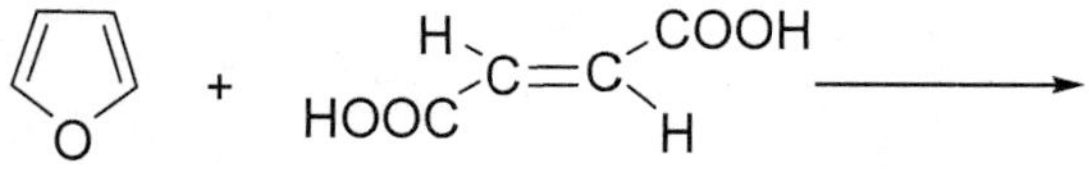

(2) 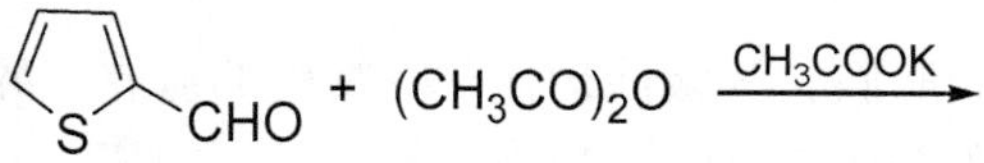

(3) 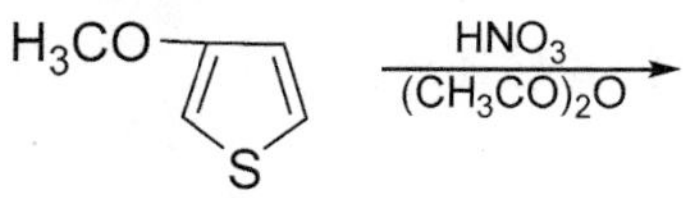

(4) 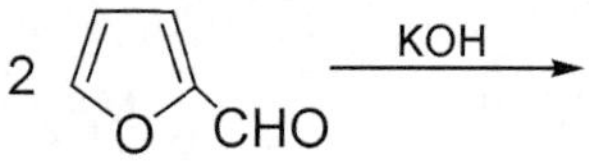

(5) 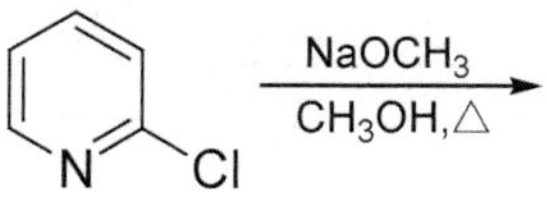

(6) 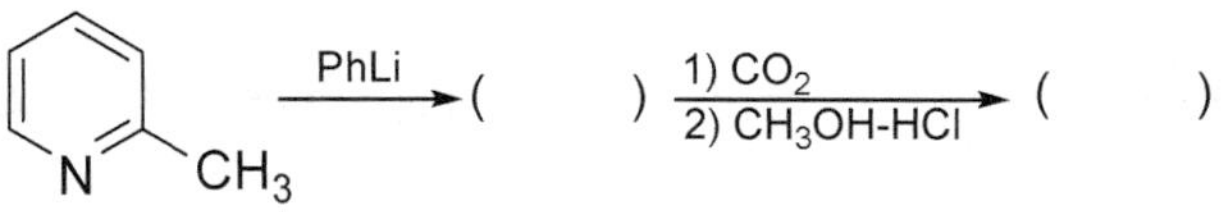

解

(1) 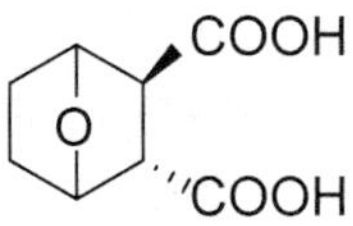　　(2) 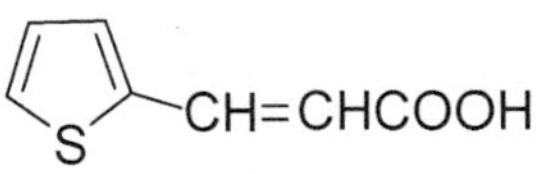

(3) 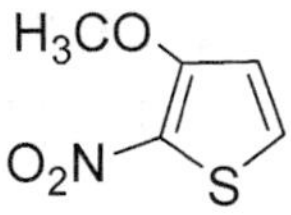　　(4) 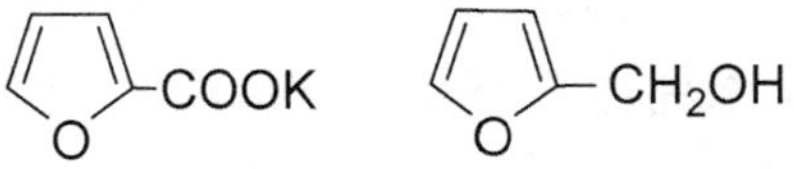

(5) 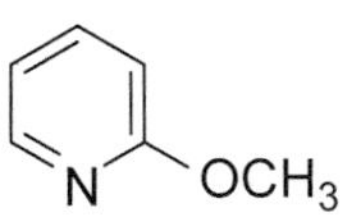　　(6) 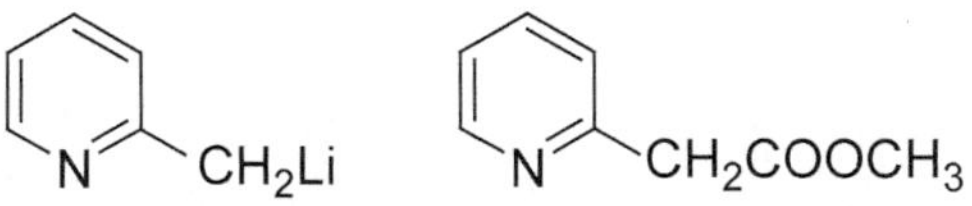

15-2　用适当方法除去下列化合物中的杂质。

(1) 苯中混有少量噻吩　　(2) 甲苯中混有少量吡啶

解　(1) 加入浓硫酸振荡，因为噻吩比苯易磺化，生成的噻吩磺酸溶于硫酸。

(2) 用稀的 HCl 溶液洗涤。

15-3　合成题。

(1) 以呋喃为原料合成己二胺　　(2) 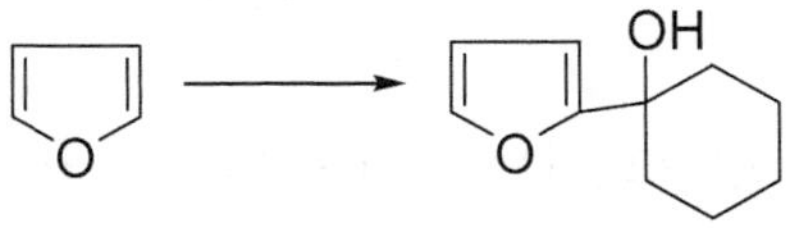

(3) 以甲苯为原料合成 6-甲基喹啉

(4) 以吡啶为原料合成$(CH_3)_2NCH_2CH_2CH_2CH=CH_2$

解

(1) 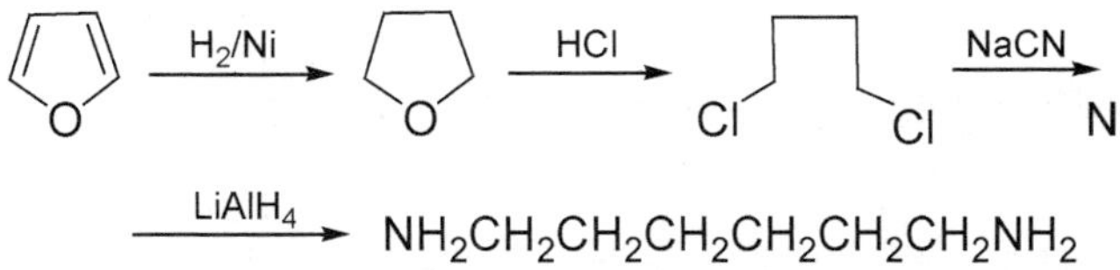

(2) 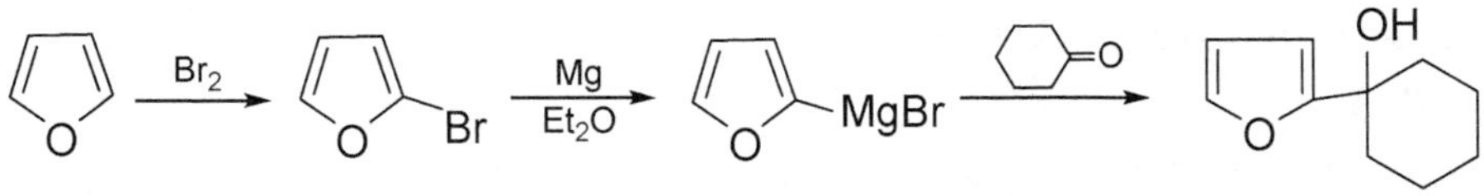

(3) 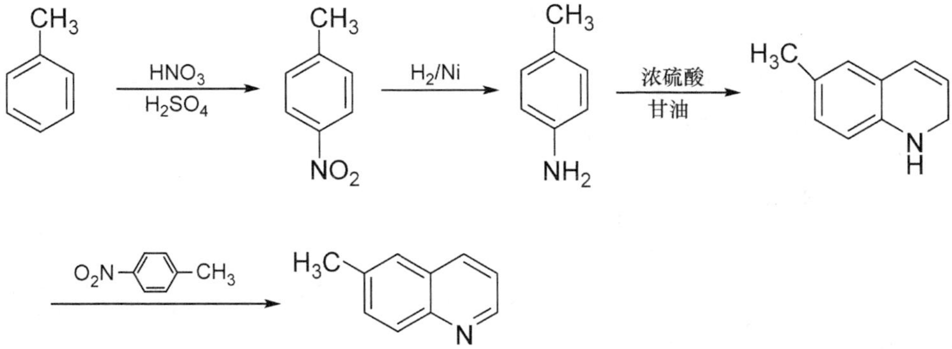

(4) 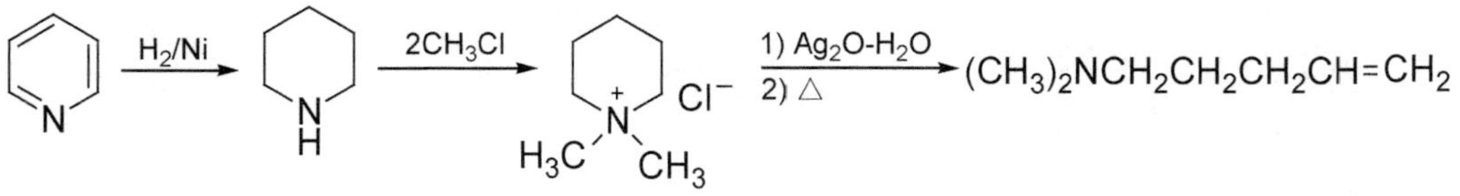

15-4　推断题。

(1) 含氧杂环化合物 A，它与强酸水溶液加热，反应得到化合物 $B(C_6H_{10}O_2)$。B 与苯肼呈正反应，与 Tollens、Fehling 试剂呈负反应。B 的 IR 谱在 1715 cm^{-1} 有强吸收，^1H NMR 在 δ 2.6 ppm 及 2.8 ppm 有两个单峰，这两个单峰面积之比为 2∶3。写出 A 和 B 的结构。

(2) 某化合物 $A(C_6H_8O)$与稀硫酸作用生成 $B(C_6H_{10}O_2)$，B 与 NaOI 作用后酸化生成 $C(C_4H_6O_4)$，C 加热生成丁二酸酐。推断 A、B 和 C 的结构。

解

(1) A 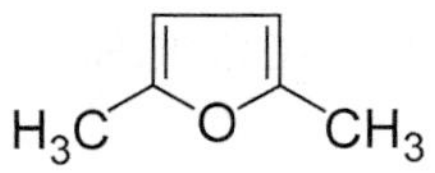　B　$CH_3\overset{O}{\overset{\|}{C}}CH_2CH_2\overset{O}{\overset{\|}{C}}CH_3$

(2) A 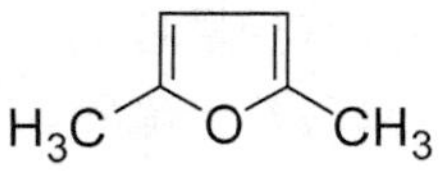　B　$CH_3\overset{O}{\overset{\|}{C}}CH_2CH_2\overset{O}{\overset{\|}{C}}CH_3$　C　$HOOCCH_2CH_2COOH$

四、补充习题及答案

15-1　用化学方法区别下列各组化合物。

(1) 苯，噻吩和苯酚　　(2) 吡咯和四氢吡咯

(3) 苯甲醛和糠醛

解　(1) 加入三氯化铁水溶液，有显色反应的是苯酚。在浓硫酸存在下，与靛红一同加热显示蓝色的为噻吩。

(2) 吡咯的醇溶液使浸过浓盐酸的松木片变成红色，而四氢吡咯不能。

(3) 糠醛在醋酸存在下与苯胺作用显红色。

15-2　将苯胺、苄胺、吡咯、吡啶、氨按其碱性由强至弱的次序排列。

解　苄胺 > 氨 > 吡啶 > 苯胺 > 吡咯

15-3　合成题。

(1) 糠醛 → 丁-1,4-二醇　(2) 吡啶 → 2-羟基吡啶　(3) 呋喃 → 5-硝基糠酸

(4) 正丙醇，糠醛 → 3-(2-呋喃)-2-甲基丙烯酸

解

(1) 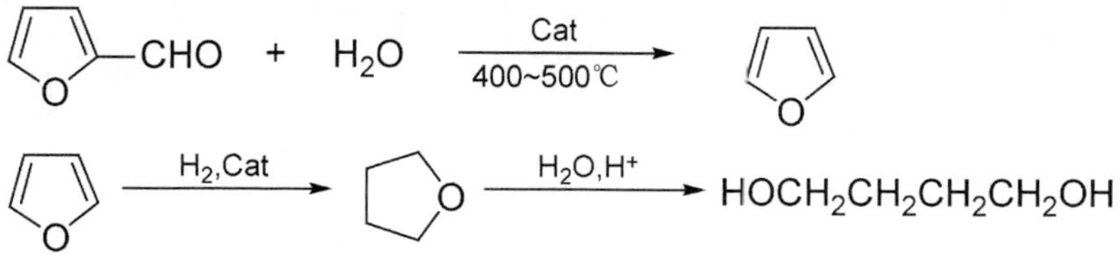

(2) 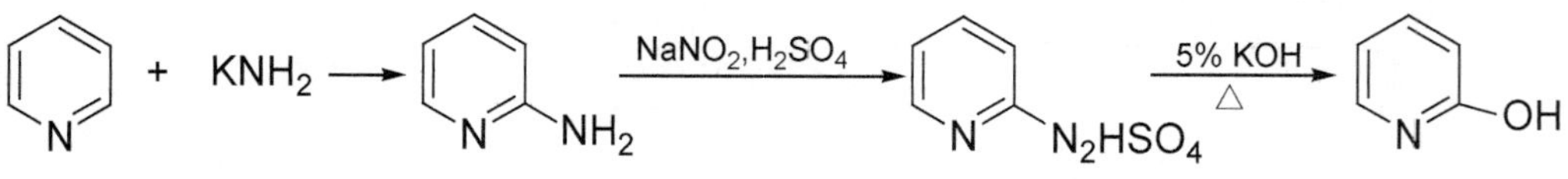

(3) 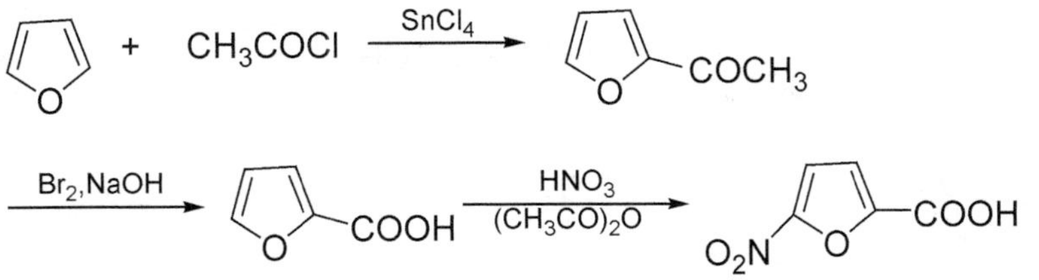

(4) 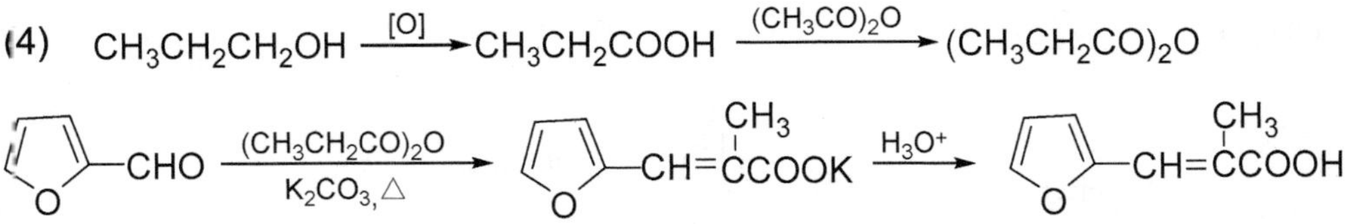

15-4 完成下列反应。

(1) 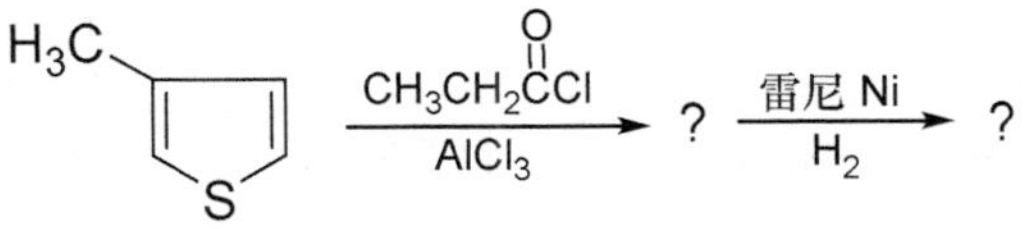

(2) 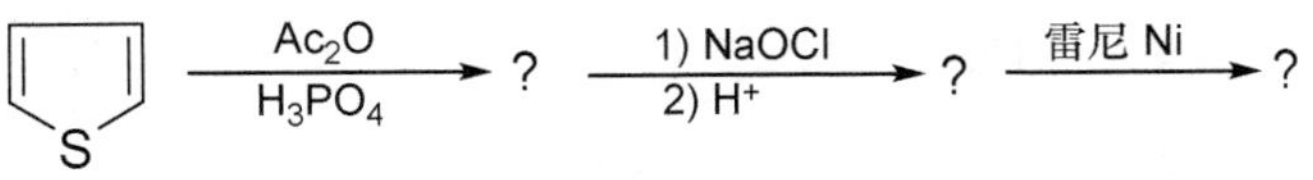

(3) 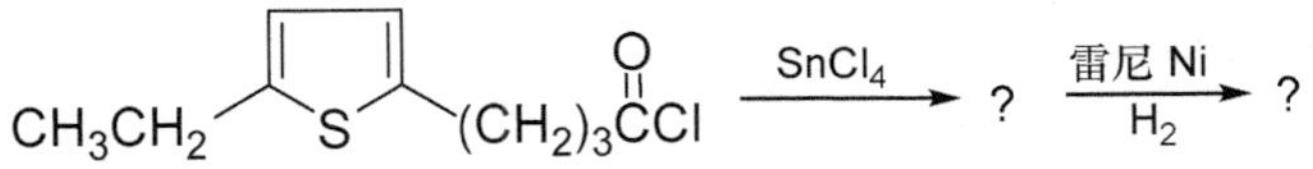

(4) 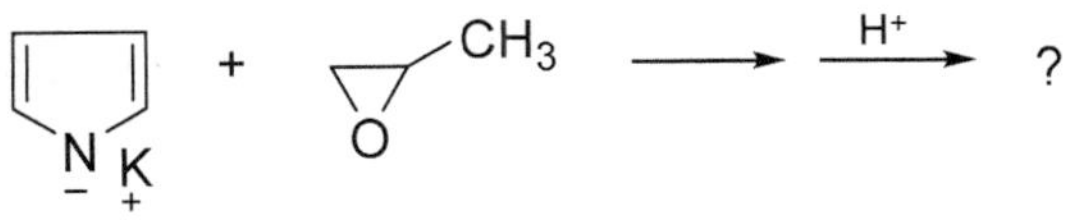

(5) 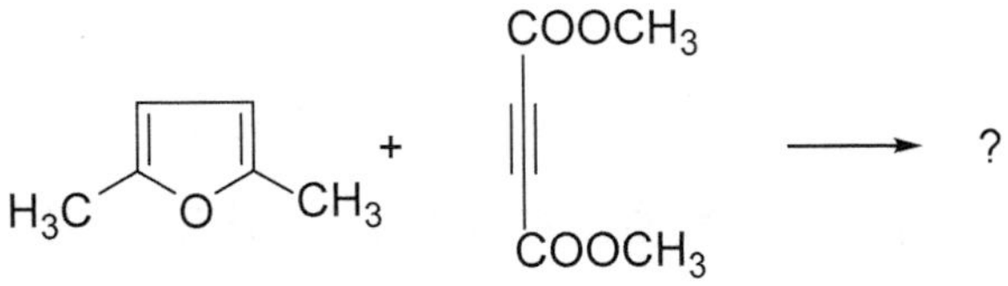

(6) 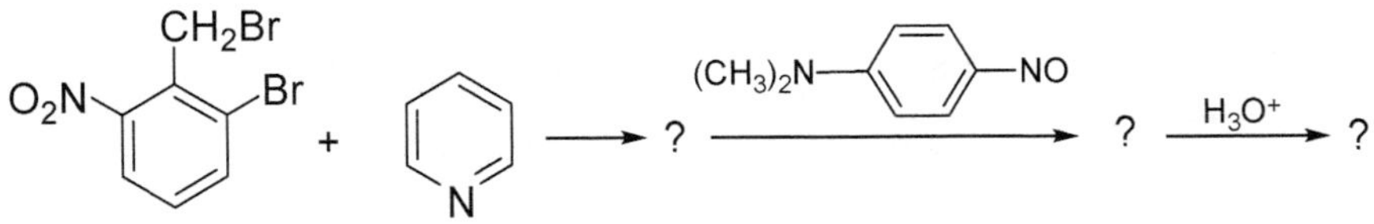

(7) 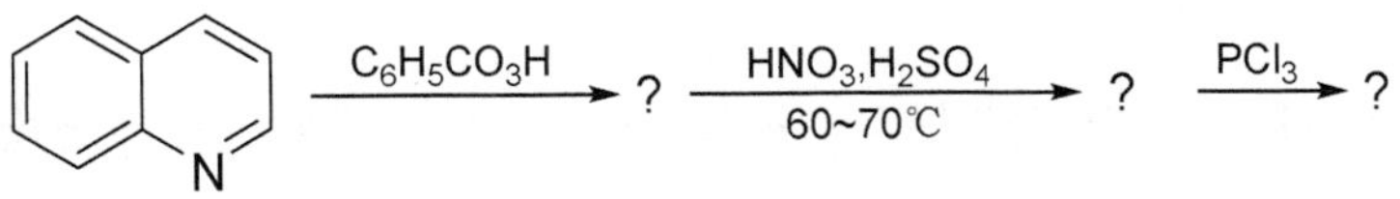

(8) 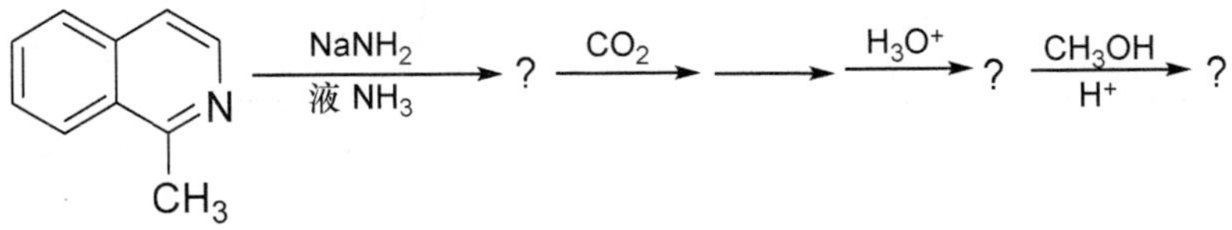

解

(1) 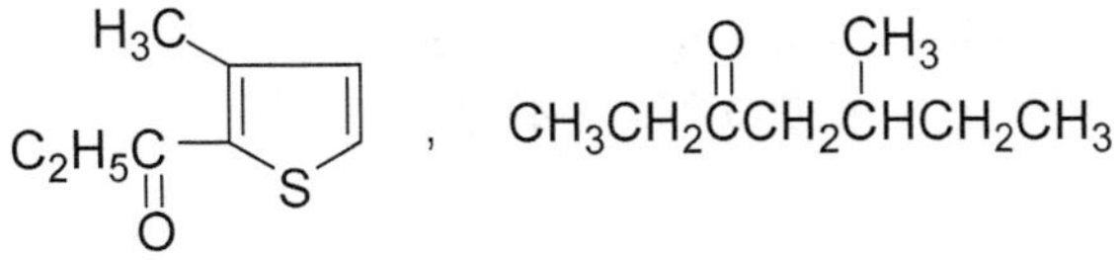

(2) 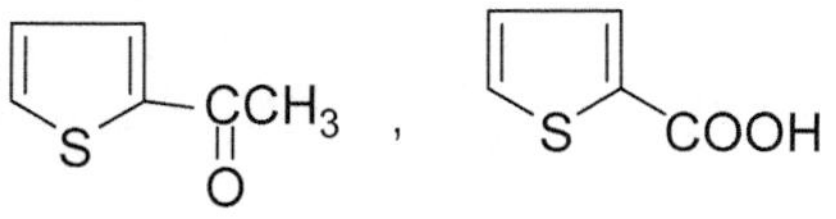 ， $CH_3(CH_2)_3COOH$

(3) 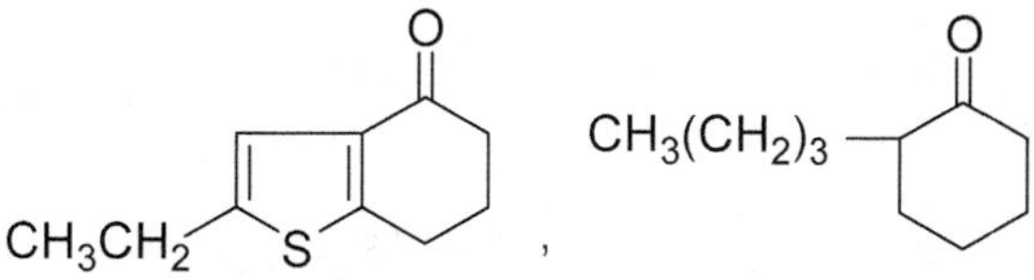

(4) 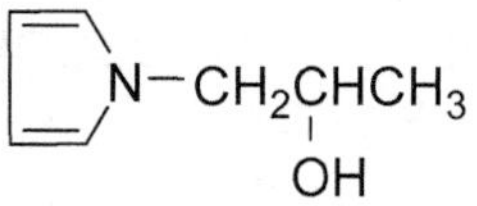　　(5) 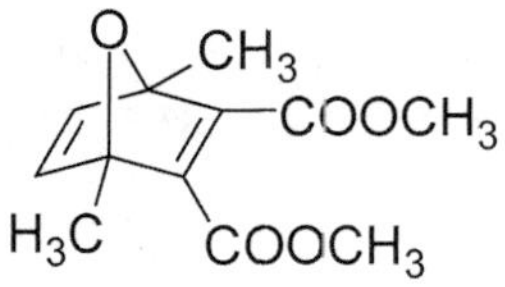

(6) 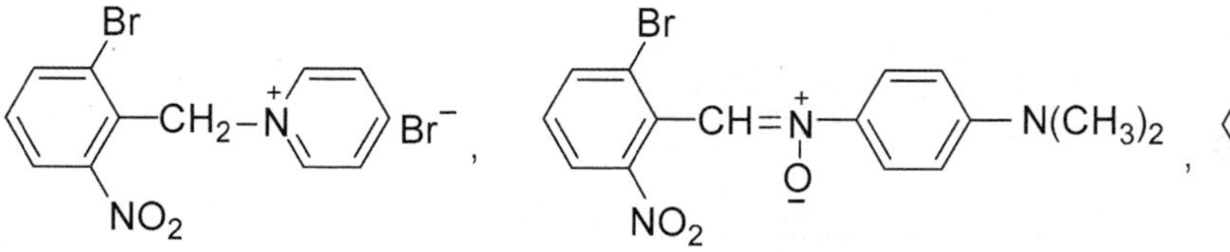

(7) 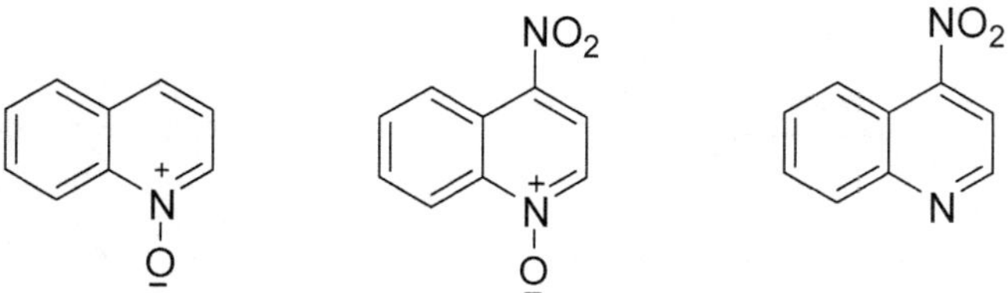

(8) 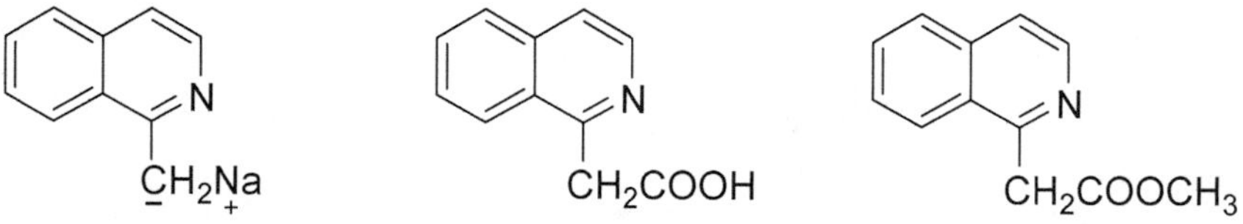

15-5　比较下列 A 与 B 两化合物甲基上氢的酸性，并用共振论方法说明原因(用极限式表示)。

A 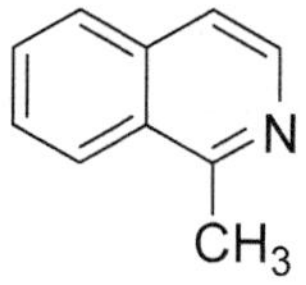　　B 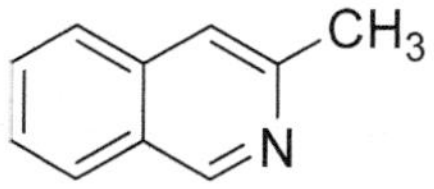

解　A 和 B 中甲基上的氢以质子形式离去后，分别具有下列两个重要的极限结构：

A 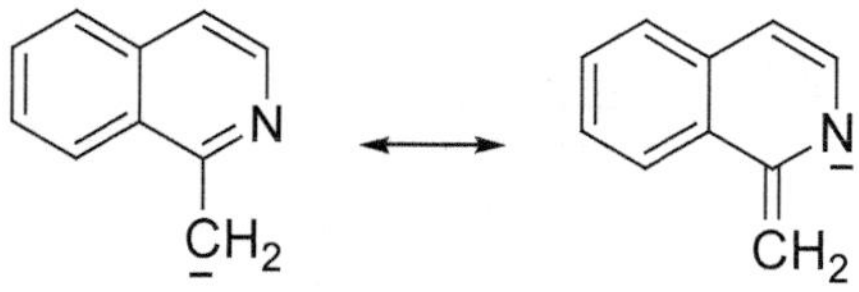　B 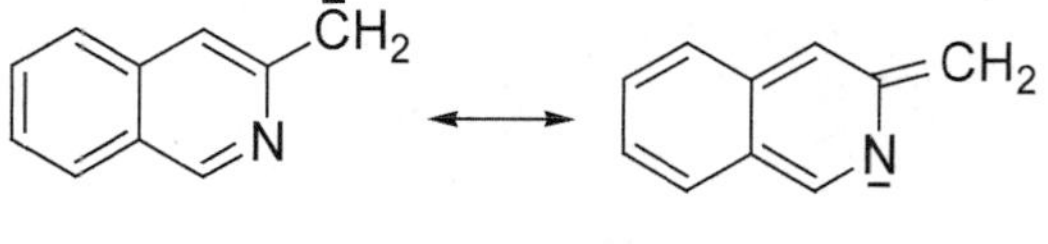

A 中负电荷可分散到电负性较大的 N 上，且具有一完整的苯环。而 B 中虽然负电荷也可分散到电负性较大的 N 上，却破坏了苯环结构。因此，酸性 A 比 B 强。

15-6　罂粟碱可用下列步骤合成，写出每一步反应所得产物的构造式。

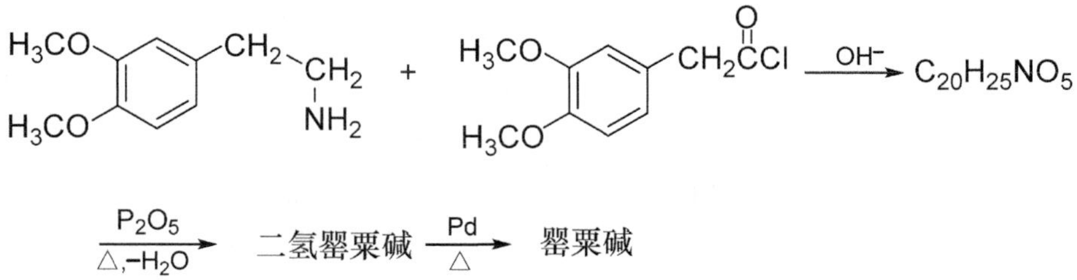

解

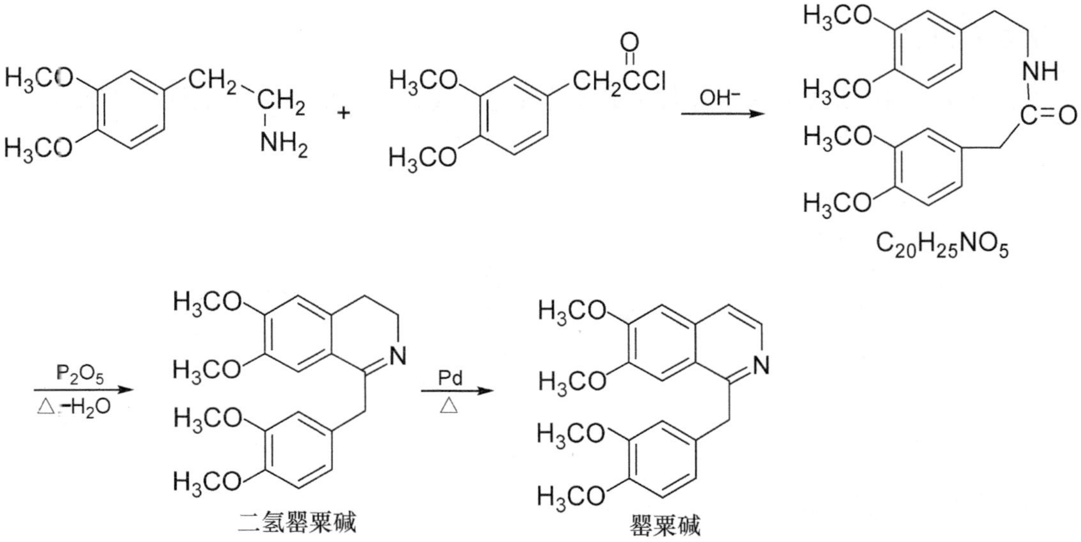

15-7　合成吗啡中有下列一步重要转化，试提出完成此步的反应。

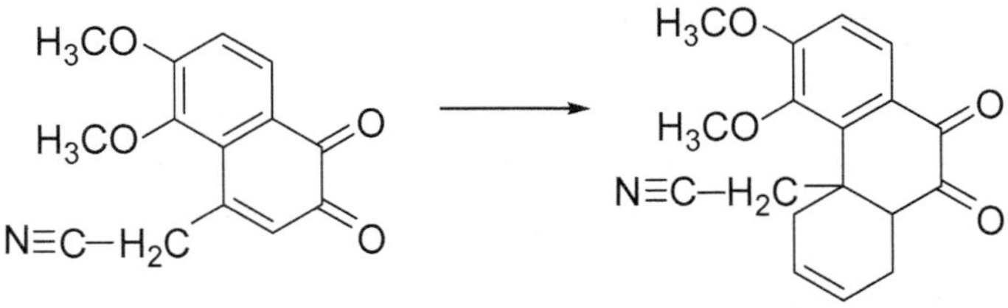

解

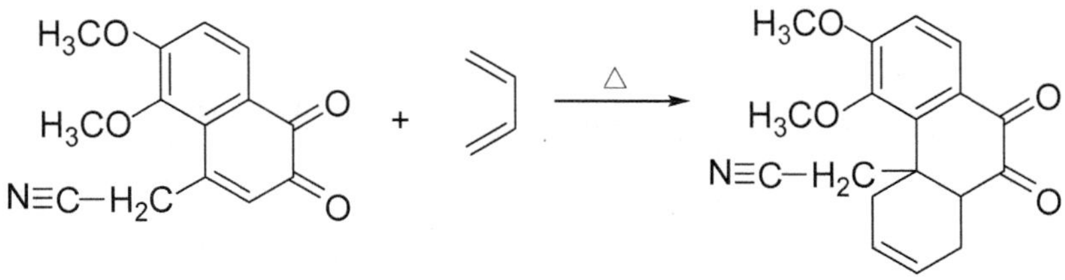

第 16 章　周 环 反 应

一、内 容 提 要

【一】电环化反应

开链共轭多烯在加热或光照条件下成环的反应及其逆反应称为电环化反应。例如：

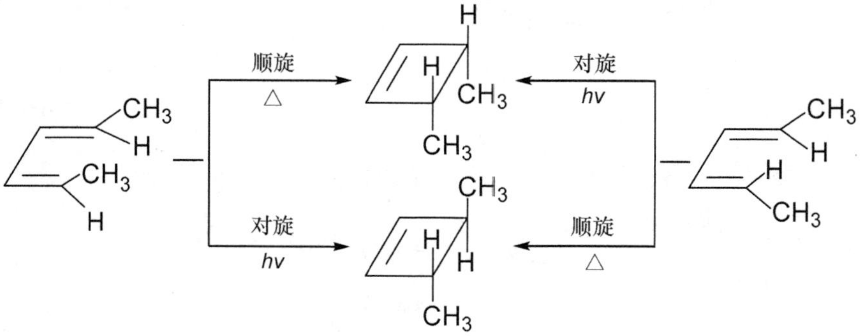

电环化反应的反应规律：

共轭体系 π 电子数	旋转方式	热反应	光反应
4*n*	顺旋	允许	禁阻
	对旋	禁阻	允许
4*n* + 2	顺旋	禁阻	允许
	对旋	允许	禁阻

【二】环加成反应

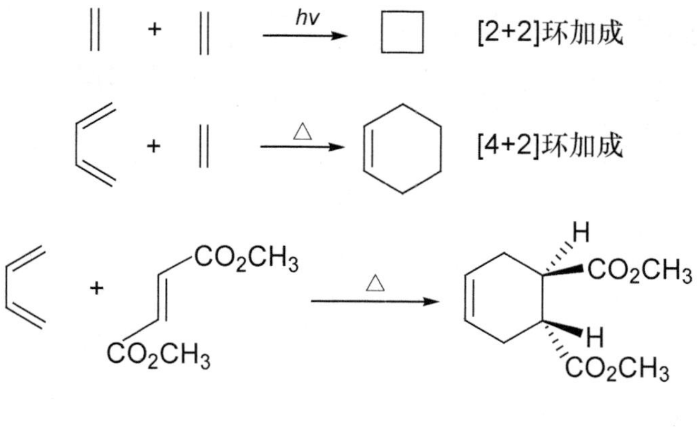

环加成反应的反应规律：

共轭体系 π 电子数	热反应	光反应
4*n*	禁阻	允许
4*n* + 2	允许	禁阻

【三】σ 键迁移反应

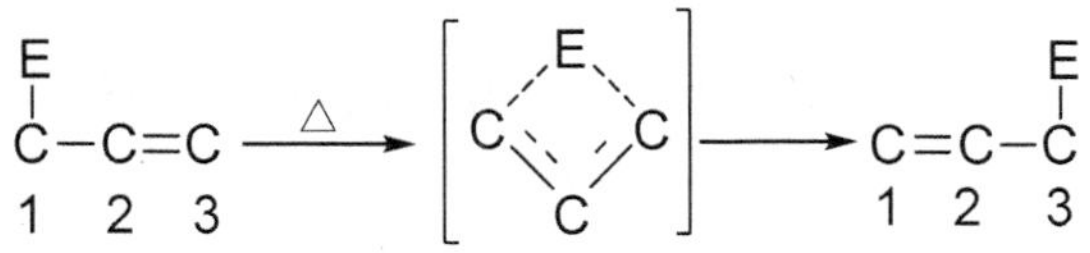

[1,3]迁移

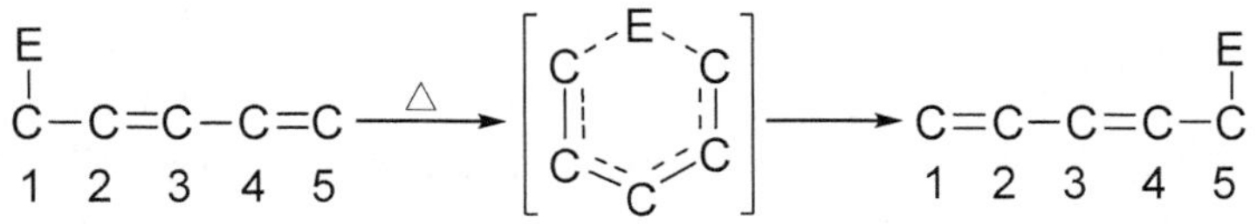

[1,5]迁移

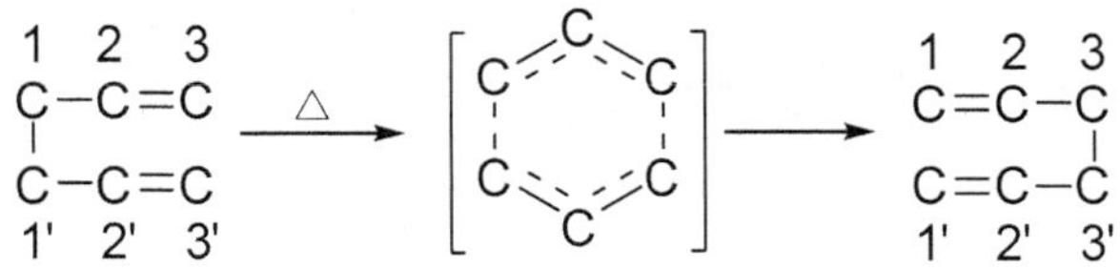

[3,3]迁移

例如：

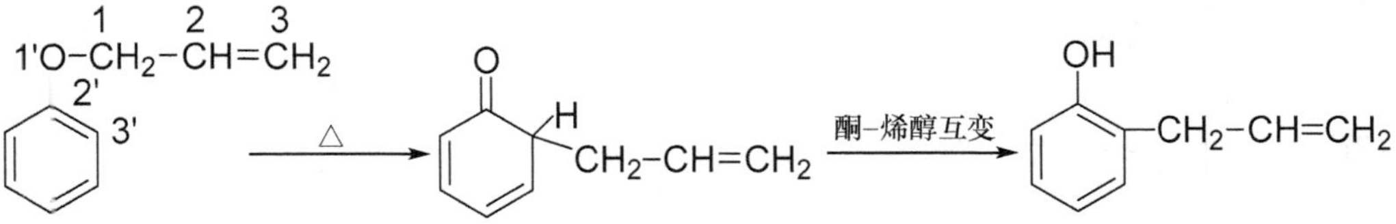

二、例 题 讲 解

【例 16-1】　完成下列反应。

(1) 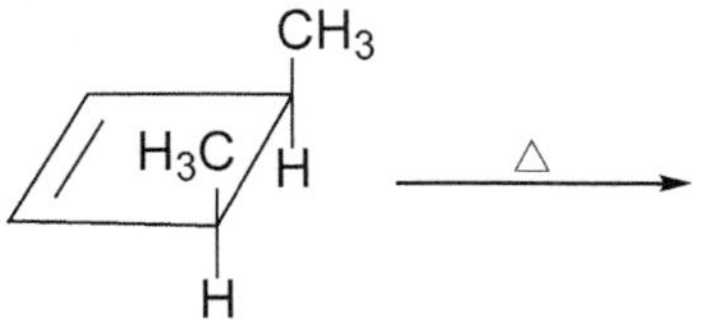

(2) 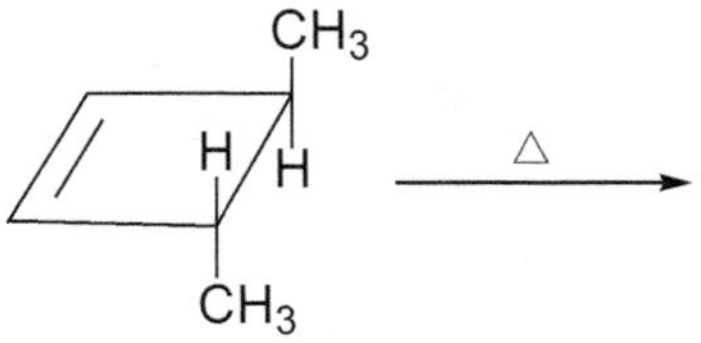

解　这两个反应均为电环化反应的逆反应，在这两个化合物中，可看作有 4 个电子参与反应，在加热条件下应为顺旋。所以产物分别为：

(1) 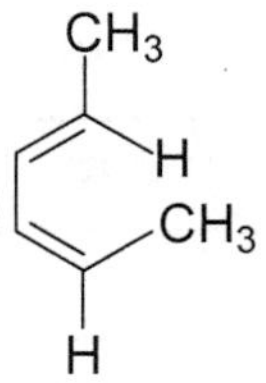

(2) 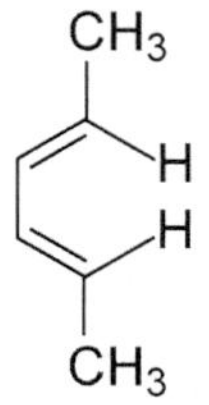

(主产物)

【例 16-2】　按反应活性排序。

(1) 下列化合物与丁-1,3-二烯发生正常的第尔斯-阿尔德反应，按难易程度将它们排序。

(a) 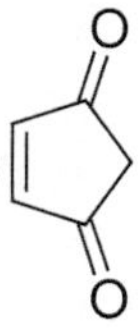　(b) $CH_2{=}CH{-}CN$　(c) $CH_3C{\equiv}CCH_3$　(d) $C_2H_5O_2C{-}C{\equiv}C{-}CO_2C_2H_5$

(2) 下列化合物与环己烯发生正常的第尔斯-阿尔德反应，按难易程度将它们排序。

(a) 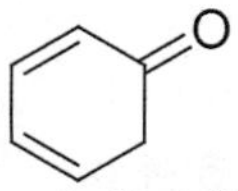　(b) 　(c) 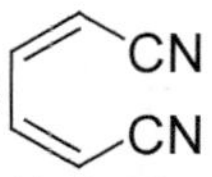　(d) 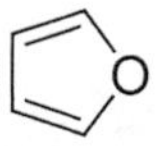

解　在发生第尔斯-阿尔德反应时，双烯体上的电子云密度越大，反应越快；亲双烯体上的电子云密度越小，反应越快。所以反应顺序为：(1) (a) > (b) > (d) > (c)；(2) (d) > (b) > (a) > (c)。

三、习 题 解 答

16-1　完成下列反应。

(1) 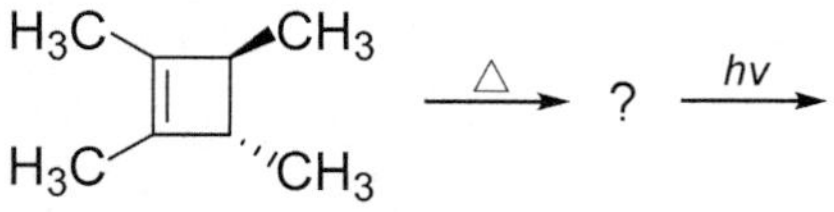

(2) 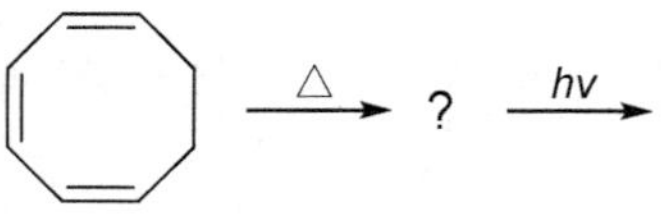

(3) 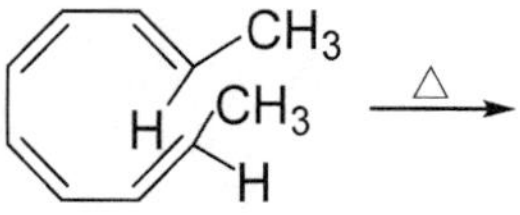

(4) 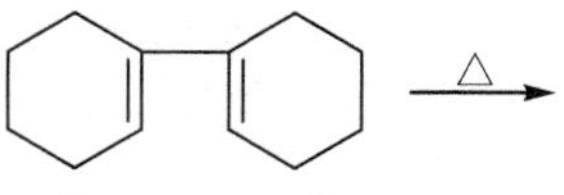

(5) 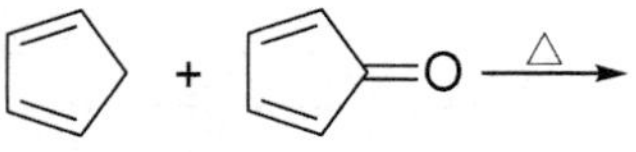

(6) 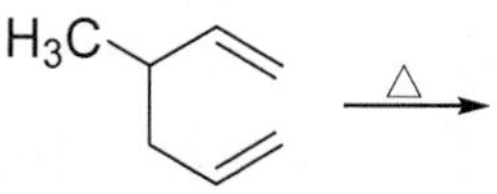

(7) 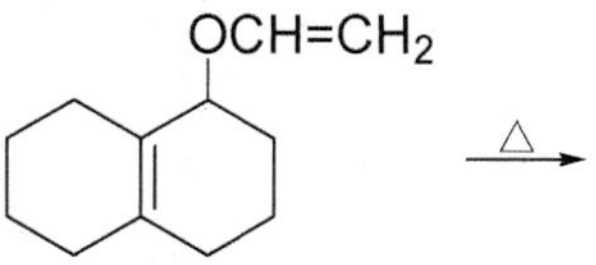

解

(1) 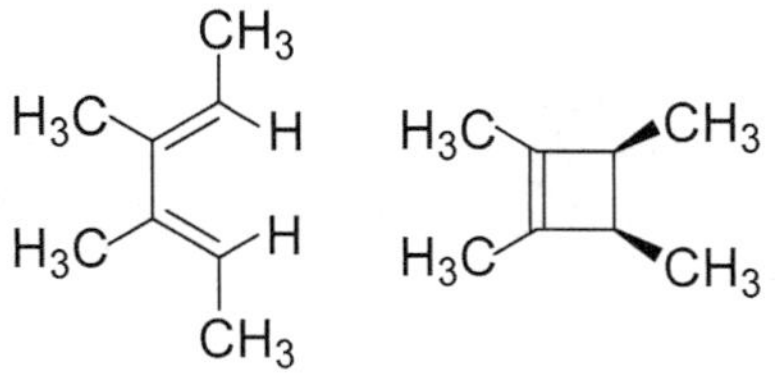 (2) 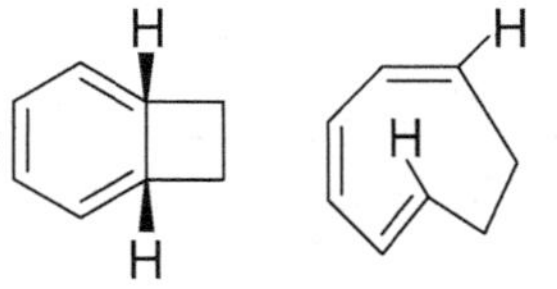 (3) 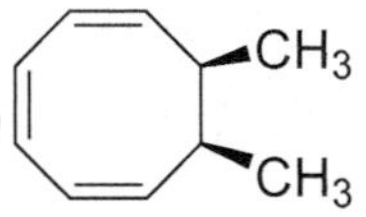

(4) 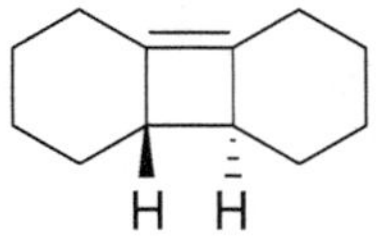 (5) 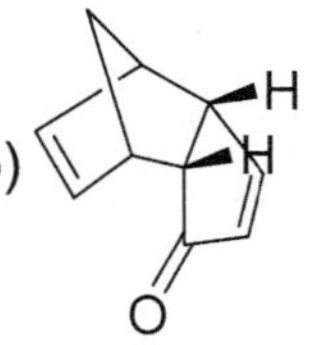 (6) 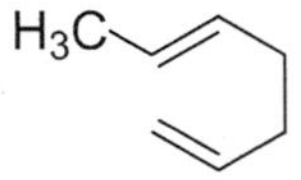 (7) 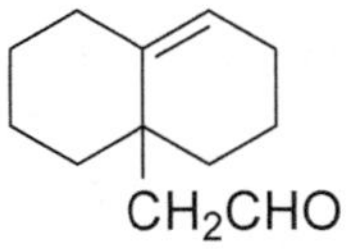

16-2 指出下列反应过程所需的条件。

(1) 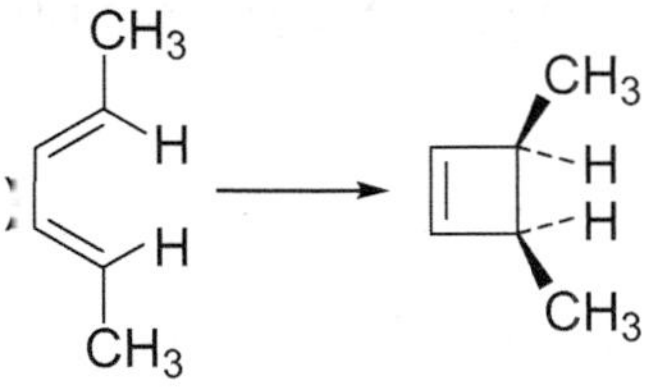

(2) 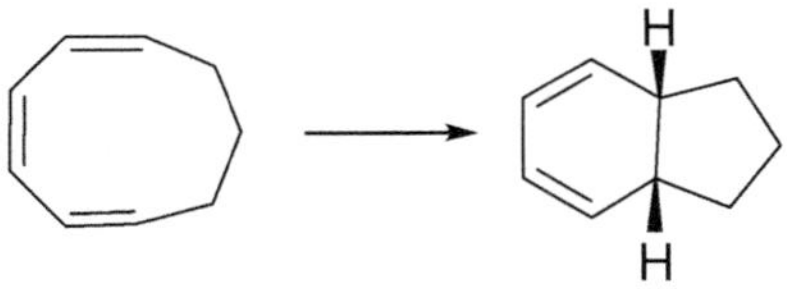

(3) 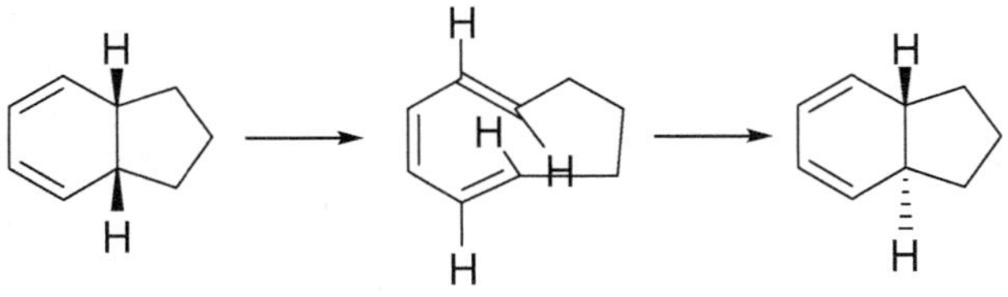

(4) 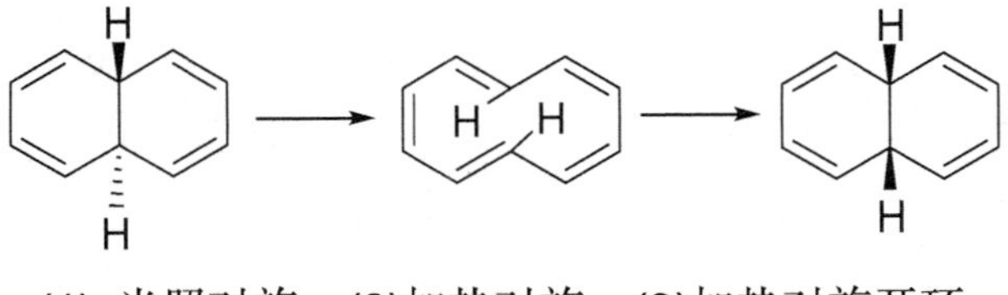

解 (1) 光照对旋；(2)加热对旋；(3)加热对旋开环，光照顺旋闭环；(4)光照顺旋开环，加热对旋闭环。

16-3 设计合理的反应条件和过程，以获得指定产物。

(1) 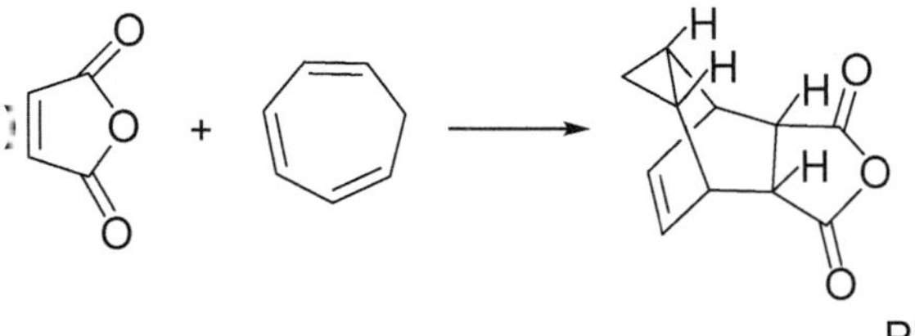

(2) 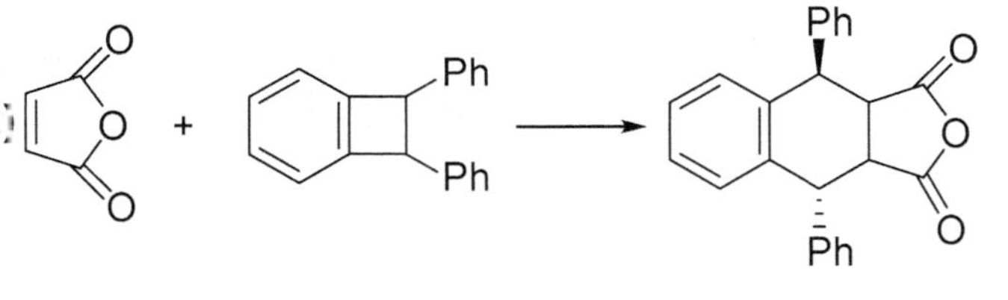

解

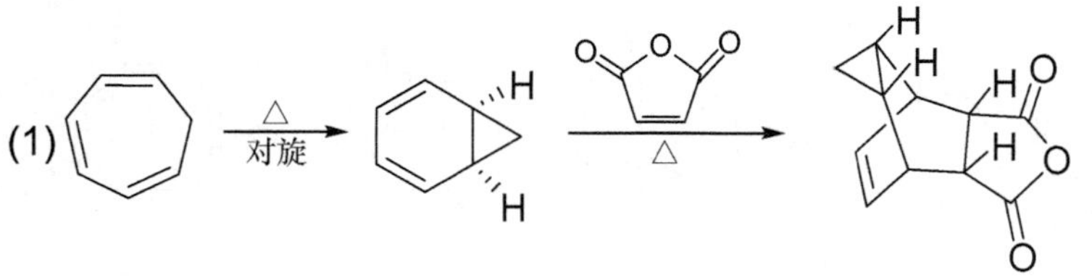

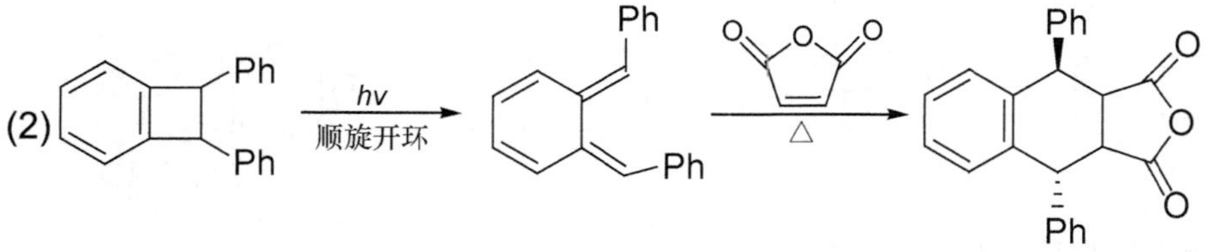

16-4　苯肼与醛、酮在酸催化下加热重排消除一分子氨，得到2-或3-取代的吲哚的反应称Fischer吲哚合成。

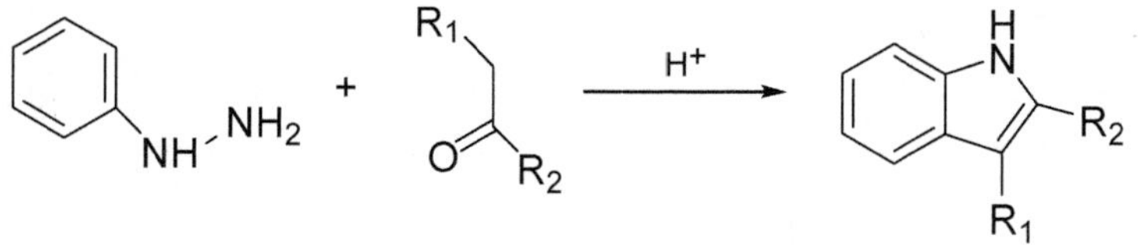

试解释其反应机理。

解

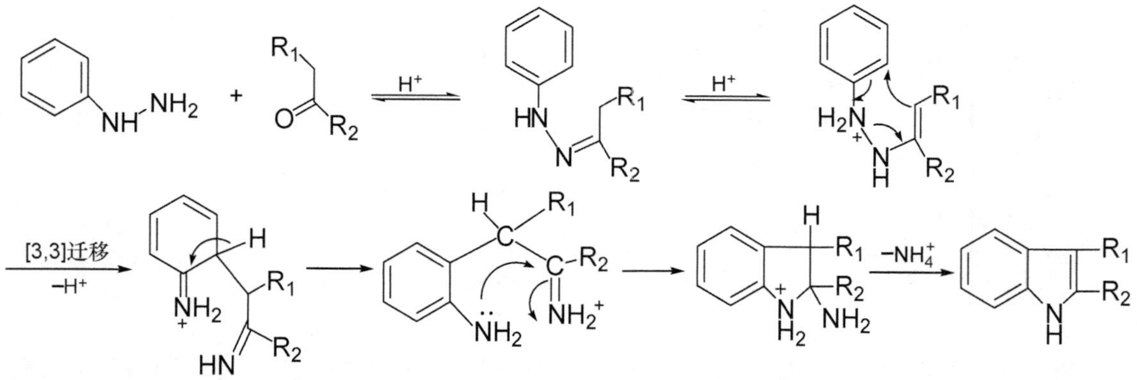

四、补充习题及答案

16-1　完成下列反应。

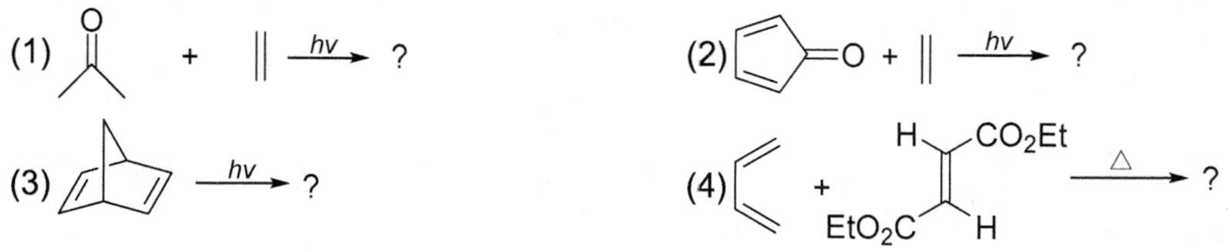

(5) 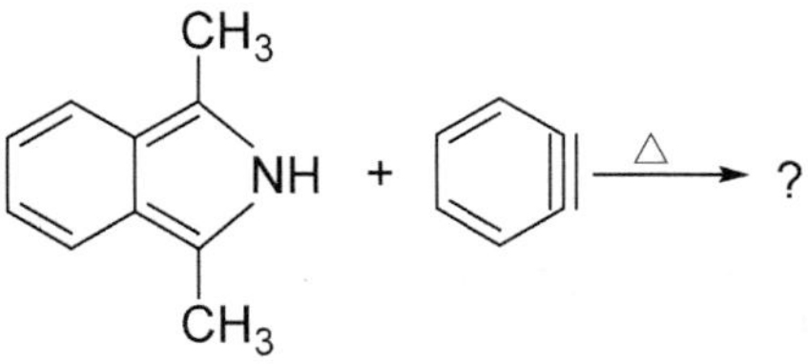　　(6) 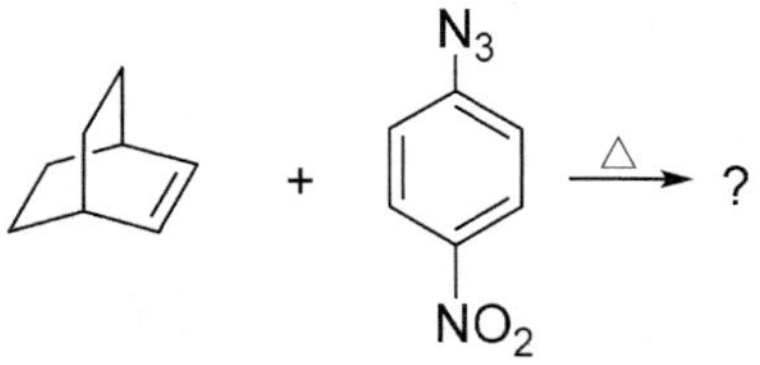

解

(1) 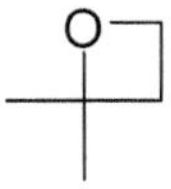　　(2) 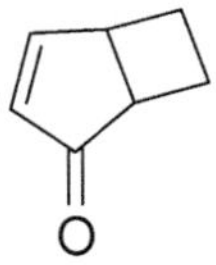　　(3) 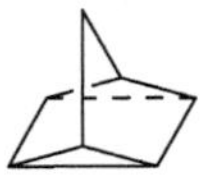

(4) 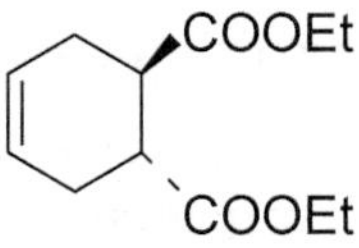　　(5) 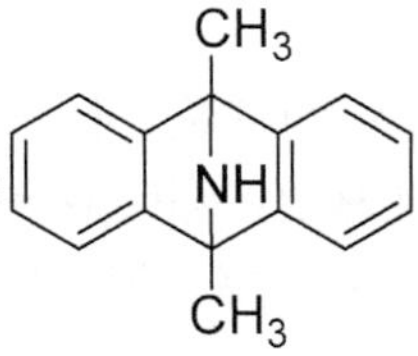　　(6) 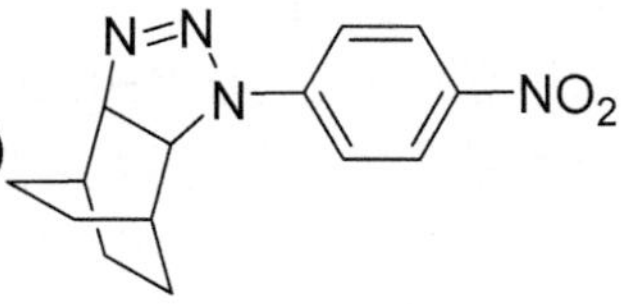

16-2　写出下列反应的反应机理。

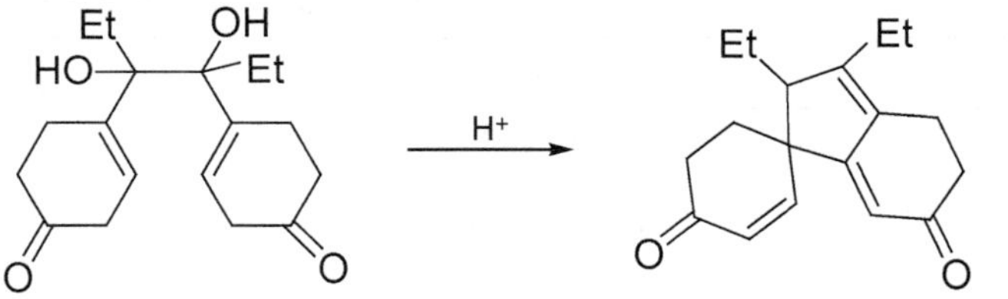

解

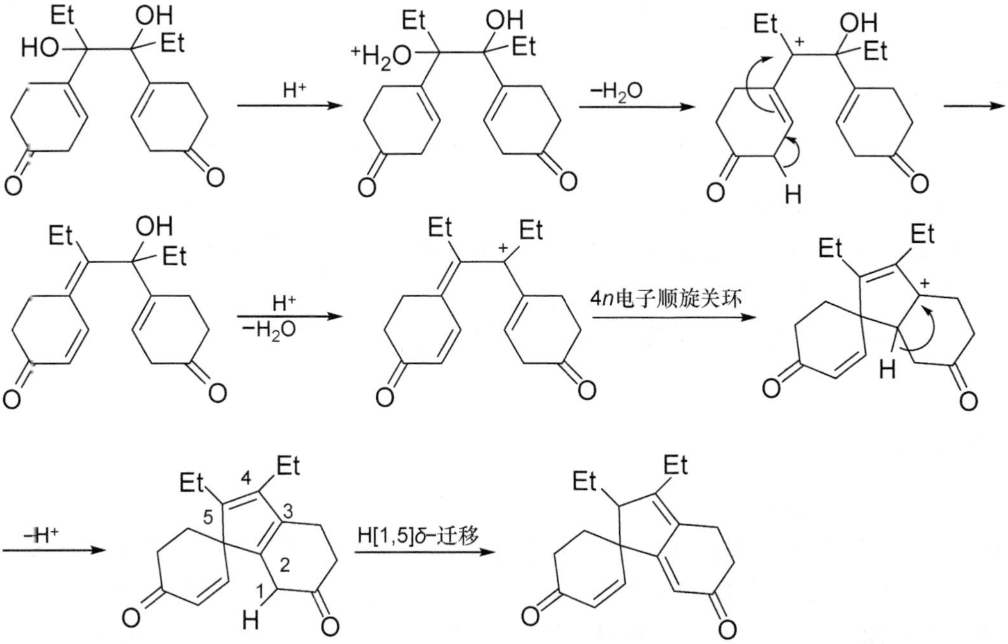

第 17 章　元素有机化合物

一、内 容 提 要

【一】有机硼试剂

1. 硼氢化试剂

除甲硼烷外，Sia_2BH[二(1,2-二甲基丙基]硼烷，俗称二仲异戊基硼烷)、$ThexBH_2$(1,1,2-三甲基丙基硼烷，俗称叔己基硼烷)和 9-BBN(9-硼杂双环[3.3.1]壬烷)是有机合成中特别有用的硼氢化试剂。这些试剂的反应活性低于甲硼烷，但因空间位阻效应，反应的选择性优于甲硼烷，是常用的选择性硼氢化试剂。

表 17-1　Sia_2BH、$ThexBH_2$ 和 9-BBN 的结构式及简化式

硼氢化试剂	结构式	简化式
Sia_2BH	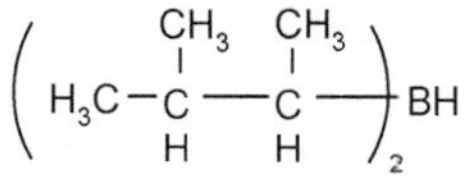	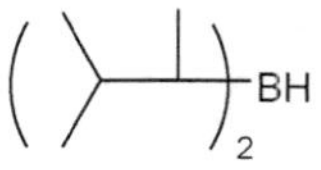
$ThexBH_2$	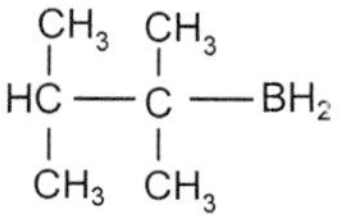	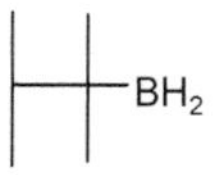
9-BBN		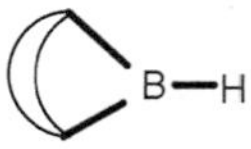

2. 有机硼试剂的反应

在叔丁醇钾存在下，三烃基硼烷与 α-溴代酮反应，生成 α-烃基取代酮。

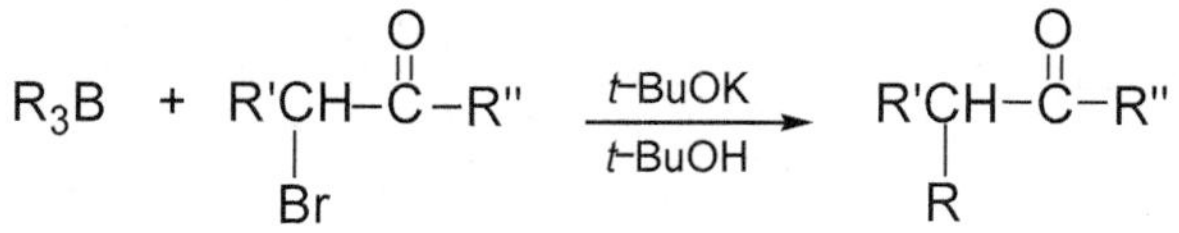

【二】有机硅试剂

1. 有机硅试剂的制备

烯醇硅醚一般由含硅-卤键的化合物(如氯硅烷)与醛、酮在碱性条件下反应而得到。用非亲核性的强碱如二异丙基氨基锂(LDA)，与酮作用生成相应的烯醇负离子，再用$(CH_3)_3SiCl$(TMSCl)捕获，可以制得烯醇硅醚。对于不对称的酮，如果用强碱(LDA)得到动力学控制的产物，如果用弱碱(Et_3N)则得到热力学控制的产物。

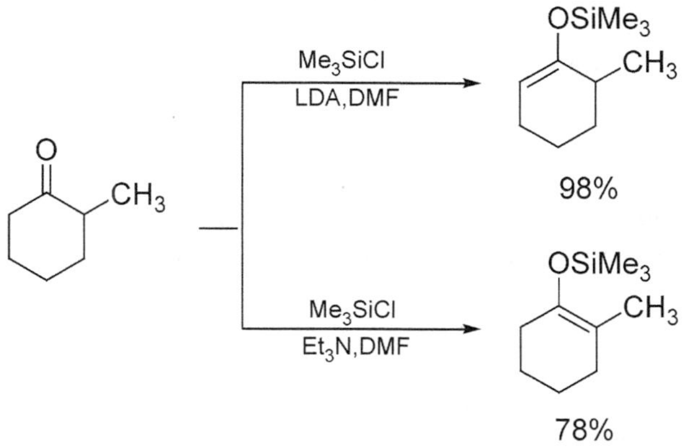

2. 有机硅试剂的反应

烯醇硅醚可作为双烯体与亲双烯体发生 Diels-Alder 反应。利用此反应可制备并环化合物，形成天然产物的骨架结构。例如，1-甲氧基-3-(三甲基硅氧基)-丁-1,3-二烯(Danishefsky's 二烯体)与对苯醌反应可得到四氢萘酮骨架。

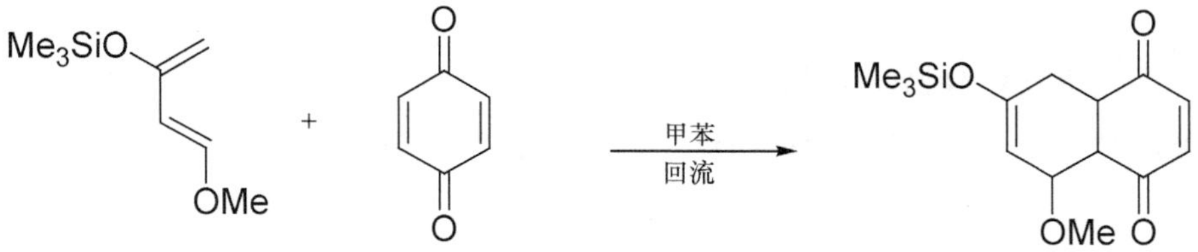

【三】有机磷试剂

1. 磷叶立德的制备及分类

磷叶立德的制备方法很多，最常用的磷叶立德(Wittig 试剂)是三苯基磷叶立德，是由三苯基膦与卤代烃作用，首先生成季鏻盐，后者再用强碱(如 C_4H_9Li、PhLi 等)处理而得。

$$Ph_3P + CH_3Br \longrightarrow Ph_3\overset{+}{P}CH_3\overset{-}{Br} \xrightarrow[Et_2O]{BuLi} Ph_3P{=}CH_2$$

2. 磷叶立德的反应

磷叶立德与醛酮发生亲核加成反应，使羰基所在位置烯基化。

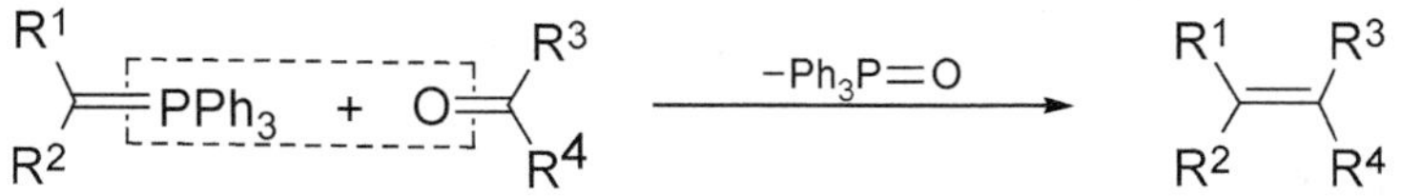

【四】有机硫试剂

1. 有机硫试剂的制备

最常见的硫叶立德是硫叶立德(sulfonium ylide)和亚砜叶立德(sulfoxonium ylide)。硫叶立德最常用的制备方法是采用硫盐与强碱反应，而硫盐通常由硫醚通过烷基化反应得到。

$$Me_2S \quad MeI \longrightarrow Me_3\overset{+}{S}\overset{-}{I} \xrightarrow[DMSO]{NaH} Me_2\overset{+}{S}{-}\overset{-}{C}H_2$$

亚砜叶立德可以用类似的方法制备，由于硫氧双键分散负电荷的能力较强，故亚砜叶立德比硫叶立德更加稳定。

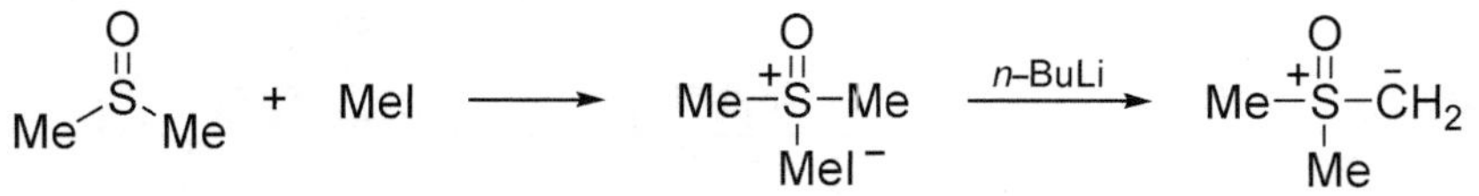

2. 有机硫试剂的反应

硫叶立德和磷叶立德一样可以与醛、酮发生亲核加成反应，但反应的产物不同，前者生成的产物是环氧化物，而不是烯烃。例如，二甲基锍亚甲基叶立德与苯甲醛反应生成 2-苯基环氧乙烷。

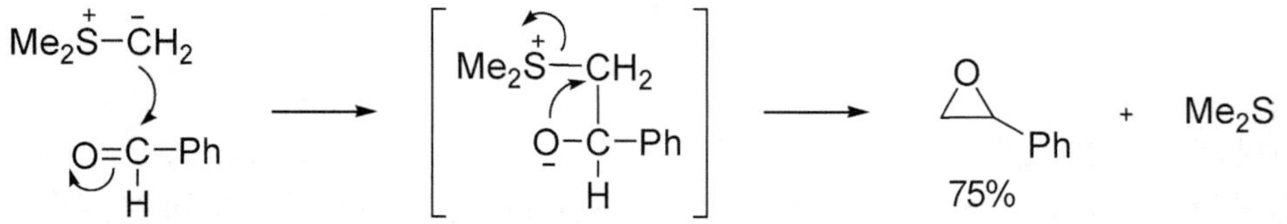

二、习 题 解 答

17-1　写出下列化合物的结构式。

(1) Sia_2BH　　(2) $ThexBH_2$　　(3) 9-BBN　　(4) TMSCl

解

(1) 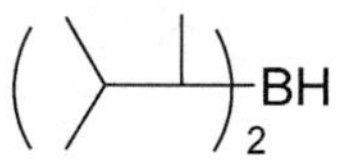

(2) 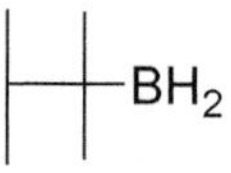

(3) 

(4) 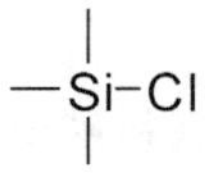

17-2　写出下列反应的产物。

(1) 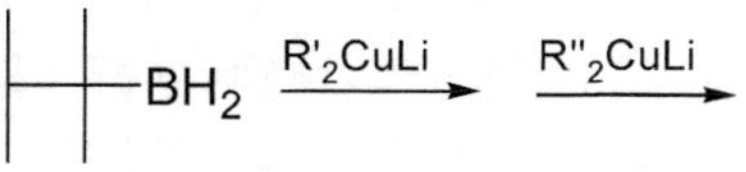

(2) 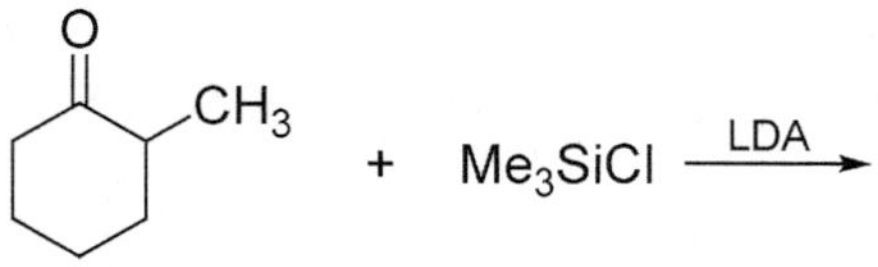

(3) 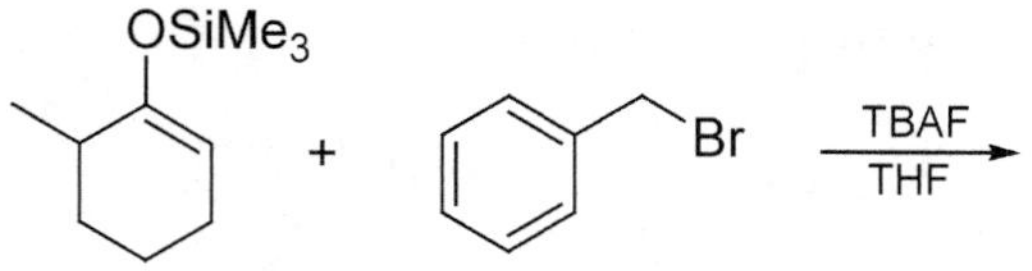

(4) 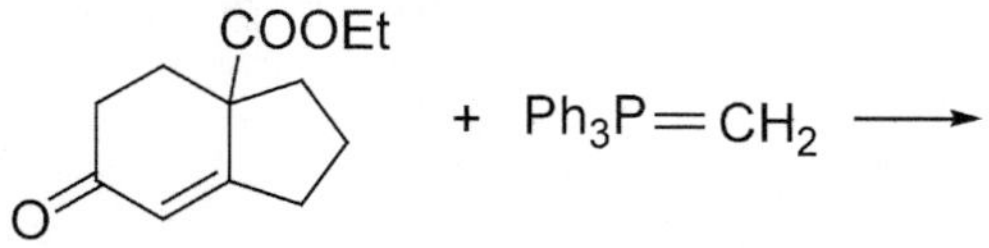

(5) 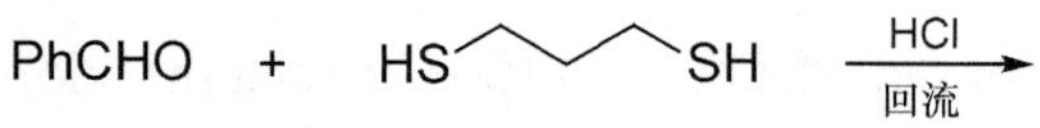

(6) 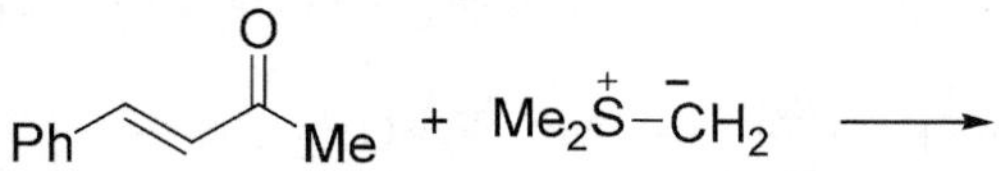

解　(1) 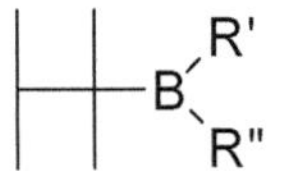　(2) 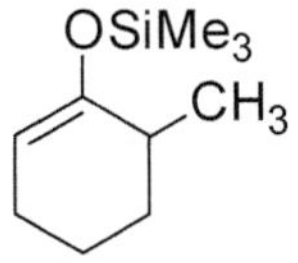　(3) 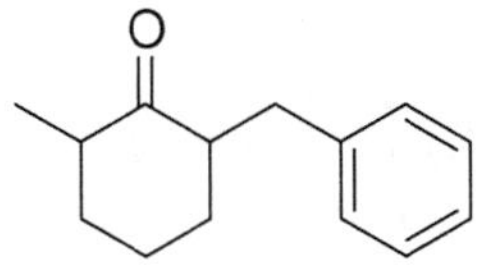

(4) 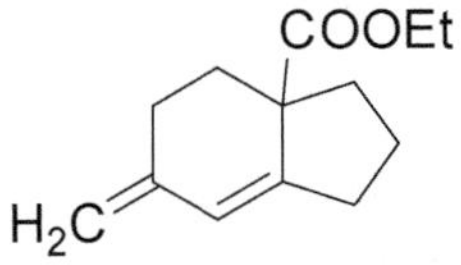　(5) 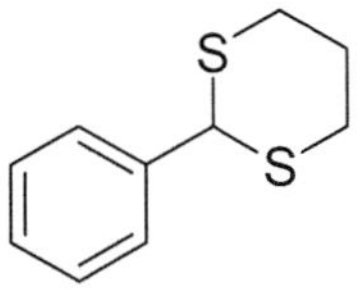　(6) 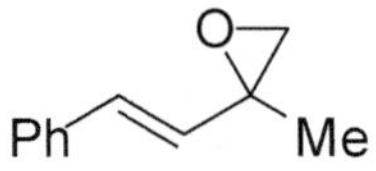

17-3　完成下列反应。

(1) 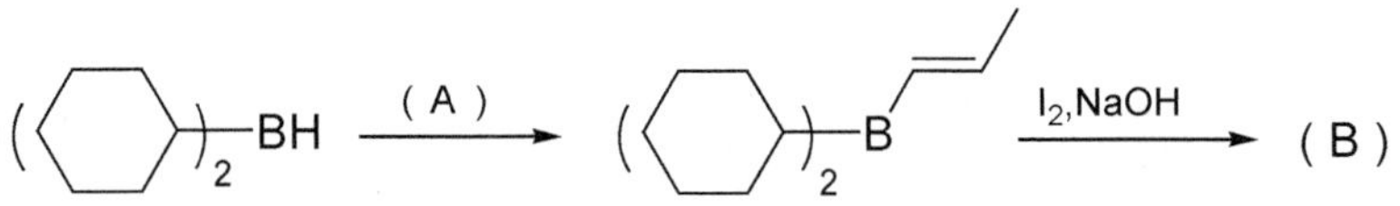

(2) 

(3) Ph_3P + $(CH_3)_2CHBr$ ⟶ (A) $\xrightarrow{n\text{-BuLi}}$ (B) $\xrightarrow{CH_3CH_2COCH_3}$ (C)

(4) 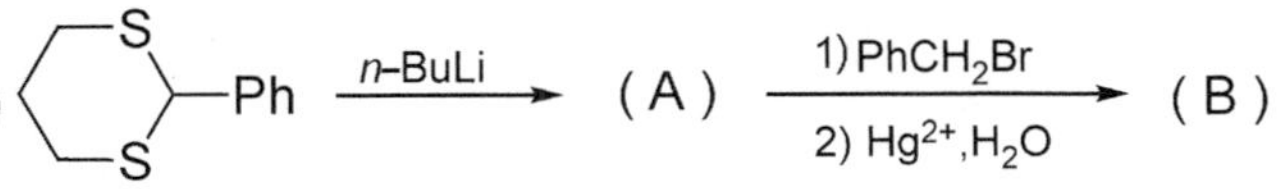

解

(1) A. $CH_3C{\equiv}CH$　B. 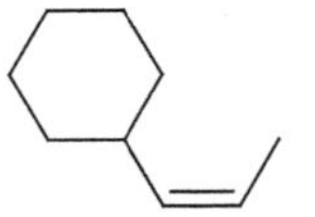　(2) 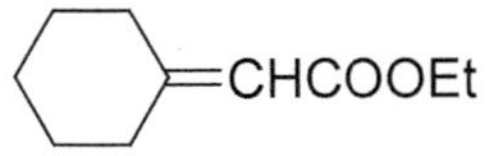

(3) A. $Ph_3\overset{+}{P}CH(CH_3)_2\overset{-}{B}r$　B. $Ph_3P{=}CH(CH_3)_2$　C. 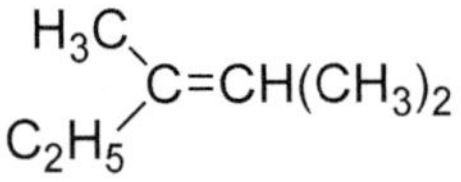

(4) A. 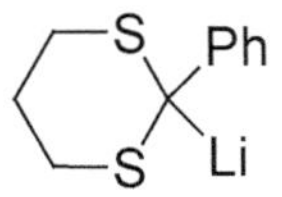　B. 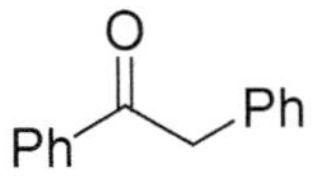

17-4　写出下列反应的机理。

(1) 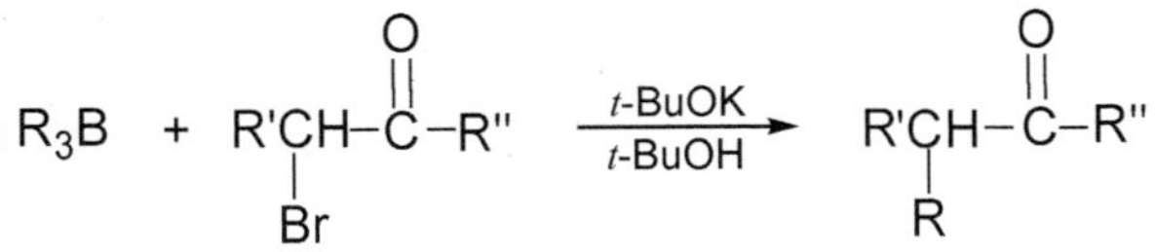

解

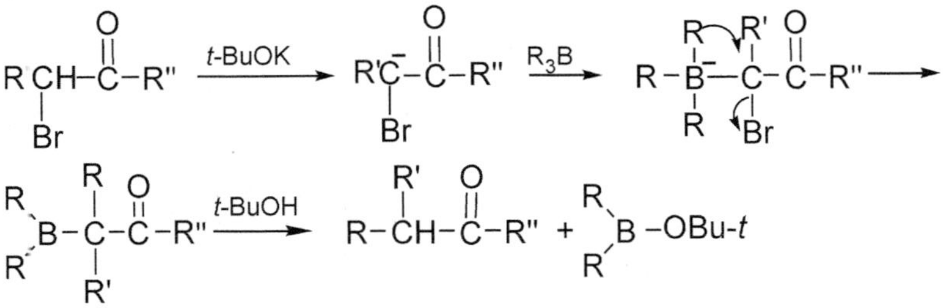

(2) 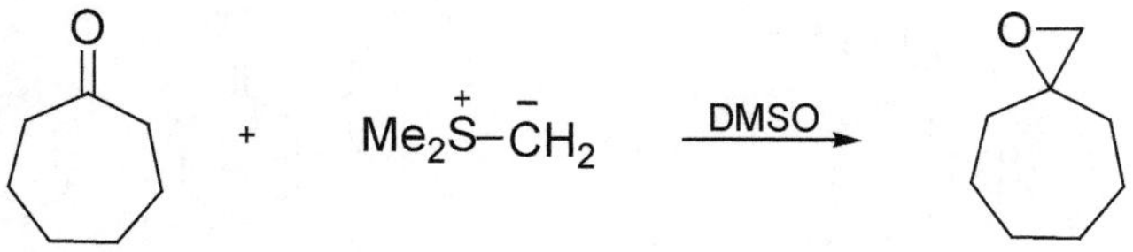

解

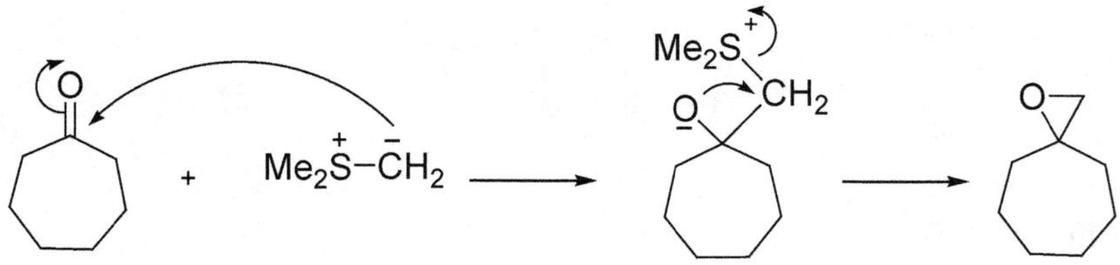

第 18 章　碳水化合物

一、内 容 提 要

【一】单糖的化学性质

1. 氧化反应

在弱酸性条件下，溴水能将醛糖氧化为糖酸，稀硝酸氧化生成二元羧酸。Tollens 试剂和 Fehling 试剂均为弱氧化剂，醛糖和酮糖都能被这两种氧化剂氧化，前者生成银镜，后者生成氧化亚铜的砖红色沉淀，同时糖分子中的醛基被氧化为羧基，成为糖酸。用高碘酸氧化发生碳链断裂。能被 Tollens 试剂和 Fehling 试剂氧化的糖为还原性糖，不能被氧化的糖为非还原性糖。

2. 还原反应

单糖用 $NaBH_4$ 或催化氢化还原生成多元醇。

3. 糖脎的生成

糖与苯腙反应生成糖脎。

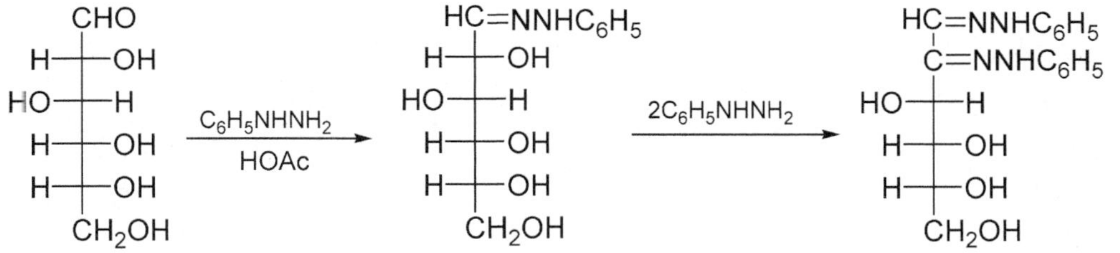

D-葡萄糖　　D-葡萄糖苯腙　　D-葡萄糖脎

4. 成苷、成醚和成酯

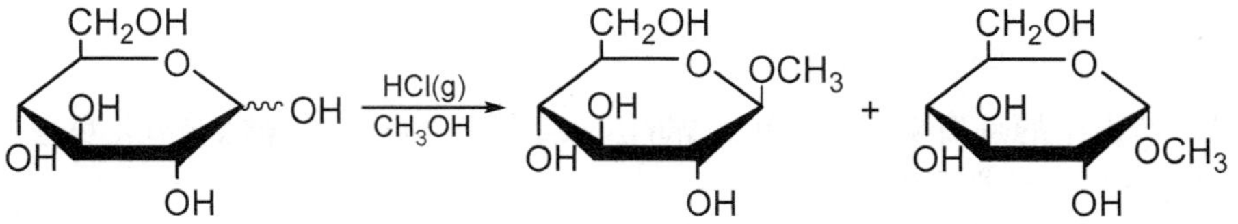

D-(+)-葡萄糖　　*β*-(+)-葡萄糖甲苷　　*α*-(+)-葡萄糖甲苷

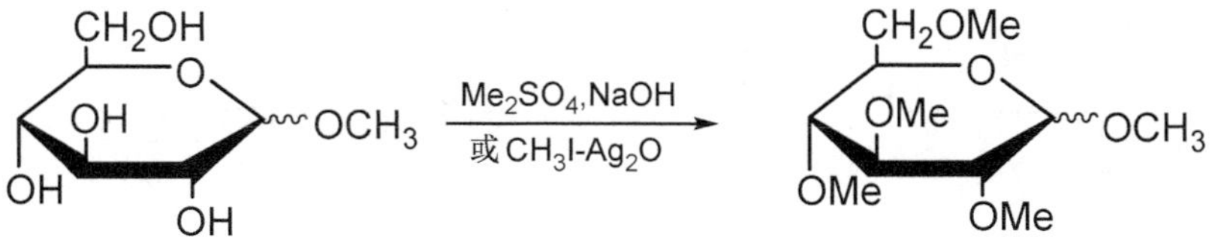

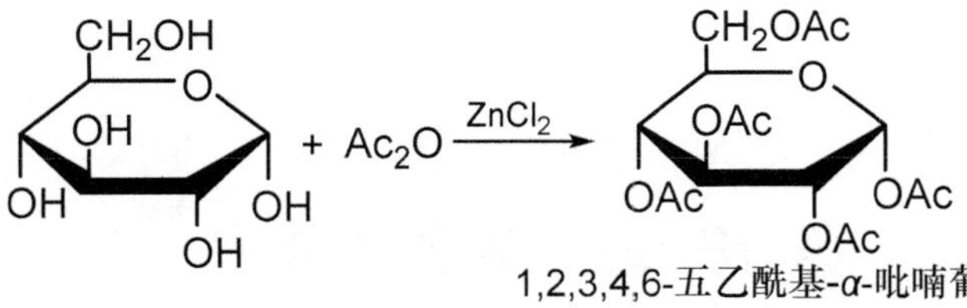

1,2,3,4,6-五乙酰基-α-吡喃葡萄糖

二、例题讲解

【例 18-1】 完成下列反应。

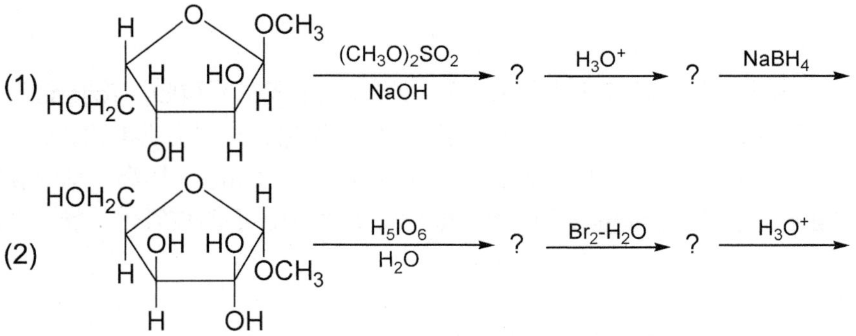

解 (1) 第一步发生的是糖苷与硫酸二甲酯的甲基化反应,该反应可以使分子中所有的羟基甲基化生成；分子中几个甲氧基的性质是不同的，苷羟基上的甲基是缩醛，可以用稀酸水解除去，而其他的甲基不反应；第三步发生的是醛糖的还原反应。反应式为：

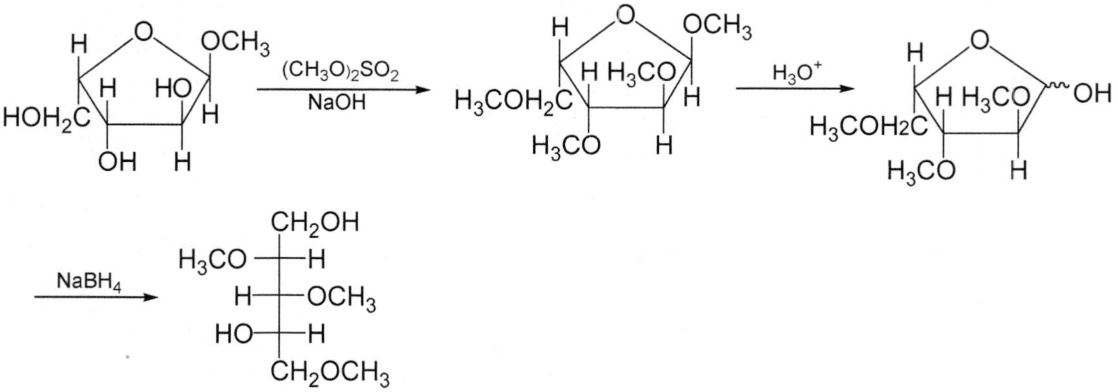

(2) 第一步发生的是高碘酸氧化邻二醇的反应，第二步发生的是醛的氧化反应，第三步发生的是缩醛的开环，反应式为：

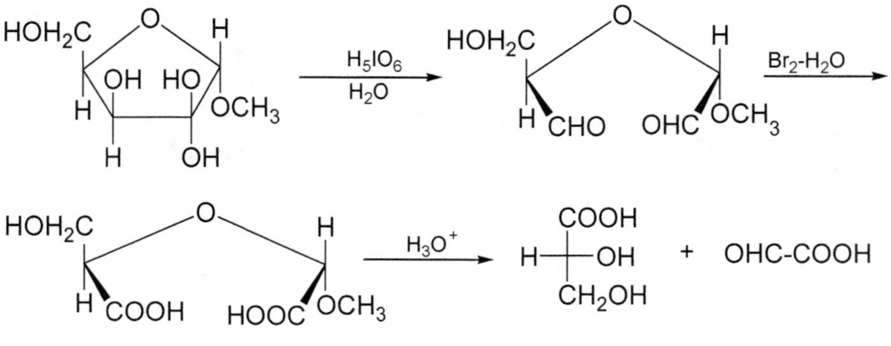

三、习 题 解 答

18-1　(1) 写出 β-D-呋喃型半乳糖的 Haworth 式。

(2) 写出下列糖较稳定的构象式。

(A) β-D-吡喃甘露糖　　(B) α-D-吡喃半乳糖　　(C) α-L-吡喃葡萄糖

解　(略)

18-2　写出高碘酸氧化 D-果糖生成的产物。

解　(略)

18-3　怎样证明 D-葡萄糖、D-甘露糖、D-果糖这三种糖的 C_3、C_4 和 C_5 具有相同的构型?

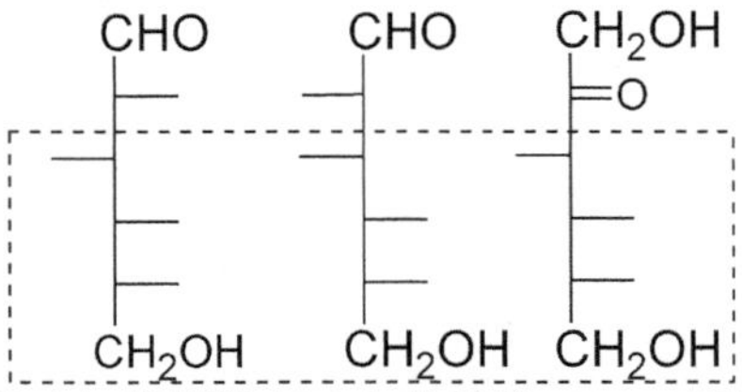

D-(+)-葡萄糖　D-(+)-甘露糖　D-(-)-果糖

解　三种糖分别和 3 分子苯肼反应，生成相同的糖脎，各种理化性质和波谱性质完全相同，这说明它们的 C_3、C_4 和 C_5 具有相同的构型。

18-4　根据下列单糖和单糖衍生物的结构，写出 Haworth 式并命名，说明这些糖有无还原性，能否发生水解反应。

(1) 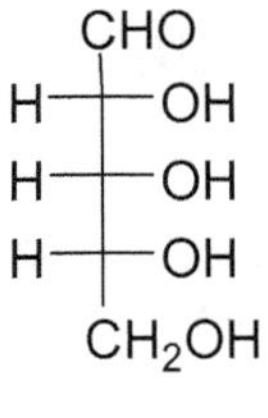

(2) 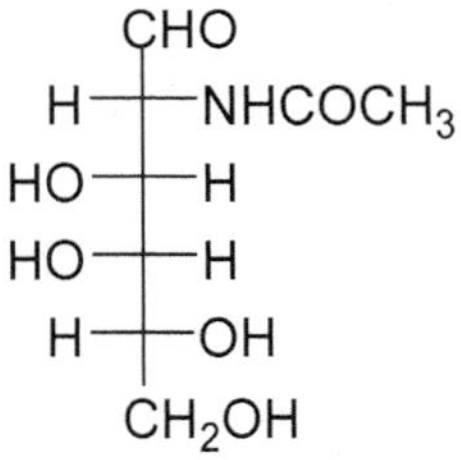

解

(1) 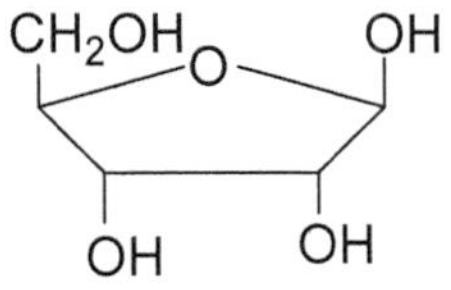

β-D-呋喃核糖

(2) 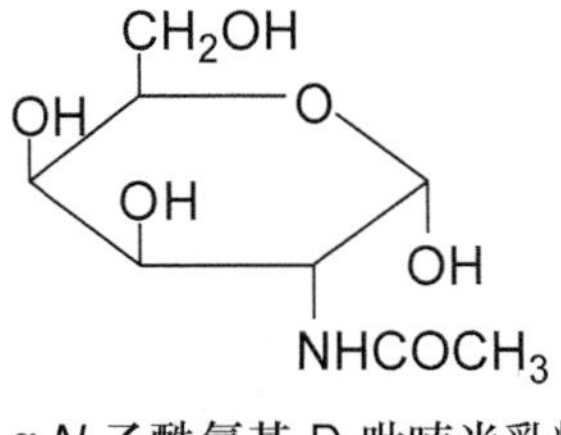

α-*N*-乙酰氨基-D-吡喃半乳糖

	(1)	(2)
还原性	有	有
水解反应	无	有

注：由开链式写成 Haworth 式遵循“右下左上”原则，即原在开链式右边的原子或基团写在环的下面。凡是分子中存在半缩醛(酮)羟基均有还原性。

18-5　柳树皮中存在一种糖苷称为糖水杨苷，当用纤维素酶水解时得 D-葡萄糖和水杨醇(邻羟基苯甲醇)。水杨苷用硫酸二甲酯和氢氧化钠处理得五甲基水杨苷，五甲基水杨苷经酸催化水解得 2,3,4,6-四氧甲基-D-葡萄糖和邻甲氧基甲酚。写出水杨苷的结构式。

解

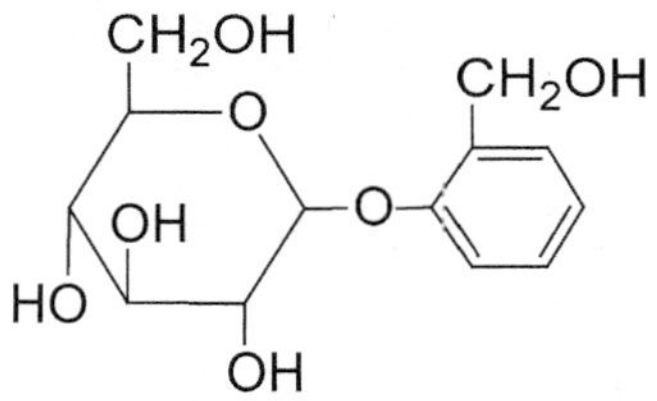

18-6　一己醛糖用温热的 HNO_3 氧化，得到无光学活性的化合物。此己醛糖应有怎样的结构?

解　己醛糖的结构应为

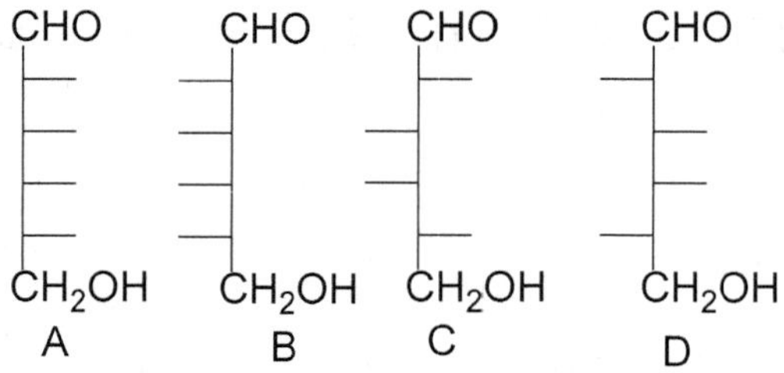

18-7　用简单的化学方法鉴别下列各组化合物。

(1) 葡萄糖和蔗糖　　(2) 麦芽糖和蔗糖　　(3) 淀粉和蔗糖

解　(1) 葡萄糖能与 Fehling 试剂和 Tollens 试剂反应，蔗糖不能。

(2) 麦芽糖能与 Fehling 试剂和 Tollens 试剂反应，蔗糖不能。

(3) 淀粉遇碘呈蓝色，蔗糖不能。

18-8　写出 D-半乳糖与下列试剂反应的主要产物。

(1) Br_2/H_2O　(2) 稀硝酸　(3) CH_3OH，HCl(气)　(4) $NaBH_4$　(5) 苯肼(过量)

解

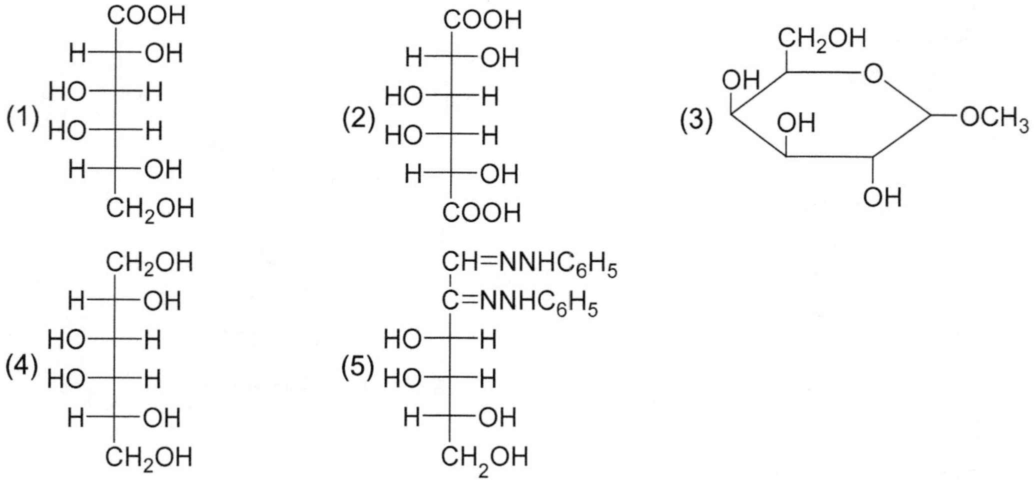

四、补充习题及答案

18-1　D-苏阿糖和 D-赤藓糖是否能用 HNO_3 氧化的方法来区别?

解　D-苏阿糖和 D-赤藓糖可以用 HNO_3 氧化的方法来区别，因为氧化产物前者有旋光性，后者无旋光性。

18-2　将葡萄糖还原得到单一的葡萄糖醇 A，而将果糖还原，除得到 A 外，还得到另一糖醇 B。为什么？A 与 B 是什么关系？

解　因为果糖还原形成一个手性碳，A 与 B 的关系为差向异构体。

18-3　纤维素用下列试剂处理时将发生什么反应？如果反应，写出产物的结构式或部分结构式。

(1) 过量稀硫酸加热　　(2) 热水

(3) 热碳酸钠水溶液　　(4) 过量硫酸二甲酯及氢氧化钠

解

(1) D-葡萄糖

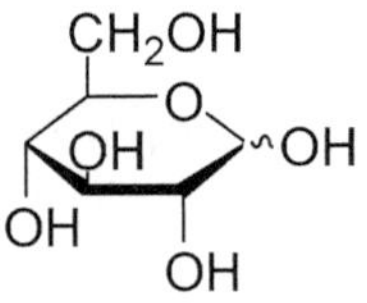

(2) 不反应

(3) 不反应

(4) 甲基化

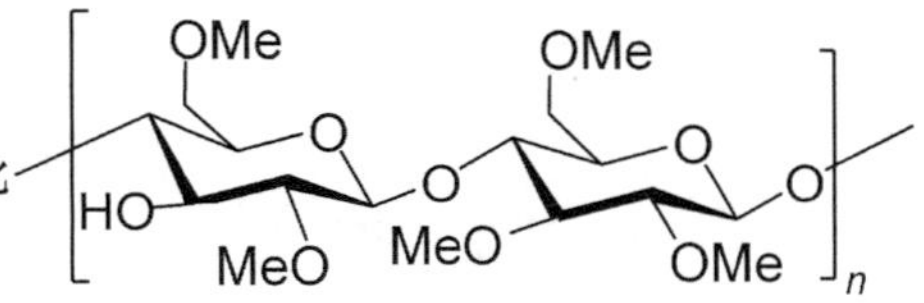

18-4　写出甲壳素(几丁质)用下列试剂处理时所得产物的结构式。

a. 过量稀盐酸加热　　b. 稀氢氧化钠加热

解

a.

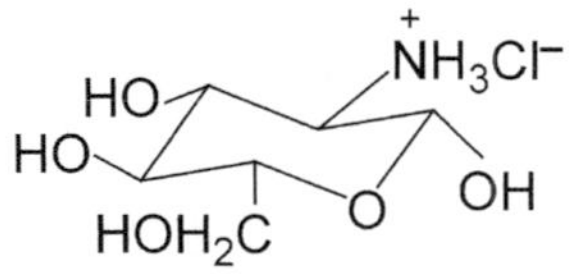

b.

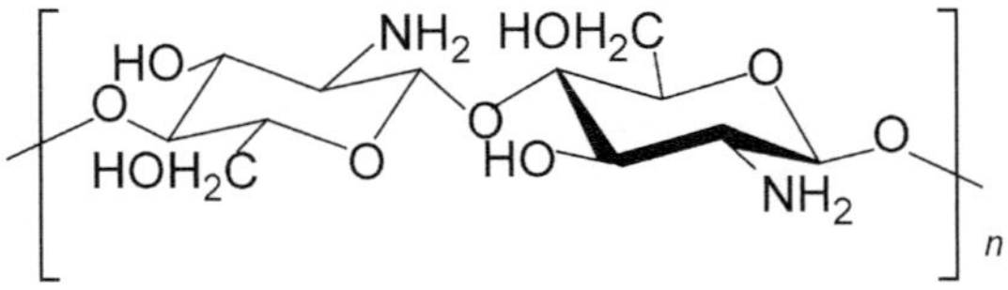

18-5　完成下列反应。

(1)

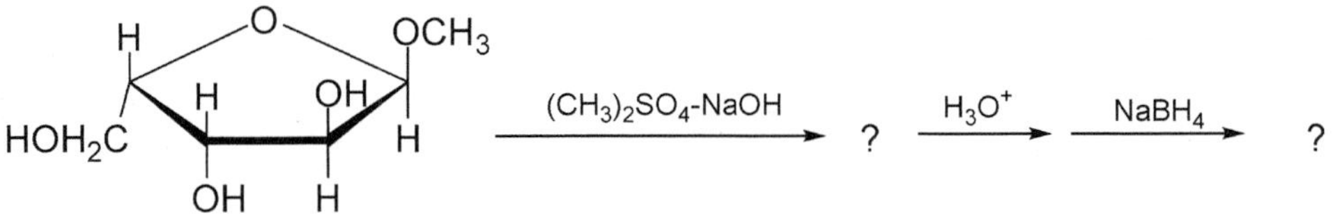

(2)

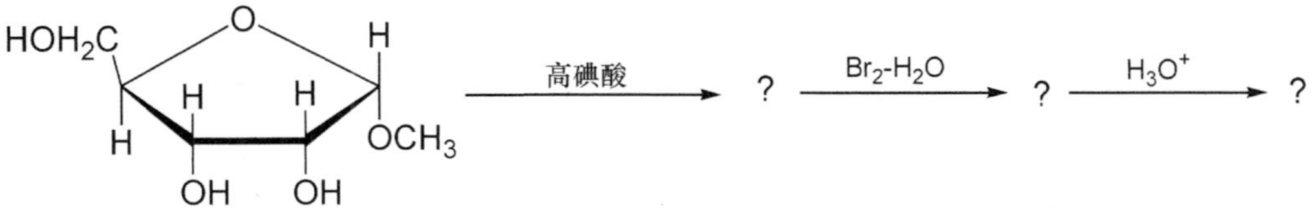

(3)

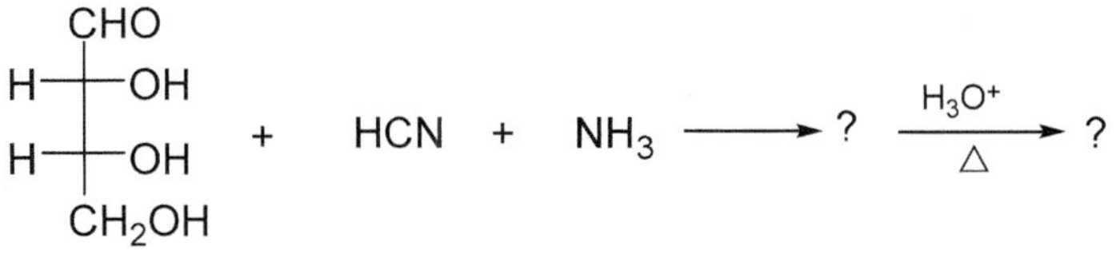

解

(1) 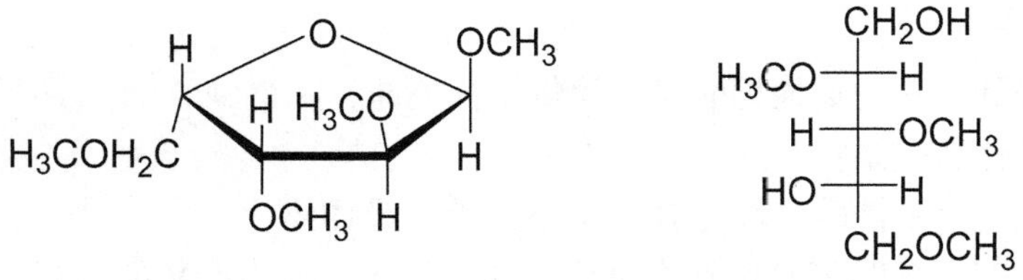

(2) 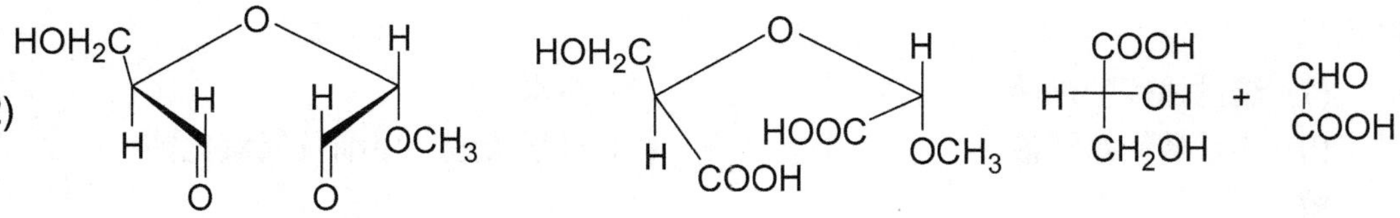

(3) 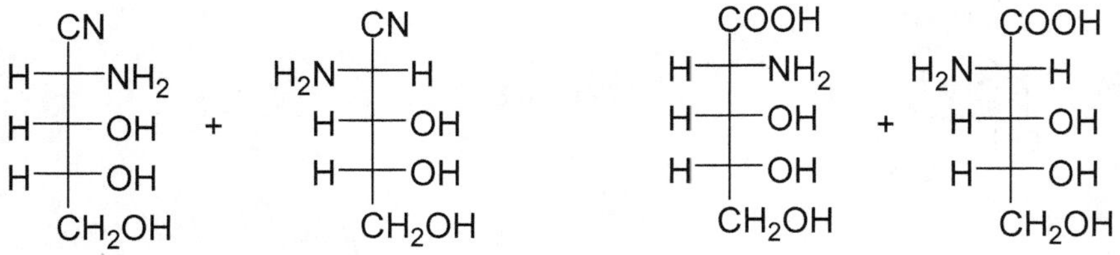

第 19 章　氨基酸、蛋白质和核酸

一、内 容 提 要

【一】氨基酸的性质

(1) 氨基酸的两性和等电点。

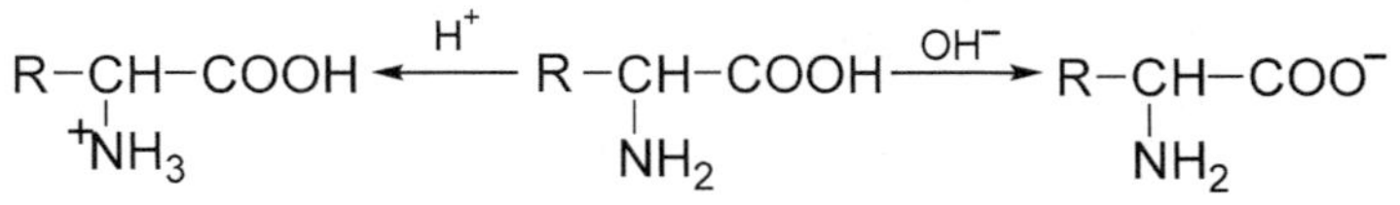

在某 pH 条件下，氨基酸所带正、负电荷相等即净电荷为零时，此时的 pH 称为等电点(isoelectric point，简写为 pI)。

(2) 氨基的性质与其他胺类化合物类似，可发生酰基化、烃基化等反应；氨基酸中羧基的反应与其他羧酸类化合物类似，可发生酯化、氨解等反应。

(3) 氨基酸受热消除反应。

α-氨基酸受热，发生两分子间脱水，生成六元环的交酰胺。

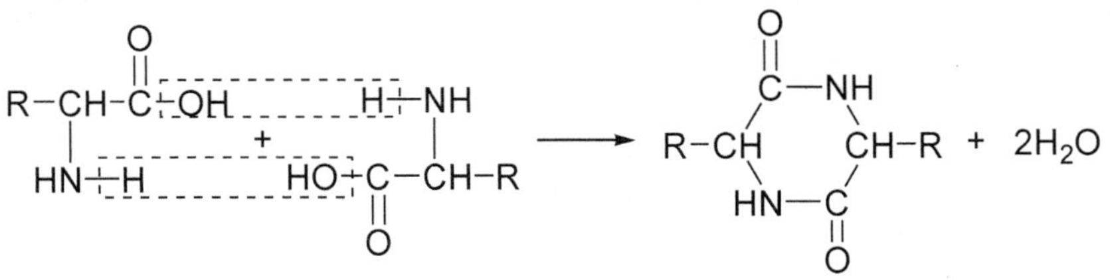

β-氨基酸受热失去一分子氨，生成 *α*,*β*-不饱和羧酸。

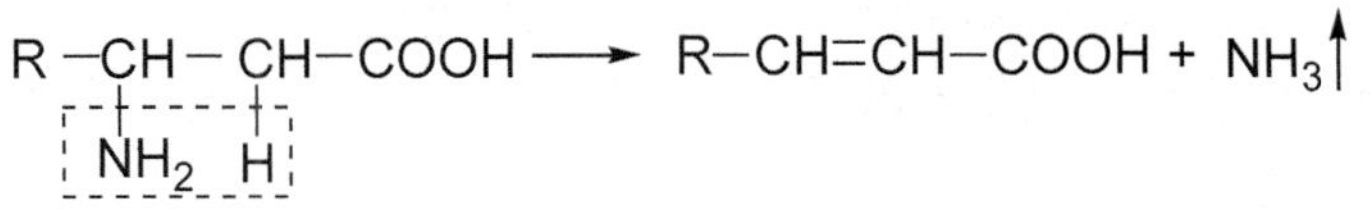

γ-、*δ*-氨基酸受热，发生分子内脱水，生成五元环或六元环的内酰胺。例如：

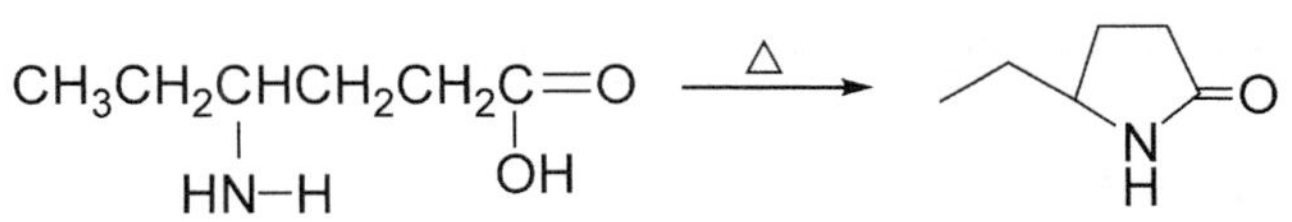

氨基酸分子中的氨基与羧基间的距离大于四个碳原子时，受热后发生多分子间脱水生成链状的聚酰胺。

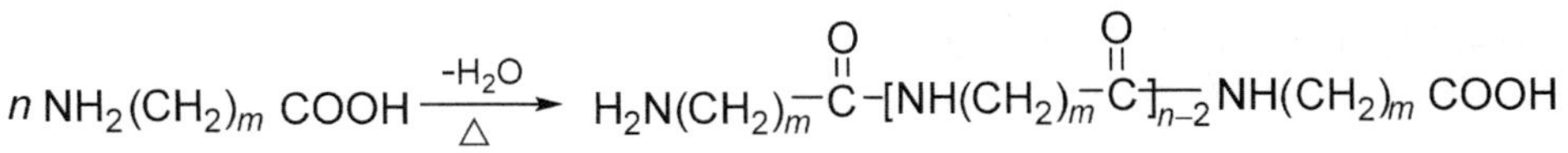

(4) 与水合茚三酮反应显蓝色。

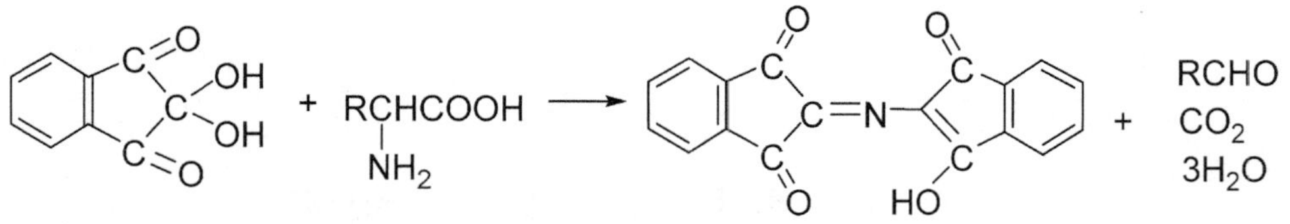

【二】氨基酸的制法

氨基酸的制备方法包括 Strecker 合成法、α-卤代酸的氨解和丙二酸酯合成法等。

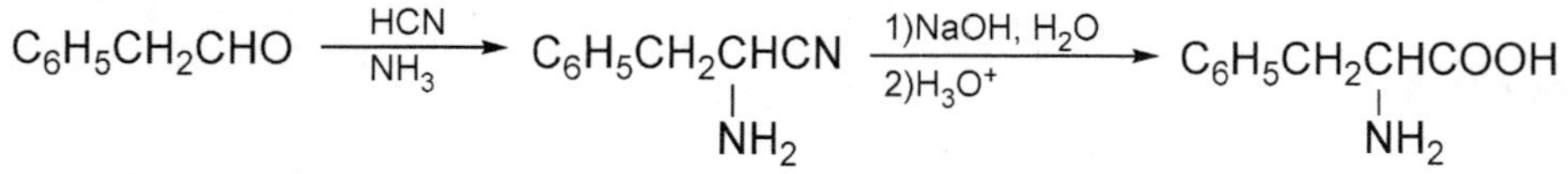

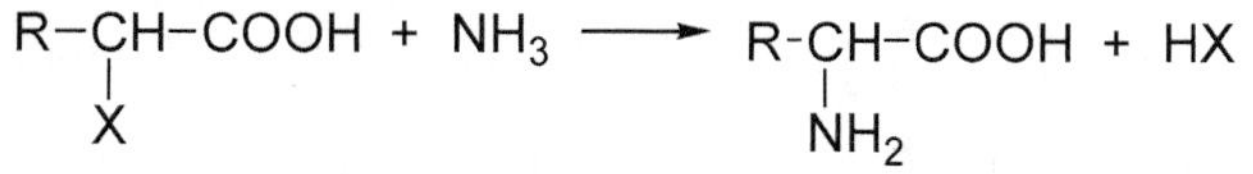

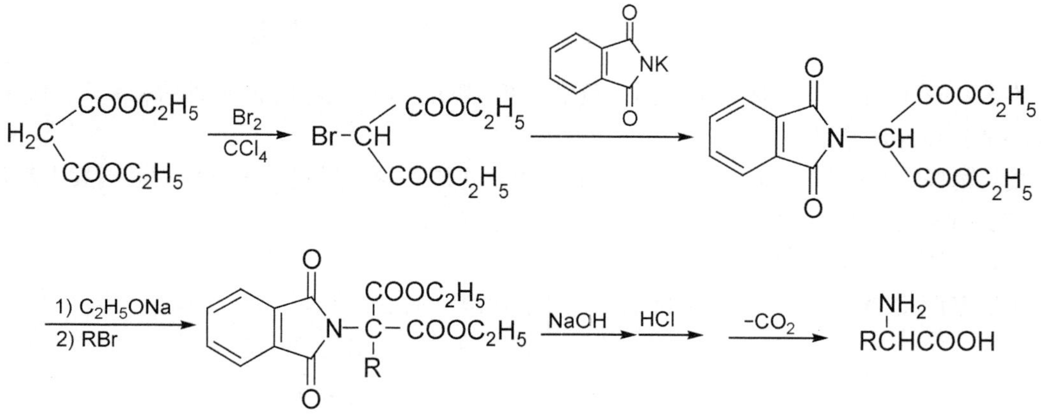

二、例 题 讲 解

【例 19-1】 用苯、不超过 3 个碳原子的有机化合物、丙二酸酯以及必要的试剂合成：

(1) 亮氨酸　　(2) 苯丙氨酸　　(3) 酪氨酸

解 丙二酸酯合成法是合成氨基酸的一个重要方法，其合成的通式如上所示。

RBr 的合成分别为：

(1) 亮氨酸：$(CH_3)_2CHCH_2Br$

$$(CH_3)_2CHMgBr + HCHO \longrightarrow (CH_3)_2CHCH_2OH \xrightarrow{HBr} (CH_3)_2CHCH_2Br$$

(2) 苯丙氨酸：$PhCH_2Br$

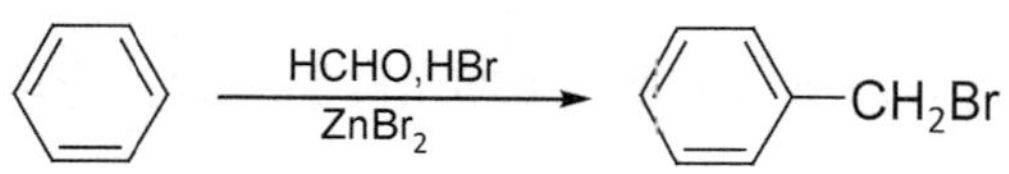

(3) 酪氨酸：

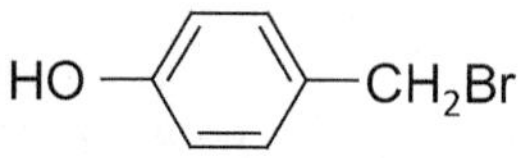

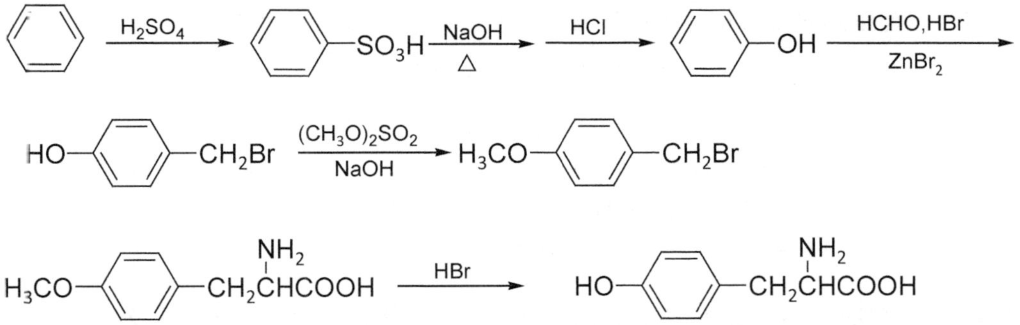

三、习题解答

19-1　完成下列反应式。

(1) $CH_3\underset{NH_2}{\underset{|}{C}}HCOOC_2H_5 + H_2O \xrightleftharpoons[\triangle]{HCl}$

(2) $CH_3\underset{NH_2}{\underset{|}{C}}HCOOC_2H_5 + (CH_3CO)_2 \longrightarrow$

(3) $CH_3\underset{NH_2}{\underset{|}{C}}HCOOH + HNO_2$ (过量) $\xrightarrow{H_2O}$

(4) $CH_3\underset{NH_2}{\underset{|}{C}}HCOOH + HCHO \longrightarrow ? \xrightarrow{OH^-} ?$

(5) 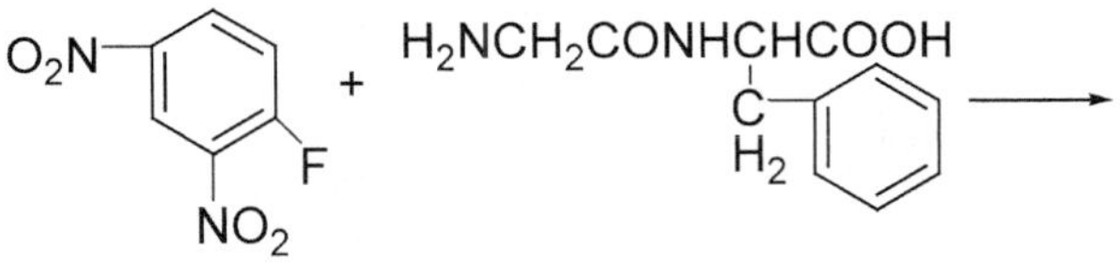

(6) 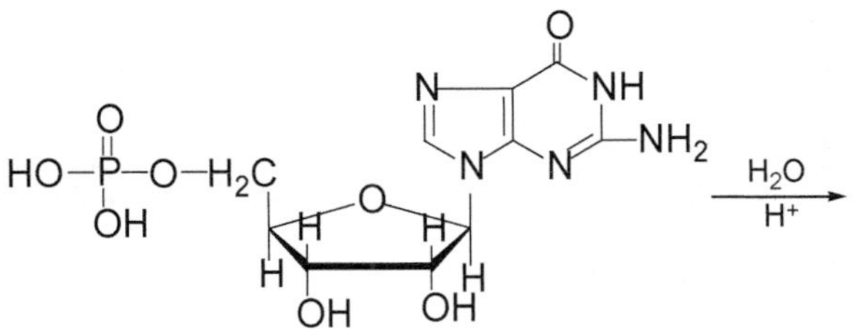

解

(1) $CH_3\underset{NH_3^+}{\underset{|}{C}}HCOOH$　(2) $CH_3\underset{NHCOCH_3}{\underset{|}{C}}HCOOC_2H_5$　(3) $CH_3\underset{OH}{\underset{|}{C}}HCOOH$

(4) $H_3C-\underset{N=CH_2}{\underset{|}{\overset{H}{\overset{|}{C}}}}-COOH$　$H_3C-\underset{N=CH_2}{\underset{|}{\overset{H}{\overset{|}{C}}}}-COO^-$　(5) 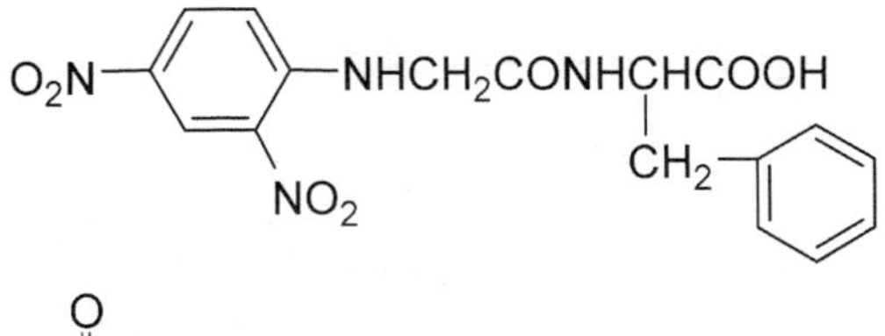

(6) 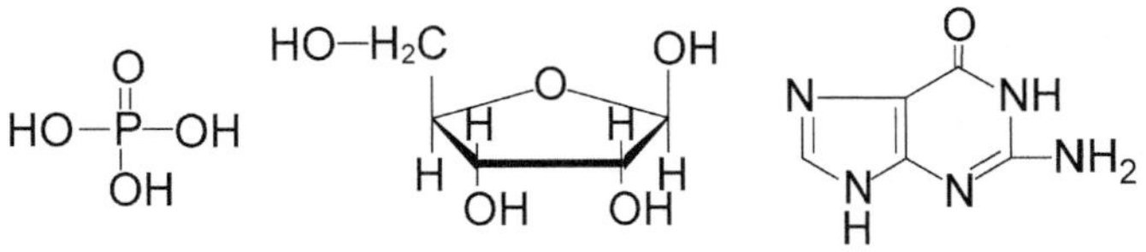

19-2 写出下列氨基酸按如下次序相结合所形成的多肽的结构式。

丙 · 缬 · 苯丙 · 甘 · 亮

解

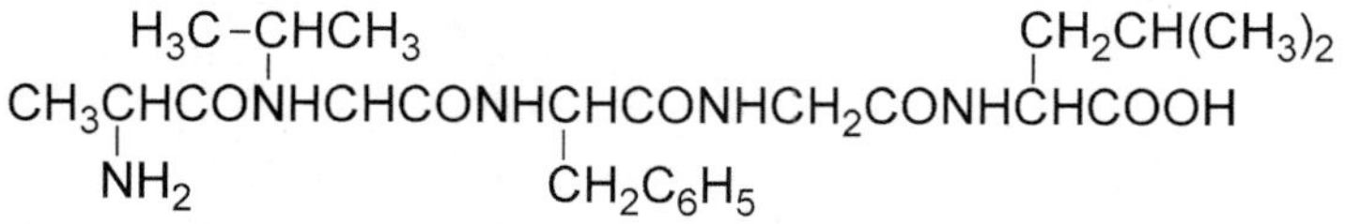

19-3 α-氨基酸的酯化反应比简单的酸慢得多，为什么？如何才能加速反应？

解 因为在氨基酸分子中存在 p-π 共轭效应，使羧基上的亲电性减弱。若使反应加速可加酸，例如：

$$H_2NCH_2COOH \xrightarrow{HCl} H_3\overset{+}{N}CH_2COOH \xrightarrow[HCl]{CH_3OH} H_3\overset{+}{N}CH_2COOCH_3$$

也可以先将氨基酰化(如酰化成 $CH_3CONHCH_2COOH$)再酯化。

19-4 将赖氨酸、天冬氨酸溶于蒸馏水中，然后通入电流，预测氨基酸的迁移方向。

解 赖氨酸的 pI 值为 9.47，天冬氨酸的 pI 值为 2.77，蒸馏水的 pH 为 7。蒸馏水对天冬氨酸相应于碱，而对赖氨酸相应于酸，因此，赖氨酸大部分以正离子存在移向阴极，天冬氨酸大部分以负离子存在移向阳极。

19-5 以邻苯二甲酰亚胺和丙二酸二乙酯为原料合成谷氨酸。

解

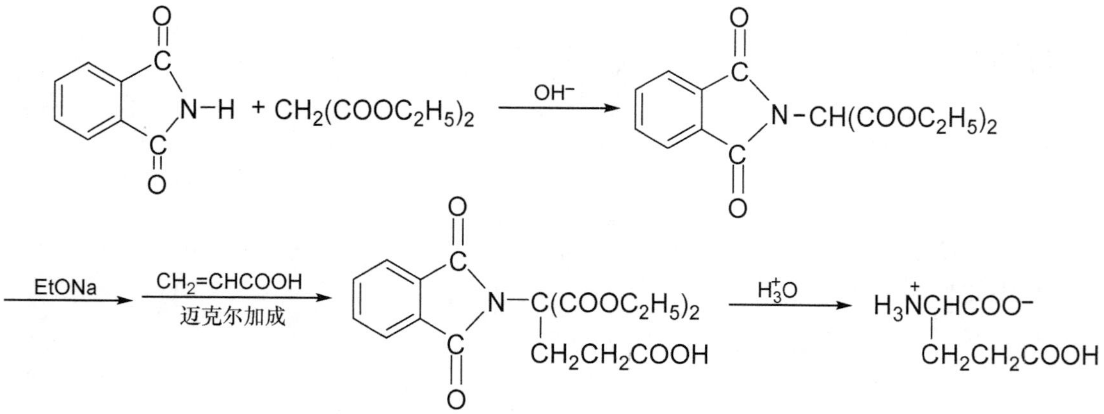

19-6 写出下列合成的反应式。

(1) 乙酰氨基丙二酸酯 ⟶ 苯丙氨酸

(2) 丙二酸酯 ⟶ 缬氨酸

(3) 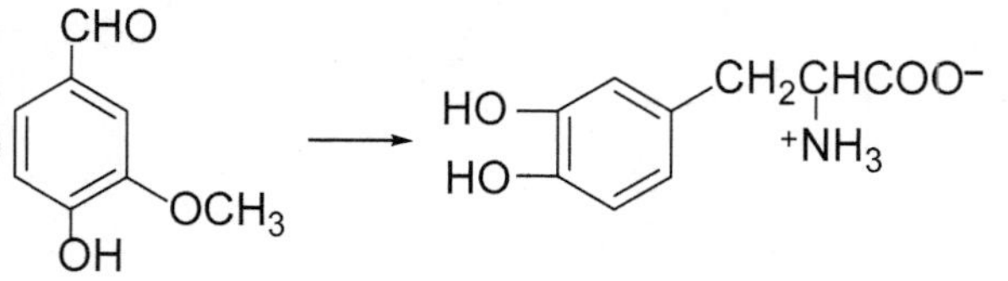

解

(1) 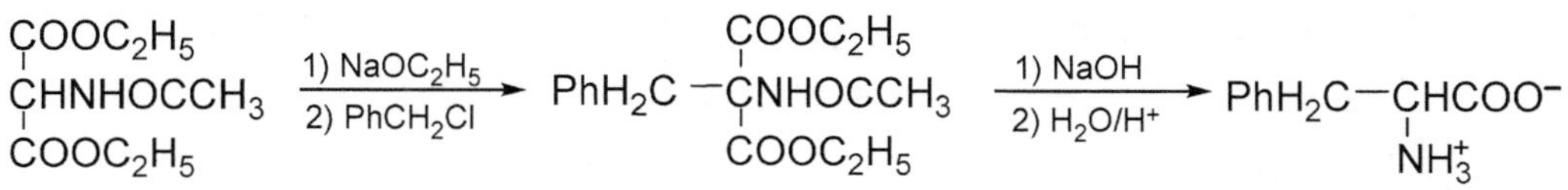

(2) 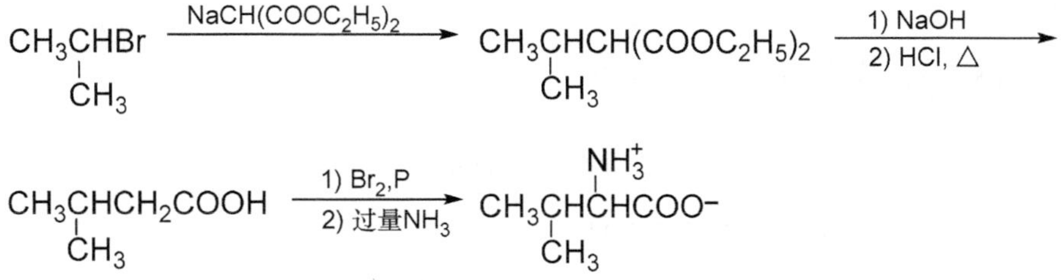

(3) 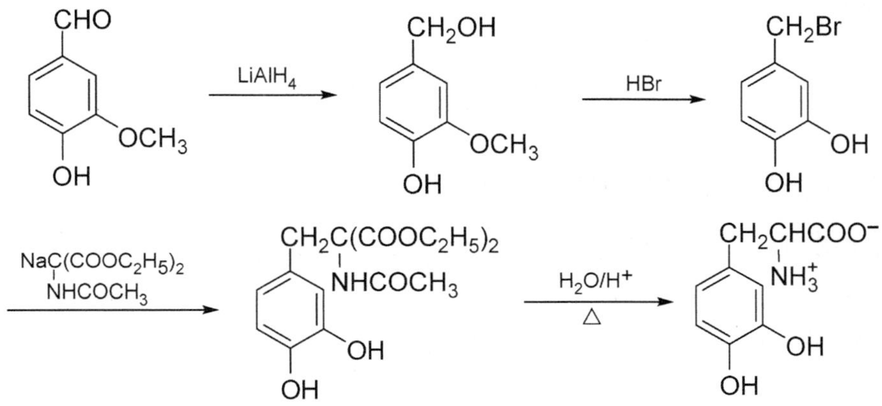

19-7　化合物 A 的分子式为 $C_5H_{10}O_3N_2$，具有旋光性，既能与酸反应又能与碱反应，且能与茚三铜水溶液反应。A 与 HNO_2 反应放出 N_2，并能得到化合物 B，B 经水解得到化合物 C 及甘氨酸。C 可发生碘仿反应，并生成化合物 D，D 可被 $KMnO_4$ 酸性溶液氧化生成二氧化碳和水。

(1) 写出 A、B、C、D 的结构式及反应式；

(2) 写出 A 的两种构型，并用 *R*/*S*(或 D/L)标出其构型。

解

(1) 

(A)　(B)　(C)　(D)

反应式如下：

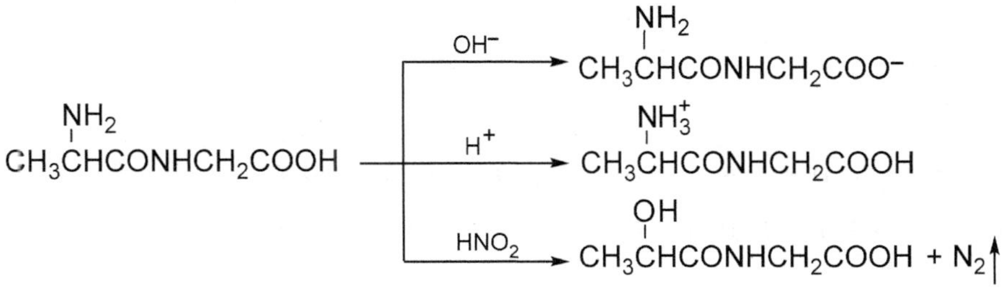

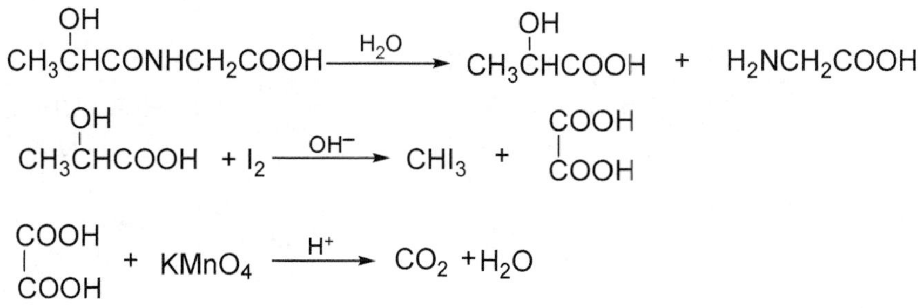

(2) 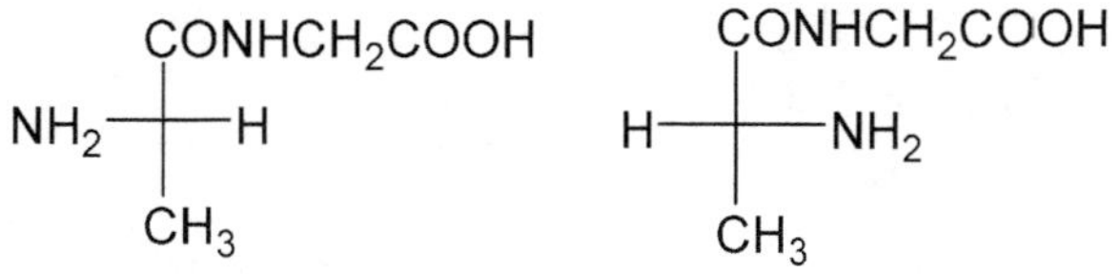

四、补充习题及答案

19-1　用简单化学方法鉴别下列各组化合物。

(1) 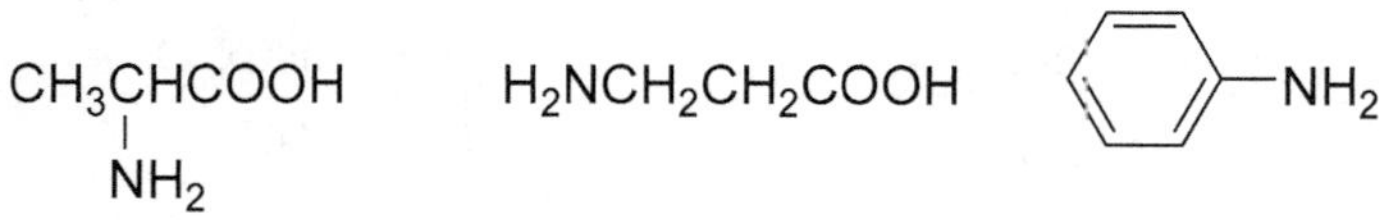

(2) 苏氨酸，丝氨酸　　(3) 乳酸，丙氨酸

解

(1) 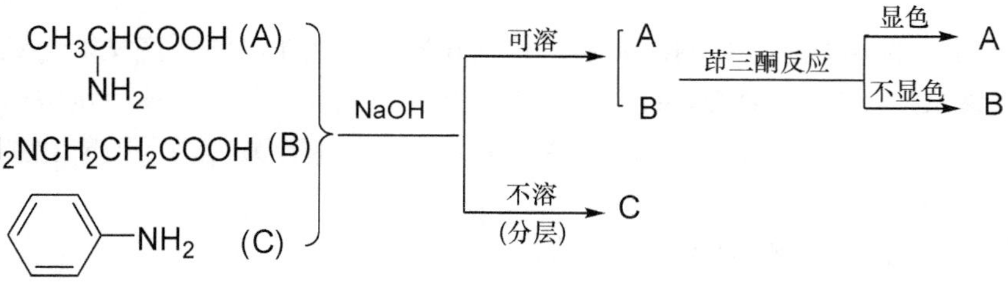

(2) 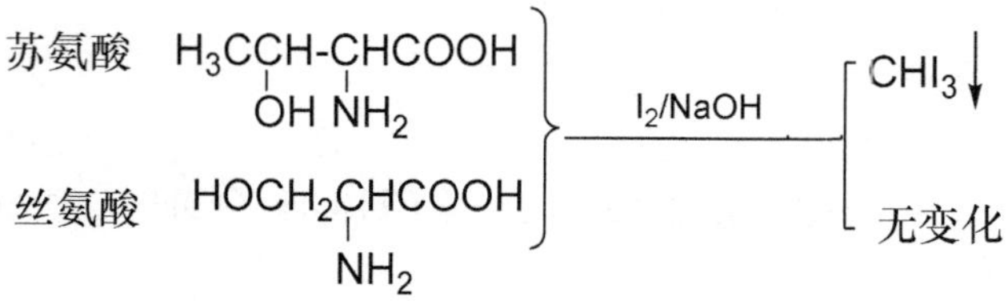

(3) 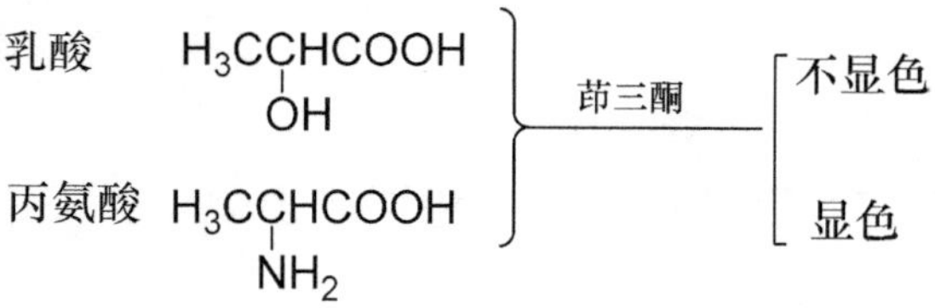

19-2　由 3-甲基丁酸合成缬氨酸，产物是否有旋光性？为什么？

解　如果在无手性条件下，得到的产物无旋光活性，因为在α-氯代酸生成的一步无立体选择性。

19-3　某化合物分子式为 $C_3H_7O_2N$，有旋光性，能分别与 NaOH 或 HCl 成盐，并能与醇成酯，与 HNO_2 作用时放出氮气，写出此化合物的结构式。

解　此化合物的结构式为：$CH_3\underset{\displaystyle |\atop\displaystyle NH_2}{C}HCOOH$。

19-4　某三肽完全水解后，得到甘氨酸及丙氨酸。若将此三肽与亚硝酸作用后再水解，则得乳酸、丙氨酸及甘氨酸。写出此三肽的可能结构式。

解　丙-甘-丙或丙-丙-甘。

19-5　某十肽经部分水解，得到下列三肽：丝-脯-苯丙、甘-苯丙-丝、脯-苯丙-精、精-脯-脯、脯-甘-苯丙、脯-脯-甘及苯丙-丝-脯。以简写方式排出此十肽中氨基酸的顺序。

解　丝-脯-苯丙-精-脯-脯-甘-苯丙-丝-脯。

第 20 章　有机合成与反应机理

一、内 容 提 要

【一】构筑碳链的方法

(1) 通过亲核、亲电试剂建立碳骨架的反应。这是有机合成最常用到的反应，主要包括亲核加成、亲核取代反应，亲电加成、亲电取代反应。

(2) 通过氧化还原反应。

(3) 通过周环反应。

(4) 通过重排反应。

(5) 通过自由基(或卡宾)反应。

【二】各种基团的保护和去保护方法

1. 羰基的保护

羰基通常用形成缩醛或缩酮来保护，所形成的缩醛(酮)在中性或碱性条件下稳定，不与一般的还原剂、氧化剂作用(如 RMgX、$LiAlH_4$、CrO_3 等)。

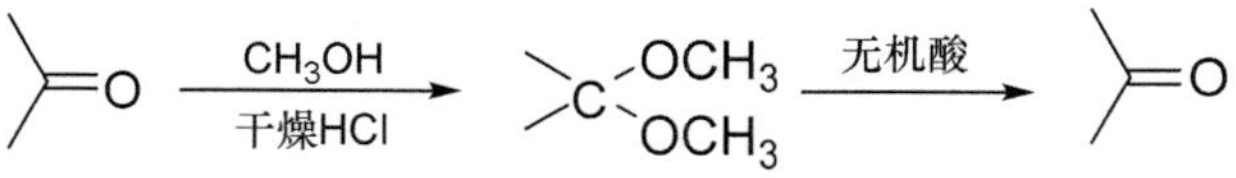

2. 羟基的保护

(1) 成醚　$—OH \xrightarrow[\text{吡啶}]{Ph_3CCl} —OCPh_3 \xrightarrow{HOAc} —OH$

(2) 成酯　$ROH \xrightarrow{CH_3COCl} ROOCCH_3 \xrightarrow{\text{碱}} ROH$

3. 氨(胺)基的保护

(1) 成盐，形成铵盐以保护氨(胺)基不被氧化。

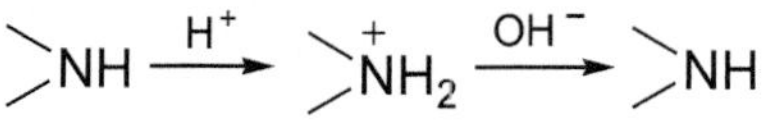

(2) 转变成苄胺或取代苄胺，对酸(酰卤、磺酰卤等)和碱(如 RMgX 等)稳定。

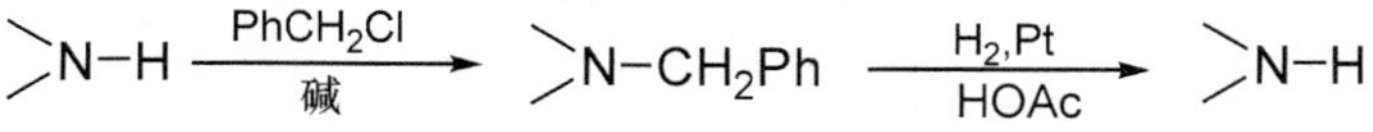

(3) 转变成酰胺、磺酰胺或酰亚胺，对氧化剂、烷基化试剂稳定，还可阻止叔胺的形成。

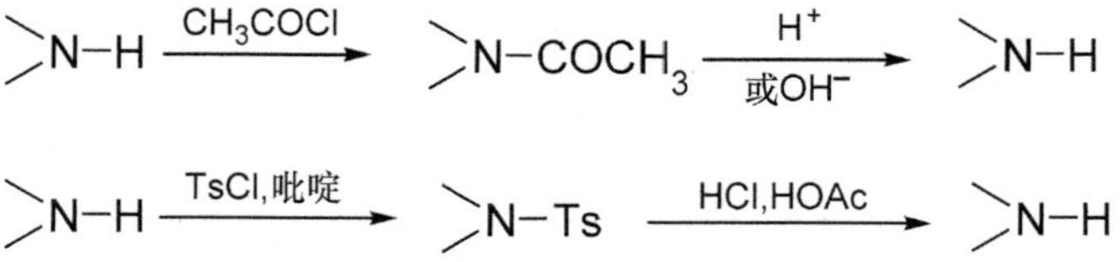

4. 羧基的保护

通常转化成酯来保护，使羧酸的羟基不被亲电试剂(如酰卤)进攻。

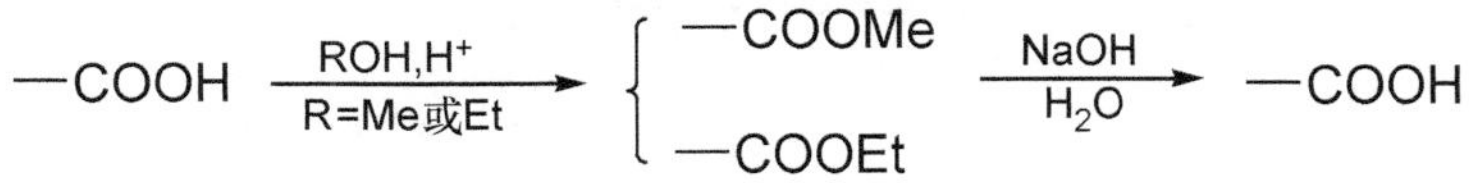

5. 利用双烯合成反应的可逆性保护双键

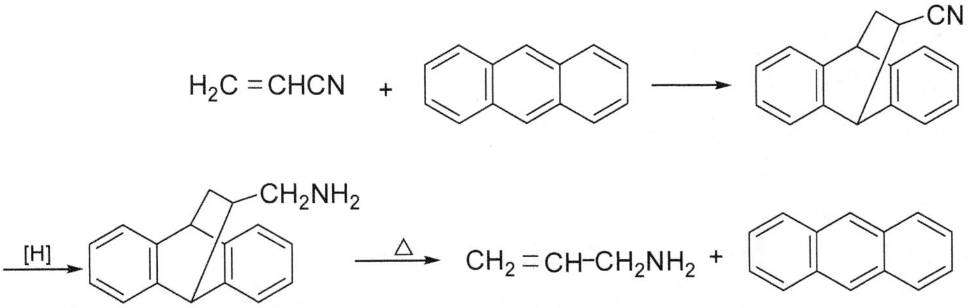

【三】化学反应的化学选择性、区域选择性和立体选择性

1. S_N2 亲核取代，使分子构型转化

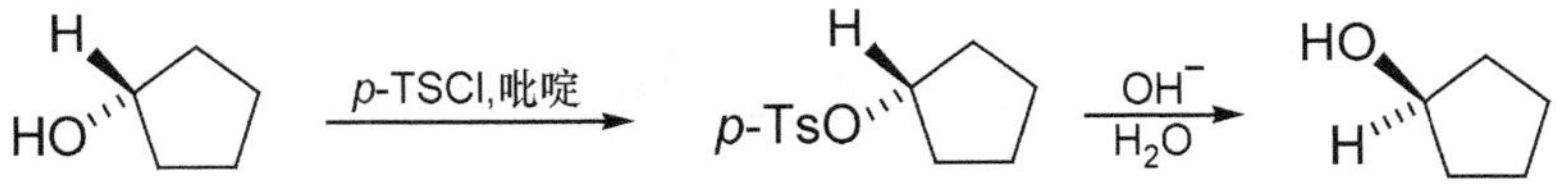

2. 炔烃的选择性氢化还原

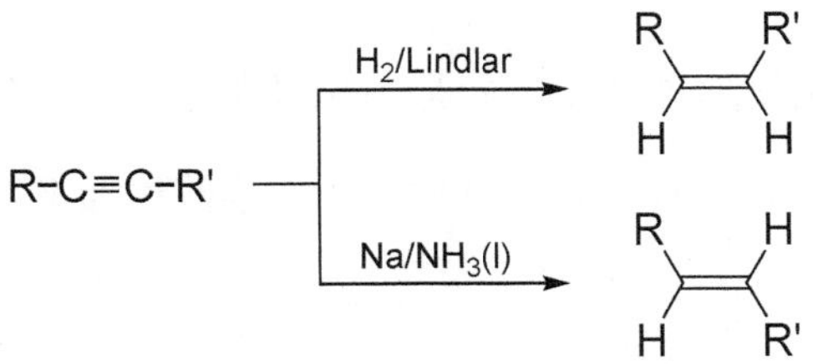

3. 烯烃的 $KMnO_4$(中性或弱碱性)或 OsO_4 氧化，得顺式邻二醇

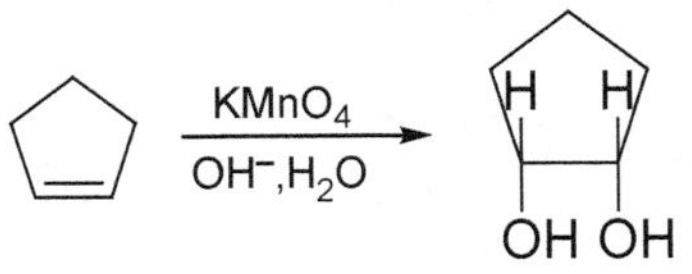

4. 环氧化合物的反式开环

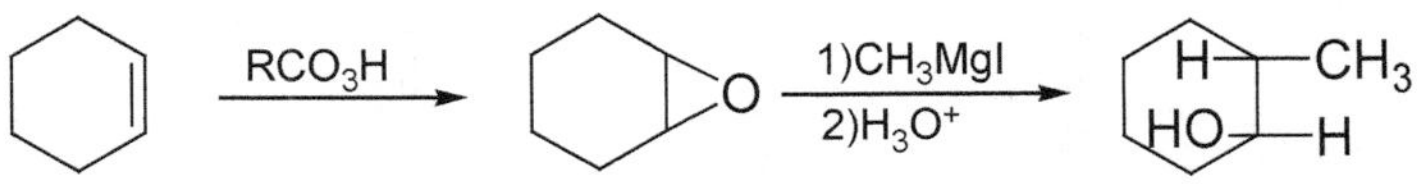

5. 烯烃的反式加成

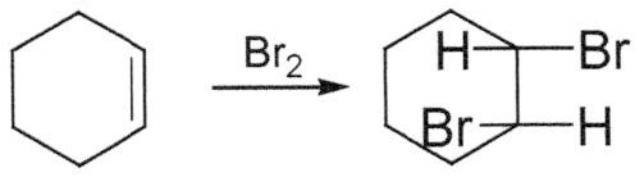

6. 卤代烷的 E2 消除(反式共平面)

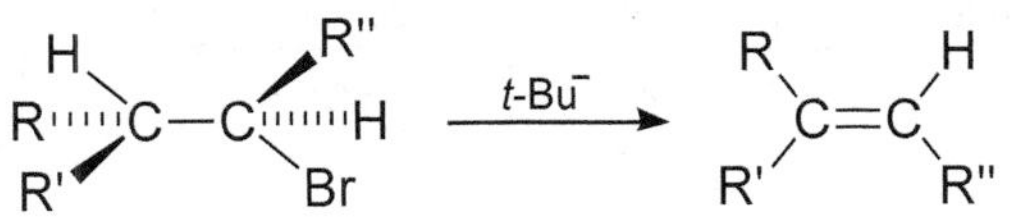

7. 硼氢化反应，得到顺式反马加成产物

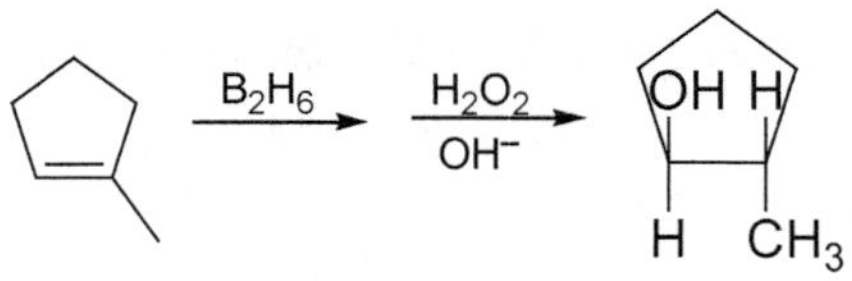

【四】化学键的切断原则

(1) 切断后碎片应具有相对稳定性。

(2) 给出易得的原料。

(3) 最大程度简化或寻找分子的对称切断点。

(4) 优先考虑碳杂链的切断。

(5) 如有共用原子时，优先考虑共用原子处切断。

(6) 骨架复杂时考虑在支链最多的碳原子附近切断。

(7) 有些目标分子看上去不易找到合适的切断点，这时候可能就要对其进行一些预处理，常见的预处理方法有：①先进行官能团转换再切断；②先增加官能团再切断；③先增加保护基再切断；④先增加导向基再切断。

二、例 题 讲 解

【例 20-1】 由苯和不超过 4 个碳的有机原料以及其他必要试剂合成 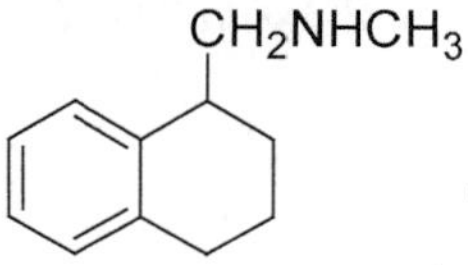 。

解 采用逆推法分析，从目标化合物到原料的逆推路线如下所示：

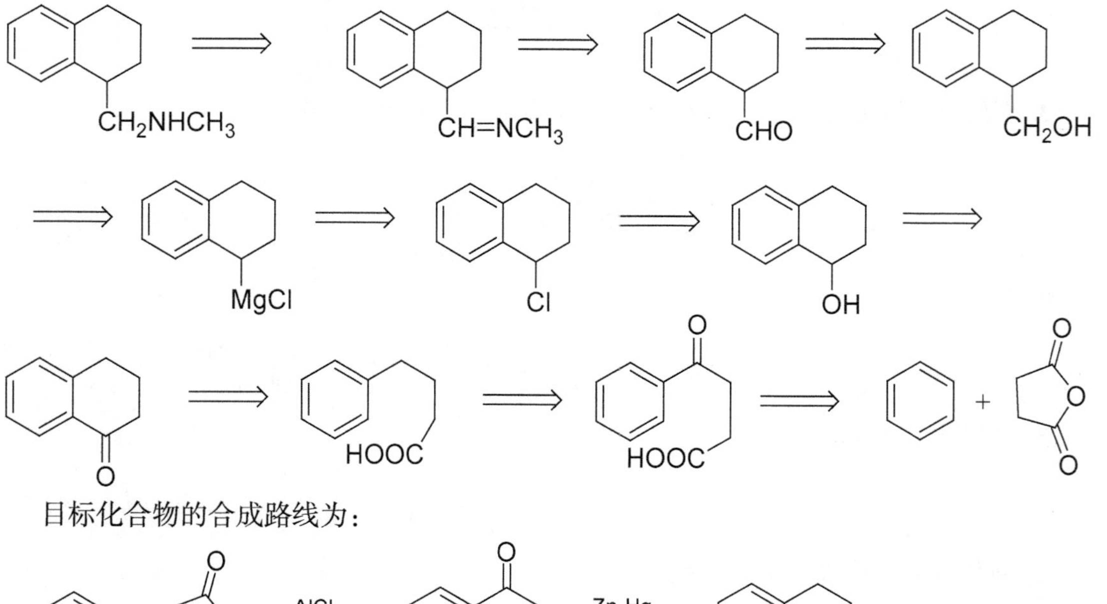

目标化合物的合成路线为：

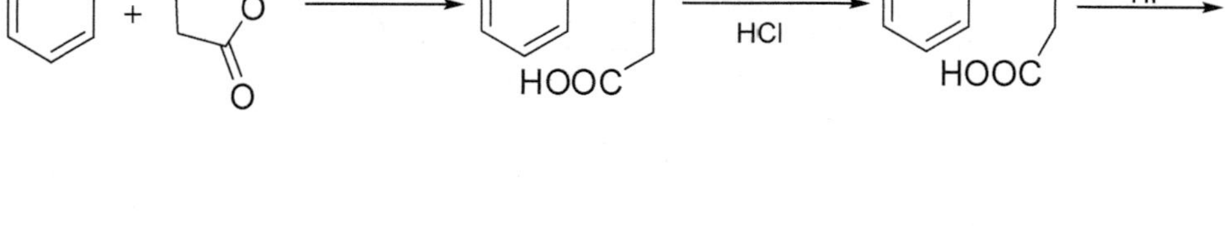

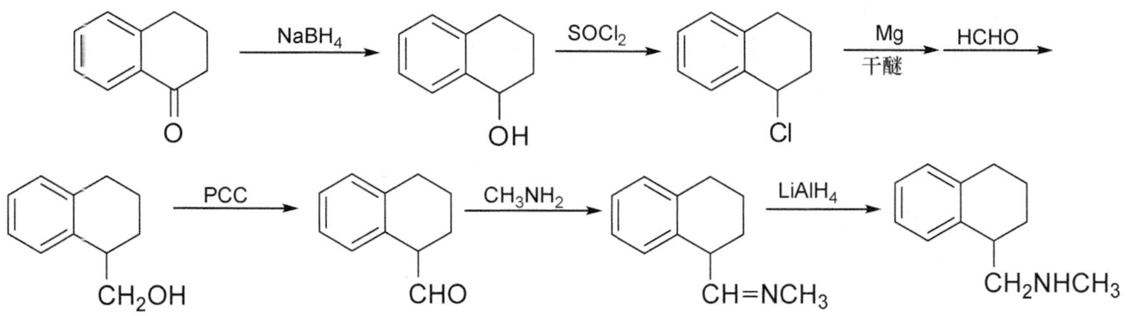

【例 20-2】　以三乙、丙烯酸乙酯和不多于四个碳的原料和必要的试剂合成化合物

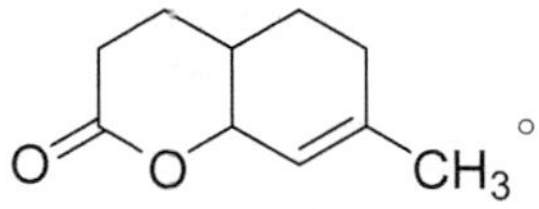

。

解　采用逆推法分析，从目标化合物到原料的逆推路线如下所示：

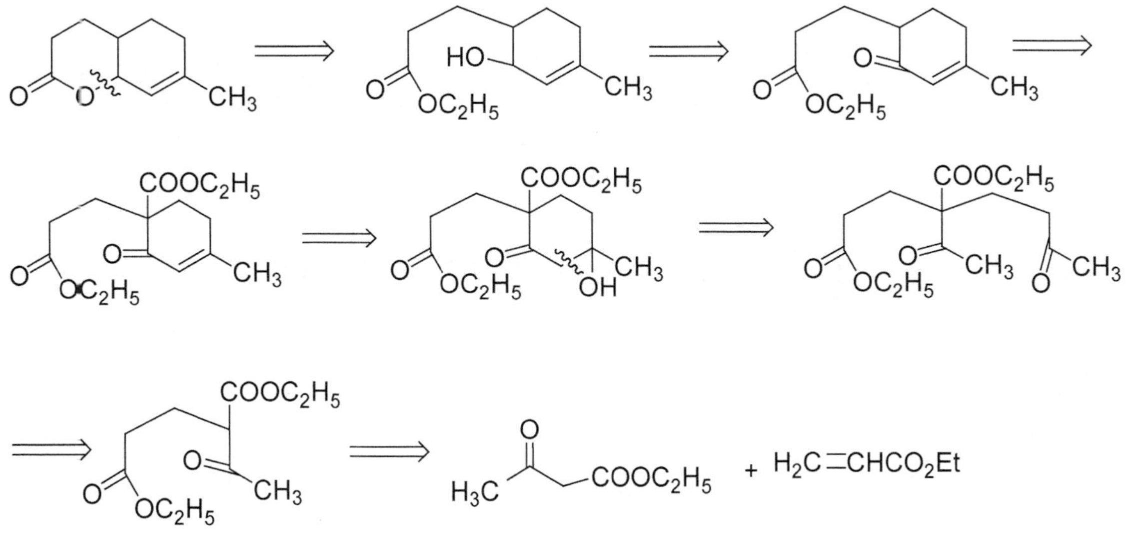

该化合物的合成路线为：

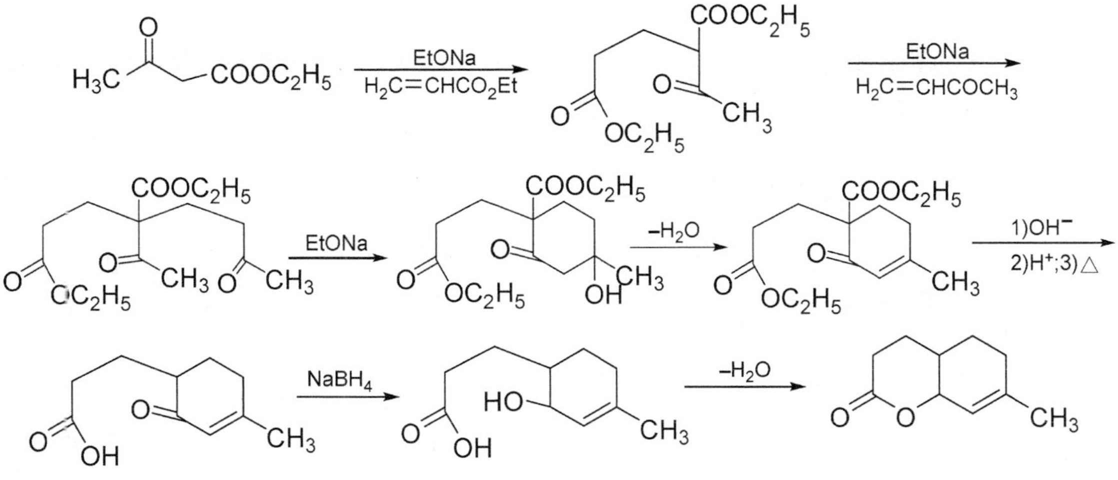

在本题中相当于加入了一个官能团，使反应向需要的方向进行。

【例 20-3】　为下列转换提出合理的分步反应机理。

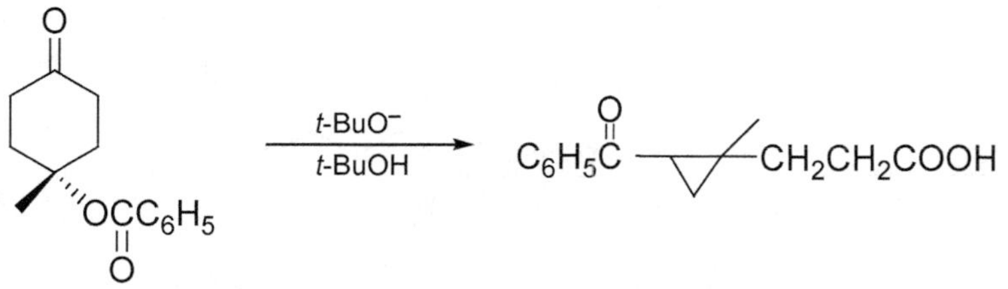

解　考核重点：酮酯缩合，构象转换，亲核加成，取代反应。

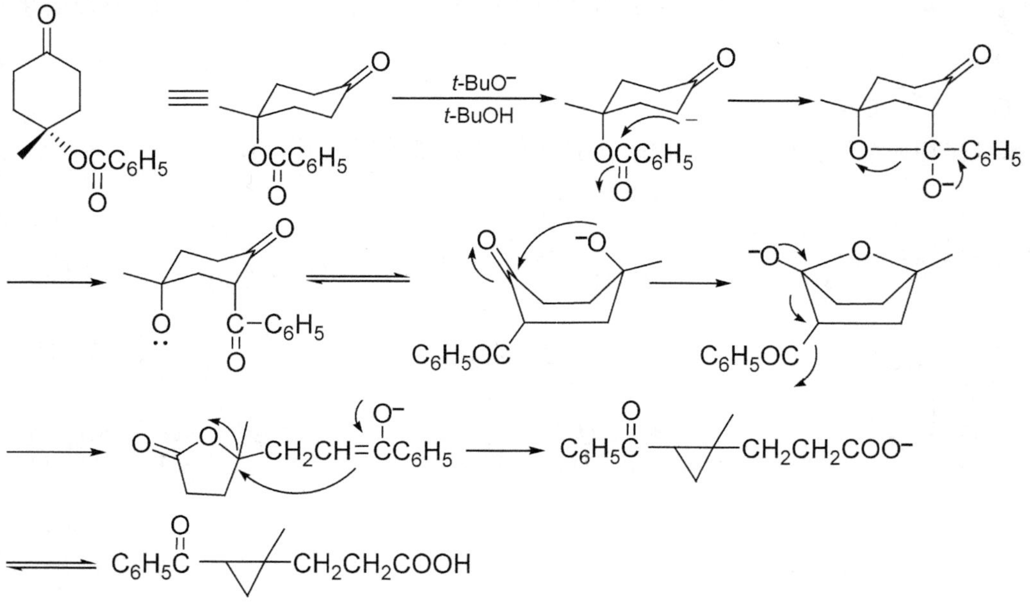

三、习题解答

20-1　试列举几种通过一步反应增加碳链一倍的常用方法。

解　(略)

20-2　有机合成中常见的碳负离子缩合反应有哪些？请至少列出 5 种，并各列一反应式为例。

解　(略)

20-3　用简单方法完成下列转化。

(1) 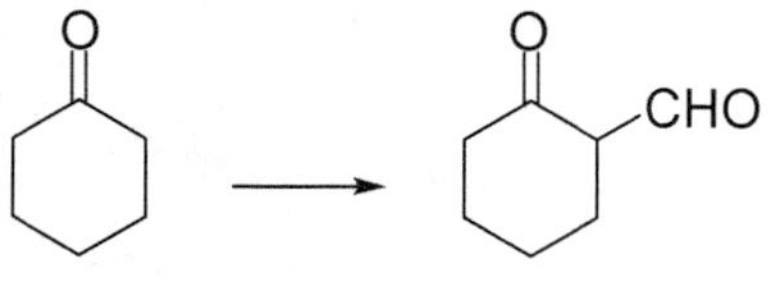

(2) 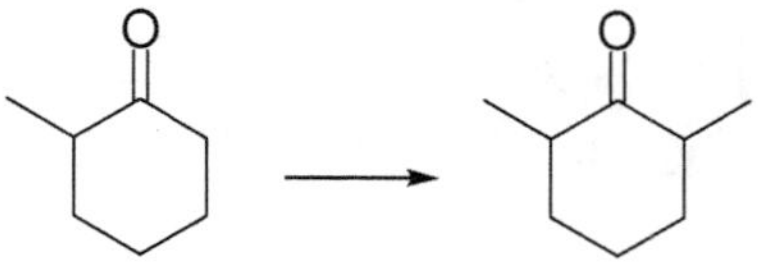

(3) 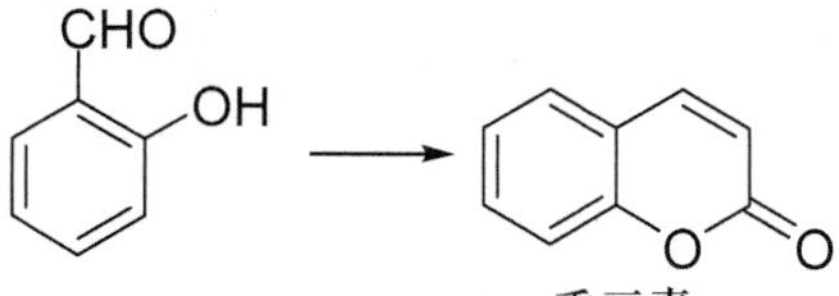

香豆素

(4) 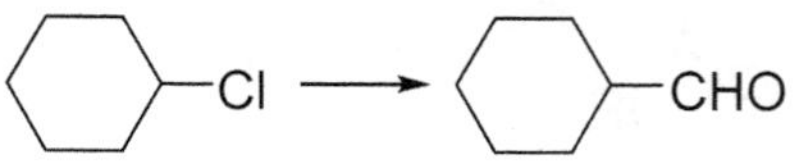

解

(1) 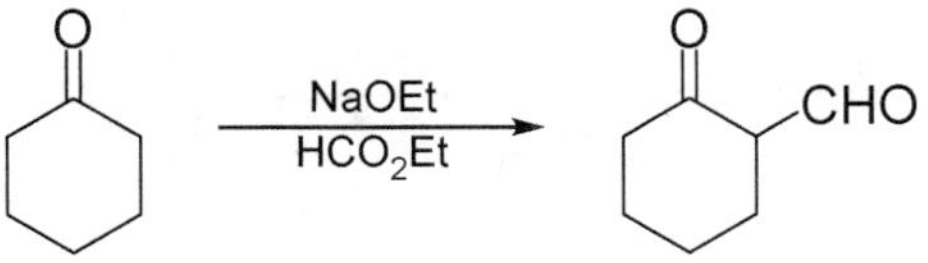

(2) 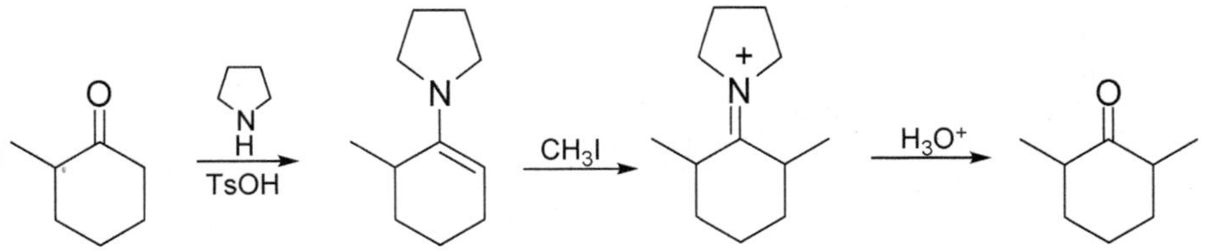

(3) 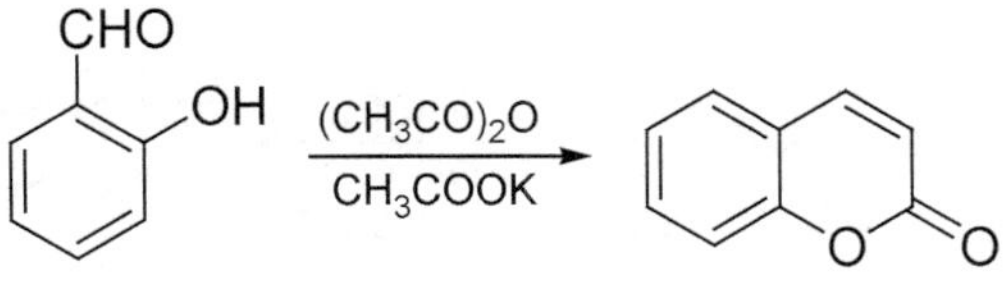

香豆素

(4) 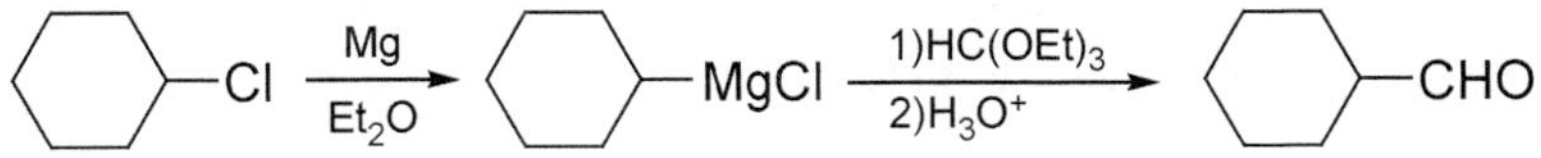

20-4　合成下列化合物。

(1) 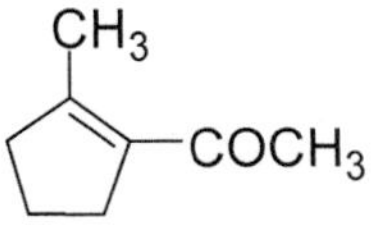

(2) 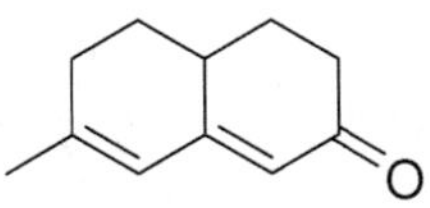

(3) 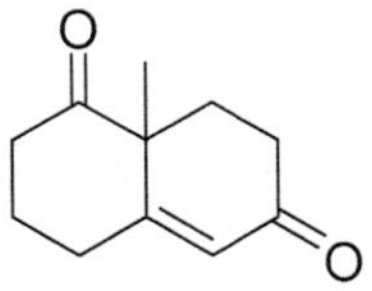

(4) 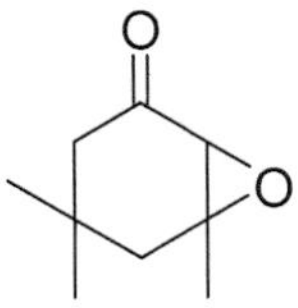

(5) 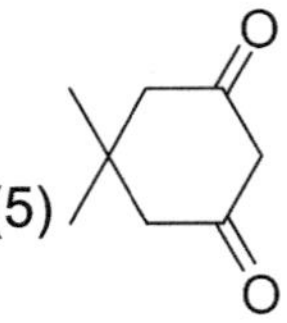

双甲酮

(6) 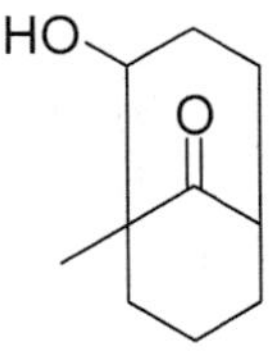

解

(1) 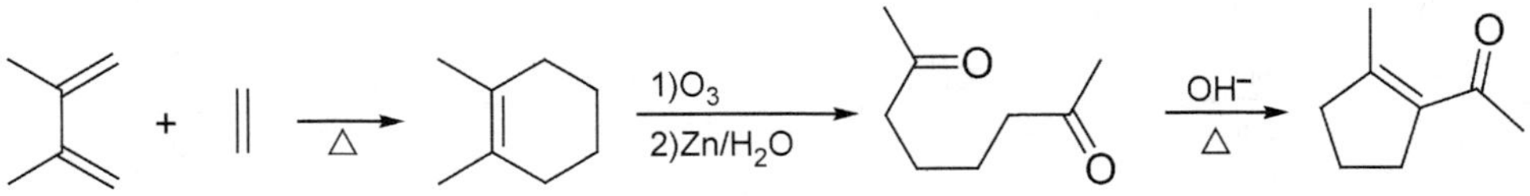

(2) 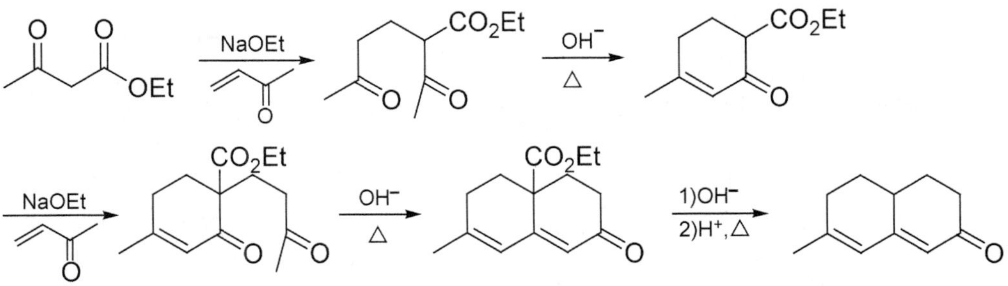

(3)

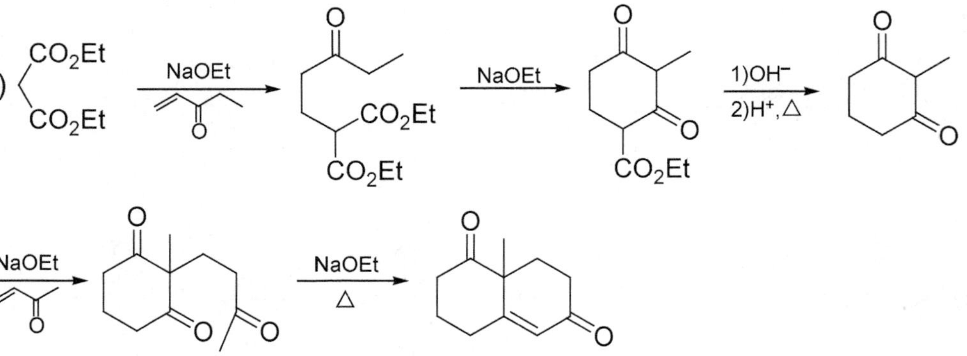

(4)

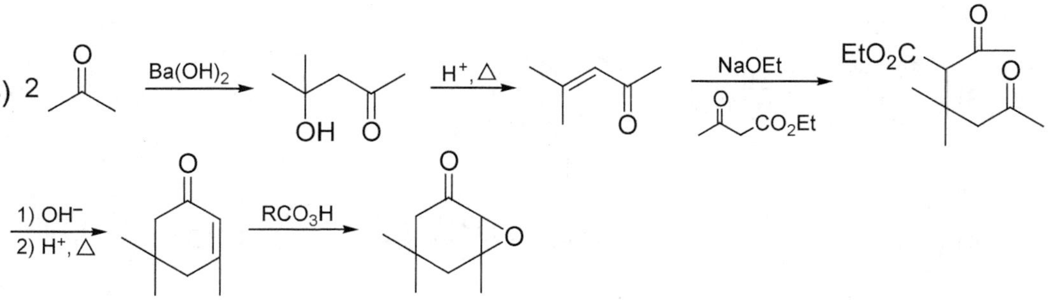

(5)

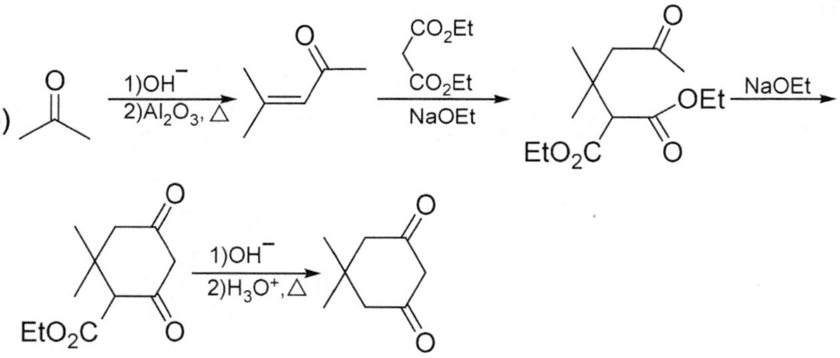

(6)

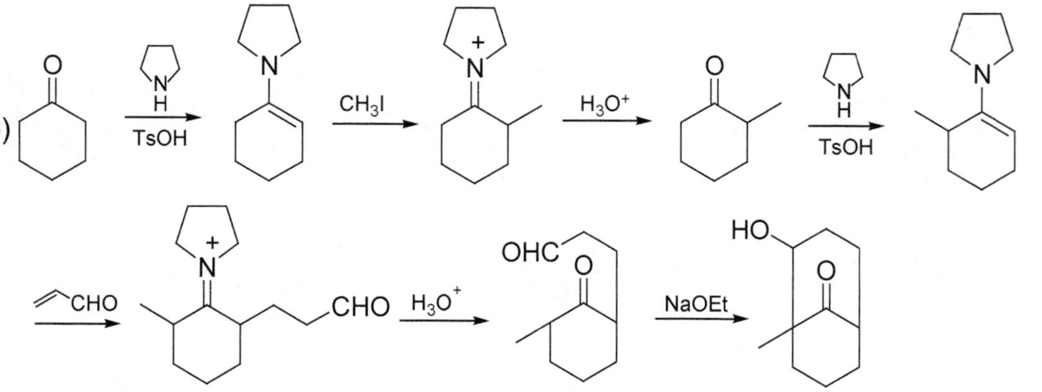

20-5　消炎止痛药布洛芬(Brufen)的结构为

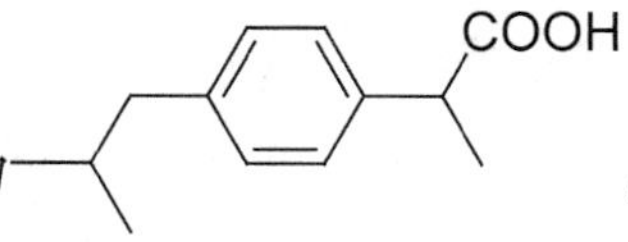

，试合成之。

解

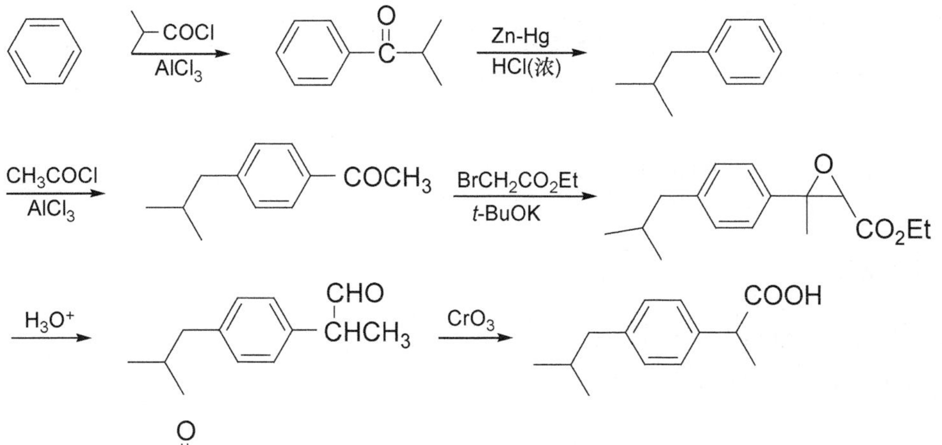

20-6　马尿酸 $PhC(O)NHCH_2COOH$ 在有机合成中有其独特的合成地位，其主要合成方法学可表述如下：马尿酸首先在脱水剂作用下生成五元环内酯中间体 A，然后 A 可与各种芳醛反应得到内酯 B，B 经水解等反应最终得到所要合成的目标化合物。

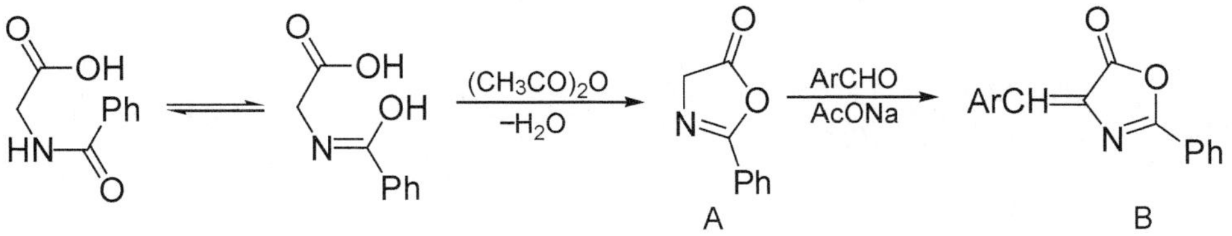

在此方法中，A 可认为是哪一类化合物的前体？为什么？化合物 B 经催化加氢还原为

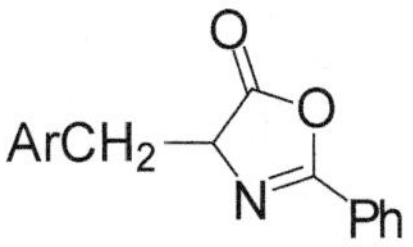

，则 A 还可作为哪一类化合物的前体？为什么？

解　α-羰基酸(B 直接水解即得取代的 α-羰基酸)；α-氨基酸(B 加氢还原后水解即得取代的 α-氨基酸)。

20-7　维生素 A_1 的全合成如下：

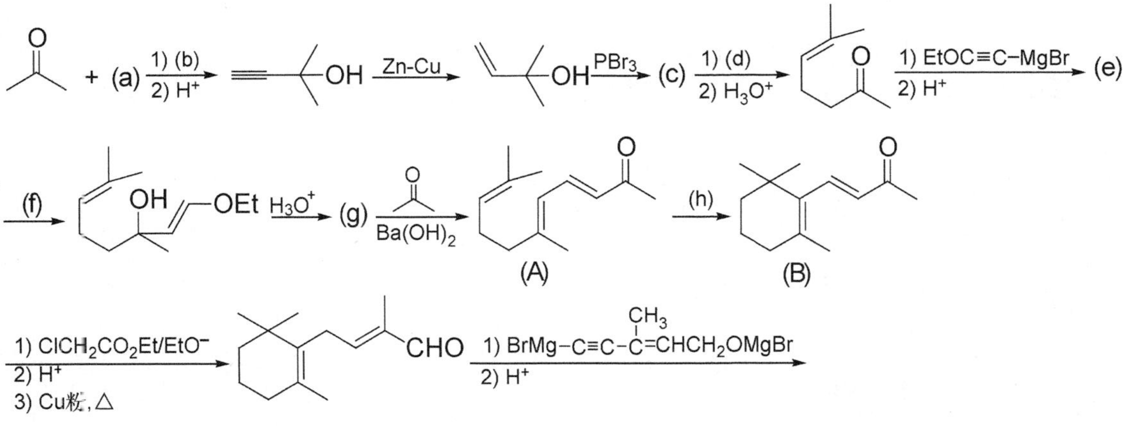

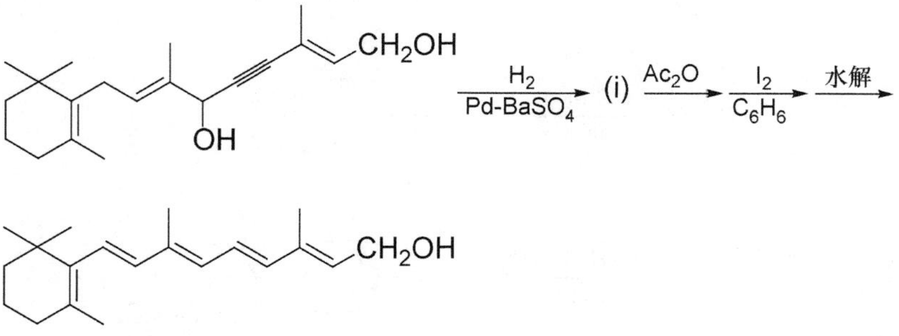

维生素A_1

(1) 写出 a→i 各试剂或中间体。

(2) 写出由 A 生成 B 的反应历程。

解

(1) (a)CH≡CH　　(b)$NaNH_2$　　(c) 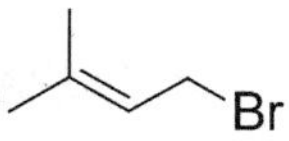

(d) 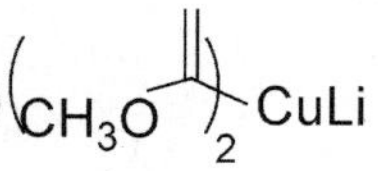　　(e) 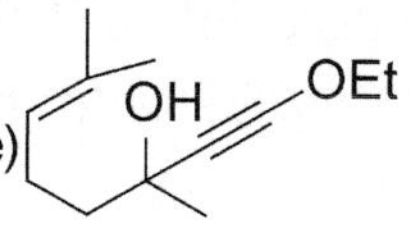　　(f) H_2/Lindlar

(g) 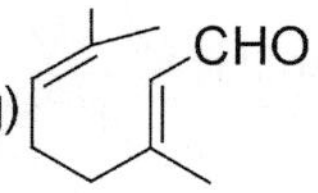　　(h) H^+　　(i) 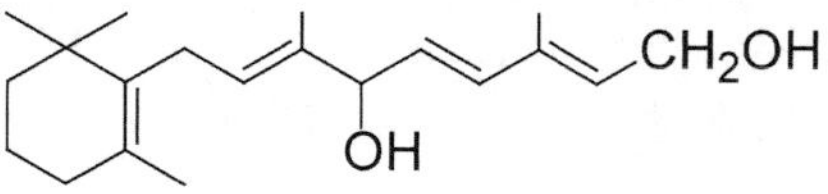

(2) 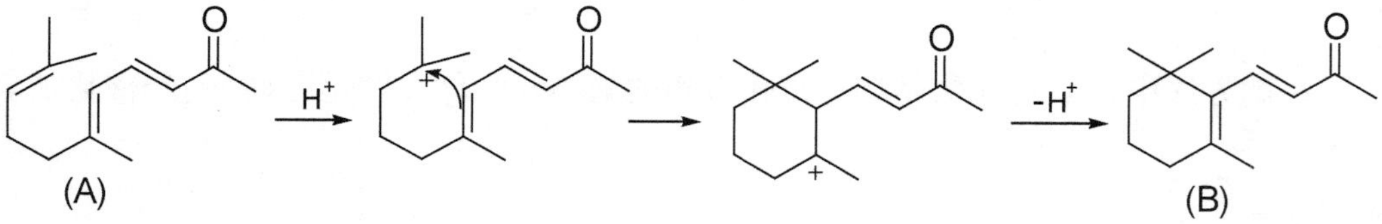

20-8　用 EPM 法推测下列反应机理。

(1) 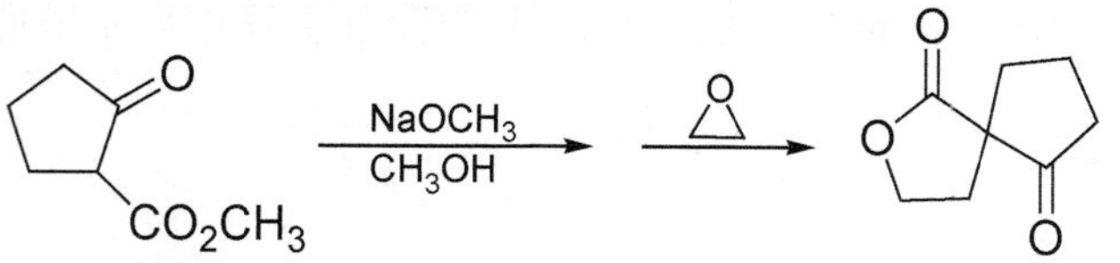

(2) 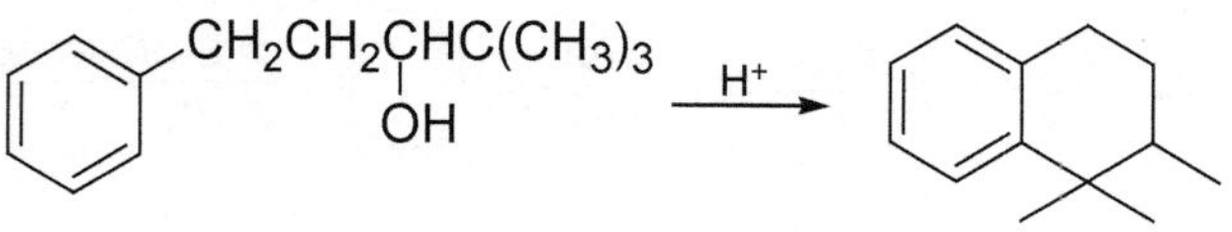

(3) 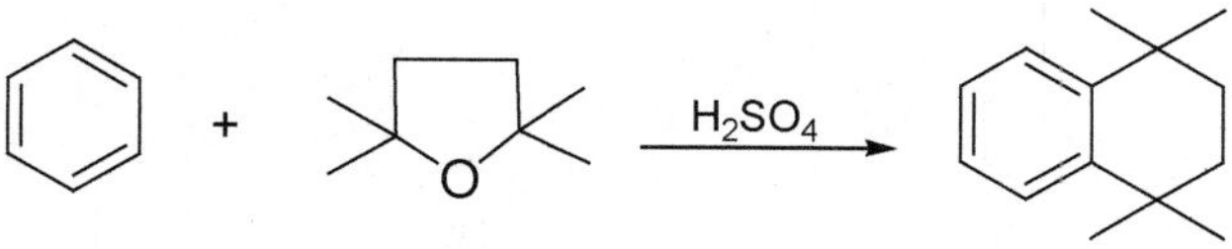

解

(1) 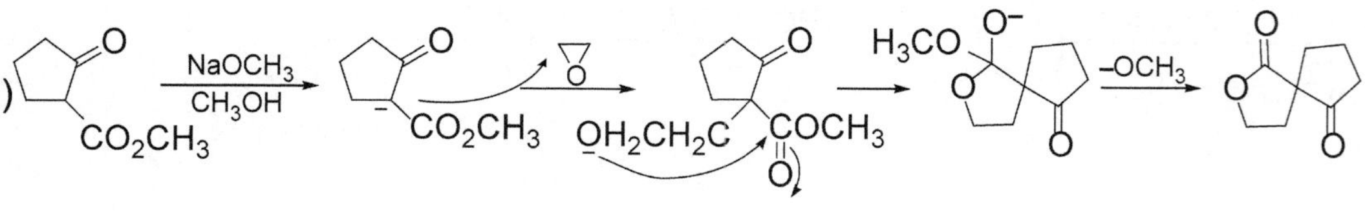

(2)

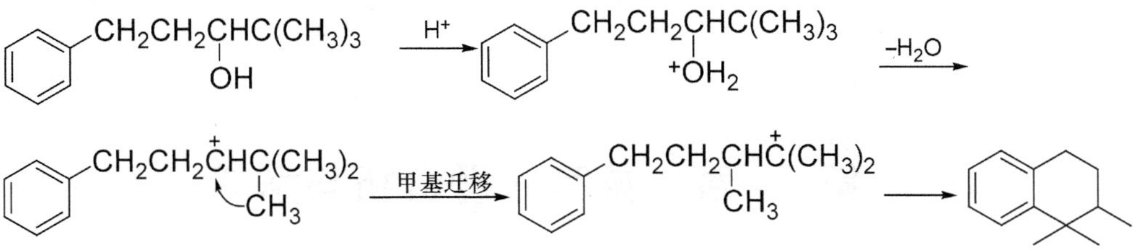
CH2CH2CHC(CH3)3
OH
H+
CH2CH2CHC(CH3)3
+OH2
-H2O
CH2CH2CHC(CH3)2
CH3
甲基迁移
CH2CH2CHC(CH3)2
CH3

(3)

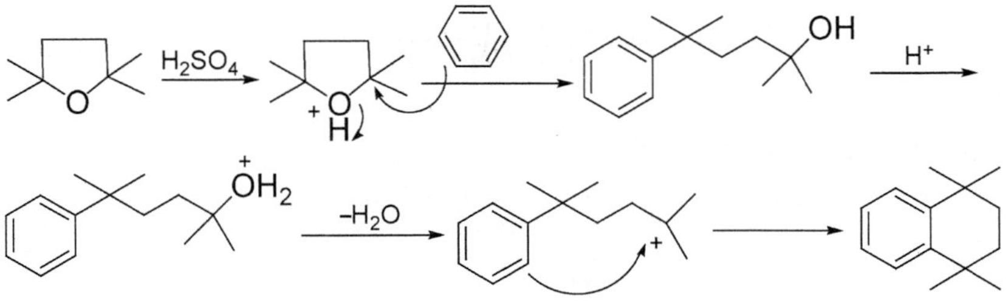
O
H2SO4
OH
H+
OH2
-H2O

第 21 章　典型例题分析与解答

（一）有机合成设计

【例 21-1】　用不超过四个碳的有机物合成：

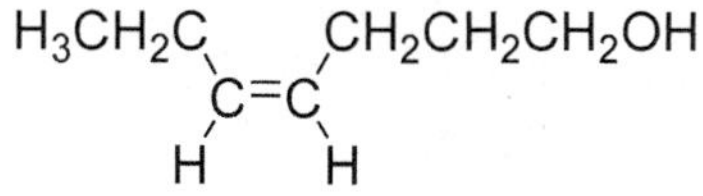

解　采用逆向切断法，只要合成出丁-1-炔钠和 3-氯丙-1-醇。前者可以利用末端炔烃的性质与金属钠得到，后者先进行丙烯的 α-H 的取代，然后通过硼氢化氧化反应得到。但需要注意的是要用二氢吡喃对羟基进行保护，即目标化合物到原料的逆推路线如下所示：

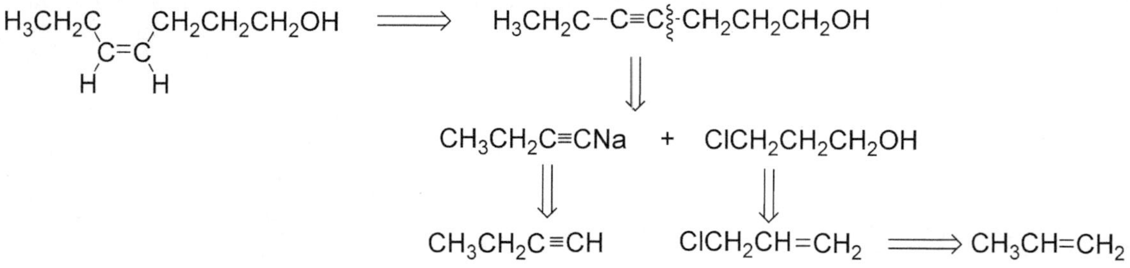

因此合成路线为：

$$CH_3CH_2C\equiv CH + NaNH_2 \longrightarrow CH_3CH_2C\equiv CNa$$

$$CH_3CH=CH_2 + Cl_2 \xrightarrow{h\nu} ClCH_2CH=CH_2 \xrightarrow{B_2H_6} \xrightarrow[OH^-/H_2O]{H_2O_2} ClCH_2CH_2CH_2OH$$

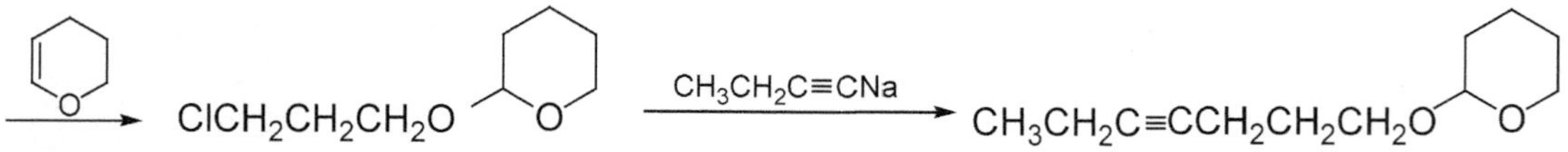

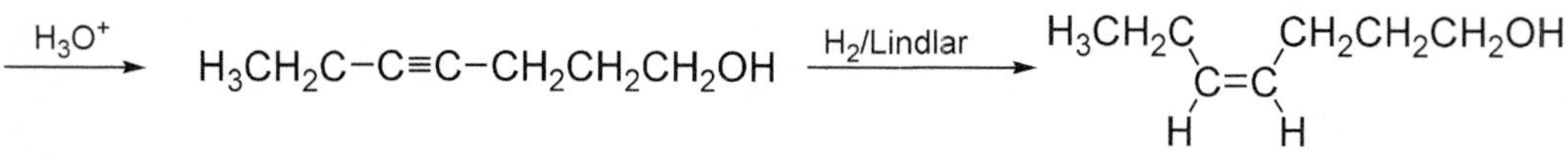

【例 21-2】　由苯和不超过 4 个碳的有机化合物及必要的试剂合成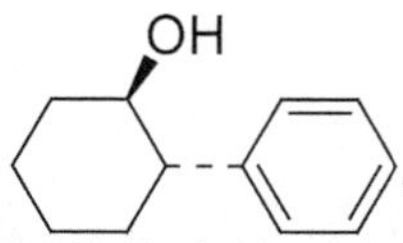。

解　本题考查的是芳香化合物的傅-克酰基化反应和 D-A 反应合成环状化合物，在合成 2-苯基丁-1,3-二烯时，利用了 Witting 反应。最后利用硼氢化氧化反应合成目标分子。要注意的是此反应的特点是反马氏、顺式加成。

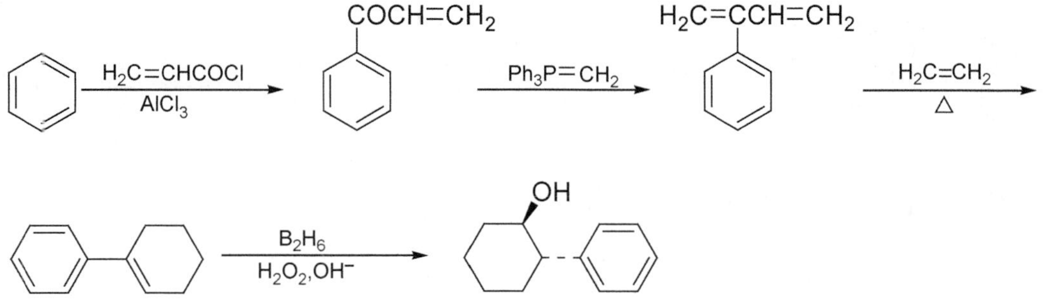

【例 21-3】 由苯和不超过 4 个碳的有机物以及其他必要的无机物为原料合成化合物。

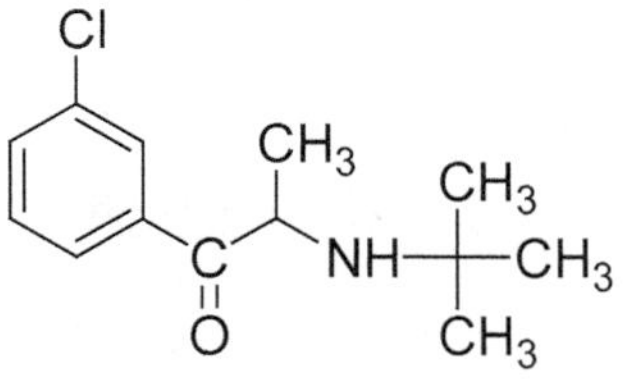

解　运用逆向切断法

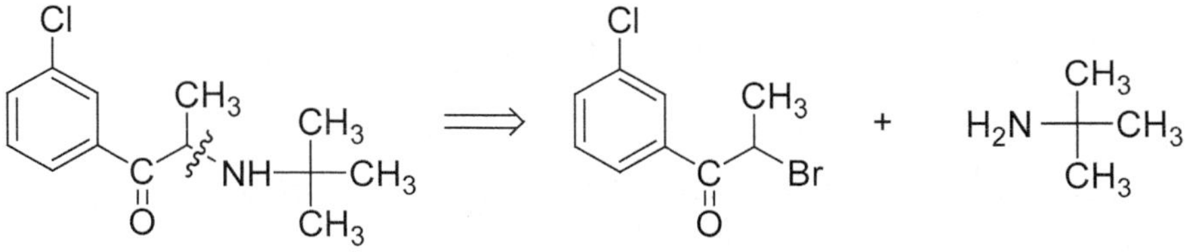

因此只要得到这两个化合物即可，前者利用芳烃的亲电取代反应即可

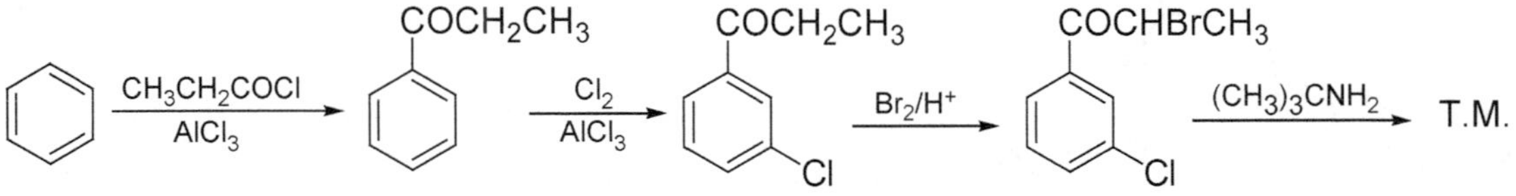

【例 21-4】 由苯及小于等于 3 个碳的有机物为原料及必要的试剂合成化合物。

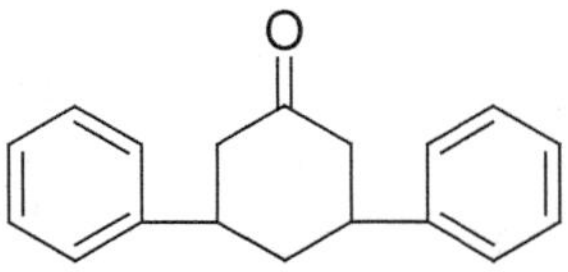

解　利用芳烃的傅-克酰基化反应、交叉羟醛缩合反应和分子内羟醛缩合反应即可。合成路线如下：

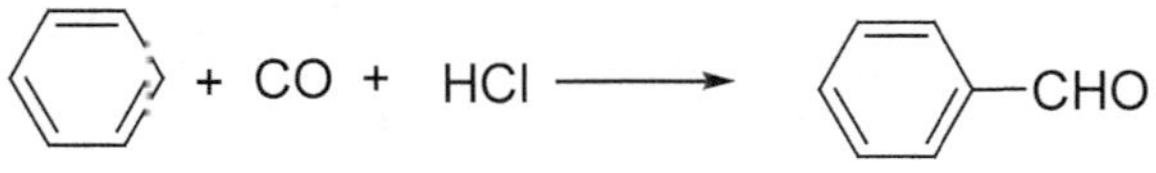

$$CH_3COOH \xrightarrow[H_2SO_4]{EtOH} CH_3COOEt \longrightarrow CH_3COCH_2COOEt$$

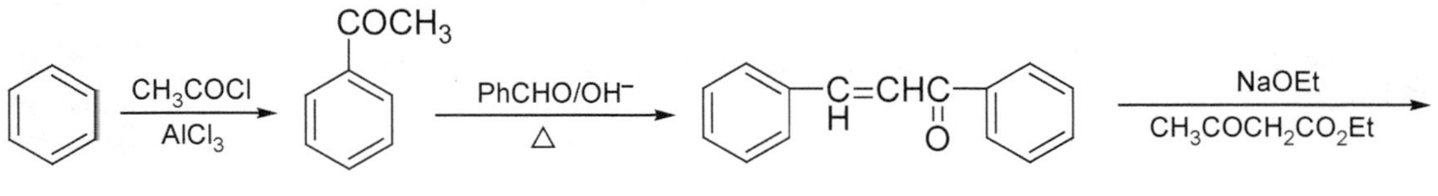

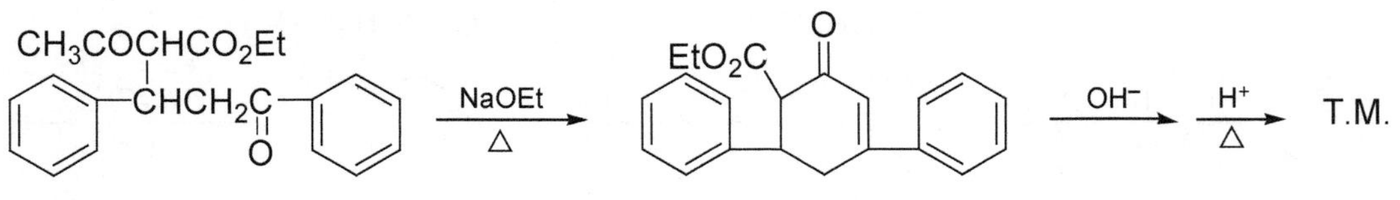

【例 21-5】　用乙酸及必要试剂合成 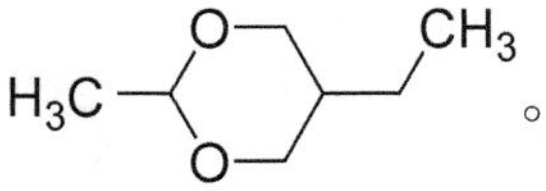。

解　目标分子为缩乙醛，因此根据逆向切断法可知

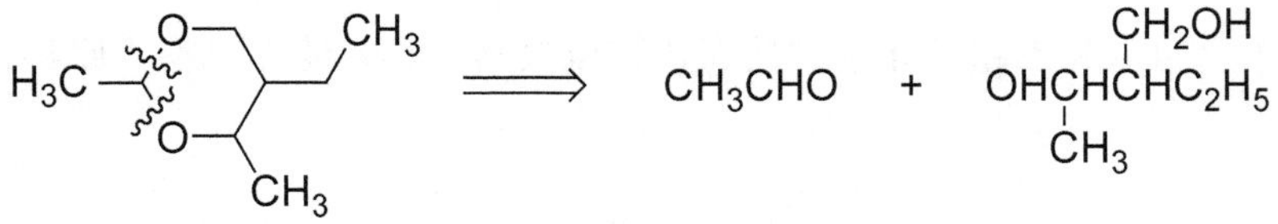

只要合成出乙醛和 2-乙基-1-甲基丙-1,3-二醇即可得目标分子

$$CH_3COOH \xrightarrow{LiAlH_4} CH_3CH_2OH \xrightarrow{PCC} CH_3CHO$$

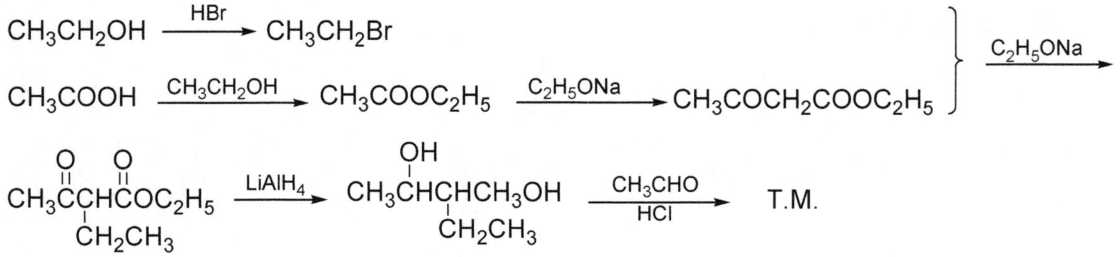

【例 21-6】　由丙二酸二乙酯、不超过 3 个碳的有机物以及其他必要的无机物为原料合成化合物 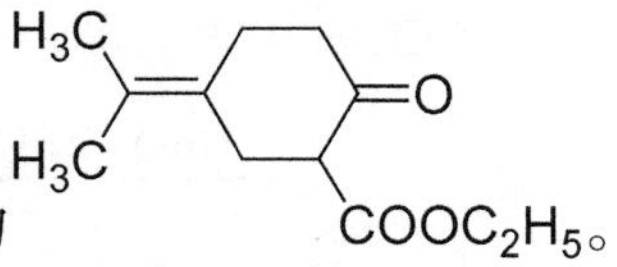。

解　利用分子内酯缩合反应合成环状 β-羰基酯。因此可以将目标分子利用逆向切断法分解为如下形式

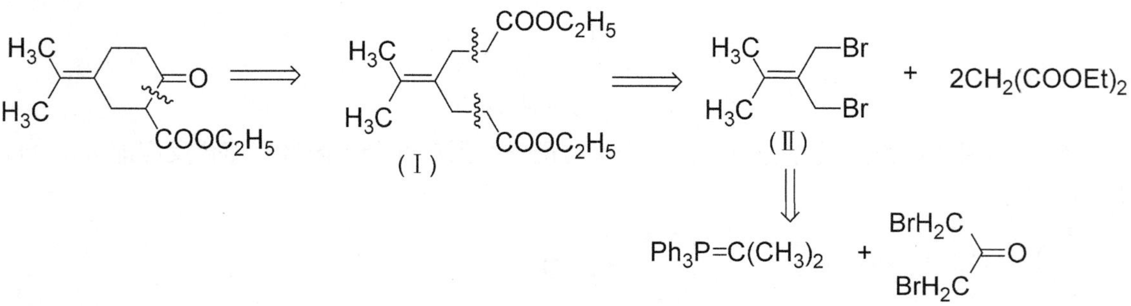

根据题中所给的原料丙二酸二乙酯的性质，中间体Ⅱ与丙二酸二乙酯形成取代的丙二酸二乙酯中间体Ⅰ。中间体Ⅱ可由 Wittig 反应得到。因此合成路线为：

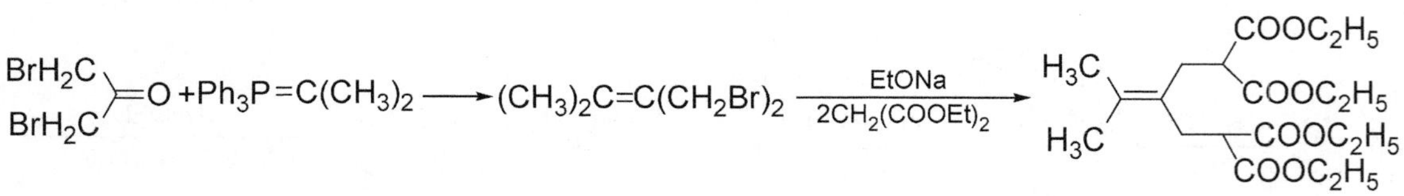

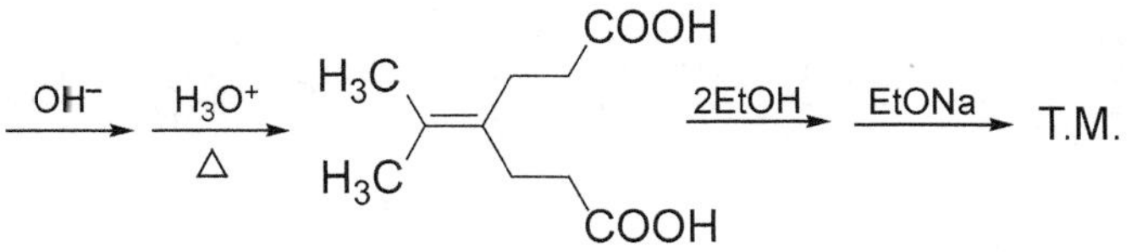

【例 21-7】　以苯为原料及必要的试剂合成

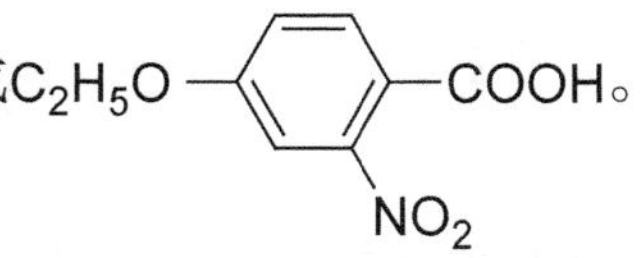

解　对比原料与目标产物，目标产物较原料多了三个基团。因此可以考虑利用芳烃的亲电取代反应引入新的基团。醚基的引入可以利用酚钠与卤代烷得到，这步可以利用重氮盐的性质进行合成，注意硝基化合物的选择性还原。

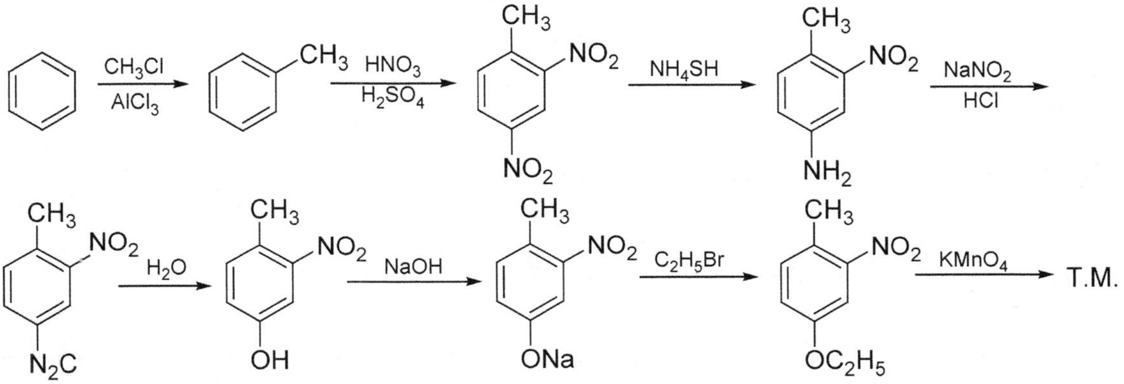

【例 21-8】　用不超过 4 个碳的有机物及必要的试剂合成

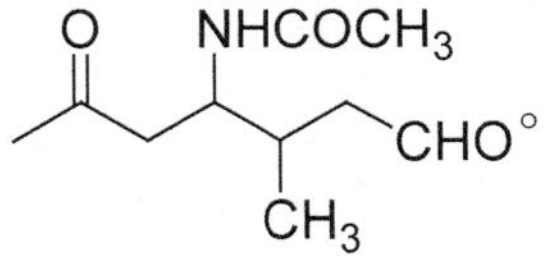

解　产物 1,6-二氧化化合物可以利用丙二酸二乙酯或三乙的性质得到。利用逆向合成法可知关键要得到中间体(Ⅰ)。

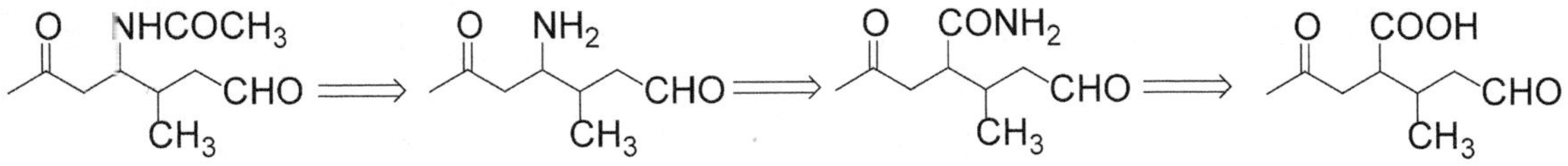

(Ⅰ)

因此对中间体(Ⅰ)进行逆向切断，可知是通过迈克尔加成反应得到

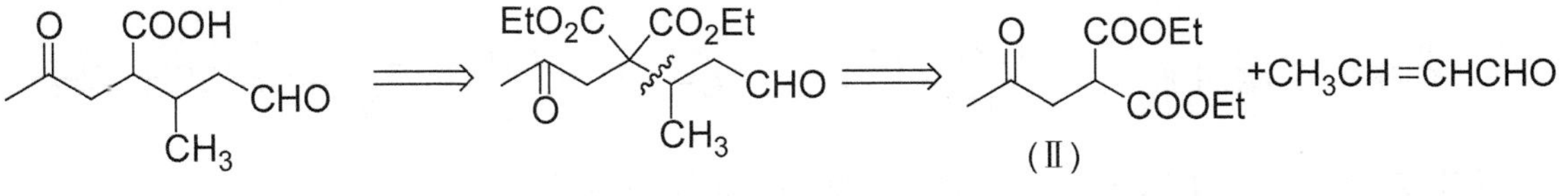

(Ⅱ)

对中间体(Ⅱ)再进行切断,可以通过丙二酸二乙酯的性质与卤代丙酮形成取代的丙二酸二乙酯中间体(Ⅱ)。因此合成通过丙二酸二乙酯的烃基化性质及迈克尔加成反应增加碳链，通过羧酸及衍生物的氨解、霍夫曼降级反应合成目标分子。

$$CH_3COOH \xrightarrow[P]{Cl_2} \xrightarrow{NaOH} \xrightarrow{KCN} \xrightarrow[H_2SO_4]{C_2H_5OH} CH_2(COOEt)_2$$

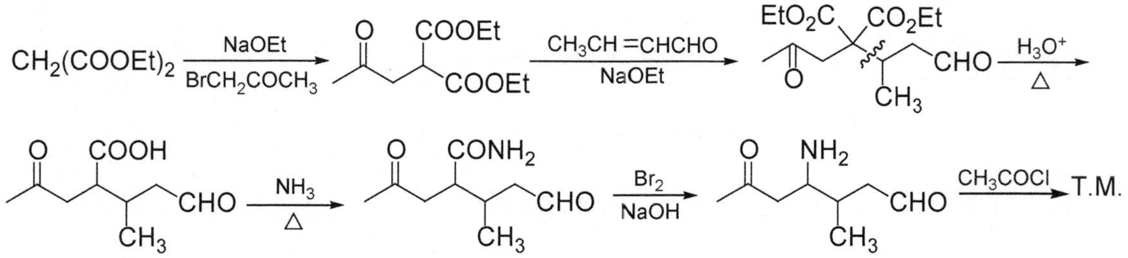

【例 21-9】 从乙炔开始用必要的无机试剂及醇等合成如下化合物。

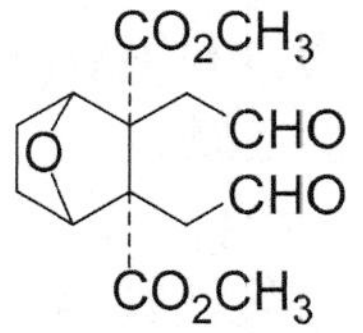

解

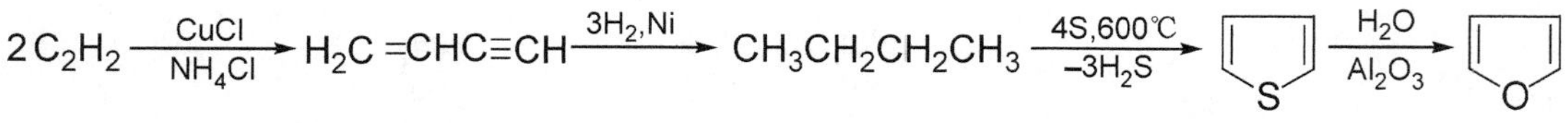

$$2C_2H_2 \xrightarrow[NH_4Cl]{CuCl} H_2C=CHC\equiv CH \xrightarrow{H_2,Pd/PdO,CaCO_3} H_2C=CHCH=CH_2$$

$$C_2H_2 + 2HCHO \xrightarrow[\text{压力}]{KOH} HOCH_2C\equiv CCH_2OH \xrightarrow[H_2SO_4]{K_2Cr_2O_7} HOOCC\equiv CCOOH \xrightarrow[H^+]{2CH_3OH}$$

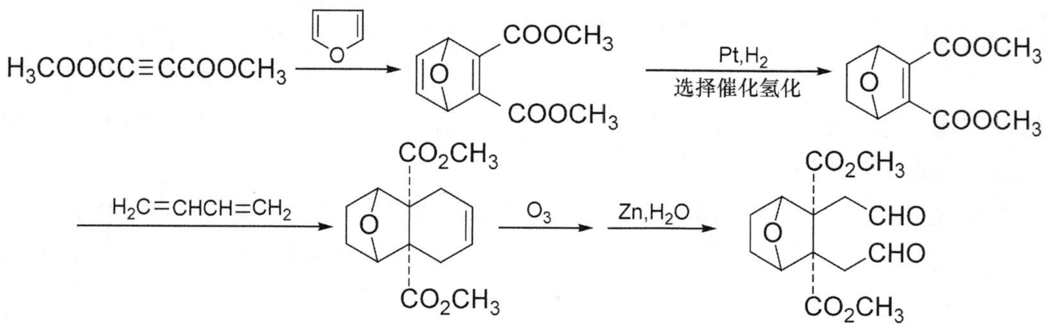

【例 21-10】 如何制备丁-3-烯-2-酮?

解

$$CH_3\overset{O}{\overset{\|}{C}}CH_3 + H\overset{O}{\overset{\|}{C}}H + HN\begin{matrix}CH_3\\CH_3\end{matrix} \xrightarrow{H^+} CH_3\overset{O}{\overset{\|}{C}}CH_2CH_2N\begin{matrix}CH_3\\CH_3\end{matrix} \xrightarrow[\text{蒸馏}]{\triangle} CH_3\overset{O}{\overset{\|}{C}}CH=CH_2$$

【例 21-11】 完成下列转化，将正戊醇转化成下列物质。

(1) 戊-2-醇　(2) 正丁醇　(3) 戊-1-炔　(4) 正丁酸　(5) 正丁胺　(6) 戊-2-酮

(7) 2-乙基丙-1,3-二醇　(8) 乙基环丁烷　(9) 戊-1,3-二烯

解

(1) $CH_3CH_2CH_2CH_2CH_2OH \xrightarrow{PBr_3} CH_3CH_2CH_2CH_2CH_2Br \xrightarrow[C_2H_5OH]{C_2H_5ONa}$

$$CH_3CH_2CH_2CH{=}CH_2 \xrightarrow[H_2O]{H^+} CH_3CH_2CH_2\underset{\substack{|\\OH}}{C}HCH_3$$

(2) 由(1)得

$$CH_3CH_2CH_2CH{=}CH_2 \xrightarrow{O_3} \xrightarrow{Zn,H_2O} CH_3CH_2CH_2CHO \xrightarrow[\text{异丙醇铝}]{(CH_3)_2CHOH} CH_3CH_2CH_2CH_2OH$$

(3) 由(1)得

$$CH_3CH_2CH_2CH{=}CH_2 \xrightarrow{Br_2} CH_3CH_2CH_2\underset{\substack{|\\Br}}{C}H\overset{\substack{Br\\|}}{C}H_2 \xrightarrow[\triangle]{C_2H_5OH,KOH} CH_3CH_2CH_2C{\equiv}CH$$

(4) 由(2)得$CH_3CH_2CH_2CHO \xrightarrow{KMnO_4} CH_3CH_2CH_2COOH$

(5) $CH_3CH_2CH_2CH_2CH_2HO \xrightarrow{KMnO_4} CH_3CH_2CH_2CH_2COOH \xrightarrow{SOCl_2} \xrightarrow{NH_3}$

$$CH_3CH_2CH_2CH_2\overset{\substack{O\\\|}}{C}NH_2 \xrightarrow{Br_2,NaOH} CH_3CH_2CH_2CH_2NH_2$$

(6) 由(3)得$CH_3CH_2CH_2C{\equiv}CH \xrightarrow[H_2O]{HgSO_4,H_2SO_4} CH_3CH_2CH_2\overset{\substack{O\\\|}}{C}CH_3$

(7) 由(4)得$CH_3CH_2CH_2\overset{\substack{O\\\|}}{C}OH \xrightarrow{Br_2,P(\text{催化量})} CH_3CH_2\overset{\substack{Br\\|}}{C}HCOOH \xrightarrow{NaCN}$

$$CH_3CH_2\overset{\substack{CN\\|}}{C}HCOOH \xrightarrow[OH^-]{H_2O} CH_3CH_2\overset{\substack{COOH\\|}}{C}HCOOH \xrightarrow{LiAlH_4} CH_3CH_2\overset{\substack{CH_2OH\\|}}{C}HCH_2OH$$

(8) 由(2)得$CH_3CH_2CH_2CH_2OH \xrightarrow{PBr_3} CH_3CH_2CH_2CH_2Br \xrightarrow[C_2H_5OH]{C_2H_5ONa}$

$$CH_3CH_2CH{=}CH_2 \xrightarrow[h\nu]{H_2C{=}CH_2}$$

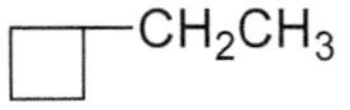

(9) 由(1)得$CH_3CH_2CH_2CH{=}CH_2 \xrightarrow{NBS} CH_3CH_2\overset{\substack{Br\\|}}{C}HCH{=}CH_2 \xrightarrow[C_2H_5OH]{C_2H_5ONa} CH_3CH{=}CHCH{=}CH_2$

【例 21-12】　试设计合成化合物

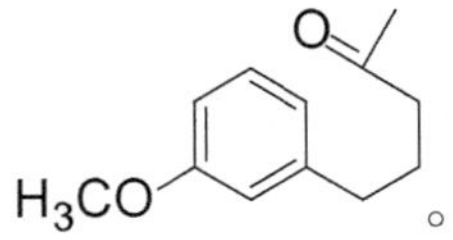

。

解

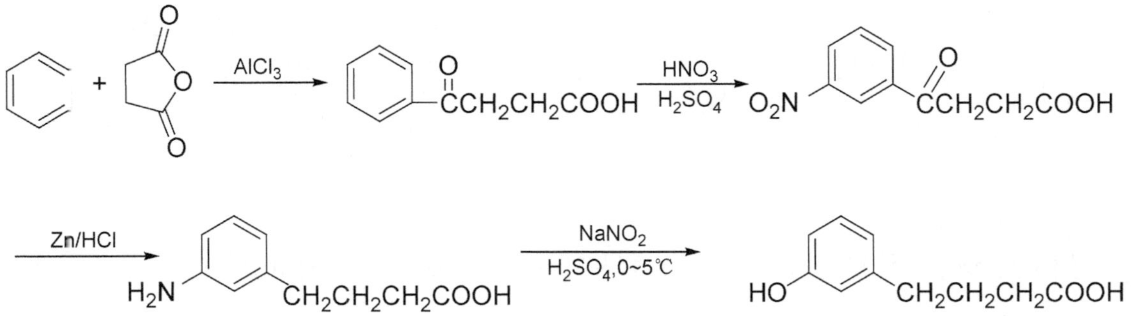

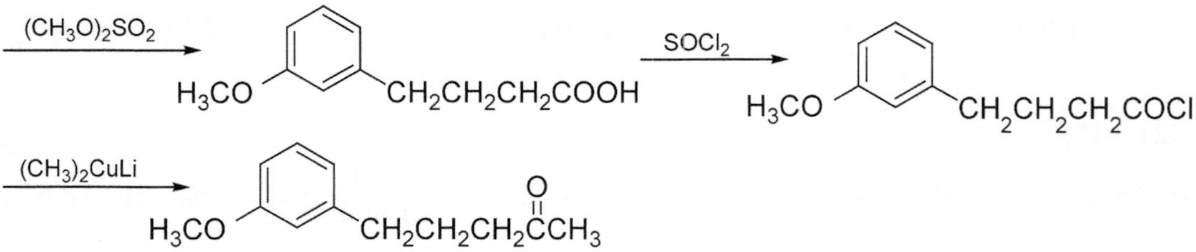

【例 21-13】 下面是几个重要的官能团的转化，选用适当的试剂完成这些转换。

(1) $CH_3(CH_2)\overset{O}{\overset{\|}{C}}CH_3 \longrightarrow CH_3(CH_2)O\overset{O}{\overset{\|}{C}}CH_3$

(2)
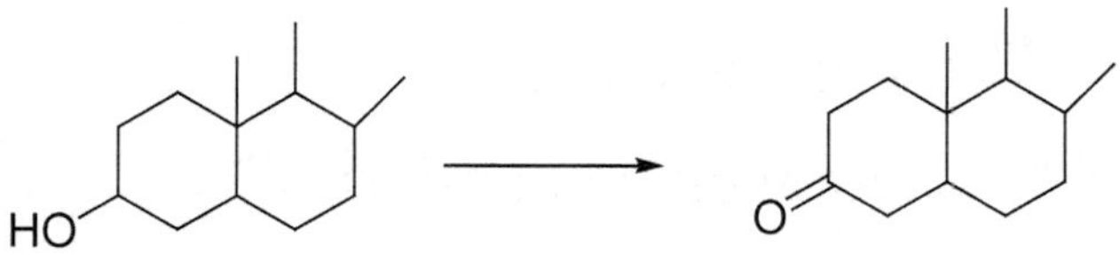

(3)
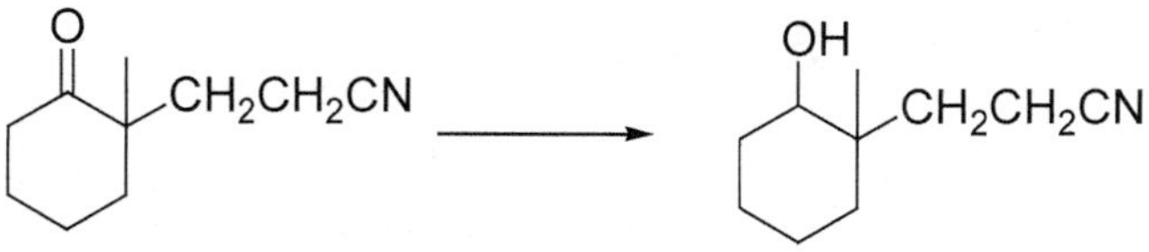

(4) $CH_3CH_2CH_2\overset{O}{\overset{\|}{C}}N(CH_3)_2 \longrightarrow CH_3CH_2CH_2CHO$

(5)
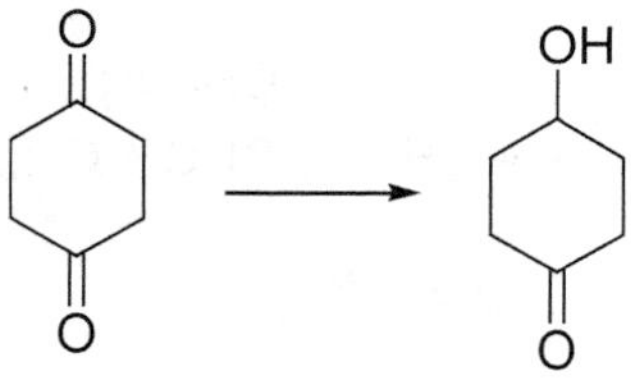

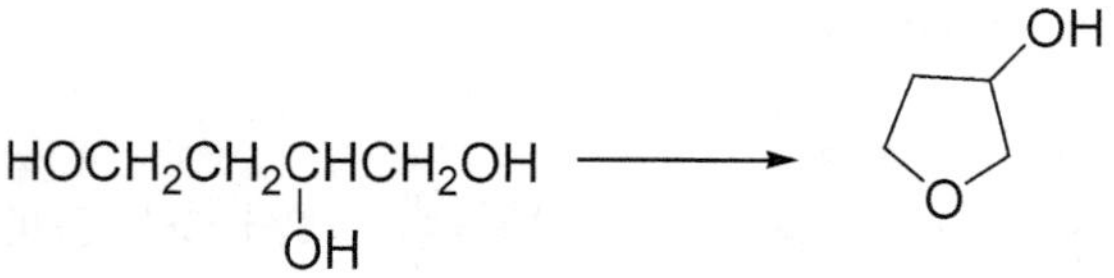

解 (1) 过氧酸作氧化剂(拜尔-魏立格反应)

(2) $Al[OCH(CH_3)_2]_3$，用环己酮作为氢的受体

(3) $NaBH_4$不能还原氰基

(4) $LiAlH_2(OC_2H_5)_2$

(5)
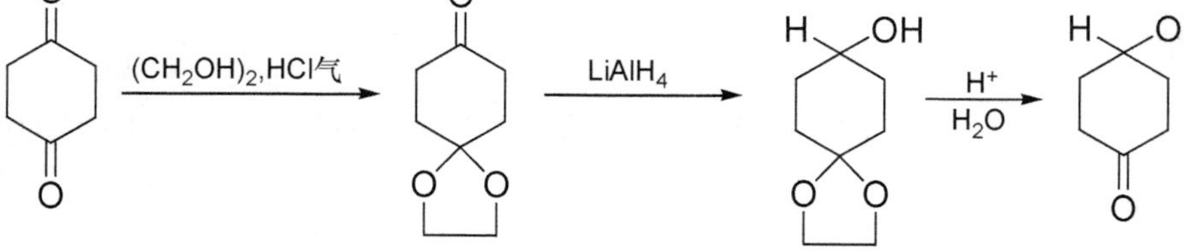

(6) 对甲苯磺酸

【例 21-14】 蟾蜍皮内含有一个 5-羟基吲哚的衍生物，具有下列结构：

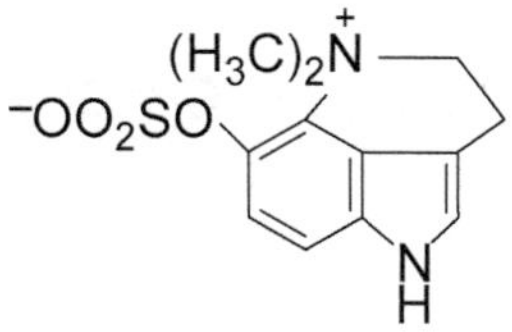

它是一个酚的硫酸酯，同时又形成一个分子中的四级铵盐，要合成这个化合物需要合成 5 位上取代的吲哚，要经很多步骤，请设计合成一个不带酚基的类似物。

解

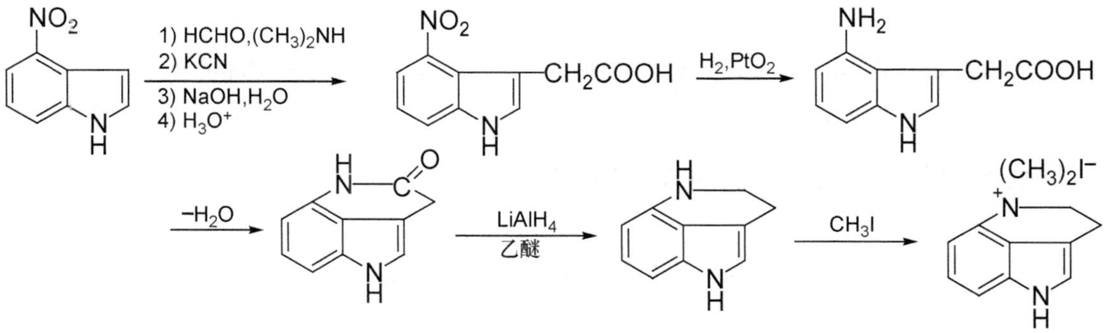

【例 21-15】　以萘为原料合成：

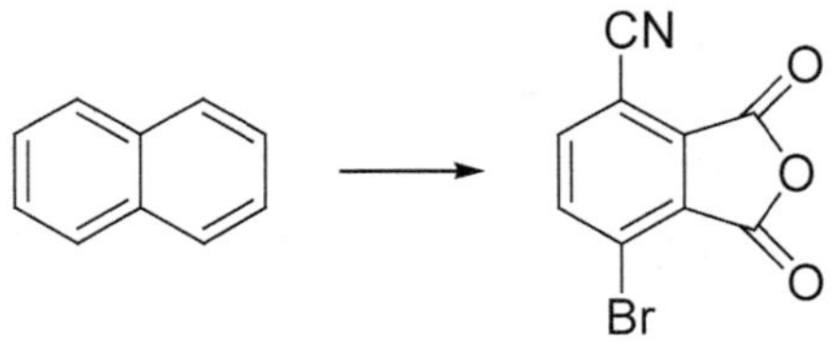

解

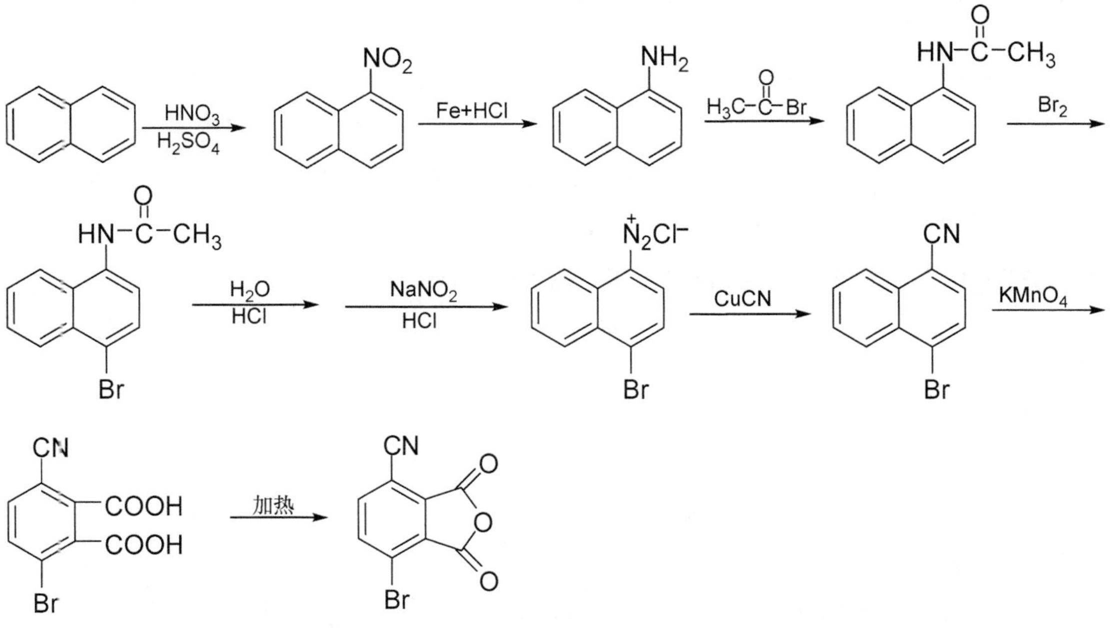

【例 21-16】　用不多于三个碳的有机原料合成：

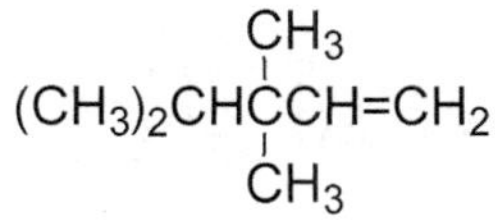

解

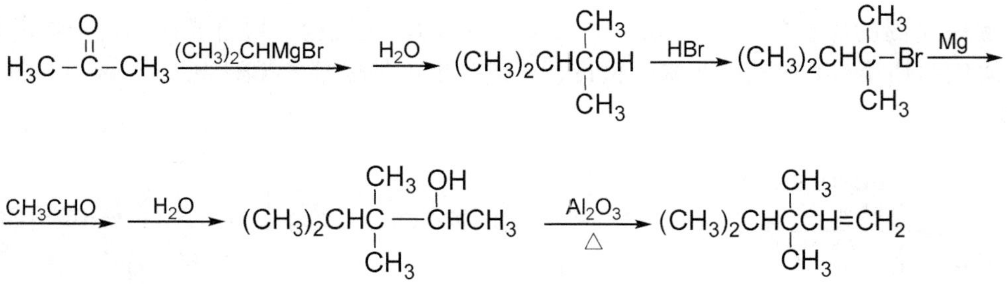

【例 21-17】 以苯和甲苯为原料合成：

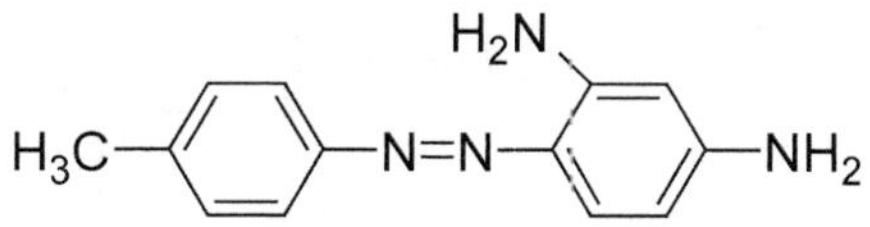

解

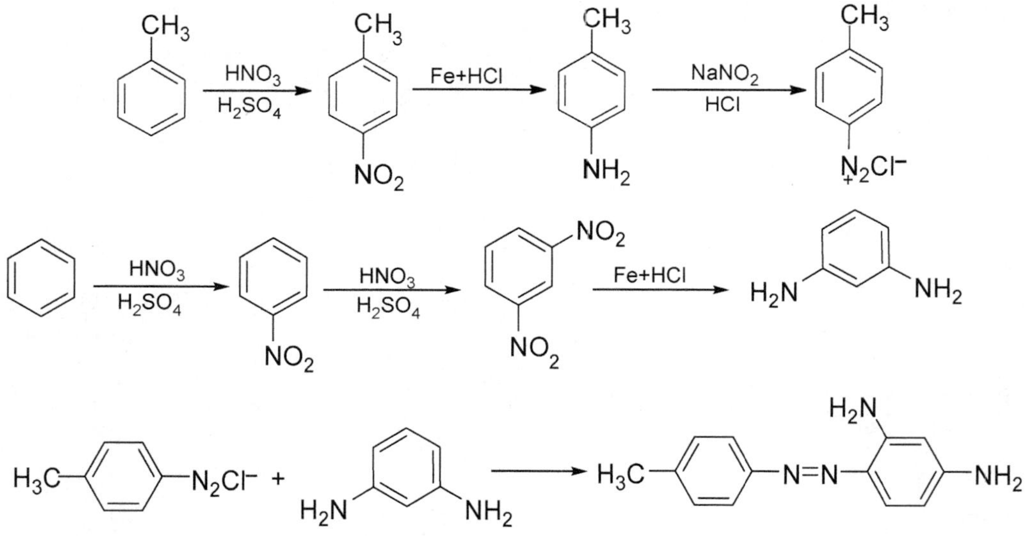

【例 21-18】 用环己-1,3-二酮和不多于四个碳的有机原料合成：

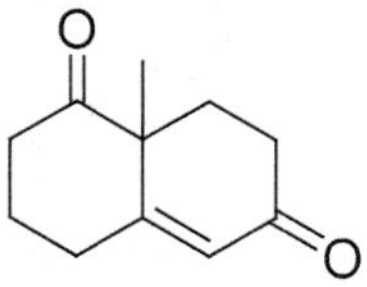

解

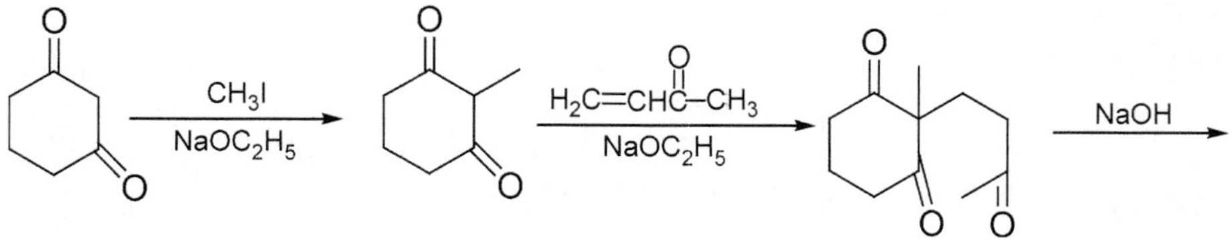

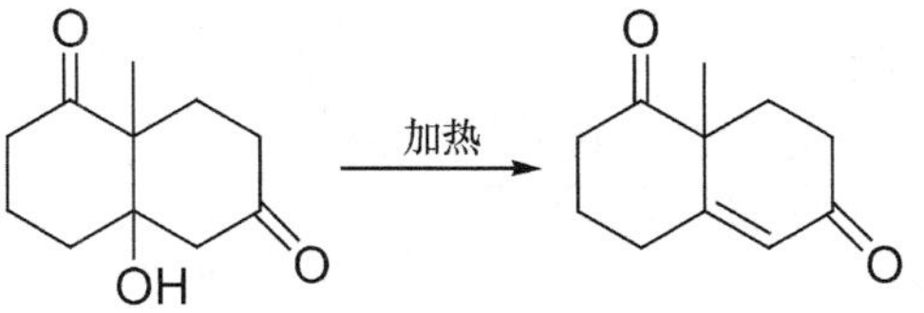

【例 21-19】　由乙烯合成丁-2-酮。

解

$$H_2C{=}CH_2 \xrightarrow{H_3^+O} CH_3CH_2OH \xrightarrow[\text{吡啶}]{CrO_3} CH_3CHO$$

$$H_2C{=}CH_2 \xrightarrow{HBr} CH_3CH_2Br \xrightarrow[\text{乙醚}]{Mg} CH_3CH_2MgBr \xrightarrow{CH_3CHO}$$

$$\xrightarrow{H_3^+O} H_3C-\underset{H}{\overset{OH}{C}}-CH_2CH_3 \xrightarrow{KMnO_4} H_3C-\overset{O}{\overset{\|}{C}}-CH_2CH_3$$

【例 21-20】　如何实现下列转变?

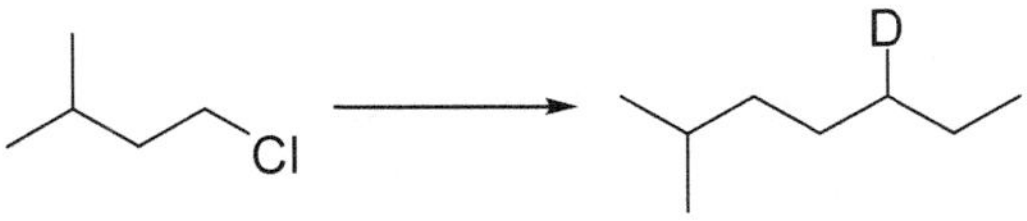

解

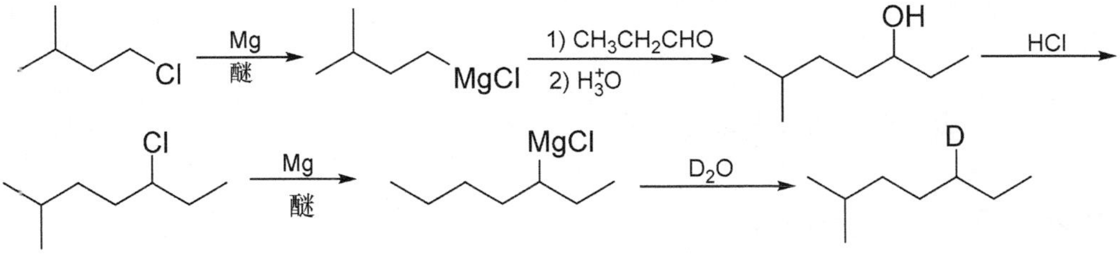

【例 21-21】　以甲苯为原料合成化合物

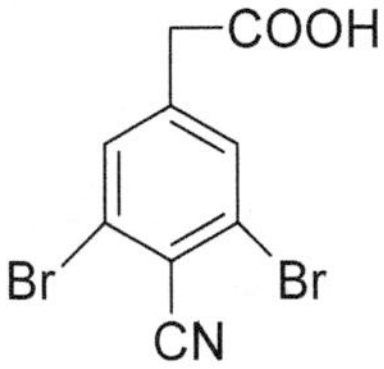

解

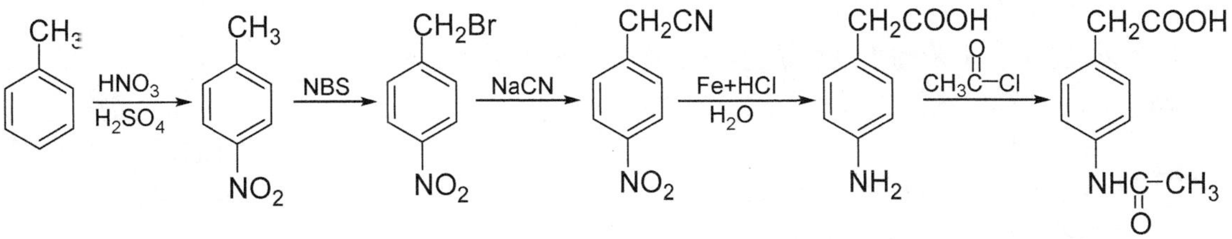

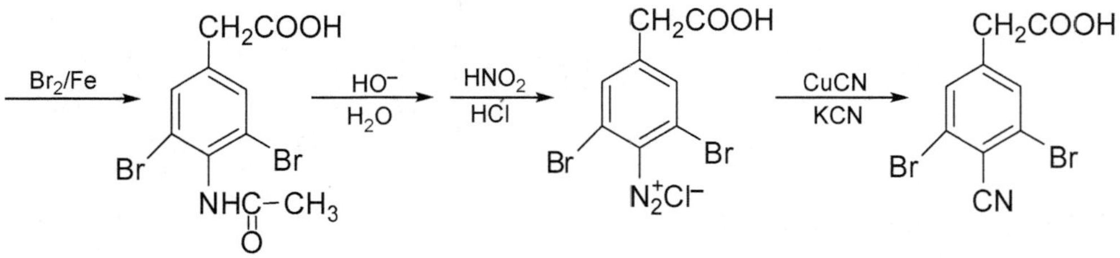

【例 21-22】 以 $CH_3CH_2CH_2Br$ 为唯一有机原料及必要的无机原料合成 2-甲基戊-2-醇。

解

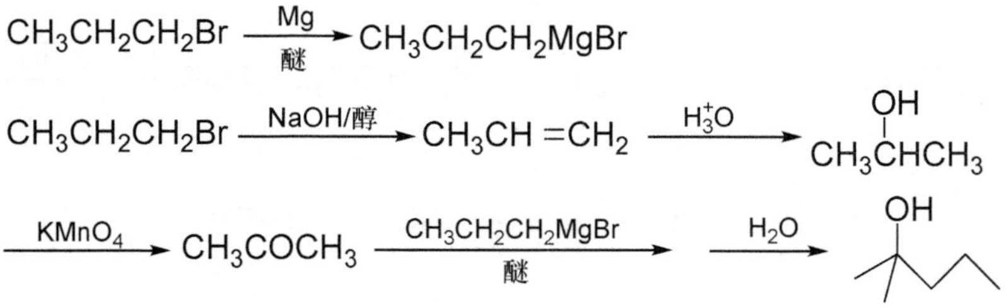

【例 21-23】 由苯及两个碳的有机原料合成：

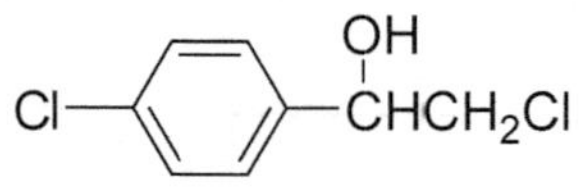

解

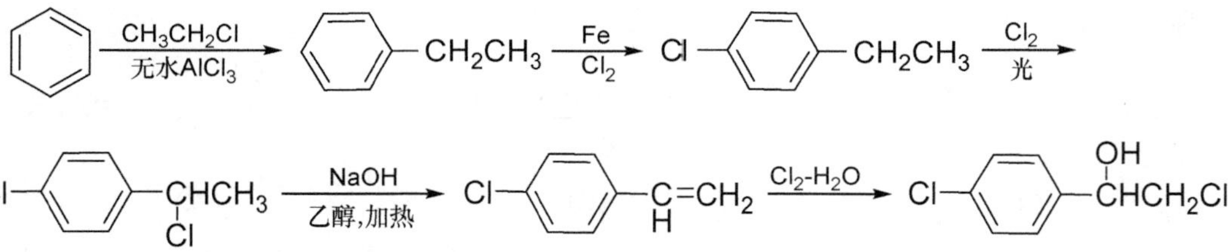

【例 21-24】 完成下列转化。

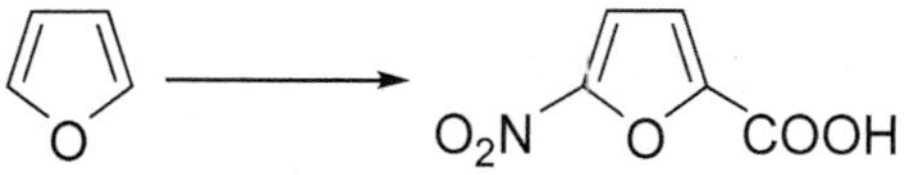

解

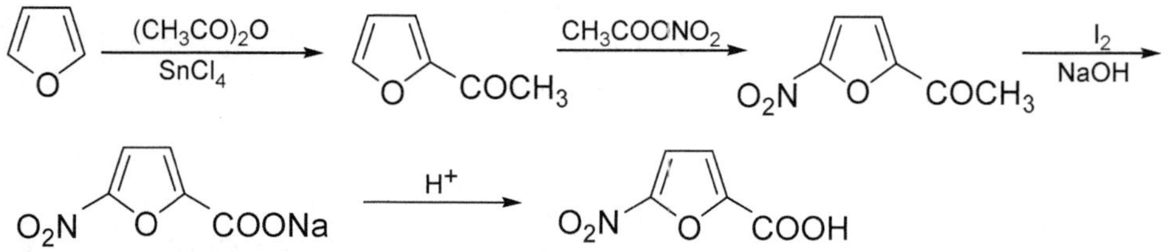

【例 21-25】 由苯酚出发合成 5-叔丁基-2-甲氧基苯基乙醛。

解

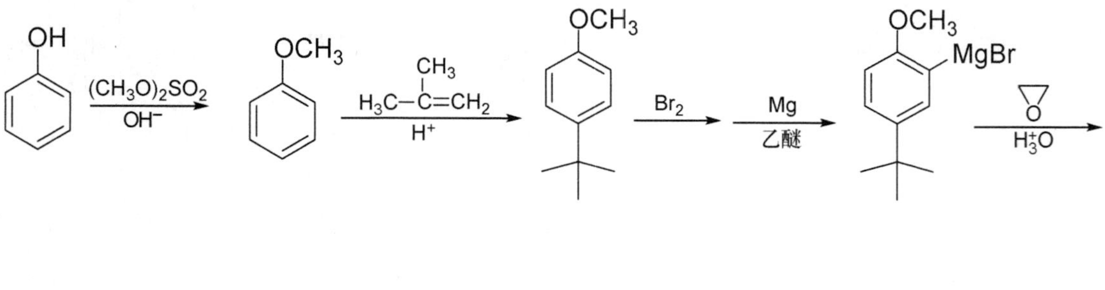

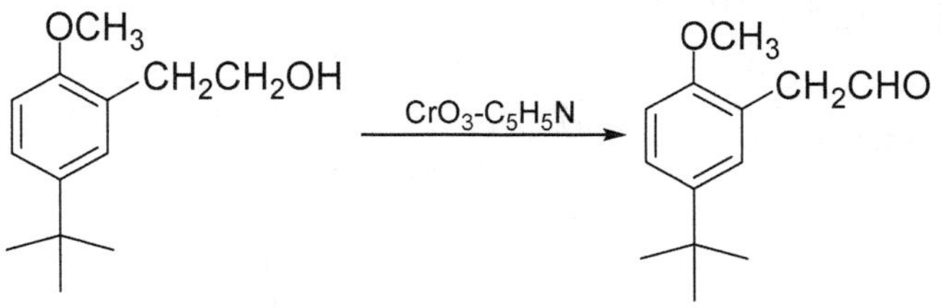

【例 21-26】　以苯酚、苯甲醛以及其他试剂合成：

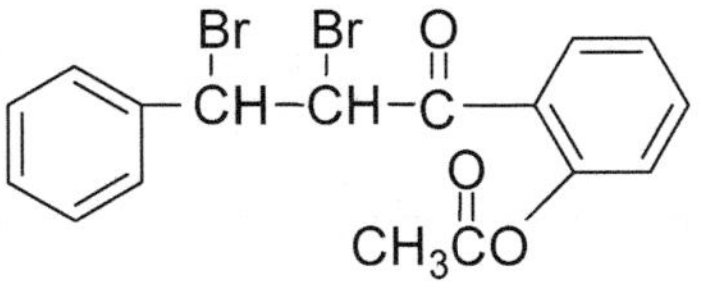

解

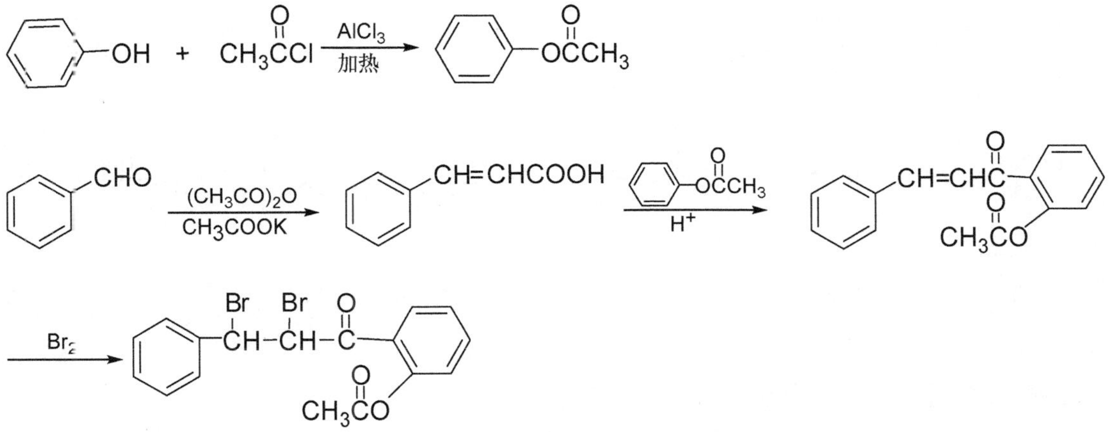

【例 21-27】　以环戊酮为原料合成 1,2-二甲基环己烯。

解

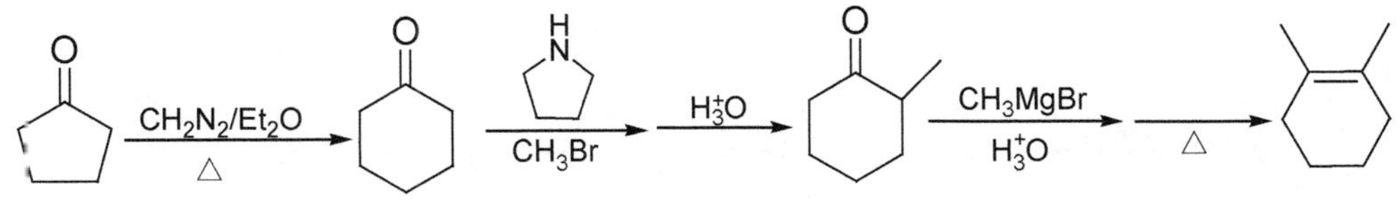

【例 21-28】　完成下列转化。

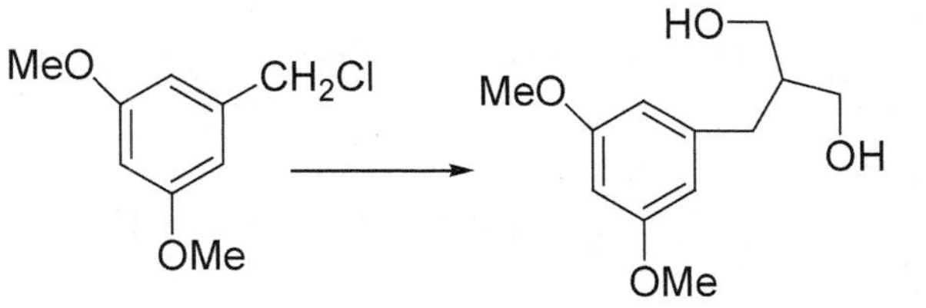

解

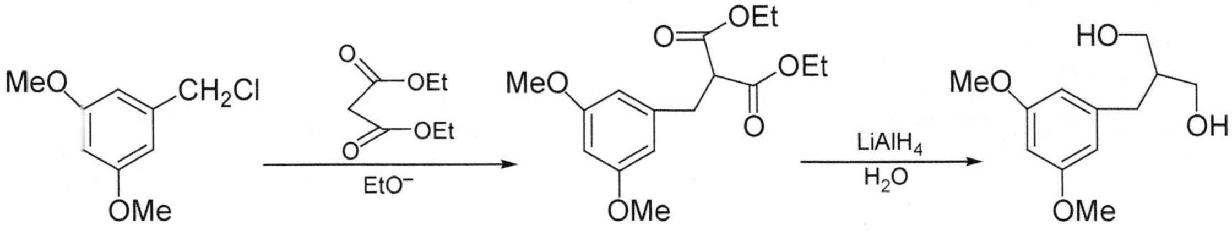

【例 21-29】 完成下列转化。

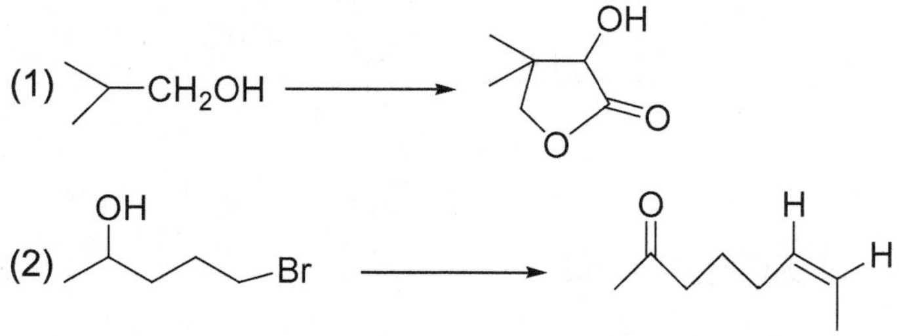

解

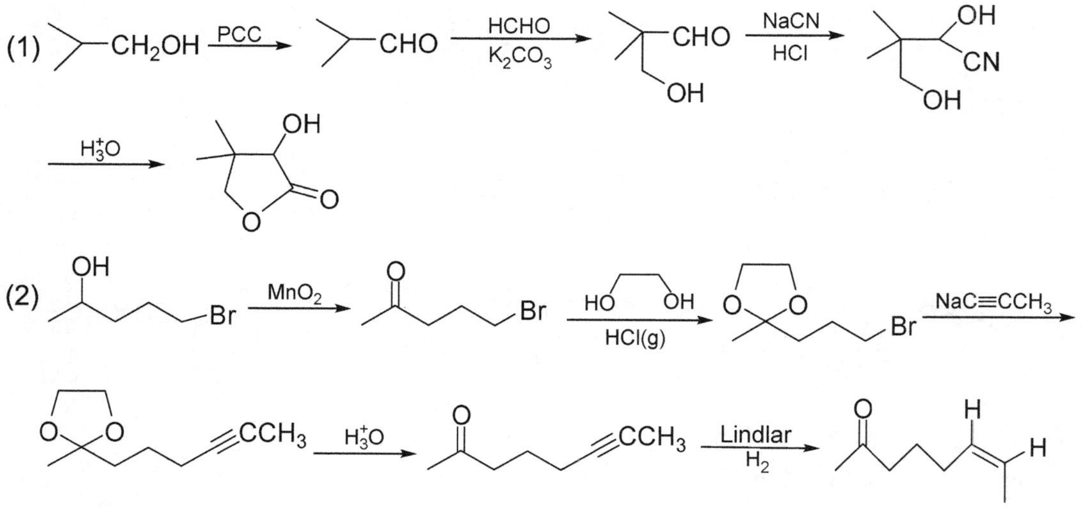

【例 21-30】 以对硝基氯苯为原料合成：

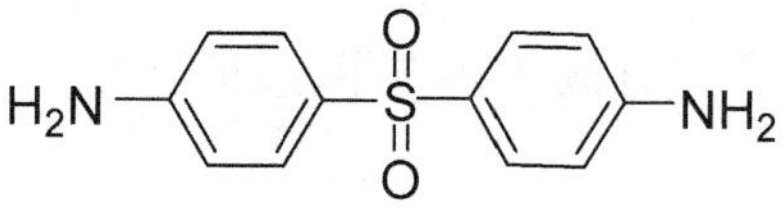

解

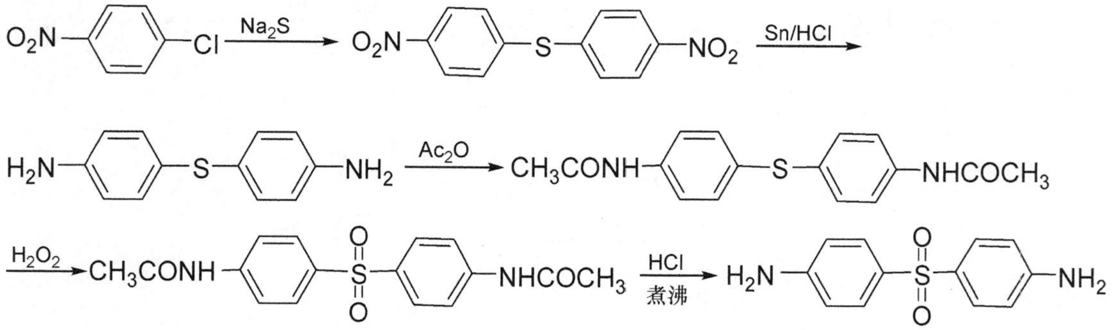

【例 21-31】 由 3-甲基丁酸制备$(CH_3)_2CHCH_2CH_2CHBr–CH_2Br$。

解

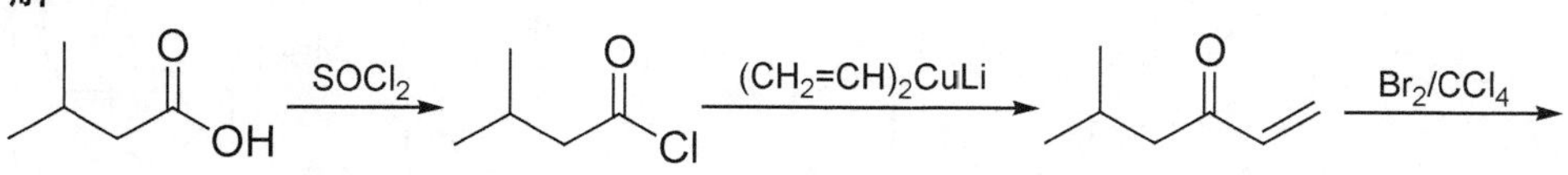

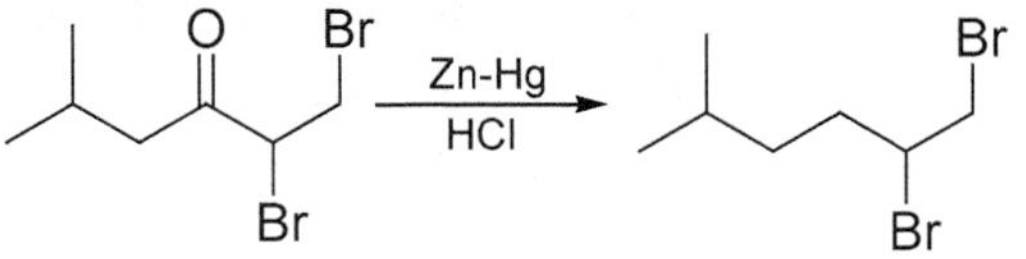

【例 21-32】 用三个碳以下(包括三个碳)有机化合物制备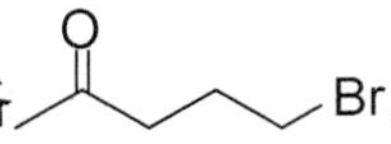。

解

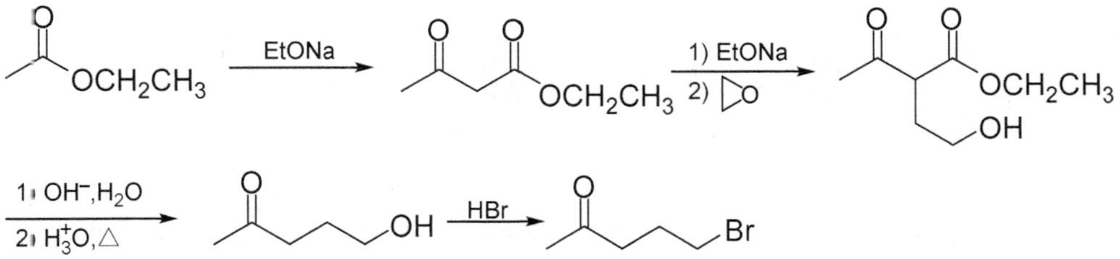

【例 21-33】 用苯和两个碳以下(包括两个碳)有机化合物制备：

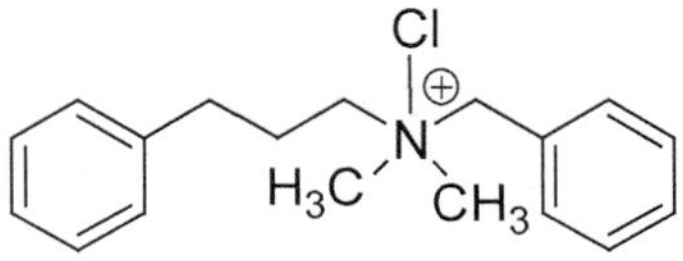

解

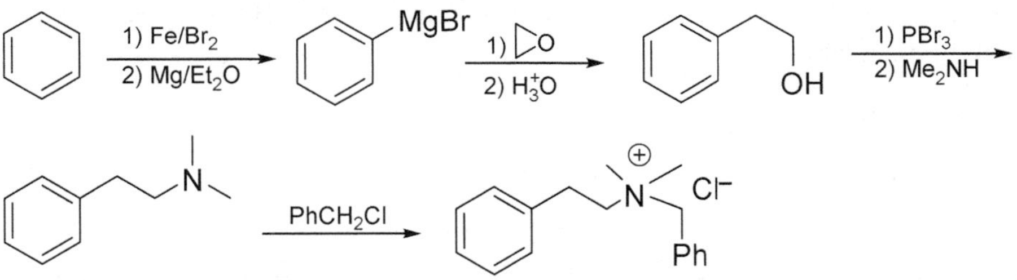

【例 21-34】 用丙二酸二乙酯、邻苯二甲酰亚胺、*CO₂合成标记氨基酸。

$$HOO\overset{*}{C}CH_2\underset{NH_3^+}{CH}CO_2^-$$

解

$$CH_3CH \xrightarrow[2)\ Mg/Et_2O]{1)\ HBr} CH_3MgBr \xrightarrow[2)\ H_3^+O]{1)\ ^*CO_2} CH_3\overset{*}{C}OOH \xrightarrow{P/Br_2} BrCH_2\overset{*}{C}O_2H \xrightarrow[H^+]{EtOH} BrCH_2\overset{*}{C}O_2Et\ \ (A)$$

$$CH_2(CO_2Et)_2 \xrightarrow{Br_2/CCl_4} BrCH(CO_2Et)_2\ \ (B)$$

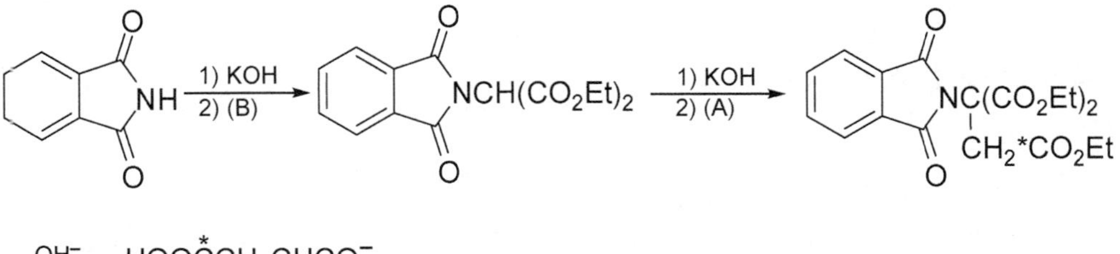

$$\xrightarrow[\triangle]{OH^-} HOO\overset{*}{C}CH_2\underset{NH_3^+}{CH}CO_2^-$$

【例 21-35】　用苯和三个碳以下(包括三个碳)有机化合物制备：

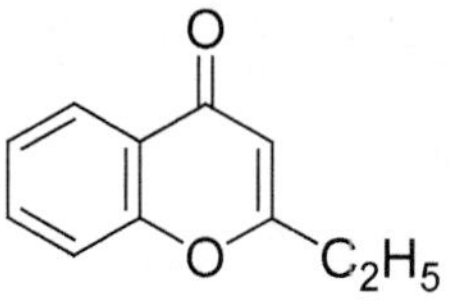

解

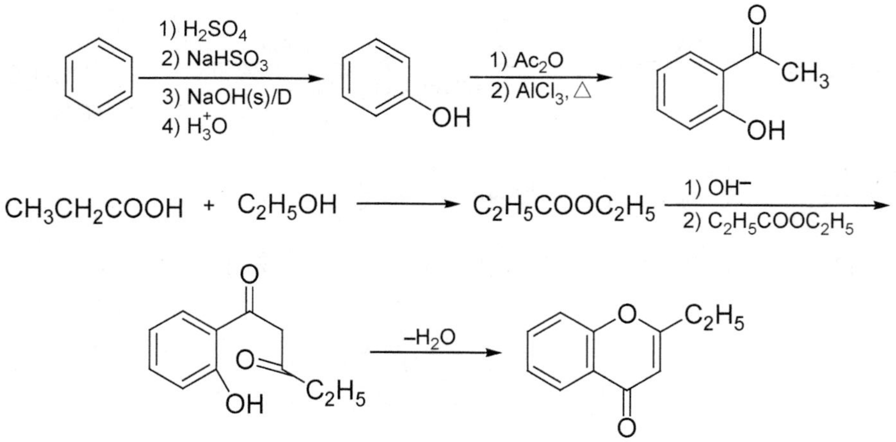

【例 21-36】　以乙酰乙酸乙酯、环己酮和不超过两个碳的有机物及必要的无机试剂为原料合成 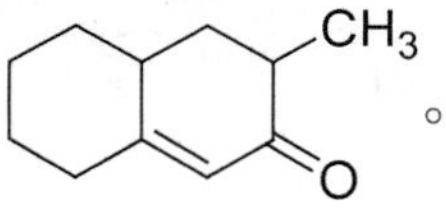 。

解

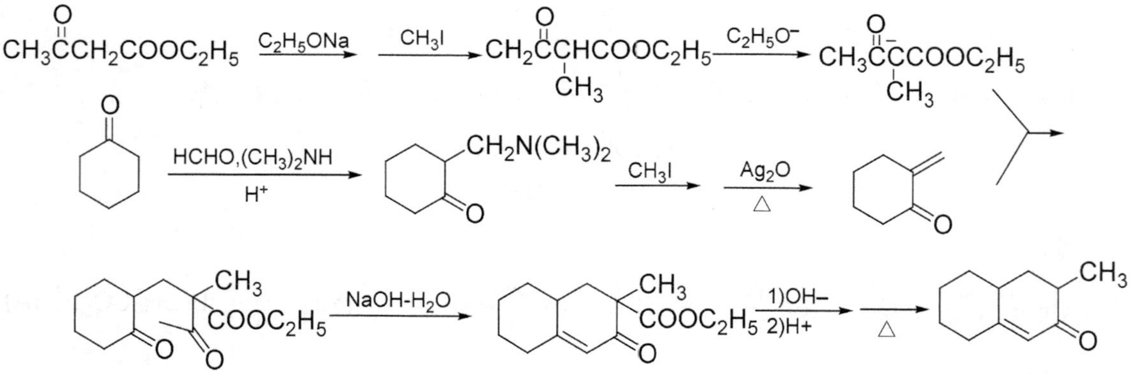

【例 21-37】　以乙酰乙酸乙酯、丙烯酸乙酯、PhP=CH2、不超过两个碳的有机物及必要的无机试剂为原料合成 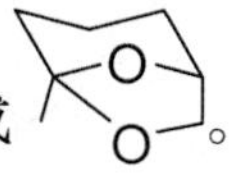 。

解

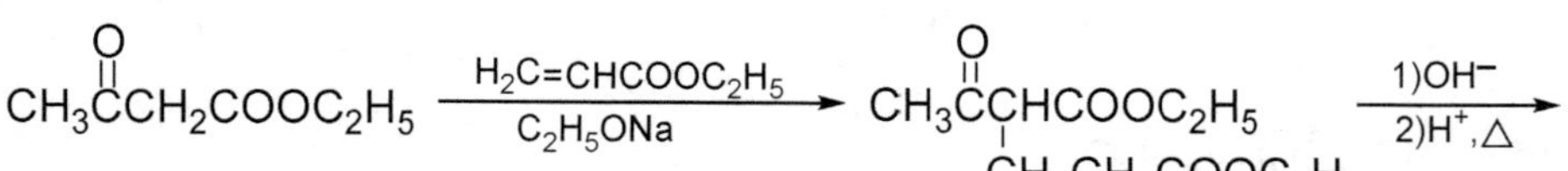

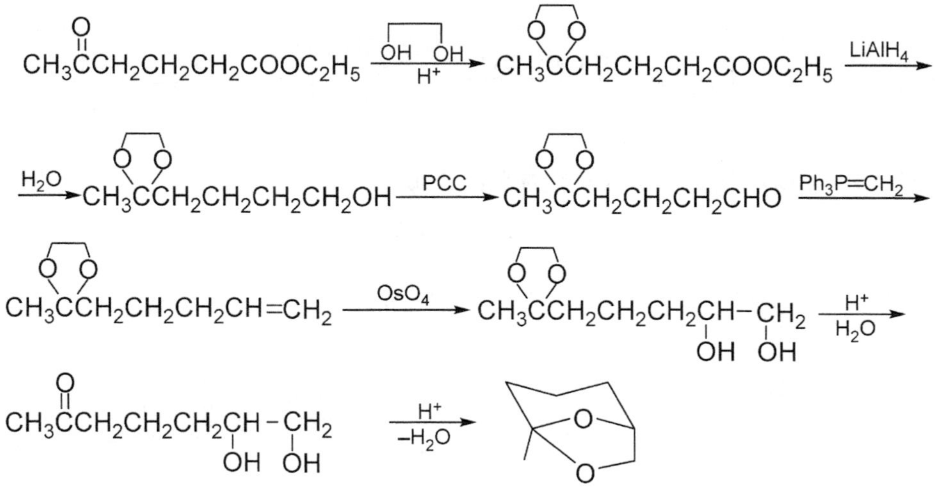

【例 21-38】　以丙二酸二乙酯、环氧乙烷和不超过两个碳的有机物及必要的无机试剂为原料合成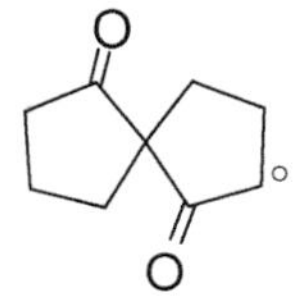。

解

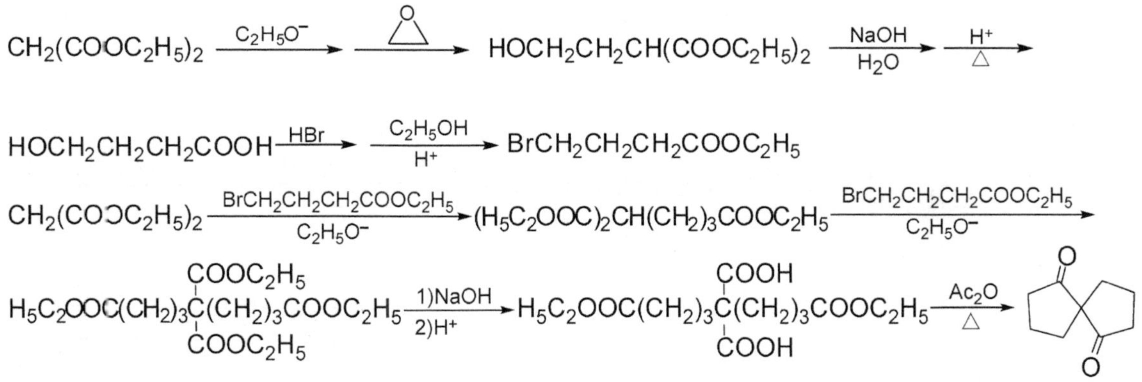

【例 21-39】　以环己烷和不超过两个碳的有机物为原料，设计合成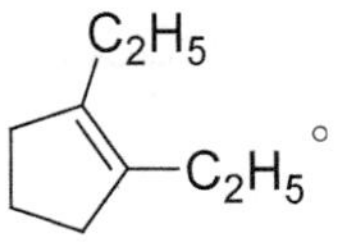。

解

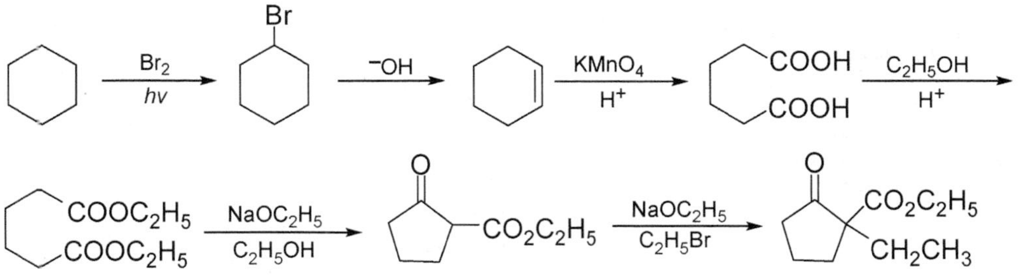

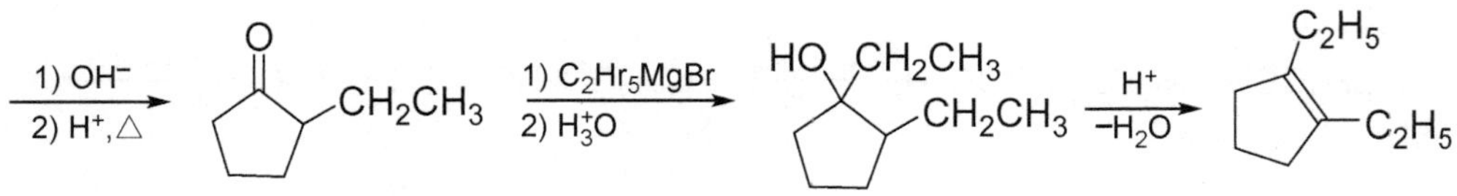

【例 21-40】 以环戊二烯和丙烯醛为原料合成：

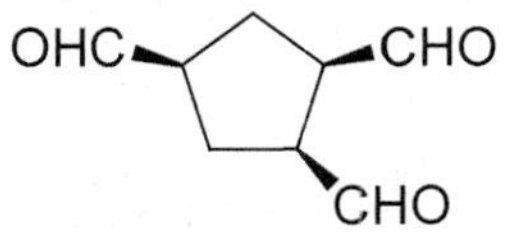

解

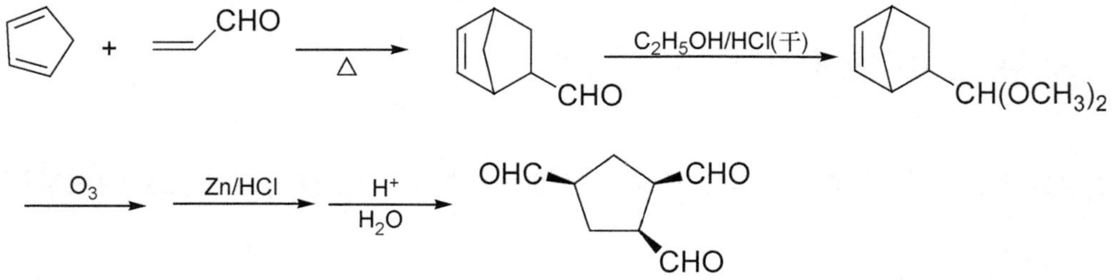

【例 21-41】 以己二酸和不多于三个碳有机物为原料合成：

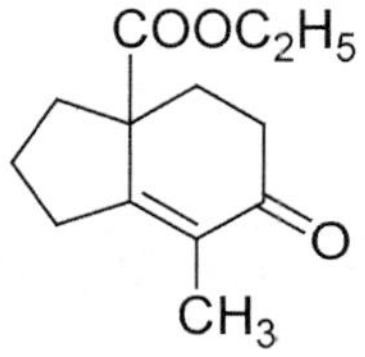

解

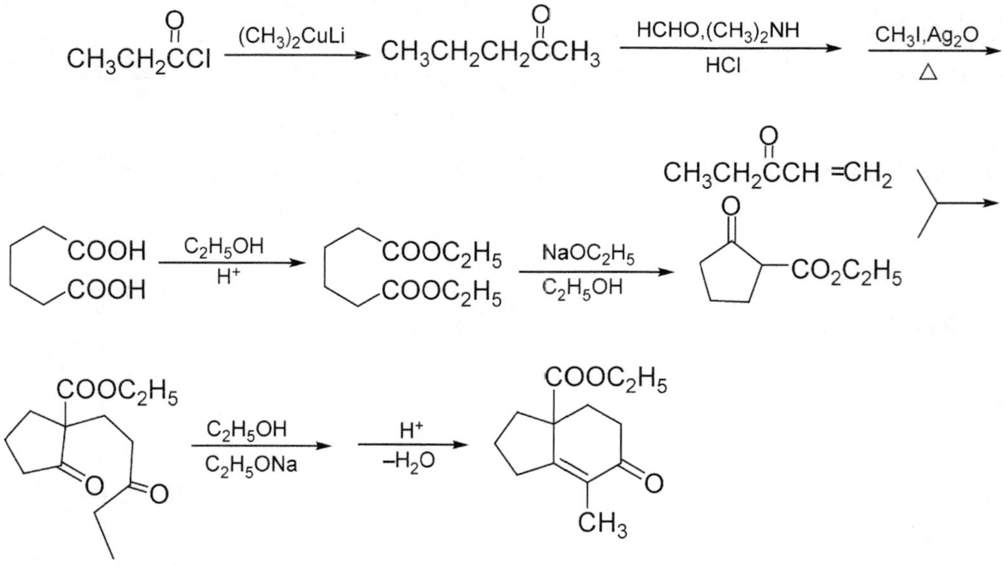

【例 21-42】 以甲苯为原料合成：

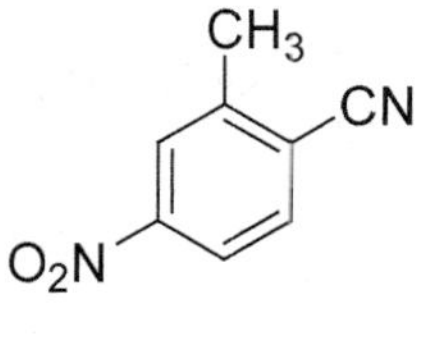

解

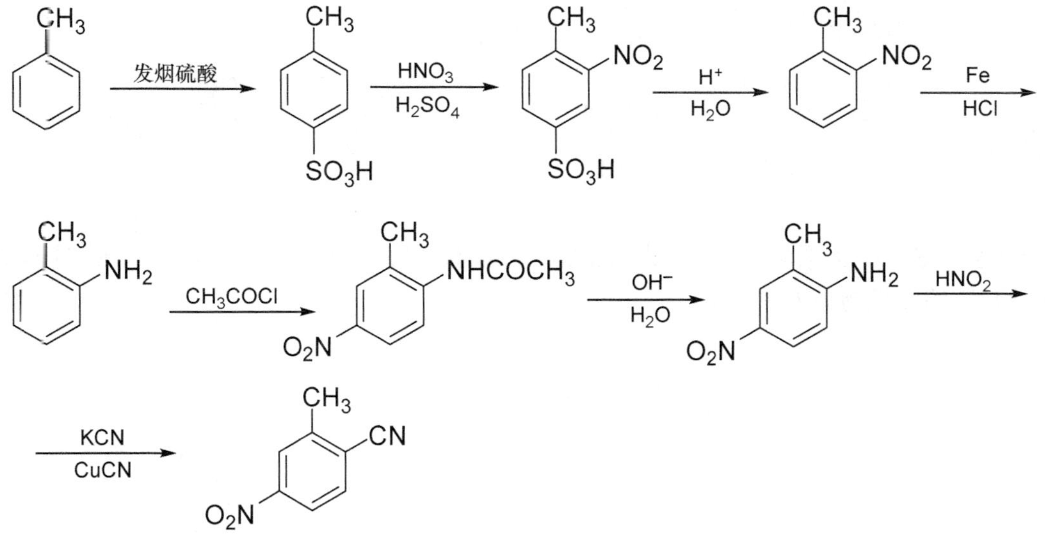

【例 21-43】 由苯及小于等于 2 个碳的有机化合物为原料合成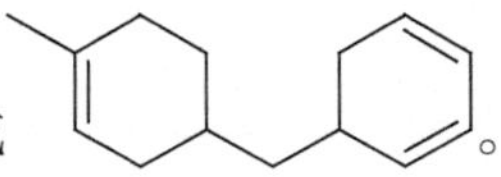。

解

$$HC\equiv CH \xrightarrow{Na} HC\equiv CNa \xrightarrow{CH_3Br} HC\equiv CCH_3 \xrightarrow{H_2/Lindlar} H_2C=CHCH_3 \xrightarrow{NBS} H_2C=CHCH_2Br$$

$$H_2C=CHCH_3 \xrightarrow[HgSO_4/H_2SO_4]{H_2O} CH_3COCH_3 \xrightarrow{EtMgBr} \xrightarrow{H_3O^+} Me_2C(OH)CH_2CH_3$$

$$\xrightarrow{KOH/EtOH} (CH_3)_2C=CHCH_3 \xrightarrow{Br_2} \xrightarrow{KOH/EtOH} H_2C=HC-\overset{CH_3}{\overset{|}{C}}=CH_2$$

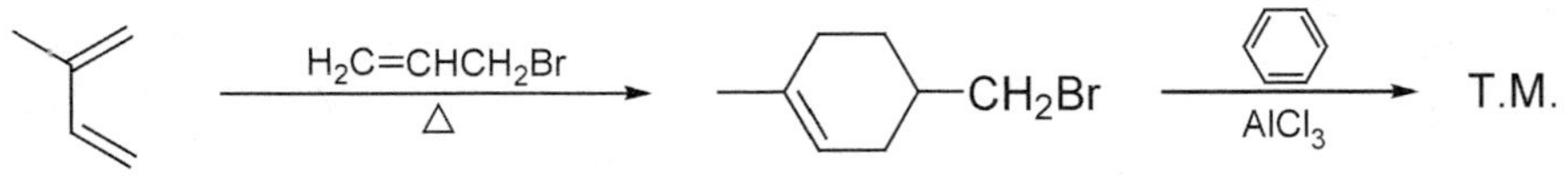

【例 21-44】 以环己-1,4-二酮及小于等于 3 个碳的有机化合物为原料合成：

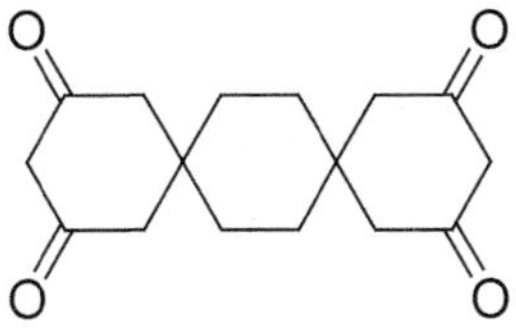

解

$$CH_3COOH + EtOH \xrightarrow[\triangle]{H_2SO_4} CH_3COOEt \xrightarrow{NaOEt} CH_3COCH_2COOEt$$

$$HOOCCH_2COOH + 2EtOH \longrightarrow CH_2(COOEt)_2$$

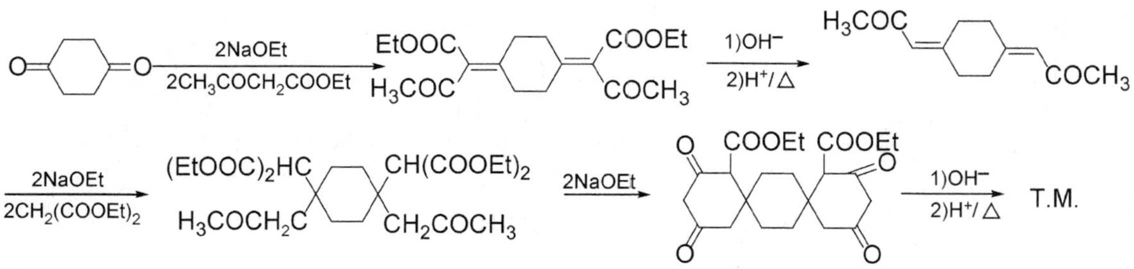

【例 21-45】 以丙酮为原料合成叔丁胺，并以叔丁胺、苯胺、小于等于 2 个碳的有机化合物及必要的无机物为原料合成：

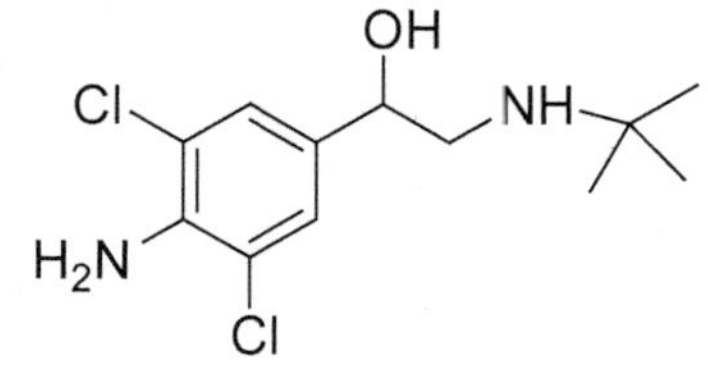

解

$$CH_3COCH_3 \xrightarrow{Mg\text{-}Hg} (CH_3)_2COHCOH(CH_3)_2 \xrightarrow{H^+} CH_3COC(CH_3)_3 \xrightarrow[NaOH]{I_2}$$

$$(CH_3)_3CCOOH \xrightarrow{NH_3} (CH_3)_3CCONH_2 \xrightarrow{Br_2\text{-}NaOH} (CH_3)_3CNH_2$$

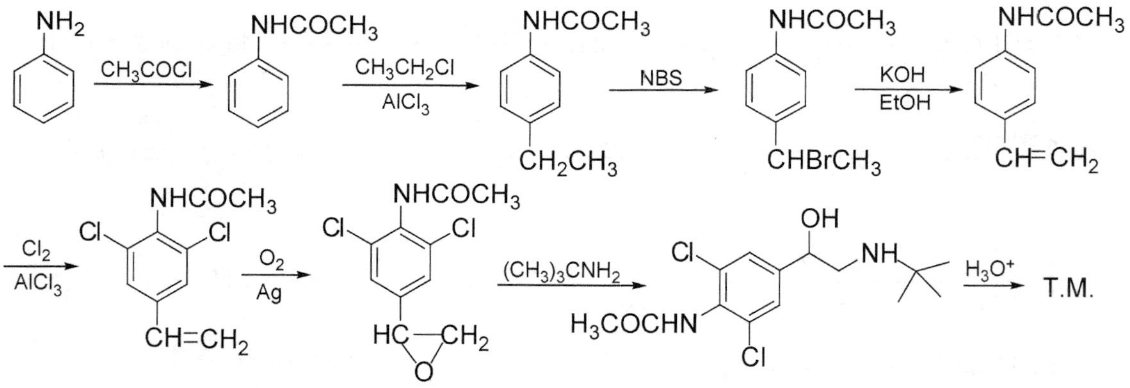

【例 21-46】 以小于等于 3 个碳的有机物为原料及必要的试剂合成 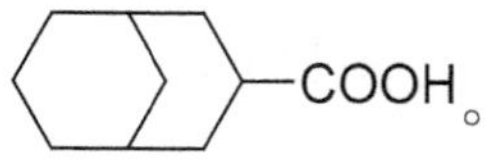。

解

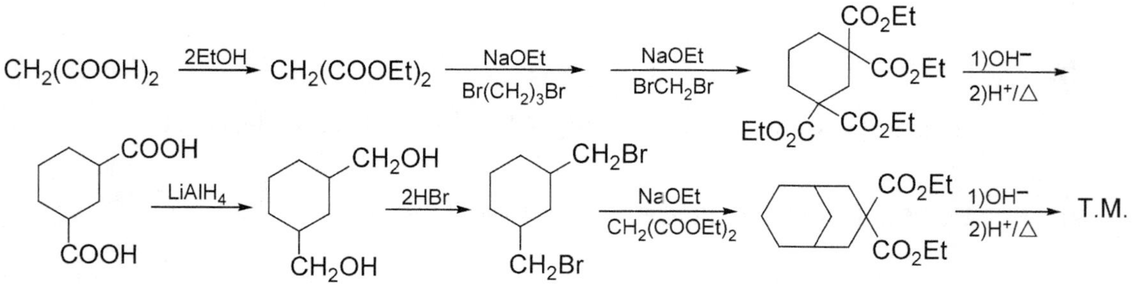

【例 21-47】　以苯和小于等于 3 个碳的有机物为原料合成：

解

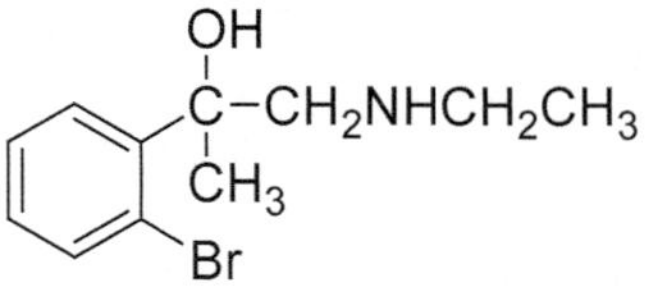

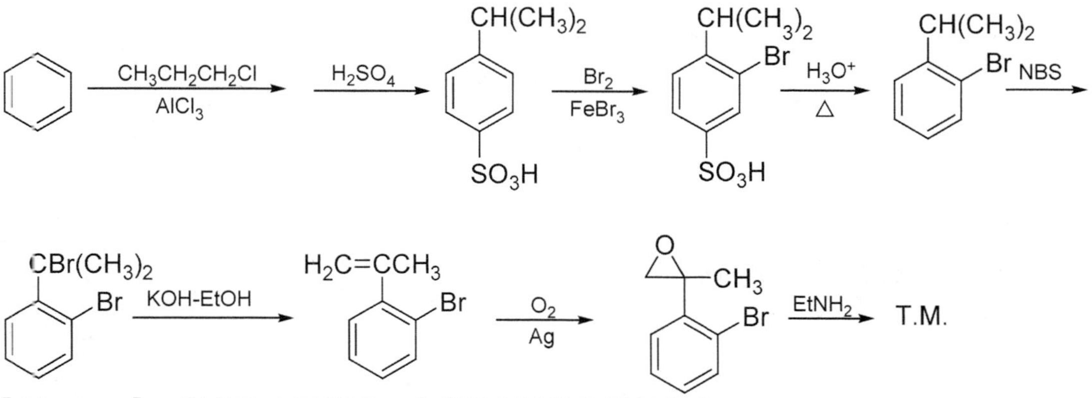

【例 21-48】　以苯和小于等于 3 个碳的有机物为原料合成

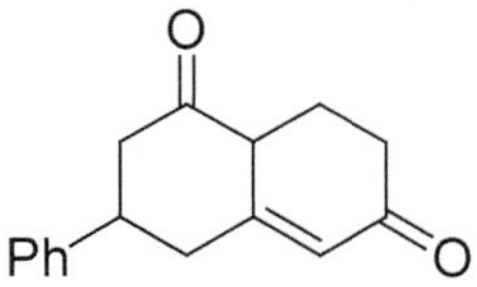

解

$$CH_2(COOH)_2 \xrightarrow{2EtOH} CH_2(COOEt)_2$$

$$HC{\equiv}CH \xrightarrow[CuCl]{NH_4Cl} CH_2{=}CHC{\equiv}CH \xrightarrow[HgSO_4\text{-}H_2SO_4]{H_2O} CH_2{=}CHCOCH_3$$

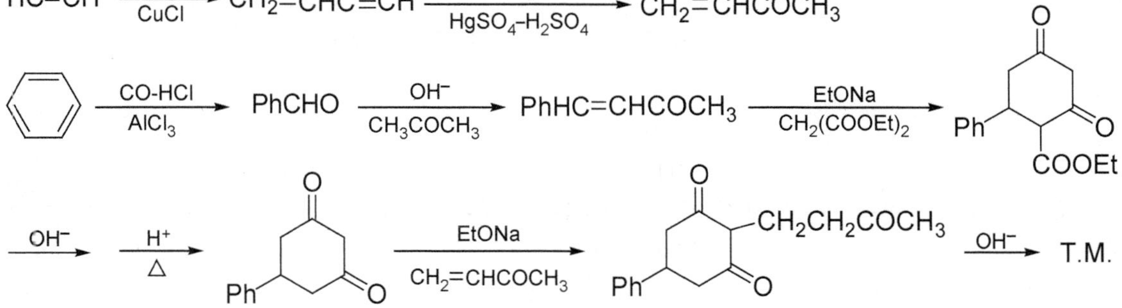

【例 21-49】　以苯与小于等于三个碳的有机物为原料合成对氟苯乙酰氯。

解

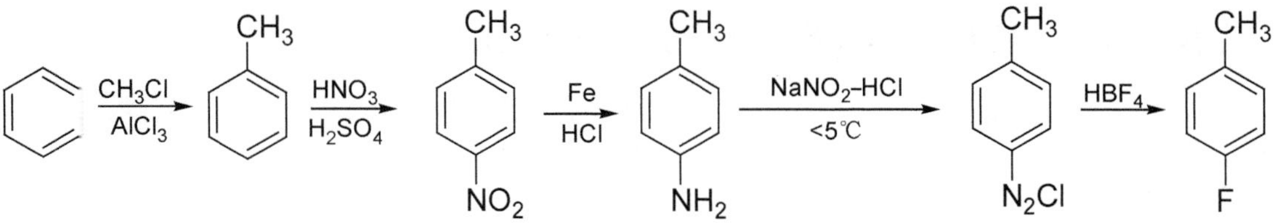

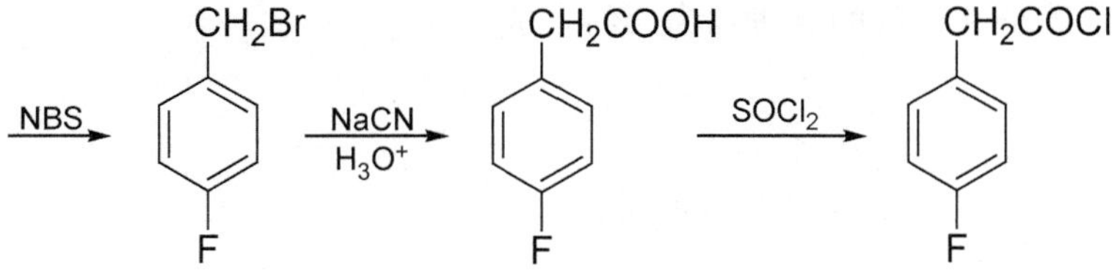

【例 21-50】 以环戊酮和甲苯为原料合成：

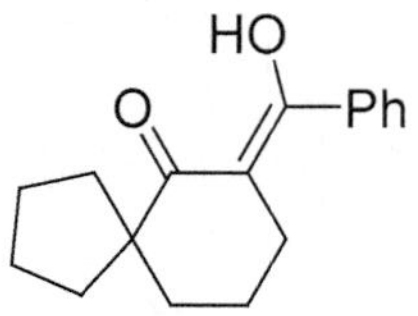

解

$$PhCH_3 \xrightarrow{CrO_3,Cl_2} PhCHO$$

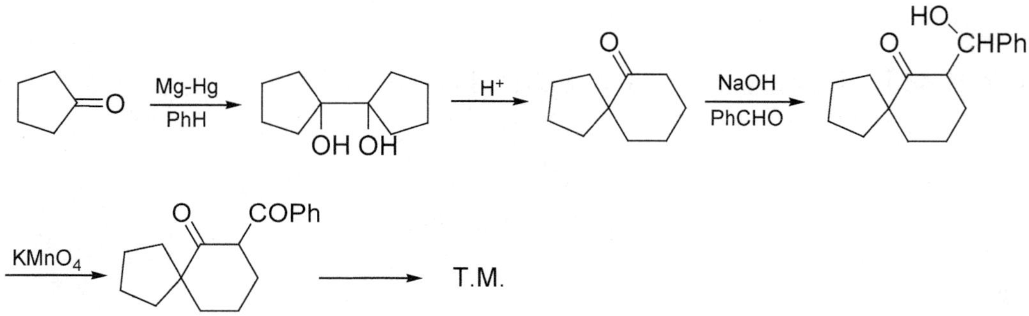

【例 21-51】 由不超过三个碳的有机物合成下列化合物：

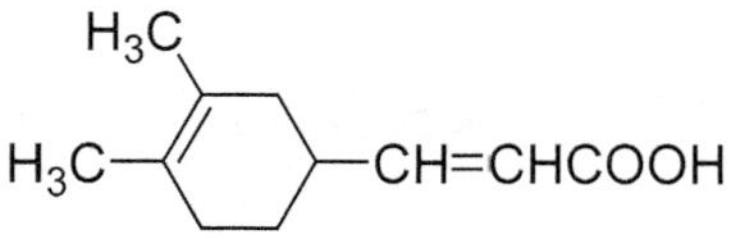

解

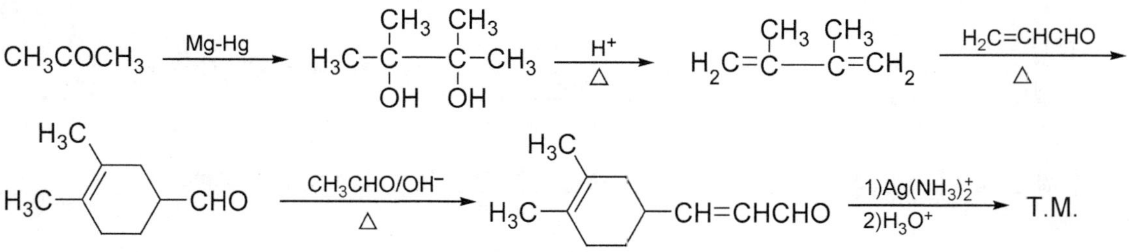

【例 21-52】 用不超过 4 个碳的有机物合成下列化合物：

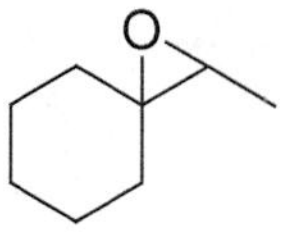

解

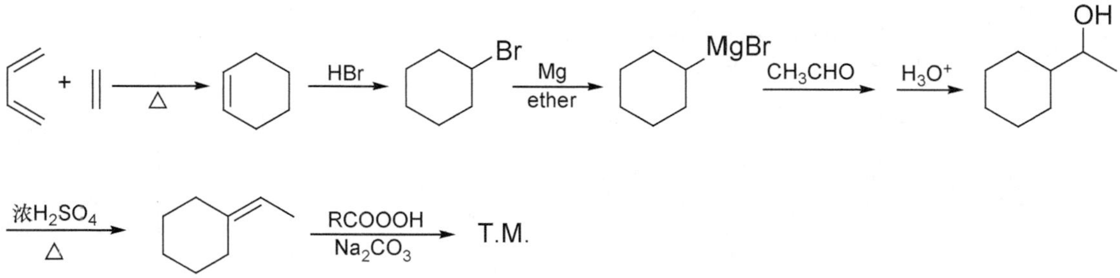

【例 21-53】　用不超过四个碳的有机物合成下列化合物：

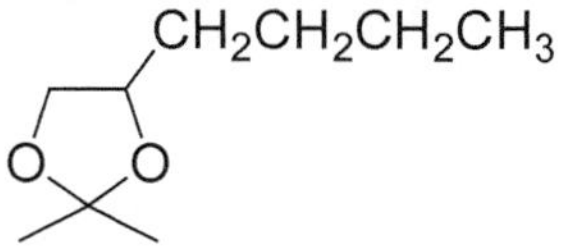

解

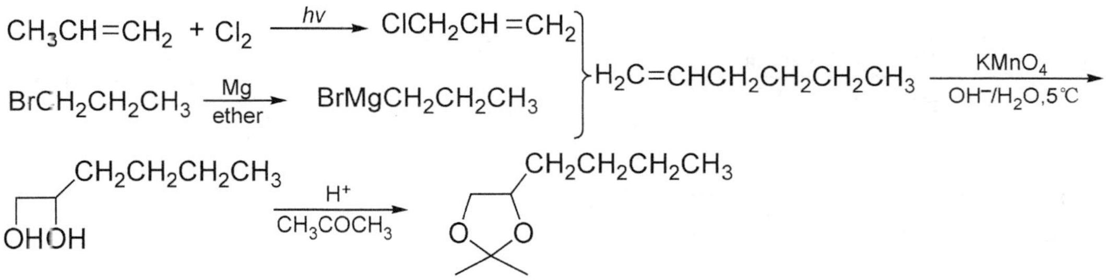

【例 21-54】　用苯和不超过四个碳的有机原料合成下列化合物：

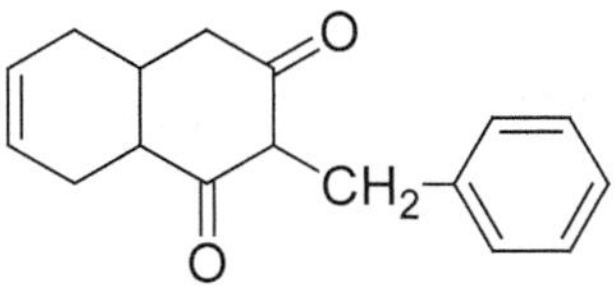

解

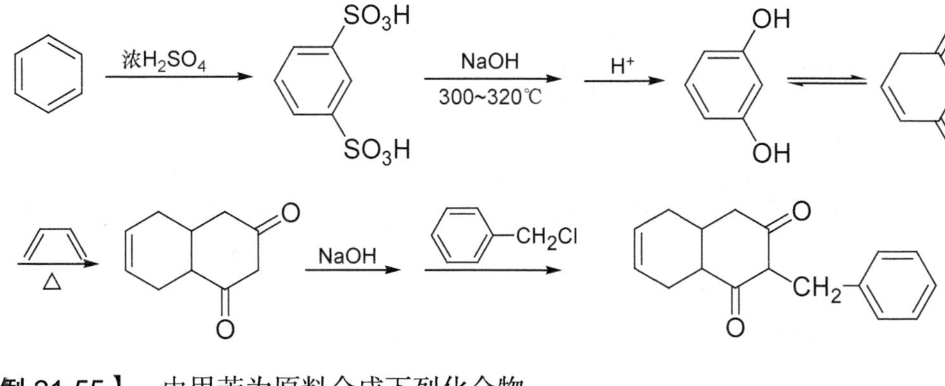

【例 21-55】　由甲苯为原料合成下列化合物：

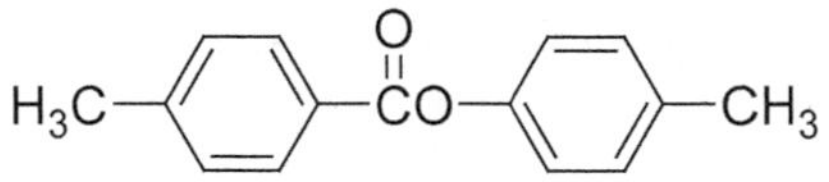

解

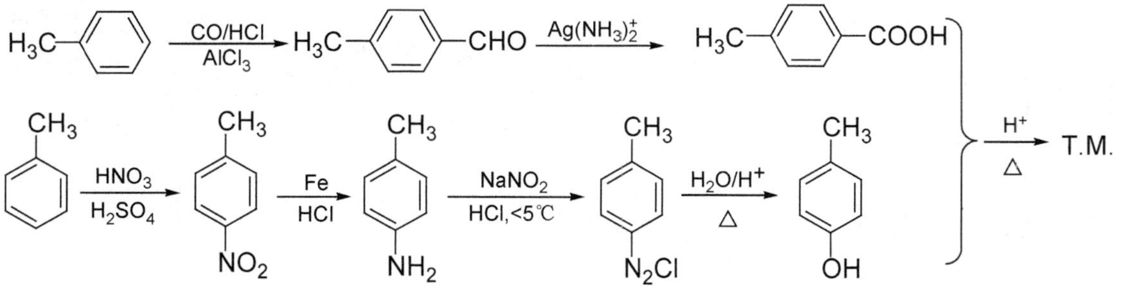

【例 21-56】 由 C_5 以下化合物合成 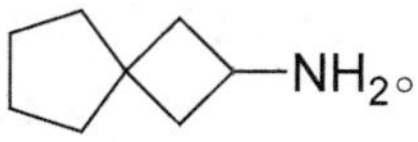。

解

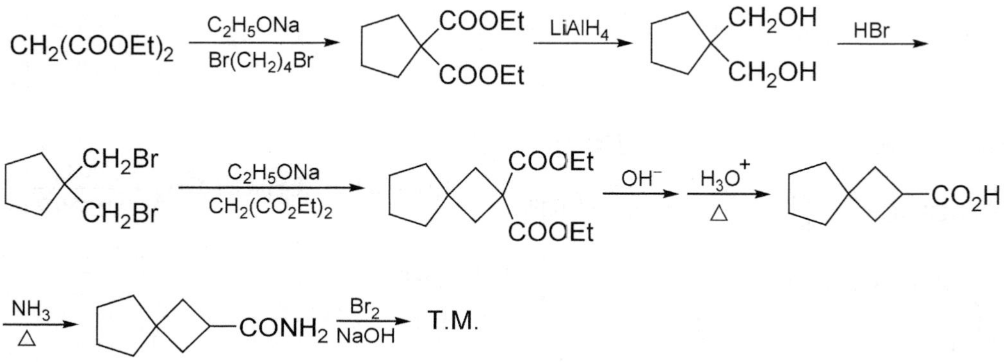

【例 21-57】 以苯和丙二酸二乙酯为原料合成下列化合物：

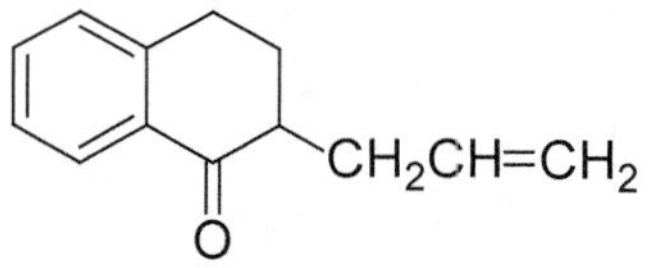

解

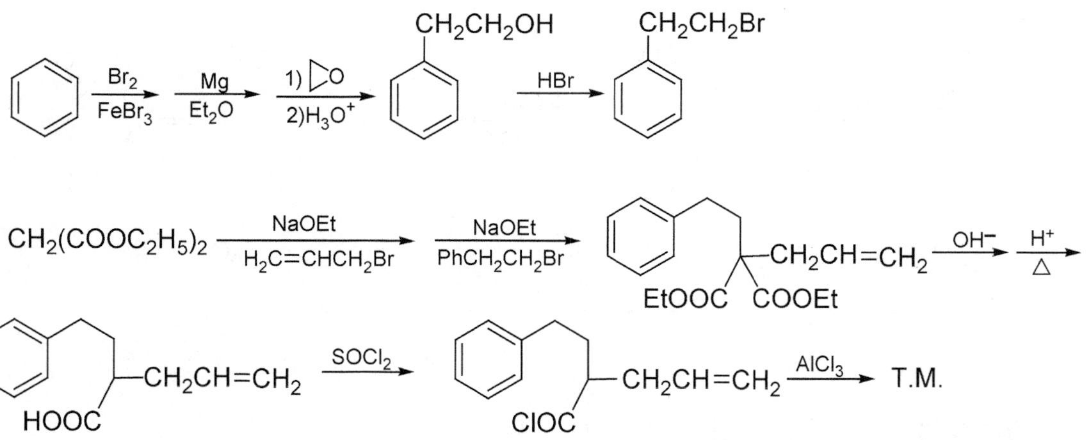

【例 21-58】 依那普利是医治高血压的药物，由 4-苯基丁酸、丙氨酸和脯氨酸及必要原料合成：

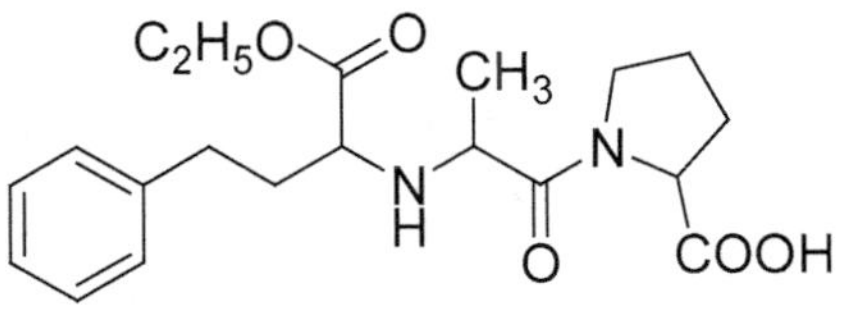

(依那普利)

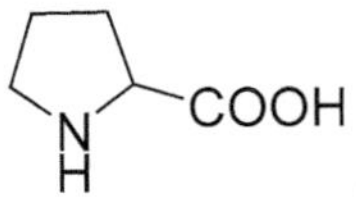

(脯氨酸)

解

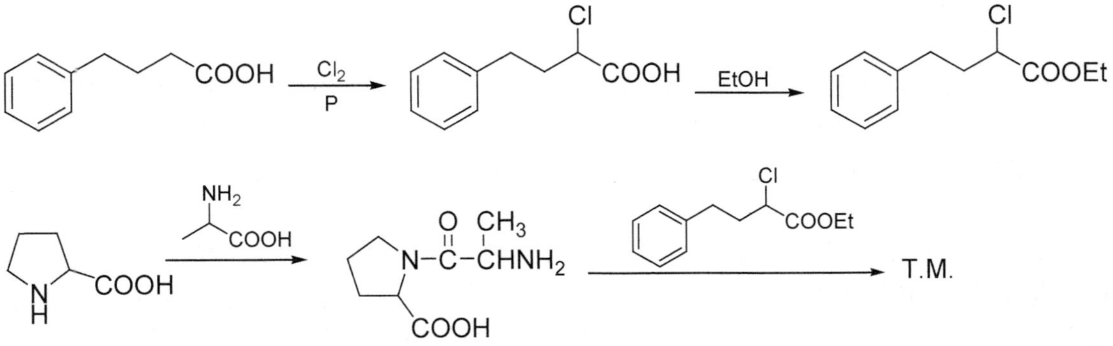

（二）有机化合物的结构推断与鉴别

例 题 讲 解

【例 21-59】　化合物 A($C_{10}H_{12}O_2$)不溶于 NaOH 溶液，能与 2,4-二硝基苯肼反应，但不与 Tollens 试剂作用。A 经 $LiAlH_4$ 还原得到 $C_{10}H_{14}O_2$(B)。A 和 B 都能进行碘仿反应。A 与 HI 作用生成 $C_9H_{10}O_2$(C)，C 能溶于 NaOH 溶液，但不溶于 Na_2CO_3 溶液。C 经克莱门森还原生成 $C_9H_{12}O$(D)。B 经 $KMnO_4$ 氧化得到 $C_8H_8O_3$(E)，E 既溶于 NaOH 溶液，又溶于 Na_2CO_3 溶液，其红外光谱在 843 cm^{-1} 处有吸收峰。E 的核磁氢谱数据为 δ(ppm)：3.8(s，3H)，7.0(d，2H)，7.9(d，2H)，12.7(s，1H)。试写出 A ~ E 五个化合物的结构式。

解　化合物 A 分子式为 $C_{10}H_{12}O_2$，计算不饱和度为 Ω=1+10+(0–12)/2=5，推测有苯环结构。A 能与 2,4-二硝基苯肼反应，说明有 C═O 结构，但不能与 Tollens 试剂反应，说明为酮。A 能发生碘仿反应，证明有$CH_3\overset{O}{\overset{\|}{C}}$—的结构片段。A 与 HI 反应得到的 C 能溶于 NaOH，但不溶于 Na_2CO_3 溶液，说明 C 为酚的结构，A 的结构中含有醚键，且 C 与 A 的分子式比较，少了 1 个碳原子，说明 A 中的醚键结构为–OCH_3，且氧原子直接与苯环相连。A 经 $LiAlH_4$ 还原得到 B，且 B 能发生碘仿反应，说明 B 的结构中有$CH_3\overset{OH}{\overset{|}{C}}H$–。化合物 E 的核磁数据 7.0(d，2H)，7.9(d，2H)，为苯环上的氢原子，苯环上氢原子种类为 2 类，红外光谱在 843 cm^{-1} 处有吸收峰，说明为对位二取代。B 中苯环上有两个取代基，且两个取代基也处于对位的位置，一个为–OCH_3，则另一个取代基为–$CH_2CH(OH)CH_3$，由此可得到化合物 B 的结构。根据反应亦可推断其余 4 个化合物的结构。所以化合物 A ~ E 的结构式为：

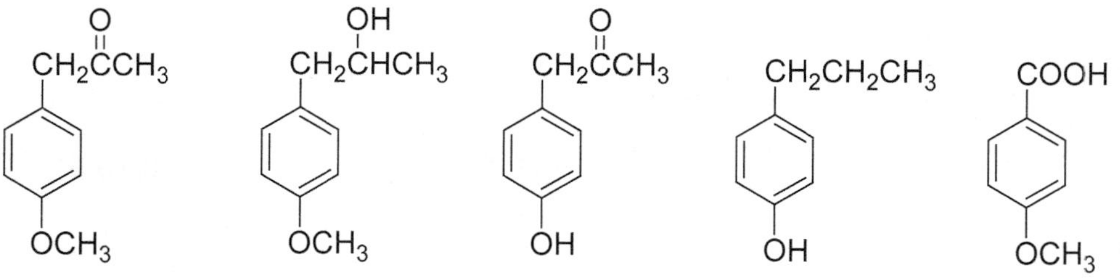

A　　B　　C　　D　　E

【例 21-60】　一芳香族化合物 A，分子式为 $C_9H_{11}NO_2$，A 用稀碱水解得到化合物 B 和一分子乙酸盐。B 进行重氮化反应，并在过量烯酸中加热至 100℃得化合物 C。C 用等摩尔量氢碘酸处理得碘甲烷和 D，D 用重铬酸钾处理转变为对苯醌。试写出化合物 A ~ D 的构造式。

解　化合物 D 被重铬酸钾氧化为对苯醌，则可推断化合物 D 为对苯二酚。D 是通过 C 与 HI 反应得到的，说明 C 的结构为对甲氧基苯酚。化合物 A 的不饱和度 $\Omega=1+9+(1-11)/2=5$，说明 A 的结构中除了苯环的结构外，还具有一个双键的结构。B 可以进行重氮化反应，说明 B 的结构中具有$-NH_2$，A 水解得到 B 以及乙酸盐结构，说明 A 的结构中含有乙酰氨基的结构。所以化合物 A ~ D 的结构式为：

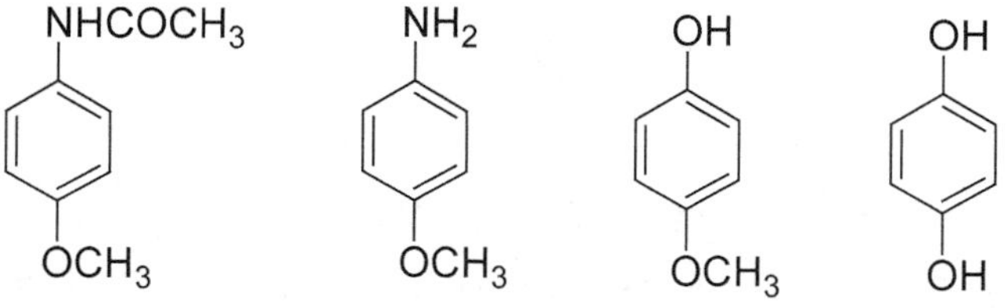

A　　B　　C　　D

【例 21-61】　化合物 A 的分子式为 C_7H_{14}，经酸性高锰酸钾氧化得到化合物 B 和 C，B 的红外光谱在 1718 cm^{-1}处有一强吸收峰；C 的红外光谱在 3400 ~ 2900 cm^{-1}处有一强宽峰，在 1716 cm^{-1}处也有一强吸收峰。B 的 ^1H NMR 数据为 δ(ppm)：2.4(q，2H)，2.1(s，3H)，1.0(t，3H)；C 的 ^1H NMR 数据为 δ(ppm)：11.7(s，1H)，2.4(q，2H)，1.1(t，3H)。试写出化合物 A ~ C 的结构式。

解　化合物 A 的不饱和度为 $\Omega=1+7+(0-14)/2=1$，且能被高锰酸钾氧化，则 A 的结构中含有 C═C。B 的红外光谱在 1718 cm^{-1}处有一强吸收峰，说明 B 中含有 C═O 结构，从而证明 B 为酮类化合物；C 的红外光谱在 3400 ~ 2900 cm^{-1}处有一强宽峰，说明有$-OH$结构，在 1716 cm^{-1}处也有一强吸收峰，说明同时含有 C═O 结构，则化合物 C 为羧酸。B 的核磁数据 2.4(q，2H)，为$-CH_2-$结构，且邻碳上有 3 个等价质子，1.0(t，3H)，为$-CH_3$结构，且邻碳上有 2 个等价质子，推断出为$-CH_2CH_3$结构，且亚甲基与羰基碳直接相连，2.1(s，3H)处为$-CH_3$结构，单峰表明甲基与羰基碳相连；化合物 C 的核磁数据 11.7(s，1H)处，为羧基的氢原子，2.4(q，2H)和 1.1(t，3H)说明 C 中含有$-CH_2CH_3$结构。因此化合物 A ~ C 的结构式为：

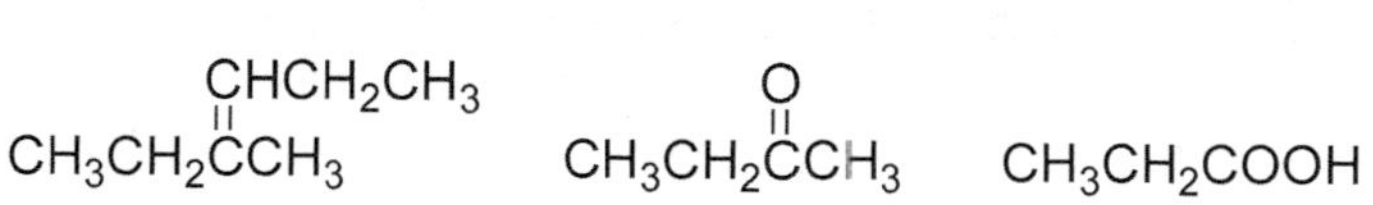

A　　B　　C

【例 21-62】　化合物 A($C_7H_{12}O$)，可以加 1 mol 溴，又能与 $H_2NNHC_6H_5$ 作用，A 经碘仿反应再经酸性水解后生成碘仿和一个酸 B，B 也可以与 1 mol 溴加成，B 氧化生成一个二元酸 C 和一个中性化合物 D，二元酸 C 受热生成乙酸和 CO_2，中性物 D 和 $NaHSO_3$ 作用生成白色沉淀，D 也能发生卤仿反应，生成黄色沉淀和乙酸盐。写出 A ~ D 的结构式。

解　化合物 C 为二元羧酸，且受热脱羧得到乙酸和 CO_2，则可得到 C 为 $HOOCCH_2COOH$。D 发生卤仿反应得到卤仿与乙酸盐，则 D 为 CH_3COCH_3。化合物 A 的不饱和度为 $\Omega=1+7+(0-12)/2=2$，可与溴加成、与氨基化合物反应，说明分子结构中有 C═C 与 C═O，且能发生卤仿反应，结构中含有 CH_3CO—片段，发生卤仿反应后，得到酸性化合物 B，B 中的 C═C 发生氧化断裂得到丙二酸与丙酮。因此可推断出 A、B 的结构式依次为：

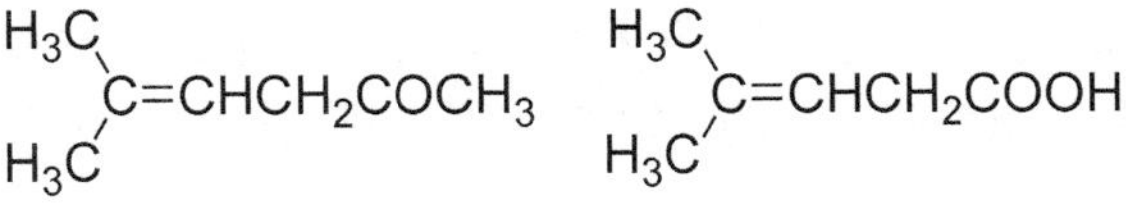

【例 21-63】 化合物 A($C_5H_{12}O$)可发生碘仿反应，A 被高锰酸钾氧化生成分子式为 $C_5H_{10}O$ 的化合物 B，B 与苯肼反应生成腙。A 与硫酸共热则生成分子式为 C_5H_{10} 的化合物 C，C 的臭氧化还原水解产物中有丙酮。试推测化合物 A ~ C 的结构式。

解　化合物 A 的不饱和度 $\Omega=1+5+(0-12)/2=0$，说明 A 为饱和的结构，又因 A 能够发生碘仿反应，所以 A 的结构中含有片段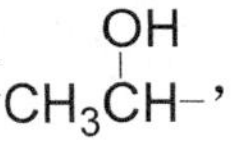，因此剩余 3 个碳原子的排列只有两种，即异丙基和正丙基，则化合物 A 的结构可能为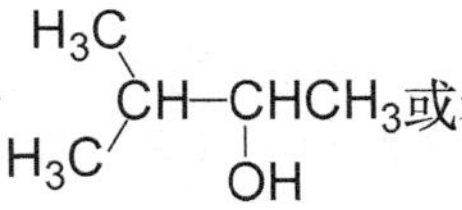或者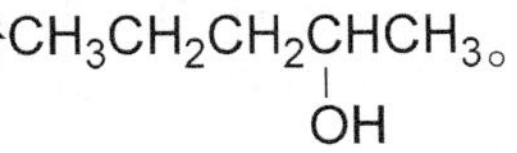。A 与硫酸共热发生消除反应得到烯烃 C，且 C 臭氧化还原水解得到丙酮，说明 A 的结构为第一种。所以三种化合物的结构式分别为：

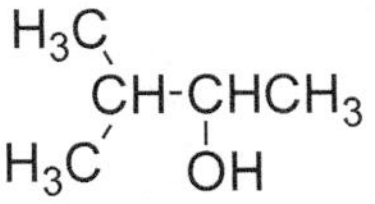
A

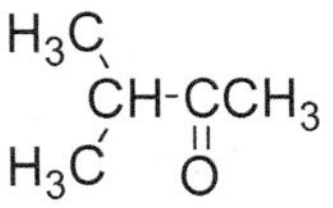
B

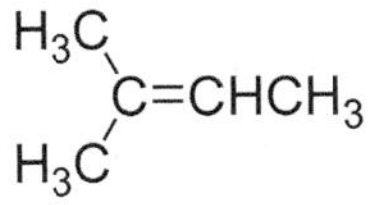
C

【例 21-64】　化合物 A 具有旋光性，与溴能够发生加成反应，且得到的三溴代产物 B 也具有旋光性。A 与 NaOH 的醇溶液共热后生成化合物 C，C 能使溴的四氯化碳溶液褪色，化合物 C 无旋光性，C 与丙烯腈反应可得到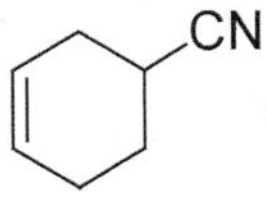。试写出化合物 A ~ C 的结构式。

解　化合物 C 与丙烯腈反应得到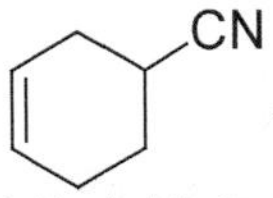，发生的为 Diels-Alder 反应，C 作为双烯体，为丁-1,3-二烯。A 能与溴加成，说明结构中具有 C═C；加成得到三溴代产物，说明 A 为溴代丁烯，发生消除反应得到丁-1,3-二烯，则 A 的结构可能为 $H_2C{=}CHCH_2CH_2Br$ 或者 $H_2C{=}CHCH_2CH(CH_3)Br$。又因 A 具有手性，所以 A 的结构为第二种，从而可得到 B 的结构。化合物 A ~ C 的结构式分别为：

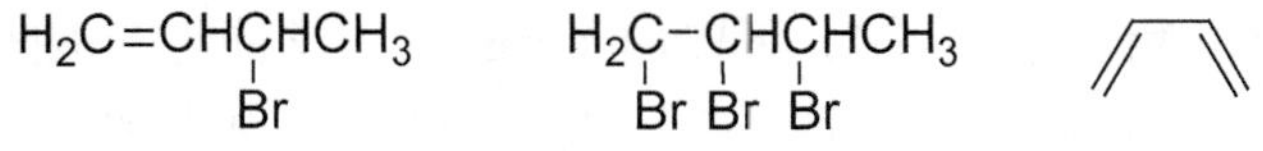

A　　B　　C

【例 21-65】 有一化合物，分子式为 $C_{15}H_{17}N$，用对甲苯磺酰氯和氢氧化钾处理后，无明显变化，这个混合物酸化后得一澄清溶液，化合物的核磁数据为 7.1(5H，m)，6.7(5H，m)，4.3(2H，s)，3.2(2H，q)，1.2(3H，t)。试推测化合物的结构。

解　化合物的不饱和度为 Ω=1+15+(1–17)/2=8，高不饱和度，表明该化合物中可能存在芳环结构。该胺类化合物不与对甲苯磺酰氯反应，说明为叔胺的结构。根据核磁数据 7.1(5H，m)和 6.7(5H，m)，说明为两个苯环结构，且每个苯环为单取代。3.2(2H，q)和 1.2(3H，t)说明化合物结构中有–CH_2CH_3，且连在 N 原子上。4.3(2H，s)为亚甲基结构，且相邻原子上没有氢原子，且化学位移在较低场区，说明与芳环以及 N 原子相连。因此该化合物的结构式为：

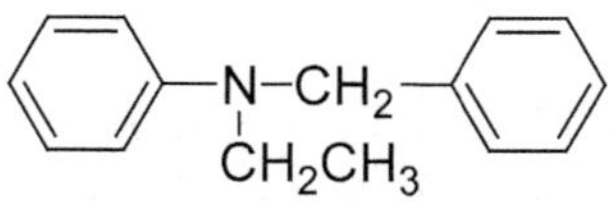

【例 21-66】 化合物 A(C_9H_8)能与硝酸银的氨溶液反应产生银镜。A 催化加氢得到化合物 B(C_9H_{12})，将 B 用高锰酸钾氧化得酸性化合物 C($C_8H_6O_4$)，C 加热得化合物 D($C_8H_4O_3$)。若将 A 与丁-1,3-二烯作用，则得到另一不饱和化合物 E，E 催化脱氢得 2-甲基联苯。试写出 A ~ E 的结构式。

解　化合物 A 的不饱和度 Ω=1+9+(0–8)/2=6，能与硝酸银的氨溶液反应产生银镜，说明含有结构片段—C≡CH 。A 中的炔键与丁-1,3-二烯发生 Diels-Alder 反应，得到 E，E 催化脱氢得到 2-甲基联苯，从而可得到 E 的结构为 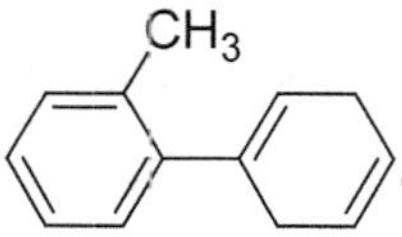。因此 A ~ E 结构式为：

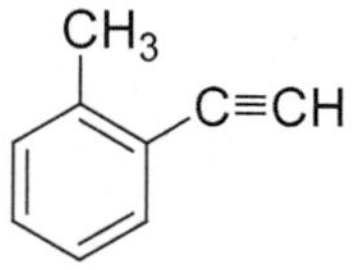
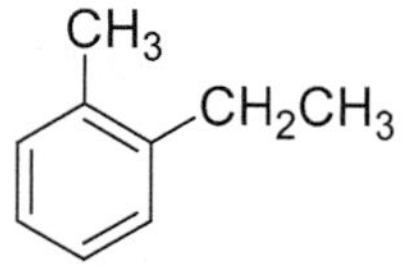
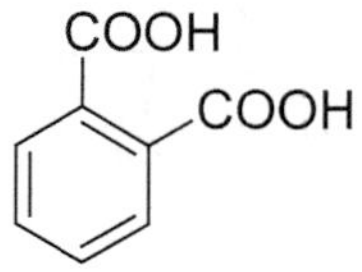
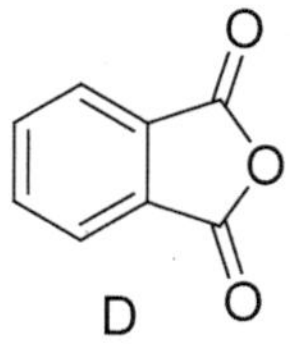
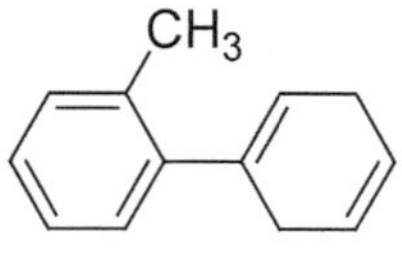

A　　B　　C　　D　　E

【例 21-67】 化合物 A($C_{10}H_{13}NO$)的核磁氢谱数据为 δ(ppm)：7.2(d，2H)，7.4(d，2H)，3.1(s，3H)，2.2(s，3H)，1.8(s，3H)。A 不溶于稀酸的水溶液，A 与 NaOH 水溶液加热后，酸化产生乙酸和一个铵盐。铵盐中和后可得到游离胺 B($C_8H_{11}N$)。B 高压下催化氢化得到化合物 C($C_8H_{17}N$)，C 与 2 mol 碘甲烷反应，再与湿的氧化银作用，然后加热产生三甲胺和 3-甲基-1-环己烯。试推测化合物 A ~ C 的结构式。

解　化合物 A 的不饱和度 Ω=1+10+(1–13)/2=5，A 不溶于稀酸的水溶液，表明 A 不是胺类化合物。A 与 NaOH 水溶液加热后，酸化产生乙酸和一个铵盐，说明 A 中有结构单元 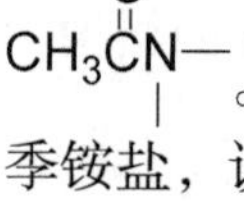。B 高压下发生苯环上的催化氢化反应得到 C。C 能够与 2 mol 碘甲烷反应，得到季铵盐，说明 C 为仲胺，从而逆推得到 A 中的酰胺结构 N 原子上无氢原子。A 的核磁数据 7.2(d，2H)和 7.4(d，2H)，表明 A 有苯环结构，且苯环上有两个处于对位的取代基。从而 B 与 C

中六元环上的两个取代基也处于对位的位置。C 相应的季铵碱发生霍夫曼消除得到三甲胺和 3-甲基-1-环己烯，说明 N 原子直接与六元环相连，且与六元环上的甲基处于对位位置，则

C 的结构为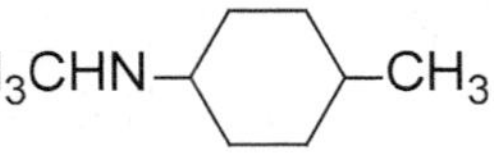，B 的结构为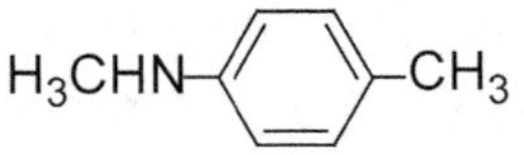

3.1(s，3H)，2.2(s，3H)，1.8(s，3H)为三个–CH_3 结构，除了酰胺中的甲基，N 原子上与苯环上各连有一个甲基，则 A 的结构为

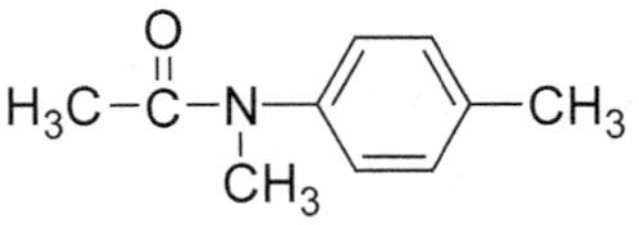

【例 21-68】 化合物 A($C_{11}H_{17}NO_3$)的核磁氢谱数据为 δ(ppm)：1.0(s，2H)，2.8(m，4H)，3.8(s，9H)，6.8(s，2H)，A 与盐酸作用生成分子式为 $C_{11}H_{18}ClNO_3$ 的复合物。A 经彻底甲基化和霍夫曼降解生成三甲胺和化合物 B($C_{11}H_{14}O_3$)。B 经臭氧化分解得到甲醛和醛 C($C_{10}H_{12}O_4$)，C 与 HI 共热生成碘甲烷和 3,4,5-三羟基苯甲醛。试推测化合物 A ~ C 的结构式。

解　化合物 C 与 HI 反应，生成碘甲烷和 3,4,5-三羟基苯甲醛，发生醚键断裂，则 C 的结构为

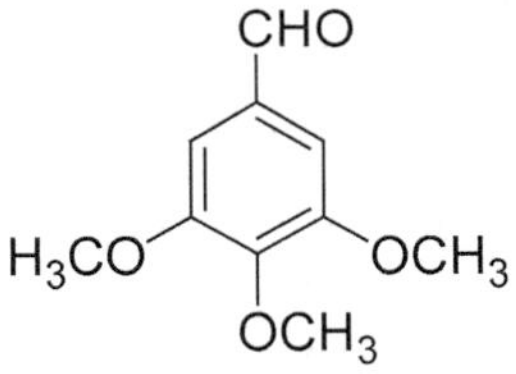

B 经臭氧化分解得到甲醛与 C，则 B 的结构为

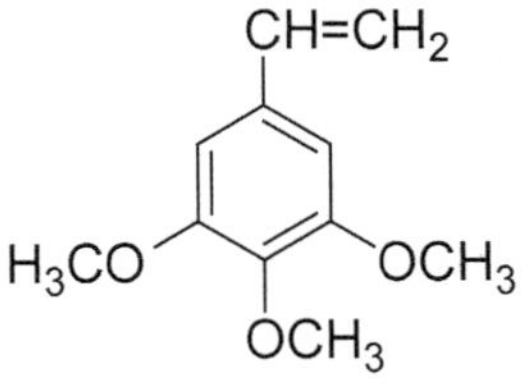

A 经彻底甲基化和霍夫曼降解生成三甲胺和化合物 B，则 A 的结构可能是

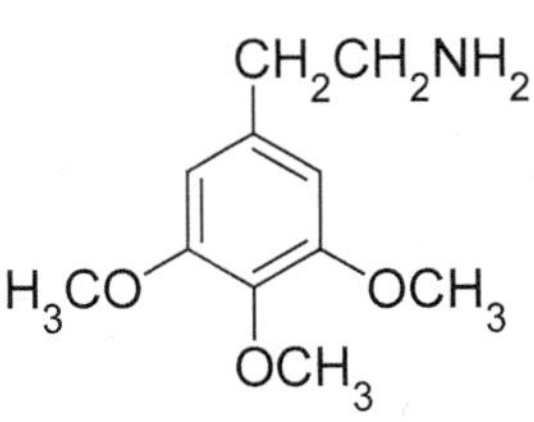　或者　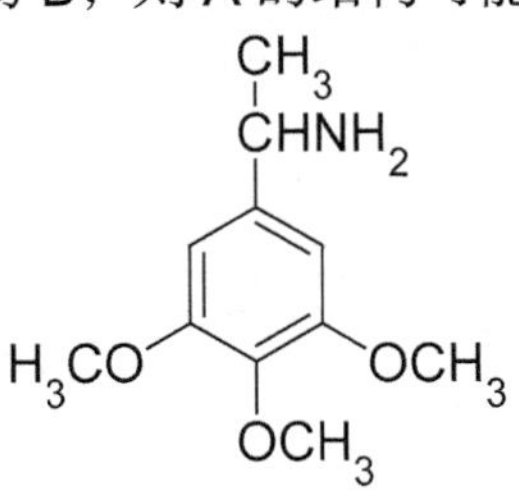

根据核磁数据，则 A 的结构为第一个

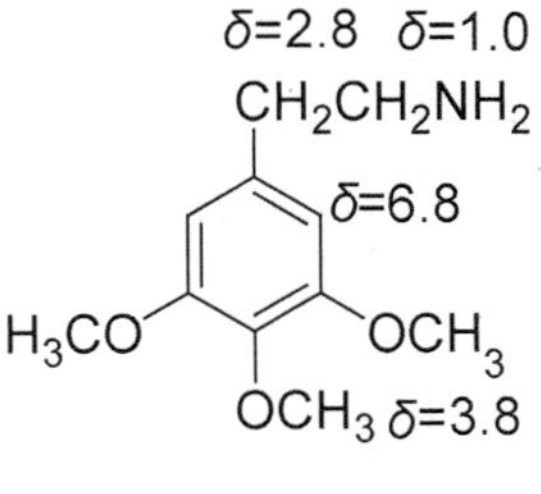

【例 21-69】　分子式为 $C_7H_{12}O$ 的饱和酮 A 与甲基碘化镁作用，生成分子式为 $C_8H_{16}O$ 的醇 B，B 在酸性条件下脱水生成分子式为 C_8H_{14} 的两种烯烃 C 和 D。C 能通过 A 与磷叶立德试剂 CH_2=PPh_3 的 Witting 反应来制备。D 以臭氧化还原水解后变为酮醛 E($C_8H_{14}O_2$)，E 能够被湿的 Ag_2O 氧化为酮酸 F($C_8H_{14}O_3$)，用溴的 NaOH 溶液处理 F，得到产物 3-甲基己二酸。试推测化合物 A ~ F 的结构式。

解　化合物 F 用溴的 NaOH 溶液处理，发生卤仿反应得到产物 3-甲基己二酸，则推断 A 的结构为

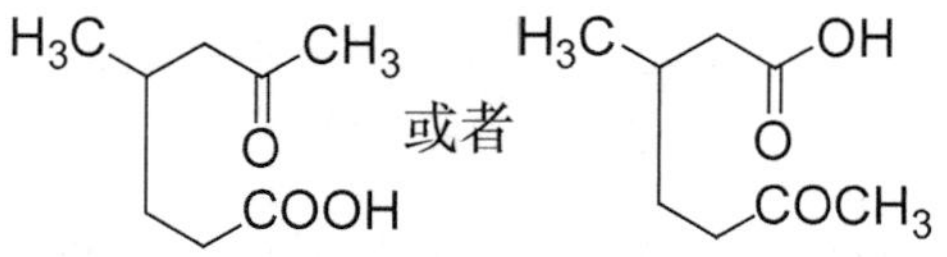

则 E 的结构为

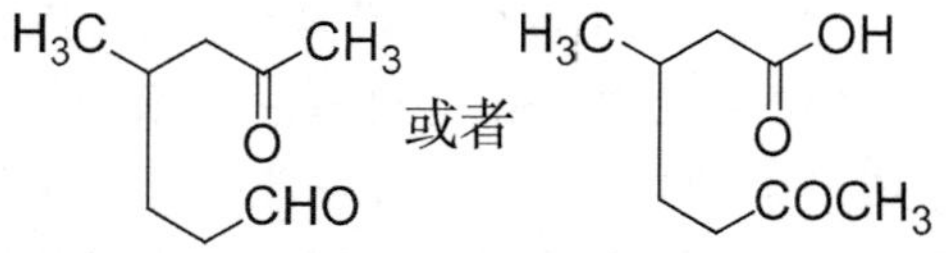

D 通过氧化还原水解后变为 E，则 D 的结构为

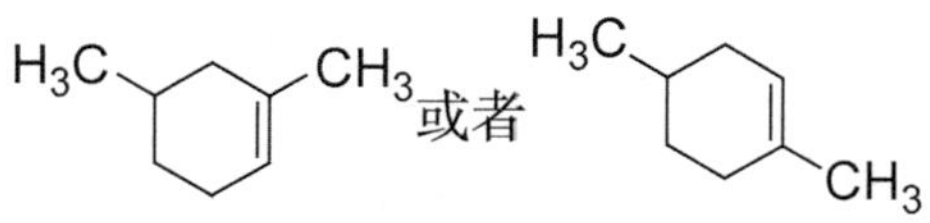

则 B 的结构可能为

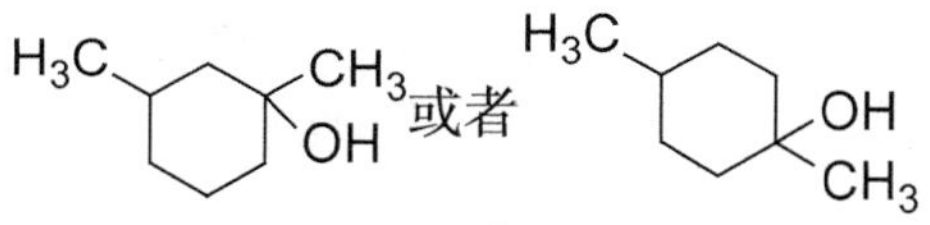

B 酸性条件下脱水只能得到两种烯烃，第一个结构：

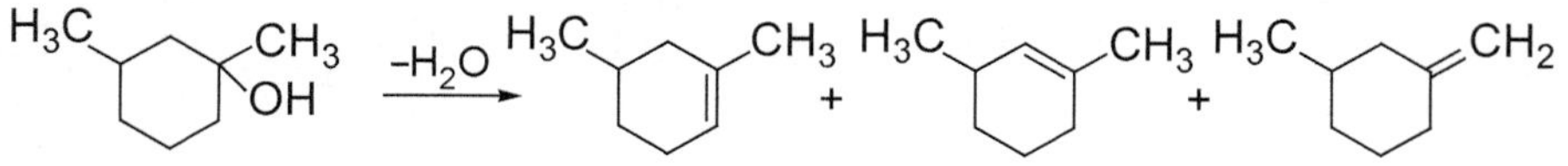

第二个结构脱水：

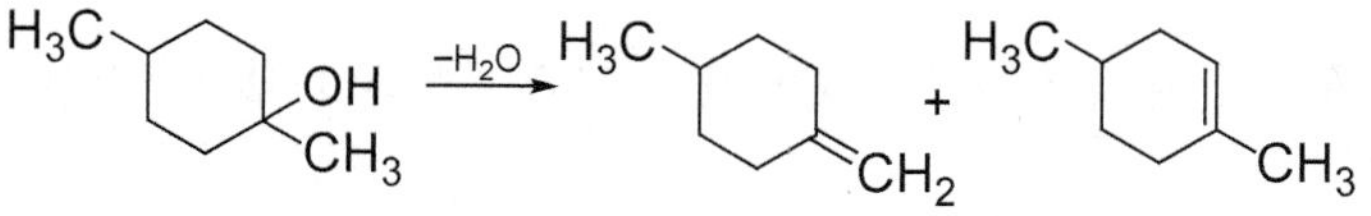

因此化合物 A ~ F 的结构分别为：

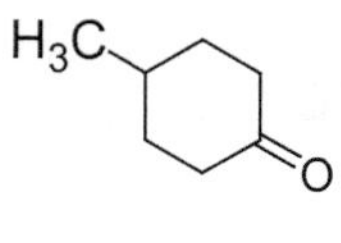
A

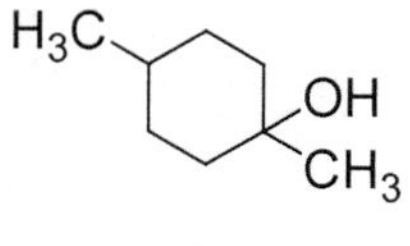
B

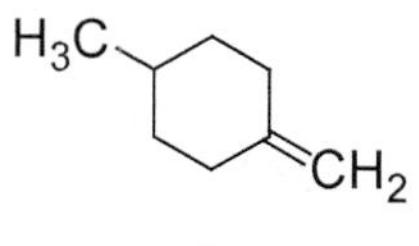
C

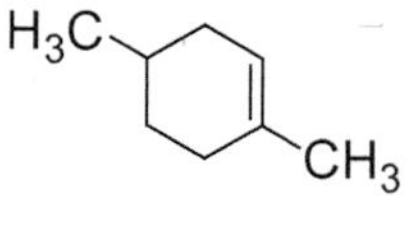
D

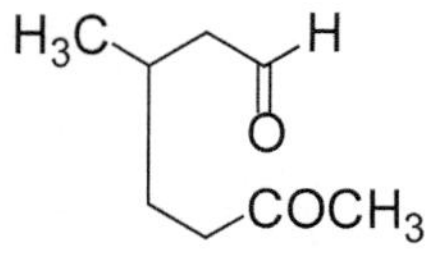
E

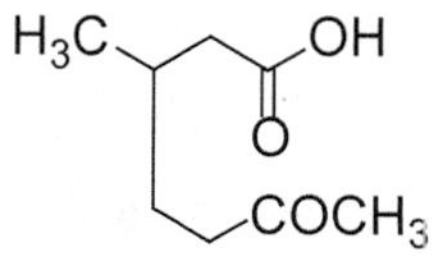
F

【例 21-70】　不饱和化合物 A($C_{16}H_{16}$)与 OsO_4 反应，得到化合物 B($C_{16}H_{18}O_2$)，B 与高

碘酸反应生成 C(C_8H_8O)，C 经黄鸣龙还原得到化合物 D(C_8H_{10})，D 发生硝化反应只能生成一种单硝基化合物。B 用无机酸处理能重排为 E($C_{16}H_{16}O$)，E 用湿的 Ag_2O 氧化得到酸 F($C_{16}H_{16}O_2$)。试推测化合物 A ~ F 的结构式。

解　化合物 A 的不饱和度 Ω=1+16+(0−16)/2=9，说明分子内可能有芳环结构。能够与 OsO_4 反应，并增加两个 H 原子、两个 O 原子，表明 A 中含有 C═C 的结构，被 OsO_4 氧化为邻二醇。邻二醇 B 在高碘酸的氧化作用下发生 C−C 断裂，只得到一种产物，即含有 C═O 的化合物 C，说明化合物 A 与 B 结构对称。C 经黄鸣龙反应将 C═O 还原为亚甲基结构。化合物 D 的不饱和度 Ω=1+8+(0−10)/2=4，且 D 能发生硝化的取代反应，说明 D 中含有苯环结构。剩下两个碳原子，可能为−CH_2CH_3或者两个−CH_3，D 的硝化取代产物只有一种，则

D 的结构为 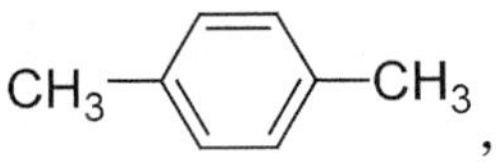，C 的结构为 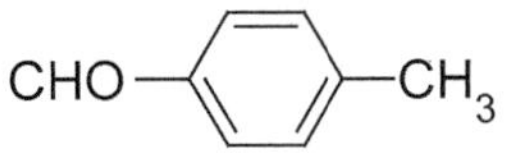

则可逆推得到 A 与 B 的结构：

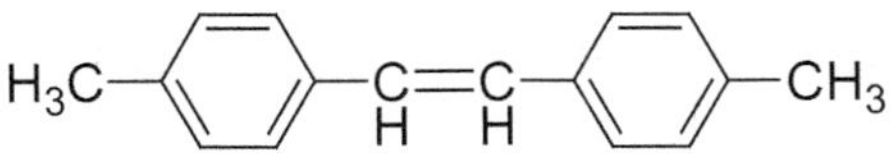

A

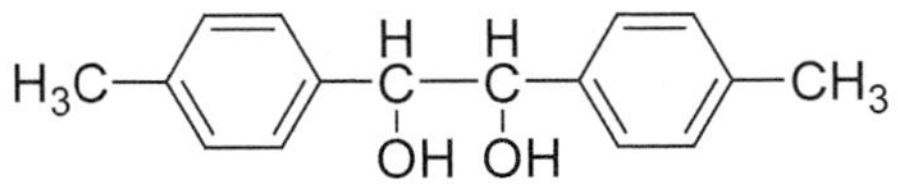

B

B 在酸性条件下发生邻二醇的重排反应得到 E，则 E 的结构为

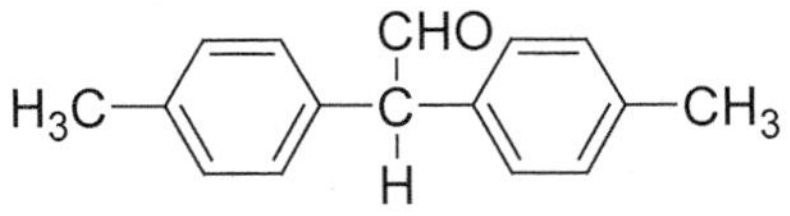

E 发生氧化反应得到 F，则 F 的结构为

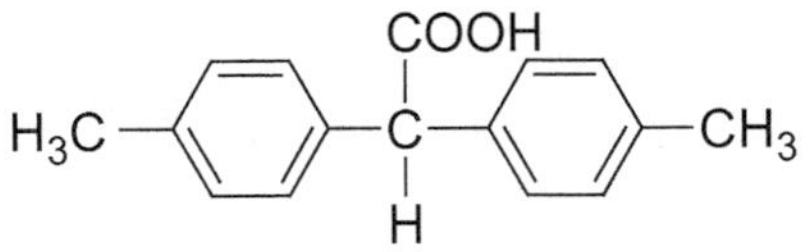

【例 21-71】　化合物 A($C_8H_{14}O$)可使溴水褪色，也可以与苯肼反应，但是不能与 Tollens 试剂反应得到银镜。A 经过臭氧化还原水解得到化合物 B($C_5H_8O_2$)和 C(C_3H_6O)。B 能与 Tollens 试剂反应得到银镜，可与 2 mol 羟胺反应得到二肟。C 的红外光谱在 1700 cm^{-1} 处有一强的吸收峰，核磁氢谱只有一组单峰。B 发生卤仿反应得到化合物 D($C_4H_6O_4$)和碘仿。D 加热可得到丙酸和二氧化碳。试推测化合物 A ~ D 的结构式。

解　根据化合物 A 的反应特点，表明 A 的结构中有 C═C 以及 C═O，但不是醛。化合物 C 的红外光谱在 1700 cm^{-1} 处有一强的吸收峰，核磁氢谱只有一组单峰，可推断 C 的结构为 CH_3COCH_3。B 能够发生卤仿反应，表明有甲基酮的结构，与 Tollens 试剂反应表明为醛，且与 2 mol 羟胺反应表明有两个 C═O 结构。卤仿反应得到 D，D 为二元羧酸，加热发生脱羧得到丙酸与 CO_2，则可推断 D 的结构为$CH_3\underset{\substack{|\\ COOH}}{C}HCOOH$。B 的结构为$CH_3\underset{\substack{|\\ CHO}}{C}HCOCH_3$，A 的结构为 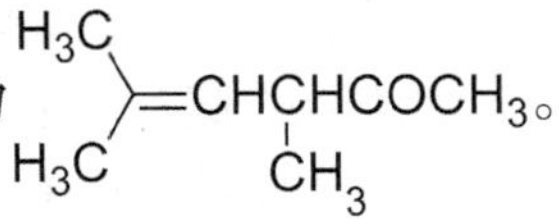。

【例 21-72】 化合物 A(C_4H_9Cl)与 NaOH 反应得到 B(C_4H_8)。B 在光照的条件下与 Br_2 反应得到化合物 C(C_4H_7Br)，C 与 NaOH 反应得到化合物 D(C_4H_8O)。其中 A 的核磁共振谱中只有一个单峰；B 有两组峰，且氢原子数为 3∶1；C 有四组峰，且氢原子数为 1∶1∶2∶3；D 有五组峰，用重水交换有一宽峰消失。试推测化合物 A～D 的结构式。

解 该题可从化合物 B 入手。B 为 4 个碳原子的单烯烃结构，则 B 的结构可能为：

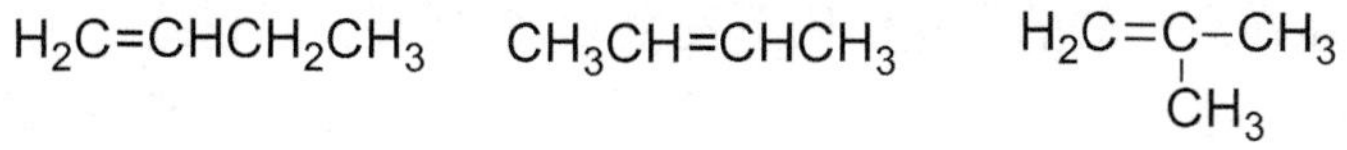

又因 B 的核磁数据只有两种氢，且个数比为 3∶1，则得到 B 的结构为

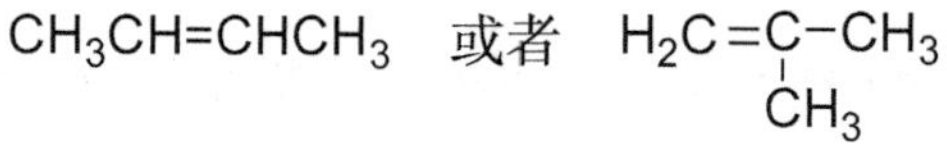

B 由化合物 A 脱 HCl 而得到，且 A 的结构中只有一种质子，则

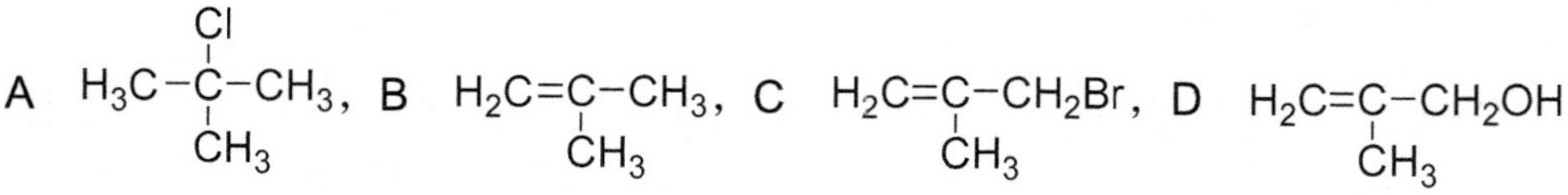

【例 21-73】 用化学方法鉴别下列化合物：

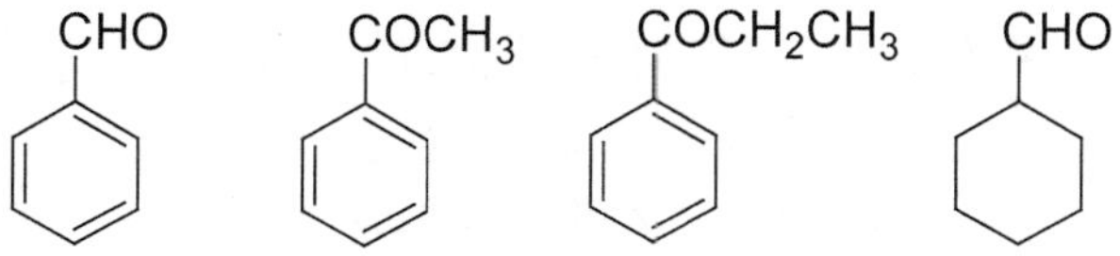

解 四个化合物可以分为两大类：醛与酮。可用 Tollens 试剂进行鉴别，醛与 Tollens 试剂反应可得到银镜，而酮没有现象。苯甲醛与环己醛又可以通过 Fehling 试剂鉴别，Fehling 试剂只能够氧化脂肪族醛，因而苯甲醛无反应，环己醛则会反应得到 Cu_2O 砖红色沉淀。可通过卤仿反应鉴别两种酮类化合物，苯乙酮为甲基酮，能够产生沉淀，而苯丙酮无现象。

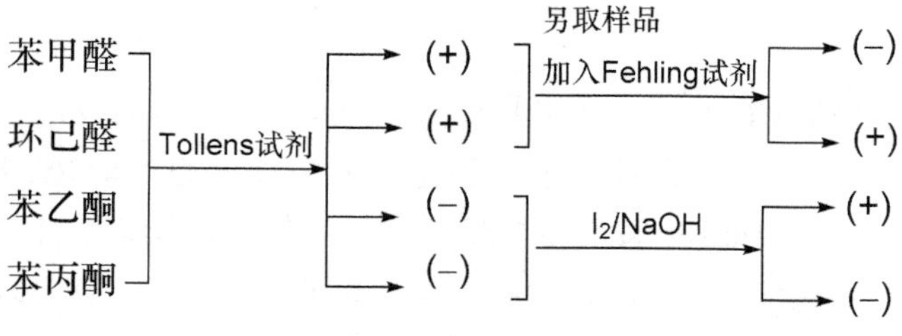

【例 21-74】 用化学方法鉴别下列化合物：

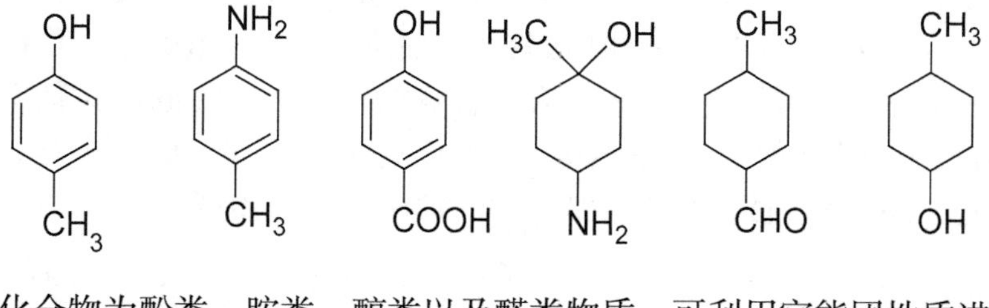

解 六个化合物为酚类、胺类、醇类以及醛类物质，可利用官能团性质进行鉴别。–OH 以及–COOH 的氢具有酸性，加入金属钠会有气泡产生。不反应的物质为对甲基苯胺以及 4-甲基环己醛，再向这两种物质中加入 Tollens 试剂，醛类物质会产生银镜。与金属钠反应的四

个化合物中对甲基苯酚与对羟基苯甲酸可用 $FeCl_3$ 显色，与两个醇类物质区分。其中对羟基苯甲酸中由于–COOH 存在，可与 Na_2CO_3 反应产生气泡，而对甲基苯酚不反应。两个醇类化合物，其中 4-氨基-1-甲基-环己醇同时含有–NH_2，可用兴斯堡反应鉴别。

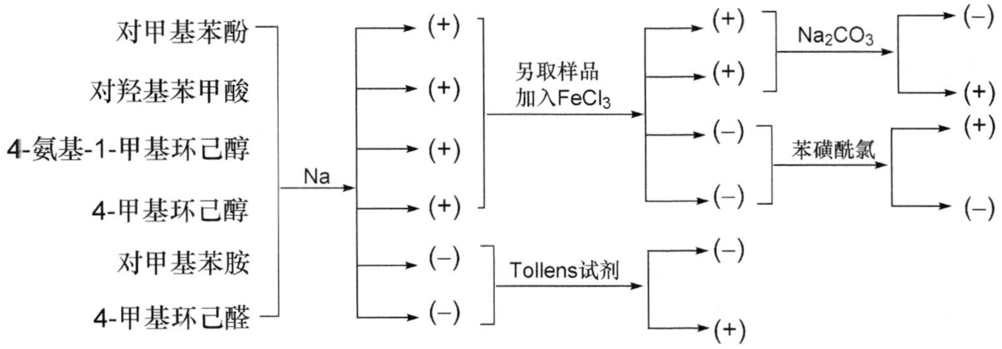

【例 21-75】　用化学方法鉴别下列化合物：

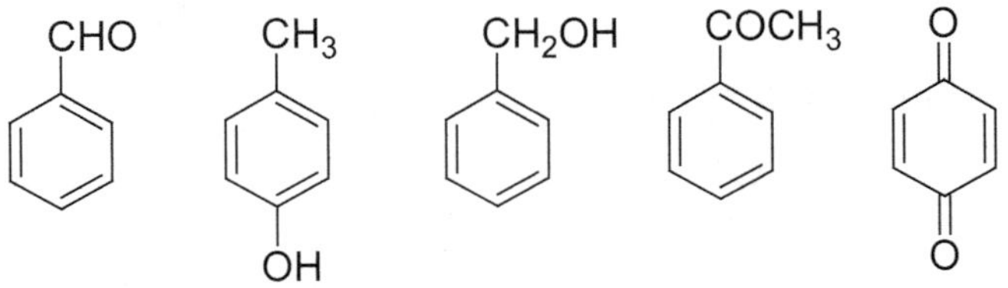

解　五个化合物中苯甲醛、苯乙酮与对苯二醌含有羰基，剩下两个化合物中一个为酚类，一个为醇类，可通过相应的反应进行鉴别。

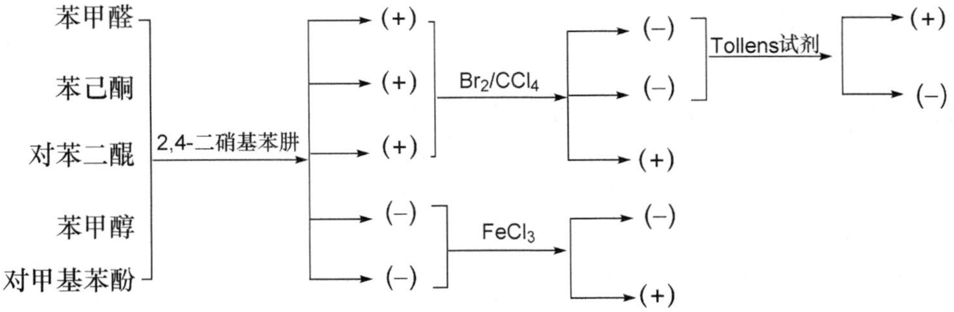

（三）反应机理解析

一、内 容 提 要

完成反应机理时的注意事项

(1) 反应机理的表述。反应机理是反应过程的详细描述，每一步反应都必须写出来，每一步反应的电子流向都必须画出来。(用箭头表示电子对的转移，用鱼钩箭头表示单电子的转移)

(2) 过渡态要用标准格式书写。一步反应的反应机理必须写出过渡态。

(3) 正确理解反应的酸、碱催化问题。

(4) 必要时考虑共振和分子轨道理论。

二、例题讲解

【例 21-76】 请为下列转换提出合理的分步反应机理。

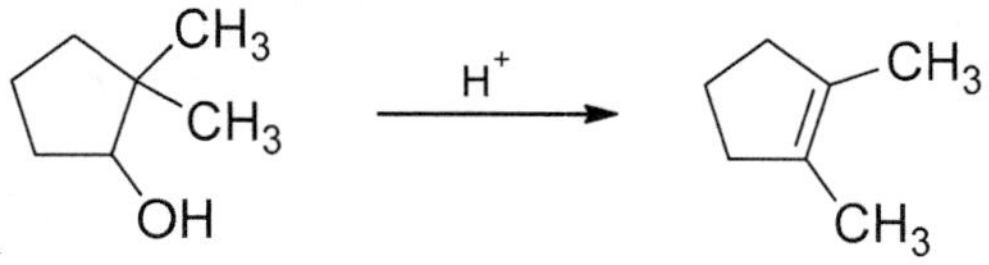

解 考核重点：E_1消除，碳正离子重排。

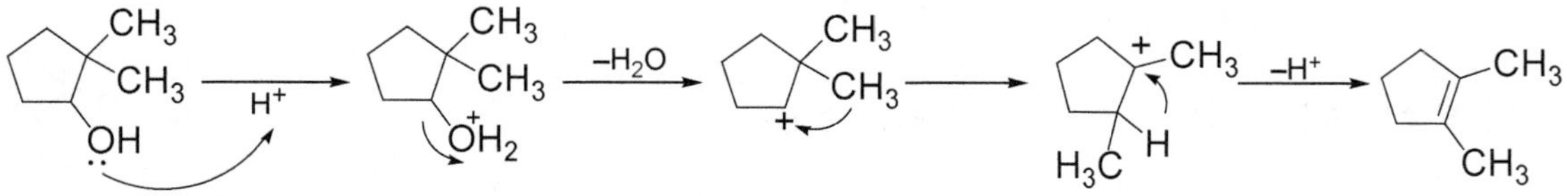

【例 21-77】 请为下列转换提出合理的分步反应机理。

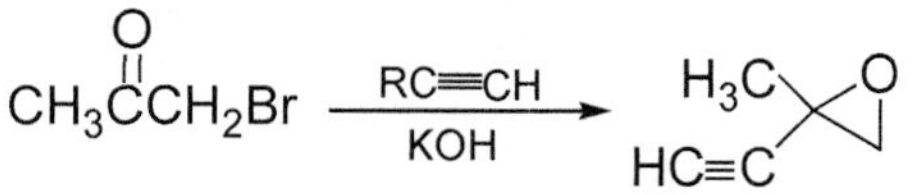

解 考核重点：酸碱反应，亲核加成，分子内 S_N2。

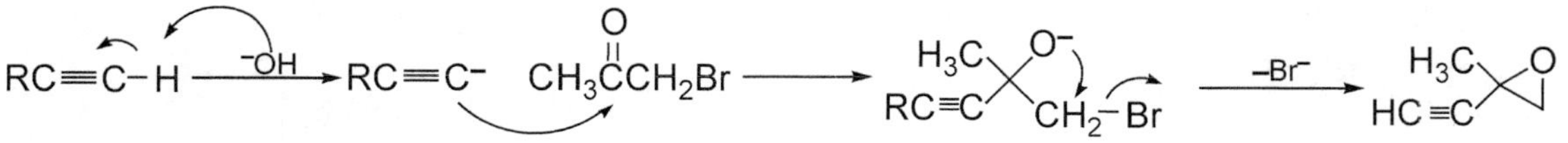

【例 21-78】 写出产物并提出合理的分步反应机理。

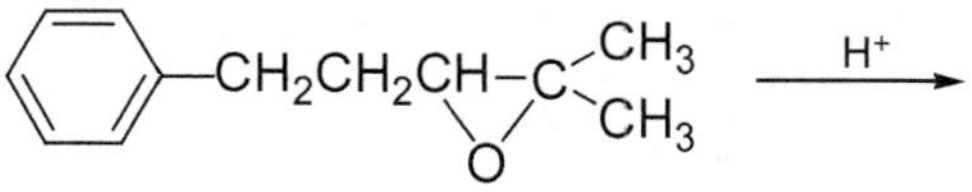

解 考核重点：环氧化合物的酸性开环，傅-克烷基化反应，醇失水，重排反应。

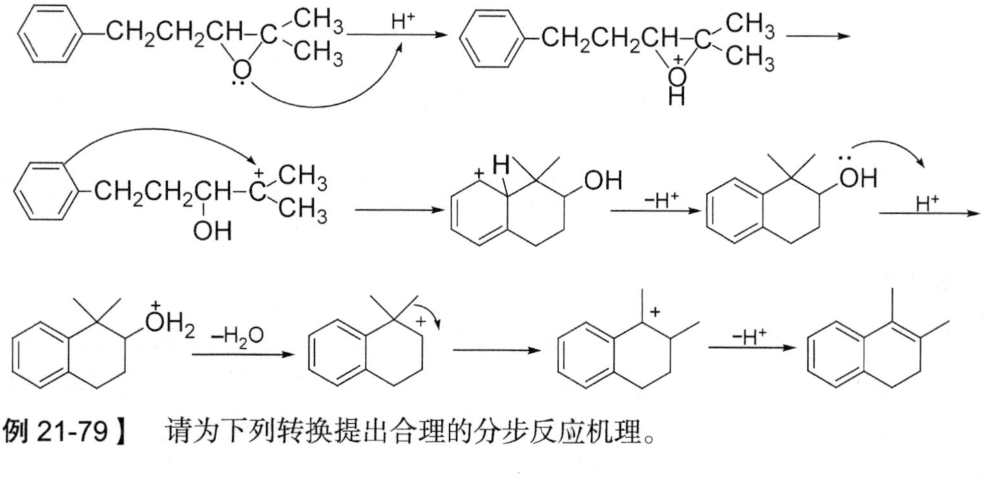

【例 21-79】 请为下列转换提出合理的分步反应机理。

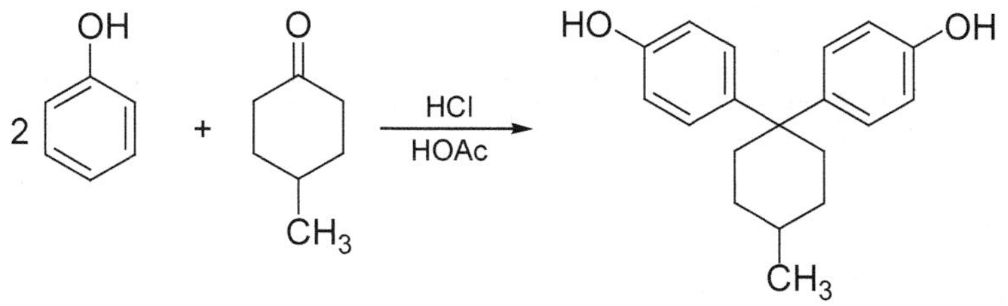

解　考核重点：傅-克烷基化反应，醇失水。

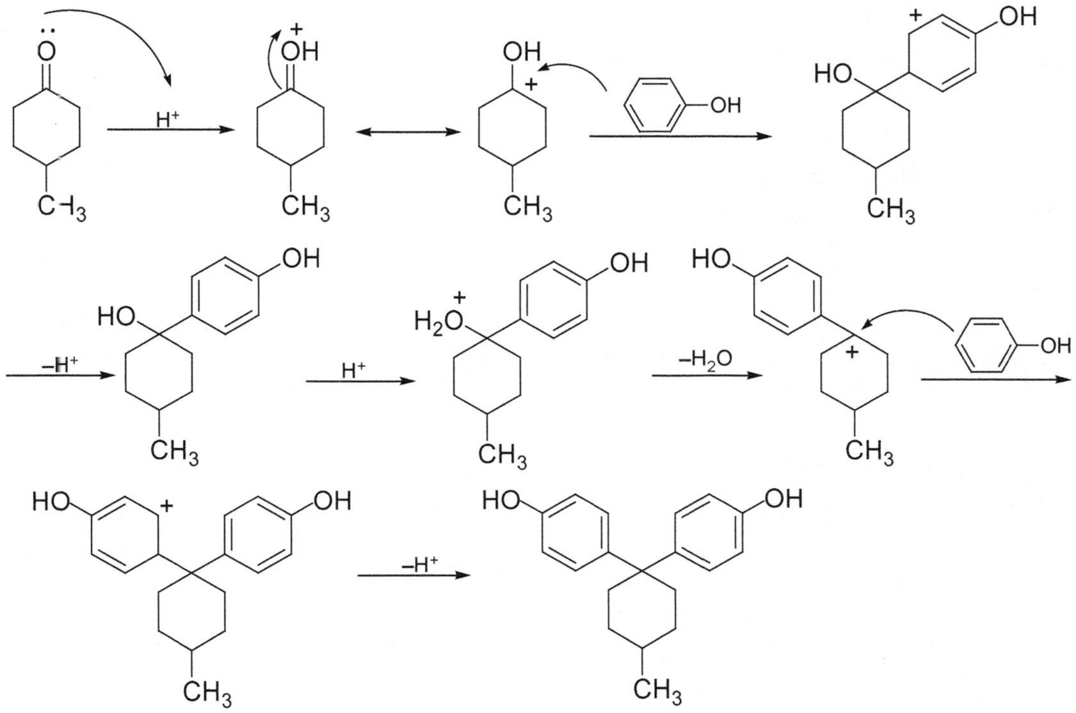

【例 21-80】　请为下列转换提出合理的分步反应机理。

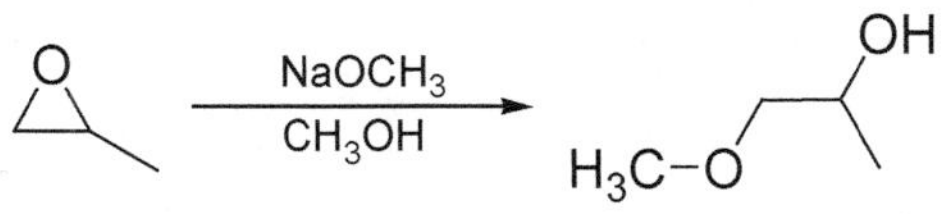

解　考核重点：环氧化合物的碱性开环，S_N2 反应。

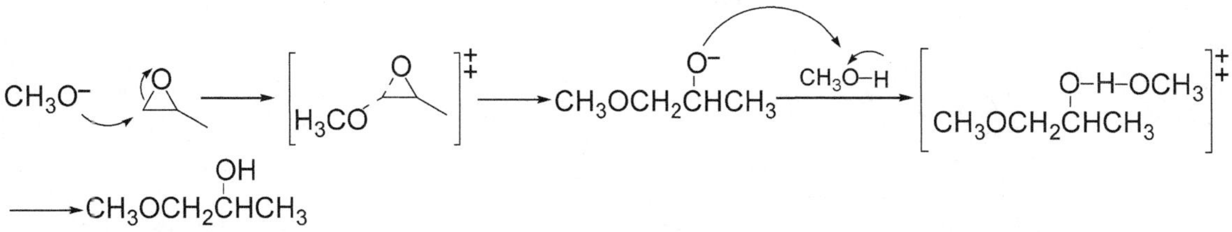

【例 21-81】　写出下列反应的反应机理。

(1)

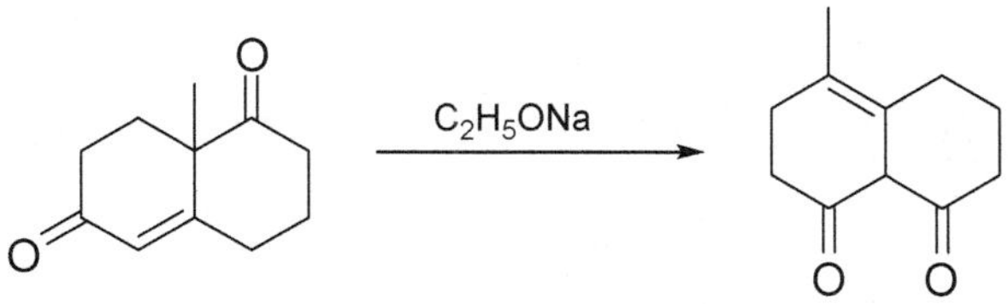

(2) 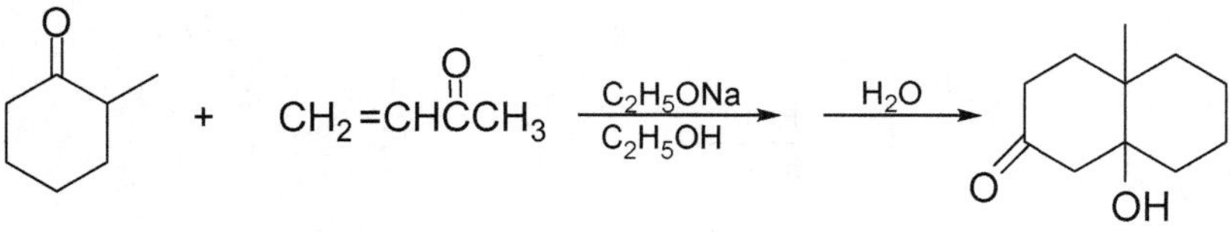

(3) 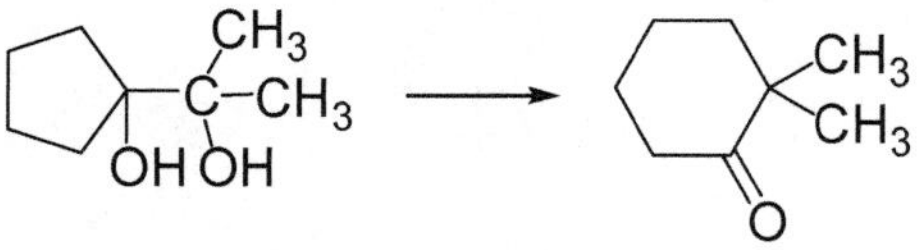

(4) 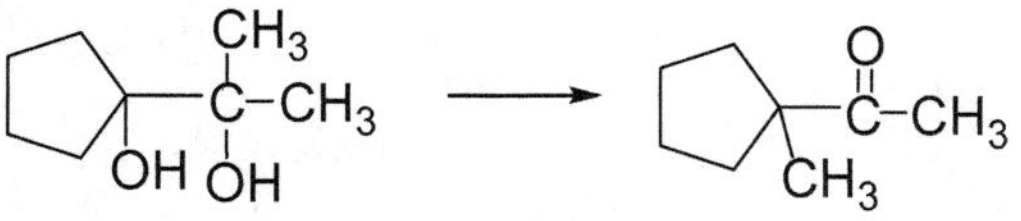

(5) 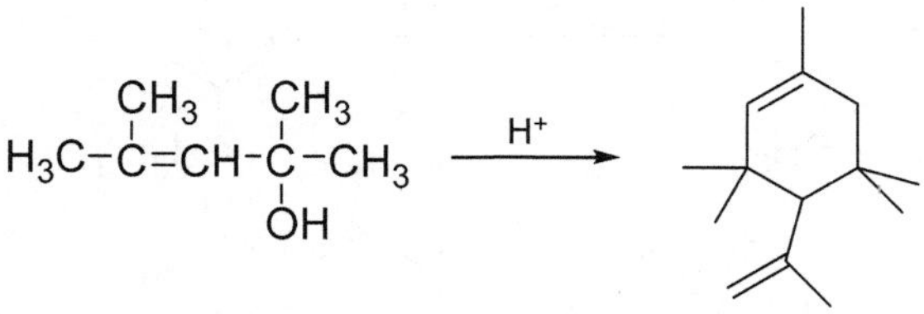

(6) 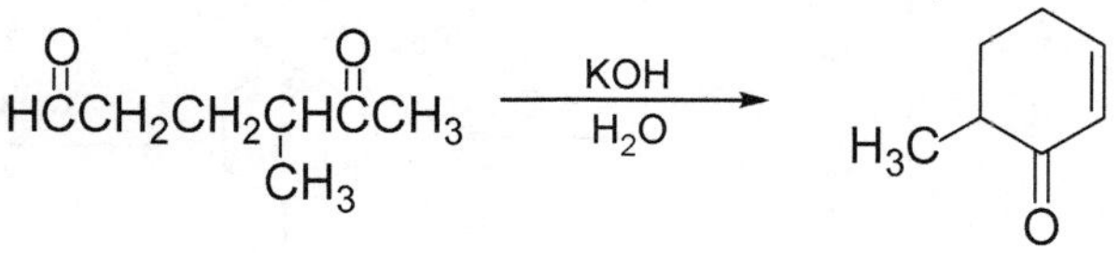

(7) 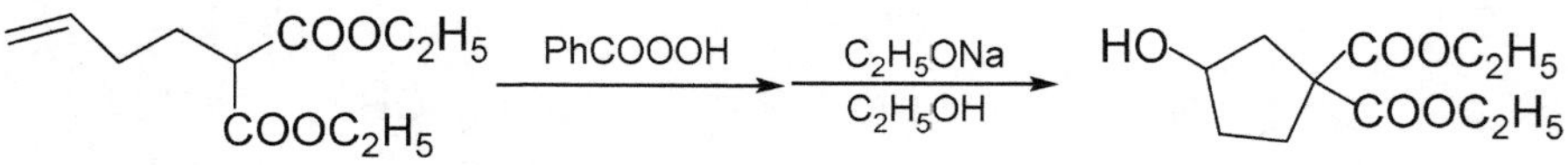

(8) 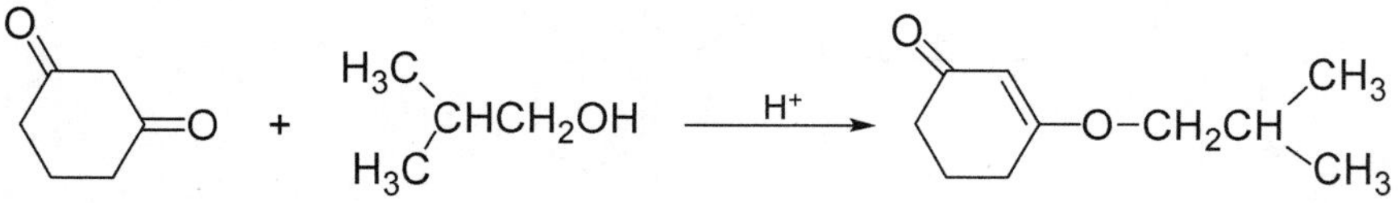

(9) 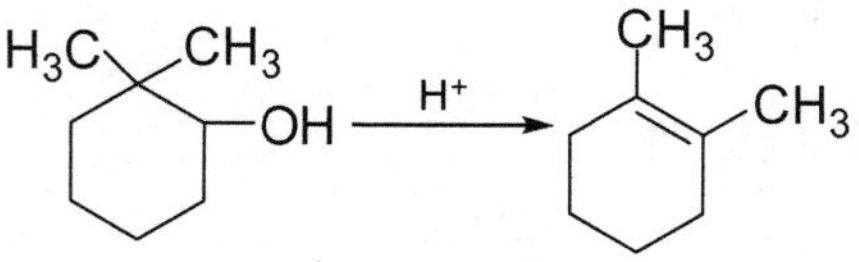

(10) 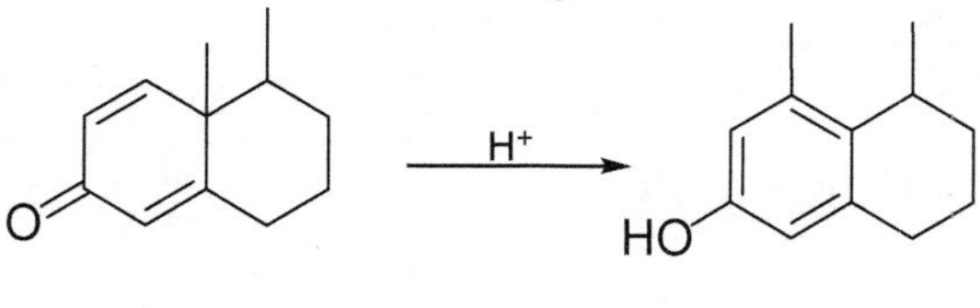

解

(1) 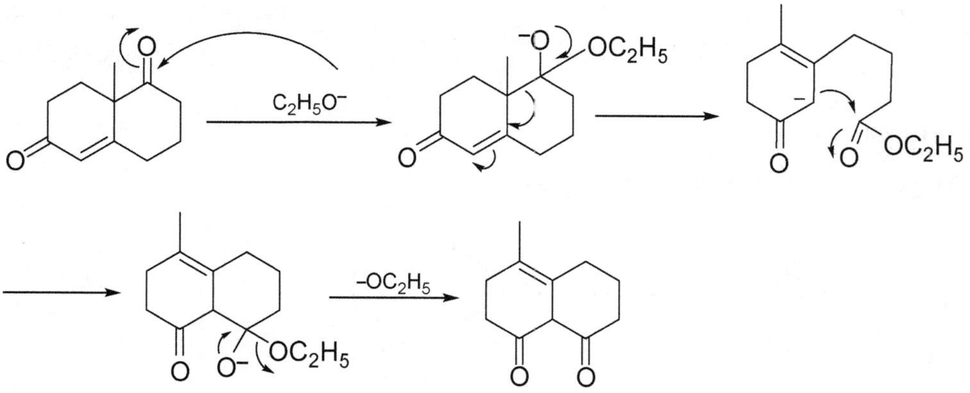

(2)
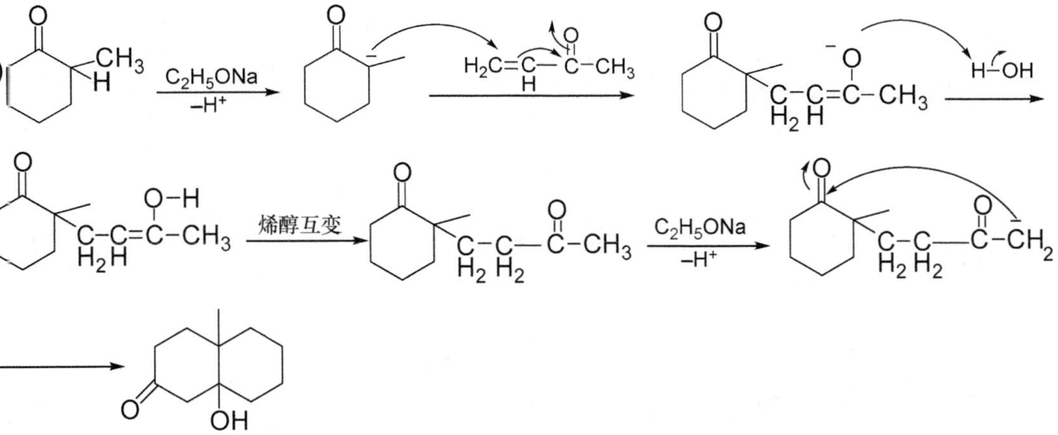

(3)
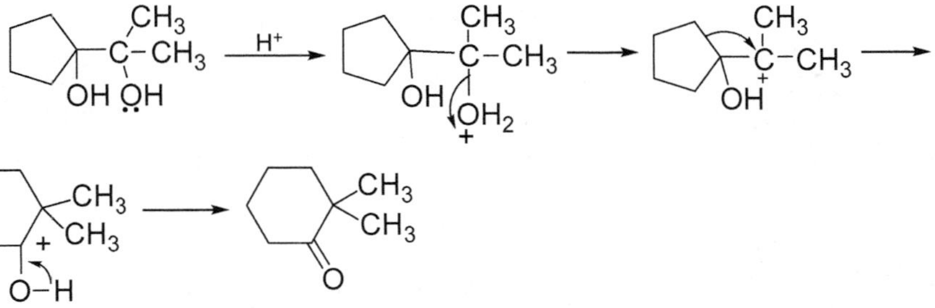

(4)
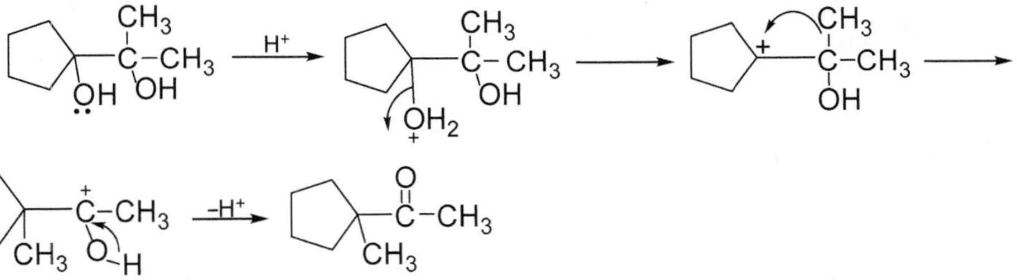

(5)
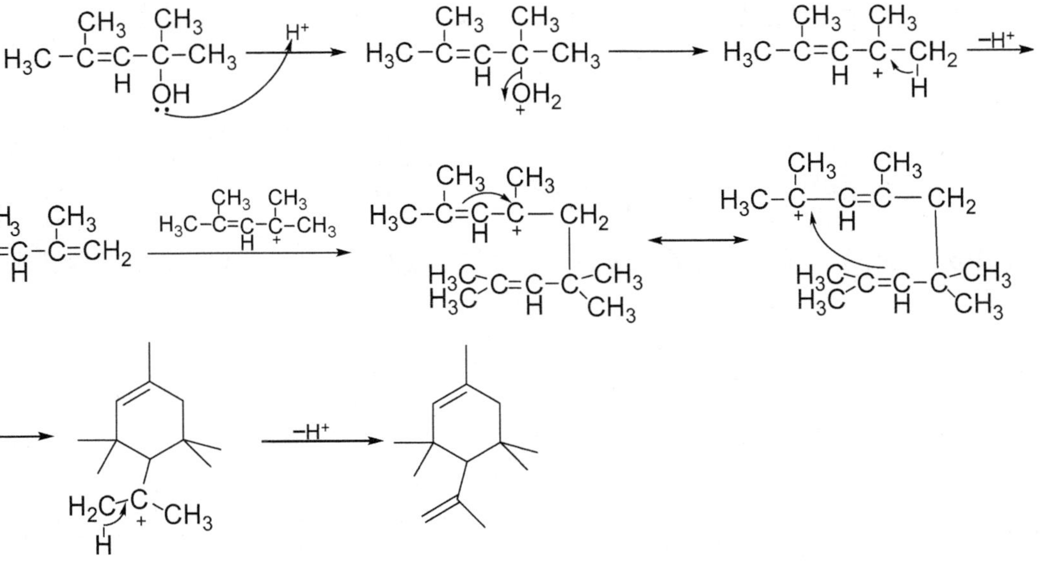

(6) 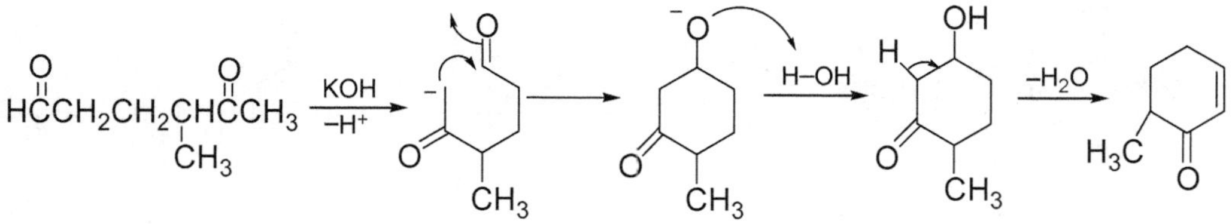

(7) 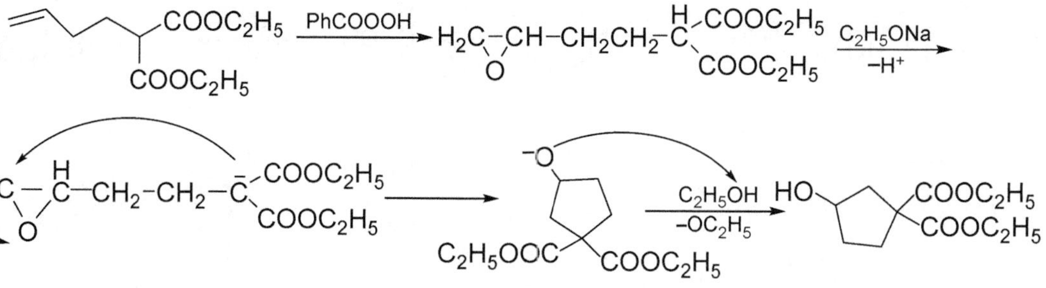

(8) 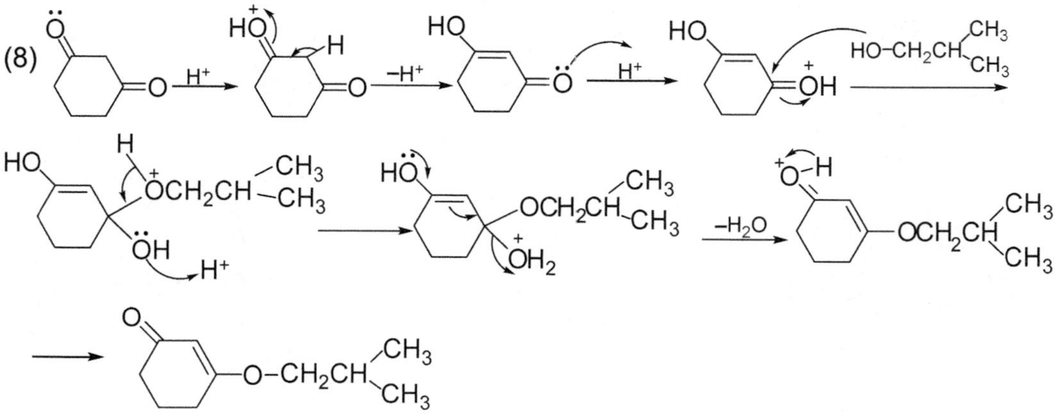

(9) 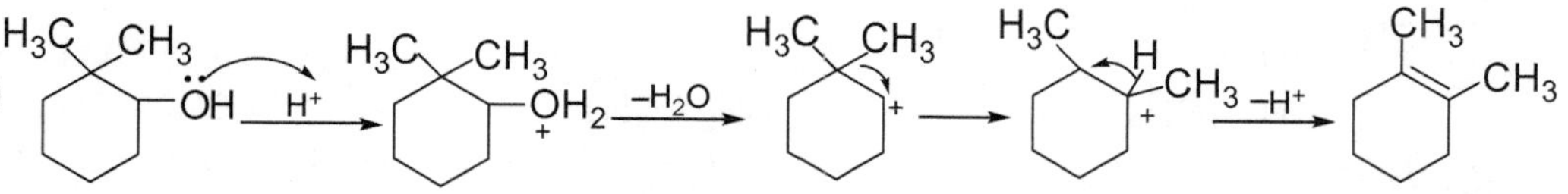

(10) 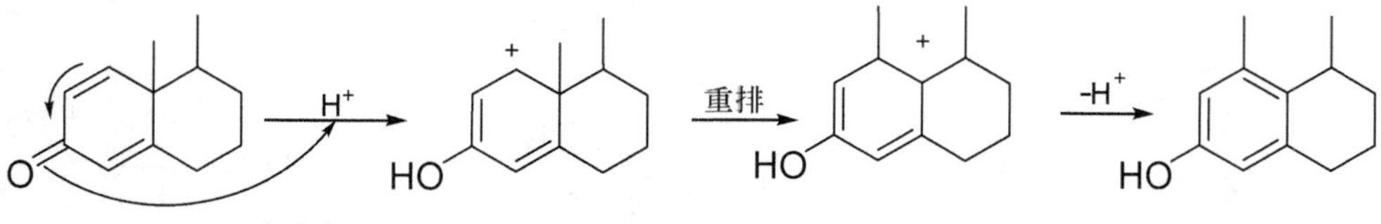

【例 21-82】　苯乙烯与稀 H_2SO_4 一起共热生成的两种化合物如下，试推测机理。

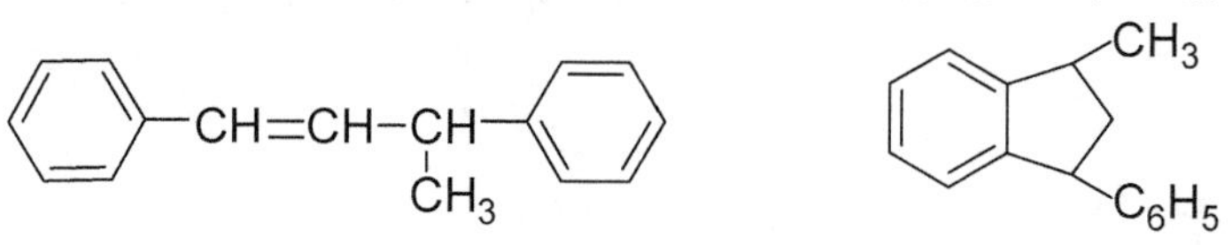

解

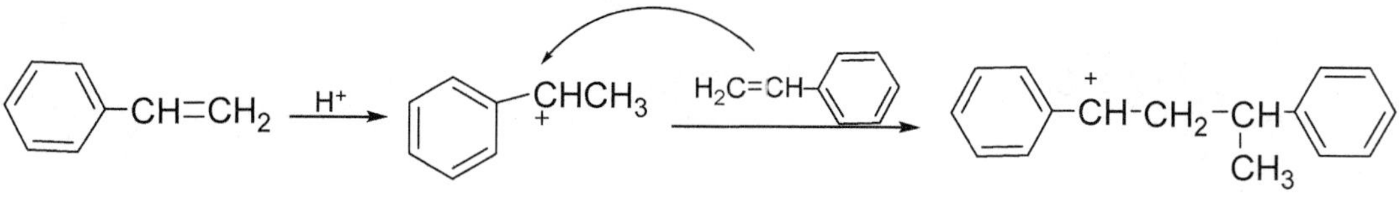

第一种 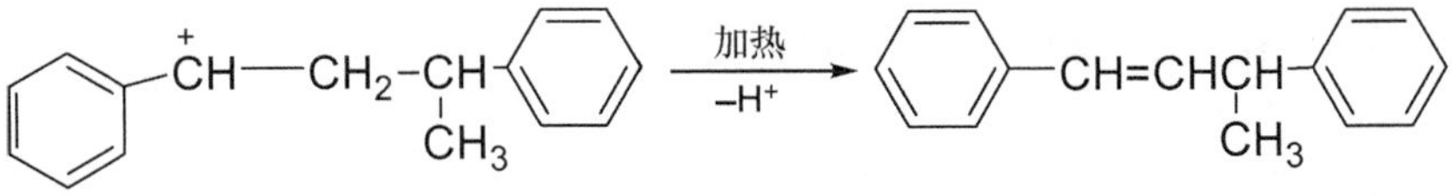

第二种 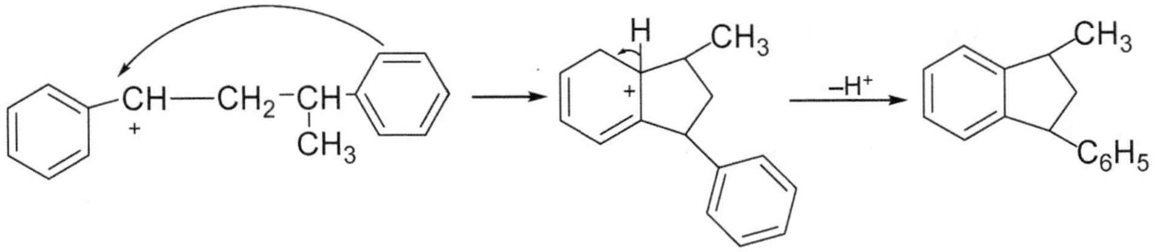

【例 21-83】　写出下列反应的反应机理。

(1) 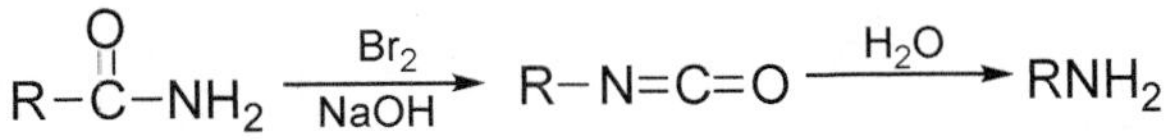

(2) 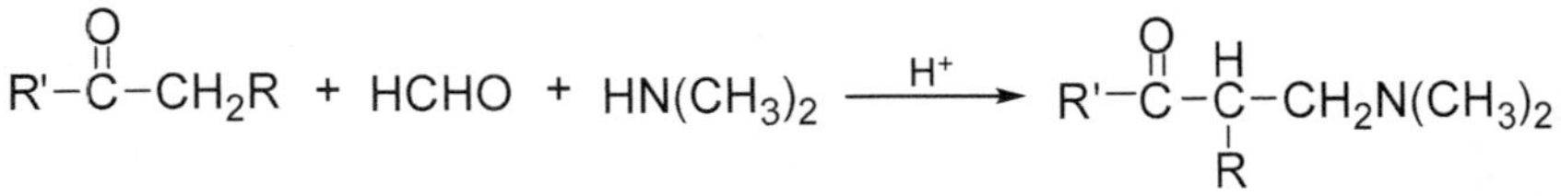

解

(1) 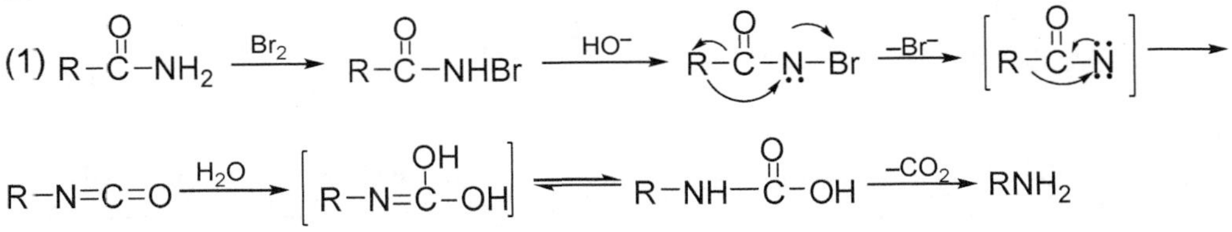

(2) 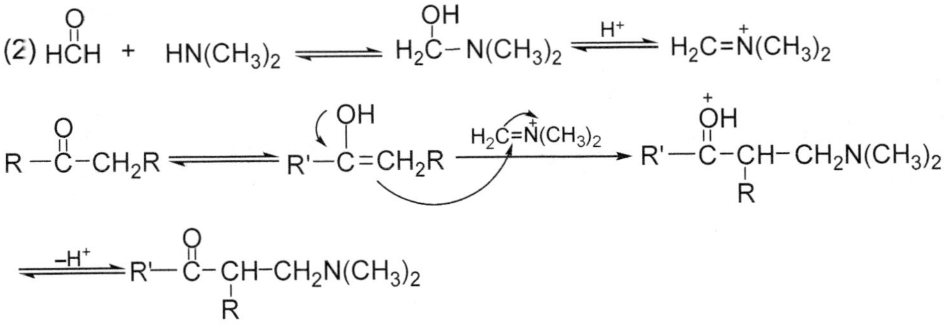

【例 21-84】　写出下面反应的主要产物，并给出合理的反应机理。

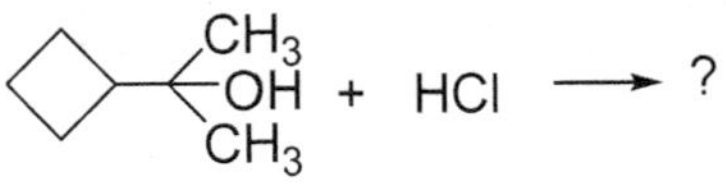

解

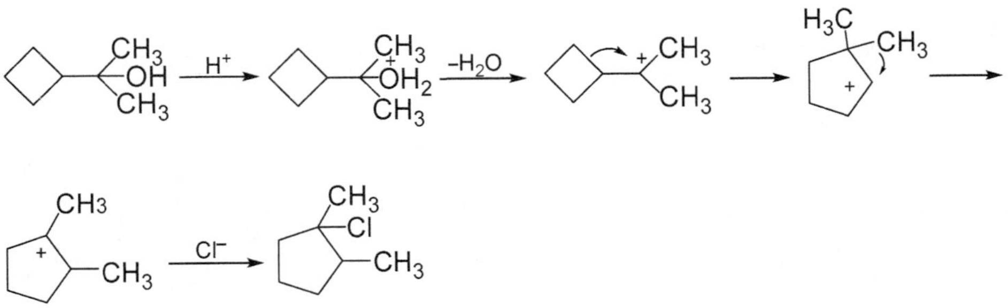

【例 21-85】 写出下列反应的反应机理。

(1) 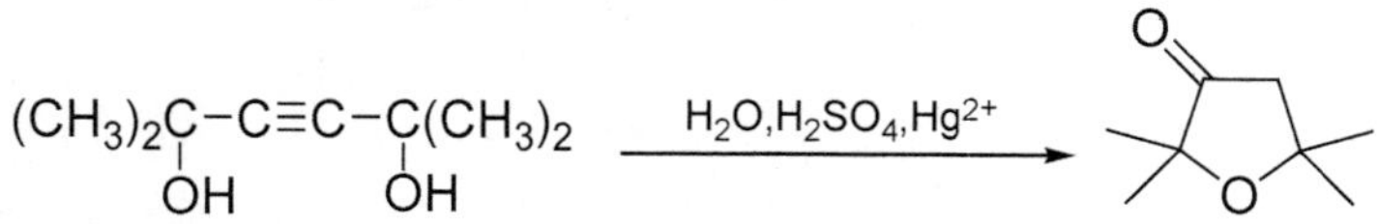

(2) 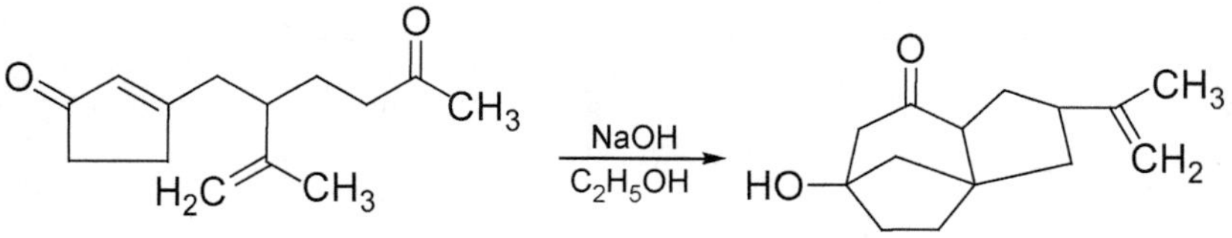

(3) 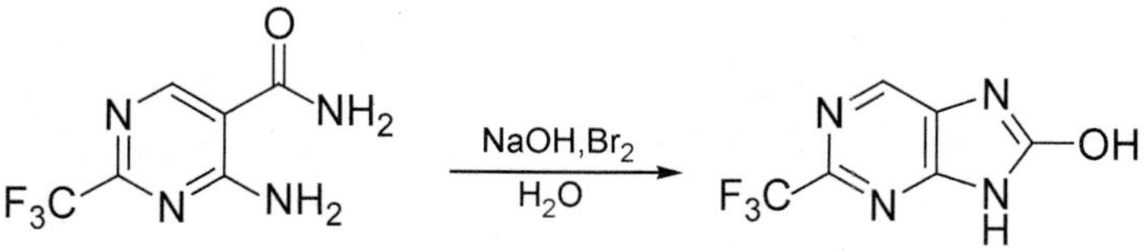

(4) 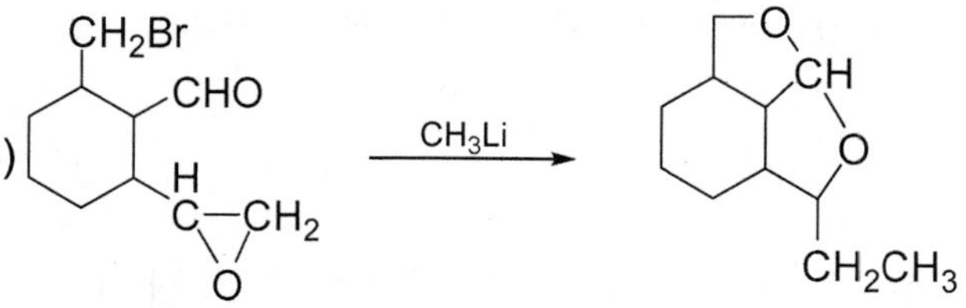

解

(1) 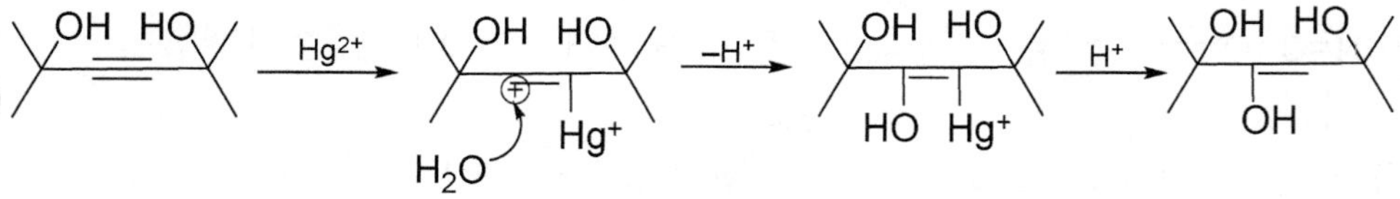

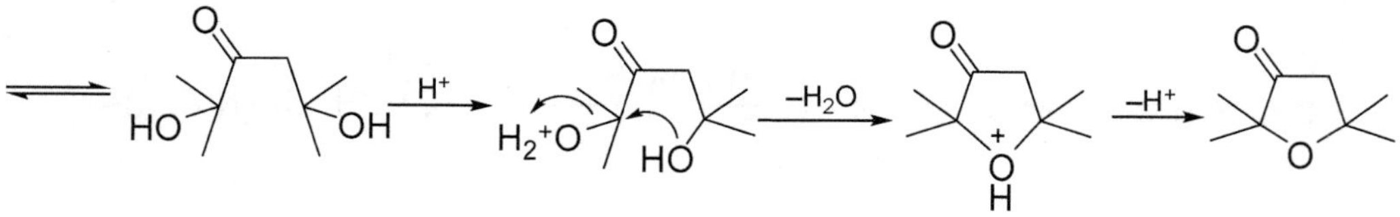

(2)

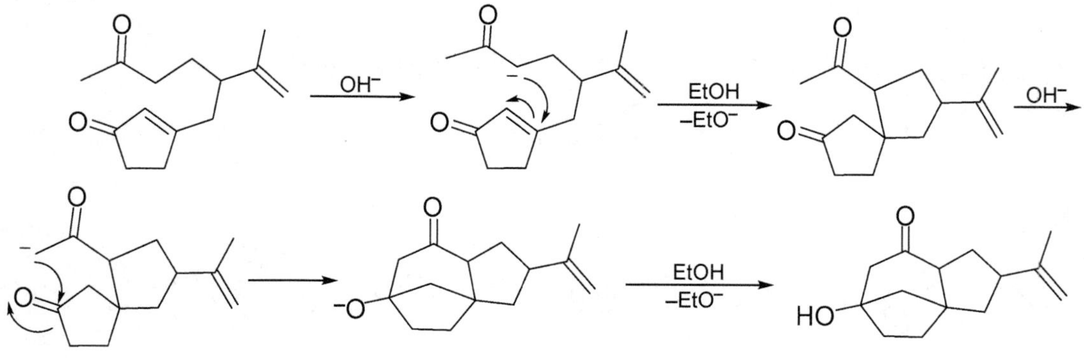

(3) 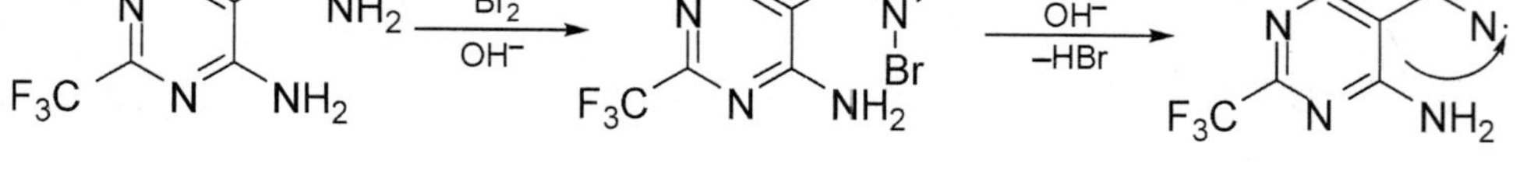

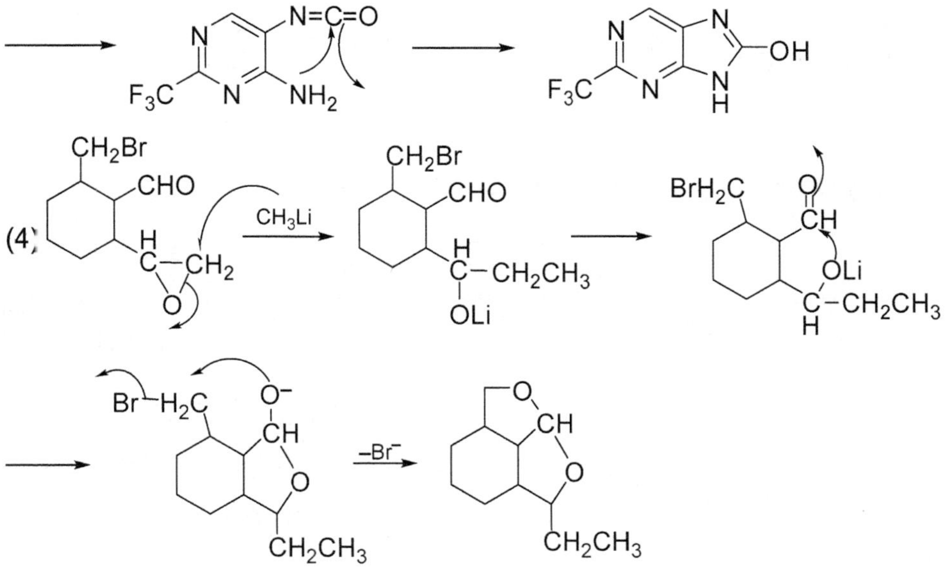

【例 21-86】　写出下列反应的反应机理。

(1) 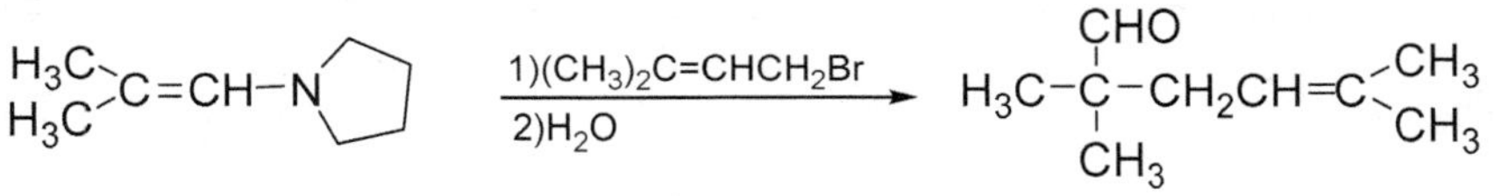

(2) 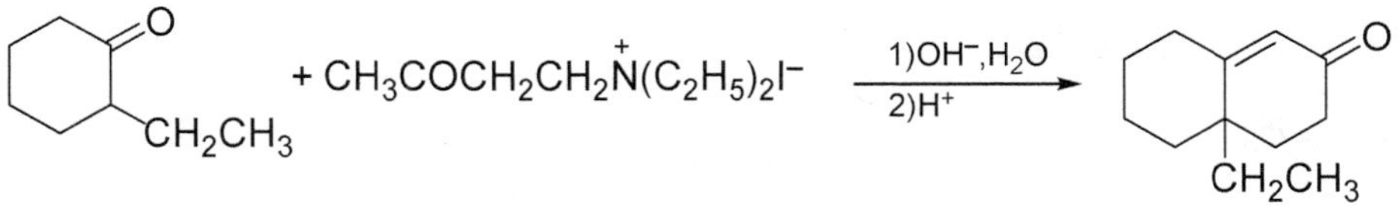

(3) 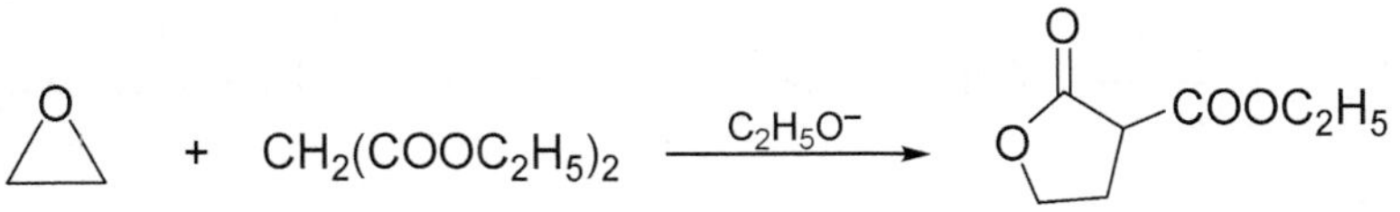

(4) 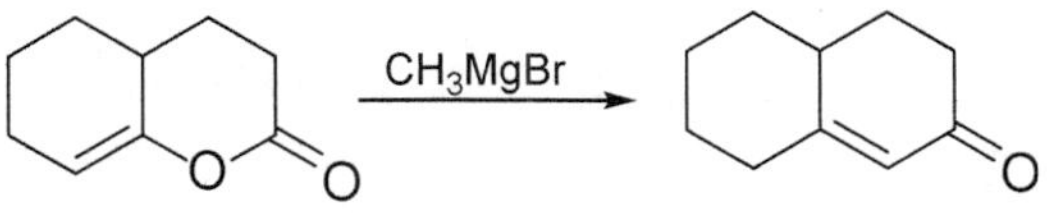

解

(1) 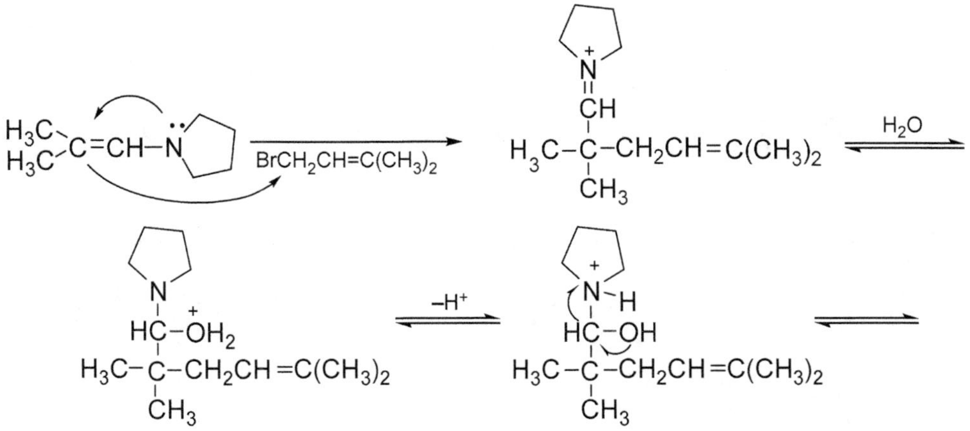

(2) $CH_3COCH_2CH_2\overset{+}{N}(C_2H_5)_2I^- \xrightarrow[\triangle]{OH^-} CH_3\overset{\overset{O}{\|}}{C}CH=CH_2$

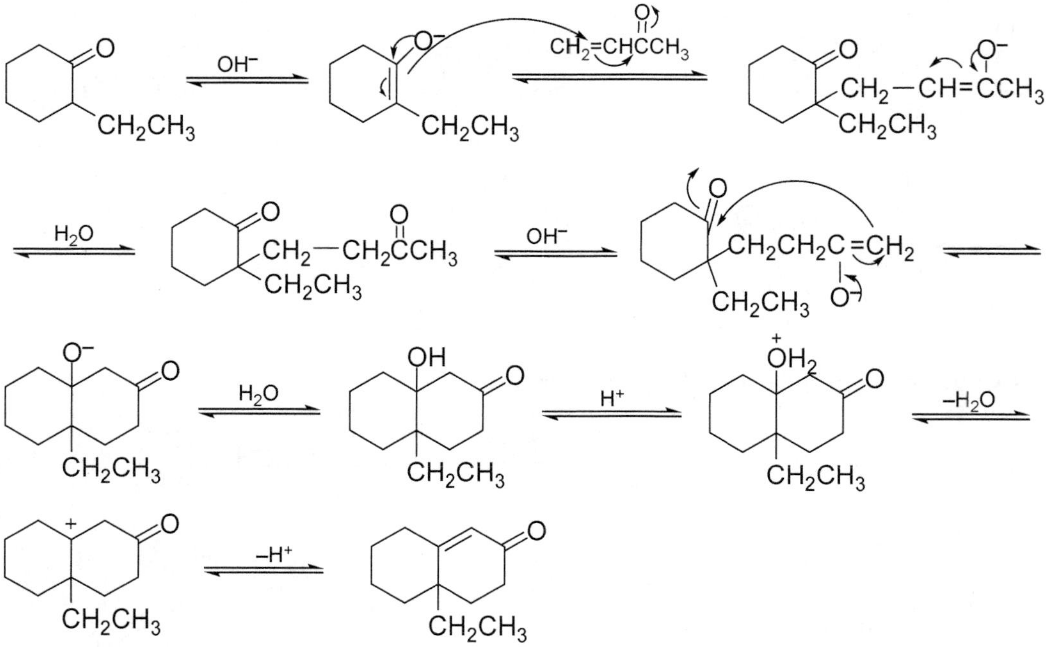

(3)

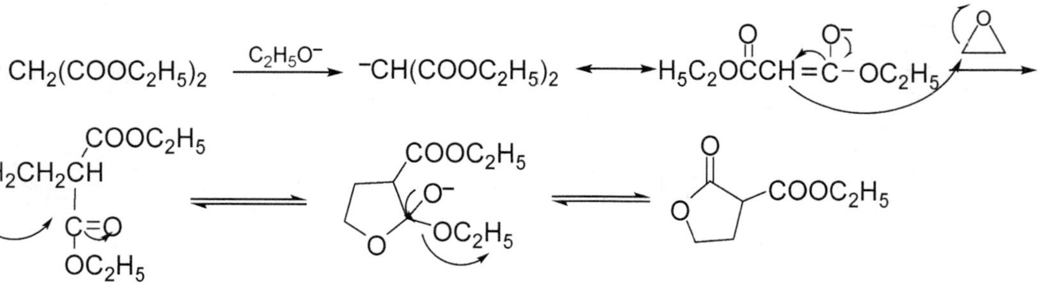

(4)

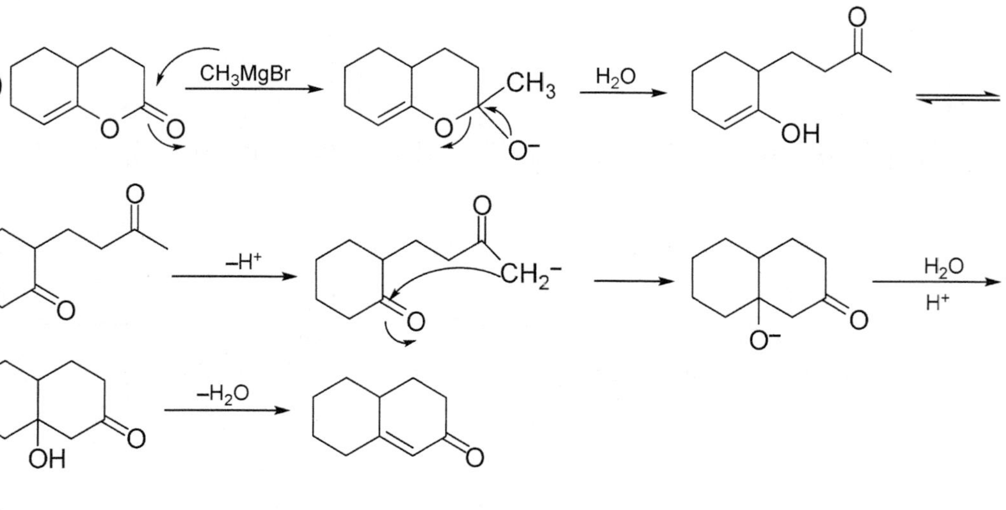

【例 21-87】　写出下列反应的反应机理。

(1) 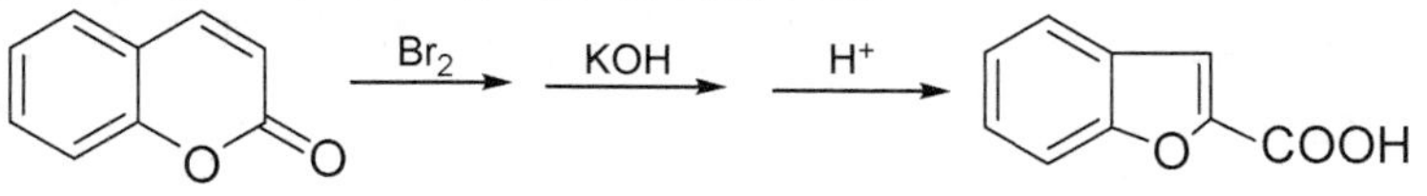

(2) 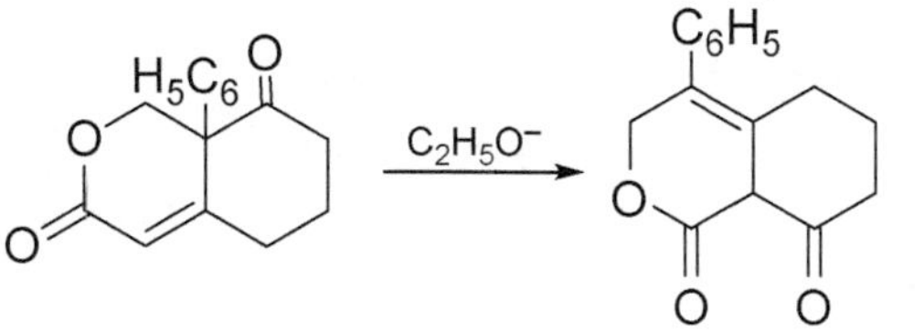

解

(1) 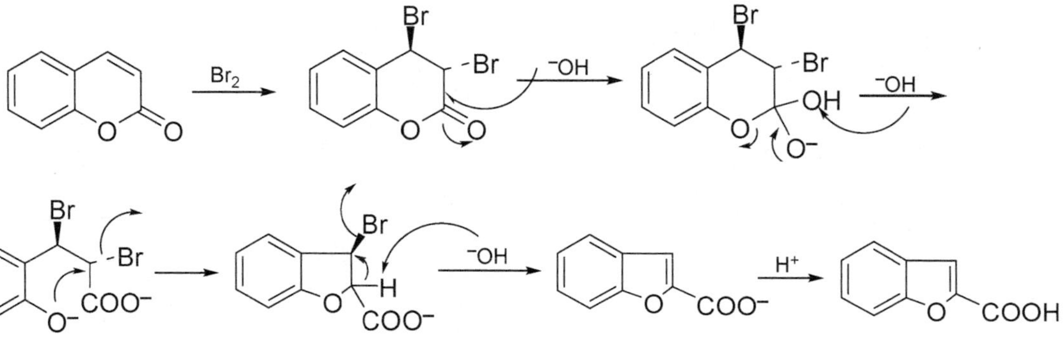

(2) 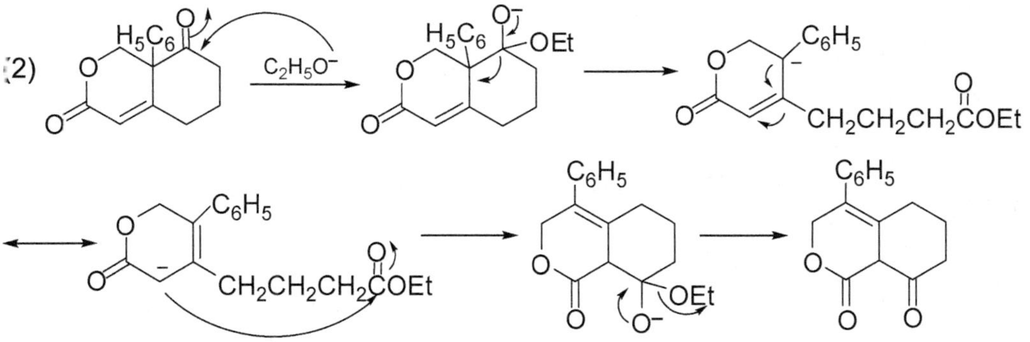

【例 21-88】　写出丙酮和乙醛在碱性条件下生成 3,5-二甲基环己-2-烯酮的反应机理。

解

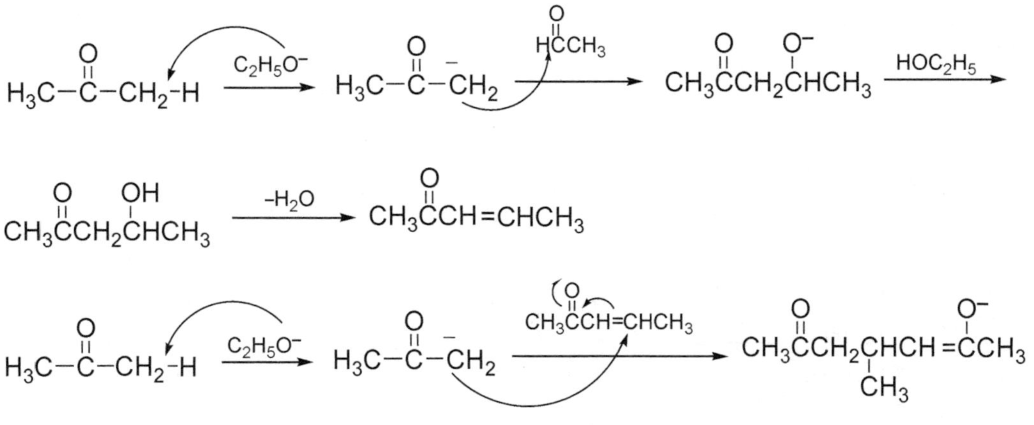

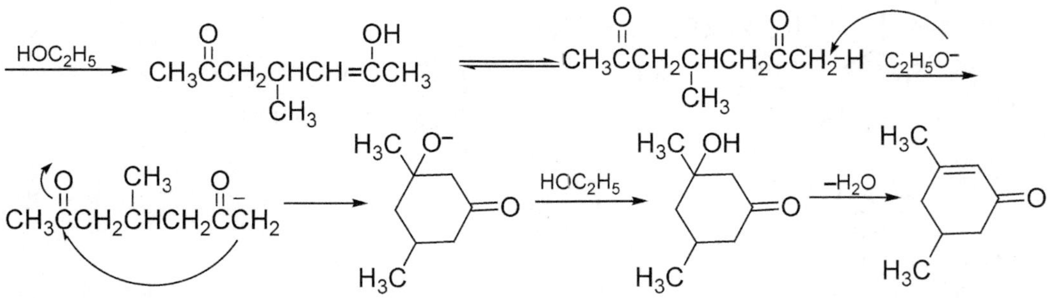

【例 21-89】 写出下列反应的反应机理。

(1) 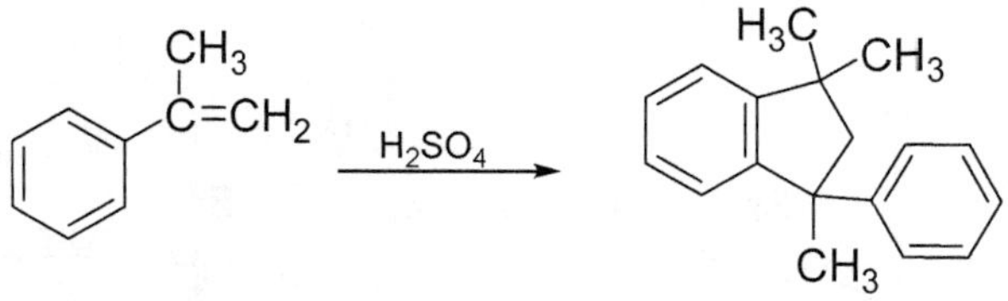

(2) 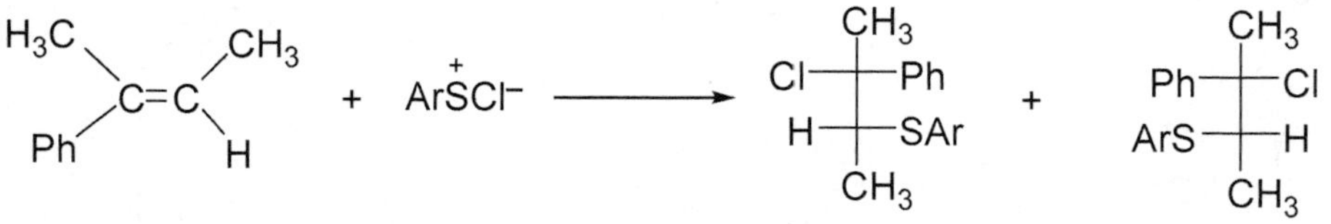

(3) 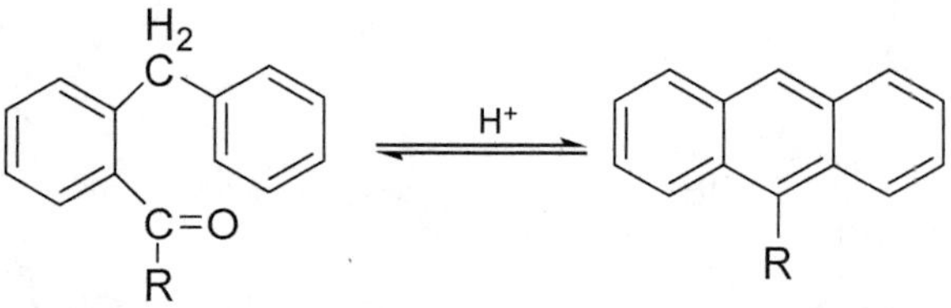

(4) 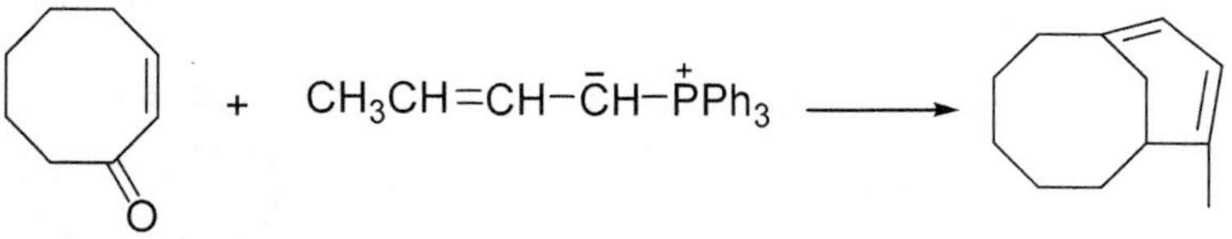

(5) 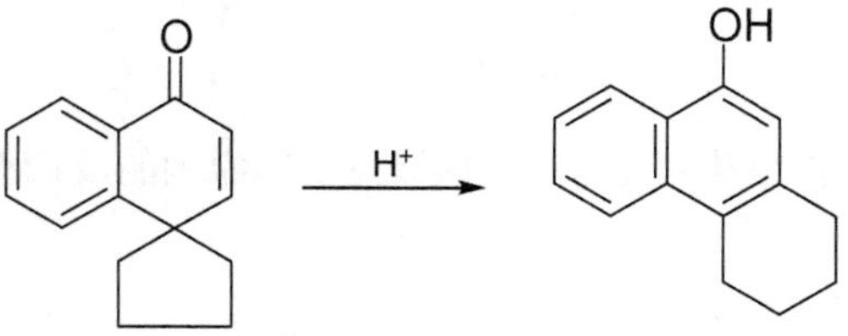

解

(1) 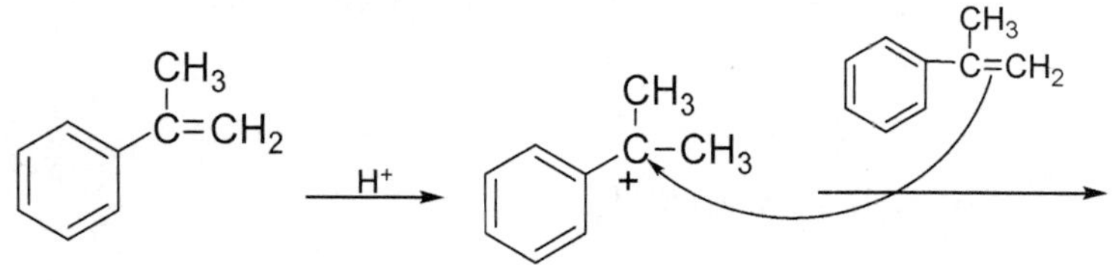

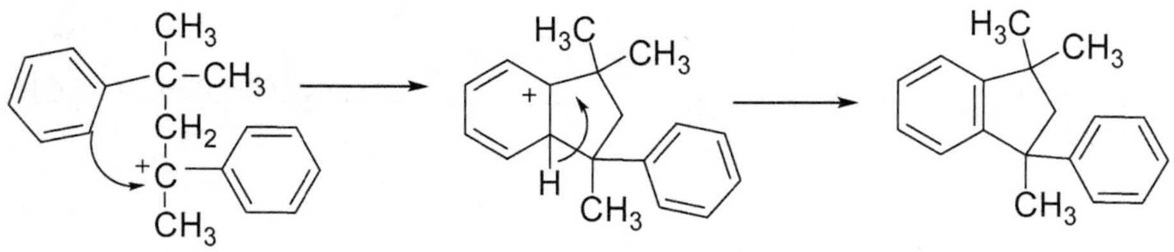

(2)

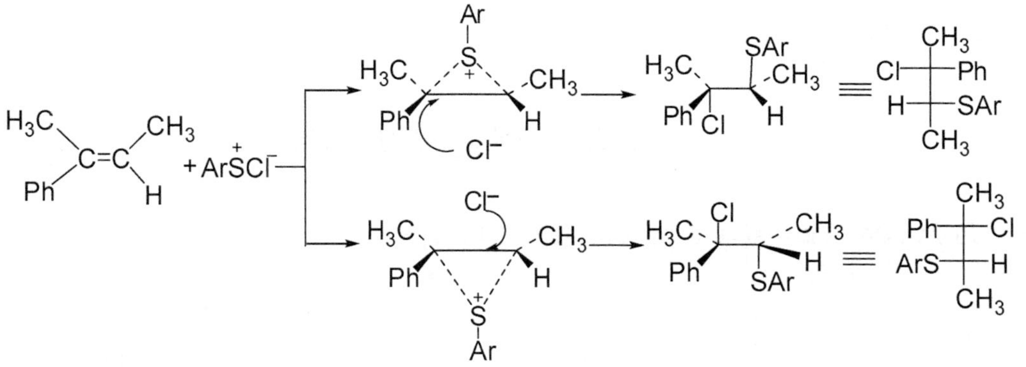

(3)

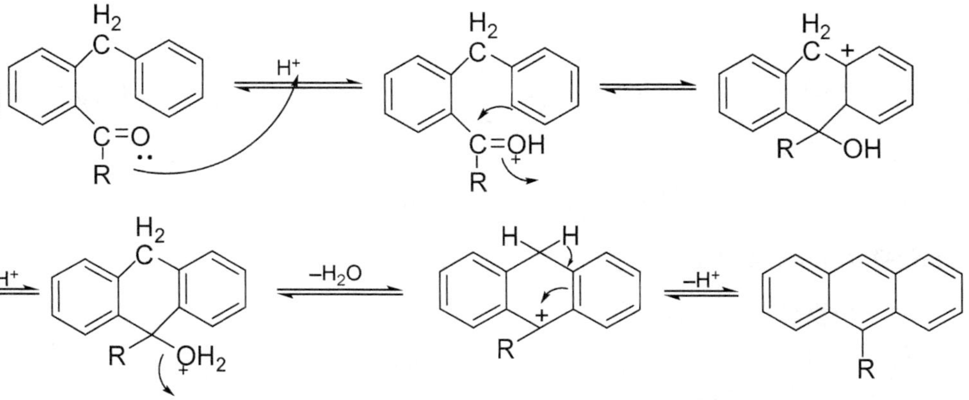

(4)

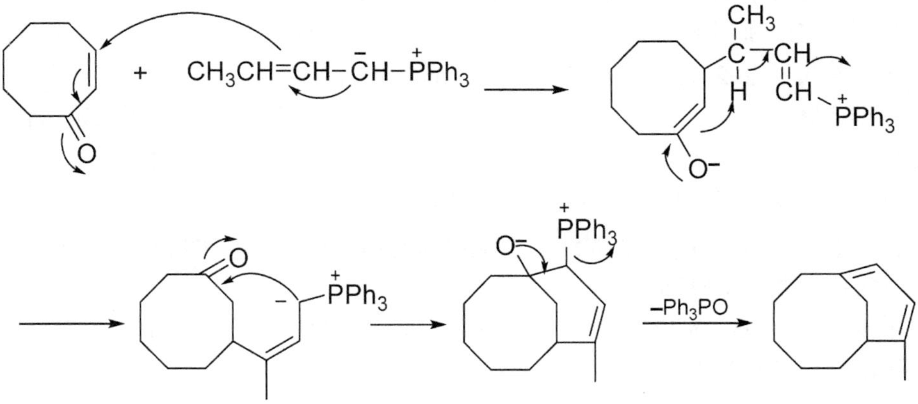

(5)

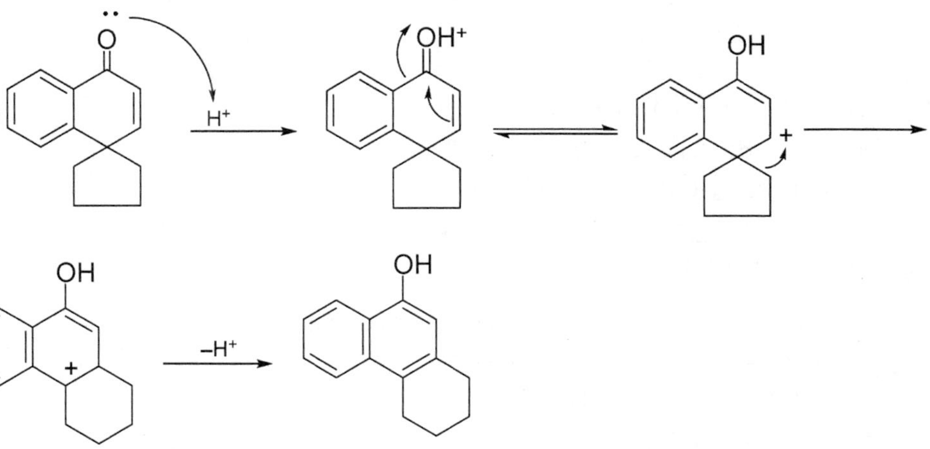

综合自测及参考答案

一、用系统命名法命名或写出化合物的结构式(10 分)

1. 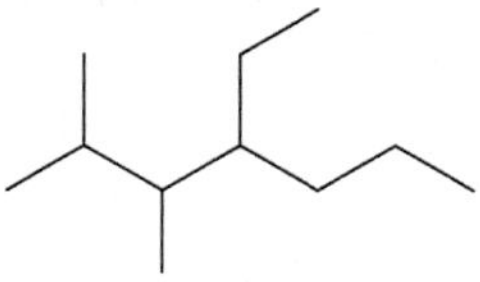
2. 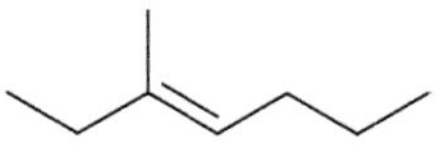
3. 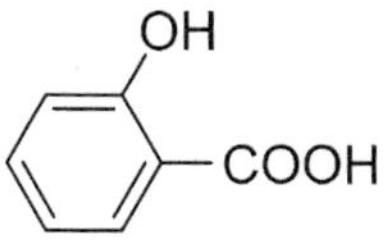
4. 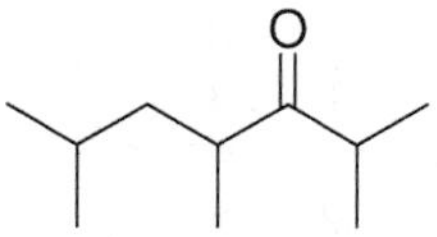
5. 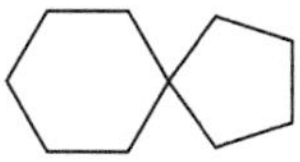
6. 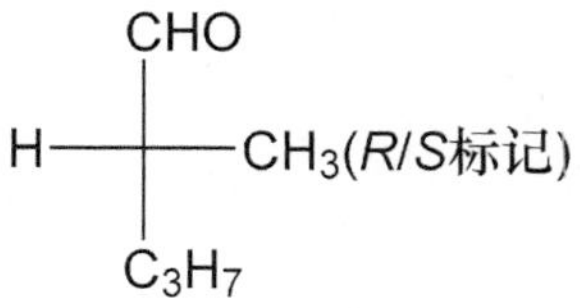

7. 乙酰苯胺　　8. 四氢呋喃　　9. 茴香醚　　10. 苄醇

二、选择题(每题 1 分，共 10 分)

1. 下列化合物沸点最高的是(　　)

A. 乙醛　　B. 乙醇　　C. 乙酸　　D. 乙醚

2. 以下化合物发生亲电取代反应活性最好的是(　　)

A. 溴苯　　B. 苯甲醚　　C. 甲苯　　D. 苯甲酸

3. 以下现象属于 S_N2 反应的标志的是(　　)

A. 有重排产物　　B. 三级卤代烃速度大于二级卤代烃

C. 增加溶剂含水量，反应速度加快　　D. 产物构型完全转化

4. 下列化合物发生亲核加成反应活性最好的是(　　)

A. $ClCH_2CHO$　　B. $BrCH_2CHO$　　C. $H_2C{=}CHCHO$　　D. CH_3CH_2CHO

5. 下列化合物碱性最好的是(　　)

A. 对甲苯胺　　B. 苄胺　　C. 2,4-二硝基苯胺　　D. 对硝基苯胺

6. 下列化合物没有芳香性的是(　　)

A. 　　B. 　　C. 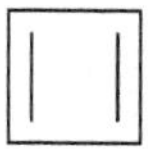　　D. 

7. 下列化合物水解反应活性最弱的是(　　)

A. 乙酰氯　　B. 乙酰胺　　C. 乙酸酐　　D. 乙酸乙酯

8. 下列化合物用 $NaBH_4$ 不可以还原的是(　　)

A. 乙酰氯　　B. 乙酸　　C. 丙酮　　D. 乙醛

9. 烯烃催化加氢活性最强的是(　　)

A. $H_2C{=}CHCH_3$　　B. $H_3CHC{=}CHCH_3$

C. $(H_3C)_2C{=}C(CH_3)_2$　　D. $H_2C{=}CH_2$

10. 以下化合物不能发生卤仿反应的是(　　)

A. 丁-2-酮　　B. 环己酮　　C. 丁-2-醇　　D. 乙醛

三、写出下列反应的反应机理(每题 5 分，共 10 分)

1. 书写利用克莱森酯缩合反应合成乙酰乙酸乙酯的机理。

2. 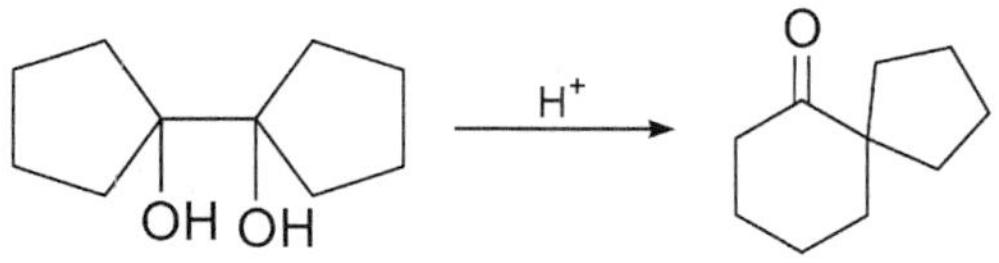

四、完成反应(每空 1 分，共 15 分)

1. 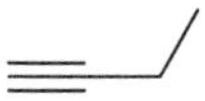 $\xrightarrow[\text{Lindlar}]{H_2}$ (　　　) $\xrightarrow{HCl}$ (　　　)

2. 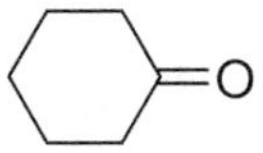 $\xrightarrow{HCN}$ (　　　) $\xrightarrow[H_2O]{H^+}$ (　　　)

3. $CH_3CH{=}CH_2$ $\xrightarrow[\text{过氧化物}]{HBr}$ (　　　) $\xrightarrow{NH_3}$ (　　　)

4. $-CH_2CH_3$ $\xrightarrow{NBS}$ (　　　) $\xrightarrow[C_2H_5OH]{NaOH}$ (　　　)

5. C_2H_5-$-CH(CH_3)_2$ $\xrightarrow[H^+]{KMnO_4}$ (　　　)

6. H_3C-$-CHO$ + HCHO $\xrightarrow{\text{浓}OH^-}$ (　　　) + (　　　)

7. CH_3CH_2CHO $\xrightarrow[\triangle]{\text{稀}OH^-}$ (　　　) $\xrightarrow[2)\ H_2O]{1)\ LiAlH_4}$ (　　　)

8. 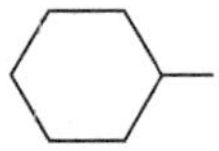$-CH_2COOH$ $\xrightarrow{SOCl_2}$ (　　　) $\xrightarrow{(CH_3)_2NH}$ (　　　)

五、用化学方法鉴别以下各组化合物(每题 5 分，共 20 分)

1. 丁-1-炔，丁-1-烯，丁-1,3-二烯
2. 乙醇，乙醛，乙酸
3. 1-氯丁烷，1-碘丁烷，己烷，环己烯
4. 苯胺，苯酚，环己醇

六、推断题(第 1 题 6 分，第 2 题 4 分，共 10 分)

1. 化合物 A 分子式为 $C_9H_{16}O$，经臭氧化后生成 B、C 两个化合物。B 能与羟胺作用但不与亚硫酸氢钠的饱和溶液作用；C 能发生碘仿反应，同时生成一种结构为 $HOOCCH_2COOH$ 的羧酸。试推测 A、B、C 的构造式。

2. 某化合物 A($C_9H_{10}O$)，在 1700 cm^{-1} 区域有一个特征吸收峰，其核磁共振 ^1H-NMR 数据为：δ 2.1 ppm (s, 3H)；δ 3.6 ppm (s, 2H)；δ 7.2 ppm (s, 5H)。试推测此化合物的结构。

七、由指定原料合成下列化合物(其他必要的无机试剂任选，共 25 分)

1. 选择适当原料通过 Diels-Alder 反应合成 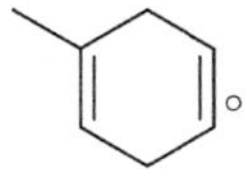。(4 分)

2. 用“三乙”的方法合成戊-2,4-二酮。(7 分)

3. 由苯合成 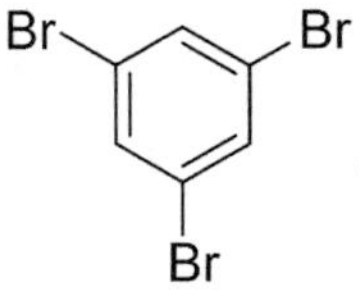 。(7 分)

4. 以 $CH_3CHClCH_2CH_3$（$CH_3\underset{\displaystyle Cl}{\underset{|}{C}}HCH_2CH_3$）和甲醇为原料合成 2-甲基丁醛。(7 分)

【参 考 答 案】

一、用系统命名法命名或写出化合物的结构式

1. 4-乙基-2,3-二甲基庚烷；2. (*E*)-3-甲基庚-3-烯；3. 2-羟基苯甲酸；4. 2,4,6-三甲基庚-3-酮；5. 螺[4.5]癸烷；6. (*R*)-2-甲基戊醛；7. 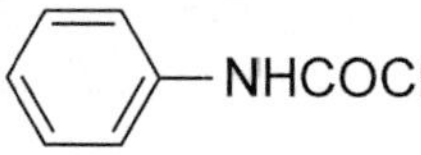；8. 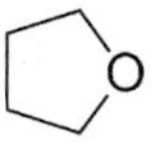；9. 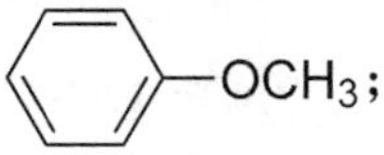；10. 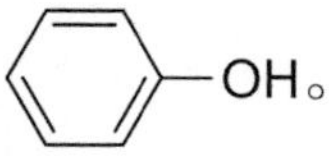。

二、选择题

1. C；2. B；3. D；4. A；5. B；6. C；7. B；8. B；9. D；10. B

三、写出下列反应的反应机理

1.

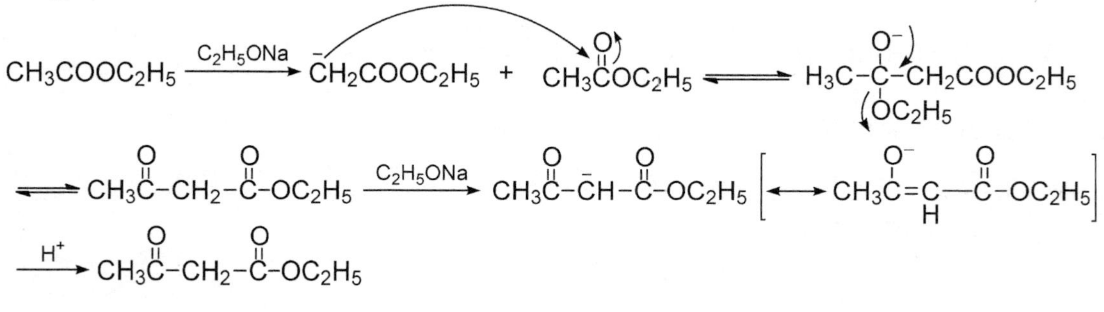

2.

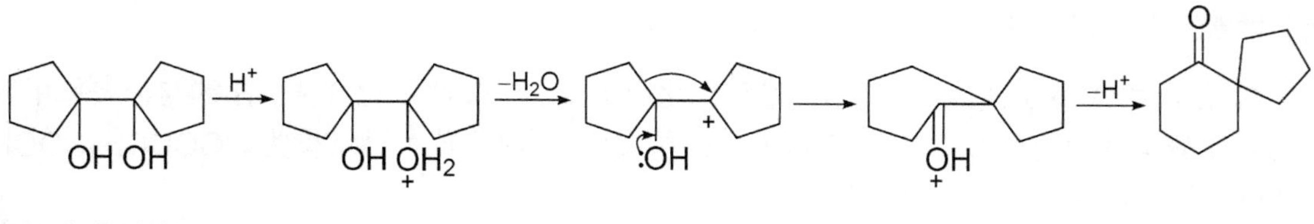

四、完成反应

1. 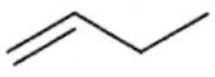，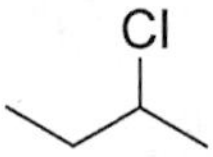；2. 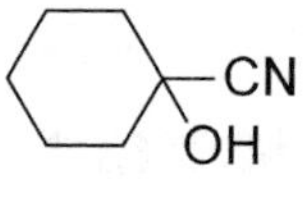，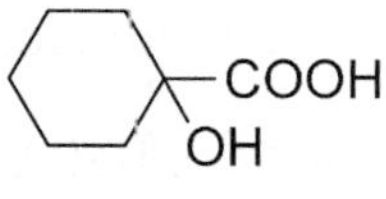；3. $CH_3CH_2CH_2Br$，$CH_3CH_2CH_2NH_2$；4. 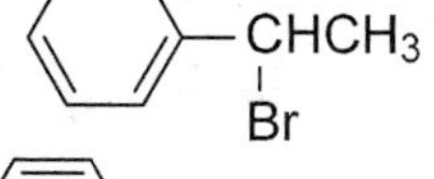，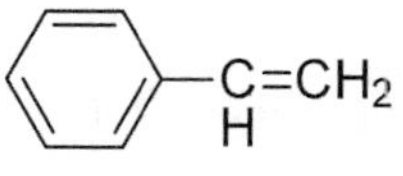；5. ；6. $HCOO^-$，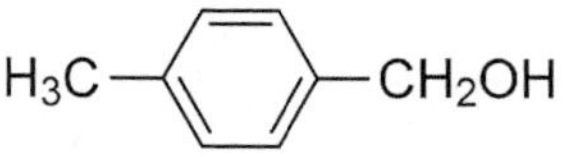；7. $CH_3CH_2CH{=}C(CH_3)CHO$，$CH_3CH_2CH{=}C(CH_3)CH_2OH$；

8. 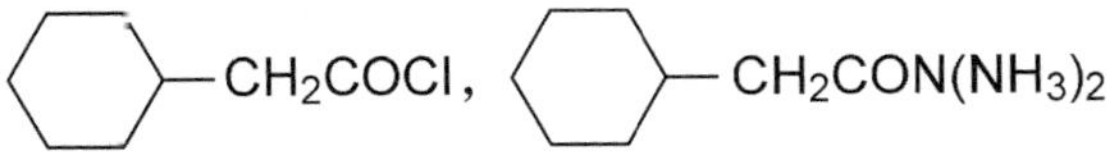

五、用化学方法鉴别以下各组化合物(略)

六、推断题

1. A: $(CH_3CH_2)_2C{=}CHCH_2COCH_3$ 或 $(CH_3CH_2)_2C{=}\overset{CH_3}{\overset{|}{C}}CH_2CHO$

B: $CH_3CH_2COCH_2CH_3$ C: CH_3COCH_2CHO

2. 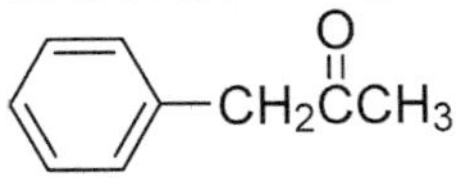

七、由指定原料合成下列化合物

1.

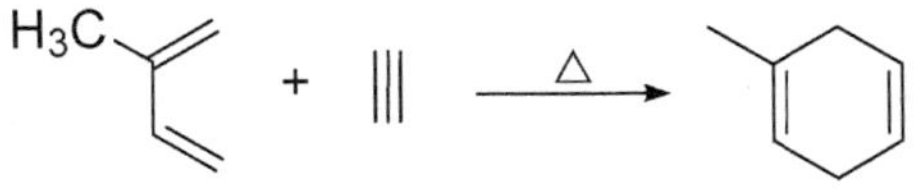

2.

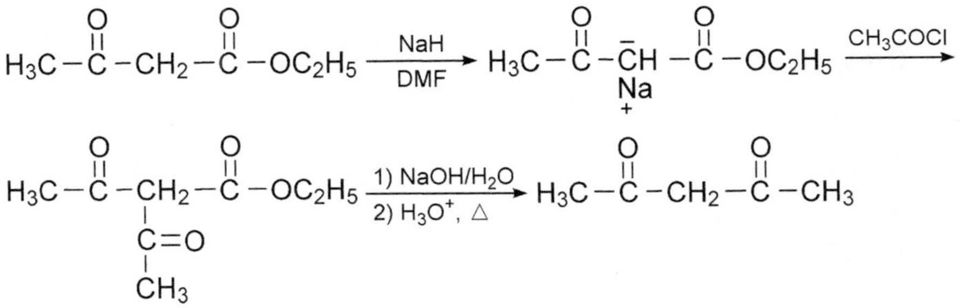

3.

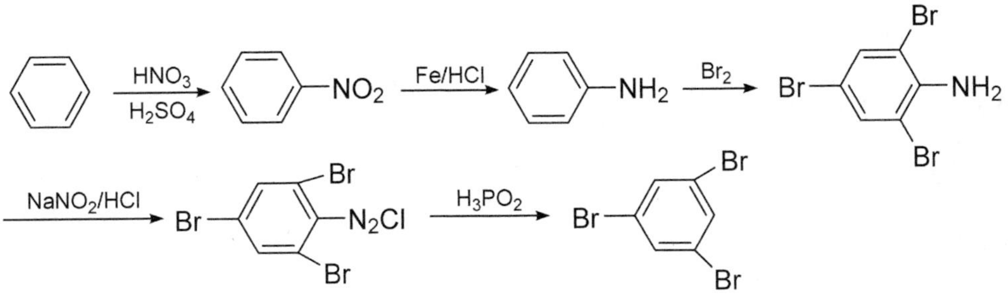

4.

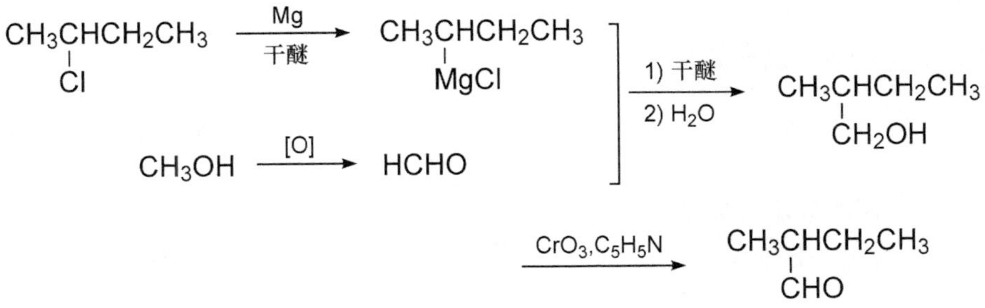

考研试题参考

一、命名或写出结构

(1) 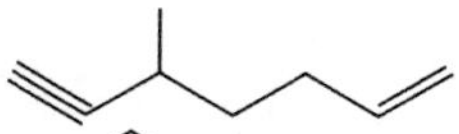

(2) 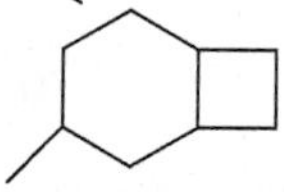

(3) 7-甲基螺[4.5]癸烷

(4) 4,7-dimethylspiro[2,5]octane

(5) 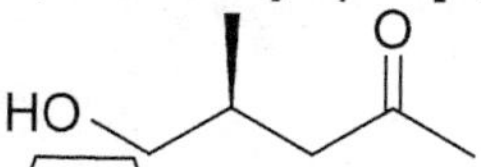

(6) 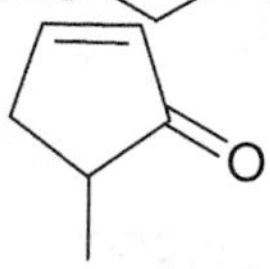

(7) 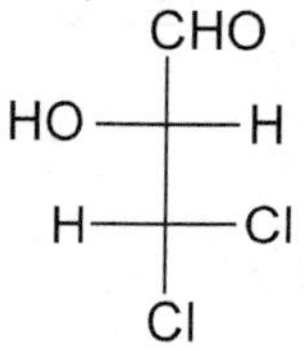

(8) 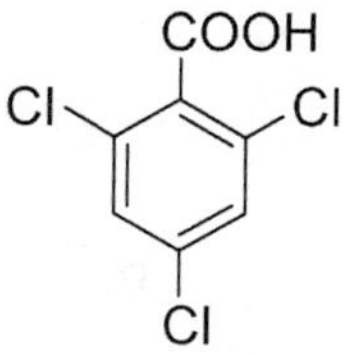

(9) 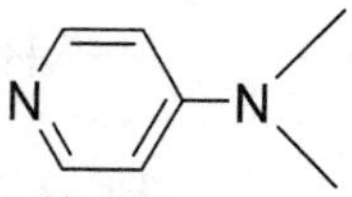

(10) 糠醛

二、选择题

1. 下列化合物沸点最高的是(　　)

A. 　B. 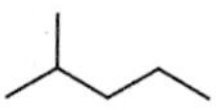　C. 　D. 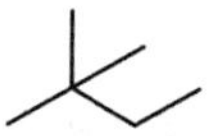

2. 以下化合物熔点最高的是(　　)

A. 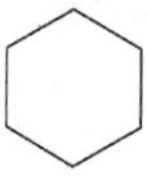　B. 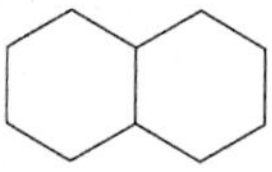　C. 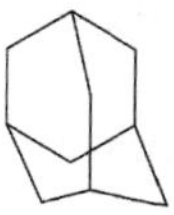　D. 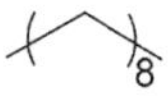

3. 下列化合物偶极矩最大的是(　　)

A. 乙醇　B. 苯酚　C. 苯　D. 乙醚

4. 下列化合物极性最小的是(　　)

A. 正己基苯　　B. 硝基苯　　C. 氯苯　　D. 苯胺

5. 下列哪个在水中的溶解度最大(　　)

A. 丙醇　　B. 正丁醇　　C. 2-氯丙烷　　D. 1-氯丁烷

6. 化合物 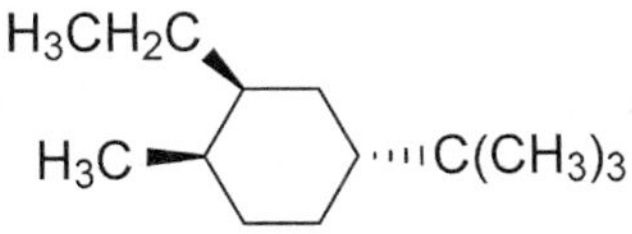 的最稳定构像是(　　)

A. 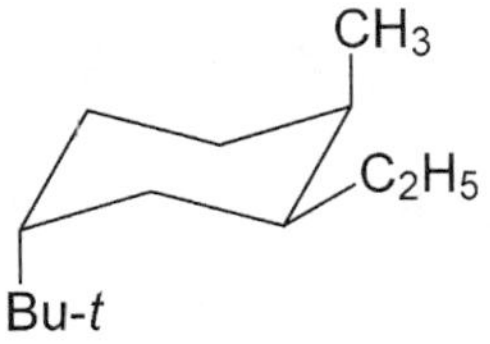

B. 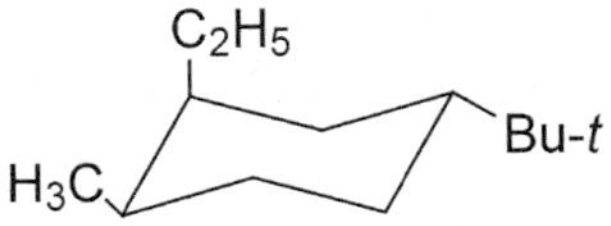

C. 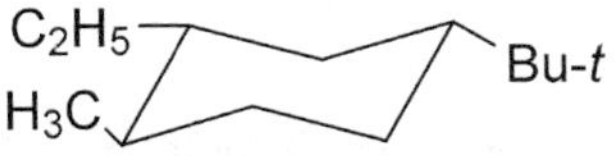

D. 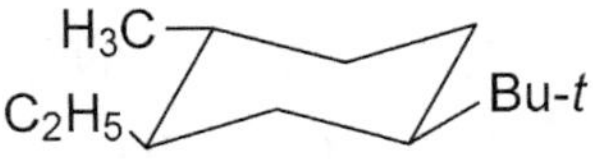

7. (1*R*，2*S*)-2-氯-1-苯基-1-丙醇的 Fischer 投影式是(　　)

A. 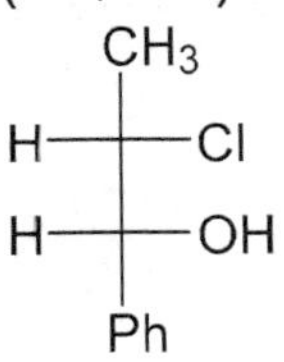

B. 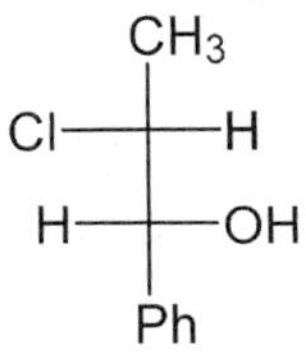

C. 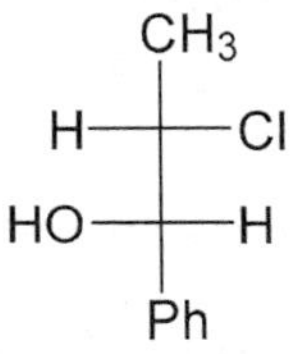

D. 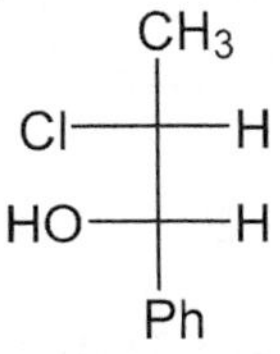

8. 最新研究显示抗病毒药物 Molnupiravir 在轻度或中度新冠肺炎患者研究中获得积极结果，选择其手性中心 2，3，4 和 5 的绝对构型(　　)

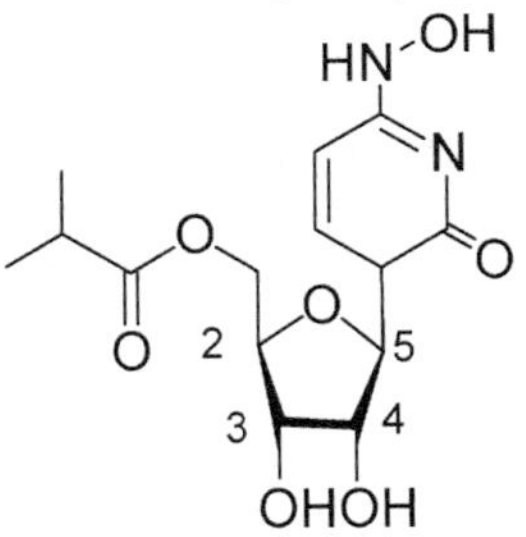

A. (2*S*,3*S*,4*R*,5*R*)　　B. (2*R*,3*S*,4*S*,5*R*)　　C. (2*R*,3*S*,4*R*,5*S*)　　D. (2*R*,3*S*,4*R*,5*R*)

9. 下列哪个醇氧化后有手性(　　)

A. 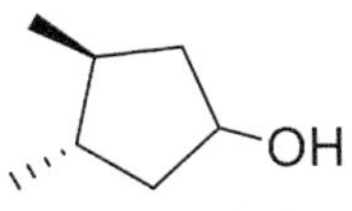

B. 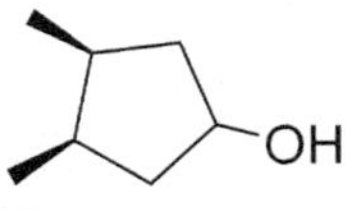

C. 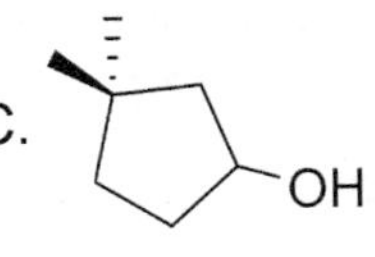

D. 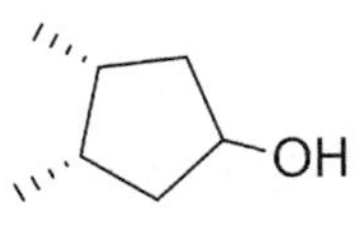

10. 下列化合物有手性的是(　　)

A. 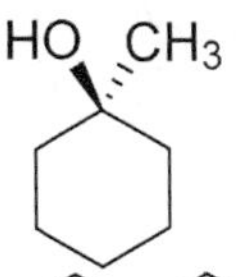

B. 

C. 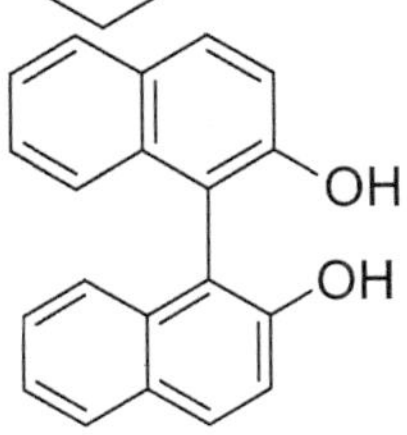

D. 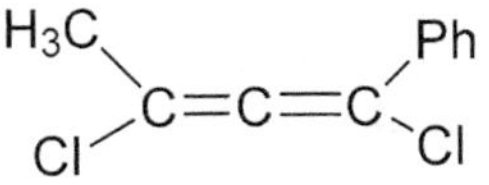

11. 下列碳正离子最稳定的是(　　)

A. 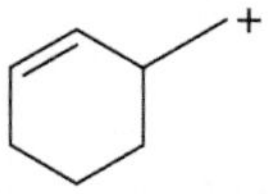　B. 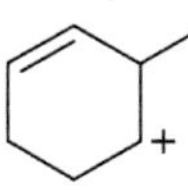　C. 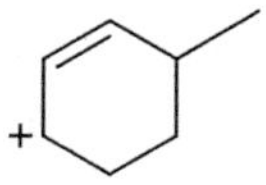　D. 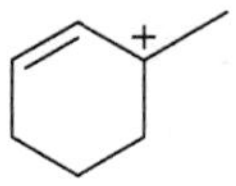

12. 下列碳正离子最稳定的是(　　)

A. $CH_2{=}CH\overset{+}{C}H_2$　B. $CH_2{=}CH\overset{+}{C}(CH_3)_2$　C. 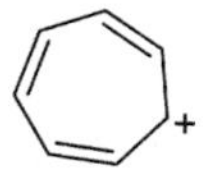　D. $CH_2{=}CHCH_2\overset{+}{C}H_2$

13. 下列试剂中亲核性最好的是(　　)

A. $CH_3CH_2COO^-$　B. $CH_3CH_2S^-$　C. $CH_3CH_2O^-$　D. CH_3CH_2SH

14. 下列化合物与 CH_3MgI 反应活性最好的是(　　)

A. 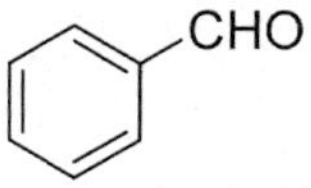　B. 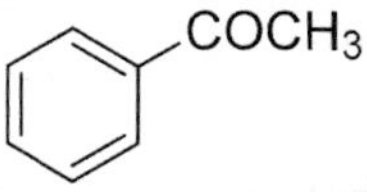　C. 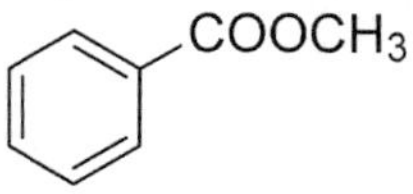　D. 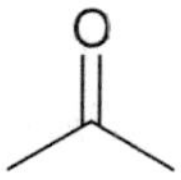

15. HBr 与下列烯烃发生亲电加成反应的活性顺序是(　　)

a. $CH_2{=}CH_2$　b. $CH_3CH{=}CH_2$　c. $ClCH{=}CH_2$　d. $O_2NCH{=}CH_2$

A. c > b > a > d　B. a > b > c > d　C. b > a > c > d　D. b > c > a > d

16. 下列化合物最容易发生 S_N1 反应的是(　　)

A. 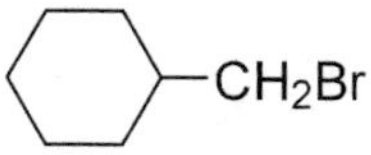　B. 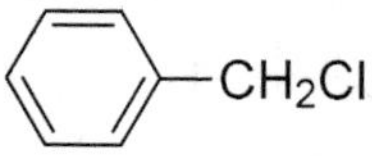　C. $CH_3CH_2\overset{Br}{C}HCH_3$　D. 

17. 下列化合物进行卤素交换反应时反应速度最快的是(　　)

A. 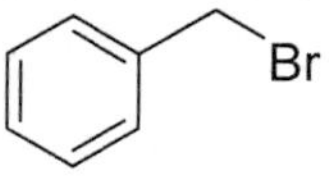　B. CH_3Br　C. $CH_2{=}CHBr$　D. 

18. 下面离去基团中离去能力最强的是(　　)

A. 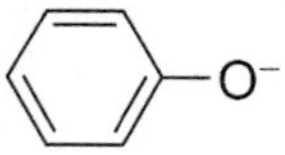　B. 

C. 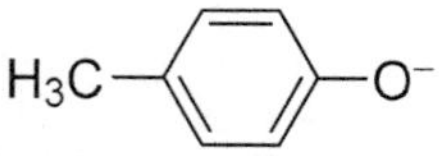　D. 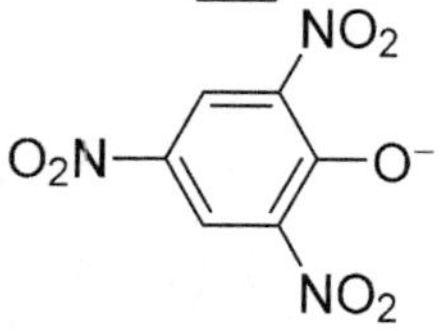

19. 比较下列化合物与 $NaHSO_3$ 的反应活性大小(　　)

A. 甲醛　B. 丙酮　C.环已酮　D. 乙醛

20. 下列化合物的亲核加成反应活性最高的是(　　)，最低的是(　　)

A. $CH_3-\overset{O}{\overset{\|}{C}}-CH_3$　B. $CH_3-\overset{O}{\overset{\|}{C}}H$　C. 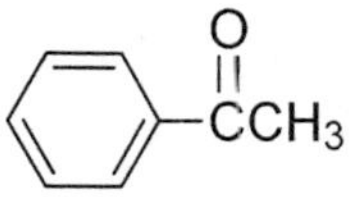　D. 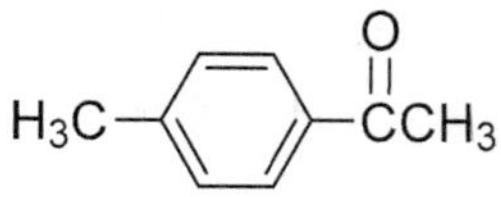

21. 下列化合物水解速度最快的是(　　)

A. 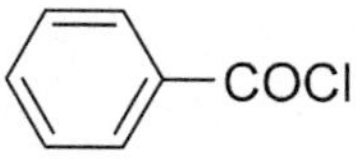　B. 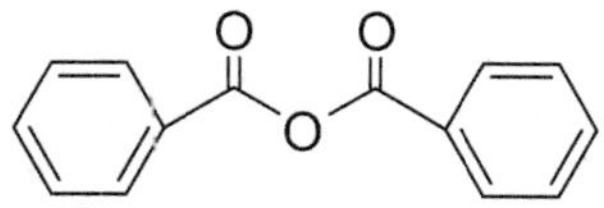

C. 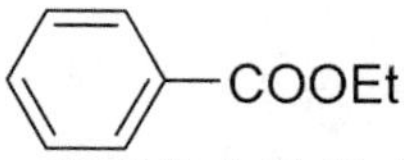　D. 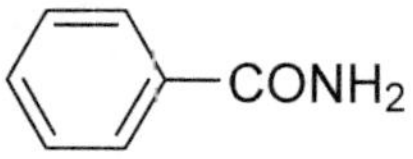

22. 下列化合物发生硝化反应时活性最好的是(　　)

A. 苯　　B. 溴苯　　C. 对二甲苯　　D. 间二甲苯

23 下列化合物能发生傅-克反应的是(　　)

A. 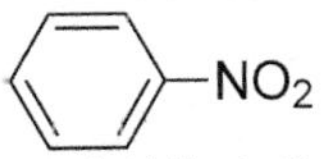　B. 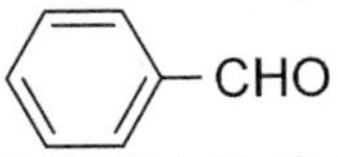　C. 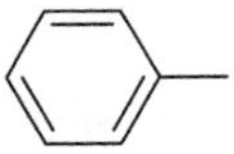　D. 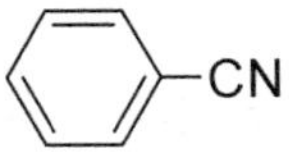

24. 下列化合物中最容易发生亲电取代反应的是(　　)

A 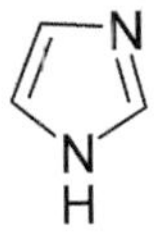　B. 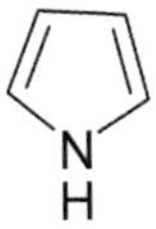　C. 　D. 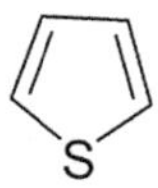

25. 下列化合物中不能发生 E2 消除反应的是(　　)

A. 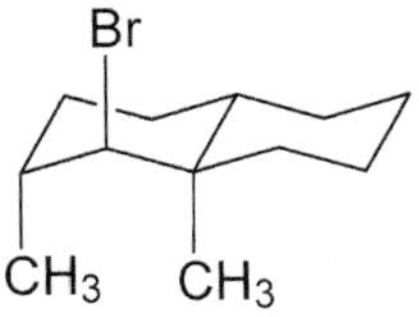　B. 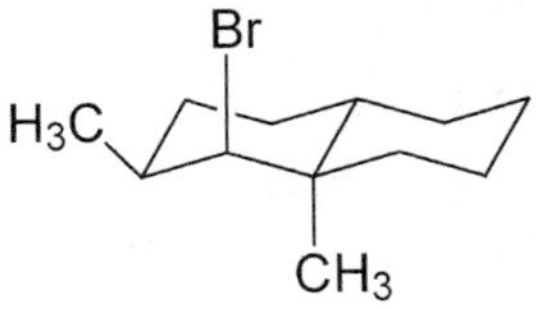

C. 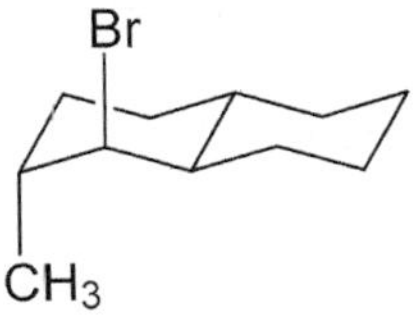　D. 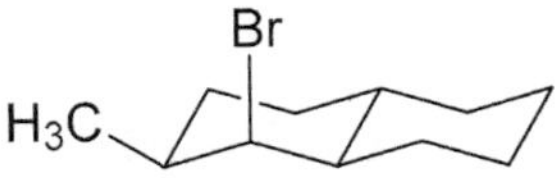

26. 下列烯烃与 1,3-丁二烯反应时，活性最大的是(　　)

A. 　B. 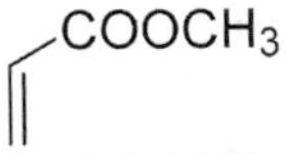　C. 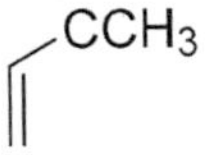　D. 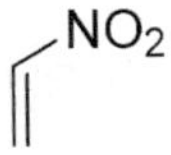

27. 最易与 1,3-丁二烯发生反应的是(　　)

A. 　B. 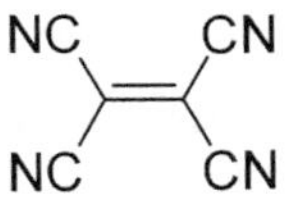　C. 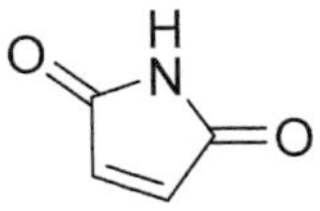　D. 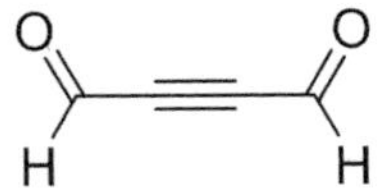

28. 下列化合物中酸性最强的是(　　)

A. $CH_3CHICOOH$　B. CH_3Cl_2COOH　C. CH_3CF_2COOH　D. CH_3CH_2COOH

29. 下列化合物中酸性最强的是(　　)

A. 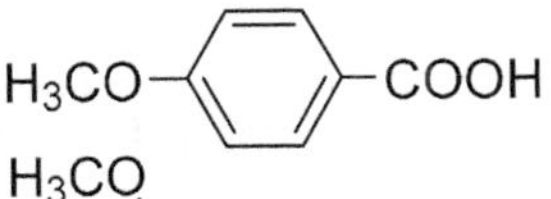　B. 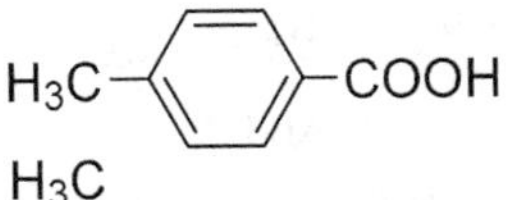

C. 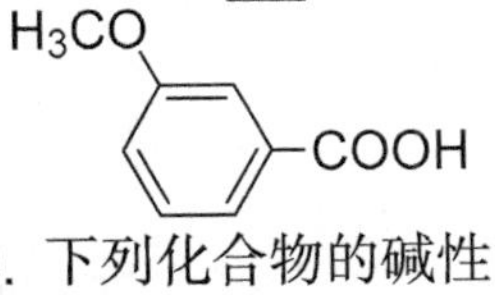　D. 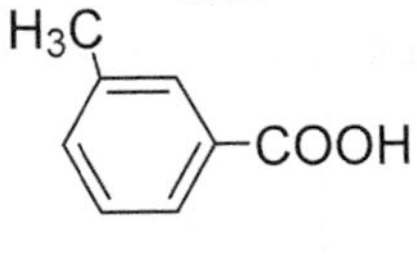

30. 下列化合物的碱性由强到弱的顺序是(　　)

A. 吡咯　B. 吡啶　C. 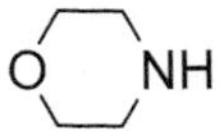　D. 六氢吡啶

31. 比较下列化合物的碱性(　　)

A. 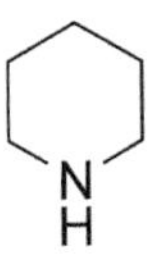　B. 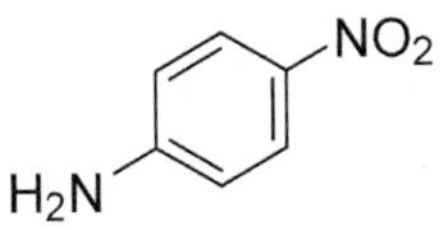

C. 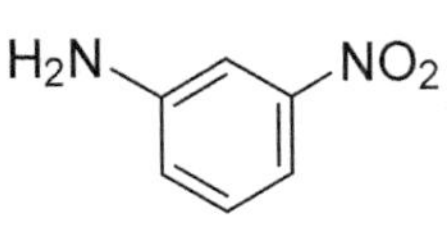　D. 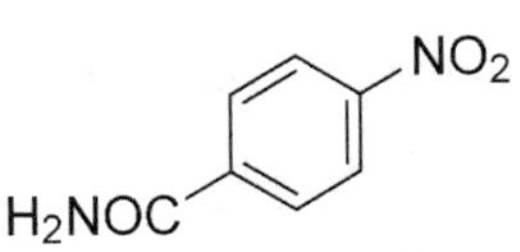

32. 下列化合物具有芳香性的是(　　)

A. 　B. 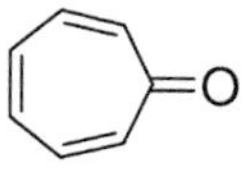

C. 

D. 

33. 下列化合物芳香性最弱的是(　　)

A. 

B. 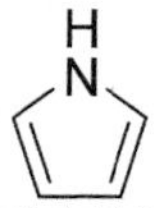

C. 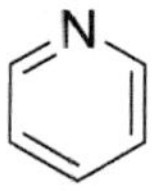

D. 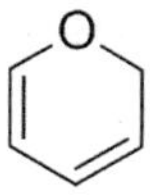

34. 不能与饱和亚硫酸氢钠溶液反应的化合物是(　　)

A. 环戊酮　B. 葡萄糖　C. 苯甲醛　D. 2-丁酮

35. 下列化合物中能发生溴仿反应的是(　　)

A. $BrCH_2COCH_2CH_3$　B. $PhCOCH_3$

C. $CH_3CH(OH)CH_2CH_3$　D. $PhCOC_2H_5$

36. 下列既能与 Tollens 试剂反应又能和碘仿试剂反应的是(　　)

A. 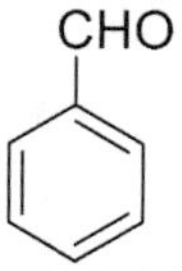

B. CH_3CHO　C. HCHO　D. 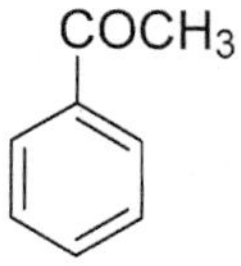

37. 下列化合物中能使 $FeCl_3$ 溶液变色的是(　　)

A. $(CH_3CO)_2CHCOOCH_3$　B. 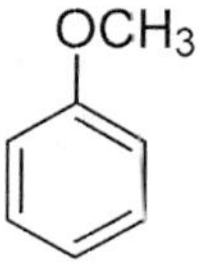

C. 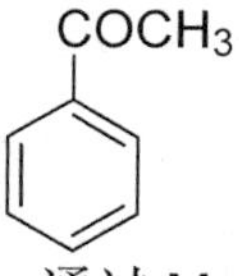

D. $CH_3COCH_2CH_3$

38. 通过 Machiel 加成可以合成下列哪类化合物(　　)

A. 1, 2-二羰基化合物　B. 1, 3-二羰基化合物　C. 1, 4-二羰基化合物

D. 1, 5-二羰基化合物　E. 1, 6-二羰基化合物

39. 能使苯乙酮转化为肟的是(　　)

A. NH_3　B. NH_2NH_2　C. $PhNH_2$　D. NH_2OH

40. 在四氯化碳溶液中，下列化合物烯醇式含量最高的是(　　)

A. 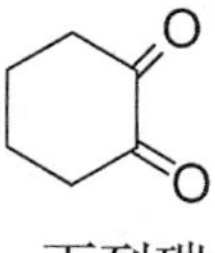

B. 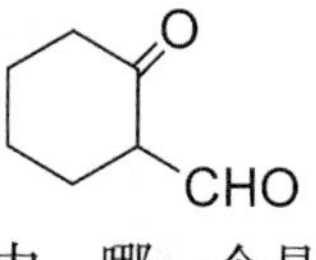

C. 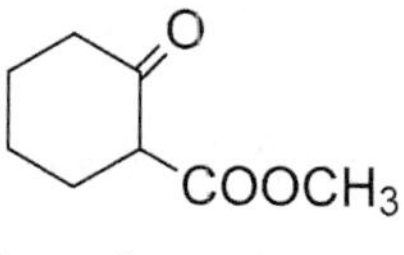

D. 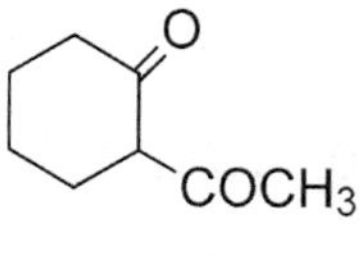

41. 下列碳水化合物中，哪一个是非还原糖(　　)

A. 葡萄糖　B. 果糖　C. 麦芽糖　D. 蔗糖

三、完成反应

1. 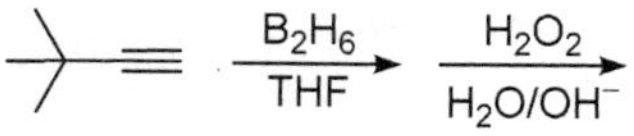

(　　)

2. $CH_3CH{=}CH(CH_2)_2CH{=}CHCF_3 \xrightarrow{1mol\ Br_2}$ (　　)

3. 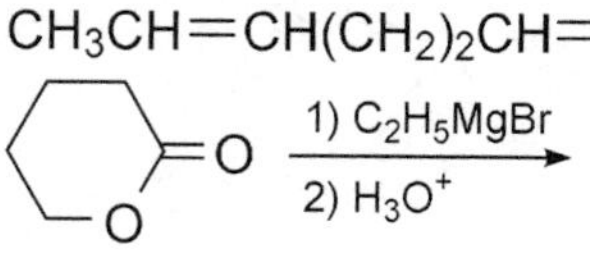

(　　)

4. 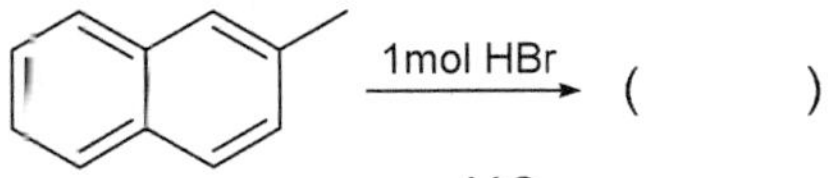

5. 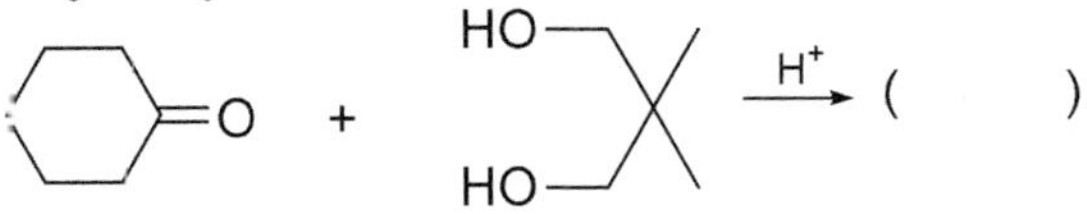

6. 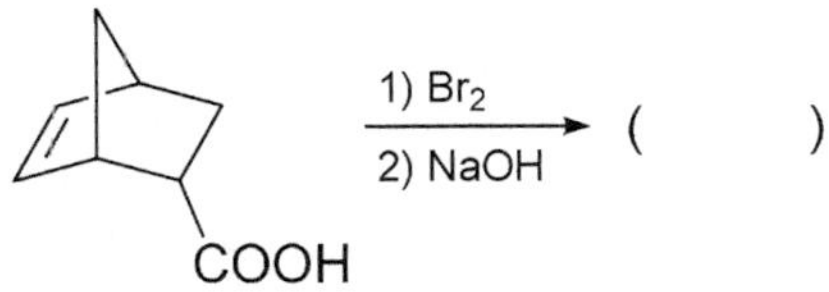

7. 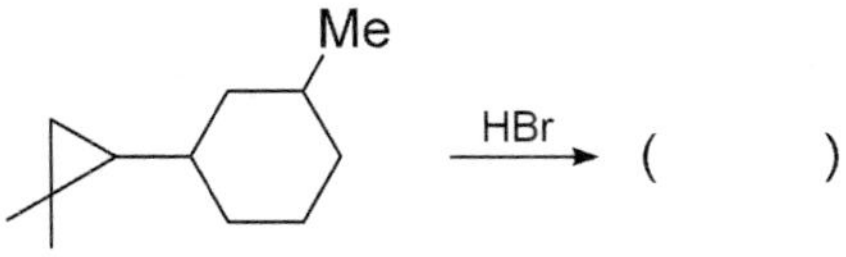

8. 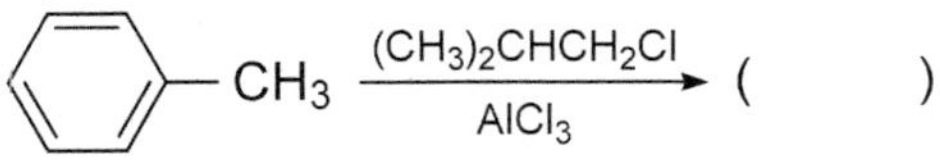

9. 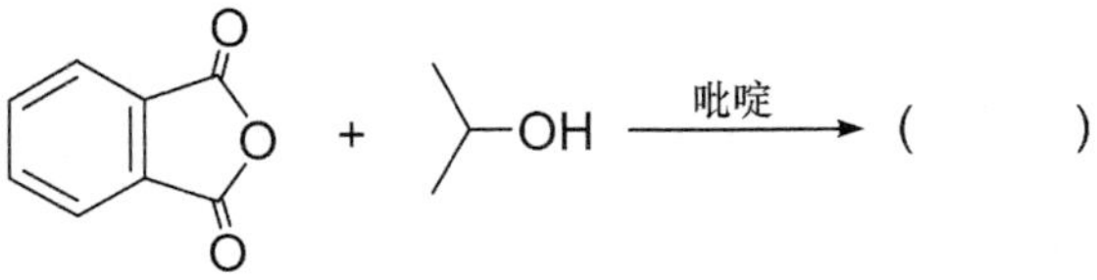

10. 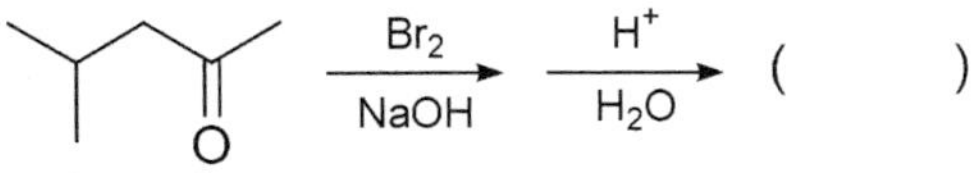

11. 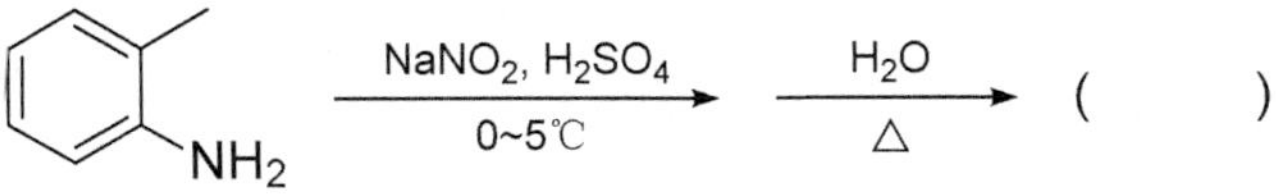

12. 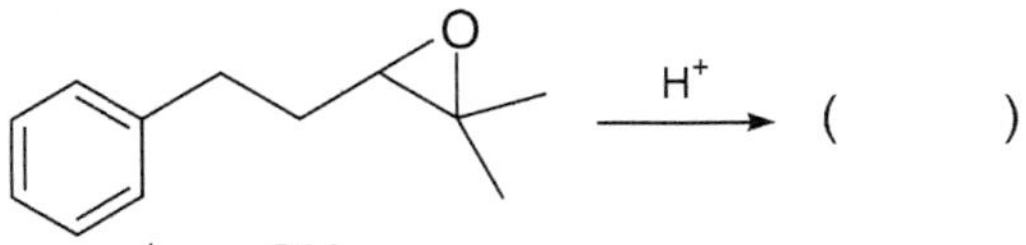

13. 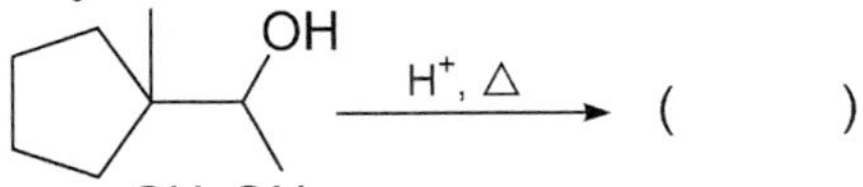

14. 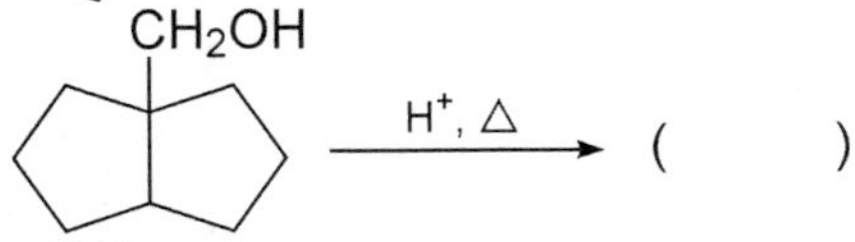

15. 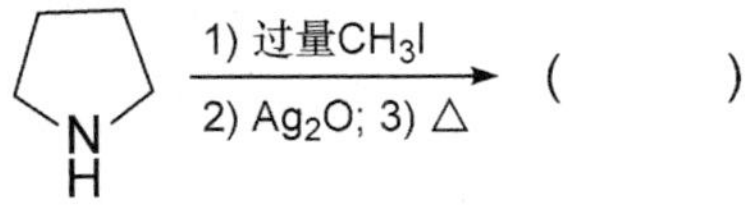

16. 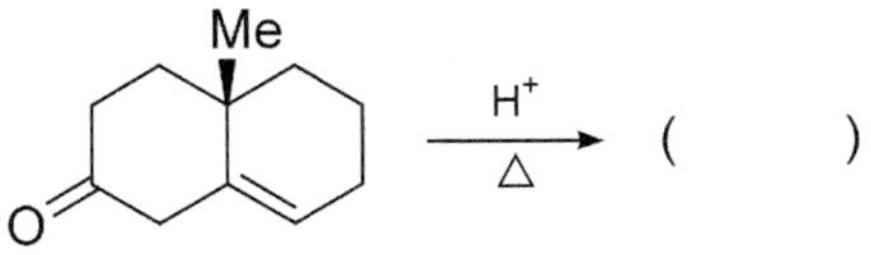

17. 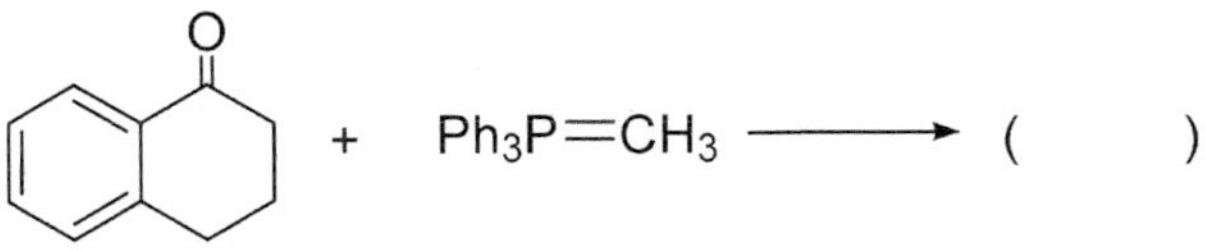

18. 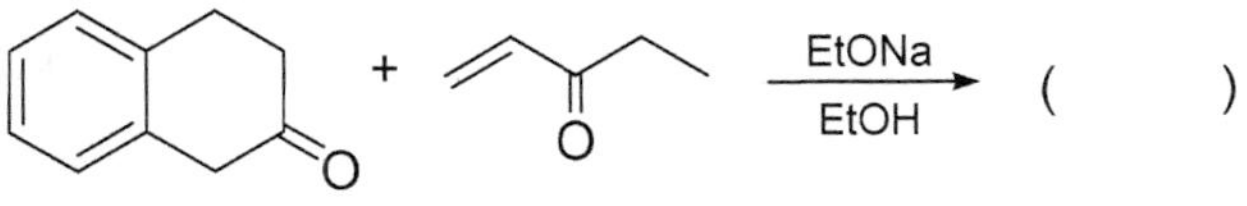

19. 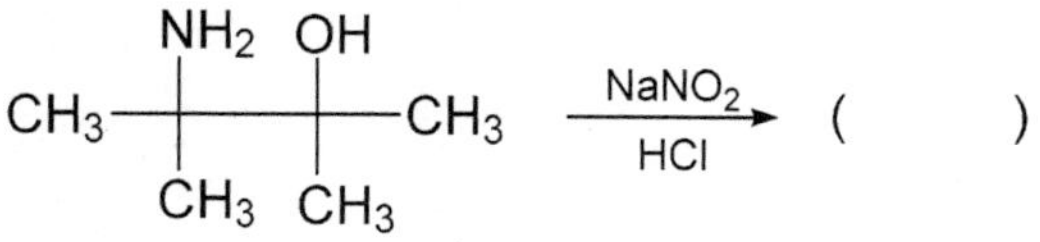

20. 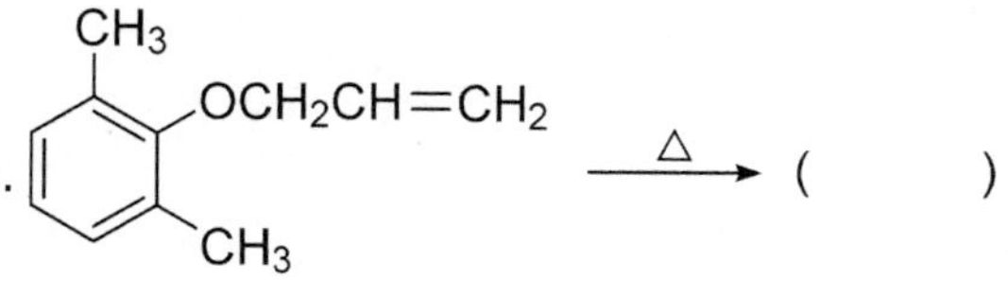

21. 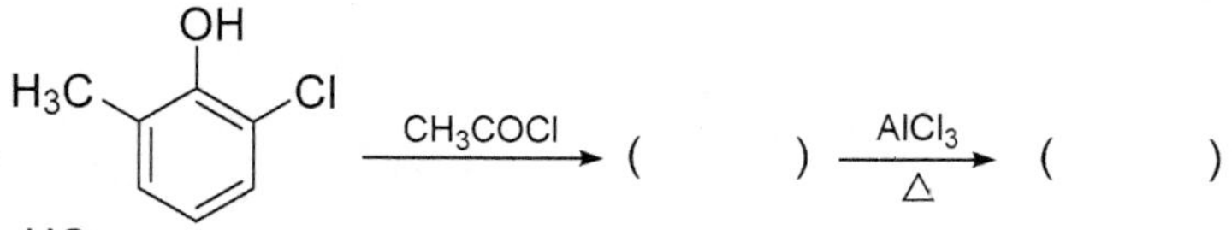

22. 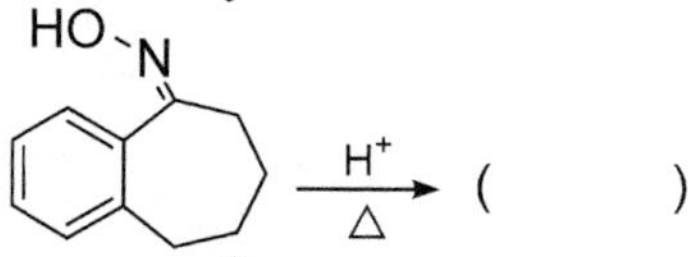

23. 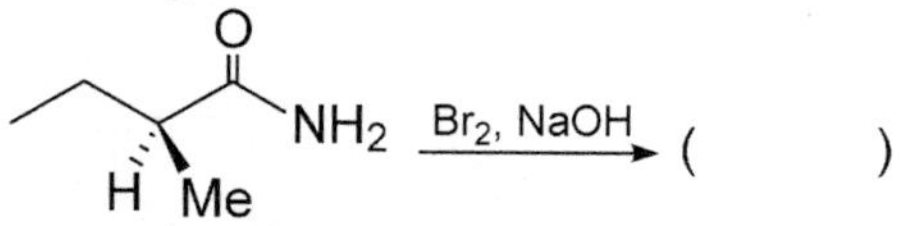

24. 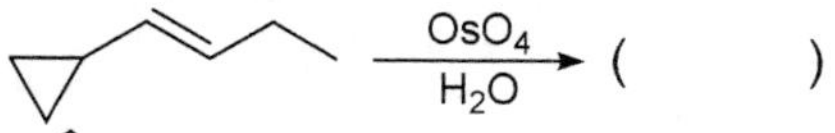

25. 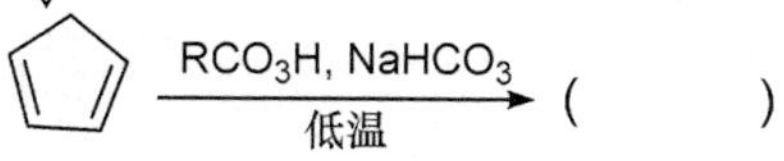

26. 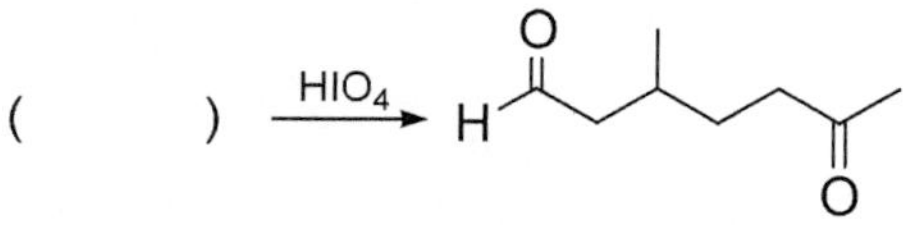

27. 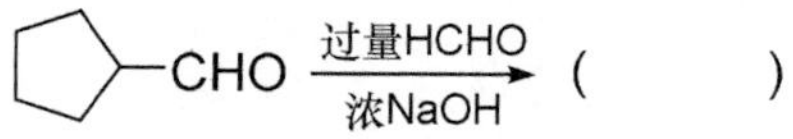

28. 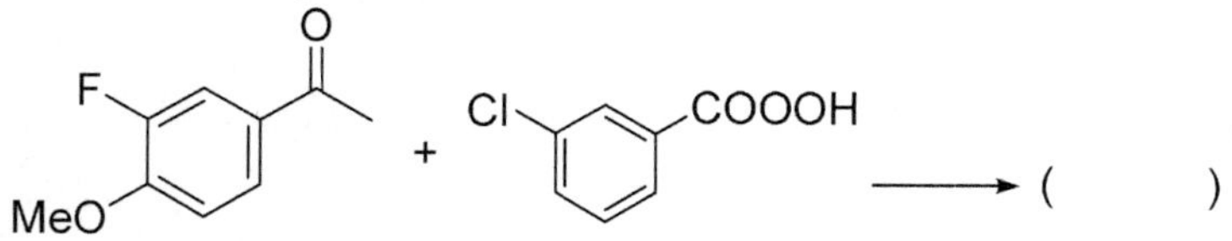

29. 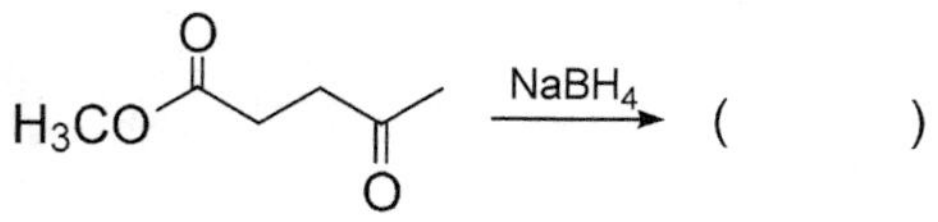

30. 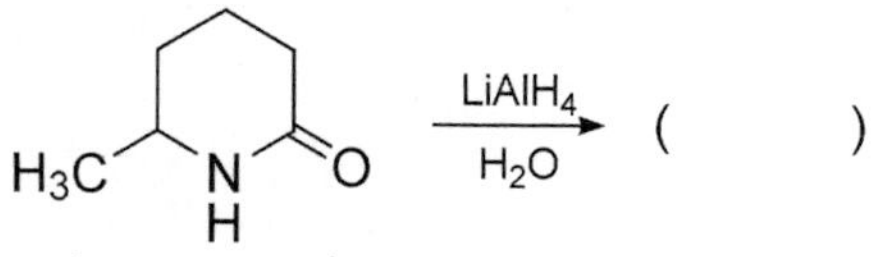

31. 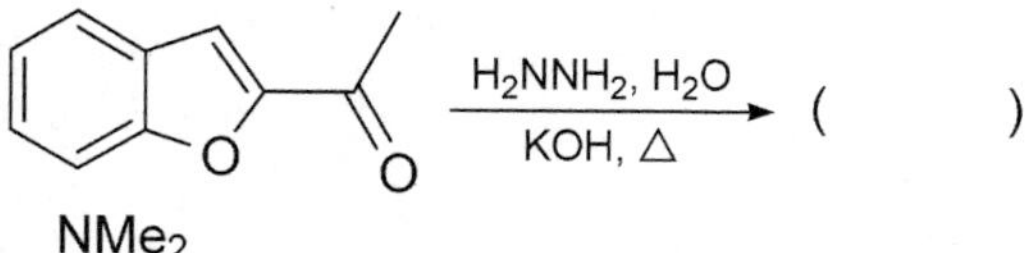

32. 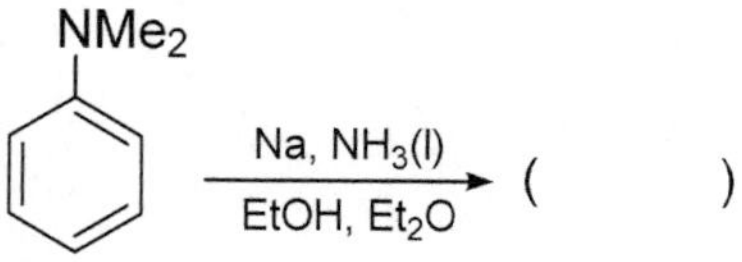

33. 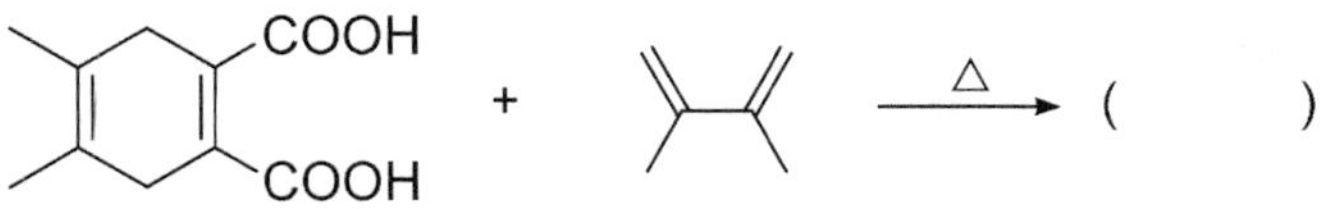

34. 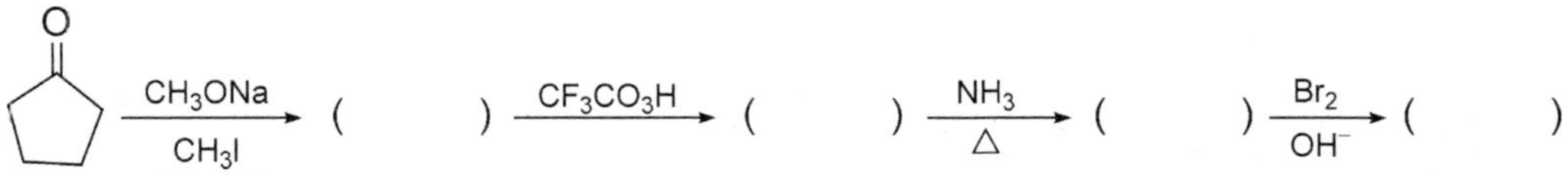

35. 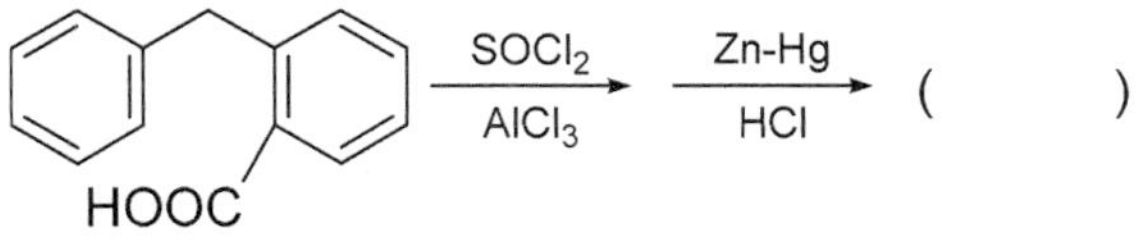

36. 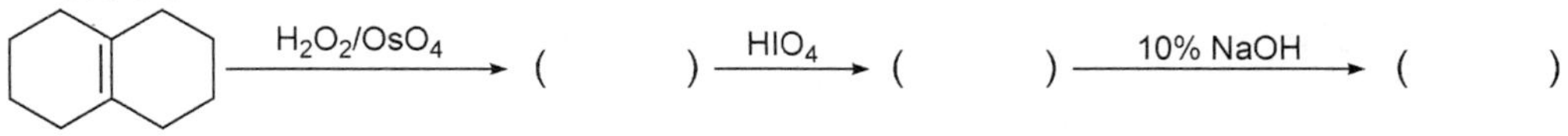

37. 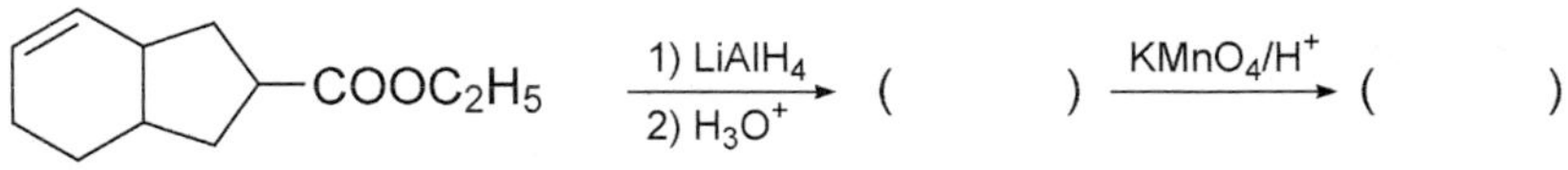

38. 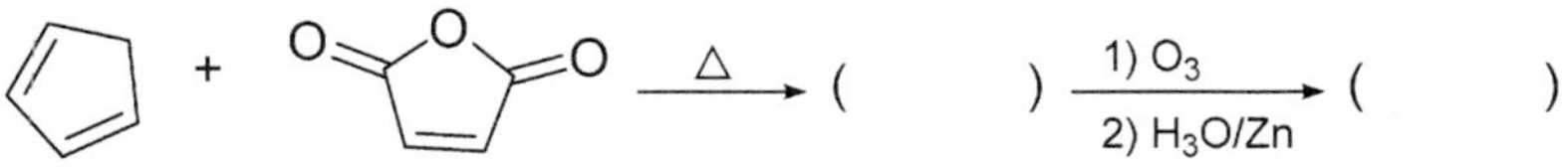

39. 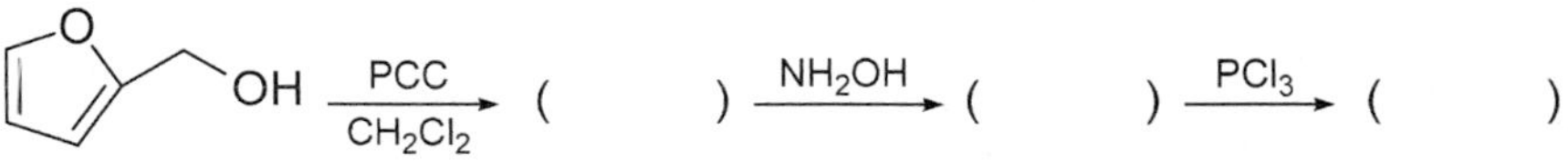

40. 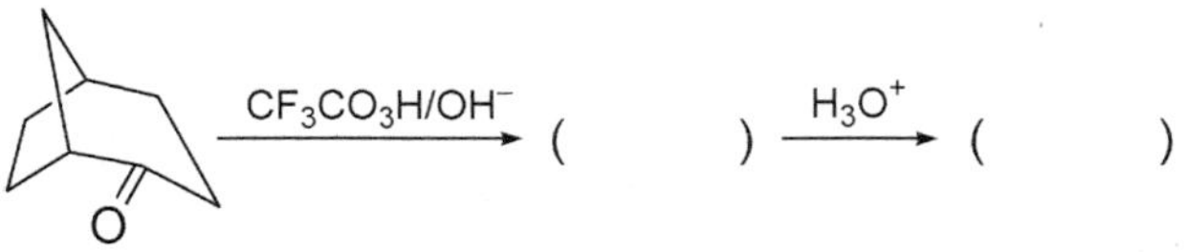

四、鉴别及简答题

1. 用简单化学方法鉴别。

A. 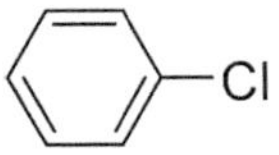 B. 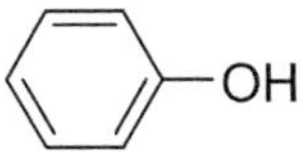 C. 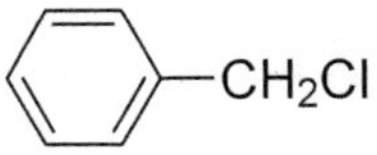 D. 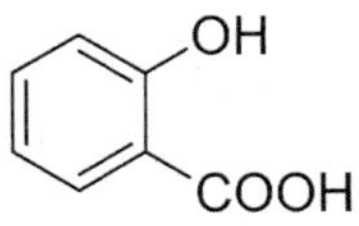

2. 用化学方法鉴别：苯甲醛，苯乙酮，苯乙烯，苯乙炔。

3. 设计化学实验区分(鉴别)下列化合物。

A. 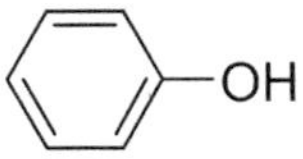 B. 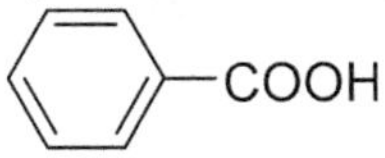 C. 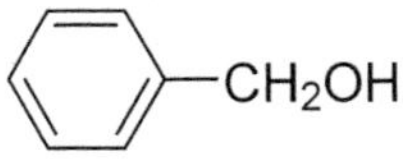

D. 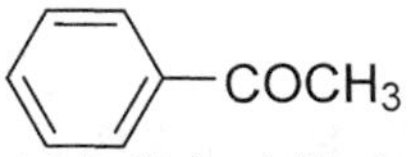 E. 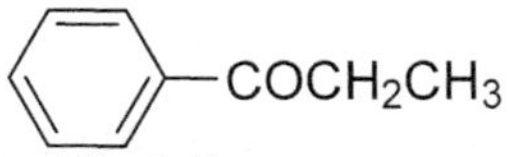

4. 用化学方法快速鉴定以下化合物。

A. 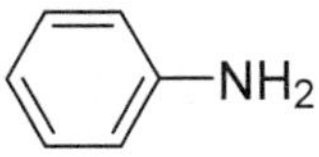 B. 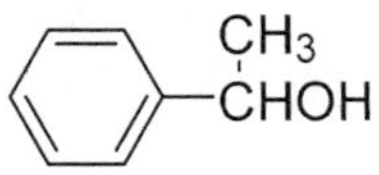 C. 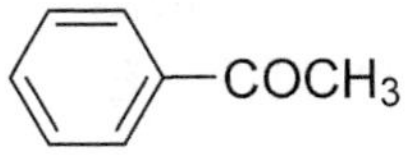

D. 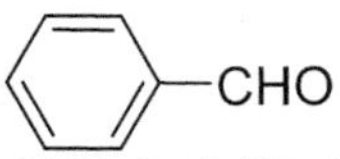 E. 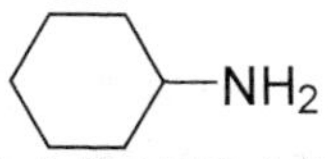

5. 设计方法从下列三个化合物的混合物中分离出苯酚。

A. 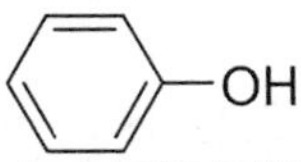 B. 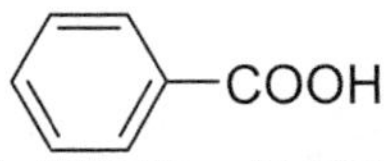 C. 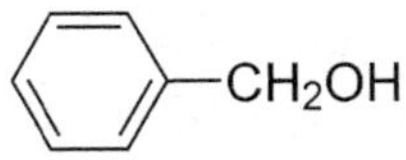

6. 如何通过萃取的方法分离甲苯、苯甲酸以及苯胺的混合物？

7. 对比解释三乙胺、吡啶、二异丙基乙基胺的碱性强弱。

8. 列举四种人体不能合成的氨基酸。

五、机理题

1. 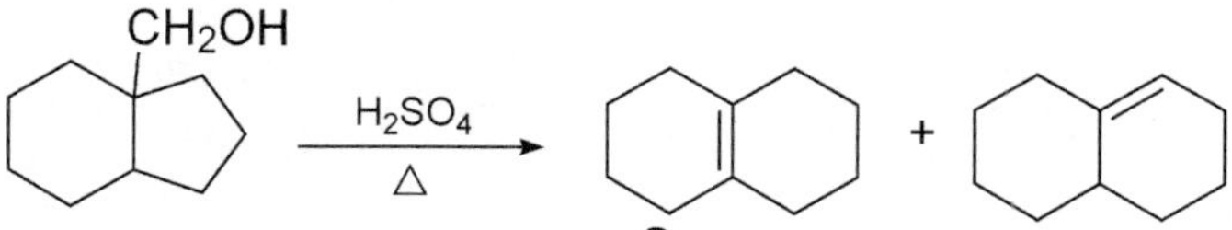

2. 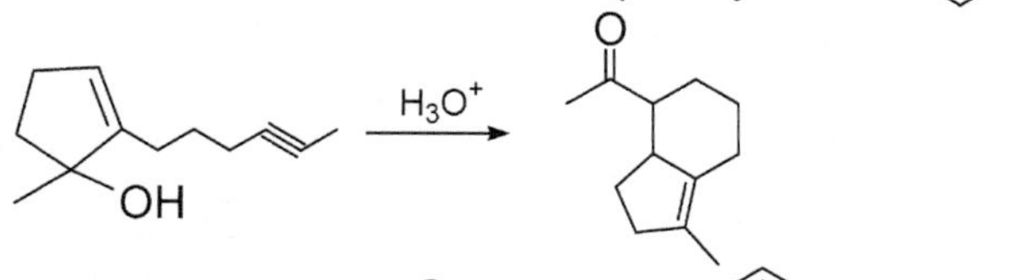

3. 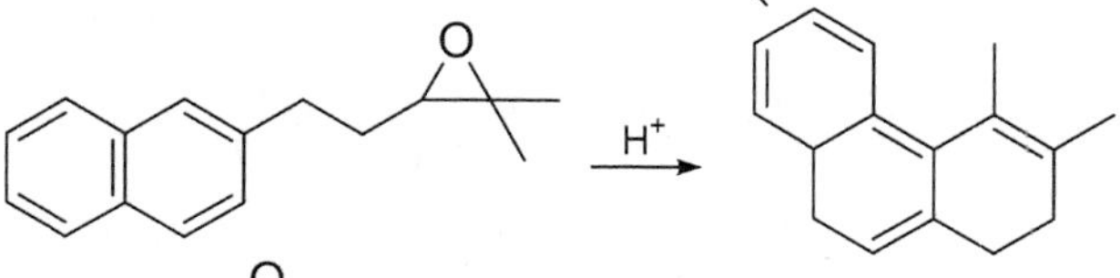

4. 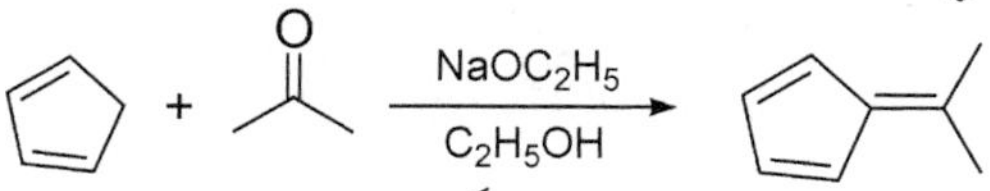

5. 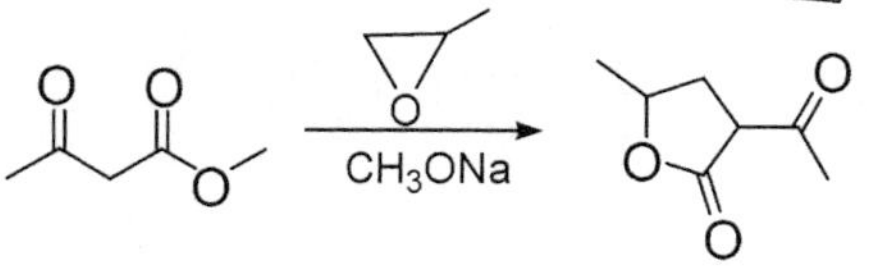

6. $(CH_3)_3CH + (CH_3)_3COCl \xrightarrow{ROOR} (CH_3)_3CCl + (CH_3)_3COH$

7. 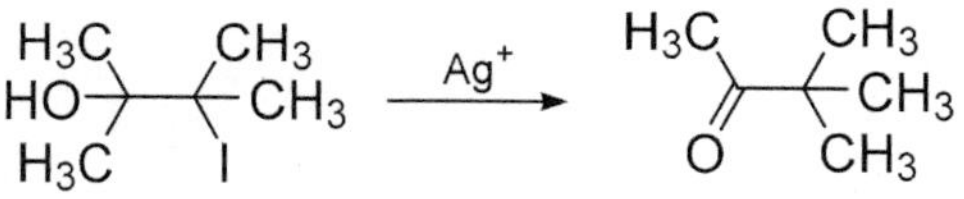

8. 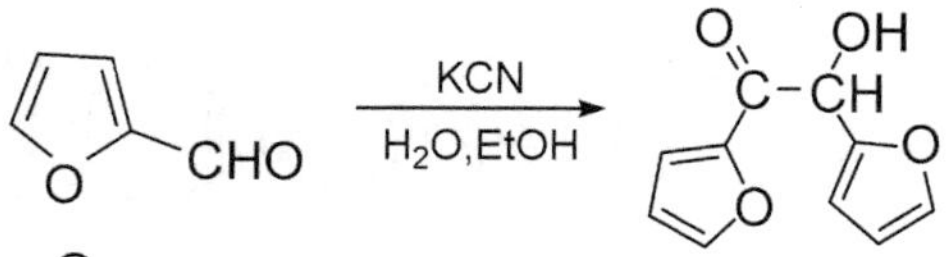

9. 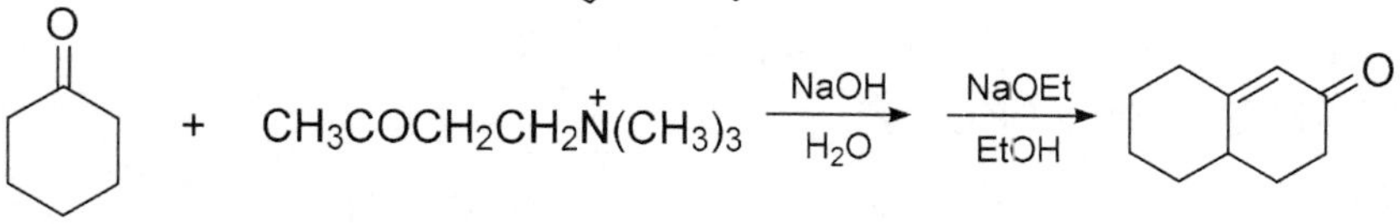

六、推断题

1. 卤代烃 A 先做成格氏试剂，与异丁醛反应得到对称的化合物 B，和 HBr 反应得到另一个卤代烃 C，在醇溶液中消除得到 D，与臭氧和 Zn 粉反应得到 E 和 F，E 和 F 都可以与亚硫酸氢钠生成白色沉淀，E 可以发生碘仿反应，F 可以发生银镜反应。试推断 A ~ F 的结构。

2. 化合物 A 和 B 具有相同分子式 $C_9H_{10}O$，A 有旋光，B 无旋光。A 和 B 用浓硫酸反应成 $C(C_9H_{10})$，其催化氢化得化合物 $D(C_9H_{12})$，D 用混酸硝化得两种硝化产物 E、F。给出 A ~ F 的结构，并写出各步反应式。

3. 化合物 $A(C_8H_9Cl)$为芳卤烃，与 KCN 反应，随后水解得 $B(C_9H_{10}O_2)$。B 的氨盐加热得到 $C(C_9H_{11}NO)$。C 与溴的碱溶液反应得到 $D(C_8H_{11}N)$。将 D 与 HNO_2作用水解，或由 A 与

KOH 作用，均生成 E($C_8H_{10}O$)，且 E 可氧化生成 F($C_8H_6O_4$)，F 分子内脱水成酸酐 G($C_8H_4O_3$)。试推测 A ~ G 的结构式。

4. 化合物 A(C_8H_{12})具有光学活性，在铂催化下氢化生成 B(C_8H_{18})，B 无光学活性。A 用 Lindlar 催化剂小心催化氢化生成 C(C_8H_{14})，C 有光学活性。A 在液氨中与金属钠作用生成 D(C_8H_{14})，D 无光学活性。试写出化合物 A ~ D 的化学结构。

5. 化合物 A 的元素分析结果显示 C 为 73.20%，H 为 7.32%。紫外光谱有两个吸收峰 λ_{max} = 218 nm(K = 10000)，311 nm(K = 24)；质谱 82(M+)；红外光谱在 1710 cm^{-1} 有强吸收；核磁共振数据如下，δ 6.57(m, 1H)，δ 6.07(m, 1H)，δ 2.98(t, 2H)，δ 2.07(m, 2H)。推测化合物 A 的结构。

6. 某化合物的分子式为 $C_{12}H_{15}NO_2$，^{1}H-NMR δ8.08(d, J = 16.0Hz, 1H)，7.16(m, 1H)，7.03(m, 1H)，6.74(m, 1H)，6.68(m, 1H)，6.24(d, J = 16.0Hz, 1H)，3.82(s, 3H)，3.01(s, 6H)；IR 显示该化合物在 3030、1601、1498 和 750cm^{-1} 处有明显吸收峰。推测其化学结构，并归属核磁共振氢谱和红外光谱各峰。

7. 化合物分子式 $C_{13}H_{18}O$，其红外光谱信息如下，IR: 2961，2925，2875，1683，1447，1267，747，690 cm^{-1}；^{1}H-NMR(400 MHz, $CDCl_3$)，δ 7.88(d, J = 7.9 Hz, 2H)，7.48 (t, J = 7.3 Hz, 1H)，7.38(t, J = 7.5 Hz, 2H)，2.8(d, J = 6.7, 2H)，1.92(m, 1H)，1.31(m, 4H)，0.82(t, J = 7.4 Hz, 6H)。^{13}C NMR(100.6 MHz, $CDCl_3$)：200.5，137.4，133.2，128.6，128.4，44.6，37.5，26.8，11.3。推测其结构。

8. 某化合物分子量为 88，22 g 该合物燃烧只产生 CO_2 和 H_2O，产生的 CO_2 在标准状态下为 22.4 L，其红外光谱在 1742 和 1240 cm^{-1} 处有强吸收。^{1}H NMR: δ = 4.12 ppm(q, J = 7 Hz, 2H)，2.05 ppm(s, 3H)，1.26 ppm(t, J = 7 Hz, 3H)。推测其结构并归属氢谱。

9. 化合物 A 与 B 互为同分异构体，分子式均为 C_9H_8O；A、B 经热 $KMnO_4$ 氧化得到同一化合物邻苯二甲酸。化合物 A、B 的 IR 谱在 1710 cm^{-1} 处有强吸收峰。^{1}H NMR 谱化学位移值分别为：δ(A)7.3(m, 4H)，3.4(s, 4H)；(B)7.5(m, 4H)，3.1(t, 2H)，2.5(t, 2H)。推测 A、B 的结构。

10. 某化合物分子式 C_5H_6O，能与丙二酸二乙酯在乙醇钠的乙醇溶液中发生 Micheal 加成反应，其红外谱图在 1709 cm^{-1} 处有强吸收，其 ^{1}H NMR 数据为：δ 7.7(dt, 1H)，6.2(d, 1H)，2.7(t,2H)，2.4 ~ 2.3(m,2H)。根据如上信息推测结构式。

11. 化合物 A 分子式为 $C_6H_{11}Br$，在乙醇钠乙醇溶液中处理后，再加一当量溴反应后，再用乙醇钠乙醇溶液处理得到 B(C_6H_8)，B 与乙烯共热后经催化氢化得到 C(C_8H_{14})，C 的红外数据是 2940、2840 cm^{-1} 有强吸收，^{1}H NMR 为：δ 1.2(d, 12H)，1.4 ~ 1.6(m, 2H)。试推测其结构，并写出反应式。

12. 化合物 A($C_5H_8O_3$)与 Br_2/NaOH 反应得到 B($C_4H_6O_4$)，B 的核磁共振氢谱数据为 δ = 12.2(s, 2H)，2.6(s, 4H)。A 与过量甲醇在酸性催化下得到 C($C_8H_{16}O_4$)，C 经 $LiAlH_4$ 还原得到 D($C_7H_{16}O_3$)，D 在酸性溶液中得到 E($C_6H_{12}O_2$)，E 的质谱为 m/z 116、101。推测 A ~ E 的结构式。

13. 一含氧杂环的衍生物 A，与强酸水溶液加热反应得到化合物 B，其分子式为 $C_6H_{10}O_2$，B 与苯肼呈正反应，与 Tollens 试剂、Fehling 试剂均呈负反应。B 的 IR 谱在 1715 cm^{-1} 处有强吸收；^{1}H-NMR 谱中在 2.6 及 2.8 处有两个单峰，这两个单峰面积之比为 2:3。试写出 A、

B 的结构。

14. 某化合物 A($C_{10}H_{12}O_2$)为一酸性有机物，A 的红外吸收光谱有 1660 cm^{-1} 的强吸收峰，其核磁共振氢谱如图所示，推测 A 的结构式并归属 ^{1}H-NMR 数据。

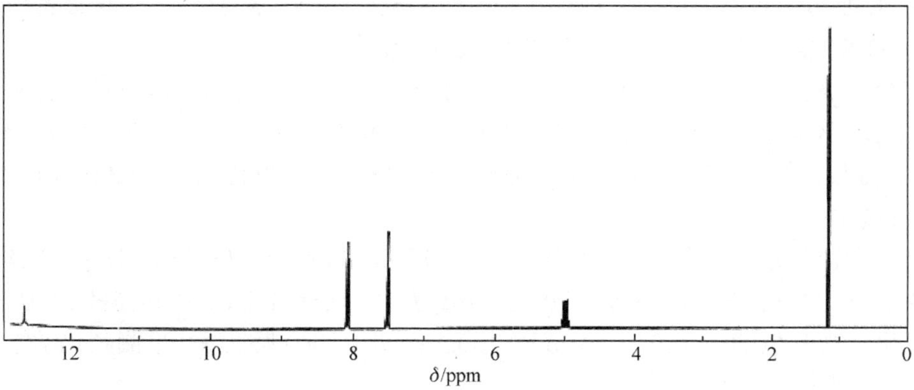

每组峰的数据如下：

化学位移/ppm	12.7	8.1	7.5	4.9	1.2
峰型	单峰	双峰	双峰	七重峰	双峰
积分面积	1	2	2	1	6

七、合成题

1. 由苯和不超过 2 个碳的有机物合成。

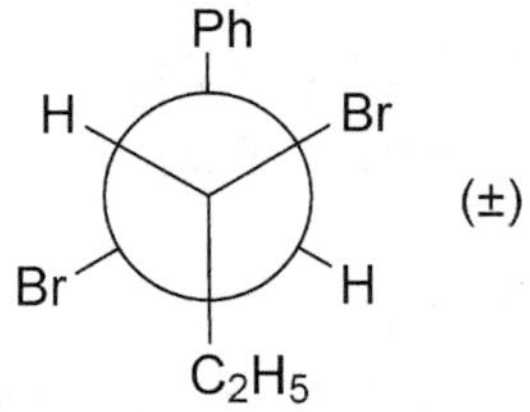

2. 由环戊酮和必要的试剂完成转变。

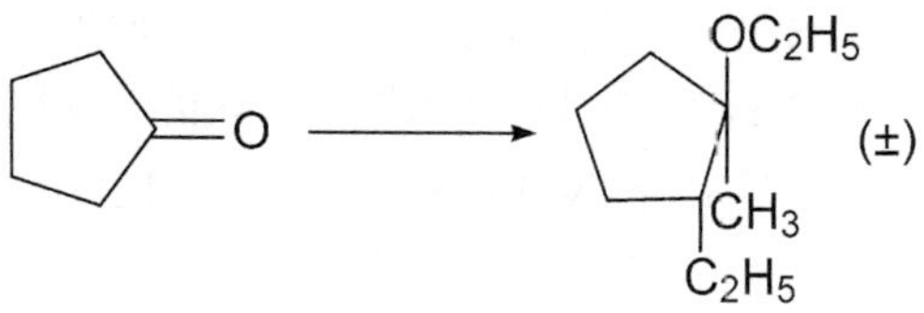

3. 用 3 个碳以下的有机化合物及无机试剂(任选)合成 4-甲基-1-戊醇。

4. 完成以下合成转变。

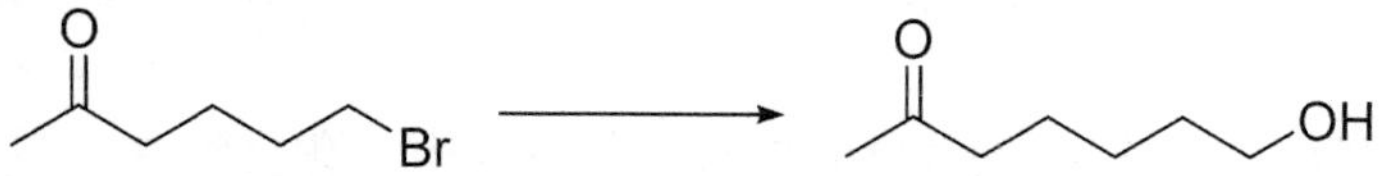

5. 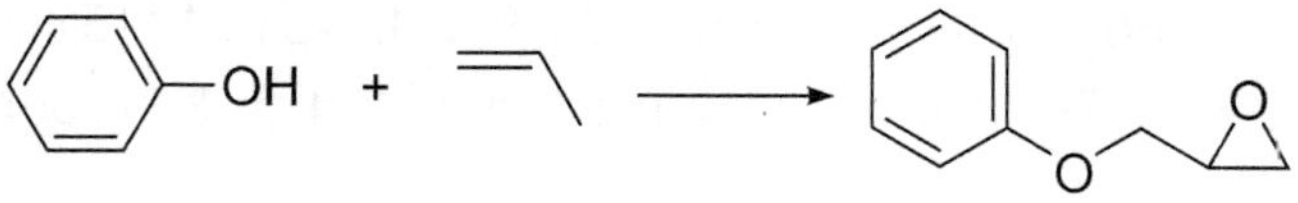

6. 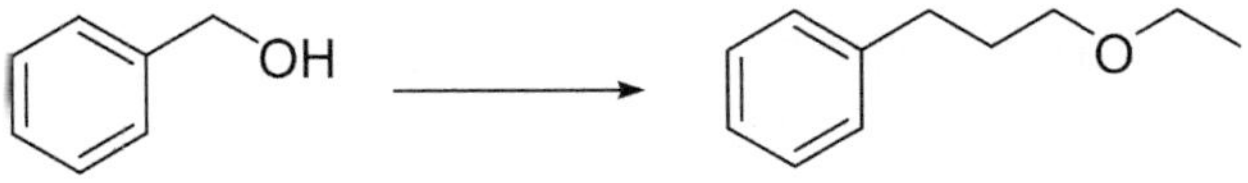

7. 用乙酰乙酸乙酯和不超过 4 个碳的有机物原料合成 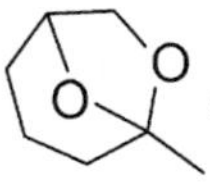 。

8. 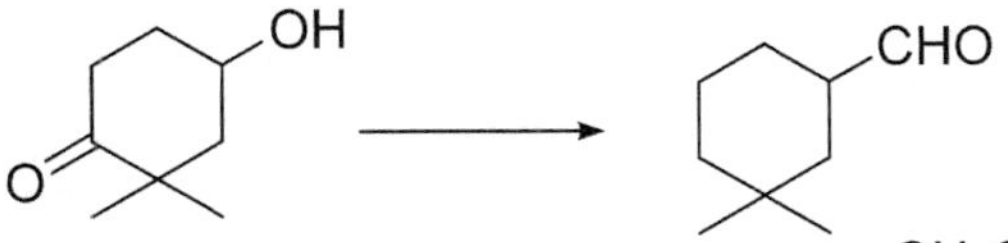

9. 由环己烷和丙烯为原料合成 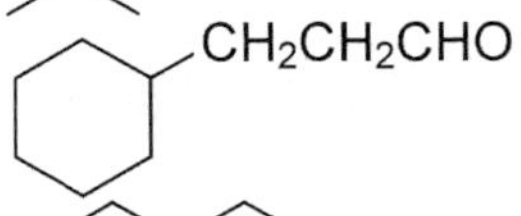 。(其他试剂任选)

10. 以甲醇为唯一有机原料合成 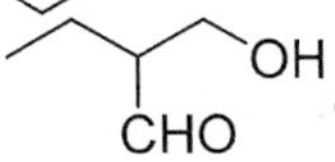 。

11. 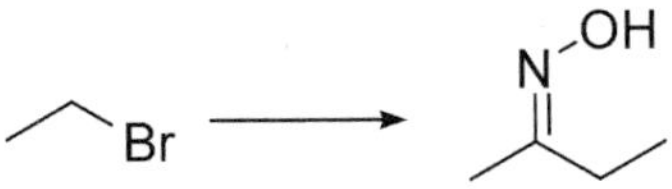

12. 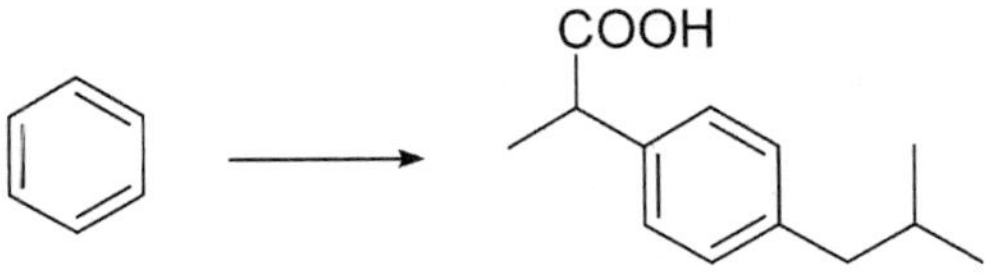

13. 由甲苯和 4 个碳或 4 个碳以下的有机物为原料合成。

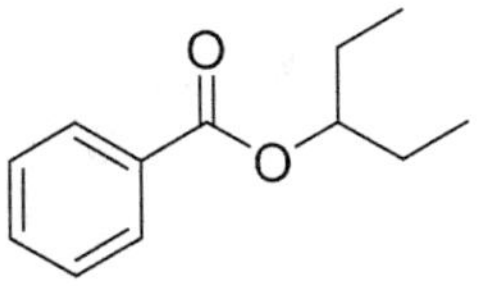

14. 由指定原料(其他无机原料和少于 5 个碳的有机原料可任选)合成目标化合物。

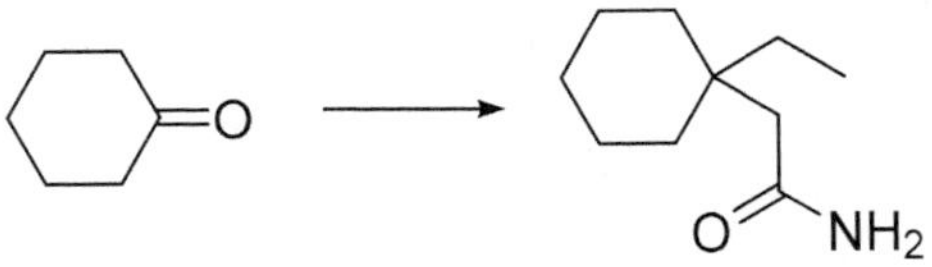

15. 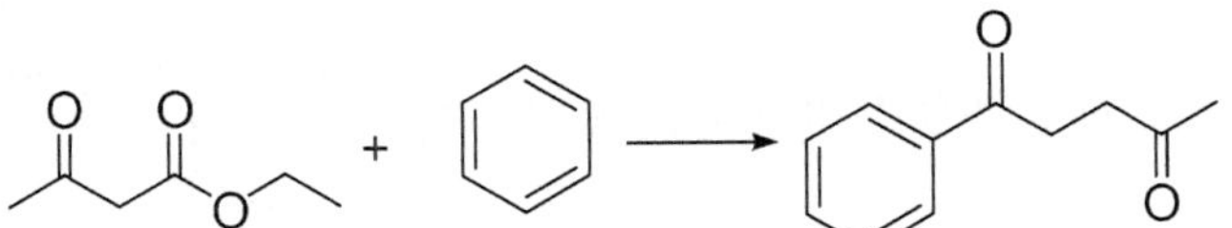

16. 用丙二酸二乙酯合成 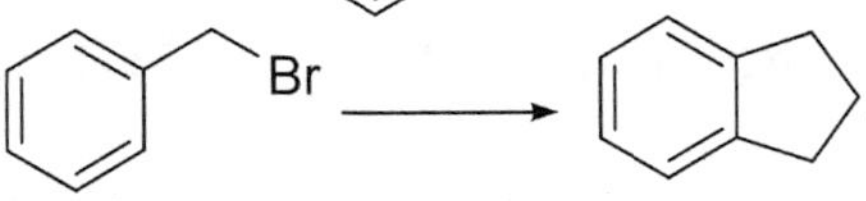 。

17. 完成下列转化，其他试剂任选。

18. 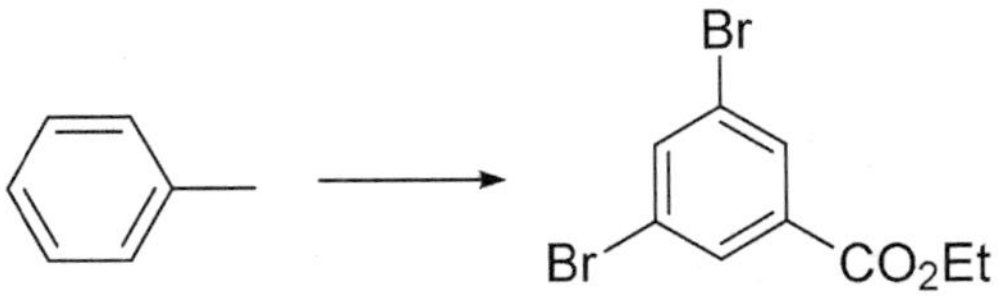

19. 以乙烯、苯和必要的无机试剂为原料合成下列化合物。

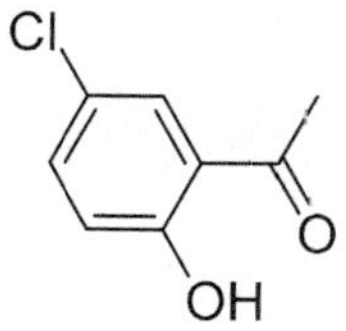

20. 以苯酚和不超过 4 个碳的有机物为原料合成 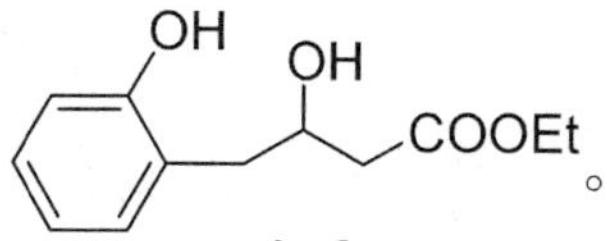 。

21. 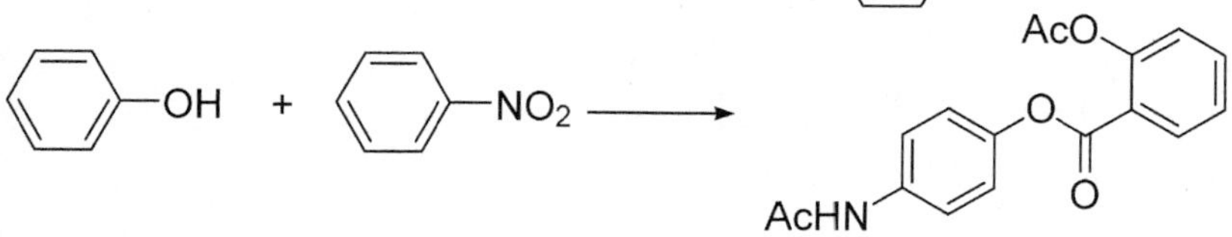

22. 以苯和必要的无机试剂为原料合成下列化合物。

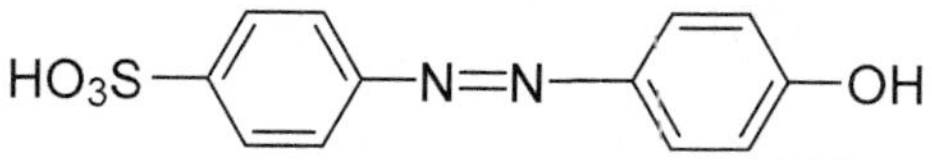

23. 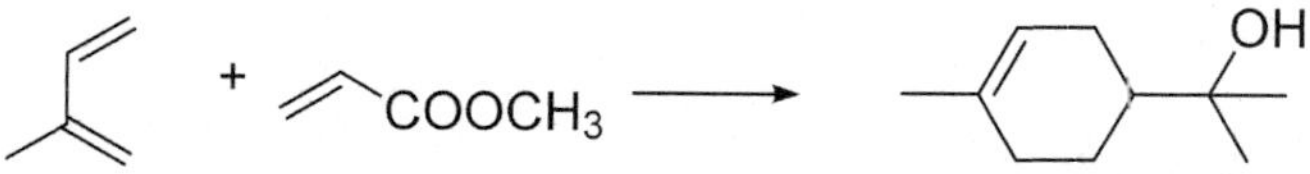

24. 以甲苯和 4 个碳以下的有机物为原料合成 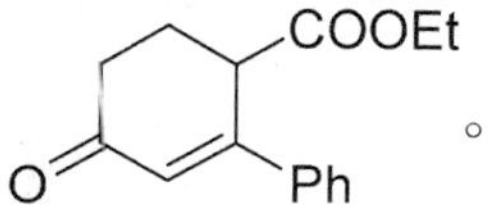 。

25. 从4个碳以下(包含4个碳)的简单有机物和苯出发,使用必要的无机试剂合成目标产物。

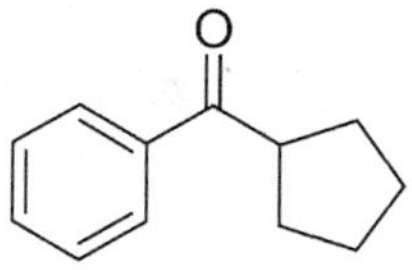

26. 

27. 由丙酮、丙二酸二乙酯及其他必要的有机或无机试剂合成 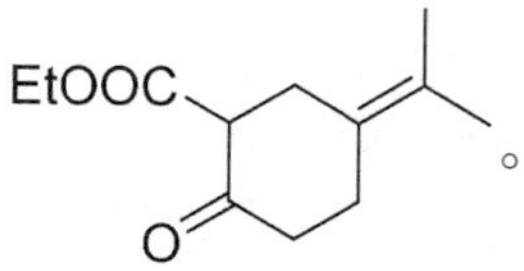 。

28. 用苯和 4 个碳或 4 个碳以下的有机化合物为原料合成。

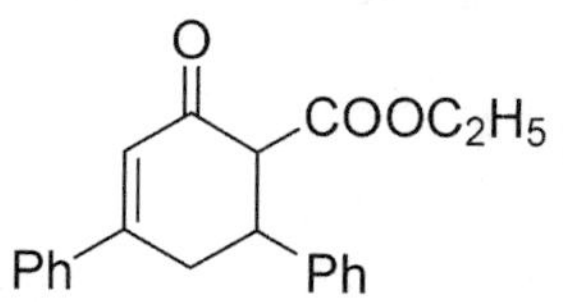

29. 以环己酮和 3 个碳或 3 个碳以下的有机物为原料合成。

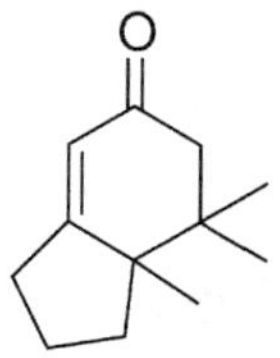

30. 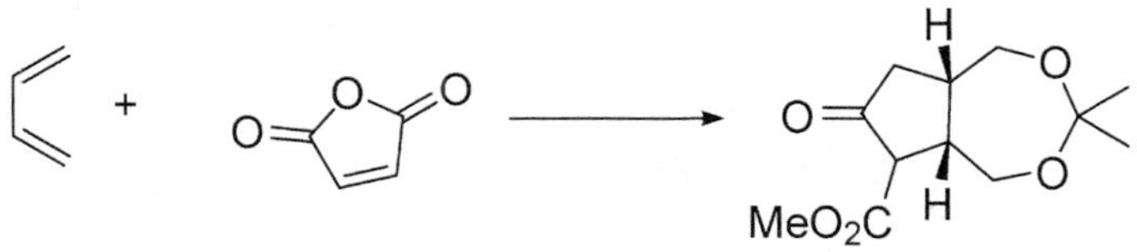

31. 由乙酰乙酸乙酯和不超过 3 个碳的有机物合成。

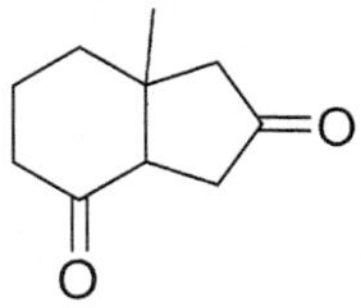

32. 以苯甲醚为原料合成非甾体雌激素乙烯酚。

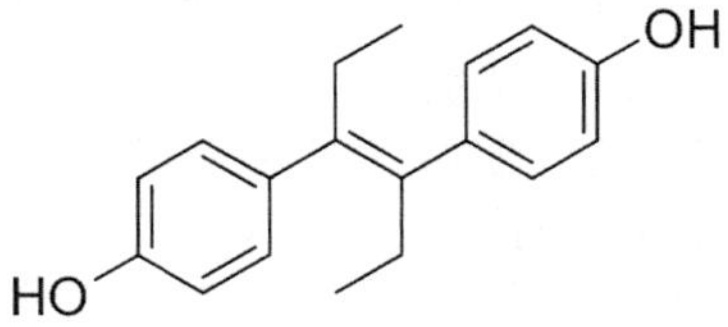

33. 用 4 个碳以内的有机物和必要的有机、无机试剂完成下列转换。

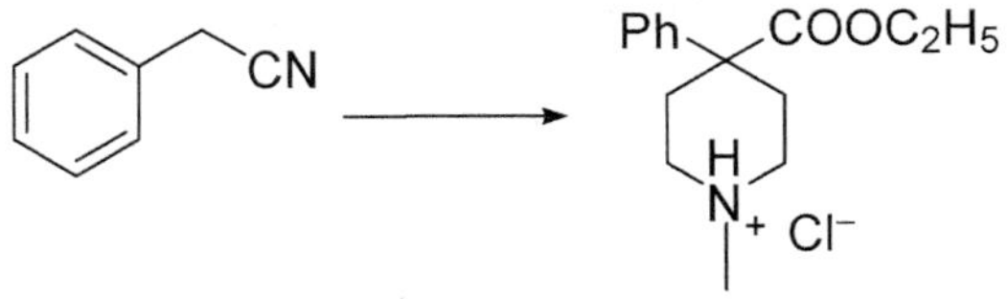

参 考 文 献

李艳梅，赵圣印，王兰英. 2014. 有机化学. 2 版. 北京：科学出版社
李瀛，王清廉，薛吉军. 2013. 有机化学简明教程. 北京：科学出版社
裴伟伟，冯骏材. 2002. 有机化学例题与习题：题解及水平测试. 北京：高等教育出版社
王兴明，康明. 2015. 有机化学. 2 版. 北京：科学出版社
王永梅，王桂林. 1999. 有机化学提要、例题和习题. 天津：天津大学出版社
邢存章，赵超. 2007. 有机化学. 北京：科学出版社
邢其毅，裴伟伟，徐瑞秋，等. 2005. 基础有机化学. 3 版. 北京：高等教育出版社
邢其毅，徐瑞秋，裴伟伟. 1998. 基础有机化学习题解答与解题示例. 北京：北京大学出版社
徐寿昌. 1993. 有机化学. 2 版. 北京：高等教育出版社
杨丰科，李明，李凤起. 2003. 系统有机化学. 北京：化学工业出版社
姚映钦. 2008. 有机化学. 北京：化学工业出版社
张宝申，庞美丽. 2010. 有机化学学习辅导. 2 版. 天津：南开大学出版社
章烨，张荣华. 2011. 有机化学. 2 版. 北京：科学出版社
Graham Solomons T W, Fryhle C B. 2004. Organic Chemistry. 第 8 版(英文影印版). 北京：化学工业出版社